中国水利教育协会
高等学校水利类专业教学指导委员会　　共同组织

普通高等教育"十一五"国家级规划教材
全国水利行业"十三五"规划教材（普通高等教育）

水电站（第三版）

主　编　杨建东

副主编　肖　明　伍鹤皋　程永光

中国水利水电出版社
www.waterpub.com.cn
·北京·

内 容 提 要

　　本教材在内容上反映了教学大纲的基本要求，包括水轮机、水电站输水建筑物、水电站调节保证计算与调压室、水电站厂房四篇，共十三章。在材料选取和编排上，融入近年来新发布相关的设计规范、大量水电站的工程实例资料，以及国内外新的参考文献，具有较强的时代性和基础拓宽性；其重点放在水轮机基本理论、输水发电系统布置及各种水电站建筑物设计方法上，并调整了以往同类教材的章节结构，使之更清晰，逻辑性更强；教材每篇结尾部分附有习题与思考题及参考文献，以供学生巩固和进行深入研究。

　　本教材可供水利水电工程专业的本科生及相关专业的工程师学习参考。

图书在版编目（ＣＩＰ）数据

水电站 / 杨建东主编. -- 3版. -- 北京 ： 中国水
利水电出版社，2017.5
　　普通高等教育"十一五"国家级规划教材　全国水利
行业"十三五"规划教材. 普通高等教育
　　ISBN 978-7-5170-5997-4

　　Ⅰ. ①水… Ⅱ. ①杨… Ⅲ. ①水力发电站－高等学校
－教材 Ⅳ. ①TV74

中国版本图书馆CIP数据核字(2017)第303146号

书　　名	普通高等教育"十一五"国家级规划教材 全国水利行业"十三五"规划教材（普通高等教育） **水电站（第三版）** SHUIDIANZHAN
作　　者	主　编　杨建东 副主编　肖　明　伍鹤皋　程永光
出版发行	中国水利水电出版社 （北京市海淀区玉渊潭南路１号Ｄ座　100038） 网址：www.waterpub.com.cn E-mail：sales@waterpub.com.cn 电话：（010）68367658（营销中心）
经　　售	北京科水图书销售中心（零售） 电话：（010）88383994、63202643、68545874 全国各地新华书店和相关出版物销售网点
排　　版	中国水利水电出版社微机排版中心
印　　刷	天津嘉恒印务有限公司
规　　格	184mm×260mm　16开本　29.75印张　705千字
版　　次	1982年10月第1版第1次印刷 2017年5月第3版　2017年5月第1次印刷
印　　数	0001—3000册
定　　价	**68.00元**

第三版前言

本教材作为普通高等教育"十三五"规划教材，是在 1981 年 6 月由大连工学院、武汉水利电力学院和天津大学三校合编《水电站建筑物》（第一版）、1995 年 8 月由武汉水利电力大学和浙江大学两校合编《水电站建筑物》（第二版）的基础上，结合武汉大学多年来的教学和科研实践，参考国内众多的《水电站》《水电站建筑物》教材以及相关的设计规范，编写而成的"水利水电工程"专业本科必修教材，并更名为《水电站》。

近 20 年来，我国水电站建设取得了巨大的成就。许多新的设计理念、设计方法、新的工艺在工程中得到了广泛的应用。因此，本教材除了在内容上反映教学的基本要求、突出基本概念、基本原理和相应的设计方法外，尽可能吸纳水电站工程实践的最新成果，跟上科技发展的步伐。

本教材以大、中型常规水电站为主，分为四篇进行系统的介绍。第一篇水轮机，重点阐述水轮机的工作参数、主要机型、工作原理、特性及选型；第二篇水电站输水建筑物，重点阐述进水口、隧洞、压力管道和岔管的结构设计；第三篇水电站调节保证计算与调压室，重点阐述水击现象，调节保证计算，调压室水力与体型设计；第四篇水电站厂房，重点阐述厂房的布置设计，地面厂房和地下厂房结构设计。

抽水蓄能电站由于其特殊性，教材中未作详细介绍。各教学单位在使用本教材时，可根据具体情况，进行补充。

本教材由武汉大学杨建东主编。其中：第一章绪论由杨建东编写，第一篇由杨建东、赖旭编写，第二篇由伍鹤皋编写，第三篇由杨建东、程永光编写，第四篇由肖明编写。苏凯、李进平、陈俊涛、雷艳、石长征等参与了有关章节的编写、整理等辅助性工作。全书由杨建东统稿。

本教材由长江勘测规划设计研究院主审，设计院钮新强院士、周述达、王煌、谢红兵、杜申伟、田子勤、熊绍钧、陈美娟等专家给予了大力支持，提出了许多宝贵意见，在此谨表深切的谢意！

教材中难免存在缺陷和不妥之处，恳请读者予以指正。意见或建议请反馈至武汉大学水利水电学院水电站教研室。

杨建东

2017 年 7 月

第二版前言

本教材是根据水利电力专业教学委员会的决定，为"水利水电工程建筑"专业本科编写的高等学校统一教材。

本教材在内容上反映了教学大纲的基本要求，同时在材料选取和编排上有新的特点：尽可能反映国内外的最新成就，密切结合我国水电建设的实际；比较多的增加了混凝土坝坝身管道和地下埋管的内容，加强了压力系统过渡过程的基本原理和数值计算方法（电算法）的内容，省略了在生产实践中已很少使用的方法，适当增加了有关水电站厂房建筑艺术处理的原理和实例，突出了地下厂房的内容。但由于篇幅限制，有的重要内容，如抽水蓄能电站等，仍嫌不足。

本教材精简了篇幅，严格限制在规定字数以内，这样比较有利于学生学习。书中内容基本上都是必修的。各教学单位和教师可以根据实际情况，在教学中补充新的内容和国内外最新工程实例。

根据水利电力专业教学委员会水电站教学组的安排，将出版"水电站建筑物"课程的例题和习题集，因此本教材中不再有例题和习题。本教材最好和例题、习题集配套使用。至于教学实验、课程设计等，各学校情况不同，而且都有专门的教学辅导材料，因此也不在本书中反映。

有关水电站建筑物的设计规程（规范），已经或正在由有关领导机关颁布施行，本教材在内容和名词、符号等方面，尽量与这些规范协调统一，以利学生学习和将来的工作。

本书由武汉大学马善定和浙江大学汪如泽合编。第一、二、四、五、六章由马善定编写，第三章由马善定、马振苍编写，第七、八章由张师华编写，第九、十一、十二、十三章由汪如泽编写，第十章由马振苍编写，第十四章约请何其诚、俞裕泰编写。全书由马善定统稿。

全教材由谷兆祺同志主审，提出了许多宝贵意见，对此谨表深切谢意。

对教材中的缺点和问题，请读者指正。

编　者

1995 年 8 月

第一版前言

本教材是根据原水电部制订的"水利水电工程建筑"专业教育计划编写的。编写大纲由 11 所院校代表参加的"编写大纲讨论会"拟稿，随后又在"水工专业各门课程教材编写大纲协调会"上讨论通过。

本教材在内容上反映了教学的基本要求，同时在埋藏式高压管道、钢岔管、水击电算、地下厂房和溢流式厂房等部分具有一定的特色。在第一篇水电站引水建筑物与高压管道中，以露天高压钢管、隧洞式高压管道、坝内式高压管道和钢岔管为重点。在第二篇有压系统非恒定流中，以水击、水击电算和调压室为重点。在第三篇水电站厂房中，以地面厂房、地下厂房和溢流式厂房为重点。考虑到本专业主要是培养大中型水利水电工程建筑方面的高级工程技术人才，所以本教材是以大、中型水电站为主，不包括小型水电站内容。

本教材由大连工学院、武汉水利电力学院和天津大学三校合编，大连工学院董毓新同志主编。第一章、第二章一～三节和第三章由大连工学院李彦硕同志执笔，总论和第二章第四节由大连工学院董毓新同志执笔，第四章由大连工学院董毓新同志和卜华仁同志执笔，第五章由大连工学院曹善安同志执笔，第六章一～五节和第七章一～八节由武汉水利电力学院陈鉴治同志执笔，第六章六～八节和第七章九～十节由武汉水利电力学院王永年同志执笔，第八章由武汉水利电力学院吴荣樵同志执笔，第九章、第十章和第十二章由天津大学周鹏同志执笔，第十一章由武汉水利电力学院俞裕泰同志和何其诚同志执笔。

本教材由华东水利学院王世泽同志主审。在审查过程中曾蒙华东水利学院徐关泉同志、刘启钊同志、陈怀先同志和清华大学王树人同志、谷兆琪同志等提出了不少宝贵意见，在编写过程中各有关院校、设计院、科研所、工程局及水电站曾给予很多帮助，在此一并表示衷心感谢。

对本教材中的缺点和意见，请寄大连市大连工学院水利系水电站教研室。

编　者

1981 年 6 月

目 录

水 电 站 输 水 建 筑 物

水电站调节保证计算与调压室

水 电 站 厂 房

第一章 概　　论

第一节　水　力　发　电

一、水力发电基本原理及水电站枢纽

水能资源是清洁可再生能源，在人类开发利用的各种能源（化石能源、水能、核能、风能、太阳能、生物质能、地热能、海洋能等）中占有重要的地位，在现代电力系统中发挥着十分特殊的作用。水力发电的基本原理是将水流的势能和动能转换成水轮机的机械能，进而安全高效地转换为电能。水力发电通常在电力系统中担负调峰、调频、事故备用和黑启动等作用。因此，现代的水力发电不仅是传统意义上的增加电网电量的电源，而且是电力系统安全稳定高效运行的重要保障。

为了开发河流的水能资源，往往需要拦河筑坝（挡水建筑物），修建输水建筑物，以集中水头（落差）和输送水流。当输送的水流通过水轮机流向下游时，水轮机将水流的势能和动能转换为旋转机械能，带动同轴的发电机切割磁力线产生电能，再经变压器、开关站等输入电网送往用户。因此，水电站是将水能转换为电能的设备和建筑物的综合体，也可称之为水（输水系统）、机（机械）、电（电气）和结构（建筑物）的综合体。有些水电站除发电所需的建筑物外，还常有为防洪、灌溉、航运、过木、过鱼等综合利用目的其他建筑物。上述所有建筑物的综合体称为水电站枢纽或水利枢纽。

水电站输水系统，通常包括进水口、压力管道、调压设施等，其组成与布置随水电站的开发方式、装机容量和机组台数而异。其主要作用是将水流平顺高效（水头损失小）地输送到水轮机，并且满足水电站安全稳定运行的要求。

机械系统（或称为主机及辅助设备系统），主要包括进水阀（若有）、水轮机、发电机、励磁、调速器、油气水系统，以及安装检修用的起重设备等。其主要作用是将水能转换为电能，并且按电网调度的需求调节发电量，提供高质量的电能。

电气系统，由一次回路输变电设备和二次回路控制设备两部分组成。前者包括从水轮发电机引出线端到输电线路之前的隔离开关、断路器、主变压器和电流电压互感器等，其主要作用是提升电压、将电能输送到电网。后者包括以中央控制室为中心的控制、保护、检测、监视、机旁控制盘、自动及远动装置、通信及调度设备和直流系统设备等，其主要作用是监控水力发电过程和各种设备的运行状况，对可能出现的运行限制和事故提供保护。

结构系统（水电站建筑物），除了输水系统涉及的结构外（输水建筑物），水电站主要的建筑物是布置机械系统和电气系统各种设备的主厂房和副厂房。其主要作用是满足各种设备安装、运行、检修的需要，并为运行管理人员提供良好的工作条件。

二、水能资源开发方式与水电站类型

要开发河流的水能资源，需兴建水电站，按集中河段落差形成水头的开发方式的不同，可分为坝式、引水式和混合式。但从水电站枢纽布置、水电站输水系统布置、厂房位置的角度来划分，引水式和混合式是相同的，故水电站类型可归纳为坝式水电站和引水式水电站两大类。

1. 坝式水电站

坝式水电站是通过拦河筑坝，在坝前蓄水集中落差而形成水头，利用坝址处水头的水电站。其原理是筑坝形成水库，坝越高、水越深、流速越小、其沿程水头损失和局部水头损失越小，使得沿原河段消耗于水头损失的势能得以保存，即水库水面坡降远小于原河段天然水面坡降，分散的落差在坝址处集中。

对于大多数的河流而言，其河势通常是上游河段坡降较大，河床狭窄，两岸山体高耸陡峭，宜建高坝。正是由于河床狭窄，无法同时满足挡水建筑物、泄洪建筑物、输水建筑物（通常不需要布置通航建筑物）的布置。于是输水建筑物的布置往往采用引水隧洞绕过坝体，将水电站厂房布置在坝下游侧河岸边，故称为河岸式（岸边式）地面厂房水电站，如图 1-1 所示的梨园水电站。厂房也可布置在河岸的山体内，即河岸式地下厂房水电站，如图 1-2 所示的溪洛渡水电站。无论是地下厂房还是地面厂房，上游河段的坝式水电站水头较高，厂房内通常安装混流式水轮发电机组。

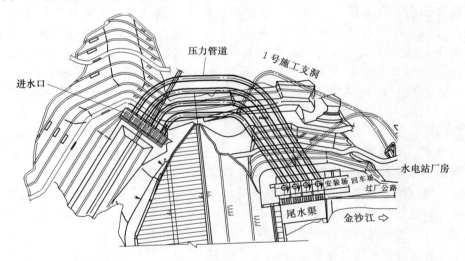

图 1-1　梨园水电站
（梨园水电站为金沙江中游河段 "一库八级" 水电开发方案中的第三个梯级。枢纽主要由挡水、泄洪排沙、电站输水系统及厂房等组成。河岸式地面厂房，单管单机，安装 4 台 612MW
水轮发电机，总装机容量 2448MW）

而下游河段坡降较小，能集中的水头十分有限，通常水头在 40m 以内（否则淹没损失太大，移民太多），且河道比较宽阔。水电站厂房本身就能承受上游水压力，成为挡水建筑物的一个组成部分，与其他的挡水建筑物、泄洪建筑物、通航建筑物一起布置在宽阔河床之上，故称为河床式水电站，如图 1-3 所示的葛洲坝水电站。河床式水电站因水头

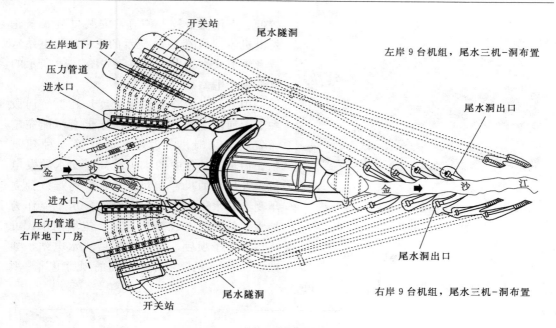

图 1-2 溪洛渡水电站

（溪洛渡水电站是金沙江下游河段四个水电梯级的第三个梯级，河岸式地下厂房，

左右两岸各装 9 台 770MW 水轮发电机，总装机容量 13860MW。尾水系统

采用三机一洞的布置形式）

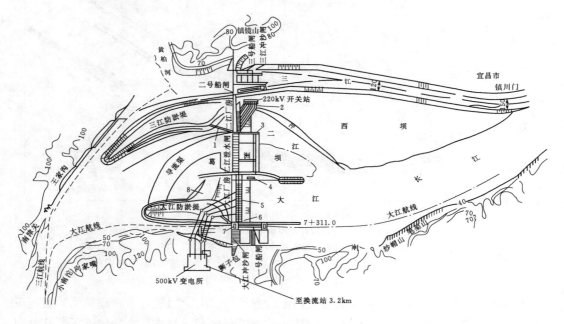

图 1-3 葛洲坝水电站

［葛洲坝水电站为河床式水电站，水利枢纽工程由船闸、电站厂房、泄水闸、冲沙闸及挡水建筑物组成。

电站共安装 21 台轴流式水轮发电机，总装机容量 2715MW，其中：二江电厂安装 7 台机组

（2×170MW，5×125MW），大江电厂安装 14 台机组（14×125MW）］

图 1-4　飞来峡水电站

[飞来峡水电站枢纽建筑物从右岸至左岸依次为挡水土坝、
混凝土重力式溢流坝、贯流机组河床式厂房、单线
一级船闸。安装 4 台灯泡贯流式水轮发电机组
（4×35MW），总装机容量 140MW]

较低、引用流量较大，通常安装贯流式水轮发电机组（如图 1-4 所示的飞来峡水电站），或者轴流式水轮发电机组（如图 1-3 所示的葛洲坝水电站）。

中游河段坡降和河床宽度均在上游河段和下游河段之间。较宽的河床上有可能完整布置挡水、泄洪、发电、通航等 4 种建筑物。但坝址处集中的水头较高，而水轮发电机组及厂房的尺寸相对较小，厂房难以独立承受上游水压力。因此水电站厂房不能作为挡水建筑物的组成部分，需要筑坝挡水，可将厂房置于坝后，故称为坝后式水电站，如图 1-5 所示的三峡水利枢纽的坝后电站。坝

后式水电站通常安装混流式水轮发电机组。

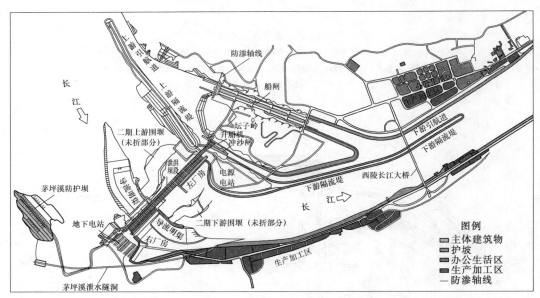

图 1-5　三峡水利枢纽

（三峡水利枢纽总体布置方案为泄洪坝段位于河床中部，即原主河槽部位，两侧为电站坝段
和非溢流坝段，五级船闸和升船机均布置在左岸，右岸为地下电站。共安装 32 台 700MW
混流式水轮发电机组，其中左岸 14 台，右岸 12 台，地下 6 台，另有 2 台 50MW 的
电源机组，总装机容量 22500MW）

中游河段若河床较窄，无法完整布置挡水、泄洪、发电、通航等 4 种建筑物。在地下洞室开挖支护技术不发达的 20 世纪 80 年代之前，工程师们为解决该难题创造了节省空间的布置形式，将挡水建筑物和发电厂房结合起来，形成坝内式厂房（如图 1-6 所示的凤滩水电站）；将泄洪建筑物和发电厂房结合起来，形成溢流式厂房（如图 1-7 所示的新安江水电站）或挑流式厂房（如图 1-8 所示的乌江渡水电站）。但由于坝内式厂房和溢流式

厂房运行条件较差，所以近 30 年来已很少采用。而是在坝轴上留有水电站进水口坝段，将厂房置于坝下游侧河岸（如图 1-9 所示的龙滩水电站是具有坝式进水口的地下厂房），故该布置形式仍应归类于河岸式（岸边式）水电站。

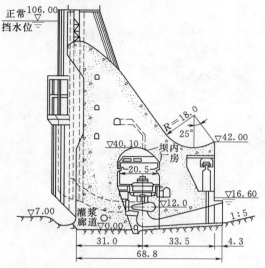

图 1-6 凤滩水电站（单位：m）

（凤滩水电站由混凝土空腹重力坝、坝内厂房、溢洪道、
放空兼泄洪底孔、灌溉涵管和过船、过木筏道等组成。
坝内式厂房布置在 9～12 号坝段空腹内，原装有
4 台 10 万 kW 混流式水轮发电机组）

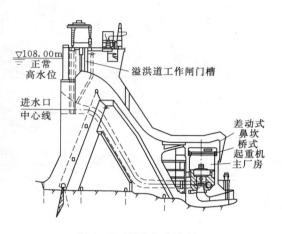

图 1-7 新安江水电站

（新安江水电站建于 1957 年 4 月，是建国后中国自行
设计、自制设备、自主建设的第一座大型水力发电站。
厂房为坝后厂顶溢流式，厂房内安装 9 台立轴混流式
水轮发电机组，4 台 75MW 和 5 台 72.5MW，
总装机容量 662.5MW）

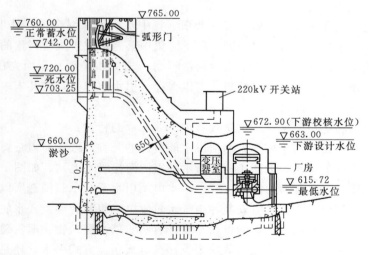

图 1-8 乌江渡水电站（高程单位：m）

（乌江渡水电站是乌江干流上第一座大型水电站，是我国在岩溶典型发育区修建的一座
大型水电站。共装有 3 台水轮发电机组，单机容量 210MW，总装机容量为 630MW。
2000 年 11 月至 2005 年 5 月扩机增容，扩建的地下电站安装 2 台 250MW 的水力
发电机组，原单机容量 210MW 机组更换为 250MW 机组，
总装机容量 1250MW）

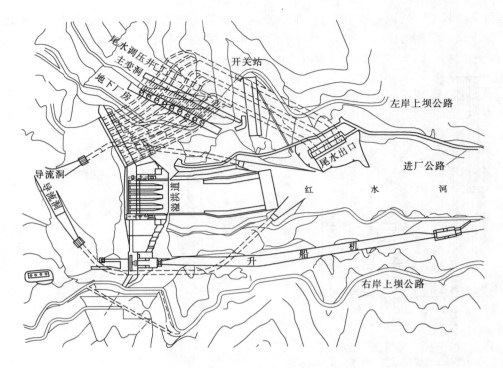

图 1-9 龙滩水电站

（龙滩水电站布置为混凝土重力坝，左岸地下厂房，右岸垂直升船机。引水发电系统布置在左岸
坝后山体内，安装有 9 台 600MW 混流式水轮发电机组，尾水为三机一洞一室布置形式）

2. 引水式水电站

引水式水电站是在河段上游筑闸或建低坝（集中水头采取混合式，其坝有可能较高）取水，经长至数千米的引水道将水引到河段下游集中落差形成水头所兴建的水电站。引水道集中落差形成水头的原理是人工引水道的沿程水头损失和局部水头损失比原河段的小，使得沿原河段本来消耗于水头损失的势能得以保存。引水道越长，在其末端被集中得到的落差越多，取得的水头越高。

与坝式水电站相比，引水式水电站具有如下 3 方面的特点：

（1）引水式水电站适用于坡降大的河段水能资源的开发，或者河道裁弯引水、跨流域引水，以便获得更高的水头，如图 1-10 所示的田湾河梯级水电站、如图 1-11 所示的锦屏二级水电站和图 1-12 所示的锡马（Sima）水电站引水系统示意图。所以该类型水电站通常是水头高、引用流量小，适宜安装冲击式水轮发电机组或者混流式水轮发电机组。

（2）引水式水电站简化了大坝的枢纽布置，有利于挡水建筑物、泄洪建筑物、通航建筑物的布置。但另一方面，无论是采取明渠、涵洞等无压流方式引水，还是采取有压隧洞方式引水，在长至数千米引水道的末端必须修建较大调压设施，如压力前池、调节池（无压引水）、调压室（有压引水），以满足水电站调节保证和调节品质的需求。

（3）由于数千米长引水道，工程投资巨大，不可能采用单管单机的布置方式，所以引水道式水电站通常采用一洞多机的布置方式。与坝后式、河床式水电站单管单机布置方式

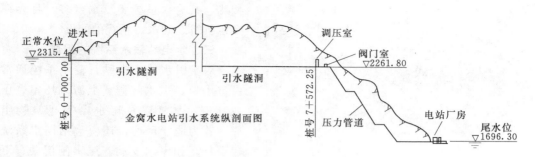

图 1-10 田湾河梯级水电站

（田湾河梯级水电站由仁宗海、金窝、大发 3 座水电站组成。每座水电站的输水系统布置方式相同，即进水口、
引水隧洞、上游调压室、压力管道、岔管、2 条压力支管、地下厂房安装 2 台 120MW 立轴水斗式水轮发电机组。
引水隧洞分别长 7.5km、7.6km 和 9.4km）

图 1-11 锦屏二级水电站

（锦屏二级水电站利用雅砻江 150km 锦屏大河湾的天然落差，截弯取直开挖隧洞引水发电。4 条引水隧
洞长度均约 16.7km，布置 4 座设有上室的差动式上游调压室。电站安装 8 台 600MW 混流式水轮
发电机组，总装机容量 4800MW）

图 1-12 锡马（Sima）水电站引水系统示意图

（锡马水电站位于挪威西南部哈当厄高原，该电站是艾德菲尤尔水电开发工程的一个组成部分。
引水隧洞总长 44km，装机总容量 1120MW，采用 5 喷嘴冲击式水轮发电机组）

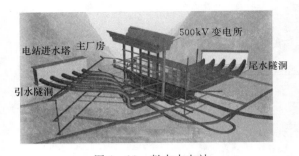

图 1-13　彭水水电站

（彭水水电站是乌江水电基地的 12 级开发中的第 10 个
梯级，由大坝、地下电站、通航建筑物等组成。电站
安装 5 台单机容量为 350MW 的混流式水轮发电机组，
总装机 1750MW）

相比，其输水系统要复杂得多，且存在多台机组之间水力干扰的问题。

三、水电站输水系统的组成

对于引水式水电站，输水系统通常由进水口、引水隧洞、上游调压室、压力管道、岔管以及尾水渠等建筑物组成。若为地下厂房，还应包括尾水系统建筑物，如尾水支洞、尾水闸门井、下游调压室、尾水隧洞等。

对于坝式水电站，其中的坝后式水电站和河床式水电站的输水系统相对简单，前者仅设有进水口和压力管道，后者仅设有进水口。坝式水电站中的河岸式（岸边式）水电站的输水系统布置需要根据厂房开发方式（分为首部开发、中部开发和尾部开发）及水力单元中机组台数，甚至调压措施而定，所以输水系统的组成最为复杂，尤其是河岸式（岸边式）地下厂房水电站，如图 1-13 所示的彭水水电站（采用变顶高尾水洞）、如图 1-14 所示的乌东德水电站（采用尾导结合的明满流尾水系统）。

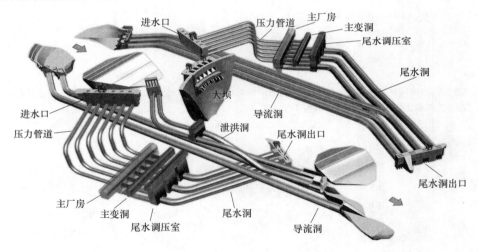

图 1-14　乌东德水电站

（乌东德水电站是金沙江下游河段四大世界级巨型水电站的第一梯级，主体建筑物由拱坝、泄洪洞、
地下电站等组成。电站布置于左、右两岸山体中，各安装 6 台单机容量为 850MW 的混流式
水轮发电机组，总装机容量 10200MW）

本节的主要内容归纳于表 1-1。在此，对不同类型水电站输水系统布置特点做进一步的说明。坝后式水电站和河床式水电站：由于输水系统的流道很短，其水力单元为单管单机，通常呈 1 字形布置，如图 1-5 所示的三峡坝后电站，以及如图 1-3 所示的葛洲坝水电站。河岸式（岸边式）水电站：由于输水系统的布置要绕过坝肩，设有引水隧洞或地

表 1-1 水电站类型

水头集中方式	坝式			引水式	混合式
水电站类型	坝式			引水式	
	河岸式（岸边式）	坝后式	河床式	引水道式	
厂房类型	地下式/地面式	地面式	地面式	地下式/地面式	
水轮机的机型	混流式	混流式/轴流式	贯流式/轴流式	混流式/冲击式	
输水系统布置特点	1km左右 7字形布置 可采用明满流尾水系统	流道短 1字形布置	流道更短 1字形布置	流道很长 设置上游调压室或 上下游双调压室	

下埋管，而尾水出口应远离泄洪挑流的落点，避免对机组运行的干扰，故流道长度为1000m左右，通常呈7字形布置，如图1-1所示的梨园水电站和图1-2所示的溪洛渡水电站。少数水电站也呈1字形布置，如图1-15所示的隔河岩水电站和图1-16所示的糯扎渡水电站。引水式水电站：由于输水系统的流道很长，长达数千米甚至上万米，其水力单元若采用单管单机布置方式，不仅投资太大，而且布置条件也不可行，所以水力单元宜为一洞多机，并且设有上游调压室或者压力前池（无压引水道）。

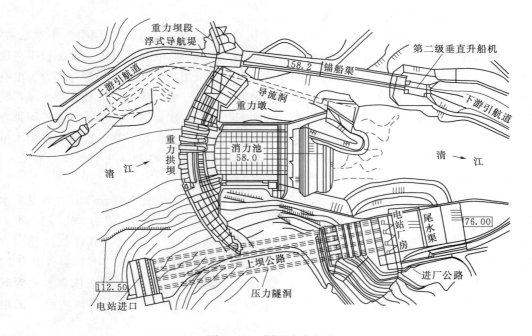

图 1-15 隔河岩水电站

[隔河岩水电站是清江干流梯级开发的骨干工程，由大坝、电站厂房和升船机等建筑物组成。河岸式（岸边式）地面厂房，安装4台300MW水轮发电机组，总装机容量1200MW]

图 1-16　糯扎渡水电站

（糯扎渡水电站是澜沧江下游水电核心工程，电站枢纽由心墙堆石坝、左岸溢洪道、
左岸引水发电系统等组成。电站安装 9 台 650MW 机组，总装机容量 5850MW）

第二节　水力发电建设成就与前景

一、世界水力发电的成就与前景

1878 年法国建成世界上第一座水电站，装机容量 25kW。1912 年中国第一座水电站，云南昆明石龙坝水电站开始发电，装机容量 480kW。20 世纪 30 年代以后，由于长距离输电技术的发展，可把边远地区开发的水电能源，向城市及用电中心供电，使得水力发电有了迅速和巨大的发展。大多数水电生产都采用大型水坝，在大河中段或低处建设水库，随着水电装机越来越大，水库也越来越大，成为人工湖。第二次世界大战后，世界各国都普遍采用大坝开发水电，而中国在这方面有独特做法，初期一般采用小坝，发展中小型水电取得了成功。20 世纪 70 年代，西方发达国家进入水电开发高峰期，几乎每年都有 2～3 座新建的大坝交付使用。

水电具有资源可再生、发电成本低、生态清洁等优越性，成为世界各国大力发展水电的动力。根据 2014 年国际能源署统计数据，化石燃料发电占总电能的 66.7%，水力发电占 16.4%，核能发电占 10.6%，生物质能及垃圾发电占 2.1%，其他如地热、太阳能、风能等发电占 4.2%。即全球近 1/5 的发电量来自于水电。事实上，全世界有 24 个国家靠水电为其提供 90% 以上的能源，如巴西、挪威等；有 55 个国家依靠水电为其提供 50% 以上的能源，如加拿大、瑞士、瑞典等；在一些国家，水电是国内唯一的电力来源（表 1-2）。

1. 世界水能资源开发潜力及地域分布

全世界可开发的水力资源约为 22.15 亿 kW，分布不均匀，各地域开发的程度亦各异。见表 1-3，截至 2008 年，全球水电开发程度按发电量与经济可开发量的比值计算达到了 35%，其中非洲为 11%，亚洲为 25%，大洋洲为 45%，欧洲为 71%，北美洲为 65%，

表 1-2　　　　　　　　　　供电总量中水电份额大的国家

国　家	水电份额/%	国　家	水电份额/%
巴拉圭	100	斯里兰卡	94
挪威	99	巴西	87
赞比亚	99	哥伦比亚	78
加纳	99	葡萄牙	77
阿尔巴尼亚	97	新西兰	75
莫桑比克	96	拉脱维亚	70
扎伊尔	95	冰岛	70
瑞士	74	委内瑞拉	73
尼泊尔	74	奥地利	67
加拿大	67		

南美洲为 40%。所以，至 2009 年未开发的技术潜力的百分比在非洲最高（92%），其次是亚洲（80%），澳大利亚/大洋洲（80%）和拉丁美洲（74%）。即使在世界上最工业化的地区，未开发的潜力仍然很大，在北美洲为 61%，在欧洲为 47%（图 1-17）。

表 1-3　　　　　　　　　　世界水力资源的潜力和开发利用

区域	水电理论蕴藏量/(GW·h/年)	技术可开发量/(GW·h/年)	经济可开发量/(GW·h/年)	技术上可开发潜力/MW	已被开发利用/MW	已开发的占资源潜力/%	占世界水力资源总量比例/%
全世界	39096600	14653115	8727911	2214700	363000	17	100
亚洲	19701583	7654565	4487377	610100	53080	9	28
南美洲	5696000	2615299	1536197	431900	34050	8	20
非洲	2590234	1303246	848434	358300	17180	5	16
北美洲	7574535	1763478	1014910	356400	128870	36	16
欧洲	2900767	1120541	752348	413000	126260	31	18
大洋洲	633384	195987	88644	45000	6300	15	2

注　数据来源 *World Atlas Industry Guide* 2008。

　　近 10 年来，全球水电装机容量一直在增长，平均每年达到 24.2GW，到 2011 年底达到 1067GW（包括抽水蓄能）。估计将 2017 年达到 1300GW（图 1-18）。基于 IEA 2012 能源技术展望——减少二氧化碳排放量的目标，预计 2050 年全球水电装机容量达 1947GW，发电量达 7100TW·h，均为 2012 年的两倍（图 1-19）。

　　从地域分布来看，非洲大陆的未开发水电潜力最大，到 2012 年开发了 8%。而大部分的开发潜能在非洲许多地区和跨界流域，包括刚果、尼罗河、尼日尔和赞比西河。预计 2050 年以前非洲水电总容量为 88GW，水电发电量达 350TW·h。

　　南美洲的水电开发情况显著，特别是 1970 年以来，水电装机容量达到 150GW。这个地区大约有一半的电力来自水力发电。预计 2050 年以前南美洲水电总容量将达 240GW，

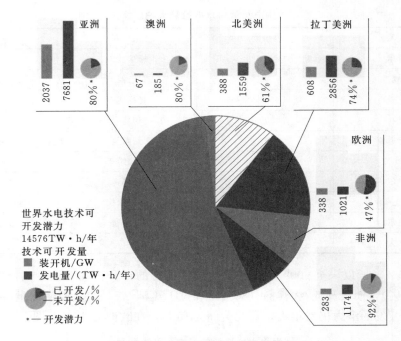

图 1-17 地域水电技术潜力与未开发技术潜力百分比（2009）

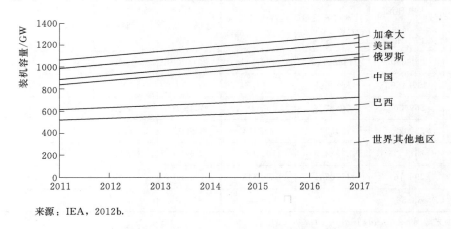

来源：IEA，2012b.

图 1-18 2011—2017 年水电装机容量预期

其中巴西将达 130GW。水力发电将达到 1190TW·h，超过一半在巴西。

北美洲的水电开发将依赖于美国小型水电设施的增长，以及加拿大尚待开发水电潜力。预计 2050 年北美洲水电总容量达 215GW，水电发电量达到 830TW·h。

亚洲的水电开发将主要依赖于中国和印度。中国的水力发电从 2005 年小于 400TW·h 直线上升到 2011 年的 735TW·h，而在 2017 年增至 1100TW·h。在 2035 年之前有可能超过 1500TW·h。在印度，中央电力管理局已经绘制了河流流域的水电资源，规则包括 399 个水电站共 148.7GW，加上 56 个抽水蓄能电站 94GW。2003 年 5 月，印度政府推出了"50000MW 的水电计划"项目 162 个，其中 41 个是抽水蓄能，121 个是径流式。预计

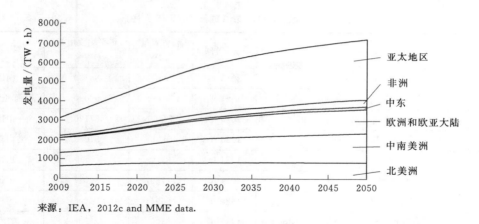

来源：IEA，2012c and MME data.

图 1-19   到 2050 年水力发电的水电路线图

亚洲 2050 年前水电总容量达 852GW。其中中国占一半，印度占 1/4，水电发电量将达到 2930TW·h。

欧盟成员国的共同目标是 2020 年的可再生能源使用率达到 20%。在此背景下，水库型水电站和抽水蓄能电站将促进可再生能源的利用，为风电和光伏的发展起到了重要作用。预计欧洲水电容量在 2050 年达 310GW，水力发电量达到 915TW·h。

俄罗斯到 2020 年的能源战略是：能源组合中水力发电的份额将保持 20% 左右的水平。而塔吉克斯坦、吉尔吉斯斯坦均有巨大的水电发展潜力。预计俄罗斯和欧亚大陆在 2050 年的水电容量为 145GW，发电量达到 510TW·h，其中约 75% 将在俄罗斯。

2. 水能资源及大江大河综合开发与大型水电站

现代水资源的开发利用程度，是一个国家社会经济和科学技术发展水平的标志。20 世纪人类所取得的重大成就之一，是水资源的开发利用得到了飞跃的发展。一个国家对河流特别是大江大河综合治理和开发利用，往往反映了这个国家的科技水平和综合国力。所以发达国家特别重视大江大河的综合治理和开发，促进了社会经济的全面发展。20 世纪 30 年代，美国田纳西河的综合开发利用取得了巨大成就，举世闻名。但是，从总体上看，世界河流水资源的开发利用程度仍然很低，特别是广大的发展中国家。

大江大河综合开发需要建设水库大坝。到目前为止，全世界已经建造了 5 万多座水库大坝。坝高 100m 以上的大坝 712 座（其中亚洲 293 座，欧洲 203 座，大洋洲 17 座，非洲 29 座，北美洲 117 座，南美洲 53 座），装机容量 300MW 以上的水电站 418 座（其中亚洲 143 座，欧洲 100 座，大洋洲 9 座，非洲 17 座，北美洲 78 座，南美洲 71 座），库容 30 亿 m³ 以上的水库 289 座（其中亚洲 85 座，欧洲 50 座，大洋洲 5 座，非洲 22 座，北美洲 71 座，南美洲 56 座）。大型水电站虽然数量少，但是发电量占主要地位，且大多具有防洪、发电、灌溉、供水、娱乐、航运、养殖和其他功能。全世界前十大已建水电站见表 1-4。

许多大型水电站都随着电力负荷的增长而扩大建设规模。这有两种情况，一种情况是原设计并未考虑而进行扩建的。如美国大古力水电站由 1974MW 扩建至 6494MW；美国胡佛坝水电站由 1345MW 扩建至 2080MW（包括水轮机改建和增加装机容量）；苏联第聂

表 1-4　　　　　　　　世界前十大已建水电站（截至 2015 年 5 月）

序号	名　　称	完工时间	装机容量 /MW	年平均发电量 /GW·h	国家
1	三峡（Three Gorges）	2012 年	22500	88200	中国
2	伊泰普（Itaipu）	1991 年	14000	90000	巴西/巴拉圭
3	溪洛渡（Xiluodu）	2014 年	13860	57120	中国
4	古里（Guri）	1986 年	10305	51000	委内瑞拉
5	图库鲁伊（Tucurui）	1984 年	8370		巴西
6	向家坝（Xiangjiaba）	2014 年	7750	30747	中国
7	大古力（Grand Coulee）	1980 年	6494	20200	美国
8	萨扬舒申斯克（Sayano-Shushenskaya）	1987 年	6400	23500	俄罗斯
9	龙滩（Longtan）	2009 年	6300	18700	中国
10	克拉斯诺亚尔斯克（Krasnoyarsk）	1972 年	6000	20400	俄罗斯

伯列宁水电站由 650MW 扩建至 1478MW；加拿大拉格朗德二级由 5328MW 扩建至 7326MW 等。第二种情况是设计中考虑分期建设。如委内瑞拉古里水电站考虑坝高由 110m 加至 162m，装机由 2020MW 加至 10305MW；巴西图库鲁伊水电站初期装机容量 4000MW，以后扩建至 8370MW 等。

　　3. 中小型水电开发

　　小河流的水能开发一般采用小型水电站。由于小型水电站一般位于比较偏远的山区，常为引水式，可能造成引水河段减水断流现象、水土流失等生态环境问题。而且其经济性比不上大型水电站。所以，国际上一度对发展小型水电站并不重视。

　　在能源危机不断加剧，可再生能源发展迫切需要之时，小水电迎来了新的发展机遇。小水电是一项发展良好的小型可再生能源技术，有助于农村地区通电状况的改善，是联合国工业发展组织（UNIDO）为解决包容性和可持续工业发展的方案之一。开发水电最主要的挑战就是资金问题，然而，小水电却很好地解决了这一问题，因为它投资相对较少，是一种在当地就能取用的可再生能源，可以清洁、高效、安全地达到电气化的最终目的；电价回报率高，能够调动当地的财政资源；所产生的经济效益能有助于分散小群体的社会经济长期发展，通过自主发电的微型电网来摆脱缺电现状。

　　欧美发达国家非常重视小水电开发。2013 年 8 月，美国施行法案，简化和加快小水电开发监管审批程序。美国不仅重视小河流发电，对回收和开发灌溉渠道上的跌水、分水节制闸和退水闸上的微小水能也很感兴趣。欧盟在水电开发程度比较高的情况下，仍计划改扩建或新建小型水电工程，增加水电装机。在联合国系统，呼吁大力发展水电声音越来越强。世界银行、亚洲开发银行等机构在发展中国家积极进行引导和支持。国际上先后开展了绿色水电认证、低影响水电认证和水电可持续性评估。中国发展小水电的经验是：以县为基础的分散式管理体制；对地方办电给予专门的优惠扶持政策；多渠道筹措建设资金；与中国农村电气化建设紧密结合；走技术创新之路，发展经济实用的小水电技术；形成分布式地方小电网。

目前，有 152 个国家和地区拥有小水电站（电站装机容量为 10MW 以下）。全球小水电蕴藏量约为 173GW，超过一半的资源位于亚洲，另约 1/3 位于欧洲和美洲，未来有可能在非洲和美洲获取更多小水电资源蕴藏量的信息。截至 2012 年年底，全球小水电总装机容量约为 75GW，开发率约 43%。世界小水电分布情况见表 1-5。

表 1-5　　　　　　　　　　世界小水电分布情况（2012 年年底）

区　域	亚洲	欧洲	非洲	大洋洲	南美洲	北美洲	世界
蕴藏量/MW	112705	28149	7900	1238	9465	14368	173825
开发量/MW	45972	17827	525	413	1735	8566	75038
开发率/%	40.8	63.3	6.6	33.4	18.3	59.6	43.2

截至 2015 年年底，中国建成农村小水电站 4.7 万座。总装机超过 7500 万 kW，相当于 3 个三峡水电站的装机容量。中国小水电技术可开发量是 1.28 亿 kW，目前的开发量约为 48%。

4. 抽水蓄能电站

抽水蓄能电站是兼有发电与抽水功能的发电站，具有启动灵活、爬坡速度快等常规水电站所具有的优点，以及低谷储能的独特功能，在电网中发挥着提高整体效率，增强安全性与稳定性的重要作用。核电、新能源和智能电网的发展均需要大力发展抽水蓄能电站。抽水蓄能电站可以配置到用电负荷中心、能源基地、电力送出端和落地端等多方面。

抽水蓄能电站 1882 年在瑞士首次建成，至今已有 120 多年的历史。早期以抽水为主要目的，主要用于调节常规水电站出力的季节性不均衡，大多是汛期抽水，枯水期发电。20 世纪 50 年代开始，抽水蓄能电站迅速发展；20 世纪 60—80 年代，抽水蓄能电站建设处于发展的黄金时期，装机容量年均增加 1259MW（60 年代）、3015MW（70 年代）和 4036MW（80 年代）。截至 2014 年年底，全球抽水蓄能容量高达 146000MW，其中 2014 年新增容量为 2400MW。世界十大已经建成的抽水蓄能电站见表 1-6。

表 1-6　　　　　　　　　　世界十大已建抽水蓄能电站（2014 年年底）

序号	电站名称	完工时间	装机容量/MW	国家
1	巴斯康蒂	1985	3003	美国
2	神流川	在建	2820	日本
3	广州	2000	2400	中国
4	惠州	2010	2400	中国
5	德涅斯特	在建	2268	乌克兰
6	奥多多良木	1998	1932	日本
7	路丁顿	1973	1872	美国
8	天荒坪	2004	1836	中国
9	绩溪	在建	1800	中国
10	迪诺维克	1983	1728	英国

2014 年在加那利群岛中面积最小的耶罗岛上建成装机容量 6MW 的抽水蓄能电站，

虽然规模较小，却标志着风力发电和抽水蓄能发电的联合，实现了该岛电能自给自足。2015 年年初，澳大利亚装机容量 430MW 的莱萨克山二期抽水蓄能项目竣工。同时欧洲筹建及在建中的水电站有几座是新型可变速抽水蓄能水电站，其中一座变速水电站由现有水电站改建而成。变速技术能为新抽水蓄能水电站提供更高抽水效率，同时由于该技术具备功率调节功能，因此也能根据电网情况灵活控制抽水量。瑞士的林塔尔发电站（1000MW）成为首个大容量变速抽水蓄能电站。其他值得一提的抽水蓄能电站包括南非的 Ingula 抽水蓄能电站，在 2015 年投入运营，总容量为 1300MW。除此以外，埃及还有一座容量 2100MW 的抽水蓄能电站，目前正在建设中。

中国也在大力发展抽水蓄能电站项目，目前在建 17 座，总装机 21400MW，正筹建 32 座，总装机 40610MW。截至 2016 年 8 月，中国已经投产 28 座抽水蓄能电站，总装机 24023MW，已完成其预期规划目标。

5. 世界水力发电前景的展望

在 21 世纪的上半叶，作为化石能源的替代再生能源，只有水能资源可以成为主要能源。世界上还有 70% 左右的水能资源可供开发，特别是水能资源丰富的发展中国家，其潜力巨大。展望未来，世界水力发电具有如下几方面的发展趋势：

（1）水力发电利用再生能源具有不可替代的众多优越性，优先开发水能资源给社会和经济发展带来巨大的效益已被许多国家的实践所证实，也被许多水能资源丰富但开发程度较低的国家所认识。因此，积极、优先开发水能资源已成为许多国家的基本国策之一。并且中国水电建设队伍的积极参与，以及水电技术的输出，已带来了东南亚、非洲和南美洲水电建设的蓬勃发展。

（2）在实现"至 2050 年全球温室气体排放总量减半"的大背景下，世界各国高度重视大规模开发风能和太阳能等可再生能源。而风电和太阳能发电均为随机性、间断性电能，大规模吸纳入电力系统，需要借助抽水蓄能电站的调节及联合运行。因此，抽水蓄能电站的建设以及抽水蓄能技术将备受重视，必然有着快速的发展。预计近年内大容量（单机容量 500MW）、高水头（900～1000m）单级可逆式机组、变速恒频机组将有所突破，并用于工程实践。

（3）高度重视"环境可承受的水能资源开发"及水电工程综合利用。水电工程不仅给世界提供了低碳、可再生能源，带来巨大的经济效益，也在防止洪旱灾害、灌溉、供水、航运、跨流域调水、水土资源开发、环境污染治理等方面发挥了巨大的作用。但水电开发确实面临着环境能否承受的问题。除水污染外，还存在水库蓄水诱发地震、淹没土地及移民、沼泽化、土壤肥力下降的问题，以及建坝对河流水文条件、泥沙输移、动植物区系生存环境、森林植被条件及自然景观的影响。因此，需要加深水电开发对环境影响、综合效益评价的研究，尽可能减少负面的影响，制定更严格、更客观的标准。

（4）重视对现有水电工程的更新改造和充分利用。世界上早期兴建的水电站已有30～40年以上的运行时间了，有的已接近使用寿命。其技术指标陈旧，效益较低，面临更新改造的需求。老水电站更新改造，不仅可以延长其寿命、降低成本，而且可以采用新技术提高效率和增加机组出力。还可以进行综合开发，如增设供水管道系统，满足社会和居民用水量的需要。此外，在原有工程基础上拆坝建坝、拆老水电站建新水电站也列入了规划和设计的视野，前景广阔。

（5）依靠科技进步推动水电建设，发挥水电站提供巨大电量、保障电力系统安全稳定高效运行的双重作用。科技进步不仅能降低水电能源开发的成本，提高运行效率、延长使用寿命，而且能促进条件较差不易建设的水电站开发，提高技术可开发量。另外，科技进步更能实现水电机组在电网调节中优越作用，完成调峰、调频、事故备用和黑启动等各项任务。预期随着超高水头超大容量水力发电机组、变速恒频机组研制产生、水机电控制预报预警智能系统的研发、水电站建筑物新材料新工艺的进步，水电行业将迎来更加辉煌的明天。

二、我国水力发电的成就与前景

中国是世界上水力资源最丰富的国家，可开发量约为378GW。中国大陆第一座水电站为建于云南省螳螂川上的石龙坝水电站，始建于1910年7月，1912年开始发电，当时装机容量480kW，以后又分期改建、扩建，最终达6000kW。1949年中华人民共和国成立前，全国建成和部分建成水电站共42座，共装机容量360MW，该年发电量1200GW·h（不包括台湾）。1950年以后水电建设有了较大发展，以单座水电站装机250MW以上为大型，25～250MW之间为中型，25MW以下为小型，大、中、小并举，建设了一批大型骨干水电站。其中最大的为长江三峡水利枢纽水电站。在一些河流上建设了一大批中型水电站，其中有一些还串联为梯级。并在一些中小河流和溪沟上修建了一大批小型水电站。2010年8月25日，云南省华能小湾水电站四号机组（单机容量700MW）正式投产发电，成为中国水电装机突破200GW（2亿kW）标志性机组，我国水力发电总装机容量由此跃居世界第一。

1. 水力资源开发总量及流域分布

我国幅员辽阔，国土面积达960万km²，蕴藏着丰富的水力资源。2004年水力资源复查结果是：我国大陆水力资源理论蕴藏量在10MW及以上的河流共3886条，水力资源理论蕴藏量年电量为60829亿kW·h，平均功率为694400MW；单站装机容量0.5MW及以上水电站13286座＋国际界河电站28座，相应技术可开发装机容量541640MW，年发电量24740亿kW·h，其中经济可开发水电站11653座＋国际界河电站27座，装机容量401795MW，年发电量17534亿kW·h，分别占技术可开发装机容量和年发电量的74.2%和70.9%。

此外，根据台湾1995年水力资源普查成果，其理论蕴藏量年电量1020.7亿kW·h，平均功率11652MW；技术可开发装机容量5048MW，年发电量201.5亿kW·h；经济可开发装机容量3835MW，年发电量138.3亿kW·h。

具体资料见表1-7～表1-9。

我国河流按照流向可分为流向海洋的外流河和不与海洋沟通的内陆河两大类，外流河的流域面积约占全国国土面积的2/3，外流河流大多数自西向东或东南流向太平洋，主要有黑龙江、辽河、海河、黄河、淮河、长江、珠江、澜沧江、钱塘江、闽江等；怒江、雅鲁藏布江等江河向南出国境后流入印度洋；新疆西北部的额尔齐斯河流经哈萨克斯坦、俄罗斯汇入北冰洋。

按河流长度排序，前三位河流分别为长江6300km，黄河5464km，黑龙江4341km（含国外部分）；按流域面积排序，前三位为黑龙江185.5万km²（含国外部分，其中中国

表 1-7　　　　　　　全国水力资源复查成果汇总表（2004 年）

序号	项　目		单　位	数　值
1	理论蕴藏量	年电量	亿 kW·h	60829
		平均功率	MW	694400
2	技术可开发量	水电站座数	座	13286+28/2
		装机容量	MW	541640
		年发电量	亿 kW·h	24740
3	经济可开发量	水电站座数	座	11653+27/2
		装机容量	MW	401795
		年发电量	亿 kW·h	17534
4	已（正）开发量	水电站座数	座	6053+4/2
		装机容量	MW	130980
		年发电量	亿 kW·h	5259

注　表中数值统计范围为理论蕴藏量 10MW 及以上河流和这些河流上单站装机容量 0.5MW 及以上的水电站，不含港澳台地区。

表 1-8　　　　　全国水力资源可开发量按规模统计汇总表（2004 年）

序号	项　目		单　位	数　值
1	大型水电站（300MW 及以上）	技术可开发量 水电站座数	座	263+10/2
		装机容量	MW	388700
		年发电量	亿 kW·h	17920
		经济可开发量 水电站座数	座	175+10/2
		装机容量	MW	276082
		年发电量	亿 kW·h	12050
		已（正）开发量 水电站座数	座	65+3/2
		装机容量	MW	90102
		年发电量	亿 kW·h	3571
2	中型水电站（50～300MW）	技术可开发量 水电站座数	座	785+10/2
		装机容量	MW	87730
		年发电量	亿 kW·h	3927
		经济可开发量 水电站座数	座	631+9/2
		装机容量	MW	68252
		年发电量	亿 kW·h	2933
		已（正）开发量 水电站座数	座	162+1/2
		装机容量	MW	17693
		年发电量	亿 kW·h	705

续表

序号	项　目		单　位	数　值
3	小型水电站 （0.5～50MW）	技术可开发量		
		水电站座数	座	12238＋8/2
		装机容量	MW	65210
		年发电量	亿 kW·h	2893
		经济可开发量		
		水电站座数	座	10847＋8/2
		装机容量	MW	57461
		年发电量	亿 kW·h	2551
		已（正）开发量		
		水电站座数	座	5826
		装机容量	MW	23185
		年发电量	亿 kW·h	983

注　表中数值统计范围为理论蕴藏量 10MW 及以上河流和这些河流上单站装机容量 0.5MW 以上的水电站，不含港澳台地区。

表 1-9　　全国装机容量 10MW 及以上水电站分类统计汇总表（2004 年）

序号	项　目		单　位	数　值
1	一类电站 （已建和在建）	技术（经济） 可开发量		
		水电站座数	座	827＋4/2
		装机容量	MW	119975
		年发电量	亿 kW·h	4778
2	二类电站 （已完成预可研 或可研设计）	技术可开发量		
		水电站座数	座	471＋2/2
		装机容量	MW	96650
		年发电量	亿 kW·h	4179
		经济可开发量		
		水电站座数	座	463＋2/2
		装机容量	MW	96342
		年发电量	亿 kW·h	4167
3	三类电站 （已完成规划设计）	技术可开发量		
		水电站座数	座	1080＋10/2
		装机容量	MW	144190
		年发电量	亿 kW·h	6604
		经济可开发量		
		水电站座数	座	1000＋19/2
		装机容量	MW	138087
		年发电量	亿 kW·h	6346
4	四类电站 （进行了现场查勘、 简单的测量和 梯级布置工作）	技术可开发量		
		水电站座数	座	290
		装机容量	MW	30012
		年发电量	亿 kW·h	1518
		经济可开发量		
		水电站座数	座	188
		装机容量	MW	21848
		年发电量	亿 kW·h	1065
5	五类电站 （仅在室内估算过 水能指标）	技术可开发量		
		水电站座数	座	334
		装机容量	MW	127052
		年发电量	亿 kW·h	6611

注　表中数值统计范围为理论蕴藏量 10MW 及以上河流和这些河流上单站装机容量 10MW 及以上的水电站，不含港澳台地区。

19

侧约为 90.4 万 km²），长江 180.85 万 km²，黄河 79.47 万 km²；按天然多年平均年径流量排序，前三位为长江 9613 亿 m³，黑龙江 3550 亿 m³（含国外部分），珠江 3280 亿 m³；按水能资源技术可开发量排序，前三位为长江流域 256272.9MW，雅鲁藏布江流域 67849.6MW（仅为国内部分），黄河流域 37342.5MW。

根据各流域水力资源量及地理位置，2004 年水力资源复查将我国河流分为长江流域、黄河流域、珠江流域、海河流域、淮河流域、东北诸河、东南沿海诸河、西南国际诸河、雅鲁藏布江及西藏其他河流、北方内陆及新疆诸河等 10 个部分进行分析统计。具体资料见表 1-10～表 1-12。

2. 水力资源特点及水电开发规划

我国水力资源呈如下的特点：

（1）水力资源地域分布不均，需要水电"西电东送"。由于我国幅员辽阔，地形与雨量差距较大，因而形成水力资源在地域分布上的不平衡，水力资源分布是西部多、东部少。我国的经济是东部相对发达、西部相对落后，因此西部水力资源开发除了西部电力市场以外，还要考虑东部市场，实行水电的"西电东送"。

（2）水力资源时间分布不均，需要建设水库进行调节。大多数河流年内、年际径流分布不均，丰、枯季节流量相差较大，需要建设调节性能好的水库，对径流进行调节。这样才能提高水电的总体发电质量，更好地适应电力市场的需要。

（3）水力资源较集中地分布在大江大河干流，便于建立水电基地实行战略性集中开发。水力资源富集于金沙江、雅砻江、大渡河、澜沧江、乌江、长江上游、南盘江红水河、黄河上游、湘西、闽浙赣、东北、黄河北干流以及怒江等 13 个水电基地，其总装机容量约占全国技术可开发量的 50.9%。

（4）大型水电站装机容量比重大，中小型水电站座数多，分布地域广。全国技术可开发水电站中，装机容量 300MW 及以上的大型水电站装机容量和年发电量的比重分别达 71.76% 和 72.43%，其中装机容量 1000MW 及以上的特大型水电站装机容量及年发电量的比重均超过 50%。而小型水电站的座数占全国总座数的 92.1%，在全国各地都有分布，虽然总装机容量和年发电量不大，但却是解决当地能源和电力的宝贵资源。

我国水电开发现状及规划大致如下：

2013 年，随着金沙江溪洛渡、向家坝等水电工程陆续投产，全国水电装机达到 280.02GW，其中常规水电达到 258.49GW。到 2015 年，常规水电装机容量将达到 271GW，占电力总装机容量的 28.6%，开发程度达 50%；到 2020 年，常规水电装机容量将达到 328GW，占电力总装机容量的 28.5%，开发程度达 60%。按规模划分，大中型常规水电将在 2015 年和 2020 年年末，总规模将分别达到 208.5GW 和 253GW；小型水电站（装机容量 50MW 以下水电站）在 2015 年和 2020 年年末，总规模将分别达到 62.5GW 和 75GW。

按十三大水电基地划分，到 2015 年和 2020 年，总体开发程度分别达到 55% 和 70%。其中，至 2015 年年末，金沙江中下游、雅砻江、大渡河、澜沧江和怒江水电基地开发程度分别达到 29.1%、57.0%、68.5%、57.4% 和 14.0%；至 2020 年年末，金沙江中下游、雅砻江、大渡河、澜沧江和怒江水电基地开发程度达到 54.9%、72.9%、86.9%、76.4%

表 1-10

全国水力资源复查成果分流域汇总表（2004 年）

序号	流域	理论蕴藏量		技术可开发量			经济可开发量			已正开发量		
		年电量/(亿 kW·h)	平均功率/MW	电站座数/座	装机容量/MW	年发电量/(亿 kW·h)	电站座数/座	装机容量/MW	年发电量/(亿 kW·h)	电站座数/座	装机容量/MW	年发电量/(亿 kW·h)
1	长江流域	24335.98	277808.0	5748	256272.9	11878.99	4968	228318.7	10498.34	2441	69727.1	2924.96
2	黄河流域	3794.13	43312.1	535	37342.5	1360.96	482	31647.8	1111.39	238	12030.4	464.79
3	珠江流域	2823.94	32236.7	1757	31288.0	1353.75	1538	30021.0	1297.68	957	18100.7	785.78
4	海河流域	247.94	2830.3	295	2029.5	47.63	210	1510.0	35.01	123	803.4	19.50
5	淮河流域	98.00	1118.5	185	656.0	18.64	135	556.5	15.92	75	310.3	9.58
6	东北诸河	1454.80	16607.4	644+26/2	16820.8	465.23	510+26/2	15729.1	433.82	196+4/2	6396.8	151.74
7	东南沿海诸河	1776.11	20275.3	2558+1/2	19074.9	593.39	2535+1/2	18848.3	581.35	1388	11653.7	363.08
8	西南国际诸河	8630.07	98516.8	609+1/2	75014.8	3731.82	532	55594.4	2684.36	313	9322.7	442.77
9	雅鲁藏布江及西藏其他河流	14034.82	160214.8	243	84663.6	4486.11	130	2595.5	119.69	52	346.6	11.55
10	北方内陆及新疆诸河	3633.57	41479.1	712	18471.6	805.86	616	17174.0	756.39	270	2290.2	85.10
	合计	60829	694400	13286+28/2	541640	24740	11653+27/2	401795	17534	6053+4/2	130980	5259

注　表中数值统计范围为理论蕴藏量 10MW 及以上河流和这些河流上单站装机容量 0.5MW 及以上的水电站，不含港澳台地区。

表 1-11

全国水力资源可开发量按规模分流域统计汇总表（2004 年）

序号	流域	大型水电站（300MW 及以上）						中型水电站（50～300MW）						小型水电站（0.5～50MW）					
		技术可开发量		经济可开发量		已正开发量		技术可开发量		经济可开发量		已正开发量		技术可开发量		经济可开发量		已正开发量	
		装机容量/MW	年发电量/(亿 kW·h)	装机容量/MW	年发电量/(亿 kW·h)	装机容量/MW	年发电量/(亿 kW·h)	装机容量/MW	年发电量/(亿 kW·h)	装机容量/MW	年发电量/(亿 kW·h)	装机容量/MW	年发电量/(亿 kW·h)	装机容量/MW	年发电量/(亿 kW·h)	装机容量/MW	年发电量/(亿 kW·h)	装机容量/MW	年发电量/(亿 kW·h)
1	长江流域	187307.0	8619.72	168645.0	7698.27	51965.0	2110.85	38807.3	1817.41	33246.9	1528.21	7878.6	358.19	30158.9	1441.88	26427.7	1271.85	9883.4	455.95
2	黄河流域	30664.5	1064.72	25894.5	857.09	10122.5	377.80	4082.1	171.41	3439.5	142.64	1143.5	49.73	2595.9	124.85	2313.8	111.69	764.4	37.22
3	珠江流域	17467.5	739.11	17467.5	739.11	12033.5	517.57	6008.4	271.78	5559.4	252.39	2577.0	118.83	7812.1	342.84	6994.0	306.18	3490.4	149.38
4	海河流域							749.0	11.47	617.0	10.21	297.0	5.89	1280.5	36.16	893.0	24.80	506.4	13.61
5	淮河流域							50.5	1.10	50.0	1.10	0.0	0.0	606.0	17.54	506.5	14.82	310.3	9.58
6	东北诸河	8264.0	226.24	8264.0	226.24	3764.0	84.06	5117.0	129.93	4651.0	117.35	1865.5	43.01	3439.9	109.08	2814.2	90.24	767.4	24.67
7	东南沿海诸河	4162.5	111.61	4162.5	111.61	3862.5	108.01	4931.2	138.35	4681.2	131.41	2596.2	75.35	9981.2	343.43	9804.6	338.33	5194.9	179.73
8	西南国际诸河	62486.0	3081.45	47346.0	2257.98	7575.0	356.84	8929.0	458.33	5368.5	274.18	626.5	29.18	3599.8	192.04	2879.9	152.20	1121.2	56.75
9	雅鲁藏布江及西藏其他河流	74077.0	3927.84	332.0	17.36			9780.5	515.66	1736.5	76.81	212.5	4.99	806.1	39.62	527.1	25.52	134.1	6.56
10	北方内陆及新疆诸河	4270.0	149.54	3970.0	142.54	780.0	16.18	9271.5	411.12	8901.5	398.43	497.0	19.63	4930.1	245.21	4302.5	215.42	1013.2	49.30
	合计	388700	17920	276082	12050	90102	3571	87730	3927	68252	2933	17693	705	65210	2893	57461	2551	23185	983

注 表中数值统计范围为理论蕴藏量 10MW 及以上河流和理论蕴藏量 0.5MW 及以上单站河流上单站装机容量 0.5MW 及以上的水电站，不含港澳台地区。

表 1－12　全国装机容量 10MW 及以上水电站分类分流域统计汇总表（2004 年）

序号	流域	一类电站 技术（经济）可开发量		二类电站				三类电站				四类电站				五类电站	
				技术可开发量		经济可开发量		技术可开发量		经济可开发量		技术可开发量		经济可开发量		技术可开发量	
		装机容量/MW	年电量/(亿kW·h)	装机容量/MW	年电量/(亿kW·h)	装机容量/MW	年电量/(亿kW·h)	装机容量/MW	年电量/(亿kW·h)	装机容量/MW	年电量/(亿kW·h)	装机容量/MW	年电量/(亿kW·h)	装机容量/MW	年电量/(亿kW·h)	装机容量/MW	年电量/(亿kW·h)
1	长江流域	65261.8	2712.94	62314.3	2983.33	62105.9	2973.53	73631.1	3427.77	69988.7	3272.54	23330.7	1209.53	17358.4	851.14	21303.0	1043.97
2	黄河流域	11572.2	441.46	12551.6	376.25	12551.6	376.25	6471.1	242.44	6460.3	242.13	486.8	23.45	150.9	7.11	5274.0	229.28
3	珠江流域	16238.8	706.70	5899.4	226.80	5899.4	226.80	5251.0	249.07	4778.9	229.27	182.4	9.06	146.4	7.30	302.3	12.74
4	海河流域	586.3	12.11	447.1	6.89	447.1	6.89	426.1	8.99	71.0	2.35	13.0	0.44				
5	淮河流域	178.0	5.58	84.0	2.00	84.0	2.00	36.4	0.41	36.4	0.41	37.0	0.86	27.0	0.66	23.8	0.73
6	东北诸河	6045.1	139.24	1562.1	40.25	1562.1	40.26	6486.9	199.89	6486.9	199.89	1415.6	42.02	691.6	21.13	108.8	3.03
7	东南沿海诸河	9388.2	281.12	2831.6	77.97	2731.6	75.57	2480.0	76.43	2215.8	68.81	22.6	0.54				
8	西南国际诸河	8720.2	413.23	8768.4	390.99	8768.4	390.99	37147.8	1824.35	35792.8	1755.93	2221.1	120.93	1483.2	82.24	17317.9	939.76
9	雅鲁藏布江及西藏其他河流	268.1	7.14	77.2	3.44	77.2	3.44	180.7	8.80	180.7	8.80	2128.0	103.17	1894.0	91.29	81807.0	4350.08
10	北方内陆及新疆诸河	175.9	58.58	2114.6	71.16	2144.6	71.16	12075.6	565.93	12075.6	565.93	175.1	8.45	96.9	4.62	915.3	31.00
	合计	119975	4778	96650	4179	96342	4167	144190	6604	138087	6346	30012	1518	21848	1065	127052	611

注　表中数值是统计理论蕴藏量 10MW 及以上河流和这些河流上单站装机容量 10MW 及以上的水电站，不含港澳台地区。

23

和 33.7%。

从 2020 年开始，水电开发的主战场将逐渐向金沙江、澜沧江和怒江上游转移，从而启动具有战略意义的"藏电外送"工程。西藏自治区河流众多，水力资源丰富。全区水力资源理论蕴藏量占全国的 29%，居全国首位，技术可开发量占全国的 20.3%，仅次于四川省，居全国第二位。其中藏南的雅鲁藏布江开发难度相对较大，干流曲松-米林河段（约 5000MW）、干流大拐弯（约 48000MW，水头达 2000m 以上）、支流帕隆藏布（约 7000MW）。要科学地做好规划，依靠水电工程和输电工程的技术创新，以及通过国际合作拓展输电走廊或电力市场等，使我国这一水电富矿得以早日开发利用。

3. 水电建设成就及科技进步

从 20 世纪 80 年代开始至 21 世纪初，我国水电建设突飞猛进，建成了一批世界级巨型水电站，如三峡、向家坝、溪洛渡、龙滩、小湾、糯扎渡等水电站。这些水电站兴建不仅对中国实施西部大开发战略、对缓解中国经济高速发展中日益突出的电力紧张问题、对有效改善中国电源结构、促进东中西部优势互补协调发展等方面具有十分重大的意义。而且兴建中所具有的科技含量、成果转化率和创新程度，也取得了令世人瞩目的建设成就。衡量水电站建设成就及科技进步的主要指标可以概括为水轮发电机组的单机容量、额定水头、转轮直径，主厂房的规模（跨度、高度和总长度），调压设施的规模（如调压室断面积、高度，变顶高尾水洞尺寸），隧洞和压力管道的长度和截面积，多台机组共水力单元的复杂程度等。下面根据表 1-13～表 1-16 对我国部分大型地下式水电站主要技术参数所做的统计，将分项予以说明：

表 1-13　　　我国部分大型地下式水电站主要技术参数比较表（不完全统计）

项目	单机容量/MW	额定水头/m	转轮直径/m	主厂房/m				蜗壳平面尺寸/m	
				总长度	单机组段长度	跨度	高度	垂直水流向	顺水流向
三峡	700	85	9.6～10.25	311.3	38.3	32.6/31	87.3	34.105～34.429	29.448～30.449
向家坝	800	100	9.68～9.801	255.0	40	33.4/31.4	85.5	31.483～31.825	27.162～27.819
溪洛渡	770	197	7.15～7.65	443.34	34	31.9/28.4	75.6	21.62～23.93	19.474～21.65
白鹤滩	1000	202	8.6	294.8	38	34.0/31	88.8	27.2	24.9
乌东德	850	137	8.9	333.0	37	32.5/30.5	89.8	31.79	28.06
二滩	550	165	6.366	280.3	31	30.7/25.5	65.38	20.11	17.876
小浪底	300	110	6.3	251.5	26.5	26.2/25	61.44	19.637	17.09
龙滩	700	140	7.9	398.2	32.5	30.7/28.9	76.4	25.402	22.378
彭水	350	67	7.68	252.0	35	30.0/28.5	78.5	27.13	23.709
构皮滩	600	175.5	7.0	230.45	31	27.0/25.3	75.32	22.16	19.75
小湾	700	216	6.7	326.0	35	30.6/28.3	65.6	20.80	17.875
拉西瓦	700	205	6.9	311.75	39	30.0/27.8	74.84	21.686	19.56
瀑布沟	600	156.7	7.18	294.1	34	30.7/26.8	70.1	21.673	19.410

注　三峡左岸额定水头 80.6m，右岸及地下电站额定水头 85m。

（1）在建的白鹤滩水电站单机容量 1000MW，为世界之最，其次为乌东德水电站850MW，目前已投入运行的最大单机容量为向家坝水电站 800MW。额定水头最高的是白鹤滩水电站 202m，其次是已建成的溪洛渡水电站和构皮滩水电站。三峡水电站的水轮机转轮直径突破了 10m，到达 10.25m，也是目前的"世界之最"。

（2）地下厂房规模巨大（表 1-13 和图 1-20），其最大高度接近 90m，如乌东德89.8m；跨度以向家坝和白鹤滩为代表，分别是 33.4m/31.4m 和 34.0m/31m；总长度以溪洛渡和龙滩为代表，分别是 443.34m 和 398.2m，布置 9 台水轮发电机组。

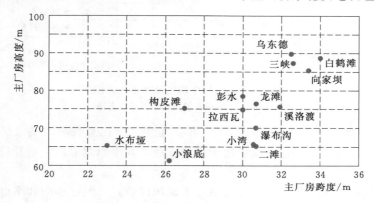

图 1-20　地下厂房跨度及高度散点图

（3）调压室规模巨大（表 1-14 和图 1-21），其最大高度为锦屏二级水电站的136.8m，其次是乌东德和构皮滩；横断面面积最大的是溪洛渡水电站，3 个调压室呈长廊形布置，总长度 317m，宽 26.5m，单个调压室断面积达 2500m² 以上。从调压室结构形式上看，白鹤滩水电站下游调压室为圆筒形，洞室开挖直径、高度分别为 49.0m、105.0m，

表 1-14　　　　　　　　　　国内部分地下电站调压室规模统计表

项目名称	单机容量/MW	调压室结构形式	调压室尺寸/m			分室间岩柱厚度/m	与相邻洞室间距/m	地质条件
			长	宽	高			
乌东德	850	半圆筒形	252.0	42.0/39.3 (D53.0)	113.5	31.0	45.0/40.0	厚层灰岩、大理岩及巨厚层白云岩
溪洛渡	770	长廊形	317.0	26.5	95.0	—	49.85	玄武岩
白鹤滩	1000	圆筒形	D42.0~D49.0		105.0	78.8~83.3	76.75	玄武岩
二滩	550	长廊形	101.5	19.8	59.8	17.2	—	正长岩、蚀变玄武岩
龙滩	700	长廊形	236.6	21.58	89.7			砂岩、泥板岩
拉西瓦	700	圆筒形	D32.0		71.58		25.1	花岗岩
构皮滩	600	长廊形	158.0	18.35	113.0	16.0	24.75	灰岩
瀑布沟	600	长廊形	80.0	17.4	53.35	19.13	32.7	花岗岩
锦屏一级	600	圆筒形	D41.0		80.5	59.10	49.7	大理岩
锦屏二级	600	圆筒形	D28.0		136.8			大理岩
官地	600	长廊形	223.0	21.5	76.5	17.0	48.8	玄武岩

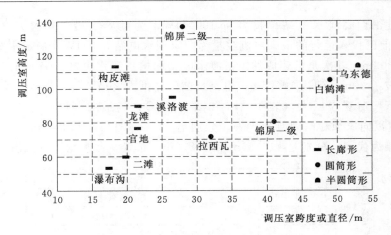

图 1-21 调压室跨度及高度散点图
（半圆筒形、圆筒形横坐标均为开挖直径）

锦屏二级水电站上游调压室为圆形结构，开挖高度、开挖直径分别为136.8m、28.0m，乌东德水电站下游调压室开挖高度仅次于锦屏二级，其半圆筒形调压室开挖直径处于同期最高水平。

（4）变顶高尾水洞。作为一种新型的尾水调压设施，已经在越南和平电站、彭水水电站、三峡地下电站、向家坝地下电站得到了应用（表1-15）。变顶高尾水洞是解决大型水电站调节保证问题的一种可选措施。变顶高尾水洞的特点是洞顶以某一坡度上翘，当下游水位低于尾水洞出口顶高时，尾水洞中水流被分为明流段和满流段（图1-22）。

变顶高尾水洞旨在解决尾水管进口断面最小压强不能满足规范要求的问题。从工程实际角度看，采用变顶高尾水洞的先决条件是压力尾水系统达到需要设置下游调压室的条件，其适用条件是尾水道长度为150～600m，且下游水位变幅比较大的水电站。与调压室方案相比，采用变顶高尾水洞可以减少工程量，并能保证电站安全稳定运行。

表 1-15　　　　　采用变顶高尾水洞的地下电站主要技术参数统计表

项 目 名 称		单位	越南和平电站	彭水水电站	三峡地下电站	向家坝地下电站
机组台数		台	8	5	6	4
单机额定容量		MW	240	350	700	800
总装机容量		MW	1920	1750	4200	3000
转轮直径		m	5.67	7.68	10.25	9.30
最大水头		m	97.50	81.60	113.00	114.20
最小水头		m	67.50	53.60	71.00	86.10
额定水头		m	88.00	67.00	85.00	100.00
额定流量		m³/s	300.00	589.14	991.80	890.00
引水洞布置形式与尺寸	布置形式		一机一洞圆形	一机一洞圆形	一机一洞圆形	一机一洞圆形
	引水系统长度	m	约270	460.01	298.64	328.58
	圆形断面直径	m	8.00	14.00	13.50	14.40

续表

项目名称		单位	越南和平电站	彭水水电站	三峡地下电站	向家坝地下电站
尾水洞布置形式与尺寸	布置形式		二机一洞城门洞形	一机一洞城门洞形	一机一洞城门洞形	二机一洞城门洞形
	尾水系统长度	m	432.10	480.55	276.62	385.83
	变顶高断面尺寸（宽×高）	m×m	12.0×10.0 ～12.0×14.8	12.6×23.46 ～12.6×27.5	15.0×24.5	20.0×32.0 ～20.0×34.0
	顶坡	%	2.0	6.37	4.7	4.0
	底坡	%	1.9	5.19	4.7	3.0
完建时间			1993 年	2009 年 10 月	2012 年 8 月	2013 年 5 月
备注			6 台机组采用变顶高尾水洞			

注　引水系统、尾水系统长度分别为进水口至机组中心线、机组中心线至尾水出口的长度。

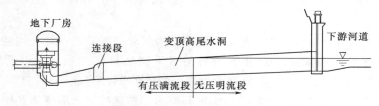

图 1-22　变顶高尾水洞示意图

（5）引水隧洞和压力管道规模，见表 1-16。其中福堂水电站引水隧洞最长，为 19.3km；

表 1-16　　　　地下电站引水隧洞与压力管道规模统计表（不完全统计）

项目名称	装机容量/MW	布置形式	引水系统长度/m	引水隧洞直径/m	压力管道直径/m	蜗壳进口最大压力/m	蜗壳进口 HD 值/m·m
三峡地下电站	6×700	一机一洞	298.64	13.50	13.50～12.40	156.00	1934
向家坝地下电站	4×800	一机一洞	342.68	14.40	14.40～11.40	158.00	1801
溪洛渡	18×700	一机一洞	444.29	10.00	10.00～7.74	287.00	2221
白鹤滩	16×1000	一机一洞	570.42	11.00	10.20～8.60	320.00	2752
乌东德	12×850	一机一洞	572.25	13.50	13.50～11.50	245.50	2823
彭水	5×350	一机一洞	460.00	14.00	14.00～10.50	140.00	1470
锦屏一级	6×600	一机一洞	597.68	9.00	9.00～6.40	310.00	1984
锦屏二级	8×600	两机一洞	17.19×10³	11.8～11.2	6.50	410.00	2665
福堂	4×90	两机一洞	19.30×10³	10.40～9.00	5.20	258.00	1341
毛尔盖	3×140	三机一洞	16.15×10³	8.60	7.00	329.00	2303
金窝	2×120	两机一洞	7.94×10³	5.81～5.25	3.60～2.00	734.00	1468
官地	4×600	一机一洞	478.09	11.80	11.80～9.60	148.00	1421
两河口	6×500	一机一洞	458.69	7.50	7.50～5.90	311.00	1835

注　引水系统长度为进水口至机组中心线的长度。

向家坝地下电站压力管道直径最大，为 14.40m；蜗壳进口 HD 值以乌东德水电站为最大，高达 2823m·m。其中，锦屏二级电站引水隧洞具有埋藏深、洞线长、洞径大、地应力水平高、岩溶水文地质条件复杂、施工布置困难等特点，是目前世界上已建水电站中总体规模最大、综合难度最大的隧洞工程。

4. 水电在能源中的地位及可持续发展

从能源蕴藏总量看，我国是世界上一次能源比较丰富的国家之一：水能资源居世界第 1 位，煤炭探明储量居世界第 3 位，石油探明储量居世界第 10 位，天然气探明储量居世界第 18 位。我国常规能源资源（包括煤炭、石油、天然气和水力资源，其中水力资源为可再生能源，按使用 100 年计算）探明总储量约 8450 亿 t 标准煤（技术可开发），探明剩余可开采总储量为 1590 亿 t 标准煤（经济可开发），分别约占世界总量的 2.6% 和 11.5%。

能源探明总储量的构成为：原煤 85.1%、水力资源 11.9%、原油 2.7%、天然气 0.3%。能源剩余可开采总储量的构成为：原煤 51.4%、水力资源 44.6%、原油 2.9%、天然气 1.1%。

但从人均能源占有量看，我国是世界能源较为贫乏的国家之一，人均能源占有量仅为世界平均水平的一半。例如 2000 年人均石油可采储量只有 2.6t，人均天然气可采储量 1074m³，人均煤炭可采储量 90t，分别为世界平均值的 11.1%、4.3% 和 55.4%。

（1）优先发展水电是我国能源结构优化调整的必然选择。水能资源是中国现有能源中唯一可以大规模开发的可再生能源，人均也能接近世界平均水平（按经济可开发水能资源为 91%）。按常规能源使用 100 年考虑，水电能源若 50 年内不开发，就等于浪费了 1/2 的水电能源。因此，水电能源越早开发越好。世界各国，尤其是发达国家，多是率先开发和利用水电资源，待水电开发到一定程度后，才转向大规模地开发其他发电能源。发达国家境内水能资源目前已基本开发完毕，如 20 世纪末，美国水能资源开发利用程度为 82%，日本为 84%，德国为 73%，加拿大为 65%，法国为 80%，奥地利为 69%。

尽管水电能源最终的开发量是有限的，但水能资源的可再生性决定了水电行业是不会枯竭的资源型行业。水电将以开发的最大容量持续运行，机电设备和土建工程的老化可以更新改造。而依赖于煤、油、天然气的火电，一旦燃料枯竭，火电便无法生产。

（2）大力发展水电是我国国民经济和社会发展的必然选择。为了实现中华民族复兴两个一百年伟大梦想，中国正处于现代化建设高速发展时期，加上人民生活水平的不断提高，能源需求和电力消费将保持较高的增长速度。据专家分析，目前美国人均装机容量达到 3.5kW，日本 2.5kW，欧洲国家大体上是 1.5～2.0kW，中国只有 0.9kW。而中国到 2050 年人均装机容量达到 2.0kW 是需要的，中国届时人口总数将达到 15 亿，这样就需要总装机容量达到 30 亿 kW。

总装机 30 亿 kW 中，可开发的水电资源总量只有 5 亿 kW（不包括抽水蓄能），并且水电仍是我国资源最丰富、技术最成熟、成本最经济、电力调度最灵活的非化石能源、可再生能源，也是最现实的具有大规模发展能力的首选能源，是可持续利用的低碳能源。因此可以预计，未来的 20～30 年将是我国水电建设实现跨越式发展的黄金时期。目前我国西部地区的水电资源开发程度还较低，而 75% 的经济效益好的大型水电站站址集中在西部，对西部水电资源进行开发，可以把西部资源优势转化为经济优势，从而带动区域经济发展，加快西部大开发进程。

（3）发展清洁可再生的绿色水电是我国环境保护的必然选择。常规燃煤发电方式，煤在燃烧过程中排放出大量的有害物质（二氧化硫、氮氧化物、二氧化碳和烟尘等），使大气环境受到严重污染，引发酸雨和"温室效应"等多方面的环境问题。目前中国发电80％靠燃煤，二氧化碳排放量世界第一，大约占世界排放总量的1/5。要实现"至2050年全球温室气体排放总量减半"的目标，我国电力发展必须以结构调整为前提，一方面对煤炭利用采取有效的环保措施，另一方面大力发展清洁、可再生的绿色水电。

（4）水电开发是我国江河治理的主要途径和水资源综合利用的重要内容。我国降雨时空分布不均，水灾害频繁，一个重要原因就是江河综合治理程度不高。水电开发是水资源综合利用的重要内容，修建控制性水利枢纽工程，不仅能开发水能资源，而且可以有效控制和调节洪水，保障中下游地区的防洪安全；可以为资源型缺水的邻近地域调水和优化水资源配置，改善地域性水资源分布不均衡状况；还可以发挥灌溉、供水、航运、跨流域调水、水土资源开发、环境污染治理等多种效益。

（5）发展抽水蓄能是我国能源结构调整及维护电网安全运行的必然选择。中国能源结构呈现清洁化、低碳化发展趋势。非化石能源在能源消费中的比例将从2020年15％上升到2050年的38％左右。为适应能源结构调整的需要，为配合风电、核电的大规模开发建设，需要建设一批具有较好调节性能的抽水蓄能电站。此外我国西部地区水能、风能、煤炭资源较为丰富，需要实施西电东送。为保障长距离、大规模西电东送的安全运行，也需要在受端和送端配套建设一定规模的抽水蓄能电站。

抽水蓄能发展规划是：2015年底抽水蓄能装机规模3000万kW，2020年底达到7000万kW，约占同期全国总装机容量的4.4％。2030年我国抽水蓄能电站建设规模为1.1亿kW，约占同期全国总装机容量的5％；2050年目标规模为1.6亿kW，约占5.3％。即使如此，与发达国家抽水蓄能电站比重8％～10％还有一定的距离，任重而道远。

（6）以科学的理念、有效的政策措施引导和保障小水电可持续发展。我国小水电的装机规模和发电量均居世界第一，但目前小水电的开发率不到50％，与发达国家水能资源平均70％～80％的开发率相比，潜力还很大。在大力提倡节能减排，发展低碳经济，保障和改善民生的时代背景下，未来中国小水电应以科学的理念、有效的政策措施引导和保障其可持续发展。从强调水能的充分利用，转变为有限、有序、有偿开发水能资源；从强调发电功能，转变为更加重视发挥水电工程的生态功能和环境效应；从单一开发，转变为与风能、太阳能、生物质能相配合，形成分布式的可再生发电能源，作为大电源的重要补充。

总之，水力资源是人类充分利用自然资源，保持人类社会、经济与资源环境协调发展的不可替代的优质能源，水力发电是具有巨大社会效益的基础产业和公益事业，在经济社会的可持续发展中具有重要作用，前景广阔。

习 题 与 思 考 题

1. 简述水力发电基本原理，试述水力发电在电力系统中所起的作用。

2. 水电站枢纽通常由哪些部分组成？简述各组成部分的基本作用。

3. 什么是水能资源？水能资源的开发方式有哪些？

4. 什么是坝式水电站？阐述坝式水电站的适用条件和对应的水电站类型。

5. 什么是引水式水电站？阐述其适用条件，与坝式水电站对比，引水式水电站有什么特点？

6. 简述水电站输水系统的组成和特点。

7. 综合分析不同水能资源开发方式下的水电站类型、厂房类型、水轮机类型和输水系统布置特点。

8. 广泛收集资料，了解当前世界水力发电的最新成就。

9. 简述世界水能资源开发总量和地区分布的特点。

10. 世界水能资源及大江大河综合开发方式是什么？有什么特点？

11. 试分析世界上大型水电站、中小型水电站和抽水蓄能水电站发展成就和特点。

12. 阐述世界水力发电发展趋势和前景预测。

13. 分析我国水能资源开发总量和流域分布特点。

14. 试分析我国水能资源的特点，简述我国水电开发方式和前景规划。

15. 列举说明我国水电建设所取得的重大成就和科技进步。

16. 分析水电在能源中的地位，从可持续发展角度阐述大力发展水电的必要性和迫切性。

参 考 文 献

［1］ I. E. A. Electricity Information 2016 ［J］. International Energy Agency，2016.

［2］ I. E. A. Hydropower Roadmap ［J］. International Energy Agency，2012.

［3］ 彭程，钱钢粮. 21 世纪中国水电发展前景展望 ［J］. 水力发电，2006 (2)：6 - 10，16.

［4］ 韩冬，方红卫，严秉忠，等. 2013 年中国水电发展现状 ［J］. 水力发电学报，2014 (5)：1 - 5.

［5］ 张超. 水电能资源开发利用 ［M］. 北京：化学工业出版社，2005.

［6］ 国际小水电中心. 世界小水电报告 ［R］. 2013.

［7］ 赵纯厚，朱振宏，周端庄. 世界江河与大坝 ［M］. 北京：中国水利水电出版社，2000.

［8］ 李伟，李剑峰. 抽水蓄能电站发展综述 ［J］. 吉林水利，2008 (7)：52 - 54，57.

［9］ 邱彬如. 世界抽水蓄能电站新发展 ［M］. 北京：中国电力出版社，2006.

［10］ 中国水力发电工程学会，中国大坝协会，中国水利水电科学研究院. 世界水电发展概况 ［J］. 中国三峡，2011 (1)：54 - 58.

［11］ Kamil Kaygusuz. Hydropower and the World's Energy Future ［J］. Energy Sources，2004，(26)：215 - 224.

［12］ Alison Bartle. Hydropower potential and development activities ［J］. Energy Policy，2002 (30)：1231 - 1239.

［13］ Yüksel. Dams and Hydropower for Sustainable Development ［J］. Energy Sources，Part B：Economics，Planning，and Policy，2009，(4)：100 - 110.

［14］ XiaoLin Chang，Xinghong Liu，Wei Zhou. Hydropower in China at present and its further development ［J］. Energy，2010，(35)：4400 - 4406.

［15］ 林明华，谈国良，张继骞. 世界水电建设现状及展望 ［J］. 水力发电，1990 (12)：35 - 44.

[16] 佚名. 世界水力发电的现状 [J]. 治淮，1987 (1)：47 - 48.

[17] 王铁生. 世界水能资源的现状及远景预测 [J]. 水力发电，1987 (5)：67 - 69.

[18] 周建平，钱钢粮. 十三大水电基地的规划及其开发现状 [J]. 水利水电施工，2011 (1)：1 - 7.

[19] 徐长义. 水电开发在我国能源战略中的地位浅析 [J]. 中国能源，2005 (4)：26 - 30.

[20] 董新亮，夏传清，张秋菊，等. 水电在能源可持续发展战略中的地位及水电战略布局浅析 [J]. 中国三峡科技版，2013 (2)：38 - 43.

[21] 郑守仁. 我国水能资源开发利用的机遇与挑战 [J]. 水利学报，2007，10 (增刊)：1 - 6.

[22] 汪恕诚. 中国电力未来的发展 [J]. 水力发电学报，2013 (3)：1 - 3.

[23] 郑治. 中国水电之最 [J]. 贵州水力发电，2007 (5)：1 - 5.

[24] 张春生. 雅砻江锦屏二级水电站引水隧洞关键技术问题研究 [C]. 西安：2007.

水 轮 机

第二章 水轮机的类型与构造

第一节 水轮机的工作参数

水轮机是将水流能量转换成旋转机械能的一种水力原动机，它利用水流的动能和势能做功。水轮机通过传动设备带动发电机，从而将旋转机械能转换成电能。水轮机和发电机连接为一整体，合称为水轮发电机组，简称为机组，是水电站的主要动力设备。

水轮机的任一工作状态（简称工况）以及在该工况下的工作性能可采用水轮机的水头、流量、导叶开度、出力、效率、转速和力矩等工作参数以及这些参数之间的关系来描述。这些参数的含义分述如下。

一、水头

水轮机水头，又称工作水头或净水头，是指水轮机蜗壳进口断面与尾水管出口断面之间单位体积水流的能量之差，常用 H 表示，单位 m。按照 GB/T 15613.1—2008《水轮机、蓄能泵和水泵水轮机模型验收试验》水轮机工作水头的定义如图 2-1 所示，相应的定义式可统一表示为

$$H = E_1 - E_2 \qquad (2-1)$$

其中

$$E_1 = Z_1 + \frac{p_1}{\rho g} + \frac{v_1^2}{2g}, \quad E_2 = Z_2 + \frac{p_2}{\rho g} + \frac{v_2^2}{2g} \qquad (2-2)$$

式中　E——单位体积水流的能量，m；

Z——断面中心点距离基准面的位置高度，m，该基准面通常为海平面；

p——断面中心点的相对压强，N/m² 或 Pa；

v——断面平均流速，m/s；

ρ——水的密度，其值与当地温度有关，常温20°时，998.203kg/m³；

g——重力加速度，其值与当地纬度及海拔高程有关，通常取值 9.81m/s²。

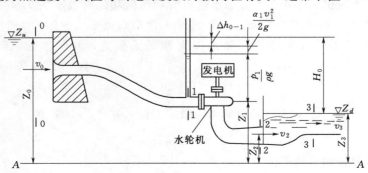

图 2-1　水轮机工作水头

下标 0、1、2、3 分别表示上游进口断面、蜗壳进口断面、尾水管出口断面和下游流道断面。

由图 2-1 可知

$$Z_0 = \Delta h_{0-1} + E_1 , \quad Z_3 = E_2 - \Delta h_{2-3} \qquad (2-3)$$

式中　Z_0——上游水库的水面距离基准面（$A—A$ 断面）的位置高度，m，通常上游水库断面的平均流速 v_0 可忽略不计；

Z_3——下游流道 3-3 断面的水面距离基准面（$A—A$ 断面）的位置高度，m，若该断面平均流速不可忽略，则用 $Z_3 + \dfrac{v_3^2}{2g}$ 代替 Z_3；

Δh_{0-1}——0-0 断面与 1-1 断面之间的所有水头损失，包括局部水头损失和沿程水头损失，m，即机组上游侧，包括进水口和压力管道的水头损失；

Δh_{2-3}——2-2 断面与 3-3 断面之间的所有水头损失，包括局部水头损失和沿程水头损失，m，即机组下游侧，包括尾水管道和尾水出口的水头损失。

将式（2-3）代入式（2-1）得

$$H = Z_0 - \Delta h_{0-1} - Z_3 - \Delta h_{2-3} = H_0 - (\Delta h_{0-1} + \Delta h_{2-3}) \qquad (2-4)$$

其中：$H_0 = Z_0 - Z_3$，称为电站毛水头。故水轮机工作水头等于电站毛水头减去除机组水头损失之外的、所有输水系统的水头损失。并且水轮机工作水头随着水电站上、下游水位的变化而变化，通常用以下 4 个特征水头来表征。

（1）最大水头：允许水轮机运行的最大净水头。

（2）最小水头：能保证水轮机安全、稳定运行的最小净水头。

（3）加权平均水头：考虑了各种水头可能持续的时间的平均水头，即

按时间加权：

$$H_a = \frac{\sum H_i T_i}{\sum T_i}$$

按电能加权：

$$H_a = \frac{\sum H_i T_i N_i}{\sum T_i N_i}$$

式中　T_i、N_i——各水头出现的相应持续时间和出力。

选择水轮机时尽可能使其通过水轮机最高效率区的中心，以保证水轮机的最大运行小时数在高效率区运行。

（4）额定水头：水轮机发出额定出力时的最小净水头。

严格地讲，水轮机工作水头不等于水轮机所利用做功的有效水头 H_e，两者相差水流通过水轮机流道（从蜗壳进口断面 1-1 到尾水管出口断面 2-2）所产生的水头损失 Δh_{1-2}。该损失包括沿程局部损失、撞击损失和涡流损失，并随水轮机工况的变化而变。即

$$H_e = H - \Delta h_{1-2} \qquad (2-5)$$

令：$\eta_h = \dfrac{H_e}{H} = 1 - \dfrac{\Delta h_{1-2}}{H}$，称为水轮机的水力效率。代入式（2-5），得

$$H_e = H \eta_h \qquad (2-6)$$

二、水轮机流量和导叶开度

水轮机的流量是指单位时间内通过水轮机的水体体积，常用 Q 表示，单位 m^3/s。显

然，当水轮机导水机构的开度（简称导叶开度）一定时，水轮机工作水头越高，通过水轮机的流量越大。通常定义：水轮发电机组发出额定出力时所需的最小水头，称为额定水头 H_r，相应的流量为设计流量 Q_r，也称额定流量。换句话说，额定流量就是水轮机发出额定出力时所需要的最大流量，此时对应的导叶开度为水轮机运行的最大开度。

另外，流入水轮机转轮的流量不等于流进水轮机转轮室的流量。其原因在于，动部件与固定部件之间有缝隙，有缝隙就有漏水。故水轮机作有效功的流量是 $Q_e = Q - \Delta q$。

令：$\eta_{vol} = \dfrac{Q_e}{Q} = 1 - \dfrac{\Delta q}{Q}$，称为容积效率。通常容积损失很小，$\eta_{vol} = 98\% \sim 99\%$。故有

$$Q_e = Q\eta_{vol} \tag{2-7}$$

三、出力和效率

水流流经水轮机，给予水轮机转轮的输入功率 N_w，单位 kW。

$$N_w = \gamma QH = 9.81QH \tag{2-8}$$

式中　γ——水的重度，$\gamma = \rho g$，其值通常为 9.81kN/m^3。

而水轮机作的有效功率：

$$N_e = \gamma Q_e H_e = 9.81QH\eta_h\eta_{vol} \tag{2-9}$$

并且，有效功率不等于水轮机的输出功率 N，即水轮机主轴传递给发电机的功率。因为水轮机旋转中还存在着机械损失 ΔN_{mec}，即 $\Delta N_{mec} = N_e - N$。

令：$\eta_{mec} = \dfrac{N}{N_e} = 1 - \dfrac{\Delta N_{mec}}{N_e}$，称为机械效率。通常机械损失很小，$\eta_{mec} = 98\% \sim 99\%$。所以

$$N = N_e\eta_{mec} = \gamma QH\eta_{vol}\eta_h\eta_{mec} = \gamma QH\eta \tag{2-10}$$

并且

$$\eta = \eta_{vol}\eta_h\eta_{mec} \tag{2-11}$$

即：水轮机效率等于水力效率、容积效率和机械效率的乘积，并以百分数表示。现代大型水轮机的最高效率可达 $94\% \sim 96\%$。

四、力矩和转速

水轮机输出功率 N，也可用旋转机械能的形式表示：

$$N = \gamma QH\eta = M\omega = M\frac{2\pi n}{60} \tag{2-12}$$

式中　M——水轮机主轴旋转力矩，$\text{N} \cdot \text{m}$，它用来克服发电机对主轴形成的阻力矩；

　　　　ω——水轮机的旋转角速度，rad/s；

　　　　n——水轮发电机组的转速，r/min。

显然，作用于发电机转子的力矩 M 小于水轮机作有效功的力矩 M_e，更小于水流作用于水轮机的力矩 M_w，因为转速 n 是一定的，所以 M、M_e、M_w 三者之间的关系与 N、N_e、N_w 的三者关系一致，且有

$$\eta_{mec} = \frac{M}{M_e}, \quad \eta_{vol}\eta_h = \frac{M_e}{M_w} \tag{2-13}$$

对于大中型水轮发电机组，水轮机主轴与发电机主轴直接连接，所以水轮机转速必须与发电机的同步转速相等，即必须满足下列关系式：

$$f = \frac{np}{60} \tag{2-14}$$

式中 f——电网规定的电流频率，Hz，我国电网为 50Hz；

p——发电机磁极对数，必须为整数。

于是，水轮发电机组的转速：

$$n = \frac{3000}{p} \tag{2-15}$$

对于不同磁极对数的发电机，其同步转速见表 2-1。

表 2-1　　　　　　　　　　　　磁极对数与同步转速关系表

磁极对数 p	3	4	5	6	7	8	9
同步转速 $n/(r/min)$	1000	750	600	500	428.6	375	333.3
磁极对数 p	10	12	14	16	18	20	22
同步转速 $n/(r/min)$	300	250	214.3	187.5	166.7	150	136.4
磁极对数 p	24	26	28	30	32	34	36
同步转速 $n/(r/min)$	125	115.4	107.1	100	93.8	88.2	83.3
磁极对数 p	38	40	42	44	46	48	50
同步转速 $n/(r/min)$	79	75	71.4	68.2	65.2	62.5	60

第二节　水轮机的主要类型

由于水能资源条件的千差万别，各座水电站所能利用的水头和流量也差别很大，因此需要有各种类型的水轮机来适应不同水能资源条件，以便能充分和有效地利用水能资源。

按照水流能量转换的特征可将水轮机分为两大类：反击式水轮机和冲击式水轮机。而每一类又可根据转轮区内水流流动的特征分为多种形式。水轮机实现水流能量转换的主要部件是转轮，因此可以按水流在转轮内的工作原理来区别水轮机的类型。

如图 2-2 所示，取转轮进口点①和转轮出口点②，来探讨水轮机能量转换的特征。转轮所利用的单位体积水流的能量 H，可以表示为①点和②点的能量之差：

$$H = \left(Z_1 + \frac{p_1}{\gamma} + \frac{\alpha_1 v_1^2}{2g}\right) - \left(Z_2 + \frac{p_2}{\gamma} + \frac{\alpha_2 v_2^2}{2g}\right) \tag{2-16}$$

改写式（2-16），可得

$$\frac{\left(Z_1 + \frac{p_1}{\gamma}\right) - \left(Z_2 + \frac{p_2}{\gamma}\right)}{H} + \frac{\alpha_1 v_1^2 - \alpha_2 v_2^2}{2gH} = 1$$

式中 α_1、α_2——转轮进口和转轮出口的流速分布系数。

令：$\dfrac{\left(Z_1 + \frac{p_1}{\gamma}\right) - \left(Z_2 + \frac{p_2}{\gamma}\right)}{H} = E_P$，$\dfrac{\alpha_1 v_1^2 - \alpha_2 v_2^2}{2gH} = E_C$，则有

$$E_P + E_C = 1 \tag{2-17}$$

式（2-17）表明水轮机所利用的水流能量为水流势能 E_P 与水流动能 E_C 的总和。

若 $E_P=0$，则 $E_C=1$，这种完全利用水流动能做功的水轮机称为冲击式水轮机。

若 $0<E_P<1$，$E_P+E_C=1$，这种同时利用水流动能和势能做功的水轮机称为反击式水轮机。

按照水流在水轮机转轮中的流动方向可将水轮机分为常规水轮机和可逆式水轮机两大类。随着抽水蓄能电站和潮汐电站的发展，将正转和反转都能正常工作的反击式水轮机称为可逆式水轮机，冲击式水轮机没有可逆式。抽水蓄能电站的可逆式水轮机的特点是正转发电，将水能变成电能；反转抽水，利用电能提高水流的势能，蓄藏

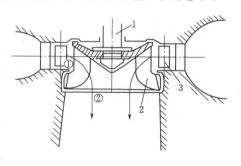

图 2-2　混流式水轮机
1—主轴；2—叶片；3—导叶

能量。潮汐电站的可逆式水轮机特点是正转和反转都能将水能变成电能。

一、反击式水轮机

反击式水轮机的转轮包含若干个具有空间扭曲面的刚性叶片，并完全浸没在压力水流中。水流流经转轮时，转轮迫使压力水流不断改变其流动方向和流速大小，即转轮给水流一个作用力。反过来，水流以其压能和动能给转轮以反作用力，形成力矩，使得转轮转动。所谓的反击式，就是利用水流的反推力，即反作用力做功。根据转轮内水流运动方向或者转轮室内水流相对于主轴流动方向的特征，反击式水轮机又分为混流式、轴流式、斜流式和贯流式 4 种形式。

1. 混流式水轮机

如图 2-2 所示，水流沿径向（辐向）进入转轮，然后近似以轴向流出转轮，即转轮内水流运动方向的特征是由辐向转变为轴向，所以称为辐轴式水轮机或者混流式水轮机。混流式水轮机的转轮结构简单、整体强度高、运行稳定且效率高、应用水头范围广（约为 30～700m），是现代水电站应用最广泛的水轮机机型。

混流式水轮机由美国工程师弗朗西斯（Francis）于 1849 年发明，故又称弗朗西斯水轮机，这类水轮机的最高效率可达 95%～96%。世界上水头最高的混流式水轮机装于奥地利的罗斯亥克电站，其水头为 672m，单机容量为 58.4MW，于 1967 年投入运行。转轮尺寸最大的混流式水轮机装于我国的三峡水电站，其转轮直径约 10.25m，单机容量为 700MW，额定水头为 80.6m，转速为 75r/min，于 2003 年投入运行。功率最大的混流式水轮机装于我国的向家坝水电站，其单机最大容量 800MW，转轮直径 9.80m，额定水头为 100.0m，转速为 71.4r/min，于 2012 年年底投入运行。目前我国正在建设的白鹤滩水电站研制采用单机容量 1000MW 混流式水轮发电机组。

2. 轴流式水轮机

如图 2-3 所示，水流在导叶与转轮之间由径向流动转变为与水轮机主轴平行的轴向流动，而在转轮室内水流保持轴向流动，故称为轴流式。轴流式转轮的叶片为悬臂式，整体强度较低，所以轴流式水轮机适用于中低水头、大流量水电站。应用水头范围约为 3～80m。

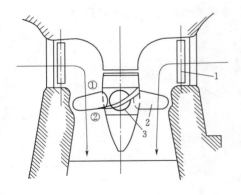

图 2-3　轴流式水轮机
1—导叶；2—叶片；3—轮毂

轴流式水轮机根据转轮的叶片在运行中能否转动，又可分为轴流定桨式和轴流转桨式。轴流定桨式水轮机的叶片固定在转轮体上，叶片安放角不能在运行中改变，因而结构简单、造价较低，但它在偏离设计工况时效率会急剧下降。因此，该水轮机一般用于水头较低、出力较小以及水头变化幅度较小的水电站。轴流转桨式水轮机的转轮叶片可以转动，从而扩大了高效率区的范围，提高了运行的稳定性。但是该水轮机需要增加操作叶片转动的机构，因而结构复杂、造价较高，一般用于水头、出力均有较大变化幅度的大中型水电站。

轴流转桨式水轮机是奥地利工程师卡普兰（Kaplan）在 1920 年发明的，故又称卡普兰水轮机。其转轮叶片一般由装在转轮体内的油压接力器操作，可按水头和负荷变化作相应转动，以保持活动导叶转角和叶片转角间的最优配合，从而提高平均效率，这类水轮机的最高效率有的已超过 94%。20 世纪 80 年代，世界上尺寸最大的转桨式水轮机由中国东方电机厂制造，装在中国的葛洲坝电站，其单机容量为 170MW，水头为 18.6m，转速为 54.6r/min，转轮直径为 11.3m，于 1981 年投入运行。世界上水头最高的转桨式水轮机装在意大利的那姆比亚电站，其水头为 88.4m，单机容量为 13.5MW，转速为 375r/min，于 1959 年投入运行。

3. 斜流式水轮机

如图 2-4 所示，水流在转轮区内沿着与主轴成某一角度的方向流动，故称为斜流式。斜流式水轮机与轴流式水轮机相比：其转轮的叶片也是悬臂式、也可以转动，但近似球面的轮毂可以安放较多的叶片，所以斜流式水轮机可以适用于较高水头的水电站，其应用水头范围约为 40～200m。

斜流式水轮机是瑞士工程师德里亚（Deriaz）于 1956 年发明的，故又称德里亚水轮机。其叶片倾斜地安装在转轮轮毂上，随着水头和负荷的变化，转轮体内的油压接力器操作叶片绕其轴线相应转动。该机型的最高效率稍低于混流式水轮机，但平均效率大大高于混流式水轮机。

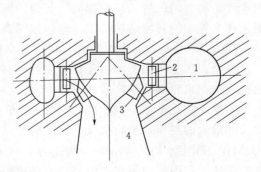

图 2-4　斜流式水轮机
1—蜗壳；2—导叶；3—转轮叶片；4—尾水管

由于斜流式水轮机结构复杂、造价高，一般只在不宜使用混流式或轴流式水轮机，或不够理想时才采用，所以至今只有屈指可数的水电站采用该机型。其中，世界上容量最大的斜流式水轮机安装在苏联的洁雅水电站，单机容量为 215MW，水头为 78.5m。该机型也逐渐被工程应用所淘汰。

4.贯流式水轮机

贯流式水轮机是一种不设引水蜗壳、整个流道近似为直筒状的卧轴水轮机。叶片与轴流式类似，也可分为固定叶片和可转动的叶片。并根据发电机装置形式的不同，分为全贯流式和半贯流式两类。

全贯流式水轮机的发电机转子直接安装在转轮叶片的外缘，如图 2-5 所示。它的优点是水力损失小、过流量大、效率高、结构紧凑。但由于转轮叶片外缘的线速度大，因而旋转密封困难，故应用较少。

目前广泛使用的是半贯流式中的灯泡贯流式水轮机，如图 2-6 所示，其结构紧凑、稳定性好、效率较高。灯泡贯流式机组的发电机布置在被水流环绕的钢制灯泡体内，水轮机与发电机可直接连接，也可通过增速装置连接。

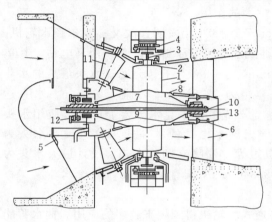

图 2-5　全贯流式水轮机
1—转轮叶片；2—转轮轮缘；3—发电机转子轮辋；
4—发电机定子；5、6—支柱；7—轴颈；8—轮毂
9—锥形插入物；10—拉紧杆；11—导叶；
12—推力轴承；13—导轴承

图 2-6　灯泡贯流式水轮机
1—转轮叶片；2—导叶；3—发电机定子；
4—发电机转子；5—灯泡体

从 20 世纪 60 年代开始，水头在 25m 以下的大中型水电站，国际上普遍采用灯泡贯流式机组，其单机容量也越来越大。1989 年日本的只见水电站贯流式机组的单机容量已达 65MW，水轮机转轮直径 6.7m；1985 年美国的悉尼墨累贯流式水电站水轮机转轮直径达 8.2m，单机容量 24MW。我国贯流式机组单机容量最大的为广西桥巩水电站达57MW，水轮机转轮直径最大为广西长洲水电站达 7.5m，应用水头最高为湖南洪江水电站达 27.3m。

二、冲击式水轮机

冲击式水轮机主要由喷管和转轮组成。来自钢管的高压水流通过喷管端部的喷嘴变为自由射流，即水流在进入转轮前，其势能已转换成动能，形成高速水流冲击水轮机转轮的部分轮叶，并在轮叶的约束下发生流速大小和方向的改变，从而将其动能大部分传递给轮叶，驱动转轮旋转（图 2-7）。

冲击式水轮机的转轮始终处于大气中，在射流冲击轮叶的整个过程中，射流内的压力

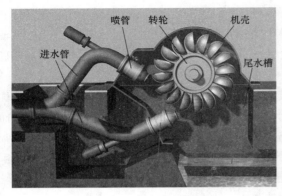

图 2-7　水斗式水轮机

基本不变，近似为大气压。冲击式水轮机按射流冲击转轮的方式不同可分为水斗式、斜击式和双击式。斜击式和双击式水轮机的效率较低，所以基本上被工程应用所淘汰。

大型水斗式水轮机的应用水头范围约为 300～2000m，小型水斗式水轮机的应用水头约 40～250m。该类型水轮机特别适用于高水头、小流量的电站。在未来的高水头水能资源的应用中将发挥越来越巨大的作用。

水斗式水轮机由美国工程师佩尔顿（Pelton）于 1889 年发明，故又称佩尔顿水轮机。20 世纪 80 年代初，世界上单机功率最大的水斗式水轮机装于挪威的悉·西马电站，其单机容量为 315MW，水头 885m，转速为 300r/min，于 1980 年投入运行。水头最高的水斗式水轮机装于奥地利的莱塞克电站，其单机容量为 22.8MW，转速 750r/min，水头达1767m，1959 年投入运行。而澳大利亚的列塞克—克罗依采克水力蓄能电站，应用水头已达到 1771.3m，水轮机出力 22.8MW。我国天湖水电站的水斗式水轮机设计水头为1022.4m。冶勒水电站总装机 2×120MW，机组为 6 喷嘴立轴冲击式，设计最大水头为644.8m，额定转速 375r/min，转轮最大直径 3.346m，节圆直径 2.6m，21 个水斗。

三、可逆式水轮机

随着抽水蓄能电站和潮汐电站的发展，可逆式水轮机得到越来越多的应用。抽水蓄能电站的可逆式水轮机常见形式有混流式和斜流式；潮汐电站的可逆式水轮机常见形式为灯泡贯流转桨式。

抽水蓄能电站的可逆式水轮机又称水泵水轮机。其基本功能是调峰填谷：即在电力系统负荷高于基本负荷时，可作为水轮机发电，平衡负荷高峰；在系统负荷低于基本负荷时，可作为水泵，利用多余电能，从下游水库抽水到上游水库，以位能形式蓄存能量。除此之外，在系统中起着调频调相、旋转备用等快速响应的作用，对维护系统安全稳定运行、提高供电质量和系统灵活性及可靠性是必不可少的。

斜流式水泵水轮机转轮的叶片可以转动，在水头和负荷变化时仍有良好的运行性能，由于受水力特性和材料强度的限制，到 20 世纪 80 年代初，其最高水头只达到 136.2m（日本的高根第一电站）。对于更高的水头，需要采用混流式水泵水轮机。

世界上最大的混流式水泵水轮机装于德国的不来梅蓄能电站，其水轮机水头 237.5m，发电机功率 660MW，水泵扬程 247.3m，电动机功率 700MW，转速 125r/min。1977 年投入运行的南斯拉夫的巴伊纳巴什塔电站，混流式水泵水轮机为当时最高的水头，水轮机水头为 600.3m，单机容量为 315MW，水泵扬程 623.1m，转速为 428.6r/min。

我国抽水蓄能建设起步较晚，但起点较高。已建和在建的若干座大型抽水蓄能电站已处于世界先进水平。如：广州（图 2-8）、惠州抽水蓄能电站总装机容量均达到2400MW，为世界上最大的抽水蓄能电站之一；天荒坪等一批抽水蓄能电站单机容量

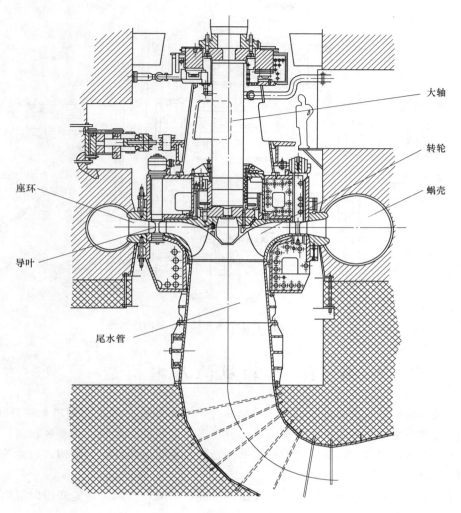

大轴

转轮

蜗壳

座环

导叶

尾水管

图 2-8 混流式水泵水轮机
（广州抽水蓄能电站）

300MW，额定水头在 500m 左右，已达到单级可逆式水泵水轮机世界先进水平；西龙池抽水蓄能电站单级可逆式水泵水轮机组最大扬程 704m，仅次于日本葛野川和神流川抽水蓄能电站机组。目前正在设计的绩溪、敦煌、阳江抽水蓄能电站，最高水头均超过 700m，单机容量分别为 350MW 和 400MW。标志着我国抽水蓄能建设快速的发展和抽水蓄能技术全面的提升。

　灯泡贯流式水泵水轮机，适用水头 3～20m，主要用于抽水蓄能型的潮汐电站，除要求机组具有单向发电、抽水功能外，有时还要求具有双向发电、双向抽水和双向泄水功能。1980 年 8 月 4 日我国第一座"单库双向"式潮汐电站——江厦潮汐试验电站（图 2-9）正式发电，装机容量为 3000kW，年平均发电 1070 万 kW·h，其规模仅次于法国朗斯潮汐电站。

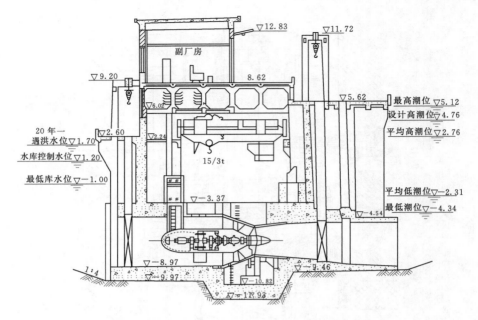

图 2-9　灯泡贯流式水泵水轮机（江厦潮汐电站）

第三节　水轮机的基本构造

反击式水轮机一般是由进水部件、导水部件、工作部件（转轮）和出水部件所组成。对于不同类型的反击式水轮机，其中工作部件在形式上不完全相同，有着各自的特点。转轮是直接将水能转换为旋转机械能的过流部件，它对水轮机的性能、结构、尺寸等都起着决定性的作用，是水轮机的核心部件。

冲击式水轮机的构造相对简单，主要由配水环、喷嘴、针阀、转轮和折向器组成。其中转轮仍然是核心部件。

1. 蜗壳

蜗壳的作用主要是使水流以较小的水力损失均匀对称地流入导水机构和转轮。蜗壳包围在水轮机座环的外缘，其内侧与座环相通。水流进入蜗壳的进口断面，一方面绕蜗壳流道弧形运动，另一方面又沿径向流入导水机构。根据作用水头的大小选用金属蜗壳或钢筋混凝土蜗壳，大中型混流式水轮机工作水头通常在 40m 之上，需要采用金属蜗壳承受较大的内水压力，其包角一般为 345°。

2. 座环

座环由上、下环及均匀分布在四周的若干个固定导叶组成，如图 2-10 所示。其上、下环外缘与蜗壳出水边固定连接，上环顶部承受着发电机的机墩混凝土，上环内缘固定着水轮机顶盖，下环底部为基础混凝土。所以座环的作用是支撑水轮机、发电机部分的重量、水轮机的轴向水推力、顶盖的重量及蜗壳上部部分混凝土的重量，并将此巨大的荷载通过固定导叶传给厂房基础。因此，座环必须有足够的强度和刚度。由于座环的固定导叶立于过水流道中，为了减小水力损失，将固定导叶断面形状做成翼形，并力求沿蜗壳形成的水流流线安置。座环固定导叶个数通常是活动导叶（导水机构中的导叶）个数的一半。

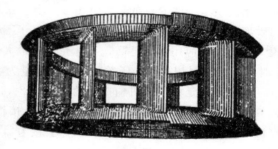

图 2-10 座环的结构图

3. 导水机构

如图 2-11 所示，导水机构由导叶 3 及其操作机构 7～13 组成。导叶沿圆周均匀分布在座环和转轮之间的环形空间内，其上、下端轴颈分别支承在顶盖 6 和底环 21 内的轴套中，并能绕自身轴线转动。为了减小水力损失，导叶的断面形状设计为翼形。导叶也称活动导叶，以区别于固定导叶。

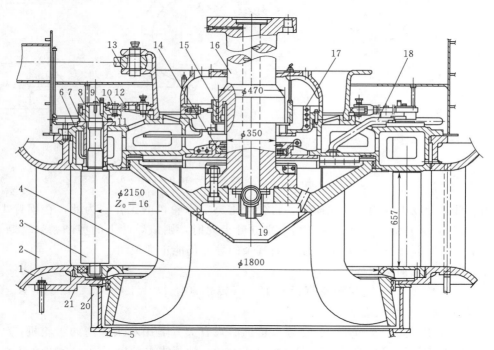

图 2-11 混流式水轮机的结构图

1—蜗壳；2—座环；3—导叶；4—转轮；5—尾水管；6—顶盖；7—上轴套；8—连接板；9—分半键；
10—剪断销；11—拐臂；12—连杆；13—控制环；14—密封装置；15—导轴承；16—主轴；
17—油冷却器；18—顶盖排水管；19—补气装置；20—基础环；21—底环

导水机构的主要作用是根据机组负荷变化来调节水轮机的流量，以改变水轮机的出力，并引导水流按一定的方向进入转轮，形成一定的速度矩；在关闭位置能切断水流使水轮机停止运行。

表征流量调节过程中导叶所处位置的特征参数称为导叶开度 a_0，常用单位 mm。导叶开度 a_0 为任意两个相邻导叶间的最短距离。导叶机械上最大开度 a_{0max} 相当于导叶位于径向位置时的开度，如图 2-12 中虚线所示。但导叶机械上最大开度有可能插入到转轮内，所以水轮机运行时允许的最大开度 a_{max} 小于 a_{0max}。该最大开度不仅取决于机械设计，而且由效率、出力和气蚀等因素综合决定，对于不同工作水头的水轮机有不同的数值。一般来说，水轮机的应用水头越高，导叶允许的最大开度与转轮直径 D_1 的比值越小。当开度为 0 时，导叶首尾相接，处于关闭位置，流量为零，则可使水轮机停止转动。

导叶转动是由操作机构控制的。如图 2-11 所示，每个导叶的上轴颈穿过水轮机的顶盖 6 由键 9 固定在拐臂 11 上，拐臂通过连接板 8 和连杆 12 与控制环 13 相连接。导叶操作机构的传动原理如图 2-13 所示，当接力器活塞移动时，推拉杆即带动控制环转动，从而使导叶发生转动，调节导叶开度 a_0。

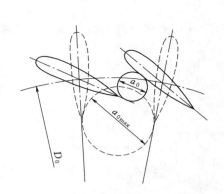

图 2-12　导叶开度示意图

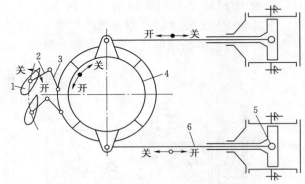

图 2-13　导叶操作机构的传动原理图
1—导叶；2—拐臂；3—连杆；4—控制环；
5—接力器活塞；6—推拉杆

当导叶被杂物卡住而不能关闭时，将会严重影响水轮机的工作。为此，在拐臂 11 与连接板 8 之间采用剪断销 10 连接，当个别导叶卡死时，则该导叶上的剪断销被剪断，从而使被卡的导叶脱离操作机构的控制，而其余的导叶仍能正常关闭。

导叶的主要几何参数如下：

（1）导叶数 Z_0：一般与转轮直径有关，当转轮直径 $D_1 = 1.0 \sim 2.25 m$ 时，$Z_0 = 16$；当 $D_1 = 2.5 \sim 8.5 m$ 时，$Z_0 = 24$。

（2）导叶相对高度 b_0/D_1：主要与水轮机形式有关。适用水头愈高的水轮机，b_0/D_1 愈小。一般对于混流式水轮机，$b_0/D_1 = 0.1 \sim 0.39$；轴流式水轮机，$b_0/D_1 = 0.35 \sim 0.45$。

（3）导叶轴分布圆直径 D_0：它应满足导叶在最大可能开度时不碰到固定导叶及转轮。一般 $D_0 = (1.13 \sim 1.16) D_1$。

4. 尾水管

尾水管的形式有直锥形、弯锥形和弯肘形。前两种形式适用小型水轮机，弯肘形适用于大中型水轮机。尾水管除了引导转轮流出的水流泄入下游外，其主要的作用是回收位能和部分动能，它对水轮机效率影响很大，特别是对于低水头水电站。

一、混流式水轮机

图 2-11 是混流式水轮机的结构图。来自压力钢管的水流经过水轮机的过流部件，即蜗壳 1、座环 2、导叶 3、转轮 4 及尾水管 5 排入下游。为了密封水流和支承导水机构，在

转轮上部设有顶盖 6 并固定在座环上。水轮机的主轴 16 下端用法兰盘和螺栓与转轮相连接，上端与发电机轴相连接。

如图 2-14 所示，混流式水轮机的转轮由上冠 1、叶片 2、下环 3、止漏环 4、止漏环 5 和泄水锥 6 组成。上冠外形为曲面圆台体，其上端用法兰盘与主轴连接，下端用螺钉（或焊接）与泄水锥连接。在法兰盘四周开有几个减压孔，以便将经过上冠外缘渗入冠体上侧的积水排入尾水管，减小作用在转轮和顶盖之间的轴向水压力。大型机组在上冠连接的主轴端常装有补气装置，以便向泄水锥下侧的水流低压区补气。泄水锥的

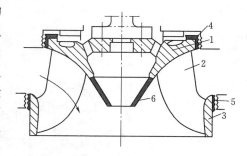

图 2-14 混流式水轮机转轮
1—上冠；2—叶片；3—下环；
4、5—止漏环；6—泄水锥

作用是引导径向水流平顺地过渡成轴向流动，以消除径向水流的撞击及漩涡。

转轮叶片是沿圆周均匀分布的固定于上冠和下环之间的若干个扭曲面体，三者焊接为一整体，其进水边扭曲度较小，而出水边扭曲度较大，其断面形状为翼形。叶片的数目通常在 12～21 片之间。

止漏环也称为迷宫环，由固定部分与转动部分组成。在转轮上冠和下环的外缘处均安装着止漏环的转动部分，它与相对应的固定部分之间形成一连串忽大忽小的沟槽或迷宫状的直角转弯，以增长渗径，加大阻力，从而减小渗漏损失。

由于混流式水轮机转轮的结构特点，整体连接，叶片较多，所以能适用于较高水头的电站。水头越高，要求转轮的流道越长、高度越矮；反之，随着水头降低，过流量增加，流道的高度越来越大，流道的长度越来越短，叶片数也逐渐减少，如图 2-15 所示。

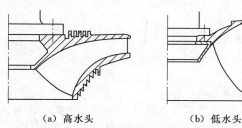

（a）高水头　　　　（b）低水头

图 2-15 适用于高水头和低水头的混流式水轮机转轮

二、轴流式水轮机

图 2-16 是大型轴流转桨式水轮机的结构图。轴流式水轮机许多零部件的结构与混流式水轮机基本相同，其主要区别表现在转轮（包括转轮的流道、叶片及转桨机构）和转轮室上。

轴流式水轮机的转轮是由叶片 12（或称桨叶）、轮毂 13 和泄水锥 16 三部分组成。在轮毂四周按悬臂方式均匀分布安装叶片，叶片是翼形的扭曲面，其内侧弧线短，曲度和厚度较大，外侧弧线长，较薄而平整，外形类似螺旋桨。转轮叶片数一般为 4～8 片，依工作水头大小而定，工作水头较低，轮叶数较少；反之，较多。

定桨式转轮的叶片固定在轮毂上。叶片的安放角 φ 始终固定在设计工况时的最优位置，通常定义此时 $\varphi=0°$。

转桨式转轮的叶片用球面法兰与轮毂连接。叶片可随着水流条件以及出力变化而转

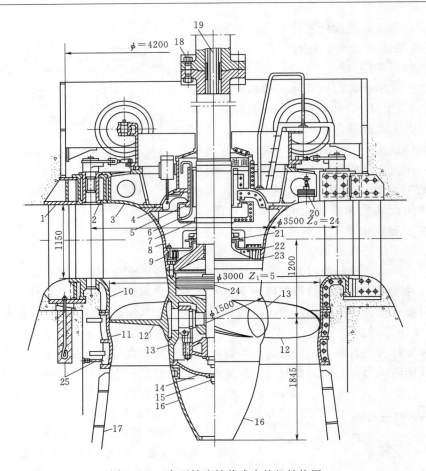

图 2-16 大型轴流转桨式水轮机结构图

1—座环；2—顶环；3—顶盖；4—轴承座；5—导轴承；6—升油管；7—转动油盆；8—支承盖；9—橡皮密封环；
10—底环；11—转轮室；12—叶片；13—轮毂；14—轮毂端盖；15—放油阀；16—泄水锥；17—尾水管里衬；
18—主轴连接螺栓；19—操作油管；20—真空破坏阀；21—炭精密封；22、23—梳齿形止漏环；
24—转轮接力器；25—千斤顶

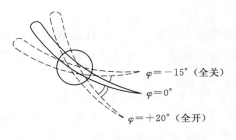

图 2-17 叶片的安放角

动，以保持最优的安放角。安放角 $\varphi > 0°$，即叶片安放斜度大于设计工况的最优安放斜度，表示叶片往开启方向转动；$\varphi < 0°$ 则反之。φ 一般在 $-15° \sim +20°$ 之间，如图 2-17 所示。叶片转动的操作机构安装在轮毂内，其传动原理如图 2-18 所示，当主轴中心操作油管中的油压发生改变时，转轮接力器的活塞 8 发生上、下移动，从而带动连杆 6 和转臂 5 使叶片 1 转动。叶片的转动与导叶的转动在调速器的控制下协联动作，以达到最优的运行工况。

由于轮毂直径加大会影响转轮的流道尺寸，恶化水流状态，所以轮毂直径 d_g 与转轮直径 D_1 的比值（简称轮毂比）一般限制在 $0.33 \sim 0.55$ 范围内。由于叶片转动的操作机构复杂、安装困难，所以转桨式转轮一般只用于大中型机组。

轴流式水轮机的转轮室 11（图 2-16）内壁经常承受很大的脉动水压力，因此，常在其外侧布置钢筋并用拉紧器或千斤顶 25 等将其固定在外围混凝土上。在叶片转动轴线以上的转轮室内表面通常做成圆柱形，以便于转轮的安装和拆卸，在叶片转动轴线以下的转轮室内表面通常做成球形曲面，以保证叶片转动时其外缘间隙为较小的定值，从而减小水流的漏损。

三、斜流式水轮机

图 2-19 是斜流式水轮机的结构图。斜流式水轮机的埋设部件蜗壳 1、座环 2、导水机构 4、尾水管 29 以及主轴 27、导

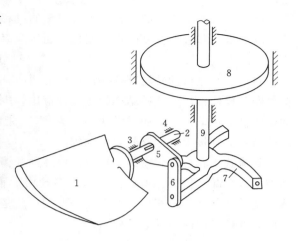

图 2-18 叶片转动操作机构示意图
1—叶片；2—枢轴；3、4—轴承；5—转臂；6—连杆；
7—操作架；8—转轮接力器活塞；9—活塞杆

轴承 21 等，均与混流式和高水头轴流转桨式水轮机基本相同。其转轮包括叶片、轮毂及其中的转动机构，不同的是其叶片转动轴线与水轮机主轴成 45°~60°的锥角，叶片数介于混流式和轴流式之间，约为 8~14 片，其轮毂 26 外表面及转轮室 5 内表面基本上为球形曲面。

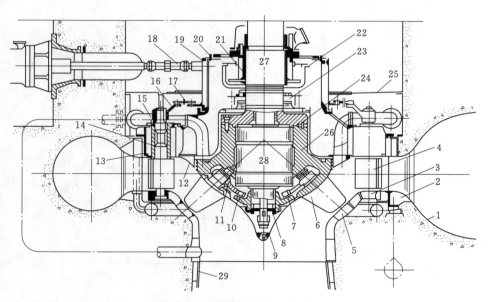

图 2-19 斜流式水轮机结构图
1—蜗壳；2—座环；3—底环；4—导叶；5—转轮室；6—叶片；7—操作盘；8—下端盘；9—泄水锥；
10—滑块；11—转臂；12—顶盖；13—顶环；14—轴套；15—水压平衡管；16—拐臂；17—连杆；
18—推拉杆；19—控制环；20—支撑架；21—导轴承；22—油盆；23—主轴密封；24—键；
25—盖板；26—轮毂；27—主轴；28—刮板接力器；29—尾水管

由于斜流式水轮机的转轮上装有更多的可转动的叶片，因此它比转桨轴流式水轮机能适应较高水头和较大幅度的水头变化。而比混流式水轮机更能适应负荷的变化，保持有宽广的高效率区。

斜流式水轮机的转轮叶片操作机构常用的有两种形式：①与轴流转桨式类似的活塞式接力器的操作机构，这种结构较复杂，应用较少；②利用刮板接力器28或环形接力器带动操作盘7转动，然后通过滑块10、转臂11带动叶片6转动，这种结构较简单，目前应用较多，但其接力器油路密封要求较高。

斜流式水轮机转轮室的内壁也做成球面并镶以钢板，以保证与叶片外缘之间有最小的间隙，减小漏水损失。但要注意防止转轮由于轴向水推力和温度变化等所引起的轴向位移，使叶片与转轮室相碰。对此所采取的措施是装设轴向位移信号继电保护装置，以便在超出允许位移值时自动紧急停机。

四、灯泡贯流式水轮机

图2-20是典型灯泡贯流式水轮机组的结构图。这种机型实质上是一种无蜗壳、无弯肘形尾水管、卧轴布置的轴流式水轮机。其发电机安装在灯泡形壳体15内，从而使机组主轴很短、结构很紧凑。壳体15由前支柱16（在顶部的一个前支柱中间做成空心，在内部布置进人孔13）和后支柱4固定在外壳上。导叶2采用斜向圆锥形布置。叶片1有定桨和转桨两种形式，叶片的形状及其转动操作机构与轴流转桨式相似，叶片数常为4片。机组的转动部分由径向导轴承6、7支撑，并用推力轴承8限制轴向位移。进水管17近似为渐缩形圆直管，尾水管20近似为渐扩形圆直管。

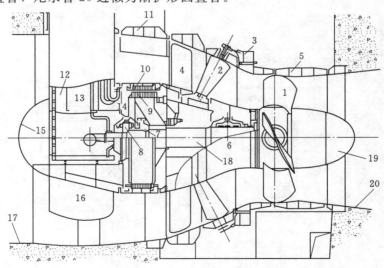

图2-20 灯泡贯流式水轮机组结构图

1—叶片；2—导叶；3—控制环；4—后支柱（固定导叶）；5—转轮室；6—水轮机导轴承；7—发电机
导轴承；8—发电机推力轴承；9—发电机转子；10—发电机定子；11—检修进人孔；12—管路通道；
13—前支柱内的进人孔；14—电缆出线道；15—灯泡形壳体；16—前支柱；17—进水管；
18—主轴；19—泄水锥；20—尾水管

灯泡形壳体可放在转轮的进水侧或尾水侧。当水头低时，灯泡体放在进水侧的机组效率较高；当水头高时，灯泡体放在尾水侧的机组强度和运行稳定性较好。

当水头较低而机组容量又较大时，若水轮机与发电机的主轴直接连接，则发电机将因转速较低而直径较大，这会导致灯泡体尺寸过大而使流道水力损失增加。为此常在水轮机与发电机之间设置齿轮增速传动机构，使发电机转速比水轮机转速大 3～10 倍，从而缩小发电机尺寸，减小灯泡体尺寸，改善流道的过流条件。但这种增速机构复杂，加工工艺要求较高，传动效率一般较低，因此目前仅应用于小型贯流式机组。

五、水斗式水轮机

水斗式水轮机的构造比较简单，主要由配水环、喷嘴、针阀、转轮和折向器组成。喷嘴的作用是引导压力水流均匀流动，在喷嘴处收缩转换为仅有动能的自由射流；针阀的作用是控制流量的大小，适应出力大小的需要。

图 2-21 是双喷嘴水斗式水轮机的结构图。来自压力钢管 1 的高压水流，经喷嘴 3 形成高速射流冲击转轮 6 做功，然后经尾水槽 9 排入下游。

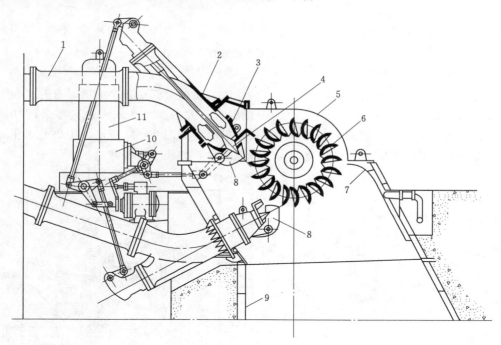

图 2-21 水斗式水轮机结构图

1—压力钢管；2—喷嘴管；3—喷嘴；4—喷针；5—机壳；6—转轮；
7—导流板；8—折流板；9—尾水槽；10—接力器；11—调速器

水斗式水轮机的流量调节由喷针 4 和喷嘴 3 构成的针阀来实现。当喷针移动时，喷嘴出口的环形过流断面面积随之改变，当喷针移至最前面时能起截断水流的作用。喷针的移动由接力器 10 及其传动机构来控制。喷嘴前装有折流板 8（或称折向器、偏流器），当机组突弃负荷时，为了避免转轮飞逸，首先启动折流板，在 1～2s 内使射流全部偏离转轮，然后将喷针缓慢地在 5～10s 或更长时间内移至全关位置，避免因喷针快速移动导致在压力钢管内产生过高的水击压强。

喷嘴和转轮位置于机壳 5 内，以防止水流溅入厂房。为了防止水流随转飞溅到转轮上方或轮叶背面造成附加损失，在机壳内右下侧设置了导流板 7。

转轮 6 由轮盘及沿轮盘圆周均匀颁布的斗勺形轮叶（亦称水斗）组成。轮叶（图 2-22）的正面由两个半勺形的内表面 1 和略带斜向的出水边 5 组成，中间由分水刃 6 分开，射流束的中线与分水刃重合。为了避免前一水斗在转动中影响射流冲击后面的工作水斗，在轮叶的前端留有缺口 2 以及在背面留有一道缺槽。为了增强水斗强度，在水斗背面加有横肋 7 和纵肋 8。大中型机组的轮叶与轮盘常采用整体铸造或焊接连接。

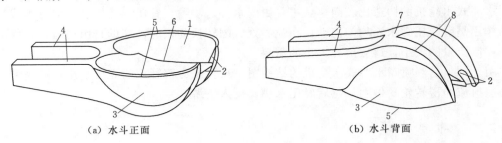

(a) 水斗正面　　　　　　　　　　(b) 水斗背面

图 2-22　水斗式水轮机的转轮轮叶

1—内表面；2—缺口；3—背面；4—水斗柄；5—出水边；6—分水刃；7—横肋；8—纵肋

为了提高机组转速及过流量，常在一个转轮上装设两个或更多个喷嘴。有时又在一根轴上装设两个或多个转轮，以提高机组的单机出力。大中型水斗式水轮机多采用立式布置，这样不仅可使厂房面积缩小，也便于装设多喷嘴，如图 2-23 所示。中小型水斗式水轮机通常采用卧式布置，这样可简化结构、降低造价，并便于安装和维护。

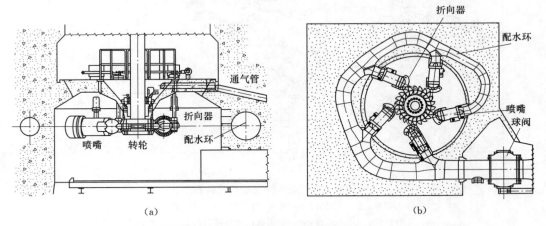

(a)　　　　　　　　　　　　　(b)

图 2-23　立轴布置的多喷嘴冲击式水轮机

第四节　水轮机适用范围及型号

一、水轮机适用范围

在本章第二节和第三节中介绍了水轮机的主要类型和基本构造，其目的之一是为了充分利用自然界水能资源的多样性，满足合理、经济、安全的开发原则，确定各种类型水轮机的适用范围。

图 2-24 给出了 GE 公司绘制的各种类型水轮机的适用范围。该图采用对数坐标表达方式，横坐标为水轮机引用流量，纵坐标为水轮机工作水头。斜直线表示水轮机出力的等值线，并按照水斗式水轮机、混流式水轮机、轴流式水轮机和灯泡贯流式水轮机划分了 4 个区域。

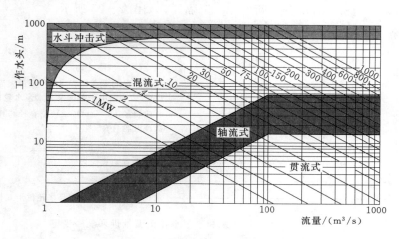

图 2-24　各种类型水轮机的适用范围

从中可以看出：

(1) 水斗式水轮机适用的工作水头最高，对于单机容量 50MW 以上的大中型水轮机，工作水头在 500m 以上，且最高工作水头可达 1000m 以上。当单机容量达 800MW 时，不仅工作水头要接近 1000m，而且引用流量达 80m³/s，需要装设多个喷嘴。

(2) 混流式水轮机适用的工作水头最宽，对于单机容量 50MW 以上的中大型水轮机，工作水头在 60m 以上，且最高工作水头可在 700m 以内。混流式水轮机单机容量也最宽，可达 1000MW，当工作水头为 200m 时，引用流量达 500m³/s 以上。

(3) 轴流式水轮机适用的工作水头较窄，对于单机容量 50MW 以上的中大型水轮机，工作水头在 15～70m 之间。当单机容量达 200MW 时，不仅工作水头要接近 70m，而且引用流量达 300m³/s。

(4) 贯流式水轮机适用的工作水头最低，通常在 17m 以内。对于单机容量达 50MW 以上的大中型水轮机，不仅工作水头要接近 17m，而且引用流量约 300m³/s。所以贯流式水轮机单机容量超过 150MW 是很困难的。

由此可见，在中大型水电能源开发中，混流式水轮机仍起着主导的难以替代的作用。

另外，在此需要指出的是：在一定的 Q 和 H 条件下，水轮机设计与选型应满足如下要求：

(1) 有较高的工作效率和抗汽蚀的性能。

(2) 足够的机械强度。

(3) 较大的过水能力，即在相同的转轮直径下，通过的 Q 较大。换句话说，在出力相等条件下，过水能力大，转轮直径小。于是可缩小水轮机组的尺寸，节省机电设备和土建的投资。

二、水轮机型号

水轮机的型号就是水轮机的名称，其目的是为了统一产品规格，提高产品质量，便于选择使用。根据国家标准 GB/T 28528—2012《水轮机、蓄能泵和水泵水轮机型号编制方法》，水轮机、蓄能泵和水泵水轮机产品型号由三部分或四部分代号组成，第四部分仅用于蓄能泵及水泵水轮机。各部分之间用"—"隔开，如图 2-25 所示。

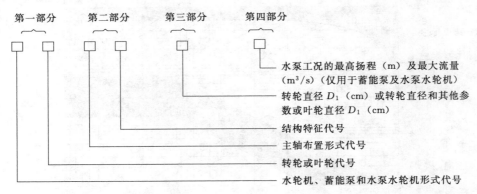

图 2-25　水轮机、蓄能泵和水泵水轮机型号排列顺序规定

第一部分由水轮机、蓄能泵和水泵水轮机形式和转轮/叶轮的代号组成。水轮机形式的代号用汉语拼音字母表示，如：混流式 HL，斜流式 XL，轴流转桨式 ZZ，贯流转桨式 GZ，冲击（水斗）式 CJ 等。可逆式水泵水轮机形式的代号用字母"N"及汉语拼音字母表示，如：混流式水泵水轮机 NHL，轴流转桨水泵水轮机 NZZ，贯流转浆水泵水轮机 NGZ 等。对于水轮机和水泵水轮机，转轮代号采用模型转轮编号和/或水轮机原型额定工况比转速表示，模型转轮编号与比转速之间采用"/"符号分隔。比转速代号用阿拉伯数字表示，单位为 m·kW。

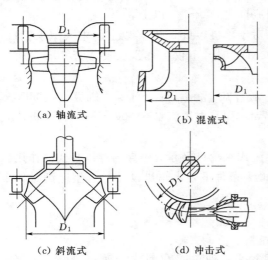

（a）轴流式　　　（b）混流式

（c）斜流式　　　（d）冲击式

图 2-26　各种类型水轮机转轮直径 D_1 的示意图

第二部分由水轮机、蓄能泵和水泵水轮机的主轴布置形式和结构特征的代号组成。主轴布置形式的代号用汉语拼音字母表示，如：立轴 L，卧轴 W 等。水轮机结构特征的代号也用汉语拼音字母表示，如：金属蜗壳 J，混凝土蜗壳 H，全贯流式 Q，灯泡式 P 等。

第三部分由水轮机转轮直径 D_1（cm）或转轮直径和其他参数组成，用阿拉伯数字表示，水轮机转轮直径 D_1 的示意图如图 2-26 所示；或由水泵叶轮直径 D_1（cm）表示（适用于蓄能泵）；或同时由水轮机转轮直径 D_1 及水泵叶轮直径 D_1（cm）表示（适用于组合式水泵水轮机）。对于水斗和斜击式水轮机，型号的第三部分表示为转轮直径/喷嘴数目×射流直径。

对于水泵水轮机，第四部分代号表示为水泵在电站实际使用范围内的最高扬程（m）和最大流量（m³/s）。

水轮机型号示例如下：

示例1：

HL A153/××－LJ－300

表示模型转轮编号为A153和/或水轮机原型额定工况比转速为××m·kW，立轴，金属蜗壳混流式水轮机，转轮直径为300cm。

示例2：

ZZ 560A/××－LH－300

表示模型转轮编号为560A和/或水轮机原型额定工况比转速为××m·kW，立轴，混凝土蜗壳轴流转桨式水轮机，转轮直径为300cm。

示例3：

GZ ××/××－WP－450

表示模型转轮编号为××和/或水轮机原型额定工况比转速为××m·kW，卧轴，灯泡贯流转桨式水轮机，转轮直径为450cm。

示例4：

CJ A475/××－W－120/2×10

表示模型转轮编号为A475和/或水轮机原型额定工况比转速为××m·kW，卧轴，两喷嘴冲击（水斗）式水轮机，转轮直径为120cm，射流直径为10cm。

示例5：

GZ 006/××－WZ－275

表示模型转轮编号为006和/或水轮机原型额定工况比转速为××m·kW，卧轴，轴伸贯流转桨式水轮机，转轮直径为275cm。

水泵水轮机型号示例如下：

示例1：

NHL ××/××－LJ－408－615/57.7

表示模型转轮编号为××和/或水轮机原型额定工况比转速为××m·kW，立轴，金属蜗壳，可逆式混流水泵水轮机，转轮直径为408cm，水泵在电站实际使用范围内的最高扬程为615m，最大流量为57.7m³/s。

示例2：

NXL ××/××－LJ－250－59/38.5

表示模型转轮编号为××和/或水轮机原型额定工况比转速为××m·kW，立轴，金属蜗壳，可逆式斜流水泵水轮机，转轮直径为250cm，水泵在电站实际使用范围内的最高扬程为59m，最大流量为38.5m³/s。

示例3：

NZZ ××/××－LJ－450－30/64

表示模型转轮编号为××和/或水轮机原型额定工况比转速为××m·kW，立轴，金属蜗壳，可逆式轴流转桨水泵水轮机，转轮直径为 450cm，水泵在电站实际使用范围内的最高扬程为 30m，最大流量为 64m³/s。

示例 4：

NGZ ××/×× －WP－610－10.2/330

表示模型转轮编号为××和/或水轮机原型额定工况比转速为××m·kW，卧轴，金属蜗壳，可逆式灯泡贯流转桨水泵水轮机，转轮直径为 610cm，水泵在电站实际使用范围内的最高扬程为 10.2m，最大流量为 330m³/s。

最后需要指出的是：与传统的水轮机型号编制相比，国家标准 GB/T 28528—2012《水轮机、蓄能泵和水泵水轮机型号编制方法》还有两点重要的改动：①取消了转轮标称直径统一规格的提法及要求，更有利于水轮机的选型；②增加了模型转轮编号，有利于区别不同制造商的产品。

第三章 水轮机的工作原理

第一节 水流在反击式水轮机转轮中的运动

水轮机运行时，无论工作状态是否随时间变化，其工作参数均取决于水流在水轮机转轮中的运动，如水头 H、流量 Q、出力 N 和转速 n 等。因此，有必要首先探讨水流在水轮机转轮中的运动速度，然后建立运动速度与水轮机工作参数之间的联系，即水轮机的工作原理。

一、水流运动的合成与分解

水轮机轮转中水流的运动是一种复杂的三维空间运动。水流流经水轮机转轮流道时，一方面水流相对于叶片流动，即相对运动；另一方面水流随转轮一起转动，即圆周运动或牵连运动。所以水轮机转轮中任何一点的水流运动速度 $\vec{v}$（又称为绝对运动速度）可用该点的相对运动速度 $\vec{w}$ 和圆周运动速度 $\vec{u}$ 的合成来描述，即构成分别如图 3 - 1 和式（3 - 1）所示的速度三角形。图 3 - 1 中 α、β 分别称为绝对速度 $\vec{v}$ 和相对速度 $\vec{w}$ 的方向角。

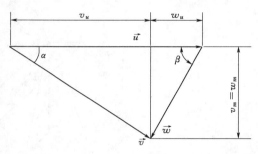

图 3 - 1　速度三角形

$$\vec{v} = \vec{w} + \vec{u} \qquad (3-1)$$

式中　速度的单位均为 m/s。

圆周速度其数值为

$$u = \frac{\pi D n}{60} \qquad (3-2)$$

式中　D——考察点所在圆周直径，m；

　　　n——水轮机转速，r/min。

在实际应用中为了分析的方便，又将绝对速度沿圆周速度方向和垂直于圆周速度的方向进行正交分解，得到如下两个分速度：

速度的圆周分速度 $\vec{v}_u$，即绝对速度按正交分解在圆周速度方向的分速度，称绝对速度圆周分速度。

轴面速度 $\vec{v}_m$，即绝对速度按正交分解在轴向平面上的分速度，因 $\vec{v}_m$ 在轴平面上，故 $\vec{v}_m$ 称为轴面速度。

若用速度矢量关系式表达，则有

$$\vec{v} = \vec{v}_u + \vec{v}_m \qquad (3-3)$$

将轴面速度 $\vec{v}_m$ 进一步分解，可得出

$$\vec{v}_m = \vec{v}_r + \vec{v}_z \tag{3-4}$$

将式（3-4）代入式（3-3），可得

$$\vec{v} = \vec{v}_r + \vec{v}_u + \vec{v}_z = \vec{v}_m + \vec{v}_u \tag{3-5}$$

式中　　$\vec{v}$——转轮内某一点水流绝对速度，m/s；

　　　　$\vec{v}_r$——该点绝对速度$\vec{v}$的径向分量，m/s；

　　　　$\vec{v}_z$——该点绝对速度$\vec{v}$的轴向分量，m/s；

　　　　$\vec{v}_u$——该点绝对速度$\vec{v}$的圆周分量，m/s；

　　　　$\vec{v}_m$——该点绝对速度$\vec{v}$的轴面分量，m/s。

同理：相对速度$\vec{w}$也可以作同样的分解，即

$$\vec{w} = \vec{w}_r + \vec{w}_u + \vec{w}_z = \vec{w}_m + \vec{w}_u \tag{3-6}$$

上述的速度三角形中各速度及其轴向、坐标向分速度的关系如图3-2所示。该图较清晰地表达了速度三角形的合成与分解。

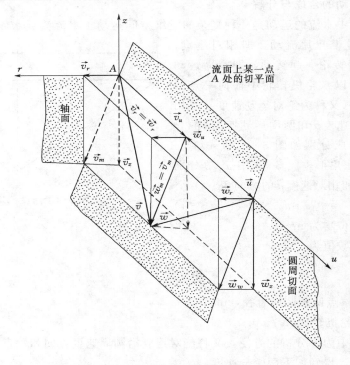

图3-2　速度三角形中各速度及其分速度的关系

二、混流式水轮机转轮进口与出口的速度三角形

混流式水轮机，水流由径向流动转为轴向流动的变化是在转轮中进行的。为了研究的方便，通常选用如图3-3所示的圆柱坐标系。其中：z为水轮机轴向方向，r为径向，φ为圆周方向（切向）。此切向垂直于由径向r及轴向z所构成的平面，称为子午平面。又因该平面通过水轮机的轴心线，故又称为轴平面。图3-3中阴影部分即为某个轴平面。并且以下述的假设为前提：

（1）转轮是由无限多、无限薄的叶片组成。于是可认为转轮中的水流运动是均匀的、轴对称的。其相对运动轨迹线（某一流体质点运动的轨迹）与叶片翼形断面的中心线（又称为骨线）所构成的空间扭曲面重合。

（2）忽略水的黏性，还可认为这些流面之间是互不干扰的。图3-3中$a-0-1-2$曲线是流面上的一条流线（流线是某一瞬时水流流动的方向线，即同一时刻，该线上每点的流体质点速度方向与其切线方向重合）。

（3）水轮机工作参数不随时间变化，即水头H、流量Q、出力N和转速n等保持不变，水流在水轮机各过流部件中的运动是恒定流。在此情况下，水流在转轮中的相对运动或绝对运动的流线与轨迹线重合。需要指出的是：相对运动的流线或轨迹线不同于绝对运动的流线或轨迹线。

根据上述假定，对于混流式水轮机，可以认为任一流体质点在转轮中的运动是沿着某一喇叭形的空间曲面（称为流面）做螺旋曲线的运动。轴对称的螺旋曲线（流线或者轨迹线）构成了该喇叭形空间流面（图3-3），在整个转轮内有无数个排列整齐、互不干扰的流面。

取出某一流面，并对其中一根流线进行分析，即分析图3-3中流体质点沿流线$a-0-1-2$的流动情况。a点和0点分别为流线在导叶处的进口点和出口点，1点和2点分别为流线在转轮处的进口点和出口点。将流线与导叶和转轮相割的流面展开，就可得到如图3-4所示的流面展开图。该图中轮叶翼型断面的骨线与圆周切线的夹角，在转轮进口处称为叶片进口安放角，用β_{e1}表示，在转轮出口处称为叶片出口安放角，用β_{e2}表示。由于分析条件是恒定流，所以只需要对混流式水轮机转轮进口与出口的速度三角形进行讨论。

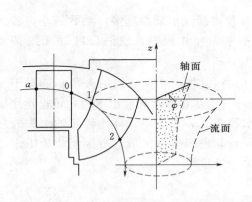

图3-3　混流式水轮机转轮内的流面和轴面

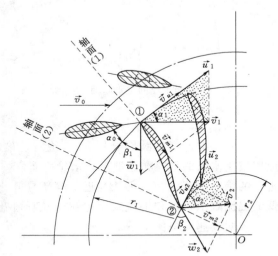

图3-4　流面展开图

1. 进口速度三角形

（1）圆周速度$\vec{u}_{1i}$。

$$u_{1i} = \frac{\pi D_i n}{60} \tag{3-7}$$

式中　u_{1i}——进口边上考察点 i 处的圆周速度，m/s；

　　　D_i——考察点所在圆周直径，m；

　　　n——水轮机转速，r/min。

（2）轴面速度 $\vec{v}_{m1i}$。

$$v_{m1i}=\frac{Q\eta_{\text{vol}}}{F_{1i}} \tag{3-8}$$

式中　Q——水轮机过流量，m^3/s；

　　　η_{vol}——水轮机容积效率；

　　　F_{1i}——通过考察点 i 的过水断面面积，m^2。

为了求得通过考察点（图 3-5 的 i 点）的过水断面面积 F_{1i}，可在轴面上作出通过该点与轴面水流线（A、B、C、D、E 等）垂直的线段 ae，并以 ae 为母线的旋转面积就是 F_{1i}，由古鲁金定理：

$$F_{1i}=2\pi R_g L_{ae} \tag{3-9}$$

式中　R_g——线段 ae 的重心所在圆半径，m；

　　　L_{ae}——线段 ae 的长度，m。

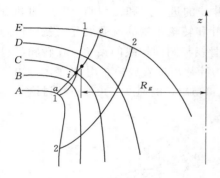

图 3-5　轴面水流的过水断面

若考虑由于叶片厚度对水流的排挤，则实际轴面水流过水断面面积为

$$F'_{1i}=F_{1i}-\delta_1 Z_1 L_{ae}=2\pi R_g L_{ae}\left(1-\frac{\delta_1 Z_1}{2\pi R_g}\right)=2\pi R_g L_{ae}\varphi_1 \tag{3-10}$$

式中　δ_1——转轮叶片进水边厚度，m；

　　　Z_1——转轮叶片数目；

　　　φ_1——转轮进口叶片排挤系数，$\varphi_1=1-\dfrac{\delta_1 Z_1}{2\pi R_g}$，

叶片占据过水断面越多，系数越小，若不考虑叶片排挤，或假设叶片无限薄时，$\varphi_1=1$。

（3）绝对速度的圆周分量 $\vec{v}_{u1i}$。绝对速度的方向角，即 $\vec{v}_1$ 与 $\vec{u}_1$ 之间的夹角 α_1。对于应用较高水头的低比转速混流式水轮机而言，转轮叶片进水边接近导叶出水边，转轮叶片进口的绝对水流角 α_1，可认为近似等于导叶出口水流角 α_0；对于中、高比转速的水头较低的混流式水轮机和轴流式水轮机，从导叶出口至转轮进口这一区域，可应用动量矩定理，证明其速度矩保持不变，则

$$v_{u0}\frac{D_0}{2}=v_{u1i}\frac{D_i}{2} \tag{3-11}$$

式中　v_{u0}——导叶出口处水流速度 v_0 的圆周分量，m/s；

　　　D_0——导叶出水边所在圆直径，m；

　　　v_{u1i}——转轮叶片进水边计算点 i 处的水流绝对速度 v_{1i} 的圆周分量，m/s；

　　　D_i——转轮叶片进水边上计算点 i 所在圆直径，m。

另外，利用导叶出口速度三角形，如图 3-6 所示可确定 v_{u0}：

$$v_{u0} = v_r \cot\alpha_0 = \frac{Q}{\pi D_0 b_0}\cot\alpha_0 \qquad (3-12)$$

将式（3-12）代入式（3-11），得

$$v_{u1i} = \frac{v_{u0}D_0}{D_i} = \frac{Q}{\pi D_i b_0}\cot\alpha_0 \qquad (3-13)$$

式中　b_0——导叶高度，m；

　　　α_0——导叶出口水流角，（°）。

有了上述 3 个速度，即可作出转轮进口某点的速度
三角形。得到绝对速度 $\vec{v}_{1i}$ 和相对速度 $\vec{w}_{1i}$ 以及其他的速度
分量。

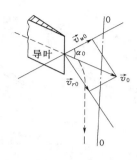

图 3-6　导叶出口处速度三角形

2. 出口速度三角形

（1）圆周速度 $\vec{u}_{2i}$。

$$u_{2i} = \frac{\pi D'_i n}{60} \qquad (3-14)$$

式中　D'_i——转轮叶片出水边某考察点所在圆直径，m。

（2）轴面速度 $\vec{v}_{m2i}$。

$$v_{m2i} = \frac{Q\eta_{vol}}{F_{2i}\varphi_2} \qquad (3-15)$$

式中　φ_2——转轮出口叶片排挤系数；

　　　F_{2i}——转轮叶片出水边通过考察点 i 的过水断面面积，m^2，计算方法同 F_{1i}。

（3）相对速度 $\vec{w}_2$ 的方向角，即 $\vec{w}_2$ 与 $\vec{u}_2$ 的夹角 β_2。按叶片无限薄的假定，该夹角等
于叶片出口处骨线与圆周切线的夹角 β_{e2}。实际上叶片是有限数目的，在叶片流道中水流
因自身惯性，只有紧贴叶片的水流质点才符合上述假
设，而其余部分的水流并不按照叶片扭曲方向改变运动
方向。因而在转轮出口处的相对速度方向与叶片方向不
完全一致，即出流角 β_2 与叶片出口安放角总是有些
差别。

有了上述 2 个速度和 1 个夹角，就可以作出转轮出
口速度三角形，并可求出 $\vec{v}_{2i}$、$\vec{v}_{u2i}$、$\vec{w}_{2i}$、α_{2i} 等。

三、轴流式水轮机转轮进口与出口的速度三角形

对于如图 3-7 所示的轴流式水轮机，水流沿轴向
流进转轮，同时依轴向流出转轮，故可以选用圆柱坐标

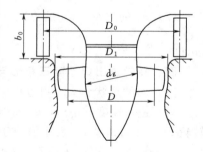

图 3-7　轴流式转轮的圆柱面

系进行流动分析。假定水流在轴流式水轮机转轮内的流动是以主轴中心线为轴线的圆柱面
流动，当忽略水流的黏性时，则各层圆柱面的流动是互不干扰的，即水流径向速度 $v_r =
0$，在轴面上只有轴向速度 $v_z \neq 0$。因此，每个圆柱面任一点的速度三角形分速度表达式
得以简化，即

$$\vec{v} = \vec{v}_u + \vec{v}_z, \quad \vec{w} = \vec{w}_u + \vec{w}_z \qquad (3-16)$$

轴面速度：

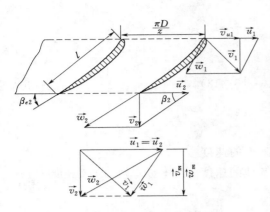

图 3-8　平面叶栅的绕流图及进出口
速度三角形

$$\vec{v}_m = \vec{v}_z = \vec{w}_m = \vec{w}_z \qquad (3-17)$$

于是，转轮中任一点的速度可由轴向和圆周向两个速度分量所确定。将水流运动的圆柱面与叶片相割的交面展开，便可得到如图 3-8 所示的平面叶栅的绕流图。在叶栅上亦可绘制转轮进口与出口的速度三角形。其中：

$$u_1 = u_2 = u_0 \qquad (3-18)$$

根据式（3-17）和式（3-18）以及下述条件可构建轴流式水轮机转轮进出口速度三角形：

（1）轴面速度均匀分布，位于不同半径各圆柱面上的轴面流速均相等，则

$$v_m = v_{m1} = v_{m2} = \frac{Q}{\frac{\pi}{4}(D_1^2 - d_g^2)} \qquad (3-19)$$

式中　D_1——转轮直径（图 3-7），m；
　　　d_g——转轮轮毂直径，m。

（2）转轮进、出口水流的圆周速度。

$$u_1 = u_2 = \frac{\pi D_i n}{60} \qquad (3-20)$$

式中　D_i——位于同一流面上的转轮进、出口考察点所在圆直径（即该圆柱流面直径），m。

（3）$\vec{v}_{u1}$ 的大小及 $\vec{w}_2$ 的方向（β_2）。采用与混流式转轮相同的分析方法确定，即 $v_{u1} = \frac{Q}{\pi b_0 D_i}\cot\alpha_0$，$\beta_2 = \beta_{e2}$。

四、转轮进出口速度三角形与水轮机工作参数之间的关联

三角形的形状、大小可以由它的两个边和夹角唯一确定。

对于进口速度三角形，u_1 大小等于 $r_1\omega$，方向切于圆周，所以 u_1 取决于转速 n 和水轮机转轮 D_1。相对速度 w_1 大小取决于工作水头 H、导叶开度角 α、机组转速 n 和水轮机转轮 D_1，其方向角 β_1 也取决于 α。所以 $\vec{w}_1 = f_{w_1}(H, \alpha, n, D_1)$，是水轮机工作参数 H、α、n、D_1 的函数。由于 $\vec{v}_1 = \vec{u}_1 + \vec{w}_1$，所以进口三角形的形状、大小也取决于 H、α、n、D_1。

对于一个已知转轮，一定的出口速度三角形对应于一定的进口速度三角形，所以出口速度三角形的形状、大小也取决于 H、α、n、D_1。

总而言之，转轮中旋转流场的任意一点的速度三角形取决于 H、α、n、D_1，即 $\vec{v} = f_v(H, \alpha, n, D_1)$。既然绝对速度是上述 4 个参数的函数，那么流量也是它们的函数。同理，水轮机效率、出力均为这 4 个参数的函数。即：$Q = f_Q(H, \alpha, n, D_1)$，$\eta = f_\eta(H, \alpha, n, D_1)$，$N = f_N(H, \alpha, n, D_1)$。

由于转轮中水流的流态十分复杂，所以上述的函数关系通常不可能由纯理论导出，也

不可能用较精确的解析式来表达，而是由试验得出，用各种各样的水轮机特性曲线表达各个参数之间的函数关系。

第二节　水轮机的基本方程及水轮机的效率

一、水轮机的基本方程

对于旋转的水力机械，可以采用动量矩定律来作为其基本方程。动量矩定律：单位时间内水流质量对水轮机主轴的动量矩变化应等于作用在该质量上全部外力对同一轴的力矩总和。

假设水流在水轮机转轮内的运动是轴对称的，其绝对速度 $\vec{v} = \vec{v_u} + \vec{v_z} + \vec{v_r}$，其中 $\vec{v_r}$ 通过轴心，而 v_z 与主轴平行，所以两者都不对主轴产生速度矩。由此可得

$$\frac{\mathrm{d}(mv_u r)}{\mathrm{d}t} = \sum M_\omega \qquad (3-21)$$

式中　$\sum M_\omega$——作用在该水体质量 m 上所有外力对主轴的力矩总和，N·m；

m——$\mathrm{d}t$ 时间内通过水轮机转轮的水体质量，kg，即

$$m = \rho Q_e \mathrm{d}t = \frac{\gamma Q_e}{g} \mathrm{d}t \qquad (3-22)$$

式中　Q_e——水轮机有效过流量，即通过转轮流道的流量，m^3/s。

根据连续性定理：单位时间内流进转轮进口的动量矩 $\frac{\gamma Q_e}{g} v_{u1} r_1$ 与单位时间内流离转轮出口的动量矩 $\frac{\gamma Q_e}{g} v_{u2} r_2$ 之差，等于单位时间内水流质量 m 动量矩的增量 $\frac{\mathrm{d}(mv_u r)}{\mathrm{d}t}$，即

$$\frac{\mathrm{d}(mv_u r)}{\mathrm{d}t} = \frac{\gamma Q_e}{g}(v_{u2} r_2 - v_{u1} r_1) \qquad (3-23)$$

外力矩为重力矩 M_g、压力矩 M_p、摩擦力矩 M_f 和转轮给水流的力矩 M_0 之和，即

$$\sum M_\omega = M_g + M_p + M_f + M_0 \qquad (3-24)$$

对于主轴而言，$M_g = M_p = 0$，摩擦力矩其数值很小可忽略 $M_f \approx 0$，所以

$$\sum M_\omega = M_0 = -M_e = -\frac{N_e}{\omega} = -\frac{\gamma Q_e H_e}{\omega} = -\frac{\gamma Q_e H \eta_h}{\omega} \qquad (3-25)$$

式中　M_e——水流给转轮的力矩，N·m；

ω——水轮机旋转的角速度，rad/s。

分别将式（3-25）和式（3-23）代入式（3-21），得到

$$-\frac{\gamma Q_e H \eta_h}{\omega} = \frac{\gamma Q_e}{g}(v_{u2} r_2 - v_{u1} t_1) \qquad (3-26)$$

整理式（3-26），就可以得到水轮机基本方程的 4 种表达式，即

$$H \eta_h = \frac{\omega}{g}(v_{u1} r_1 - v_{u2} r_2)$$

$$H \eta_h = \frac{1}{g}(v_{u1} u_1 - v_{u2} u_2)$$

$$H \eta_h = \frac{1}{g}(v_1 u_1 \cos\alpha_1 - v_2 u_2 \cos\alpha_2)$$

$$H\eta_h = \frac{\omega}{2\pi g}(\Gamma_1 - \Gamma_2) \qquad\qquad (3-27)$$

式中　$\Gamma_1 = 2\pi v_{u1} r_1$——转轮进口处的水流速度环量；

$\Gamma_2 = 2\pi v_{u2} r_2$——转轮出口处的水流速度环量。

对水轮机基本方程式分析如下：

（1）水流能量的交换是通过速度矩或者环量的变化来实现，显然 $v_{u1} r_1 - v_{u2} r_2 = 0$ 就不能利用水流能量做功。要使该转换的效率 η_h 高，则需要 Γ_1 大，$\Gamma_2 = 0$。$\Gamma_1 = 2\pi v_1 \cos\alpha_1 r_1$，$\cos\alpha_1 = 1$ 即 $\alpha_1 = 0$。从进口速度三角形可以看出：$\alpha_1 = 0$ 实际上不可能，水流无法进入转轮，失去意义。所以只能要求进口无撞击，$\beta_1 = \beta_{e1}$。$\Gamma_2 = 0$，$\cos\alpha_2 = 0$ 即 $\alpha_2 = 90°$，实际中是可行的，通常称为法向出口。

对于大中型反击式水轮机，基本方程式右边所需的转轮进口速度矩 $v_{u1} r_1$ 均是由水轮机蜗壳和导水机构形成。对于无蜗壳或导水机构的水轮机，进口水流速度环量只有靠转轮本身形成。水流流经转轮叶片时，速度矩逐渐减小，至转轮出口，速度矩减为 $v_{u2} r_2$，甚至为零。故转轮叶片的合理形状是保证水流速度矩减小的关键。

（2）当水轮机的应用水头较高时，就得设法使 $u_1 > u_2$，即进口直径大于出口直径。

（3）偏离最优的进出口条件，则 η_h 可能很低，甚至水轮机空转，没有出力。

（4）又由于进出口速度三角形有如下关系：

$$w_1^2 = v_1^2 + u_1^2 - 2u_1 v_1 \cos\alpha_1$$

$$w_2^2 = v_2^2 + u_2^2 - 2u_2 v_2 \cos\alpha_2$$

所以，水轮机基本方程式可改写为

$$H\eta_h = \frac{v_1^2 - v_2^2}{2g} + \frac{u_1^2 - u_2^2}{2g} + \frac{w_2^2 - w_1^2}{2g} \qquad\qquad (3-28)$$

式（3-28）右边前两项称为动能水头，第三项称为势能水头，该水头主要用于克服水流因旋转产生的离心力，及加速转轮中水流的相对运动。

对于轴流式水轮机，由于 $u_1 = u_2$，η_h 便取决于绝对速度和相对速度。但转轮进出口绝对速度之差和相对速度之差不能过分增大，否则会增大水力损失，这就限制了轴流式水轮机的水头应用范围。

最后需要指出的是：在水轮机的基本方程式中，流速与水头 H 的关系并不明显，因此可利用速度三角形正弦关系进行变换：

由于 $\dfrac{v}{\sin\beta} = \dfrac{w}{\sin\alpha} = \dfrac{u}{\sin(180° - \beta - \alpha)}$，所以可得

$$v_1 = u_1 \frac{\sin\beta_1}{\sin(\beta_1 + \alpha_1)} \quad \text{和} \quad v_2 = u_2 \frac{\sin\beta_2}{\sin(\beta_2 + \alpha_2)}$$

并且 $\omega = \dfrac{u_1}{r_1} = \dfrac{u_2}{r_2}$。利用上述关系，从基本方程式中消去 v_1、v_2、u_2，可得

$$u_1 = k_{u1} \sqrt{2gH\eta_h} \qquad\qquad (3-29)$$

式中　流速系数 $k_{u1} = \sqrt{\dfrac{1}{2\left[\dfrac{\sin\beta_1 \cos\alpha_1}{\sin(\beta_1 + \alpha_1)} - \left(\dfrac{r_2}{r_1}\right)^2 \dfrac{\sin\beta_2 \cos\alpha_2}{\sin(\beta_2 + \alpha_2)}\right]}}$。

同样的方法可得出 u_2、v_1、v_2、w_1、w_2 与 H 之间的关系式。显然

$$k_{u1} = f_{u1}\left(\alpha, \beta, \frac{r_2}{r_1}\right) \tag{3-30}$$

对流速系数的分析如下：

（1）k_{u1} 之所以称为流速系数，是因为上式与水力学中孔口出流公式是一致的。但其系数的表达式要复杂得多。不仅与速度三角形有关，而且与转轮的类型和进出口之比有关。

（2）对于某一已知的水轮机，工况变，α、β 变，k_{u1} 随之而变。

（3）对于两个几何尺寸相似的水轮机，如果速度三角形也相似，则两者的流速系数相等。

（4）对于某一已知的水轮机，流速系数取决于速度三角形，速度三角形又取决于 H、n、α，所以 $k_{u1} = f_{u1}(H, n, \alpha, D_1)$。

（5）用两个流速系数，如 k_{u1}、k_{v1} 就可以决定速度三角形的形状，即水轮机的工况。

二、水轮机的效率与最优工况

水轮机将水能转变为水轮机的旋转机械能的过程中，存在者水力损失、容积损失和机械损失。这 3 种能量损失对应的效率称之为水力效率、容积效率和机械效率。

1. 水力效率

单位重量水流通过水轮机的能量不可能全部转换成旋转的机械能由主轴输出，其中有一部分消耗于克服各种水力阻力（如沿程摩擦阻力和漩涡、脱流引起的局部阻力）而形成的水头损失 $\sum h_{BC}$。水力效率 η_h 是相应于有效水头 $H_e = H - \sum h_{BC}$ 的出力和相应于水轮机工作水头 H 的出力之比，即

$$\eta_h = \frac{H_e}{H} = 1 - \frac{\sum h_{BC}}{H} \tag{3-31}$$

2. 容积效率

进入水轮机的流量 Q 并未全部进入转轮做功，其中有一小部分流量 $\sum q$ 从水轮机的旋转部分与固定部分之间的空隙（如混流式水轮机的止漏环间隙和轴流式水轮机桨叶与转轮室之间的间隙）损失了。容积效率 η_{vol} 等于进入转轮的有效流量 $Q_e = Q - \sum q$ 与进入水轮机的流量 Q 之比，即

$$\eta_{vol} = \frac{Q_e}{Q} = 1 - \frac{\sum q}{Q} \tag{3-32}$$

3. 机械效率

水流传给转轮的有效出力 N_e 的一部分消耗在各种机械损失上 ΔN_{mec}，如轴承与轴封处的摩擦损失，转轮外表面与周围水流之间的摩擦损失（称为轮盘损失）等。机械效率 η_{mec} 等于水轮机出力 N 与水流传给转轮的有效出力 N_e 之比，即

$$\eta_{mec} = \frac{N}{N_e} = 1 - \frac{\Delta N_{mec}}{N_e} \tag{3-33}$$

水轮机效率 η，即等于水轮机容积效率、水力效率及机械效率的乘积，即

$$\eta = \eta_{vol} \eta_h \eta_{mec} \tag{3-34}$$

图 3-9 给出了反击式水轮机在一定的转速 n、转轮直径 D_1 和工作水头 H 下，改变其流

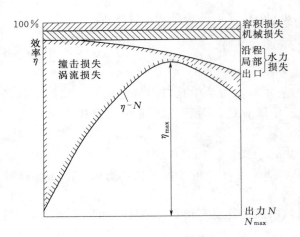

图 3-9　水轮机效率与出力的关系曲线

量时，效率和出力的关系曲线。该图中也标出了各种损失随出力的变化。由此可见，水力效率随出力有很大变化，但容积效率与机械效率变化很小，存在一个总效率最高出力点。水轮机效率是衡量水轮机能量转换性能的综合指标，它与水轮机的形式、结构尺寸、加工工艺及运行工况等多因素有关。现代水轮机的最高效率可达 $0.90\sim0.95$，通常由水轮机模型试验成果经理论换算得到的。

4. 水轮机的最优工况

水轮机在运行过程中，由于外界条件（水头、负荷）的变化，使得水轮机的水头、流量、出力等参数随之变化。转轮中水流流态也随之改变。故水轮机可以在不同的工况下运行，对应最高效率的工况称为最优工况。上述的分析已知，影响效率的主要因素是水力损失。在水力损失中，撞击损失和涡流损失占主要部分，它们的大小分别取决于转轮的进水方向和出水方向。

在分析基本方程式时曾指出：进口的最优条件是无撞击，$\beta_1 = \beta_{e1}$；出口的最优条件是 $\alpha_2 = 90°$，法向出口。不产生涡流现象和涡流损失。所以当水轮机在 $\beta_1 = \beta_{e1}$ 和 $\alpha_2 = 90°$ 的工况工作时，效率最高，是水轮机的最优工况。

转桨式水轮机能随工况的改变调整叶片角度，使水轮机达到或接近于无撞击进口和法向出口的最优工况。所以它的高效率区比较宽广。

水轮机最优工况的进口条件与出口条件是在理想的假设前提下得出的，实际运行时，略有差别，并且大多数工况均为非最优工况。如何扩宽水轮机的高效率区是水轮机水力设计的关键问题之一。

（1）最优进口。当转轮进口的水流相对速度 $\vec{w}_1$ 与该点叶片骨线的切线方向不一致，则会形成如图 3-10 所示的水流冲角 α，冲角 α 可分正负。

$$\alpha = \beta_1 - \beta_{e1} \tag{3-35}$$

于是在叶片进口区出现脱流和旋涡，从而产生撞击损失。在有撞击进口的情况下，将出现撞击分量 $\vec{w}_c$，撞击损失可用 $\dfrac{w_c^2}{2g}$ 的大小来估量。一般来说，冲角 α 较小时，撞击损失是微小的。故在水轮机水力设计中，一般使进口安放角 β_{e1} 比进口水流方向角 β_1 略小，如图 3-11（a）所示。通常取 $\alpha = 3°\sim 10°$。

采用一定的正冲角是考虑到提高水轮机在偏离最优工况的大流量区的水力性能，因水轮机较长时间在该区域运行。水轮机叶片一般都是采用机翼型，叶片前缘是圆头，这种翼型在进口水流对叶片正面撞击不大时，水力撞击损失是很小的。但若对叶片背面，即使撞击不大，也会导致水流在叶片正面出现脱流，使流道中流态变坏，大大增加水力损失。若设计严格按 $\beta_{e1} = \beta_1$ 来设计，则在偏离设计工况的大流量区运行时，$Q' > Q_0$（设计工况流

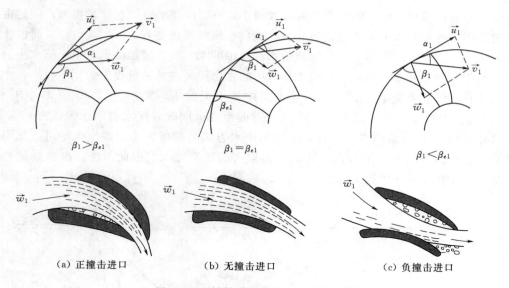

图 3 - 10　转轮进口处的水流入口情况

量），水流进口角 $\beta_1' < \beta_1$，如图 3 - 11（b）所示，产生对叶片背面的撞击，亦称负撞击，这将导致效率急剧下降。

　　因此，对设计工况通常采用不大的正冲角 $\alpha > 0$，尽管水轮机在设计工况下的水力效率略有下降，但却显著地改善了大流量工况区的水力性能。

　　此外，使叶片进口安放角 β_{e1} 略小于进口水流方向角 β_1，还可以减小整张叶片的弯曲，这也有利于改善水力性能。

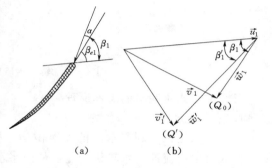

图 3 - 11　叶片进口冲角图

　　（2）最优出口。从理论上可知，当出口绝对水流角 $\alpha_2 = 90°$ 时，即 $v_{u2} = 0$ 时，η_h 为最大值。下面从出口环量角度作进一步的分析。

　　1）对尾水管能量利用的影响：当转轮出口水流的环量越大，则进入尾水管的水流旋转越剧烈。尾水管进口处水流动能是由旋转运动动能和轴面运动动能两部分组成的，即

$$\frac{v_2^2}{2g} = \frac{v_{u2}^2}{2g} + \frac{v_{m2}^2}{2g}$$

（3 - 36）

　　显见，水流的轴面流速 v_{m2} 与尾水管的半径平方成反比，而水流旋转圆周速度 v_{u2} 仅与半径成反比。当水流沿尾水管流动时，v_{m2} 的衰减速度远比 v_{u2} 快，说明尾水管能更有效地利用轴面运动动能。因此当出口环量越大，即 v_{u2} 越大，尾水管回收能量的效果就差，尾水管的动能利用率就低。

　　2）对进口水流的影响：由式 $H\eta_h = \dfrac{\omega}{2\pi g}(\Gamma_1 - \Gamma_2)$ 可知，若转轮出口环量 Γ_2 增大，则要求转轮进口环量 Γ_1 也相应增大。由于 v_{u2} 增大，使水流在自身离心力作用下，能紧贴

扩散形尾水管的管壁流动。不易发生脱流及滞水，可减少尾水管中的能量损失，同时由于转轮进、出口环量的增大，相应使转轮进、出口水流相对速度 w_1、w_2 减小，从而也能降低转轮中的水力损失。当然，这会导致引水部件中的水力损失增加。但对中、低水头的混流式水轮机和轴流式水轮机而言，引水部件中的水力损失占总能量损失的比重很小，主要损失发生在尾水管和转轮。因此，转轮出口略具不大的 v_{u2} 是有益的，即 α_2 略小于 $90°$（图 3-12）。但对于高水头混流式水轮机，v_{u2} 的存在也能改善尾水管中水流流态，而 v_{u1} 和 v_1 相应增大，会导致引水部件和导水机构中水力损失的增大。而该类水轮机，其引水部件和导水机构中的水力损失占水轮机水力损失的比重较大。因此，法向出流是最有利的，能使水轮机中总水力损失最小。

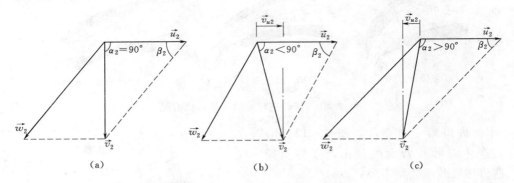

图 3-12　转轮出口处的速度三角形比较

三、冲击式水轮机的工作原理

1. 冲击式水轮机的工作特点

冲击式水轮机只利用水流的动能做功。压力管道末端的喷嘴将水流的压能转变成动能，形成自由射流冲击水轮机转轮，从而将水流能量转换为转轮轴端输出的机械能。与反击式水轮机相比，具有以下不同的特点：

（1）冲击式水轮机中，喷管（相当于反击式水轮机的导水机构）的作用是：引导水流，调节流量，并将液体的能量转变为自由射流的动能。而反击式水转机的导水机构，除引导水流、调节流量外，在转轮前形成一定的旋转水流，以满足不同比转速水转机对转轮前环量的要求。

（2）在冲击式水轮机中，水流自喷嘴出口直至离开转轮的整个工作过程，始终在空气中进行。故位于各部位的水流压力保持不变，均为大气压力。而反击式水轮机，从蜗壳进口到尾水管出口，各部位的水流始终是有压的，且压力是变化的。

（3）冲击式水轮机，水流离开转轮时流速已很小，又处在大气压力下，因此不需要设置尾水管。而反击式水轮机需要设置尾水管，以恢复压力，减小转轮出口动能损失和进一步利用转轮至下游水面之间的水流能量。两者相比，冲击式水轮机比反击式少利用了转轮至下游水面之间的这部分水能。

（4）冲击式水轮机的转轮仅部分水斗工作，故过流量较小，在一定的水头和转轮直径条件下，其出力较小。并且冲击式水轮机的转速相对比较低（这是由于转轮进口绝对速度大，圆周速度小）。两方面的共同作用，使得冲击式水轮机适用于高水头小流量的水电站。

2. 转轮进、出口速度三角形

自由射流进入转轮水斗后的流动情况极为复杂。因此，要建立转轮斗叶进、出口处的水流速度三角形需作如下假设：

（1）以位于转轮公称直径 D_1 处的水流质点为代表点，建立水流速度三角形。

（2）将进入射流作用区内的水斗运动看成是平行于射流轴线的直线运动，并认为该水斗接受从喷嘴射出的全部流量。

（3）射流对斗叶的绕流视为平行于转轮和射流轴线的平面内运动。

根据以上假设，即可求解出转轮斗叶进、出口处的水流速度三角形（图 3－13）。

进口速度三角形可按以下条件给定：

（1）位于转轮公称直径 D_1 处斗叶进水边上的水流牵连速度（圆周速度）的大小为 $u_1 = \dfrac{\pi D_1 n}{60}$，方向 ω 同转向。

（2）该点的绝对速度（由以上假设）大小为 $v_1 = \dfrac{4Q_j}{\pi d_0^2}$。式中：$Q_j$ 为通过一个喷嘴的流量，d_0 为射流直径。$\vec{v}_1$ 与 $\vec{u}_1$ 的方向相同。

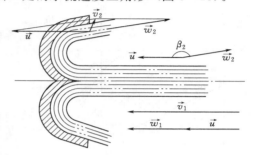

图 3－13　转轮斗叶进、出口处的
水流速度三角形

由 $\vec{u}_1$ 和 $\vec{v}_1$ 便可确定转轮进口速度三角形。

出口速度三角形可按下述条件给定：

（1）转轮斗叶出水边上的水流牵连速度大小 $u_2 = u_1 = \dfrac{\pi D_1 n}{60}$，方向同 $\vec{u}_1$。

（2）若忽略水流在斗叶上的摩擦损失，则认为 $w_2 \approx w_1$，且水流紧贴斗叶出水边离开斗叶。此时出口水流角 β_2 由斗叶出口处水斗工作面的几何角度决定。故对于给定形状和尺寸的水斗，β_2 也是确定的。

由 $\vec{u}_2$ 和 $\vec{w}_2$ 便可确定转轮出口速度三角形。

3. 水斗式水轮机的基本方程式

由图 3－13 可知：射流从进入水斗到离开水斗，其速度 $\vec{v}$ 的大小和方向均发生了变化。由牛顿定理知，该水体必受到外力的作用。显然，这个外力就是水斗对射流的作用力。

令水斗对射流水体的作用力为 $-\vec{F}_R$，并假设在某一相当短时间 $\mathrm{d}t$（可认为是射流从进入水斗到离开水斗所需的时间）内转轮做匀速转动，根据动量定理，则有

$$-F_R = \rho Q (w_2 \cos\beta_2 - w_1)$$

而射流对水斗的作用力 $\vec{F}_R$ 与水斗对射流水体的相对作用力相反，故有

$$F_R = \rho Q (w_1 - w_2 \cos\beta_2) \tag{3-37}$$

式中　w_1——射流接近水斗进水边但还未到达水斗时的水流相对速度，m/s；

$\quad\quad w_2$——射流离开水斗但仍接近水斗出水边时的水流相对速度，m/s；

$\quad\quad \rho$——水体密度，kg/m^3；

$\quad\quad Q$——单个喷嘴的流量，m^3/s。

69

若忽略射流在水斗工作面上的水力摩擦损失，则

$$w_2 = w_1, \quad w_1 = v_1 - u, \quad u = u_1 = u_2 \tag{3-38}$$

将式（3-38）代入式（3-37），整理得到

$$F_R = \rho Q(v_1 - u)(1 - \cos\beta_2) \tag{3-39}$$

式（3-39）表明：在射流流量 Q、射流速度 v_1 及水斗形状 β_2 一定的情况下，射流对水斗的作用力 F_R（又称圆周力）与转轮圆周速度 u 呈线性关系，且 $u=0$ 时，$F_R = F_{R,\max}$，即转轮水斗与射流相遇但还没有转动时，转轮所受圆周力最大；而 $u = v_1$ 时，$F_R = 0$，即转轮圆周速度增加到与射流速度相同时，则射流对水斗的作用力为零（图 3-14）。

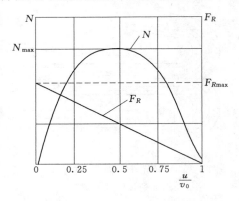

图 3-14　圆周力 F_R、轴功率 N 与
速度比的关系

当转轮在圆周力 F_R 作用下，以 u 圆周速度旋转时，转轮所具有的轴功率为

$$N = F_R u = \rho Q(v_1 - u)(1 - \cos\beta_2)u \tag{3-40}$$

上式表明了水斗式水轮机功率与水斗进出口角度和水流速度之间的关系，即水斗式水轮机基本方程式。方程左边表示转轮所具有的轴功率，方程式右边表示射流绕流斗叶前后水流能量的变化。

将 $N = \gamma Q H \eta$ 代入式（3-40），整理得

$$H\eta = \frac{1}{g}(v_1 - u)(1 - \cos\beta_2)u \tag{3-41}$$

水斗式水轮机基本方程式（3-41）与式（3-42）表示的反击式水轮机基本方程相比：

$$H\eta_h = \frac{1}{g}(v_1 u_1 \cos\alpha_1 - v_2 u_2 \cos\alpha_2) \tag{3-42}$$

可知：当 $u = u_1 = u_2$，$\alpha_1 = 0$，$v_2 \cos\alpha_2 = u - w_2 \cos\beta_2'$，$\beta_2' = \pi - \beta_2$，$w_2 = w_1 = v_1 - u$，则 $v_1 u_1 \cos\alpha_1 = v_1 u$，$v_2 u_2 \cos\alpha_2 = [u - (v_1 - u)\cos\beta_2']u$，代入式（3-42），得到

$$H\eta_h = \frac{1}{g}\big[u(v_1 - u)(1 - \cos\beta_2)\big] \tag{3-43}$$

两者一致，说明反击式水轮机和冲击式水轮机不仅基本原理相同，而且基本方程也相同。

4. 最优速度比

由式（3-40）可知，在 Q、v_1 及 β_2 一定的情况下，转轮获得射流能量后所具有的轴功率 N 与转轮圆周速度 u 成二次函数关系。显然，令 $\mathrm{d}N/\mathrm{d}u = 0$，即可求得轴功率为最大值时的 u 值。由

$$\frac{\mathrm{d}}{\mathrm{d}u}(uv_1 - u^2) = v_1 - 2u = 0$$

得

$$u = \frac{v_1}{2} \tag{3-44}$$

式（3-44）表明：当转轮旋转的圆周速度为射流速度的 1/2 时，转轮所获得的水流能量最大。

将轴功率 N 与速度比 $\psi=\dfrac{u}{v_1}$ 的关系也绘于图 3-14 中，即有以下关系：当 $u=0$ 时，$N=0$；当 $u=v_1$ 时，$N=0$；当 $u=\dfrac{v_1}{2}$ 时，$N=N_{\max}$。

在前面的论述中，忽略了射流在斗叶工作面上的水力摩擦损失。实际上由于水流具有黏性，摩擦损失是存在的，因此 $w_1 \neq w_2$；另外，为了保证有良好的排水条件，水斗的出水角 β_2 小于 $180°$（一般取 $\beta_2=175°\sim176°$），这些都将使效率下降。因此水斗式水轮机转轮的最优速度比并不等于 0.5，根据试验资料，最优速度比为 $\psi=0.46\sim0.49$。其中：上限用于低 n_s 水斗式水轮机；下限适用于高 n_s 水斗式水轮机。

值得关注的是，据有关资料报道，德国研究人员通过对斗叶内水力损失的试验研究发现，理论最优速度比是 0.54～0.58。该项研究打破了传统的理论束缚，提高了速度比，对减轻机组重量、降低产品成本有重要价值。

理论上水斗式水轮机的效率可由下式表达：

$$\eta=2\psi\varphi^2(1-\psi)(1-\zeta\cos\beta_2) \tag{3-45}$$

式中 ψ——速度比；

φ^2——喷嘴效率；

ζ——射流在水斗表面上的能量损失系数；

β_2——斗叶出口水流角，$(°)$。

由式（3-45）可见：水斗式水轮机的效率与速度比、喷嘴效率、射流在水斗表面上的能量损失系数以及斗叶出口水流角有关。在正常条件下总效率为 $85\%\sim90\%$，并在工作范围内其效率变化比较平缓。

第三节 尾水管的工作原理

一、尾水管的功能

尾水管是反击式水轮机的重要部件，尾水管性能的好坏直接影响水轮机的效率和稳定性，并且尾水管的体型与水电站开发方式（地面式还是地下式）、水电站输水系统布置有关。

为了说明尾水管的工作原理，图 3-15 分别给出表示 3 种不同的水轮机装置：①不设尾水管；②设有圆柱形尾水管；③设有扩散形尾水管。

上述 3 种情况下，转轮所能利用的水流能量均可表示为

$$\Delta E=E_1-E_2=\left(H_d+\frac{p_a}{\rho g}\right)-\left(\frac{p_2}{\rho g}+\frac{v_2^2}{2g}\right) \tag{3-46}$$

式中 ΔE——转轮前后单位水流的能量差，m；

H_d——转轮进口处的静水头，m；

p_a——大气压力，N/m^2；

p_2——转轮出口处压力，N/m^2；

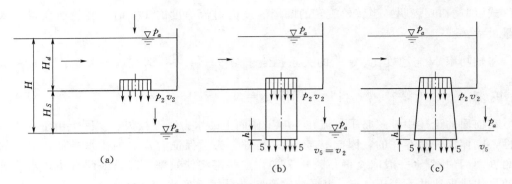

图 3-15　尾水管的作用

v_2——转轮出口处水流速度，m/s。

但 3 种情况下的转轮出口处压力 p_2 及 v_2 是不相同的，所以转轮所利用的能量也是不相同的。

1. 不设尾水管

该情况如图 3-15（a）所示，转轮出口压力 $\dfrac{p_2}{\rho g}=\dfrac{p_a}{\rho g}$，代入式（3-46），得转轮利用的水流能量 $\Delta E'$：

$$\Delta E'=H_d-\frac{v_2^2}{2g} \tag{3-47}$$

式（3-47）表明：不设尾水管时，转轮只利用了水电站总水头中的 H_d 部分，转轮出口处至下游水面之间的高程差 H_s 没有利用，同时损失了转轮出口水流的全部功能 $\dfrac{v_2^2}{2g}$。

2. 设有圆柱形尾水管

该情况如图 3-15（b）所示，为了求得转轮出口处的压力 $\dfrac{p_2}{\rho g}$，列出转轮出口断面 2 及尾水管出口断面 5 的伯努利方程：

$$\frac{p_2}{\rho g}+H_s+h+\frac{v_2^2}{2g}=\left(\frac{p_a}{\rho g}+h\right)+\frac{v_5^2}{2g}+h_w \tag{3-48}$$

式中　h——下游水面距尾水管出口断面 5 的高程差，m；

　　　　h_w——尾水管内的水头损失，m；

　　　　v_5——尾水管出口断面 5 的水流速度，m/s。

由于是圆柱形尾水管，$v_2=v_5$，代入式（3-48），得

$$\frac{p_a-p_2}{\rho g}=H_s-h_w \tag{3-49}$$

式中　$\dfrac{p_a-p_2}{\rho g}$——静力真空，是在圆柱形尾水管作用下利用 H_s 所形成的。

将式（3-49）代入式（3-46），得到采用圆柱形尾水管时，转轮利用的水流能量 $\Delta E''$，即

$$\Delta E''=(H_d+H_s)-\left(\frac{v_2^2}{2g}+h_w\right) \tag{3-50}$$

式（3-50）与式（3-47）相比，设有圆柱形尾水管与不设尾水管，利用了转轮出口处至下游水面之间的高程差 H_S（又称为吸出水头），但仍然损失了转轮出口处动能 $\frac{v_2^2}{2g}$，而且增加了尾水管内的水头损失 h_w，但 h_w 通常比 H_S 小得多。所以，设有圆柱形尾水管可多利用了数值为（$H_S - h_w$）的能量，消除了静力真空。

3. 设有扩散型尾水管

该情况如图 3-15（c）所示，为了求得转轮出口处的压力 $\frac{p_2}{\rho g}$，仍然需要利用转轮出口断面 2 及尾水管出口断面 5 的伯努利方程，即式（3-48）。

由于扩散型尾水管，$v_2 > v_5$，所以改写式（3-48），得到断面 2 处的真空值，即

$$\frac{p_a - p_2}{\rho g} = H_S + \left(\frac{v_2^2 - v_5^2}{2g} - h_w \right) \tag{3-51}$$

比较式（3-51）与式（3-46）可知，除同样利用 $H_S - h_w$ 形成转轮出口处静力真空外，又增加数值为 $\frac{v_2^2 - v_5^2}{2g}$ 的动力真空，该真空是因尾水管的扩散作用，使尾水管内部的流速由进口 v_2 减小到出口 v_5 形成的。

将式（3-51）代入式（3-46）得到采用扩散型尾水管时，转轮利用的水流能量 $\Delta E'''$，即

$$\Delta E''' = (H_d + H_S) - \left(\frac{v_5^2}{2g} + h_w \right) \tag{3-52}$$

比较式（3-52）与式（3-50）可知，当用扩散形尾水管代替圆柱形尾水管后，出口动能损失由 $\frac{v_2^2}{2g}$ 减少到 $\frac{v_5^2}{2g}$，又多利用了数值为 $\frac{v_2^2 - v_5^2}{2g}$ 的能量，此值亦称为断面 2 处的附加动力真空。应该指出的是：扩散形尾水管中的水头损失也是存在的，故实际上在断面 2 处所恢复的动能为 $\frac{v_2^2 - v_5^2}{2g} - h_w$。

综上所述，反击式水轮机尾水管的主要作用是减小水头损失，通过降低压能的方法来收回位能和部分动能。其功能是将转轮出口处的水流引向下游；利用下游水面至转轮出口处之间的高程差，形成转轮出口处的静力真空；利用转轮出口的水流动能，将其转换成为转轮出口处的动力真空。

二、尾水管的动能恢复系数

首先应该指出是：增加 H_S 是毫无意义的。因为从图 3-15 可知：$H = H_d + H_S$，增加 H_S 导致 H_d 减小。而尾水管的作用只是保证收回位能 H_S。而 H_S 取决于水轮机安装高程，即与水轮机允许吸出高度有关，与尾水管性能无直接关系。因此，衡量尾水管性能好坏的主要指标是尾水管的动能恢复系数。

为了评估扩散形尾水管动能恢复的成效，假设扩散形尾水管内没有水力损失（$h_w = 0$），且出口断面为无穷大，没有动能损失 $\left(\frac{v_5^2}{2g} = 0 \right)$，则此时断面 2 处的理想动力真空就等于转轮出口的全部动能 $\frac{v_2^2}{2g}$，称之为理想的动能恢复。

而尾水管实际的动能恢复与理想的动能恢复的比值称为尾水管的动能恢复系数 η_w，即

$$\eta_w = \frac{\dfrac{v_2^2}{2g} - \left(h_w + \dfrac{v_5^2}{2g}\right)}{\dfrac{v_2^2}{2g}} \tag{3-53}$$

式 (3-53) 表明：尾水管内的水头损失及出口动能越小，则尾水管的恢复系数越高。因此恢复系数表征了尾水管水力性能，反映了其能量回收的能力，故有时也称为尾水管的效率。

令水流经尾水管总的水头损失 ε 为内部水力损失 h_w 与出口动能损失 $\dfrac{v_5^2}{2g}$ 之和，即

$$\varepsilon = h_w + \frac{v_5^2}{2g} \tag{3-54}$$

将式 (3-54) 代入式 (3-53)，得

$$\varepsilon = \frac{v_2^2}{2g}(1 - \eta_w) \tag{3-55}$$

令尾水管相对水力损失 ζ 等于其总的水头损失 ε 与水轮机工作水头 H 之比，即

$$\zeta = \frac{\varepsilon}{H} = (1 - \eta_w)\frac{v_2^2}{2gH} \tag{3-56}$$

由式 (3-56) 可知，尾水管的动能恢复系数 η_w 不同于尾水管相对水头损失，它只反映其动能恢复的效果。例如，两个不同比转速的水轮机，即使具有相同的尾水管恢复系数，而由于它们的转轮出口动能 $\dfrac{v_2^2}{2g}$ 所占总水头的比重不同，其实际的尾水管相对水力损失也不同。高比转速水轮机的 $\dfrac{v_2^2}{2g}$ 占总水头的 40% 左右，而低比转速水轮机却不到 1%。以尾水管的恢复系数都等于 75% 来估算，则高比转速水轮机尾水管的相对水力损失达 $\zeta = 10\%$，而低比转速的仅为 $\zeta = 0.25\%$ 左右。由此可见，尾水管对高比转速水轮机起着十分重要的作用。故尾水管对轴流式水轮机所起的作用比对混流式水轮机更为重要。

第四节　水轮机的空化与空蚀性能、吸出高度及安装高程

一、空化与空蚀的产生和类型

1. 空化与空蚀的产生

水轮机的空化与空蚀现象是水流在能量转换过程中产生的一种特殊现象，曾又称气蚀或汽蚀现象。大约在 20 世纪初，发现轮船的高速金属螺旋桨在很短时间内就被破坏，后来在水轮机中也发生了转轮叶片遭受破坏的情况，空化与空蚀现象才开始被人们发现和重视。

空化是指液体中形成空穴使液相流体的连续性遭到破坏，该现象发生在压强下降到某一临界值的流动区域中，其空穴内部充满着液体的蒸汽以及从溶液中析出的气体。当空穴

在该区域持续时间较长时，就会成长为较大的气泡。若气泡被流体带到压强高于临界值的区域，气泡就将溃灭。空化既可以发生在液体中，也可以发生固定边界上。而空蚀是指由于空泡溃灭，引起过流表面的材料损坏。在空泡溃灭过程中伴随着机械、电化、热力、化学等过程的作用。空蚀是空化的直接后果，仅发生在固体边界上。

空穴的形成与水的汽化现象密切相关。在给定温度下，水开始汽化的临界压强称为水的汽化压强。水在各种温度下的汽化压强见表3-1。为应用方便，汽化压强用其导出单位 mH_2O（$1mH_2O=9806.65Pa$）表示。

表3-1　　　　　　　　　　　　　水的汽化压强值

水的温度/℃	0	5	10	20	30	40	50	60	70	80	90	100
汽化压强/mH_2O	0.06	0.09	0.12	0.24	0.43	0.72	1.26	2.03	3.18	4.83	7.15	10.33

由上述可见，对于某一温度的水，当压强下降到对应的汽化压强时，水就开始产生汽化现象。流经水轮机的水流，若某些局部流速较高，根据水力学能量方程可知，该局部的压强必然降低，当压强低于该水温下的汽化压强时，则此低压区的水体开始汽化，形成空穴和气泡，进而发生空蚀。

目前认为，空蚀对金属材料表面的侵蚀破坏有机械作用、化学作用和电化作用3种，并以机械作用为主。

（1）机械作用。水流在水轮机流道中运动可能发生局部的压强降低，当局部压强低到汽化压强时，水就开始汽化，而原来溶解在水中的极微小的（直径约为$10^{-5}\sim10^{-4}mm$）空气泡也同时开始聚集、逸出。从而，就在水中出现了大量的由空气及水蒸气混合形成的气泡（直径在0.1~2.0mm以下）。这些气泡随着水流进入压强高于汽化压强的区域时，一方面由于气泡外动水压强的增大，另一方面由于气泡内水蒸气迅速凝结使其内部压强变得很低，从而使气泡内外的动水压差远大于维持气泡成球状的表面张力，导致气泡瞬时溃裂（溃裂时间约为几百分之一或几千分之一秒）。在气泡溃裂的瞬间，其周围的水流质点便在极高的压差作用下产生极大的流速向气泡中心冲击，形成巨大的冲击压强（其值可达几十甚至几百个大气压）。在此冲击压强作用下，原来气泡内的气体全部溶于水中，并与一小股水体一起急剧收缩形成聚能高压"水核"。而后水核迅速膨胀冲击周围水体，并一直传递到过流部件表面，致使过流部件表面受到一小股高速射流的撞击。这种撞击现象是伴随着运动水流中气泡的不断生成与溃裂而产生的，具有高频脉冲的特点，从而对过流部件表面造成材料的破坏，这种破坏作用称为空蚀的"机械作用"。

（2）化学作用。发生空化和空蚀时，气泡使金属材料表面局部出现高温是发生化学作用的主要原因。这种局部出现的高温可能是气泡在高压区被压缩时放出的热量，或者是由于高速射流撞击过流部件表面而释放出的热量。据试验测定，在气泡凝结时，局部瞬时高温可超过300℃，在这种高温和高压作用下，促使了气泡对金属材料表面的氧化腐蚀作用。

（3）电化作用。在发生空化和空蚀时，局部受热的材料与四周低温的材料之间，会产生局部温差，形成热电偶，材料中有电流流过，引起热电效应，产生电化腐蚀，破坏金属材料的表面层，使其发暗变毛糙，加快了机械侵蚀作用。

根据对空化空蚀现象的多年观测，认为空化和空蚀破坏主要是机械破坏，化学和电化作用是次要的。在机械作用的同时，化学和电化腐蚀加速了机械破坏过程。空化和空蚀在破坏开始时，一般是金属表面失去光泽而变暗，接着是变毛糙而发展成麻点，一般呈针孔状，深度在 $1\sim2mm$；再进一步使金属表面十分疏松成海绵状，也称为蜂窝状深度为 3mm 到几十毫米。汽蚀严重时，可能造成水轮机叶片的穿孔破坏。空化和空蚀的存在对水轮机运行极为不利，其影响主要表现在以下几方面：

1）破坏水轮机的过流部件，如导叶、转轮、转轮室、上下止漏环及尾水管等。

2）降低水轮机的出力和效率，因为空化和空蚀会破坏水流的正常运行规律和能量转换规律，并会增加水流的漏损和水力损失。

3）空化和空蚀严重时，可能使机组产生强烈的振动、噪声及出力波动，导致机组不能安全稳定运行。

4）缩短了机组的检修周期，增加了机组检修的复杂性。空化和空蚀检修不仅耗用大量钢材，而且延长工期，影响电力生产。

2. 空化和空蚀的类型

由于水力机械中的水流是比较复杂的，空化现象可以出现在不同部位及在不同条件下形成空化初生。由各种类型水力机械空化区的观察和室内试验成果可知：空化经常在绕流体表面的低压区或流向急变部位出现，而最大空蚀区位于平均空穴长度的下游端，但整个空蚀区是由最大空蚀点在上下游延伸相对宽的一个范围内。所以，导流面空蚀部分并非是引起空化观察现象的低压点，而低压点在空蚀区的上游，即在空穴的上游端。

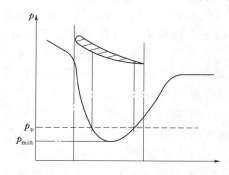

图 3-16　沿叶片背面压强分布

根据空化和空蚀发生的条件和部位的不同，一般可分为以下 4 种：

（1）翼型空化和空蚀。翼型空化和空蚀是由于水流绕流叶片引起压强降低而产生的。叶片背面的压强往往为负压，其压强分布如图 3-16 所示。当背面低压区的压强降低到环境汽化压强以下时，便发生空化和空蚀。这种空化和空蚀与叶片翼型断面的几何形状密切相关，所以称为翼型空化和空蚀。翼型空化和空蚀是反击式水轮机主要的空化和空蚀形态。翼型空化和空蚀与运行工况有关，当水轮机处在非最优工况时，则会诱发或加剧翼型空化和空蚀。

根据国内许多水电站水轮机的调查，混流式水轮机的翼型空化和空蚀主要发生在如图 3-17（b）所示的 $A\sim D$ 的 4 个区域。A 区为叶片背面下半部出水边；B 区为叶片背面与下环靠近处；C 区为下环立面内侧；D 区为转轮叶片背面与上冠交界处。轴流式轮机的翼型空化和空蚀主要发生在叶背面的出水边和叶片与轮毂的连接处附近，如图 3-17（a）所示。

（2）间隙空化和空蚀。间隙空化和空蚀是当水流通过狭小通道或间隙时引起局部流速升高，压强降低到一定程度时所发生的一种空化和空蚀形态，如图 3-18 所示。间隙空化和空蚀主要发生混流式水轮机转轮上、下迷宫环间隙处，轴流转桨式水轮机叶片外缘与转轮室的间隙处，叶片根部与轮毂间隙处，以及导水叶端面间隙处。

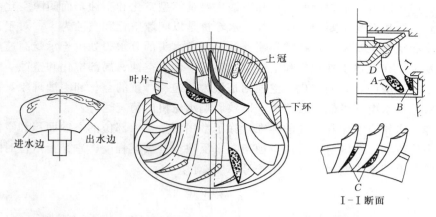

（a）轴流式转轮翼型空蚀主要部位　　　　　（b）混流式转轮翼型空蚀主要部位

图 3-17　水轮机翼型空蚀的主要部位

（3）局部空化和空蚀。局部空化和空蚀主要是由于铸造和加工缺陷形成表面不平整、砂眼、气孔等所引起的局部流态突然变化而造成的。例如，转桨式水轮机的局部空化和空蚀一般发生在转轮室连接的不光滑台阶处或局部凹坑处的后方；其局部空化和空蚀还可能发生在叶片固定螺钉及密封螺钉处，这是因螺钉的凹入或突出造成的。混流式水轮机转轮上冠泄水孔后的空化和空蚀破坏，也是一种局部空化和空蚀。

（4）空腔空化和空蚀。空腔空化和空蚀是反击式水轮机所特有一种漩涡空化，尤其以反击式水轮机最为突出。当反击式水轮机在一般工况运行时，转轮出口总具有一定的圆周分速度，使水流在尾水管产生旋转，形成真空涡带。当涡带中心出现的负压小于汽化压强时，水流会产生空化现象，而旋转的涡带一般周期性地与尾水管壁相碰，引起尾水管壁产生空化和空蚀，称为空腔空化和空蚀。

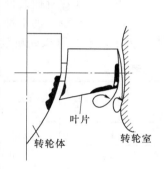

图 3-18　间隙空化和空蚀

空腔空化和空蚀的发生一般与运行工况有关。在较大负荷时，尾水管中涡带形状呈柱状形，如图 3-19（b）所示，几乎与尾水管中心线同轴，直径较小也较为稳定，尤其在最优工况时，涡带甚至可消失。但在低负荷时，空腔涡带较粗，呈螺旋形，而且自身也在旋转，这种偏心的螺旋形涡带，在空间极不稳定，将发生

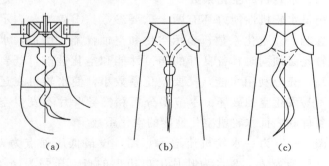

图 3-19　尾水管空腔涡带的形状

强烈的空腔空化和空蚀，如图 3-19（a）、（c）所示。

综上所述，混流式水轮机的空化和空蚀主要是翼型空化和空蚀，而间隙空化和空蚀和局部空化和空蚀相对是次要的；而转桨式水轮机是以间隙空化和空蚀为主；对于冲击式水轮机的空化和空蚀主要发生在喷嘴和喷针处，而在水头的分水刃处由于承受高速水流而常常有空蚀发生。在上述 4 种空化和空蚀中，间隙空化和空蚀、局部空化和空蚀一般只产生在局部较小的范围内，翼型空化和空蚀则是最为普遍和严重的空化和空蚀现象，而空腔化和空蚀对某些水电站可能比较严重，以致影响水轮机的稳定运行。

关于评定水轮机空化和空蚀的标准，除了常用测量空蚀部位的空蚀面积和空蚀深度的最大值和平均值外，我国目前采用空蚀指数来反映空蚀破坏程度，它是指单位时间内叶片背面单位面积上的平均空蚀深度，用符号 K_h 表示：

$$K_h = \frac{V}{FT} \tag{3-57}$$

式中　V——空蚀体积，$\text{m}^2 \cdot \text{mm}$；

　　　T——有效运行时间，不包括调相时间，h；

　　　F——叶片背面总面积，m^2；

　　　K_h——水轮机的空蚀指数，$10^{-4}\,\text{mm/h}$。

为了区别各种水轮机的空化和空蚀破坏程度，表 3-2 中按值大小 K_h 分为 5 级。

表 3-2　　　　　　　　　　　　　　　　空 蚀 等 级 表

空蚀等级	空蚀指数 K_h		空蚀程度
	$10^{-4}\,\text{mm/h}$	mm/年	
Ⅰ	<0.0577	<0.05	轻微
Ⅱ	$0.0577 \sim 0.115$	$0.05 \sim 0.1$	中等
Ⅲ	$0.115 \sim 0.577$	$0.1 \sim 0.5$	较严重
Ⅳ	$0.577 \sim 1.15$	$0.5 \sim 1.0$	严重
Ⅴ	$\geqslant 1.15$	$\geqslant 1.0$	极严重

二、水轮机的空化系数

衡量水轮机性能好坏有两个重要参数：①效率，表示能量性能；②空化系数，表示空化和空蚀性能。所以，水轮机转轮必须同时具备良好的能量性能和空化性能，既要效率高，充分利用水能，又要空化系数小，使水轮机在运行中不易发生空蚀破坏。本节将分析和推导叶片不发生空化的条件和表征水轮机空化性能的空化系数。

图 3-20 为一水轮机流道示意图，设最低压强点为 k 点，其压强为 p_k，2 点为叶片出口边上的点，压强为 p_2，a 点为下游水面上的点，p_a 为下游水面上的压强，若下游为开敞式的，则 p_a 为大气压。列出 k 点和 2 点水流相对运动的伯努利方程式：

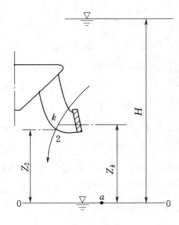

图 3-20　翼型空化条件分析

$$Z_k + \frac{p_k}{\rho g} + \frac{w_k^2}{2g} - \frac{u_k^2}{2g} = Z_2 + \frac{p_2}{\rho g} + \frac{w_2^2}{2g} - \frac{u_2^2}{2g} + h_{k-2} \tag{3-58}$$

式中　h_{k-2}——k 点到 2 点的水头损失。

由于 k 点和 2 点非常接近，故可近似地认为 $u_k = u_2$，则上式为

$$\frac{p_k}{\rho g} = \frac{p_2}{\rho g} + \frac{w_2^2 - w_k^2}{2g} + (Z_2 - Z_k) + h_{k-2} \tag{3-59}$$

为了求出 2 点的压力，可取叶片出口处 2 点与下游断面 a 点间水流绝对运动的伯努利方程式：

$$Z_2 + \frac{p_2}{\rho g} + \frac{v_2^2}{2g} = \frac{p_a}{\rho g} + \frac{v_a^2}{2g} + h_{2-a} \tag{3-60}$$

式中　h_{2-a}——2 点到 a 点的水头损失，由于出口流速很小可认为 $v_a \approx 0$，则上式可写成：

$$\frac{p_2}{\rho g} + Z_2 = \frac{p_a}{\rho g} + Z_a + h_{2-a} - \frac{v_2^2}{2g} \tag{3-61}$$

将式（3-61）代入式（3-59）可得

$$\frac{p_k}{\rho g} = \frac{p_a}{\rho g} - (Z_k - Z_a) - \left(\frac{v_2^2}{2g} + \frac{w_k^2 - w_2^2}{2g} - h_{k-a} \right) \tag{3-62}$$

式中　$h_{k-a} = h_{k-2} + h_{k-a}$，则 k 点的真空值为

$$\frac{p_v}{\rho g} = \frac{p_a}{\rho g} - \frac{p_k}{\rho g} = Z_k - Z_a + \left(\frac{v_2^2}{2g} + \frac{w_k^2 - w_2^2}{2g} - h_{k-a} \right) \tag{3-63}$$

由式（3-63）可知，k 点的真空由两部分组成：①动力真空 $h_v = \frac{v_2^2}{2g} + \frac{w_k^2 - w_2^2}{2g} - h_{k-a}$，由水轮机的转轮和尾水管所形成，它与水轮机各流速水头、转轮叶片和尾水管几何形状有关，即与水轮机结构及运行工况有关；②静力真空 $H_s = Z_k - Z_a$ 又称为吸出高度，它与水轮机安装高程有关。取决于转轮相对于下游水面的装置高度，而与水轮机形式无关。

将式（3-62）方程式两端同时减去 $\frac{p_v}{\rho g}$ 和各除以水头 H 后可得

$$\frac{p_k - p_v}{\rho g H} = \frac{\frac{p_a}{\rho g} - \frac{p_v}{\rho g} - H_s}{H} - \left(\frac{w_k^2 - w_2^2}{2gH} + \eta_w \frac{v_2^2}{2g} \right) \tag{3-64}$$

式中　$\eta_w \frac{v_2^2}{2g} = h_{k-a}$；

η_w——尾水管的恢复系数。

令：

$$\sigma = \frac{w_k^2 - w_2^2}{2gH} + \eta_w \frac{v_2^2}{2gH} \tag{3-65}$$

$$\sigma_p = \frac{\frac{p_a}{\rho g} - \frac{p_v}{\rho g} - H_s}{H} \tag{3-66}$$

式中　σ——水轮机空化系数；

σ_p——水电站装置空化系数。

则式（3-64）可写成

$$\frac{p_k - p_v}{\rho g H} = \sigma_p - \sigma \qquad (3-67)$$

由式（3-65）可知，σ 是动力真空的相对值，是一个无因次量，该值与水轮机工作轮翼型的几何形态、水轮机工况和尾水管性能有关。对某一几何形状既定的水轮机（包括尾水管相似），在既定的某一工况下，其 σ 值是定值。对于几何形状相似的水轮机（包括尾水管相似），根据相似理论在相似工况点 $\left(n_1' = \dfrac{nD_1}{\sqrt{H}}\text{相等}\right)$ 速度三角相似，则各速度的相对值相等。在相似工况点，尾水管恢复系数亦相等，所以 σ 相等。由此可知，σ 是反映水轮机空化的一个相似准则。

由式（3-66）可知：当下游水面为大气压时，水电站装置空化系数 σ_p 仅取决于转轮相对于下游水面的相对高度，σ_p 仅表示离开空化起始点的表征值。

由式（3-67）可知，当 k 点压强 p_k 降至相应温度的汽化压强 p_v 时，则水轮机的空化处于临界状态，此时 $\sigma_p = \sigma$；当 $\sigma_p > \sigma$ 时，则工作轮中最低压强点的压强 $p_k > p_v$，工作轮中不会发生空化；当 $\sigma_p < \sigma$ 时，则工作轮中最低压强点 $p_k < p_v$，工作轮中将发生空化。通过以上分析可知，通过选择适当的 H_s 值来保证水轮在无空化的条件下运行。

三、水轮机的吸出高度和安装高程

1. 水轮机的吸出高度

水轮机在某一工况下，其最低压强点 k 处的动力真空值是一定的，但其静力真空 H_s 却与水轮机的装置高程有关，因此，可通过选择合适的吸出高度 H_s 来控制 k 点的真空值，以达到避免空化和空蚀的目的。为了避免在转轮叶片上的空化，必须使 k 点压强大于水流的汽化压强，即

$$\frac{p_k}{\rho g} = \frac{p_{\min}}{\rho g} \geqslant \frac{p_v}{\rho g}$$

将上式代入式（3-66）得

$$\sigma_p = \frac{\dfrac{p_a}{\rho g} - \dfrac{p_v}{\rho g} - H_s}{H} \geqslant \sigma$$

将上式整理后得

$$H_s \leqslant \frac{p_a}{\rho g} - \frac{p_v}{\rho g} - \sigma H \qquad (3-68)$$

式中　$\dfrac{p_a}{\rho g}$——水轮机安装位置的大气压，mH_2O，考虑到标准海平面的平均大气压为 $10.33mH_2O$，在海拔高程 3000m 以内，每升高 900m 大气压降低 $1mH_2O$，因此当水轮机安装位置的海拔高程为 $\nabla(m)$ 时，有 $\dfrac{p_a}{\rho g} = 10.33 - \dfrac{\nabla}{900}(mH_2O)$；

　　　　$\dfrac{p_v}{\rho g}$——相应于平均水温下的汽化压强，mH_2O，考虑到水电站压力管道中的水温

一般为 5～20℃对于含量较小的清水质，可取 $\dfrac{p_v}{\rho g}=0.09\sim0.24\text{mH}_2\text{O}$；

σ——水轮机实际运行的空化系数，σ 值通常由模型试验获取，但考虑到水轮机模型空化试验的误差及模型与原型之间尺寸不同的影响，对模型空化系数 σ_m 作修正，取 $\sigma=\sigma_m+\Delta\sigma$ 或 $\sigma=K_\sigma\sigma_m$。

在实际应用时，常将式（3-68）简写成

$$H_S\leqslant10.0-\frac{\nabla}{900}-(\sigma_m+\Delta\sigma)H \tag{3-69}$$

或

$$H_S\leqslant10.0-\frac{\nabla}{900}-K_\sigma\sigma_m H \tag{3-70}$$

式中 ∇——水轮机安装位置的海拔高程，m，在初始计算中可取为下游平均水位的海拔高程；

σ_m——模型空化系数，各种工况的 σ_m 值可从该型号水轮机的模型综合特性曲线中查取；

$\Delta\sigma$——空化系数的修正值，可根据设计水头 H_r 由图 3-21 中查取；

H——水轮机水头，m，一般取为设计水头 H_r，轴流式水轮机还需要比较最小水头 $H_{\min}$，混流式水轮机比较最大水头 $H_{\max}$ 及对应工况的 σ_m，进行校核计算；

K_σ——水轮机的空化安全系数，根据技术规范，对于转桨式水轮机，取 $K_\sigma=1.1$；对混流式水轮机，可采用表 3-3 中的数据。

表 3-3   水轮机水头与空化安全系数 K_σ 关系

水头 H/m	30～100	100～250	250 以上
安全系数 K_σ	1.15	1.20	1

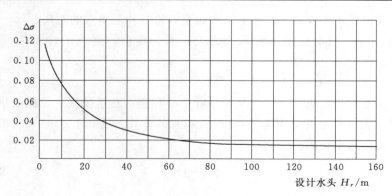

图 3-21 气蚀系数修正曲线

当然，吸出高度 H_S 值的最后确定，还必须考虑基建条件、投资大小和运行条件等，进行方案的技术经济比较。如水中含砂量大，为了避免空蚀和泥沙磨损的相互影响和联合作用，吸出高度 H_S 值应取得安全一些。

2. 吸出高度的规定

水轮机的吸出高度 H_S 的准确定义是从叶片背面压力最低点 k 到下游水面的垂直高

度。但是 k 点的位置在实际计算时很难确定，而且在不同工况时 k 点的位置亦有所变动。因此在工程上为了便于统一，对不同类型和不同装置形式的水轮机吸出高度 H_S 作如下规定（图 3-22）：

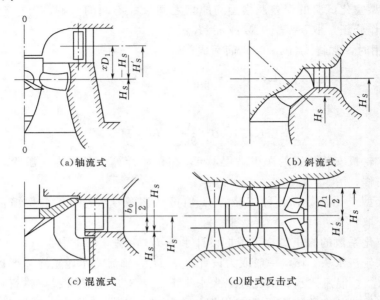

图 3-22　各种不同型式水轮机的吸出高度

（1）轴流式水轮机的 H_S 是下游水面至转轮叶片旋转中心线的距离。

（2）混流式水轮机的 H_S 是下游水面至导水机构的下环平面的距离。

（3）斜流式水轮机的 H_S 是下游水面至转轮叶片旋转轴线与转轮室内表面交点的距离。

（4）卧式反击式水轮机的 H_S 是下游水面至转轮叶片最高点的距离。

H_S 为正值，表示转轮位于下游水面之上；若为负值，则表示转轮位于下游水面之下，其绝对值常称为淹没深度。

3. 水轮机的安装高程

对于立轴反击式水轮机安装高程是指导叶中心高程；对于卧式水轮机是指主轴中心高程，不同装置方式的水轮机安装高程（图 3-23）的计算方法如下：

（1）立轴混流式水轮机。

$$\nabla_{\text{inst}} = \nabla_w + H_S + \frac{b_o}{2} \tag{3-71}$$

式中　∇_w ——尾水位，m；

　　　b_o ——导叶高度，m。

（2）立轴轴流式水轮机。

$$\nabla_{inst} = \nabla_w + H_S + xD_1 \tag{3-72}$$

式中　D_1 ——转轮直径，m；

　　　x ——轴流式水轮机结构高度系数，可从表 3-4 中查取。

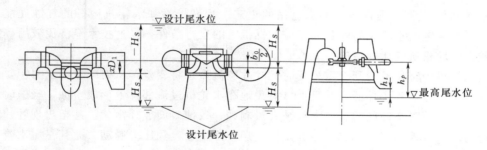

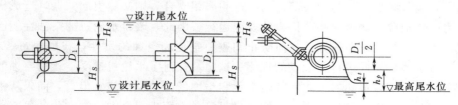

图 3-23　水轮机安装高程示意图

表 3-4　　　　　　　　　　　　　　　轴流式水轮机的高度系数 x

转轮型号	ZZ360	ZZ440	ZZ460	ZZ560	ZZ600
x	0.3835	0.3960	0.4360	0.4085	0.4830

（3）卧式反击式水轮机。

$$\nabla_{inst} = \nabla_w + H_s - \frac{D_1}{2} \qquad\qquad (3-73)$$

（4）水斗式水轮机。

立轴

$$\nabla_{inst} = \nabla_{um} + h_p \qquad\qquad (3-74)$$

卧轴

$$\nabla_{inst} = \nabla_{um} + h_p + \frac{D_1}{2} \qquad\qquad (3-75)$$

式中　∇_{um}——最高尾水位，m。

式（3-74）和式（3-75）中 h_p 称为排出高度，如图 3-23 所示，它是使水轮机完全稳定运行、避开变负荷时的涌浪、保证通风和防止因尾水渠中的水流飞溅及涡流而造成转轮能量损失所必需的高度。根据经验统计，$h_p = (0.1 \sim 0.15) D_1$，对立轴机组取较大值，对卧轴机组取较小值。在确定 h_p 时，要注意保证必要的通风高度 h_t（图 3-23），以免在尾水渠中产生过大的涌浪和涡流，一般 h_t 不宜小于 0.4m。

确定水轮机安装高程的尾水位通常称为设计尾水位。设计尾水位可根据水轮机的过流量从下游水位与流量关系曲线中查得。一般情况下水轮机的过流量可按电站装机台数参见表 3-5。

表 3-5　　　　　　　　　　　　　　确定设计尾水位的水轮机过流量

电站装机台数	水轮机过流量	电站装机台数	水轮机过流量
1 台或 2 台	1 台水轮机 50% 的额定流量	5 台以上	1.5~2 台水轮机额定流量
3 台或 4 台	1 台水轮机的额定流量		

水轮机的安装高程直接影响水电站的土建工程开挖量和水轮机运行的气蚀性能，因此，大中型水电站水轮机的安装高程应根据机组的运行条件，经过技术经济比较后确定。

四、水轮机抗空化的措施

当水轮机中空化发展到一定程度时，叶片绕流流态将变差，从而减少了水力矩，使得水轮机功率下降，效率降低；并且不可避免地在水轮机过流部件上形成空蚀，轻微时只有少量蚀点，严重时空蚀区的金属材料被大量剥蚀，致使表面成蜂窝状，甚至出现叶片穿孔或掉边的现象。伴随着空化和空蚀的发生，还会产生噪声和压力脉动，尤其是尾水管中的脉动涡带，当其频率一旦与相关部件的自振频率相吻合，则必然引起共振，造成机组的振动、出力的摆动等，严重威胁着机组的安全运行。因此，改善水轮机的空蚀性能已成为水力机械设计及运行的重要任务。如何防止和避免空化和空蚀的发生，我国经过 40 多年的水轮机运行实践，对此进行了大量的观测和试验，探讨了水轮机遭受空化和空蚀的一些规律，目前已取得了较成熟的预防和减轻空化和空蚀的经验及措施。但是，尚未从根本上解决问题。因此，从水轮机的水力、结构、材料等各方面进行全方位抗空化的研究，仍是当今水轮机的重要课题之一。

1. 改善水轮机的水力设计

翼型的空化和空蚀是水轮机空化和空蚀的主要类型之一，而翼型的空化和空蚀与很多因素有关，诸如翼型本身的参数、组成转轮翼栅的参数以及水轮机的运行工况等等。

就翼型设计而言，要设计和试验空化性能良好的转轮。主要途径是使叶片背面压强的最低值分布在叶片出口边，从而使气泡的溃灭发生在叶片以外的区域，可避免叶片发生空化和空蚀破坏。当转轮叶片背面产生空化和空蚀时，最低负压区将形成大量的气泡，如图 3-24（a）所示，气泡区的长度为 l_c 小于叶片长度 l，气泡的瞬时溃灭对叶片表面的空化和空蚀破坏和水流连续性的恢复发生在气泡区尾部 A 点附近，故翼型空化和空蚀大多产生在叶片背面的中后部。若改变转轮的叶片设计，如图 3-24（b）所示，就可使气泡溃灭和水流连续性的恢复发生在叶片尾部之后（即 $l_c>l$），这样就可避免对叶片的严重破坏。实践证明，叶片设计得比较合理时，可避免或减轻空化和空蚀。

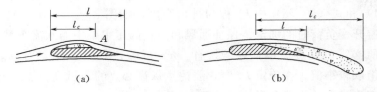

（a）　　　　　　　　　　　　（b）

图 3-24　翼型汽蚀的绕流

在水轮机选型设计时，要合理确定水轮机的吸出高度 H_s，水轮机的比转速 n_s，空化系数 σ。比转速越高，空化系数越大，要求转轮埋置越深，选型经验表明，这 3 个参数应最优配合选择。对于在多泥沙水流中工作的水轮机，选择较低比转速的转轮、较大的水轮机直径和降低 H_s 值将有利于减轻空蚀和磨损的联合作用。

2. 提高加工工艺水平，采用抗蚀材料

加工工艺水平直接影响着水轮机的空化和空蚀性能。加工质量差，通常表现为：叶片头部型线不良（常为方头）、开口相差较大、出口边厚度不匀、局部鼓包、波浪度大等制造质量问题，因此局部空化和空蚀破坏较严重。另外，转轮叶片铸造与加工后的型线，应尽量能与设计模型图一致，保证原型与模型水轮机相似。

提高转轮抗蚀性能的另一有效措施是采用优良抗蚀材料或增加材料的抗蚀性和过流表面采用保护层。一般不锈钢比碳钢抗空化性能优越，如铬钼不锈钢（Cr8CuMo）、低镍不锈钢（OGr13Ni）、13 铬（Cr13）等，但造价较高。

3. 改善运行条件并采用适当的运行措施

水轮机的空化和空蚀与水轮机的运行条件有着密切的关系，通常在设计工况附近不发生严重空化，若长时间在偏离设计工况运行，翼型的绕流条件、转轮的出流条件等将发生较大的改变，会加剧翼型空化和空腔空化。因此，合理拟定水电厂的运行方式，要尽量保持机组在最优工况区运行，以避免发生空化和空蚀。并且应尽量避开在空化严重区域运行，以保证水轮机运行稳定。

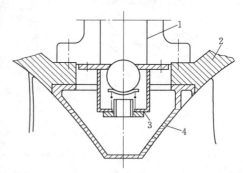

图 3-25　主轴中心孔补气
1—主轴；2—转轮；3—补气阀；
4—泄水锥补气孔

在非设计工况下运行时，可采用转轮下部补气的方法，破除空腔，减轻空化空蚀及机组振动。目前中小型机组常采用自然补气和强制补气两种方法。

自然补气装置的形式和位置有以下几种：

（1）主轴中心补气。如图 3-25 所示，主轴中心孔补气结构简单，当尾水管内真空度达到一定值时，补气阀自动开启，空气从主轴中心孔通过补气阀进入转轮下部，改善该处的真空度，从而减小空腔空化，但由于这种补气方式难于将空气补到翼型和下环的空化部位，故对改善翼型空蚀效果不好。并且补气量较小，往往不足以消除尾水管涡带引起的压力脉动，且补气噪声很大。

（2）尾水管补气。反击式水轮机在某些工况下，在尾水管直锥段中心区水流汽化形成涡带，并引起尾水管的压力脉动。向尾水管中补气可在一定程度上抑制压力脉动，而抑制的效果决定于补气量、补气位置及补气装置的结构形状 3 个要素，分述如下：

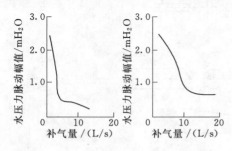

图 3-26　补气量对尾水管压力脉动的影响

补气量的大小直接影响着补气效果，如图 3-26 所示的试验结果表明：当有足够的补气量时，才能有效地减轻尾水管内的压力脉动。但过多的补气量无益于进一步减轻尾水管的压力脉动，反而使尾水管内压力上升，造成机组效率下降。通常把最有效抑制尾水管压力脉动的补气量称为最优补气量，该补气量随水轮机工况的变化而变化，根据许多试验资料表明，最优补气量（自由空气量）约为水轮机设计流量的 2%。

尾水管补气常见的两种装置形式有十字架补气和短管补气。图 3-27（a）是尾水管十字架补气装置。当转轮叶片背面产生负压时，空气从进气管 5 进入均气槽 4，通过横管

1进入中心体2，破坏转轮下部的真空。对中小型机组，在制造时就在尾水管上部装置了补气管。一般十字架离转轮下环的距离 $f_b=(1/4\sim1/3)D_1$，横管与水平面夹角 $\alpha=8°\sim11°$，横管直径 $d_1=100\sim150\text{mm}$，采用3～4根。横管上的小补气孔应开在背水侧，以防止水进入横管内。

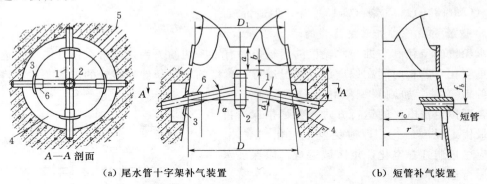

（a）尾水管十字架补气装置　　　　　　　（b）短管补气装置

图 3-27　尾水管补气装置

1—横管；2—中心体；3—衬板；4—均气槽；5—进气管；6—不锈钢衬套

图 3-27（b）是短管补气装置。短管切口与开孔应在背水侧，其最优半径 $r_0=0.85r$，r 为尾水管半径。短管应可能靠近转轮下部，可取 $f_b=(1/4\sim1/3)D_1$。强制补气装置是在吸出高度 H_S 值较小，自然补气困难时采用，有尾水管射流泵补气和顶盖压缩空气补气。

图 3-28 是尾水管射流泵补气。其工作原理是上游的压力水流，从通气管进口处装设的射流喷嘴中高速射入通气管，在进气口造成负压，可把空气吸入尾水管。射流泵补气节省压缩空气设备，一般适用 $H_S=-4\sim-1\text{m}$ 的水电站。

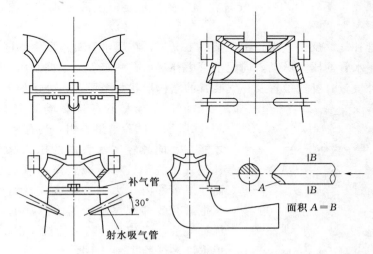

图 3-28　几种其他补气结构

补气对机组效率的影响目前研究尚不充分。因为补气削弱了尾水管涡带的压力脉动及稳定了机组运行，故能提高机组效率，但补气又降低了尾水管的真空度以及补气结构增加了水流的阻力会降低机组效率。其综合的结果在最优补气量及合理的补气结构下，机组效率有提高的趋势，这为许多电站的运行经验所证实。

第五节　水轮机的压力脉动性能

电力市场日益增长的需求导致水轮机频繁地改变运行工况，在偏离设计工况条件下，不得不历经压力脉动幅值较高的区域运行。近年来，压力脉动特性已开始成为衡量大型水力机组性能的重要指标，而降低其压力脉动水平也成为水轮机水力设计的目标之一。

通常对于一个实测的压强信号 p，可以按照式（3-76）将其分为 $\bar{p}$ 和 $\tilde{p}$ 两部分。

$$p = \bar{p} + \tilde{p} \tag{3-76}$$

式中　$\bar{p}$——压强时均值；

　　　$\tilde{p}$——压强脉动值。

当水轮机恒定运行时，$\bar{p}$ 为恒定值；而在过渡过程中，$\bar{p}$ 表征随时间变化的水击压力。压强脉动值 $\tilde{p}$ 包含周期性组成部分和非周期性组成部分。其中，周期性组成部分具有明确对应的频率，非周期性部分具有随机性，它通常由紊流、漩涡等因素引起。本节讨论的重点是压强脉动值的周期性部分，它是压强脉动值的主要组成成分。

一、产生压力脉动的原因

水轮机运行过程中存在诸多水力因素引起的不稳定性现象，其表现形式为蜗壳、尾水管、无叶区的压力脉动。压力脉动引起转轮动态荷载的变化，有可能导致机组的共振和疲劳破坏，影响机组的运行寿命。对于混流式水轮机而言，产生压力脉动的原因主要包括转轮叶片与导叶之间动静干涉、尾水管涡带，以及水泵水轮机偏离设计工况运行时的旋转失速。

1. 动静干涉

动静干涉指旋转的转轮和静止的导叶之间的相互作用（图3-29），表现形式为无叶区随时间和空间而变化的压强分布。动静干涉是水轮机稳态运行时压力脉动最主要的组成成分，其频率较高，与水轮机转轮叶片数和活动导叶数的组合有关。式（3-77）～式（3-79）分别列出了水轮机旋转频率 f（Hz）、叶片转动频率 f_b（Hz）以及导叶相对旋转频率 f_g（Hz）的表达式。

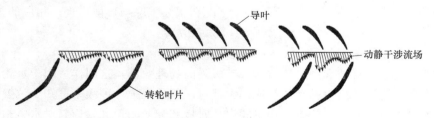

图3-29　动静干涉—叶片压力场与导叶压力场的相互作用

$$f = \frac{n}{60} \tag{3-77}$$

$$f_b = f z_b \tag{3-78}$$

$$f_g = f z_g \qquad\qquad (3-79)$$

式中　n——水轮机转速；

　　　z_b——叶片数；

　　　z_g——导叶数。

当压力传感器布置在无叶区时，所测动静干涉频率遵循式（3-77）；当压力传感器布置在转轮叶片上，随叶片一同旋转时，所测动静干涉频率遵循式（3-78）。

2. 尾水管涡带

混流式水轮机带部分负荷运行时，尾水管由于旋转空化会出现涡带（图3-30）。尾水管涡带频率 f_{vortex} 是压力脉动频谱的低频重要组成成分，在水轮机偏离最优工况运行时，其幅值会显著增大。其频率与水电站固有频率较为接近，存在发生共振的风险，是影响水电站稳定性的隐患。

$$f_{vortex} = (0.2 \sim 0.4) f \qquad\qquad (3-80)$$

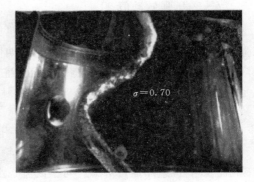

图3-30　混流式水轮机的尾水管涡带

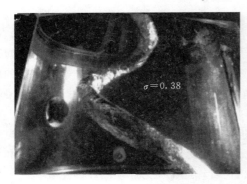

图3-31　低流量工况旋转失速造成脱流

3. 旋转失速

旋转失速是水泵水轮机特有的一种压力脉动来源，表现形式为当机组在偏离设计工况运行时转轮流道流量分布不均，局部流道被涡堵塞（图3-31），并出现周期性的局部高压，沿周向各流道过流失衡，在水轮机工况和水泵工况均可能出现。相应的频率为

$$f_{RS} = (0.3 \sim 0.7) f \qquad\qquad (3-81)$$

二、压力脉动的危害

周期性的信号从时域和频域的角度都有极强的物理效应，这同样适用于水轮机中的压力脉动。先前所讨论的压力脉动的组成因素都可以单独视为一种频率可知、位置明确的激发源，从而可以根据其所在位置、作用频率从时域和频域的角度讨论起对水电站安全运行的危害。

1. 动静干涉的危害

动静干涉的根源位于转轮叶片与导叶之间的无叶区，其幅值较大、频率较高，时域特征明显。其频率与电站引水系统固有频率并不在一个数量级，但其谐波与转轮固有频率接近。

　　动静干涉对导叶和转轮的危害较大。它不仅会沿着无叶区→活动导叶→固定导叶→蜗壳的路径传播，使导叶产生强烈的高频机械振动，还会向着叶片流道内传播，使转轮承受高频的动态荷载变化并最终破损（图3-32）。研究者通过振动传感器在水轮机导轴承上测得了与动静干涉同频率的振动信号，表明动静干涉沿着水轮机主轴传播，引起导轴承结构振动。并且，导叶振动也会影响无叶区动静干涉的幅值。

　　2. 尾水管涡带的危害

　　涡带是一种由空化所引起的低频激发源，其危害主要表现在频域特性。涡

图3-32　动静干涉对转轮的危害

带频率与电站固有频率在数量级上较为接近，这使得发生共振的可能性较高。当涡带频率与输水发电系统频率一致时，共振会导致机组流量和出力发生摆动（图3-33），对电网造成稳定性造成较大危害。三维流场研究表明，涡带激发频率的根源位于尾水管弯肘处。

　　3. 旋转失速的危害

　　这种水泵水轮机特有的压力脉动来源，在水轮机工况和水泵工况均可能出现。在水轮机工况，它出现在飞逸点以后的水轮机制动区。

　　由于水泵水轮机的反S特性，原型机组并不能在旋转失速出现的区域稳定运行，只有在过渡过程中经过水轮机制动区的较短时间内才会受到旋转失速的影响。模型实验的研究表明旋转失速会产生转轮流道内局部高压（图3-34），这意味着旋转失速是原型机组过渡过程中经历制动区时蜗壳、无叶区压力脉动低频高幅值的原因。

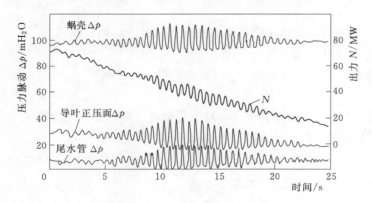

图3-33　尾水管涡带引起出力摆动

图3-34　旋转失速导致转轮流道局部高压

第四章　水轮机的特性及选型

第一节　水轮机的相似律、单位参数及比转速

在第三章，已经介绍了水轮机工作原理并得出了水轮机基本方程。该方程前提假定是忽略水体黏性，水流呈均匀轴对称流动。实际上水流在水轮机转轮中的流动是黏性湍流，尤其在非最优工况下水力现象更加复杂，所以至今尚不可能从理论上得出水轮机真实的运行特性，即水轮机在不同工况下，各运行参数（如水头、流量、转速、出力、效率、汽蚀系数等）之间的相互关系。于是普遍采用模型试验和理论分析相结合的方法研究并获取水轮机的特性。

水轮机模型试验采用的转轮直径较小，试验水头较低，具有费用低、量测准确、运行参数可任意改变等优点。但如何将模型水轮机的试验成果应用到原型水轮机，这就是水轮机相似理论所研究的问题。具体地说，就是找出一定条件下的相似常数，建立相似公式。

一、水轮机的相似条件

要使模型水轮机与原型水轮机相似，就必须使两者的水流运动满足流体力学的相似条件，即必须满足几何相似、运动相似和动力相似 3 个条件。

1. 几何相似

几何相似是指两个水轮机过流通道几何形态的所有对应角相等，所有对应尺寸成比例，如图 4 - 1 所示。几何相似的水轮机称为同轮系水轮机。

$$\beta_{e1} = \beta_{e1M}; \quad \beta_{e2} = \beta_{e2M}; \quad \varphi = \varphi_M \tag{4-1}$$

$$\frac{D_1}{D_{1M}} = \frac{b_0}{b_{0M}} = \frac{a_0}{a_{0M}} = \cdots = 常数 \tag{4-2}$$

式中　β_{e1}、β_{e2}、φ——转轮叶片的进口安放角、出口安放角和可转动叶片的转角；

D_1、b_0、a_0——转轮直径、导叶高度和导叶开度。

带有下标"M"，表示模型水轮机参数，否则为原型水轮机参数，下同。

2. 运动相似

运动相似是指同轮系的水轮机，水流在过流通道中对应点的速度方向相同，速度大小成比例。即对应点的速度三角形相似，处于等角状态，如图 4 - 1 所示。

$$\alpha_1 = \alpha_{1M}; \quad \beta_1 = \beta_{1M}; \quad \alpha_2 = \alpha_{2M} \tag{4-3}$$

$$\frac{v_1}{v_{1M}} = \frac{u_1}{u_{1M}} = \frac{w_1}{w_{1M}} = \frac{v_2}{v_{2M}} \cdots = 常数 \tag{4-4}$$

3. 动力相似

动力相似是指同轮系水轮机，水流在过流通道对应点上作用力，如压力、惯性力、重力、黏性力和摩擦力等同名力的方向相同，力的大小成比例。

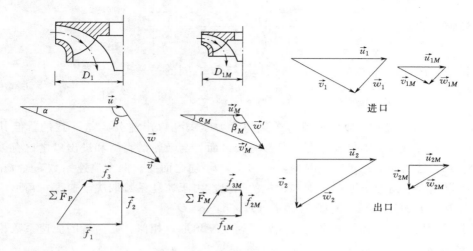

图 4-1　相似速度三角形

应该指出的是：在水轮机模型试验和换算成原型水轮机参数时，要完全满足上述 3 个相似条件是很难的，例如相对糙率的相似 $\dfrac{\Delta}{D_1} = \dfrac{\Delta_M}{D_{1M}}$ 就很难做到。因此不得不忽略相对糙率、水流黏性力和重力等次要因素的影响，以便抓住主要因素，得出初步的相似公式。然后再针对某些不足之处加以修正，以便较方便、较合理地将模型试验成果换算到原型水轮机上去。

二、水轮机的相似定律

同一轮系的水轮机在相似工况下（等角状态），各参数之间的固定关系称为水轮机的相似律，它是相似原理的具体体现。

设同一轮系的两个水轮机标称直径分别是 D_1 和 D_{1M}，导叶开度角和转轮叶片角对应相等。欲使这两个水轮机的工况相似，其流量 Q 与 Q_M、转速 n 与 n_M、功率 N 与 N_M 之间应保持怎样的固定关系？

在任一相似工况下，同一轮系水轮机过流通道中各点的速度三角形存在相同的比例关系，可利用三角形正弦关系进行变换：

$$\frac{v}{\sin\beta} = \frac{w}{\sin\alpha} = \frac{u}{\sin(180° - \beta - \alpha)} \tag{4-5}$$

由此，得到

$$v_1 = u_1 \frac{\sin\beta_1}{\sin(\beta_1 + \alpha_1)} \tag{4-6}$$

$$v_2 = u_2 \frac{\sin\beta_2}{\sin(\beta_2 + \alpha_2)} \tag{4-7}$$

并且转轮旋转的角速度与线速度存在如下的关系：

$$\omega = \frac{u_1}{r_1} = \frac{u_2}{r_2} \tag{4-8}$$

将式（4-6）、式（4-7）和式（4-8）代入水轮机基本方程，并消去 v_1、v_2、u_2，可得

$$u_1 = k_{u1} \sqrt{2gH\eta_h} \tag{4-9}$$

其中：流速系数 $k_{u1} = \sqrt{\dfrac{1}{2\left[\dfrac{\sin\beta_1\cos\alpha_1}{\sin(\beta_1+\alpha_1)} - \left(\dfrac{r_2}{r_1}\right)^2 \dfrac{\sin\beta_2\cos\alpha_2}{\sin(\beta_2+\alpha_2)}\right]}}$。

同样的方法可得出 u_2、v_1、v_2、w_1、w_2 与 H 之间的关系式。显然

$$k_{u1} = f_{u1}\left(\alpha, \beta, \frac{r_2}{r_1}\right) \tag{4-10}$$

k_{u1} 之所以称为流速系数，是因为上式与水力学中孔口出流公式是一致的。但其系数的表达式要复杂得多。不仅与速度三角形有关，而且与转轮的类型和进出口之比有关。

对于某一已知的水轮机，工况变，α、β 变，k_{u1} 随之而变。两个流速系数，如 k_{u1}、k_{v1} 就可以决定速度三角形的形状，即水轮机的工况。由于速度系数取决于速度三角形，速度三角形又取决于 H、n、α，所以 $k_{u1} = f_{u1}(H, n, \alpha, D)$。

对于两个几何尺寸相似的水轮机，如果速度三角形也相似，则两者的流速系数相等。

1. 转速相似律

改写式 (4-9)，得 $k_{u1} = \dfrac{u_1}{\sqrt{2gH\eta_h}} = \dfrac{\dfrac{D_1}{2}\dfrac{2\pi n}{60}}{\sqrt{2gH\eta_h}}$，即

$$\frac{nD_1}{\sqrt{H\eta_h}} = 86.4 k_{u1} \tag{4-11}$$

在同轮系等角条件下，速度系数 k_{u1} 是相同的，所以

$$\left(\frac{nD_1}{\sqrt{H\eta_h}}\right) = \left(\frac{nD_1}{\sqrt{H\eta_h}}\right)_M = \text{const} \tag{4-12}$$

式 (4-12) 称为水轮机的转速相似律，它表示同轮系水轮机在相似工况下，转速与转轮直径成反比，与工作水头的平方根成正比。

2. 流量相似律

流经水轮机转轮的有效流量可按下式计算：

$$Q\eta_{vol} = v_{M1}F_1 = v_1\sin\alpha_1 \cdot \pi D_1 b_0 f = v_1\sin\alpha_1 \cdot \alpha D_1^2 \tag{4-13}$$

式中　b_0——导叶高度，m；

　　　f——转轮进口的叶片排挤系数；

　　　α——综合系数，$\alpha = \pi f b_0 / D_1$。

由于：

$$k_{v1} = \frac{v_1}{\sqrt{2gH\eta_h}} \tag{4-14}$$

将式 (4-13) 代入式 (4-14)，整理得到

$$\frac{Q\eta_{vol}}{D_1^2 \sqrt{H\eta_h}} = 4.44\alpha\sin\alpha_1 k_{v1} \tag{4-15}$$

在同系等角条件下，速度系数 k_{v1} 是相同的。并且 $(\alpha\sin\alpha)_p = (\alpha\sin\alpha)_M$，所以

$$\left(\frac{Q\eta_{vol}}{D_1^2 \sqrt{H\eta_h}}\right) = \left(\frac{Q\eta_{vol}}{D_1^2 \sqrt{H\eta_h}}\right)_M = \text{const} \tag{4-16}$$

式 (4-16) 称为水轮机的流量相似律，它表示同轮系水轮机在相似工况下，有效流

量与转轮直径的平方成正比，与工作水头的平方根成正比。

3. 出力相似律

水轮机出力表达式：

$$N = \gamma Q H \eta \qquad (4-17)$$

将式（4-15）代入式（4-17），整理得到

$$\frac{N}{D_1^2 (H \eta_h)^{\frac{3}{2}} \eta_{mec}} = 9.81 \times 4.44 \alpha \sin\alpha_1 k_{v1} \qquad (4-18)$$

同理，得出

$$\frac{N}{D_1^2 (H \eta_h)^{\frac{3}{2}} \eta_{mec}} = \left(\frac{N}{D_1^2 (H \eta_h)^{\frac{3}{2}} \eta_{mec}} \right)_M = \text{const} \qquad (4-19)$$

式（4-19）称为水轮机的出力相似律，它表示同轮系水轮机在相似工况下，水轮机出力与转轮直径的平方成正比，与工作水头的 3/2 次方成正比。

三、单位参数

每一轮系的水轮机都可以制成大小不等的尺寸，而且可以在较宽广的水头、转速和功率范围内工作。因此为了表征每一轮系的水轮机的特性，必须有一个共同的衡量标准，这个标准就是单位参数。

若直接引用水轮机的相似律作为衡量标准，则存在如下两方面的问题：

（1）水轮机的相似律包含了水轮机的水力效率 η_h、容积效率 η_{vol} 和机械效率 η_{mec}，它们很难从水轮机总效率 η 中分离，而且原型水轮机总效率是未知的。所以直接采用相似律无法得到精确的结果，也就不可能作为水轮机的共同衡量标准。

（2）由于各研究单位的试验装置条件和试验要求不同，所使用的模型水轮机转轮直径 D_{1M} 和试验水头 H_M 各不相同，因此得出的模型参数也不统一。这样既不利于应用，又不利于同一轮系水轮机不同模型试验成果的比较，更不可能进行不同轮系水轮机的性能比较。所以需要在原型与模型水轮机各项效率分别相等的提前假定下，将任一模型试验所得到的参数按照相似律换算成 $D_{1M}=1m$，$H_M=1m$ 的标准条件下参数。

标准条件下换算得出的参数，称之为单位参数，即

$$n_1' = \frac{nD_1}{\sqrt{H}} \quad (\text{r/min}) \qquad (4-20)$$

$$Q_1' = \frac{Q}{D_1^2 \sqrt{H}} \quad (\text{m}^3/\text{s}) \qquad (4-21)$$

$$N_1' = \frac{N}{D_1^2 H^{3/2}} \quad (\text{kW}) \qquad (4-22)$$

显然，同一轮系的水轮机在相似工况下，单位参数的数值是相同的；但对于不同轮系的水轮机，即使在特征工况（如最优工况，限制工况）下，也不相同。因此，比较特征工况下的单位参数可用于评价不同轮系水轮机的性能，用于水轮机设计和选型。

四、比转速

由于单位参数 $n_1' = \dfrac{nD_1}{\sqrt{H}}$、$Q_1' = \dfrac{Q}{D_1^2 \sqrt{H}}$、$N_1' = \dfrac{N}{D_1^2 H^{3/2}}$ 中都含有 D_1，表征某一轮系的

特征仍不方便。所以需要去掉 D_1，引入比转速 n_s 的概念。令

$$n_s = n_1' \sqrt{N_1'} = \frac{nD_1}{\sqrt{H}} \sqrt{\frac{N}{D_1^2 H^{3/2}}} = \frac{n \sqrt{N}}{H^{5/4}} \quad (\text{m} \cdot \text{kW}) \tag{4-23}$$

即水轮机比转速定义为：同一轮系的水轮机，在工作水头 $H = 1\text{m}$、出力 $N = 1\text{kW}$ 所具有的转速。

若将 $N = \gamma Q H \eta$、$n = \dfrac{n_1' \sqrt{H}}{D_1}$、$Q = Q_1' D_1^2 \sqrt{H}$ 代入式（4-23），可导出 n_s 的另外两个表达式：

$$n_s = 3.13 \frac{n \sqrt{Q\eta}}{H^{3/4}} \quad (\text{m} \cdot \text{kW}) \tag{4-24}$$

$$n_s = 3.13 n_1' \sqrt{Q_1' \eta} \quad (\text{m} \cdot \text{kW}) \tag{4-25}$$

1. 比转速的常数性质

同轮系水轮机在相似工况下比转速相等，是一个与水轮机转轮直径无关的常数。它集中反映了水轮机的转速 n、工作水头 H 和出力 N 之间的关系，是代表水轮机特性的一个重要的综合性参数。

尽管是同一轮系水轮机，由于对于不同的工况，即不同形状的速度三角形，n_s 是不同的。所以为了用 n_s 代表水轮机系列，就应该选定代表工况。通常选取设计工况，即在设计水头、额定转速和额定出力时的比转速作为该轮系水轮机的代表特征参数。也有厂家采用最优工况下的比转速作为代表。

2. 比转速的单位性质

从式（4-25）可以看出，在工作水头一定的条件下提高水轮机的比转速 n_s，就意味着 $Q_1'\eta$ 增大和 n_1' 增大。其中 $Q_1'\eta$ 增大时则水轮机出力增大，其理由是 $N = 9.81 D_1^2 H^{3/2} Q_1' \eta$；根据式（4-20）可知，$n_1'$ 增大时若转速 n 不变，可减小水轮机转轮直径，即可缩小机组尺寸，减轻机组重量和降低水电站的投资。所以提高比转速对机组和水电站的动能经济技术指标均是有利的，尤其对大型机组和大型水电站则更为显著，所以在水轮机选型时应尽可能选择较高比转速的水轮机。

3. 比转速与汽蚀系数的关系

在流量一定的前提下，提高 n_s 就会减小转轮直径 D_1，增大转轮出口流速 v_2。根据汽蚀系数的表达式 $\sigma = \left(\dfrac{\alpha_2 v_2^2}{2g} - \dfrac{\alpha_5 v_5^2}{2g} - h_{2-5} \right) \Big/ H$ 可知，v_2 越大，汽蚀系数越大。即 n_s 越大，汽蚀系数越大。增大汽蚀系数，就必须将水轮机转轮更深地埋置于下游水面之下，对于地面厂房而言，将增加施工的困难及土建投资。因此，汽蚀条件限制了高比转速水轮机在较高水头下的应用。

4. 比转速与转轮形状特征的关系

由式（4-25）可知，当单位转速 n_1' 一定时，比转速越大，单位流量 Q_1' 越大。因此导叶的相对高度 b_0/D_1 也越高，而转轮的叶片数则减少。又因为汽蚀系数随比转速增高而增大，对于高比转速水轮机，为了降低汽蚀系数，需减小转轮出口流速 v_2，则相应地增大转轮出口与进口直径比 D_2/D_1（对于混流式水轮机），或减小轮毂比 d_g/D_1（对于轴流

式水轮机)。

总之,比转速是水轮机综合性能最主要的代表参数,对水轮机的设计制造、选型和运行均有重要的指导作用。目前国内外普遍采用比转速作为水轮机系列分类的依据,即水斗式 $n_s = 10 \sim 70$,混流式 $n_s = 60 \sim 350$,斜流式 $n_s = 200 \sim 450$,轴流式 $n_s = 400 \sim 900$,贯流式 $n_s = 600 \sim 1100$。并且随着新技术、新工艺、新材料的不断发展和应用,各类水轮机的比转速数值还在进一步地提高。

第二节　水轮机的效率换算及单位参数修正

一、水轮机的效率换算

单位参数表达式(4-20)~式(4-22)是在假定相似工况下模型水轮机与原型水轮机效率相等前提下得出的,而实际上两者的效率是有差别的。因此需要将试验所得到的模型水轮机效率,考虑其影响因素经过换算得出原型水轮机的效率。

原型与模型水轮机效率不相等的主要原因是两者的转轮直径和工作水头相差较大,由此原型水轮机的相对糙率和相对黏性力就小一些,相对水力损失也小一些。因此,原型水轮机效率总是高出模型水轮机的效率,通常为 2% 以上。但近 10 年,随着模型水轮机工艺水平的提高,模型水轮机的效率有了明显的提高,例如哈尔滨大电机研究所为构皮滩水电站研制模型水轮机,最高效率是 95.17%;三峡左岸电站模型水轮机最高效率为 95.26%;彭水水电站模型水轮机最高效率为 94.92%(天津阿尔斯通);龙滩水电站模型水轮机最高效率为 94.76%(福伊特西门子)。

在水轮机总效率中水力损失为主,容积损失和机械损失很小。为了简化效率换算,忽略容积损失和机械损失,用水力效率 η_h 近似地代替水轮机的总效率 η。

假设水轮机中的水力黏性摩阻损失与管道流动相类似,则任一工况下水力损失可表示为

$$\Delta h = \lambda \frac{l}{d} \frac{v^2}{2g} + \zeta \frac{\omega^2}{2g} \tag{4-26}$$

式中　λ——沿程阻力系数,$\lambda = f\left(Re \dfrac{\Delta}{D_1}\right)$,雷诺数 Re 越大、相对糙率 $\dfrac{\Delta}{D_1}$ 越小,λ 越小;

l、d——转轮流道的线性长度和等效直径,m,可表示为 $k = l/d$;

v——过流速度,m/s;

ζ——旋涡损失系数;

ω——旋涡水流速度,m/s。

在最优工况下,水轮机过流通道无旋涡,其表面可视为水力光滑,此时 λ 仅与 Re 有关,可表示为

$$\lambda = \frac{0.316}{Re^m} \tag{4-27}$$

式中　m——指数。

于是,最优工况下的水轮机水力黏性摩阻损失:

$$\Delta h = \frac{0.316k}{Re^m}\frac{v^2}{2g} \tag{4-28}$$

对同一轮系的模型水轮机，在最优工况下也存在同样的表达式，即

$$\Delta h_M = \frac{0.316k_M}{Re_M^m}\frac{v_M^2}{2g} \tag{4-29}$$

将上两式相比，并考虑到 v^2 与水头 H 成正比，则得

$$\frac{\Delta h}{\Delta h_M} = \left(\frac{Re_M}{Re}\right)^m \frac{H}{H_M} \tag{4-30}$$

由于 $\Delta h / H = 1 - \eta_{hmax}$，改写式（4-30），得到：

$$\frac{1-\eta_{hmax}}{1-\eta_{hmaxM}} = \left(\frac{Re_M}{Re}\right)^m \tag{4-31}$$

在式（4-31）和假定 $\eta = \eta_h$ 基础上，国际电工委员会（IEC）于 20 世纪 80 年代推荐的水轮机效率换算公式如下：

$$\eta_{max} = 1 - (1 - \eta_{maxM})\left[0.3 + 0.7\left(\frac{Re_M}{Re}\right)^{0.16}\right] \tag{4-32}$$

将雷诺数 $Re = \dfrac{vD_1}{v} = \dfrac{D_1\sqrt{2gH}}{v}$（$v$ 水的运动黏性系数）代入式（4-31），并作经验修正，可得出 1963 年国际电工委员会（IEC）在《水轮机模型试验的验收规程》中推荐的水轮机效率换算公式。

对于混流式水轮机：

$$\eta_{max} = 1 - (1 - \eta_{maxM})\sqrt[5]{\frac{D_{1M}}{D_1}} \tag{4-33}$$

对于轴流式水轮机：

$$\eta_{max} = 1 - (1 - \eta_{maxM})\left(0.3 + 0.7\sqrt[5]{\frac{D_{1M}}{D_1}}^{10}\sqrt{\frac{H_M}{H}}\right) \tag{4-34}$$

于是，原型水轮机最高效率点的效率修正值是：

$$\Delta\eta = \eta_{max} - \eta_{maxM} \tag{4-35}$$

非最优工况效率修正 $\Delta\eta$ 均以最优工况下 $\Delta\eta$ 代替，所以 $\eta = \eta_M + \Delta\eta$。

对于转桨式，不同的叶片角度有着不同的修正值，所以 $\eta_\phi = \eta_{\phi M} + \Delta\eta_\phi$。

对于水斗式水轮机，合理的直径比 $D_1/d_0 = 10 \sim 20$，在此范围内水轮机的效率随尺寸的变化不明显，故不作修正，即 $\eta = \eta_M$。

式（4-32）～式（4-34）适用于最优工况（其他工况按等值修正），为此人们探讨了变工况条件下水轮机效率的换算，如 Miyagi 公式：

$$\eta = \eta_M + \left(1 - \eta_{maxM}\frac{Q_M}{Q_{maxM}}\right)^\alpha \left[1 - \left(\frac{D_{1M}}{D_1}\right)^{1/4}\left(\frac{H_M}{H}\right)^{1/8}\right] \tag{4-36}$$

其中：$\alpha = 1$、$3/4$、$1/3$ 分别对应混流式、轴流定桨式、轴流转桨式水轮机。

二、单位参数的修正

由于原型水轮机效率和模型水轮机效率有差别，所以对单位参数 n_1' 和 Q_1' 应予以修正。仍在 $\eta = \eta_h$ 的提前下，可得出

$$\frac{Q'_{1M}}{\sqrt{\eta_M}} = \frac{Q'_1}{\sqrt{\eta}} \qquad (4-37)$$

$$\frac{n'_{1M}}{\sqrt{\eta_M}} = \frac{n'_1}{\sqrt{\eta}} \qquad (4-38)$$

在最优工况下:

$$Q'_{10} = Q'_{10,M}\sqrt{\frac{\eta_{\max}}{\eta_{\max M}}} \qquad (4-39)$$

式中　下标 0——最优工况。

$$\Delta Q'_1 = Q'_{10} - Q'_{10M} = Q'_{10M}\left(\sqrt{\frac{\eta_{\max}}{\eta_{\max M}}} - 1\right) \qquad (4-40)$$

同理，可导出

$$\Delta n'_1 = n'_{10} - n'_{10M} = n'_{10M}\left(\sqrt{\frac{\eta_{\max}}{\eta_{\max M}}} - 1\right) \qquad (4-41)$$

非最优工况单位参数的修正 $\Delta Q'_1$ 和 $\Delta n'_1$ 均以最优工况的代替，所以 $Q'_1 = Q'_{1M} + \Delta Q'_1$，$n'_1 = n'_{1M} + \Delta n'_1$。

一般情况下，$\Delta Q'_1$ 相对于 Q'_1 很小，在实际应用中可不作修正。对于单位转速，当其修正值 $\Delta n'_1 < 0.03 n'_{10M}$ 时，也可不作修正。

第三节　水轮机的模型试验及综合特性曲线

水轮机的模型试验是按一定的几何比尺将原型水轮机缩小为模型水轮机，并采用较低水头和较小的流量进行模型试验。通过试验测定各种工况的工作参数，运用相似公式换算和修正得出该轮系水轮机的综合参数（如 n'_1、Q'_1、η 和 σ 等），并绘制水轮机的模型综合特性曲线、飞逸特性曲线等。

在此得指出：在模型试验中若完全模拟水电站正常运行条件，即额定转速不变，变化工作水头和出力来改变水轮机运行工况，将导致试验装置变得非常复杂，甚至难以实现。因此，一般是固定工作水头，改变转速和导叶开度（流量）进行试验。上述两种不同运行方式，根据相似理论仍然构成相似工况，从而保证了模型试验的结果能够按模型与原型水轮机工况相似条件进行参数之间的换算。

水轮机模型试验的任务是测定各种工况下的能量特性、汽蚀特性、压力脉动特性、飞逸特性、轴向水推力和过流部件力学特性等。

一、水轮机的模型试验装置

在 20 世纪 90 年代前，分别采用能量试验台和空化试验台进行水轮机的能量性能试验和空化性能试验。而今通常采用高水头水力机械通用试验台进行水轮机所有性能的模型试验。

图 4-2 是我国某研究所于 2000 年建成的高水头水力机械模型试验台，它是一座高参数、高精度的水力机械通用试验设备。其主要功能：可以进行反击式水力机械的水力性能试验，试验项目包括效率、空化、飞逸、力特性、转轮叶片应力、各部位压力脉动及流态观测；设有两个试验工位，可以分别对贯流式、轴流式及混流式水力机械进行模型试验；

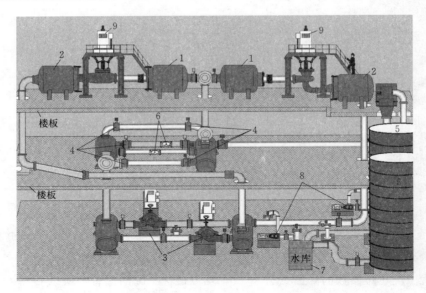

图 4-2　高水头水力机械模型试验台

1—高压水箱；2—低压水箱；3—供水泵；4—电动阀门；5—校正罐；

6—流量计；7—水库；8—液流切换器；9—测功电机

试验台可以适应立式和卧式机组模型试验。

　　该试验台结构特点是以一套动力设备和计算机数据采集系统供 A、B 两个试验工位使用。当 A 工位在试验时，B 工位可进行模型机组的安装，当 A 工位试验结束时，系统切换到 B 工位进行试验，整个管路为封闭循环系统。系统中各主要部件的名称、参数及功能如下：

　　（1）压力水箱：高压水箱为卧式安装，内径为 $\phi2500\text{mm}$ 的柱式结构。低压尾水箱考虑有长尾水管试验的需要，选用 $\phi3500\text{mm}$ 直径、长 4200mm 的柱形罐，卧式安装。

　　（2）油压装置：8 台 JG80/10 静压供油装置，其中两台备用，供油压力 25kgf/cm^2，供油量为 7L/min。

　　（3）真空罐与真空泵：形成真空压力装置，3 台型号为 H-70 阀式真空泵。

　　（4）供水泵：24SA-10B 双吸式离心泵，两泵可根据试验要求，按串联、并联及单泵的方式运行。

　　（5）电动阀门：直径为 500mm、600mm 的对夹式蝴蝶阀，用以切换系统各管道，以满足试验台各种运行方式的要求。

　　（6）校正罐：校正罐有效容积为 $100\text{m}^3 \times 2$，两校正罐之间设通道和切换阀门，水位通过水位计给出，也可利用压差传感器测量，校正罐内壁作防锈处理。

　　（7）流量计：电磁流量计有 $\phi300$ 和 $\phi500$ 两种，分别率定大小流量。通过管路、阀门切换，流量计在任何工况下使用都能保证单向运行。流量计由德国 ABB 公司生产制造，型号为 PROMAG33，其精度为 $\pm0.15\%$，可双向测量，输入量程：$0 \sim 2\text{m}^3/\text{s}$。

　　（8）水库：系统循环水由水库供给，库容为 750m^3。

　　（9）液流切换器：流量率定时用以切换水流，一个行程的动作时间为 0.02s，由压缩空气驱动接力器使其动作。

（10）测功电机：型号为 ZC56/32 - 4，功率为 600kW 的直流测功机，试验时可按电机或发电机方式运行，最高转速 2500r/min。

该试验台的最高水头 160m，模型转轮直径 300～500mm，综合效率误差小于 0.20％。

二、试验参数的测量

水轮机模型试验需要测定的参数主要有：水头、流量、转速、功率、导叶开度以及有关测点（如蜗壳进口、导叶后转轮前、尾水锥管上下游侧、尾水肘管下游侧等）的压力脉动和水轮机内部流态观测（如叶片进口背面的脱流空化、叶道涡、尾水管流态及涡带等）。

（1）水头 $H(\mathrm{mH_2O})$：定义为蜗壳进口和尾水管出口间的能量差，即

$$H=\frac{1000p_{1-2}}{\rho g}+\frac{Q^2}{2g}\left(\frac{1}{A_1^2}-\frac{1}{A_2^2}\right) \tag{4-42}$$

式中　p_{1-2}——蜗壳进口和尾水管出口间压差，kPa，p_{1-2} 可采用高精度的差压传感器
　　　　　测定；

　　　　ρ——蜗壳进口处和尾水管出口处水的平均密度，kg/m³；

　　　　g——重力加速度，m/s²；

　　　　Q——水轮机引用流量，m³/s；

A_1、A_2——蜗壳进口和尾水管出口的过流面积，m²。

（2）流量 $Q(\mathrm{m^3/s})$：由电磁流量计测定。

（3）转速 $n(\mathrm{r/min})$：通常采用光电编码器或光电测速仪进行测量。

（4）水轮机水流输入功率 $N_w(\mathrm{kW})$。由下式计算：

$$N_w=0.001\rho_1 QH \tag{4-43}$$

式中　ρ_1——蜗壳进口处水的密度，kg/m³。

（5）水轮机输出功率 $N(\mathrm{kW})$。按下式计算：

$$N=0.001\pi nT/30 \tag{4-44}$$

式中　T——力矩，N·m，由测功电机得出。

（6）导叶开度 α [mm 或者（°）]：导叶开度与接力器行程如图 4-3 所示的线性或非线性关系，采用高精度行程传感器测定接力器行程就可以换算得出对应的导叶开度。

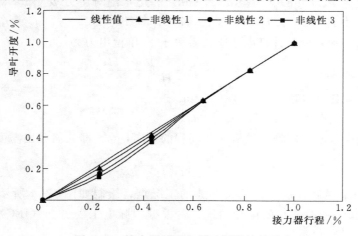

图 4-3　接力器行程与导叶开度的关系

（7）压力脉动 p(kPa)：通常采用高精度压力脉动传感器进行测量，统计分析得出压力脉动的振幅和频率。

（8）流态观测：采用工业内窥镜、频闪仪进行流态的拍摄和录像。

三、试验方法与数据记录

水轮机模型试验数据记录与整理均由计算机数据采集系统自动完成，人工的干预主要是确定测试范围和各工况点之间的间距。

1. 效率试验

效率试验是在水头为常数、无空化的条件下进行。其目的是绘制水轮机模型综合特性曲线，所以测试范围应包括并适度地超越原型水轮机全部运行范围。试验工况点的选取是按定导叶开度、定单位转速来划分网格的，即导叶开度从小到大（例如 7～40mm，开度级差为 3mm）、单位转速也是从小到大（例如 55～90r/min，单位转速级差为 5r/min）排列。每一工况点的采集时间为 60s，其效率、单位转速、单位流量的计算按如下 3 式得出：

$$\eta_M = \frac{N_M}{N_{uM}} = \frac{0.001\pi nT/30}{0.001\rho_1 QH} = 0.10472\frac{nT}{\rho_1 QH} \tag{4-45}$$

$$n'_{1M} = \left(\frac{nD_1}{\sqrt{H}}\right)_M \quad (\text{r/min}) \tag{4-46}$$

$$Q'_{1M} = \left(\frac{Q}{D_1^2 \sqrt{H}}\right)_M \quad (\text{m}^3/\text{s}) \tag{4-47}$$

对于转桨式水轮机，在固定叶片不同转角的情况下，可重复进行上述各种开度、各种单位转速下的工况点试验，得出叶片不同转角下效率曲线。

2. 空化试验

空化试验是在定导叶开度、定单位转速情况下，通过改变尾水箱的压力来改变空化系数的方法进行，即对尾水箱逐步改变真空度，使转轮发生空化，甚至达到真空设备的极限为止。每改变一次尾水箱的真空度，水轮机工作水头就发生了变化，为了维持单位转速，需要调整测功电机的转速，并且测定该次的蜗壳进口和尾水管出口间压差 p_{1-2}(kPa)、流量 Q(m^3/s)、转速 n(r/min)、力矩 T(N·m) 和尾水绝对压力 p_2(kPa)，观测水轮机空化情况。再分别由式（4-42）～式（4-47）计算 H、N_w、N、η_M、n'_{1M} 和 Q'_{1M}，由式（4-48）和式（4-49）分别计算电站空化系数 σ_p 和单位出力 N'_{1M}。

$$\sigma_p = \frac{p_2/\rho_2 g - p_v/\rho_2 g - H_S}{H} \tag{4-48}$$

式中　ρ_2——尾水管出口处水的密度，kg/m^3；

　　　p_v——与水温有关的汽化压力，kPa；

　　　H_S——尾水水面至模型水轮机安装高程的距离，m，即几何吸出高度。

$$N'_{1M} = \left(\frac{N}{D_1^2 H^{3/2}}\right)_M \tag{4-49}$$

然后对每个定导叶开度、定单位转速的工况点，绘制如图 4-4 所示的 $\eta_M = f(\sigma_p)$、$N'_{1M} = f(\sigma_p)$ 和 $Q'_{1M} = f(\sigma_p)$ 的试验曲线，并根据国际电工委员会（IEC）规程的要求得出每个工况点临界空化系数 σ_c。

有了每个工况点的 σ_c、n'_{1M} 和 Q'_{1M}，就能在水轮机模型综合特性曲线上绘制等空化系数线，所以等空化系数线是临界空化系数的等值线。

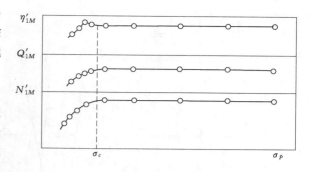

图 4 - 4　临界空化系数 σ_c 的确定

3. 飞逸试验

水轮发电机组在正常运行时转速不变，当发生事故时机组突然丢弃全部负荷，输出功率为零，而输入功率依然存在。若此时导叶拒动，不能切断水流，则机组转速迅速上升，直至水流能量与转速上升时的机械摩擦损失能量相等时，转速达到并稳定某一最大值。该转速称为水轮机的飞逸转速 n_f。显然在不同水头、不同导叶开度下，飞逸转速是不一样的。所以有必要通过模型试验得到不同导叶开度下的单位飞逸转速 n'_{1fM}，即

$$n'_{1fM} = \left(\frac{n_f D_1}{\sqrt{H}}\right)_M \tag{4-50}$$

飞逸转速特性试验是在定导叶开度、测功电机转速为常数条件下，通过调节试验水头使输出力矩近似为零，采集数点，确定飞逸转速值 n_{fM}。然后不同导叶开度对应的单位飞逸转速及单位飞逸流量关系绘制成关系曲线，即得出水轮机飞逸特性曲线。

由于受篇幅的限制，压力脉动试验、轴向水推力试验等就不一一介绍了。

四、水轮机模型综合特性曲线及飞逸特性曲线

1. 水轮机模型综合特性曲线

图 4-5 是某一型号混流式水轮机根据模型试验的结果绘制的综合特性曲线。该特性曲线以单位转速、单位流量为纵横坐标，绘上了描述能量性能的等开度线、等效率线；描述空化性能的等临界空化系数线；描述水轮机内特性的叶道涡发展线、叶道涡初生线、叶片进水边正面空化初生线、叶片进水边背面空化初生线；描述某一水电站该型号水轮机在水头、出力变化范围内的工作区域。从该图可知：

等开度线从左到右，开度由小到大，单位流量也随之增大。等开度线的形状和斜率取决于水轮机的比转速，即转轮的流道形状。如图 4-6 所示，低比速的水轮机的流量特性是过水能力随 n'_1 增加而减小，即 Q'_1 减小，等开度线向左倾；而高比速的则相反，过水能力（Q'_1）随 n'_1 增加而增加，等开度线向右倾；中比速水轮机的等开度线大致上垂直于横坐标 Q'_1 轴。等开度线的形状和斜率将主要影响水击压力和导叶关闭规律的选取，例如低比速水轮机发生甩负荷和关闭导叶时，由于等开度线的斜率向左倾，随转速升高，n'_1 增加，Q'_1 减小，即产生正水击压力。而关闭导叶将进一步加快水轮机过流量的减少，正水击压力更大。所以为了减小正水击压力，可选取先慢后快的导叶关闭规律。

等效率线呈闭环的等高线，该模型水轮机最高效率为 94.52%，位于 $n'_1 = 70.14$r/min、$Q'_1 = 847.48$L/s 的工况点。在相同的额定出力前提下，效率越高，水轮机过流量越小，水电站运行越经济。等效率线的形状和梯度变化也取决于水轮机的比转速，如图 4-7

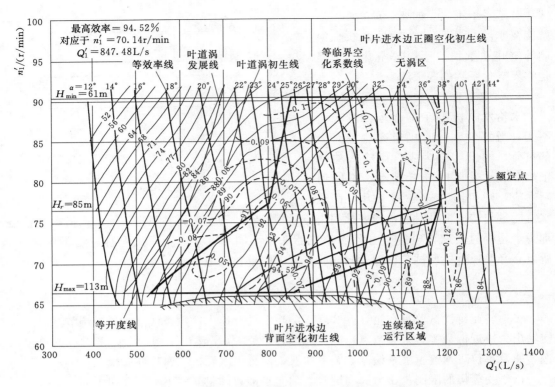

图 4-5　某一型号混流式水轮机模型综合特性曲线

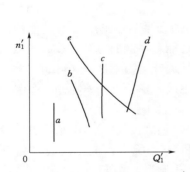

图 4-6　不同比转速水轮机流量特性曲线的特点
a—水斗式；b—低比转速混流式；c—中高比转速混流式；
d—定桨轴流式；e—转桨轴流式

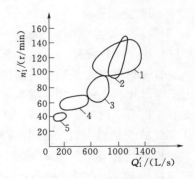

图 4-7　不同比转速水轮机等效率曲线的特点
1—转桨轴流式；2—定桨轴流式；3—中高比转速
混流式；4—低比转速混流式；5—水斗式

所示，中高比转速混流式水轮机的等效率线接近于椭圆，长轴与短轴相差不大，长轴与 Q_1' 坐标轴成某一较小角度。效率对 Q_1'（或出力 N）及 n_1'（或水头）变化的敏感程度在各类型水轮机中均属中等。95％出力限制线靠近最优效率区。这种水轮机适用于中低水头、流量不大、水头变化较大及负荷变化小的水电站。低比转速混流式：等效率线类似于扁平椭圆。长轴与短轴相差较大，长轴与 Q_1' 坐标轴接近于平行。效率对 Q_1'（或出力 N）变化不敏感，但对 n_1'（或水头）变化很敏感。这种水轮机适用于高水头、小流量、水头变化小及负荷变化大的水电站。水斗式水轮机等效率线更扁平。长轴与短轴相差更大，长轴与 Q_1' 坐标轴平行。效率对 n_1'（或水头）变化很敏感，但 Q_1'（或出力 N）在很大范围内变化，η 变化很小。这种水轮机也适用于高水头、小流量、水头变化小及负荷变化大的水电站。轴流转桨式水轮机等效率线近似于椭圆。长轴与短轴相差较小，且长轴接近与 Q_1' 坐标轴平行。Q_1'（或出力 N）在较大范围内变化时，η 的变化不大。这种水轮机适用于低水头、大流量、负荷及水头变化较大的水电站。轴流定桨式水轮机等效率线是狭而长的椭圆。长轴与短轴相差较大，且长轴与 Q_1' 坐标轴成相当大的倾斜角。这反映了效率对 n_1'（或水头）变化不敏感，而 Q_1'（或出力）稍有变化，效率急剧降低。这种水轮机适用于低水头、大流量、水头变化大而负荷变化较小的水电站。

等临界空化系数线也呈闭环的等高线，如图 4-5 所示，该模型水轮机最小等临界空化系数线为 0.05，位于左下方。沿右上方，临界空化系数逐渐增大，至 0.14。等临界空化系数线的分布同样取决于水轮机的比转速。

水轮机力矩特性曲线可以从综合特性曲线换算求出，即

$$M_1' = \frac{30 \times 1000}{\pi} g\eta \frac{Q_1'}{n_1'} \tag{4-51}$$

力矩特性曲线主要是机组转速的变化，当 $M_t = 0$ 时（$\eta = 0$ 时）转速到达最大值，因此飞逸工况线以及小开度的力矩特性曲线对机组转速的变化过程有很大的影响。

2. 飞逸特性曲线

图 4-8 是某一型号混流式水轮机根据模型试验的结果绘制的飞逸特性曲线。该特性曲线以单位转速、单位流量为纵横坐标，以导叶开度为参变量，绘制出 $\eta = 0$ 的等效率线，即飞逸曲线。

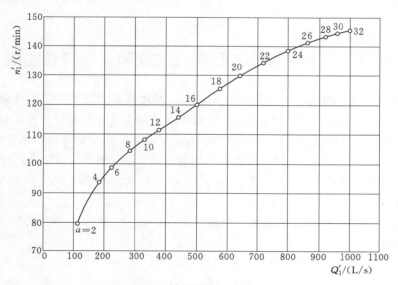

图 4-8　某一型号混流式水轮机模型飞逸特性曲线

飞逸特性曲线上的最大值称为最大单位飞逸转速 $n_{1f\max}'$，该转速对应于某一导叶开度。则原型水轮机最大飞逸转速：

$$n_{f\max} = n'_{1f\max} \frac{\sqrt{H_{\max}}}{D_1} \quad (\text{r/min}) \tag{4-52}$$

在飞逸工况线上有着下述 3 个关键点：

(1) 最高飞逸转速 $n'_{1f,\max}$。最高飞逸转速与额定转速之比称为飞逸系数 $k_f = n'_{1f,\max}/n'_{10}$。

对于反击式水轮机，$k_f = 1.6 \sim 3.0$，1.6 对应低比速的水轮机，3.0 对应高比速的水轮机；对于水斗式水轮机，$k_f = 1.7 \sim 2.0$。

(2) 空载开度 a_x。飞逸工况线与 n'_{10} 的交点对应的开度，称之为空载开度。空载开度可按下式求得

$$n_{s0} = 3.65 n'_{10} \sqrt{Q'_{10} \eta_{\max}}$$
$$a_x = 0.0195 n_{s0} - 0.5635 \tag{4-53}$$

通常低比速 $a_x = 10\% a_{\max}$，高比速 $a_x = 15\% a_{\max}$。

(3) 飞逸工况线通过原点。

有了上述的 3 点，可按等效率线的形状绘出飞逸工况线。通常水轮机厂家给出大开度下的飞逸工况线，因此找出空载开度后，按其趋势延长。

飞逸工况是事故工况。机组在正常运行时，其转速保持为额定转速不变。只有当机组甩负荷，并且导叶拒动时，才能出现飞逸现象。此时输出功率为零，而水流输入功率依然存在。于是机组转速迅速升高，直至水流能量与转速升高时机械摩擦损失能量相平衡，转速才达到某一稳定的最大值，即飞逸转速。

长时间的飞逸，会引起机组转动部件的破坏和机组厂房的强烈振动。因此工程上常设置快速阀门的措施，在 2min 内截流，使水流的出力为零，促使机组转速很快下降，并停止转动。

第四节　水轮机的工作特性曲线和运转特性曲线

水轮机各参数之间的关系称为水轮机的特性，反映参数之间的关系曲线就是水轮机的特性曲线。然而水轮机的特性曲线有其独特的特点，主要是它的参数太多，包括：

(1) 结构参数：导叶高度 b_0，转轮直径 D_1，导叶开度角 α 和叶片转角 φ 等。

(2) 工作参数：工作水头 H，水轮机引用流量 Q，机组转速 n，吸出高度 H_s 等。

(3) 综合参数：单位转速 n'_1，单位流量 Q'_1，水轮机出力 N，水轮机效率 η，水轮机空化系数 σ 等。

在第三章第一节论述水轮机速度三角形时，曾指出：上述参数之间的关系可用函数关系来表达，如：

$$Q = f_Q(H, \alpha, n, D_1, \varphi)$$
$$\eta = f_\eta(H, \alpha, n, D_1, \varphi)$$
$$N = f_N(H, \alpha, n, D_1, \varphi)$$
$$M = f_M(H, \alpha, n, D_1, \varphi) \tag{4-54}$$

但目前这些函数关系难于用数学公式来表达，通常通过水轮机模型试验来绘制关系曲

线（采用三维流场数值仿真也是绘制关系曲线的另一种手段）。然而水轮机参数太多，所以根据试验结果绘制特性曲线时，必须固定某一部分参数，在此条件下，来反映其他部分参数之间的关系。

对于同一轮系水轮机而言，模型综合特性曲线（包括飞逸特性曲线）只有一个，是唯一的。它是根据模型试验结果绘制的，能表达水轮机的能量特性、汽蚀特性、压力脉动特性等，是完整的、具有普遍意义的特性曲线。并且可依据水轮机模型综合特性曲线转换成具体型号水轮机的工作特性曲线、转速特性曲线、运转特性曲线和运转综合特性曲线等。

一、水轮机的工作特性曲线

当 H、n、D_1、φ 一定时，改变 a（相当于改变 Q），则 $N = f_N(a)$，$\eta = f_\eta(a)$。于是对于不同类型、不同型号的水轮机都可得出 N 与 η 的关系曲线。该曲线称为工作特性曲线，如图 4-9 所示。

从图 4-9 可以看出：定桨式水轮机，工作特性曲线陡陵，高效率区狭窄，稍偏离最优工况 η 迅速下降；转桨式水轮机高效率区比较宽广，效率变化平稳；混流式水轮机效率较高，但高效率区不及转桨式和水斗式；而水斗式水轮机效率较低，但效率变化平稳。所以转桨式和水斗式水轮发电机组适合于承担变化频繁幅度较大的负荷。

另外，从图 4-9 还可以看出：混流式和定桨式水轮机工作特性曲线不通过原点，其原因是水轮机空载时需要消耗一定的功率 ΔN_x 以维持机组在额定转速下空转，其相应的 a 点称为空载点，对应的开度 $a \neq 0$ 称为空转开度（图 4-10）。图 4-10 中的 b 点称为最高效率点；c 点是极限出力点；d 点是机械上最大开度点。

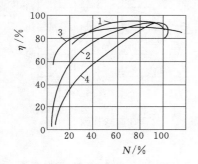

图 4-9　不同比转速水轮机工作特性曲线

1—轴流转桨式，$n_s = 625$；2—混流式，$n_s = 300$；

3—水斗式，$n_s = 20$；4—轴流定桨式，$n_s = 570$

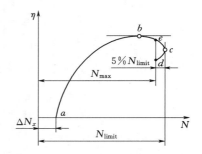

图 4-10　95%出力限制的示意图

从图 4-10 可以看出：c-d 段特点是随着开度 a 加大，水轮机出力 N 不增反减，导致工作不稳定。而水轮机调节机构是机械的，而不是智能的，其规则是水轮机出力增加，则导叶开度增大；出力减少，则开度减小。但水轮机若在极限出力 N_{limit} 附近工作时，外界要求出力增大，按调节机构的规则，导叶开度将增大；但滑过 N_{limit}，反而出力减小。于是导致开度进一步增大，而出力进一步减小。其结果不仅是工作状态不稳定，而且导致水轮机不能工作，是危险工况，工程中不允许出现。因此限制水轮机最大出力 N_{max} 为极限出力的 95%，e 点就是 95% 出力的限制点。

应该指出的是：现代混流式水轮机，其极限出力 N_{limit} 远远大于设计和运行所需的最大出力 $N_{\max}$，所以在水轮机模型综合特性曲线上没有标注 95% 出力限制线。而老式的混流式水轮机均注明了 95% 出力限制线，并作为水轮机选型的限制条件。

二、水轮机的转速特性曲线

当 H、α、D_1、φ 一定时，改变 n 就可以得出转速特性曲线或主特性曲线。即如图 4-11 所示的 $Q=f_1(n)$，$\eta=f_2(n)$，$N=f_3(n)$。

1. $\eta=f_2(n)$ 及 $N=f_3(n)$ 的特点

从图 4-11 可以看出：不同比转速的水轮机，其 $\eta=f_2(n)$ 及 $N=f_3(n)$ 均为下凹的抛物线，在该抛物线上有如下 3 个特征点值得关注：

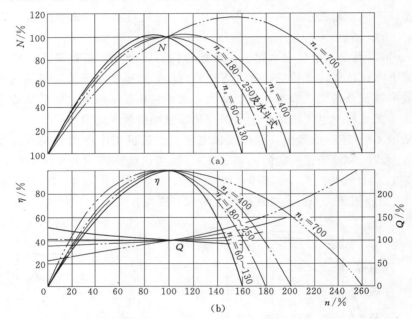

图 4-11　不同比转速水轮机转速特性曲线比较

（1）$n=0$ 时，$N=0$，$\eta=0$。

（2）$n=n_0$ 时，$\eta=\eta_{\max}$，n_0 称为最优转速。要使水轮机能常在高效率下运行，应使它的额定转速尽可能接近最优转速。

（3）$n=n_f$ 时，能量耗损在水头损失、机械损失中，输出 $N=0$，$\eta=0$。n_f 称为飞逸转速（对于某一开度），飞逸转速一般是最优转速的 1.8~2.4 倍。出现飞逸时，机组产生强烈的振动，所以在运行中要防止机组发生飞逸事故。

2. $Q=f_1(n)$ 的特点

从图 4-11 可以看出：n 变化，对于反击式水轮机，转速 n 变化引起速度三角形的变化，Q 随之而变，并且十分明显。其中，高比转速水轮机的过流量随转速的增大而增加，低比转速水轮机的过流量随转速的增大而减小。对于冲击式水轮机中，Q 几乎不随 n 变化，但随导叶开度变化，其变化也是明显的。

三、水轮机的运转综合特性曲线

工作特性曲线是对某一个水头而言的,若以 H 为参变,在同一张图上画出一簇 $\eta = f$ (N) 的关系曲线,就称为运转特性曲线,如图 4-12 所示。

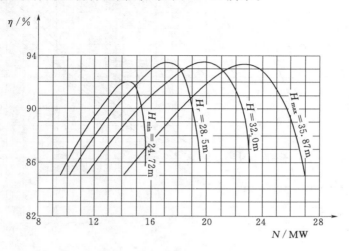

图 4-12 水轮机运转特性曲线

由图 4-12 可知:

(1) 水头越高,出力可改变范围越大。

(2) 当水轮机型号和参数一定,对应的水头工作范围、出力范围也一定,实际运行若超出上述范围,则运行效率将大大地降低。

(3) 不同的水头,运转特性曲线最高效率点对应的出力不同,水头越低,最高效率点对应的出力越小。实际运行中,水电站调度应充分考虑其特点。

在实际的水轮机工作时,n 为常数,D_1 也是不变的。但 H 在一年时间内是变化的。由于运转特性曲线中的 H 不连续,运用时不方便。所以有必要将运转特性曲线转换成运转综合特性曲线(图 4-13)。

在运转综合特性曲线上,额定水头 H_r 是发出发电机额定出力的最小水头。显然对应的水轮机引用流量最大。

另外,在运转综合特性曲线上有两条重要的限制线,水轮机出力限制线和发电机出力限制线,也就是说机组只能在限制线内工作。并且两条限制线的交点对应的水头就是额定水头。有时也会绘上吸出高度的等值线。

四、水电站的运转综合特性曲线

对于安装了多台水轮机的水电站,除了掌握单台水轮机的特性之外,了解整个水电站的水轮机动能指标,对于选取水电站装机台数和指导水电站经济运行均是十分重要的。因此,有必要绘制水电站运转综合特性曲线。

水电站的运转综合特性曲线是按最优原则将单机的运转综合特性曲线进行叠加而形成的。当水电站中各机组的特性相同时,机组负荷最优分配的原则是等负荷分配。因此,绘制水电站的运转综合特性曲线时,首先绘制单机的运转综合特性曲线,然后将各等值线和

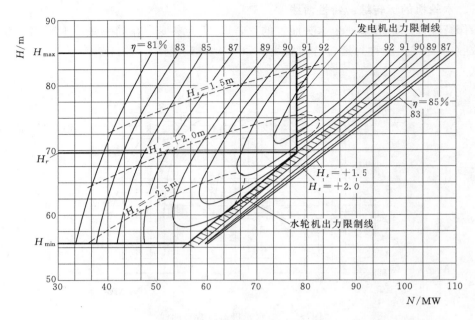

图 4-13　水轮机运转综合特性曲线

出力限制线的横坐标分别乘以 2，3，…，n 倍，纵坐标（水头 H）不变，就得到 2 台、3 台、…、n 台水轮机同时运行的水电站运转综合特性曲线，如图 4-14 所示。为了减少部分曲线的重叠，使得水电站运转综合特性曲线更加清晰，其横坐标常常采用对数坐标，如图 4-15 所示。

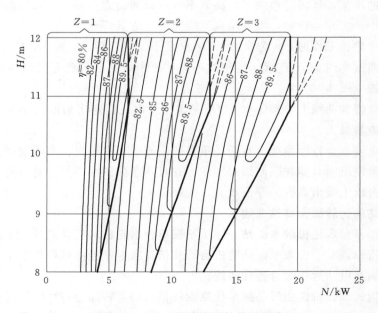

图 4-14　水电站综合运转特性曲线

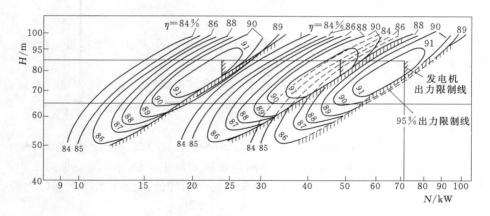

图 4-15 对数坐标的水电站运转综合特性曲线

第五节 水轮机的选型设计

水轮机选型是水电站设计中的一项重要任务。水轮机的形式与参数的选择是否合理，对于水电站的动能经济指标及运行稳定性、可靠性都有重要的影响。

水轮机选型过程中，一般是根据水电站的开发方式、动能参数、水工建筑物的布置等，并考虑国内外已生产的水轮机的参数及制造厂的生产水平，拟选若干个方案进行技术经济的综合比较，最终确定水轮机的最佳形式与参数。

一、水轮机选型设计的内容、要求、所需资料及基本方法

1. 水轮机选型设计的主要内容

（1）水轮机的台数和单机容量。

（2）水轮机的机型及装置方式。

（3）水轮机的转轮直径和转速。对于冲击式水轮机，还包括射流直径与喷嘴数等。

（4）水轮机的吸出高度及安装高程。

（5）绘制水轮机运转综合特性曲线。

（6）确定蜗壳及尾水管的形式及主要尺寸。

2. 水轮机选型设计的基本要求

（1）保证在额定水头下水轮机能发生额定出力，并且低于额定水头时机组的受阻容量尽可能小。

（2）根据水电站水头的变化及水电站的运行方式，选择适合的水轮机机型式参数，使得水电站运转的平均效率尽可能高。

（3）水轮机的性能及结构要满足水电站灵活稳定运行的要求，具有良好的抗空化性能。在多泥沙河流上的电站，水轮机还应具有良好的抗磨损、抗空蚀性能。

（4）水轮机结构先进、合理，易损部件应能互换并易于更换，便于操作及安装维护。

（5）水轮机最大部件和最重部件应考虑运输方式与运输的可行性。

3. 水轮机选型设计所需收集的基本资料

(1) 水电站基本技术资料。

1) 水利枢纽开发方案，水库水位及调节性能，水电站开发方式及布置，枢纽的地形、地质及河流水质泥沙等资料。

2) 水电站的装机容量以及在电力系统中的作用，如调峰、基荷，调相、事故备用以及与其他电站并列调配运行方式等，包括电力系统负荷组成、设计水平年负荷图、典型日负荷图、远景负荷等。

3) 水电站的特征水头，如最大水头 H_{max}、最小水头 H_{min}、加权平均水头 H_{av}、额定水头 H_r。加权平均水头是水电站在运行期间出现次数最多、经历时间最长的水头；额定水头是水轮机发出额定出力时所需的最小水头，它的精确值只能在水轮机选好之后确定。初估按下式进行：

河床式：$H_r = 0.9 H_{av}$；坝后式：$H_r = 0.95 H_{av}$；引水式：$H_r = H_{av}$。

4) 水电站的特征流量，如最大流量 Q_{max}、最小流量 Q_{min}、平均流量 Q_{av}，典型年（设计水平年、丰水年、桔水年）的水头、流量过程线，以及水电站下游水位流量关系曲线（该流量不仅是通过水轮机的流量，也包括通过其他途径下泄的流量）等。

5) 运输及安装条件：应了解通向水电站的水陆交通情况，例如公路、水路及港口的运载能力（吨位及尺寸）；设备现场装配条件等。

(2) 水轮机产品技术资料。

1) 国内外水轮机的系列型谱，主要包括轮系的水头适用范围、最优单位转速、最大单位流量和模型汽蚀系数。

2) 标准直径 D_1：在选择大中型水轮机时可以不套用标准直径，按实际大小定做。

3) 同步转速 n：机组的同步转速与发电机的磁极对数有关，磁极对数只能是一对一对的，所以同步转速分档改变。在选择水轮机转速时必须套用同步转速。同步转速按式 (2-15) 计算。

4) 某一轮系的模型综合特性曲线 $n_1' - Q_1'$，包括飞逸特性曲线。

5) 某一轮系水轮机的应用范围图，如图 4-16 所示。利用该图可以根据 H_r 和单机容量 N_r 查得 D_1、n 和 H_S 等。但得出的结果不够精确，多适用于规划阶段或小型水轮机的选择。

(3) 套用资料。收集国内外正在设计、施工和已在运行的同类型水轮机及水电站的有关资料，以便套用。包括水轮机参数与运行经验、存在的问题等。

4. 水轮机选型设计所需收集的基本资料

当前水轮机选型设计的方法主要有如下 3 种：

(1) 应用统计资料选择水轮机。该方法以汇集、统计国内外已建水电站的水轮机基本参数为基础，按照水轮机形式、应用水头、单机容量等参数进行分析归类。然后采用数理统计方法，拟定水轮机比转速，单位参数与应用水头的关系曲线 $n_s = f(H)$、$n_1' = f(H)$、$Q_1' = f(H)$ 以及水电站装置空化系数与比转速的关系曲线 $\sigma_p = f(n_s)$ 等，或者采用最小二乘法得出这些参数的半理论半经验的表达式。当拟建的水电站的水头与装机容量等基本参数确定后，可根据上述统计曲线或经验公式确定水轮机的形式与基本参数，完成水轮机

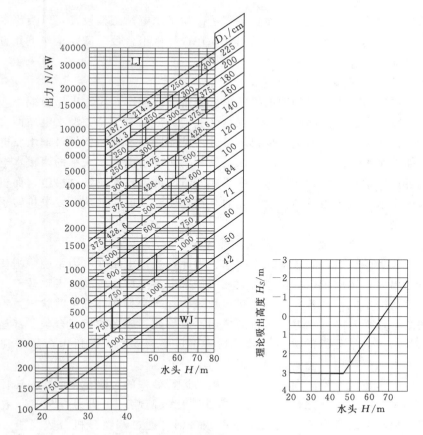

图 4 – 16   HL220 系列水轮机的应用范围图

的选型设计。此方法在国内外被广泛运用。

（2）按水轮机系列型谱选择水轮机。在一些国家，对水轮机设备进行了系列化、通用化与标准化，制定了水轮机型谱，为每一水头段配置了一种或多种水轮机转轮，并通过模型试验获得了各种轮系的基本参数与模型综合特性曲线等。于是水轮机选型设计可根据水轮机型谱与模型综合特性曲线确定拟建水电站的水轮机型号与参数。我国与苏联都曾颁布过水轮机型谱，为水轮机选型设计提供了方便。但水轮机型谱需要不断地更新，否则难以紧跟水轮机行业的科技发展、难以满足新建水电站水轮机选型设计的需求。

（3）按套用法选择水轮机。该方法直接套用与拟建水电站的基本参数（水头、容量）相近的已建水电站的水轮机型号与参数。直接套用尽管使得水轮机选型设计工作大为简化，但年代的差异往往使得水轮机参数偏低。因此，运用套用法时，应对拟建水电站与已建水电站的参数进行详细的对比分析，必要时对已建水电站的水轮机参数作适当修正后再套用。

我国过去应用较多的方法是按照水轮机型谱选择水轮机。但随着时代的进步，原有的水轮机型谱已不能满足当前水电站设计的需求。因此，在水轮机选型设计中，应采用不同的选型方法相互验证，以保证水轮机选型的科学性与合理性。

二、机组台数的选择

对于装机容量已确定的水电站，机组台数的多少、单机容量是否一致，不仅关系到水轮机制造水平，运输及安装条件，而且将直接影响该水电站工程投资，以及该水电站的动能经济指标与运行的灵活性、可靠性。因此，在选择机组台数时需要从如下几方面进行技术经济综合论证。

1. 机组台数对设备制造、运输及工程投资的影响

机组台数增加时，水轮机和发电机的单机容量相应减小，尺寸也相应减小，以便于机组的制造、运输及安装，但同时土建工程量必然增大。而对于特大型水电站而言，总的装机容量巨大，只有尽最大可能提高单机容量，才能克服地形地质条件对输水发电系统布置的限制，才能减小工程投资，如白鹤滩水电站、乌东德水电站。未来的西藏水电开发也面临提高单机容量的迫切需求，尤其是高水头大容量的冲击式水轮发电机组。而机组的最大容量不仅取决于水轮机水力及结构设计，而且往往受到发电机散热及发电机转子最大线速度允许值的限制。

2. 机组台数对水电站运行效率及灵活性的影响

单机容量较大的机组，其效率通常较高。因此，当水电站在电力系统中担任基荷、机组往往满负荷出力，选取较少的机组台数，可使水电站维持在较高的平均效率。但是，对于担任变化负荷的水电站，若采用的机组台数过少，经常处在部分负荷状态，不仅降低水电站的平均效率，而且降低水电站运行的灵活性。因此，较多的机组台数、甚至不同容量的机组，以提高水电站运行的灵活性及平均效率也是需要的。但机组台数增到一定数量时，水电站的平均效率就不会明显提高了。

此外，由于水轮机类型不同，台数对水电站运行效率的影响也不同。对于固定叶片式水轮机，尤其是轴流定桨式水轮机，其效率曲线比较陡峭，当出力变化时，效率变化剧烈。若机组台数较多或者单机容量大小不一致，则可通过调整开机台数而避开低负荷运行，从而提高水电站运行的平均效率。但对于转桨式水轮机或多喷嘴的水斗式水轮机，由于可以通过改变叶片角度或增减使用喷嘴的数目使得水轮机保持高效率运行，所以，在此条件下机组台数对水电站运行平均效率的影响不大。

3. 机组台数对电力系统及水电站运行维护的影响

机组台数较多时，其优点是运行方式灵活，发生事故时对水电站本身及所在的电力系统影响较小，检修也容易安排。其缺点是运行操作次数随机组台数增加而增加，发生事故的概率也随之增加。并且运行人员也增多，运行费用也提高。因此，不宜选用过多的机组台数。

上述与机组台数有关的各种因素均互相联系而又互相影响，不可能都一一满足，所以选择时应根据具体情况拟定可能的机组台数方案进一步进行分析比较。在技术经济条件相近时，尽可能采用机组台数较少的方案，但一般不少于两台。同时为了制造、安装、运行维护及备件供应的方便，尽可能选用同型号（1~2 种不同容量）的机组。另外，大中型水电站机组常采用扩大单元的结线方式（超大机组除外），且水力单元对称布置，故机组台数通常为偶数。

三、水轮机形式的选择

随着水轮机设计制造水平不断提升，各类水轮机的适用水头范围也在不断扩大，并且各类水轮机适用水头范围存在一定的交叉，因此，需要根据拟建水电站的具体条件对可供

选择的水轮机进行分析比较，才能确定水轮机的选型。

1. 各类水轮机的适用范围

图 4-17 曾给出了各种类型水轮机水头流量的适用范围，事实上适用范围还与水轮机容量有关，即使是同类型同比转速的水轮机，水头低容量小，水头高容量大。所以，图 4-17以水头和出力为纵横坐标给出了大中型水轮机的类型及适用范围，相应的参数见表 4-1。

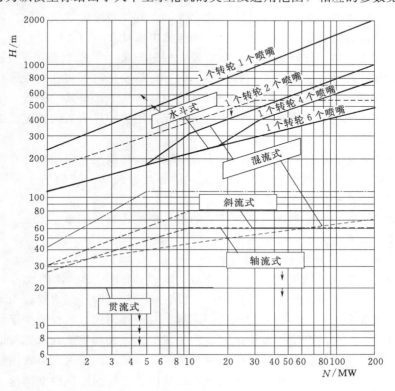

图 4-17 各种类型水轮机的适用范围

表 4-1 水轮机的类型及适用范围

水轮机形式			适用水头范围 /m	比转速范围 n_s /m·kW
能量转换方式	水流方式	结构形式		
反击式	贯流式	灯泡式	<20	600~1000
		轴伸式		
	轴流式	定桨式	3~80	200~850
		转桨式		
	斜流式		40~180	150~350
	混流式		30~700	50~300
冲击式	射流式	水斗式	300~1700	10~35（单喷嘴）

不同类型的水轮机具有不同的适用范围及特点，概括如下：

（1）冲击式水轮机的比转速较低，适用于 300m 以上的水头，目前最高水头可达

1700m。该类型水轮机效率变化平稳，对负荷变化的适应性强，并且调整喷嘴数目可获高效运行，折向器可缓解水击压强上升与转速上升的矛盾，有利于水电站的调节保证设计。但部件容易磨损，且单机容量较小，所以近期的目标是进一步提高冲击式水轮机的容量和水头，以适应水电开发的需求。

（2）混流式水轮机的比转速范围广，水头范围30～700m，结构简单且装有尾水管，可减少转轮出口的水头损失。缺点是除导叶之外，无其他辅助的调节手段。需要进一步提高该类型水轮机运行的稳定性，减轻压力脉动与机组振动。

（3）轴流式水轮机的比转速较高，具有较大的过流能力，水头范围3～80m。轴流转桨式水轮机以导叶与叶片协联方式运行，在水头、负荷变化时可实现高效运行。轴流定桨式水轮机结构简单，可靠性强，适用于担任基荷的低水头的水电站。但近几十年来，用于低水头的轴流式水轮机基本上被贯流式水轮机取代，用于较高水头的轴流式水轮机又被混流式水轮机取代。

（4）斜流式水轮机的比转速与适用水头介于轴流式和混流式之间，叶片可调节，在水头、负荷变化时可实现高效运行。比起轴流式，叶片数较多，适用的水头更高一些。目前，通常用于中低水头的抽水蓄能电站。

（5）贯流式水轮机的比转速更高，适用的水头更低，其范围小于20m。提高贯流式水轮机单机容量也是水电开发必然的需求。

2. 水头交叉区间水轮机形式的选择

（1）贯流式水轮机与轴流式水轮机的比较。从表4-1可知：贯流式与轴流式在适用水头范围内有较多的重叠。贯流式流道顺畅，没有蜗壳和弯肘型尾水管，引用流量大，水头损失小，运行效率高。安装贯流式机组的厂房相对于轴流式，不仅减少了水下开挖的深度，而且降低整个厂房的高度，致使土建工程量减少。另外，贯流式水轮发电机组还适用于潮汐电站，能满足正反向发电、正反向抽水和正反向泄水的需求。但常用的灯泡贯流式水轮发电机组全部处于水下，要求有严密的封闭结构及良好的通风防潮措施。其维护检修也比较困难。

（2）轴流式水轮机与混流式水轮机的比较。轴流转桨式水轮机适用于水头与负荷变化较大的水电站，能在较宽的工作区域内稳定高效运行，其平均效率高于混流式水轮机。在相同的水头下，轴流式的比转速高于混流式，有利于减小机组尺寸。但是轴流式水轮机的空化系数大，约为同水头段混流式水轮机的2倍，为防止空化空蚀，需增加厂房的水下开挖量。当尾水管较长时，轴流式水轮机甩负荷时比混流式水轮机易产生反水击的抬机事故。轴流式水轮机的轴向水推力系数约为混流式的2～4倍，推力轴承承载大，易损坏。

（3）混流式水轮机与斜流式水轮机的比较。相同水头和出力条件下，斜流式水轮机的比转速高于混流式，故斜流式水轮机的转速可高于混流式，减小发电机的尺寸；而混流式水轮机的飞逸转速高出斜流式约15%，要求混流式水轮机有较高的强度；尽管混流式水轮机最高效率比斜流式高出0.5%～1%，但平均效率远远低于斜流式。另一方面，同样工作参数，斜流式水轮机的空化系数大于混流式，为防止空化空蚀，也需较低的安装高程，增大了厂房的水下开挖量；斜流式水轮机结构较复杂，运行的可靠性不及混流式。

（4）斜流式水轮机与轴流式水轮机的比较。相同水头和出力条件下，轴流式水轮机的比转速高于斜流式，所以轴流式转速可高于斜流式，减小机组的尺寸。但水头高到一定程度时，由于强度和结构的要求，轴流式水轮发电机组的重量将超过斜流式。两者效率相比，相差不多，仅在部分负荷时，斜流式的效率略高一点。

（5）混流式水轮机与冲击式水轮机的比较。相同水头和出力条件下，混流式水轮机的比转速比冲击式高出 10%～20%，可减小机组尺寸。混流式水轮机的最高效率比冲击式高，但对于变化负荷的适应性没有冲击式的好。相比而言，冲击式的空蚀现象较轻，且多发生在针阀、喷嘴和水斗部位，检修更换较容易。冲击式水轮机无轴向水推力，轴承结构简单。若是含沙量较多的水流，冲击式水轮机磨损现象较严重，导致水轮机效率下降较多。

总之，对于水头交叉区间水轮机形式的选择，要权衡利弊，从技术经济运行维护多方面进行比较，方可作出合理地选择。

四、水轮机比转速的选择

水轮机比转速包括了水轮机转速、出力和水头 3 个基本参数，综合反映了水轮机的基本特征。正确地选择水轮机比转速，对水轮机运行中具有良好的能量特性、空化特性、压力脉动特性以及动态特性均起着保障的作用。

1. 水轮机效率与比转速的关系

不同比转速的水轮机具有不同的工作特性曲线，即效率曲线。从图 4-18 可知：同是混流式水轮机，若比转速较低，其效率曲线较平缓；若比转速较高，其效率曲线较陡峻，尤其是超高比转速的混流式水轮机，其高效区很狭窄，运行中只要偏离设计工况，其效率急剧下降。

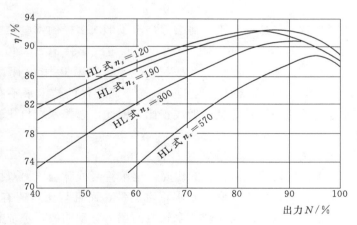

图 4-18　不同比转速水轮机的效率特性

不同类型的水轮机均有自身的最佳比转速范围。从图 4-19 可知：水斗式水轮机的比转速在 13～18m·kW 范围内效率最高，混流式水轮机的比转速在 150～250m·kW 范围内效率最高，轴流定浆式水轮机的比转速在 500～600m·kW 范围内效率最高。所以选择水轮机时，应尽可能将比转速控制在相应类型水轮机的最佳范围内。

2. 水轮机空化系数与比转速的关系

式（3-63）给出了水轮机空化系数的表达式。从理论上可以推导出水轮机空化系数

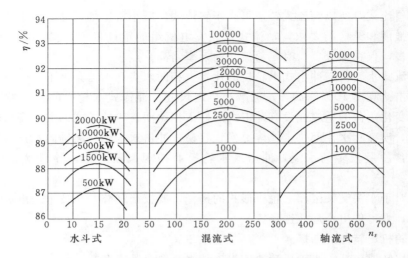

图 4-19 水轮机最优效率与比转速的关系

和比转速关系式如下：

$$\sigma = K_0 n_s^{4/3} \tag{4-55}$$

式中 K_0——常数。

该式表明水轮机空化系数与比转速成正比。

根据我国及世界上一些优秀的混流式水轮机模型试验数据统计的结果，可以得出模型水轮机空化系数与比转速关系如下：

$$\sigma = 3.5 \times 10^{-5} n_s^{1.5} \tag{4-56}$$

另外，世界各国学者、制造商、工程协会等提出了形式多样的水电站空化系数与比转速的关系，如：美国垦务局 $\sigma_p = 2.56 \times 10^{-5} n_s^{1.64}$；日本电气学会 $\sigma_p = 3.46 \times 10^{-6} n_s^2$；意大利 $\sigma_p = 7.54 \times 10^{-5} n_s^{1.41}$；瑞典电气公司 $\sigma_p = 8 \times 10^{-5} n_s^{1.4}$；我国根据 32 座大型水电站统计 $\sigma_p = 4.56 \times 10^{-5} n_s^{1.54}$。尽管这些关系式有所不同，与不同年代的技术水平有关，但一致表明水电站空化系数是比转速的函数，且两者成正比。因此，选择水轮机比转速时应考虑对空化系数的影响。

3. 水轮机压力脉动等值线分布与比转速的关系

图 4-20 给出了水轮机模型试验得到的蜗壳、尾水管两处脉动压力双振幅相对值等值线分布图。水轮机压力脉动特性不仅取决于水轮机类型，而且与比转速有着内在的联系。因此，需要研究的问题是：收集不同比转速水轮机的压力脉动曲线，选取有代表性的工况点压力脉动双振幅相对值作为数值拟合和分析的依据，建立水轮机压力脉动等值线分布与比转速的关系及数学表达式。

4. 水轮机飞逸特性曲线与比转速的关系

最高飞逸单位转速 $n'_{1f,max}$ 与额定单位转速 n'_{10} 之比称为飞逸系数 $k_f = \dfrac{n'_{1f,max}}{n'_{10}}$。对于反击式水轮机，$k_f = 1.6 \sim 3.0$，1.6 对应低比速的水轮机，3.0 对应高比速的水轮机；对于水斗式水轮机，$k_f = 1.7 \sim 2.0$。

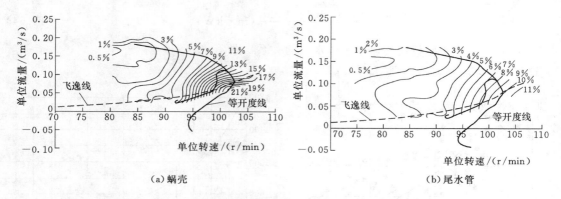

图 4-20 水泵水轮机模型试验脉动压力双振幅相对值等值线图

飞逸曲线与 n'_{10} 交点对应的开度称为空载开度，可按如下两式 $n_{s0}=3.65n'_{10}\sqrt{Q'_{10}\eta_{max}}$，$a_x=0.0195n_{s0}-0.5635$ 计算。通常低比速 $a_x=10\%a_{max}$，高比速 $a_x=15\%a_{max}$。

需要研究的问题是：收集不同比转速水轮机的飞逸特性曲线，对每条飞逸曲线进行数值拟合；确定每条飞逸曲线的最高飞逸转速 $n'_{1f,max}$ 和空载开度 a_x；建立飞逸特性曲线的拟合系数与比转速之间的关系，给出任意比转速的飞逸曲线数学表达式；建立任意比转速的飞逸系数 k_f 的数学表达式；建立任意比转速的空载开度 a_x 的数学表达式；飞逸工况线是否通过原点，需要作进一步的调查和论证。

5. 各类水轮机比转速与工作水头的经验公式

至今，水轮机制造的主要国家根据各自的水平与生产能力，划分了各类水轮机的比转速的界限与范围，采用数理统计方法得到了各类水轮机比转速与工作水头的经验公式，对于水轮机的选型设计是有益的。

(1) 轴流式水轮机比转速与工作水头的关系。

中国
$$n_s=\frac{2300}{\sqrt{H}}\ (m\cdot kW) \tag{4-57}$$

日本
$$n_s=\frac{20000}{H+20}+50\ (m\cdot kW) \tag{4-58}$$

苏联
$$n_s=\frac{2500}{\sqrt{H}}\ (m\cdot kW) \tag{4-59}$$

(2) 混流式水轮机比转速与工作水头的关系。

中国
$$n_s=\frac{2000}{\sqrt{H}}-20\ (m\cdot kW) \tag{4-60}$$

日本
$$n_s=\frac{20000}{H+20}+30\ (m\cdot kW) \tag{4-61}$$

美国
$$n_s=\frac{2105}{\sqrt{H}}\ (m\cdot kW) \tag{4-62}$$

(3) 斜流式水轮机比转速与工作水头的关系。

日本
$$n_s=\frac{20000}{H}+40\ (m\cdot kW) \tag{4-63}$$

苏联
$$n_s = \frac{1400 \sim 1500}{H_{max}^{0.4}} \quad (\text{m} \cdot \text{kW}) \tag{4-64}$$

（4）贯流式水轮机比转速与工作水头的关系（图 4-21）。

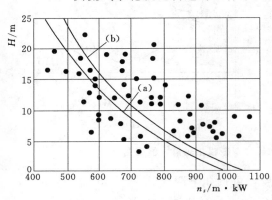

图 4-21 贯流式水轮机比转速与工作水头
的关系曲线

(a) $n_s = \dfrac{20000}{H+20}$；(b) $n_s = \dfrac{20000}{H+20} + 50$

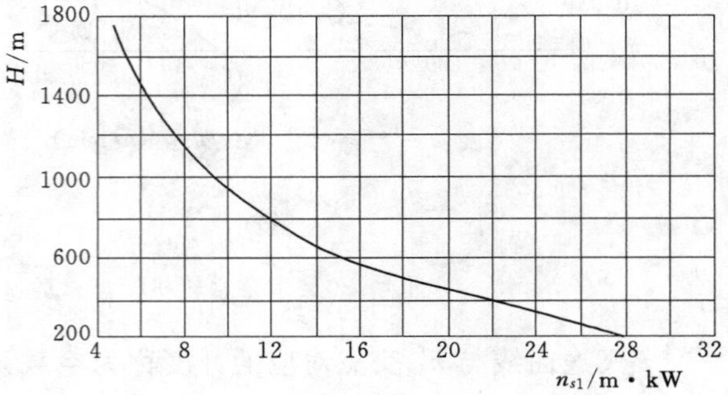

图 4-22 单喷嘴冲击式水轮机比转速
与工作水头的关系曲线

（5）冲击式水轮机比转速与工作水头的关系（图 4-22 和图 4-23）。冲击式水轮机为多转轮多喷嘴时，其比转速按下式计算：

$$n_s = n_{s1} \sqrt{K_r Z_0} \tag{4-65}$$

式中 n_{s1}——单转轮单喷嘴的比转速；

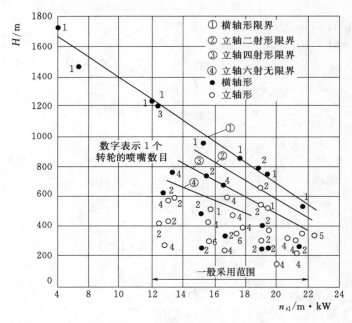

图 4-23 多喷嘴冲击式水轮机比转速
与工作水头的关系曲线

K_r——转轮数；

Z_0——每个转轮的喷嘴数。

对于多转轮多喷嘴的冲击式水轮机，对应于单转轮单喷嘴的 n_{s1} 应在最佳范围内选择，一般取 $n_{s1}=10\sim20\mathrm{m\cdot kW}$，整体水轮机的 n_s 不宜超过 $60\mathrm{m\cdot kW}$。

6. 多泥沙河流水轮机比转速的选择

上述水轮机比转速选择均以水电站水质较好为前提。对于多泥沙河流上的水电站，为了减轻过机泥沙对水轮机的磨损及与空化的联合负作用，所以在选择水轮机比转速时，应相当于清水的水电站降低其比转速，其目的就是为了降低转轮流道中的相对流速，减轻磨损。国内已有资料表明，多泥沙河流上的水电站，比转速较低的水轮机，如 $n_s=\dfrac{1320\sim1360}{\sqrt{H_r}}$ 范围内，磨损或破坏的程度较轻。

五、反击式水轮机基本参数的计算

1. 依据水轮机型谱和模型综合特性曲线计算水轮机基本参数

(1) 转轮直径 D_1 的计算。根据水轮机出力公式 $N=9.81QH\eta=9.81Q_1'D_1^2\sqrt{H}H\eta$，得到

$$D_1=\sqrt{\frac{N}{9.81Q_1'H^{3/2}\eta}} \tag{4-66}$$

对式（4-66）应用需要说明的是：

1）N 取水轮机额定出力 N_r，$N_r=N_f/\eta_f$，N_f 是发电机的额定出力（机组容量）。

2）H 取设计水头 H_r。

3）Q_1' 取型谱表中推荐的最大单位流量 Q_{1max}'，或者模型综合特性曲线上最优单位转速 n_{10}' 与 95% 出力限制线交点对应的 Q_1'。当水电站开挖深度受到限制时，应按允许的吸出高度来确定 Q_1'。

4）效率 $\eta=\eta_M+\Delta\eta$，在模型综合特性曲线 $n_1'-Q_1'$ 上，对应型谱表上 Q_{1max}' 和 n_{10}' 的效率，找到 η_M。$\Delta\eta$ 修正通常按 1% 或 2% 或 3% 初估。

5）由式（4-66）计算得到 D_1，并在此基础略微放大或套用偏大的标准直径，以便使水轮机有一定的富裕容量。

6）将选取转轮直径 D_1 和 $\eta_{M,max}$ 代入效率修正的经验公式，求 $\Delta\eta$，看结果是否与初估的接近，若两者不一致，重复 4）5）6）3 个步骤。

(2) 转速 n 的计算。根据单位转速公式 $n_1'=\dfrac{nD_1}{\sqrt{H}}$，得到

$$n=\frac{n_1'\sqrt{H}}{D_1} \tag{4-67}$$

已知的 D_1，H 取加权平均水头 H_{av}，n_1' 取模型的最优单位转速加上修正值，即：$n_{10}'=n_{10M}'+\Delta n_1'$，$\Delta n_1'=n_{10,M}'\left(\sqrt{\dfrac{\eta_{max}}{\eta_{M,max}}}-1\right)$。由式（4-67）计算得到 n，按标准选取转速，通常是选用相近而偏大的同步转速。

(3) 在模型综合特性曲线 $n_1'-Q_1'$ 上校核工作范围。

$$Q'_{1\max} = \frac{N}{9.81 D_1^2 H_r^{3/2} \eta}$$

$$n'_{1\min} = \frac{n D_1}{\sqrt{H_{\max}}}; \qquad n'_{1M,\min} = n'_{1\min} - \Delta n'_1$$

$$n'_{1\max} = \frac{n D_1}{\sqrt{H_{\min}}}; \qquad n'_{1M,\max} = n'_{1\max} - \Delta n'_1$$

(4-68)

在模型综合特性曲线 $n'_1 - Q'_1$ 上按式（4-68）作出 3 条直线，确定水轮机的工作范围。若此范围在 95% 出力限制线以左并包括了模型综合特性曲线的高效率区，则认为所选定的 D_1 和 H 是合理的。否则，应适当地调整 D_1 或 H 的数值，使工作范围移向高效率区。

（4）计算吸出高度，确定安装高程。水轮机最大允许吸出高度可按下式计算：

$$H_S = 10 - \frac{\nabla}{900} - k\sigma H$$

(4-69)

式中：下游水位 ∇ 可按下游水位与流量关系曲线确定；安全系数 $k = 1.1 \sim 1.2$，对于大型水轮机 k 可取到 1.5 以上。H 可选择 H_r、$H_{\max}$、$H_{\min}$ 等若干水头分别计算 H_S，对应的 σ 为该水头下水轮机实际出力限制工况点的空化系数。计算时需要先计算限制工况点的 n'_1 和 Q'_1，然后在模型综合特性曲线上查得对应的 σ 值。

水轮机的安装高程 ∇_{inst} 不仅取决于吸出高度，而且与水轮机类型和主轴布置形式有关，如图 4-24 所示。

1）对于立轴混流式水轮机：

$$\nabla_{inst} = H_S + \nabla_w + b_0/2$$

(4-70)

式中　∇_w——设计尾水位，m；

　　　b_0——导叶高度，m。

2）对于立轴轴流式水轮机：

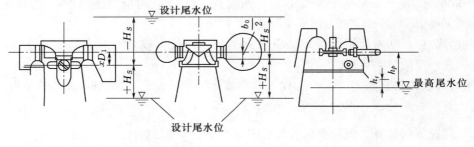

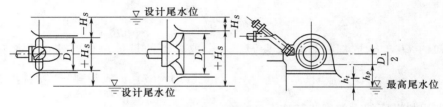

图 4-24　水轮机安装高程示意图

$$\nabla_{inst} = H_S + \nabla_w + xD_1 \qquad (4-71)$$

式中　x——轴流式水轮机高度系数。

3）对于卧轴反击式水轮机：

$$\nabla_{inst} = H_S + \nabla_w - D_1/2 \qquad (4-72)$$

在此应该指出的是：对于长有压尾水道的水电站，水轮机不仅取决于空化特性所决定的吸出高度，而且取决于甩负荷引起的尾水管进口最小压力。必要时，可适度降低安装高程，满足调节保证极值限制的要求。

2. 依据比转速和统计资料估算水轮机的基本参数

该方法以统计曲线或经验公式为基础，首先按设计水头应用 $n_s = f(H)$ 关系曲线（图 4-25）或者经验公式［式（4-57）～式（4-64）等］确定水轮机的 n_s。其次依据 $n_1' = f(H)$、$Q_1' = f(H)$ 和 $\sigma_p = f(n_s)$（图 4-26～图 4-30）分别得到单位转速、单位流量和水电站空化系数。最后根据查得的 n_1'、Q_1' 和 σ_p，计算水轮机 D_1、n 和 H_r 的基本工作参数。

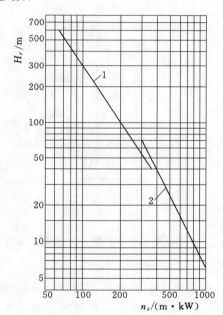 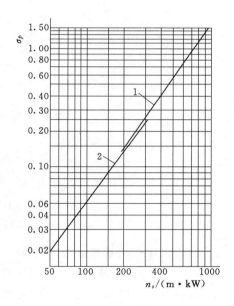

图 4-25　混流与轴流式水轮机 $n_s = f(H)$ 曲线　　图 4-26　混流与轴流式水轮机 $\sigma_p = f(ns)$ 曲线

1—混流式水轮机，$n_s = 3470H_r^{-0.625}$；　　　　　　1—轴流式水轮机，$\sigma_2 = 6.4 \times 10^{-5} n_s^{1.46}$；

2—轴流式水轮机，$n_s = 2419H_r^{-0.489}$　　　　　　　2—混流式水轮机，$\sigma_2 = 7.54 \times 10^{-5} n_s^{1.41}$

（1）转轮直径 D_1 的计算。

$$D_1 = \sqrt{\frac{N_r}{9.81Q_1'H_r^{3/2}\eta}} \quad (m) \qquad (4-73)$$

（2）转速 n 的计算。

$$n = n_s H_r^{5/4}/\sqrt{N_r} \quad (r/min) \qquad (4-74)$$

（3）最大允许吸出高度的计算。

$$H_S = 10 - \frac{\nabla}{900} - \sigma_p H \quad \text{(m)} \tag{4-75}$$

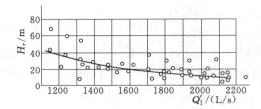

图 4-27　混流式水轮机 $Q_1' = f(H)$ 曲线

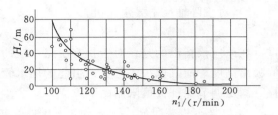

图 4-28　混流式水轮机 $n_1' = f(H)$ 曲线

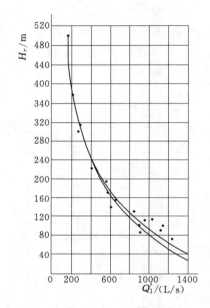

图 4-29　轴流式水轮机 $Q_1' = f(H)$ 曲线

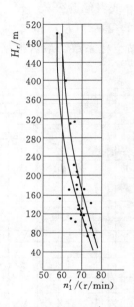

图 4-30　轴流式水轮机 $n_1' = f(H)$ 曲线

六、冲击式水轮机基本参数的计算

式 (4-65) 表明：冲击式水轮机的比转速与转轮数及喷嘴数有关。若待计算的原型水轮机的转轮数、喷嘴数以及 d_0/D_1 均与模型水轮机相同时，其基本参数的计算方法与反击式水轮机基本相同。即应用模型综合特性曲线选择设计工况的有关参数，如 n_{1r}'、Q_{1r}'、η_r，再按反击式水轮机计算方法计算 D_1 和 n 等基本工作参数。喷嘴直径 d_0/D_1 可按模型的 d_0/D_1 值换算。

若待计算的原型水轮机的转轮数、喷嘴数以及 d_0/D_1 与模型水轮机不相同时，可选用不同的 d_0/D_1、Z_0 和 K_r，获得原型水轮机所要求的比转速，其具体的计算方法如下：

（1）转速 n 的计算。

$$n = n_{s1} H_r^{5/4} / \sqrt{N_{r1}} \quad \text{(r/min)} \tag{4-76}$$

式中　n_{s1}——对应于单转轮单喷嘴的比转速，m·kW；

N_{r1}——单转轮单喷嘴的出力，kW，$N_{r1} = N_r/(Z_0 K_r)$。

（2）射流直径 d_0 的计算。

$$d_0 = \sqrt{\frac{4Q}{\pi Z_0 K_r \varphi \sqrt{2gH_r}}} \approx 0.545 \sqrt{\frac{Q}{Z_0 K_r \sqrt{H}}} \quad (\text{m}) \qquad (4-77)$$

式中　Q——水轮机引用流量，m^3/s；

　　　φ——喷嘴射流速度系数，$\varphi = 0.97 \sim 0.98$。

（3）转轮直径 D_1 的计算。

$$D_1 = \frac{(30 \sim 40)\sqrt{H_{av}}}{n} \quad (\text{m}) \qquad (4-78)$$

式中　H_{av}——加权平均水头，m。

（4）D_1/d_0 的检验及水轮机效率的估算。由计算得出 d_0，D_1 可得出 D_1/d_0 的比值，为了保证水轮机具有较高的效率，D_1/d_0 一般为 $10 \sim 20$。当原型水轮机的 D_1/d_0 与模型水轮机相同或 D_1/d_0 为 $10 \sim 20$，可不进行效率修正。否则，请参考表 4-2 估算原型水轮机的效率。

表 4-2　　　　　　　　　　水斗式水轮机的预期效率 η　　　　　　　　　单位：%

D_1/d_0	负荷百分比				D_1/d_0	负荷百分比			
	100%	75%	50%	25%		100%	75%	50%	25%
50	85.1	86.2	83.3	72.6	12	86.5	88.0	87.0	81.5
40	85.5	86.6	83.8	73.8	11	86.5	88.0	87.0	82.0
30	85.9	86.9	84.4	74.8	10	86.3	87.8	86.8	82.0
20	86.3	87.8	85.7	77.0	9	85.8	87.4	86.3	81.9
18	86.5	88.0	86.2	78.2	8	84.6	86.5	85.0	81.0
16	86.5	88.0	86.8	79.3	7	82.7	84.7	83.0	79.3
14	86.5	88.0	87.0	80.4	6	80.0	81.5	80.0	76.5
13	86.5	88.0	87.0	80.9	5.5	77.7	78.5	77.7	74.5

（5）水斗数的 Z_1 的估算。水斗数一般为

$$Z_1 = 6.67 \sqrt{\frac{D_1}{d_0}} \qquad (4-79)$$

对于多喷嘴水轮机，射流夹角应避免为相邻水斗夹角的整倍数。

（6）冲击式水轮机安装高程的确定。冲击式水轮机的转轮安装在下游水位之上（图4-24），但安装必须适中。过高则浪费水头即发电的能量；过低则尾水激起的水柱或水花碰击转轮引起附加的水头损失。所以，可按经验公式式（4-80）合理地确定排水高度 h_p。排水高度 h_p 与转轮直径 D_1 的关系如下：

$$h_p \geqslant (1.0 \sim 1.5)D_1 \qquad (4-80)$$

选择 h_p 时，立轴式取较大值，卧轴式取较小值。

七、水轮机选型设计的实例

已知某水电站的最大水头 $H_{\max} = 73.6\text{m}$；最小水头 $H_{\min} = 46.8\text{m}$；额定水头 $H_r =$ 59.8m；加权平均水头 $H_{av} = 65.76\text{m}$；装机容量 450MW，单机容量 112.5MW，水电站

的海拔高程$\nabla=96m$。

1. 用水轮机型谱表和模型综合特性曲线计算水轮机基本参数

（1）机组型号的选择。该水电站水头变化范围$46.8\sim73.6m$，在水轮机系列型谱表中选择合适的机型有 HL220 和 HL230，HL220 适用水头 $50\sim85m$，HL230 适用水头 $35\sim65m$，HL220 的空化系数较小，综合考虑以上因素，选用 HL220 转轮。

（2）计算水轮机基本参数。

1）计算转轮直径 D_1。取最优单位转速 $n'_{10}=70r/min$ 与功率限制线交点的单位流量为设计工况的单位流量，则 $Q'_1=1.15m^3/s$，对应的模型效率 $\eta_M=0.889$，取效率修正值$\Delta\eta=3\%$。则额定工况原型水轮机的效率 $\eta=\eta_M+\Delta\eta=0.889+0.03=0.919$。

水轮机额定功率 $N_r=\dfrac{N_f}{\eta_f}=\dfrac{112500}{0.96}=117187.5$（kW）

转轮直径 $D_1=\sqrt{\dfrac{N_r}{9.81\eta Q'_1 H_r^{3/2}}}=\sqrt{\dfrac{117187.5}{9.81\times0.919\times1.15\times59.8^{3/2}}}=4.94$（m）

按我国规定的转轮直径系列，计算值处在 $450\sim500cm$ 之间，故取标准值5m为宜。

2）计算水轮机的效率。

水轮机最高效率 $\eta_{max}=1-(1-\eta_{Mmax})\sqrt[5]{\dfrac{D_{1M}}{D_1}}=1-(1-0.915)\times\sqrt[5]{\dfrac{0.46}{5}}=0.9473$

$$\Delta\eta=\eta_{max}-\eta_{Mmax}=0.9473-0.915=0.0323$$

额定工况下原型水轮机效率 $\eta=\eta_M+\Delta\eta=0.889+0.0323=0.9213$

3）计算转速。

$$\Delta n'_1=n'_{10M}\left(\sqrt{\dfrac{\eta_{max}}{\eta_{Mmax}}}-1\right)=70\times\left(\sqrt{\dfrac{0.9213}{0.889}}-1\right)=1.26\text{（r/min）}$$
$$n'_1=n'_{10M}+\Delta n'_1=70+1.26=71.26\text{（r/min）}$$

转速 $n=n'_1\dfrac{\sqrt{H_{av}}}{D_1}=71.26\times\dfrac{\sqrt{65.76}}{5}=115.5$（r/min）

查发电机标准同步转速系列表可知与之接近的发电机同步转速为 115.4r/min。

4）计算最大允许吸出高度 H_s。在额定工况下，模型水轮机的空化系数 $\sigma_M=0.133$。水轮机最大允许吸出高度为

$$H_s=10-\dfrac{\nabla}{900}-K\sigma_M H_r=10-\dfrac{96.0}{900}-1.15\times0.133\times59.8=0.75\text{（m）}$$

5）计算轴向水推力。根据 HL220 模型转轮技术资料提供的数据以及水轮机轴向力系数值与水轮机型号的关系，转轮轴向水推力系数范围为：$K_t=0.28\sim0.34$。

转轮直径较小、止漏环间隙较大时取大值。本电站转轮直径较大，但水中有一定的含沙量，止漏环间隙适当大一些，故取 $K_t=0.29$。则水轮机转轮轴向水推力为

$$F_t=9810K_t\dfrac{\pi}{4}D_1^2 H_{max}$$

$$F_t=9810\times0.29\times\dfrac{\pi}{4}\times5^2\times73.6=4.11\times10^6\text{（N）}$$

（3）检验水轮机工作范围。

1）水轮机最大引用流量 Q_{max}。

$$Q'_{1max} = \frac{N_r}{9.81 H_r^{1.5} D_1^2 \eta} = \frac{117187.5}{9.81 \times 59.8^{1.5} \times 5^2 \times 0.9213} = 1.122 \ (\text{m}^3/\text{s})$$

则水轮机最大引用流量为 $Q_{max} = Q'_{1max} D_1^2 \sqrt{H_r} = 1.122 \times 5^2 \times \sqrt{59.8} = 216.8 \ (\text{m}^3/\text{s})$

2）最大、最小水头对应的单位转速。

$$n'_{1min} = \frac{n D_1}{\sqrt{H_{max}}} = \frac{115.4 \times 5}{\sqrt{73.6}} = 67.3 \ (\text{r/min})$$

$$n'_{1max} = \frac{n D_1}{\sqrt{H_{min}}} = \frac{115.4 \times 5}{\sqrt{46.8}} = 84.3 \ (\text{r/min})$$

（4）额定水头对应的单位转速。

$$n'_{1r} = \frac{n D_1}{\sqrt{H_r}} = \frac{115.4 \times 5}{\sqrt{59.8}} = 74.6 \ (\text{r/min})$$

在 HL220 型水轮机模型综合特性曲线图上分别绘出 $Q'_{1max} = 1122\text{L/s}$，$n'_{1max} = 84.3\text{r/min}$，$n'_{1min} = 67.3\text{r/min}$ 的直线（图 4 - 31），可知这 3 条直线所围成的水轮机工作范围基本上包含了该特性曲线的高效率区，所以选择 HL220 型水轮机是合理可行的。

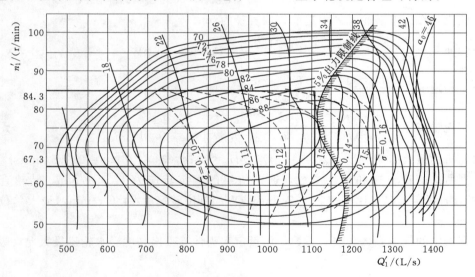

图 4 - 31　HL220 型水轮机的工作范围检验

2. 按照比转速与统计资料估算水轮机的基本参数

（1）比转速的计算。按我国水轮机型谱推荐的额定水头与比转速关系，水轮机的比转速 n_s 为

$$n_s = \frac{2000}{\sqrt{H_r}} - 20 = \frac{2000}{\sqrt{59.8}} - 20 = 238.6 \ (\text{m} \cdot \text{kW})$$

（2）单位参数的计算。参照我国目前额定单位转速、额定单位流量与比转速的统计经验公式，计算本电站单位转速与单位流量。

$$n_1' = [146.7 \times 10^4 / (482.6 - n_s)]^{0.5} = [146.7 \times 10^4 / (482.6 - 238.6)]^{0.5} = 77.54 \text{ （r/min）}$$

$$Q_1' = 0.1134(n_s/n_1')^2 = 0.1134 \times \left(\frac{238.6}{77.54}\right)^2 = 1.074 \text{ （m}^3\text{/s）}$$

（3）水轮机的效率。参照近年来国内外开发混流式模型水轮机和投入运行的原型水轮机，初定本电站水轮机的额定效率不低于 91%，最高效率不低于 94%。

（4）空化系数的计算。

模型空化系数 $\sigma_M = 0.036\left(\dfrac{n_s}{100}\right)^{1.5} = 0.036 \times \left(\dfrac{236.8}{100}\right)^{1.5} = 0.131$

水电站装置空化系数 $\sigma_p = 8 \times 10^{-6} n_s^{1.8} + 0.01 = 8 \times 10^{-6} \times 236.8^{1.8} + 0.01 = 0.160$

（5）机组参数的计算。

水轮机额定出力 $N_r = \dfrac{N_f}{\eta_f} = \dfrac{112500}{0.96} = 117187.5 \text{ （kW）}$

机组转速 $n = \dfrac{n_s H_r^{5/4}}{\sqrt{N_r}} = \dfrac{238.6 \times 59.8^{5/4}}{\sqrt{117187.5}} = 115.9 \text{ （rmin）}$

查表可知与之接近的发电机同步转速为 115.4r/min。

由水轮机转轮直径 $D_1 = \sqrt{\dfrac{N_r}{9.81\eta Q_1' H_r^{3/2}}} = \sqrt{\dfrac{117187.5}{9.81 \times 0.91 \times 1.2 \times 59.8^{3/2}}} = 4.86 \text{ （m）}$

转轮直径在标准转轮系列中选取，取直径为 5m。

比转速 $n_s = \dfrac{n\sqrt{N_r}}{H^{5/4}} = \dfrac{115.4 \times \sqrt{117187.5}}{59.8^{5/4}} = 237.6 \text{ （m·kW）}$

单位转速 $n_1' = \dfrac{nD_1}{\sqrt{H_r}} = \dfrac{115.4 \times 5}{\sqrt{59.8}} = 74.6 \text{（r/min）}$

单位流量 $Q_{1max}' = \dfrac{N_r}{9.81 H_r^{1.5} D_1^2 \eta} = \dfrac{117187.5}{9.81 \times 59.8^{1.5} \times 5^2 \times 0.91} = 1.14 \text{ （m}^3\text{/s）}$

水轮机的最大引用流量 $Q_{max} = Q_{1max}' D_1^2 \sqrt{H_r} = 1.14 \times 5^2 \times \sqrt{59.8} = 219.5 \text{（m}^3\text{/s）}$

根据所选的比转速和单位参数，选定机组的额定转速为 115.4r/min，转轮直径为 5m。相应的额定工况点比转速为 237.6m·kW，单位转速为 74.6 r/min，最大单位流量为 1.14m³/s。

根据选定的气蚀系数和安全系数，用额定水头计算吸出高度。水轮机最大允许吸出高度为

$$H_s = 10 - \frac{\nabla}{900} - \sigma_p H_r = 10 - \frac{96.0}{900} - 0.16 \times 59.8 = 0.33 \text{ （m）}$$

两种选型方法得出的结果是相同的。

第六节　蜗壳和尾水管的形式及主要尺寸的确定

一、蜗壳的形式

对于反击式水轮机，为了使压力管道末端的水流能以较小的水头损失均匀且轴对称地流入导水机构，所以在压力管道末端和水轮机座环之间设置了蜗壳，如图 4-32 所示。

由于水轮机的类型，工作水头和引用流量的不同，蜗壳的形式也有所不同。大体上分为以下两类：

1. 混凝土蜗壳

通常当水轮机的最大工作水头在 40m 以下时，为了节约钢材，多采用钢筋混凝土制作蜗壳，简称为混凝土蜗壳。考虑到施工的方便，其断面形状一般为梯形。由于梯形断面可以沿轴向上或向下延伸，在断面积相等的前提下，其径向尺寸小于圆形，有利于减小厂房平面尺寸，所以混凝土蜗壳特别适用于低水头大流量的轴流式水轮机。

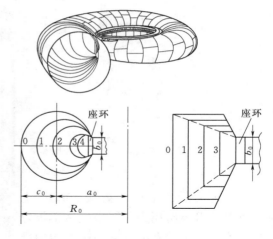

图 4-32 蜗壳示意图

混凝土蜗壳梯形断面可能有如图 4-33 所示的 4 种形式。为了方便在蜗壳顶部布置接力器，一般采用 $m=n$ 和 $m>n$ 的两种形式。当水电站死水位较高且地基为岩石，为了减少进口段的开挖量，常采用 $m<n$ 的形式。$n=0$ 平顶蜗壳可减少厂房下部混凝土的用量，但断面过多下伸会形成水流死区，影响蜗壳中流速和流态。故在选择梯形断面形式及尺寸时应尽可能满足下述条件并符合厂房设计的要求：

当 $n=0$ 或 $m=0$ 时，$\dfrac{b}{a}=1.5\sim1.7$ 甚至 2.0，$\delta=30°$，$\gamma=10°\sim15°$。

当 $n>0$ 时，$\dfrac{b-n}{a}=1.2\sim1.7$ 甚至 1.85，$\delta=20°\sim30°$，$\gamma=10°\sim20°$。

当 $m\leqslant n$ 时，$\dfrac{b-m}{a}=1.2\sim1.7$ 甚至 1.85，$\delta=20°\sim30°$，$\gamma=20°\sim35°$。

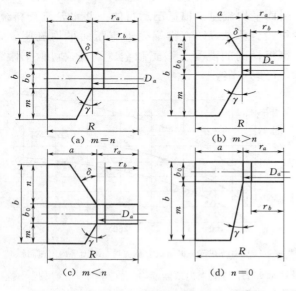

(a) $m=n$ (b) $m>n$

(c) $m<n$ (d) $n=0$

图 4-33 混凝土蜗壳梯形断面的 4 种形式

由于轴流式水轮机引用流量大，为了减小蜗壳的尺寸，梯形断面混凝土蜗壳的包角一般采用 $\varphi_0=180°\sim270°$，常用 $\varphi_0=180°$，如图 4-34 所示。包角的定义是蜗壳自鼻端至进口断面所包围的角度称。180°包角的蜗壳有一部分流量直接从压力管道末端进入导水机构，形成非对称的入流，不利于转轮工作及能量转换。为此可将鼻端上游 1/4 圆周内的固定导叶加密并做成适合于环流的曲线叶形。

混凝土蜗壳也可以用于大于 40m 水头的水电站（最高已用到 80m），此时需要在蜗壳内壁做钢板衬砌，作为防渗和减小摩阻损失之用。

127

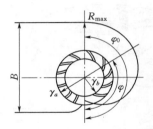

图 4-34 $\varphi_0=180°$混凝土蜗壳固定导叶的布置

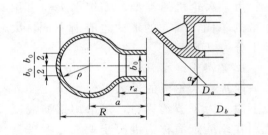

图 4-35 圆形金属蜗壳断面的示意图

2. 金属蜗壳

当水轮机最大工作水头在 40m 以上时，通常采用金属蜗壳，即蜗壳由钢板焊接或钢铸造而成。为了改善蜗壳结构的受力条件，其断面形式通常采用圆形或三心圆，如图4-35和图4-36所示，该蜗壳通常用于中高水头的混流式水轮机。金属蜗壳与座环的连接有两种方式：①碟形连接，座环碟形边切线与水平线的夹角 α，一般为 55°；②直接焊接，该连接方式受力条件好，目前在大中型混流式水轮机中普遍采用。金属蜗壳为了获得较好的水力性能，其包角通常为 345°。

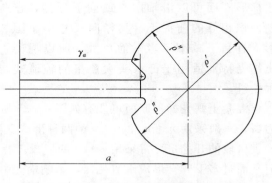

图 4-36 三心圆金属蜗壳断面的示意图

二、蜗壳外形尺寸的估算

1. 蜗壳进口断面平均流速 v_c 的选择

蜗壳进口断面平均流速 v_c 越大，蜗壳尺寸越小，但其水头损失越大。所以设计中要协调两方面的需求，合理地选择蜗壳进口断面平均流速。根据已运行的一些水轮机资料统计，推荐采用图 4-37 中的曲线。由水轮机设计水头 H_r 查得蜗壳进口断面平均流速 v_c，一般情况下可采用图中的中间值。对于有钢板衬砌的混凝土蜗壳和金属蜗壳，可取上限；若蜗壳尺寸不是厂房布置尺寸控制因素时，可取下限。

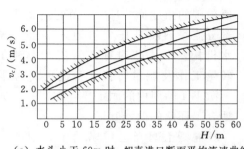

（a）水头小于 60m 时，蜗壳进口断面平均流速曲线

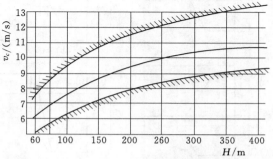

（b）水头在 50～60m 时，蜗壳进口断面平均流速曲线

图 4-37 水轮机设计水头 H_r 与蜗壳进口断面
平均流速的关系

2. 蜗壳中水流的运动规律

研究蜗壳中水流的运动规律是为了确定蜗壳任一断面的尺寸。水流进入蜗壳后便呈旋转运动，在进入固定导叶之前就具有一定的环量，使得水流以较小的撞击流经固定导叶后活动导叶。水流在蜗壳中的速度可分解为径向速度 v_r 和圆周速度 v_u。按照均匀轴对称流入座环的要求，v_r 应为常数，即

$$v_r = \frac{Q_{\max}}{\pi D_a b_0} \qquad (4-81)$$

式中　D_a——座环外径，m；

　　　b_0——导叶高度，m。

对于圆周速度 v_u 的变化规律，应用中有不同的假定：

（1）速度矩 $v_u r =$ const（常数）。该假定表明：蜗壳中距离水轮机轴线半径 r 相同的各点，水流的圆周速度 v_u 是相同的，并且随半径 r 的增大而减小。由于蜗壳中心线距离水轮机轴线半径是从进口断面向鼻端是逐渐减少的，所以以蜗壳进口断面中心线处的圆周速度最小，而鼻端最大。

（2）圆周速度 $v_u =$ const（常数）。此假定表明：蜗壳任一断面上的圆周速度 v_u 不变，且等于蜗壳进口断面的平均流速。

该假定与速度矩等于常数的假定相比，所得的流速较小，断面尺寸较大。有利于减小水头损失及蜗壳的加工制作，但蜗壳尺寸起决定因素时，将加大厂房的尺寸，增加土建的投资。

3. 蜗壳的水力计算，即确定蜗线

（1）金属蜗壳的水力计算。按照圆周速度等于常数的假设，可以进行如下的计算：

进口断面：

$$\left.\begin{aligned}
F_c &= \frac{Q_c}{v_c} = \frac{Q_{\max}\varphi_0}{360°v_c} \\[2mm]
\rho_{\max} &= \sqrt{\frac{F_c}{\pi}} = \sqrt{\frac{Q_{\max}\varphi_0}{360°\pi v_c}} \\[2mm]
R_{\max} &= r_a + 2\rho_{\max}
\end{aligned}\right\} \qquad (4-82)$$

任一断面：

$$\left.\begin{aligned}
Q_i &= \frac{\varphi_i}{360°}Q_{\max} \\[2mm]
\rho_i &= \sqrt{\frac{Q_{\max}\varphi_i}{360°\pi v_c}} \\[2mm]
R_i &= r_a + 2\rho_i
\end{aligned}\right\} \qquad (4-83)$$

式中　φ_i——任一断面处的包角，（°）。

根据上述的计算结果，便可绘制金属蜗壳的平面单线图和断面单线图，如图 4-38

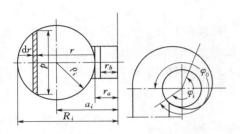

图4-38 金属蜗壳水力计算所得单线图

所示。

（2）混凝土蜗壳的水力计算。混凝土蜗壳的水力计算通常采用半图解法，其步骤如下：

1）按式（4-84）计算蜗壳进口断面的面积。

$$F_c = \frac{Q_c}{v_c} = \frac{Q_{max}\varphi_0}{360° v_c} \qquad (4-84)$$

进口断面绘制在图4-39的右上方。

2）根据水电站具体情况选择梯形断面形式及断面各部分的比例，使之满足 F_c 的要求。然后将

3）选择顶角点及底角点的变化规律，如直线或抛物线（图4-39中采用直线变化规律），以虚线表示。并绘制出若干个中间断面（图4-39中的1、2、3等断面）。

4）根据图形计算出各断面的面积，并在断面图的下方对应地绘出 $F = f(R)$ 的关系曲线。

5）按式（4-85）计算并在图4-38的左下方绘出 $F = f(\varphi)$ 的关系曲线。

$$F_i = \frac{Q_{max}\varphi_i}{360° v_c} \qquad (4-85)$$

6）根据所需要的包角 φ_i，在图4-39上可查得该 φ_i 处蜗壳断面面积 F_i 以及相应的外半径 R_i 和断面尺寸。由此可绘出混凝土蜗壳的断面及平面单线图。

三、尾水管的形式

尾水管的形式和尺寸对水轮机转轮出口的动能恢复有很大的影响，而且在很大程度上还影响着厂房基础开挖和下部块体混凝土的尺寸。尤其是地下厂房，尾水管的形式和尺寸还需要与尾水洞布置及尺寸相衔接。所以尾水管外形尺寸的确定需要依据水电站布置的具体要求，在不影响水轮机效率的前提下，进行水力计算及设计。

小型水轮机常采用直锥形尾水管或者弯锥形尾水管，大中型水轮机采用弯肘型尾水管，其形式和主要尺寸分述如下：

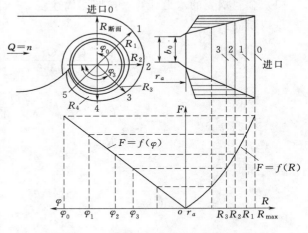

图4-39 混凝土蜗壳的半图解计算

1．直锥形尾水管

尾水管的轴线为直线，称之为直锥形尾水管，如图4-40（a）所示。该尾水管采用最简单的扩散方式，其水流均匀，阻力小，即水头损失小，恢复系数 η_w 比较高，一般可达83%以上。直锥形尾水管的母线多为直线，也有曲线使尾水管呈喇叭状。

2. 弯锥形尾水管

对于小型卧轴混流式水轮机，为了布置的方便，常采用弯锥形尾水管，如图 4－40 （b）所示。该尾水管由一个等直径 90°弯管和一个直锥管组成。由于弯管流速较大，流速分布不均匀，其水头损失较大，故恢复系数 η_w 较低，一般在 40％～60％。

3. 弯肘形尾水管

对于大中型水轮机，为了减小尾水管的开挖深度，或者为了与尾水洞的衔接，均采用弯肘形尾水管。该尾水管由如图 4－40 （c）所示的 3 部分组成，即进口直锥段、弯肘段和出口扩散段。但对于地面式厂房和地下式厂房，对于常规水轮机和可逆式水泵水轮机，这 3 部分的形式上和尺寸上有较大的差别，其设计要有针对性。该尾水管的恢复系数 η_w 通常在 60％～75％。

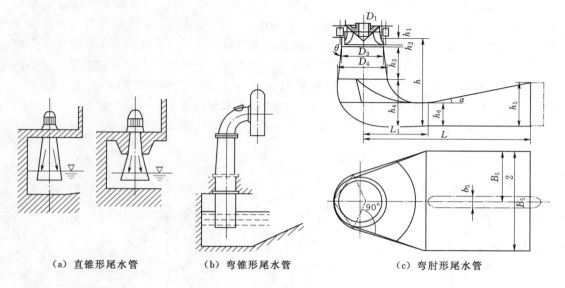

（a）直锥形尾水管　　　　（b）弯锥形尾水管　　　　（c）弯肘形尾水管

图 4－40　尾水管体型示意图

四、尾水管外形尺寸的确定

1. 直锥形尾水管

如图 4－40 （a）所示的直锥形尾水管，其结构简单。外形尺寸确定的方法如下：

（1）尾水管进口直径 D_3。

$$D_3 = D_1 + (0.5 \sim 1.0) \tag{4-86}$$

式中　D_1——水轮机转轮的标称直径，cm。

（2）尾水管出口直径 D_5。

$$D_5 = \sqrt{\frac{4}{\pi} \frac{Q}{v_5}} = 1.13 \sqrt{\frac{Q}{v_5}} \tag{4-87}$$

式中　v_5——尾水管出口流速，m/s，按经验公式 $v_5 = 0.008H + 1.2$ 计算。

（3）锥角 θ 及管长 L。根据扩散管内水头损失最小的原则，一般选择锥角 $\theta = 12°\sim$

16°，于是管长 L 可按下式计算：

$$L = \frac{D_5 - D_3}{2} \cot \frac{\theta}{2} \qquad\qquad (4-88)$$

2. 弯肘形尾水管

(1) 进口直锥段。进口直锥段是一段垂直的圆锥形扩散管，D_3 是其进口直径。对于混流式水轮机，由于直锥段与基础环相连接，故 $D_3 = D_2$（转轮出口直径），$\theta = 14° \sim 18°$；对于轴流式水轮机，直锥段与转轮室里衬相连接，可取 $D_3 = 0.973D_1$，$\theta = 16° \sim 20°$。h_3 是进口直锥段的高度，增加 h_3 可以减小弯肘段入口流速，以减小水头损失。但 h_3 过高将会加大厂房开挖的深度。

(2) 弯肘段。弯肘段是一个 90° 的变断面的弯管，其进口断面为圆形，对于地面式厂房，出口断面为矩形，如图 4-40（c）所示；对于地下式厂房，出口断面可以是矩形加两个半圆形，也可以是圆形，分别如图 4-41（a）、（b）所示。水流在弯肘段改变流动方向，受到离心力的作用使得压力和流速分布很不均匀，而在转弯后流向水平放置或者上翘放置的出口扩散段，故在弯肘段中形成较大的水头损失。影响该损失大小的主要因素是弯肘段的曲率半径和从进口断面到出口断面的变化规律。通常推荐采用的曲率半径 $R = (0.6 \sim 1.0)D_4$（D_4 是弯肘段进口直径），且以外壁曲率半径 R_6 为上限，内壁曲率半径 R_7 为下限；弯肘段进、出口断面积之比约为 1.3。

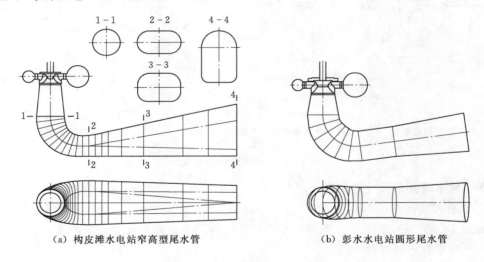

（a）构皮滩水电站窄高型尾水管　　　　（b）彭水水电站圆形尾水管

图 4-41　地下电站尾水管示意图

(3) 出口扩散段。对于地面式厂房，出口扩散段是断面为矩形扩散管，其出口宽度与进口宽度一致。当宽度较大时，应按结构设计的要求加设中墩（图 4-42）。顶板向上翘，仰角 $\alpha = 10° \sim 13°$，长度 $L_2 = (2 \sim 3)D_1$，且底板通常呈水平，为了减少厂房岩基的开挖，也可将其底板上翘，其仰角 $\alpha_d = 6° \sim 10°$。对于地下式厂房，出口扩散段通常由进口的矩形加两个半圆形断面过渡到出口的城门洞型断面，其他参数与地面式厂房尾水管出口扩散段基本类似。也有为圆形断面的扩散管。

总之，对于地面式厂房，尾水管外形尺寸的选取可以参考表 4-3 推荐的尾水管尺寸

[图4-40（c）]和表4-4给出的标准肘管尺寸（图4-43）。而对于地下式厂房，尾水管外形尺寸的选取应结合尾水洞的布置与衔接的要求做具体的分析和设计。

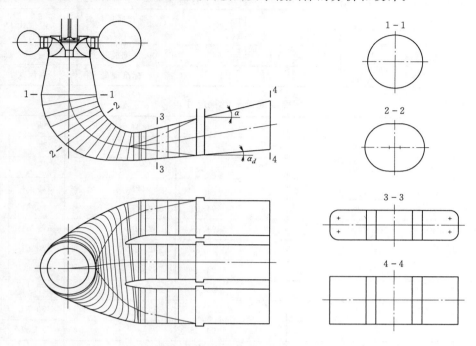

图4-42 设有中墩的尾水管出口扩散段（三峡坝后电站尾水管）

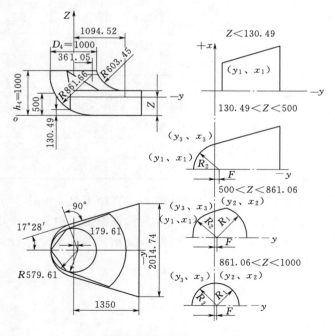

图4-43 标准混凝土肘管

133

表 4 - 3 推荐的尾水管尺寸

h/D_1	L/D_1	B_5/D_1	D_4/D_1	h_4/D_1	h_6/D_1	L_1/D_1	h_5/D_1	肘管 G 形式	适用范围
2.2	4.5	1.808	1.00	1.10	0.574	0.94	1.30	金属里衬肘管 $h_4/D_1=1.1$	混流式 $D_1>D_2$
2.3	4.5	2.420	1.20	1.20	0.600	1.62	1.27	标准混凝土肘管	轴流式
2.6	4.5	2.720	1.36	1.35	0.675	1.82	1.22	标准混凝土肘管	混流式 $D_1<D_2$

表 4 - 4 标准混凝土肘管尺寸

Z	y_1	x_1	y_2	x_2	y_3	x_3	R_1	R_2	F
50	−11.90	605.200							
100	41.70	569.450							
150	124.56	542.450			94.36	552.89		579.61	79.61
200	190.69	512.720			94.36	552.89		579.61	79.61
250	245.60	479.770			94.36	552.89		579.61	79.61
300	292.12	444.700			94.36	552.89		579.61	79.61
350	331.94	408.130			94.36	552.89		579.61	79.61
400	366.17	370.440			94.36	552.89		579.61	79.61
450	295.57	331.910			94.36	552.89		579.61	79.61
500	420.65	292.720	−732.66	813.12	94.36	552.89	1094.52	579.61	79.61
550	441.86	261.180	−457.96	720.84	99.93	545.79	854.01	571.85	71.65
600	459.48	209.850	−344.72	679.36	105.50	537.70	761.82	563.69	63.69
650	473.74	168.800	−258.78	646.48	111.07	530.10	696.36	555.73	55.73
700	484.81	128.090	−187.07	618.07	116.65	522.51	645.77	547.77	47.77
750	492.81	87.764	−124.36	592.50	122.22	514.92	605.41	539.80	39.80
800	497.84	47.859	−67.85	568.80	127.79	507.32	572.92	531.84	31.84
850	499.94	7.996	−15.75	546.65	133.36	499.73	546.87	523.88	23.88
900	500.00	0	33.40	525.33	138.93	492.13	525.40	515.92	15.92
950	500.00	0	81.50	504.36	144.60	484.54	510.00	507.96	7.96
1000	500.00	0	150.07	476.95	150.07	476.95	500.00	500.00	0

表 4 - 3 中的尺寸是对转轮直径 $D_1=1$m 的，当直径不是 1m 时，可直接乘上表 4 - 3 中的数据，就得到所需的尺寸。表 4 - 4 的尺寸为标准混凝土肘管各种几何曲面的主要尺寸，尺寸的符号如图 4 - 43 所示。表 4 - 3 和表 4 - 4 所列的数据均为 $h_4=D_4=1$m 的数据，应用时可乘以选定的 h_4 即可。

第五章 水轮机的调速设备

第一节 水轮机调速的基本概念

一、水轮机调节的任务

水电站在向电力系统供电时，除满足用户用电安全可靠的要求之外，还要求电能的频率和电压保持在额定值附近的允许范围之内。如频率偏离额定值过大，就会对用户电器设备的运行造成不利影响甚至是危害。我国电力系统规定：电网频率以 $50\,Hz$ 为额定值，其偏差不得超过 $\pm0.5\,Hz$，对于大电网不得超过 $\pm0.2\,Hz$。此外，电钟指示与标准时间的误差在任何时候不可大于 $1\,min$，对于大电网不得大于 $30\,s$。

电力系统的频率稳定主要取决于系统内有功功率的平衡。由于电力系统的负荷是不可完全预测随时变化的，其变化周期为数秒或几十分钟，幅值可达系统总容量的 $2\% \sim 3\%$（小系统或孤立系统的负荷变化可能大于此值），并且电能又不能储存，使得系统的电压 U、电流和频率 f 也随之而变。所以，水轮机调节的任务是迅速改变机组出力使之适应于系统负荷的变化，使得机组转速，即对应于电力系统的频率，恢复并保持在规定许可范围之内。

机组转速的调节由水轮机的调速器来完成。其调节的途径如下：从机组的运动方程中可以看出：

$$J\frac{d\omega}{dt}=M_t-M_g \tag{5-1}$$

式中 $J=\dfrac{GD^2}{4g}$——机组转动惯量，$N \cdot m \cdot s^2$；

$\omega=\dfrac{2\pi n}{60}=\dfrac{\pi n}{30}$——机组角速度，$rad/s$，$n$ 为组转速，r/min；

$\quad M_t$——水轮机的动力矩，$N \cdot m$；

$\quad M_g$——发电机的阻力矩（负荷力矩），$N \cdot m$。

只有当 $M_t=M_g$ 时，$\dfrac{d\omega}{dt}=0$；$\omega=const \rightarrow n=const \rightarrow f=const$。

当 $M_t>M_g$ 时，机组出现多余能量，使得机组加速旋转 $\dfrac{d\omega}{dt}>0$；$n\uparrow$。

当 $M_t<M_g$ 时，机组能量的不够，使得机组减速旋转 $\dfrac{d\omega}{dt}<0$；$n\downarrow$。

因此必须改变 M_t，使之与 M_g 平衡。而

$$M_t=\gamma QH\eta/\omega \tag{5-2}$$

由式（5-2）可知：改变水轮机效率 η、工作水头 H 和机组角速度 ω 几乎是不现实

的、不经济的，改变 M_t 最好和最有效的办法是通过改变水轮机的过水流量 Q 来实现。改变 Q 需调节水轮机导叶的开度角 α，进行此调节的装置称为水轮机的调速器。

水轮机调速器是以转速的偏差为依据来实现水轮机导叶开度的调节，其特点如下：

（1）由于单位水体所携带的能量较小，要发出较大的有功功率就需要引用较大的流量通过水轮机的导叶，而要改变导叶开度进行水轮机调节就需要给导水机构以强大的操作功。这就要求水轮机调速器设置多级液压放大元件和强大的外来能源。而液压放大元件的非线性及时间滞后性有可能恶化水轮机调节系统的调节品质。

（2）水力发电通常需要使用较长的压力管道将水流引入水轮机，管道越长，其水流惯性越大。当导叶开度改变时，水流惯性随之而变，将在压力管道内产生水击压强，而水击压强作用与水轮机调节作用是相反的，将严重影响水轮机调节系统的调节品质。另外，为了限制压力管道中水击压强最大值，必须限制导水机构的运行速度，从而削弱了水轮机调节的作用。

（3）水轮发电机组具有启动快和迅速适应负荷变化的特点，因此在电力系统常常承担调峰调频和事故备用的任务。随着电力系统的扩大和自动化程度的提高，要求水轮机调速器具有越来越多的自动操作和自动控制功能。这就使得水轮机调速器成为了水电站运行中一个非常重要的设备，其功能及可靠性不仅影响机组运行安全性稳定性和经济性，而且也直接影响水电站输水系统水力设计和结构设计。

（4）为了提高水轮机运行效率或者增强机组运行的安全性，有些水轮机具有双重调节机构，如转桨式水轮机可进行导叶和桨叶协联调节，水斗式水轮机可在调节针阀行程时，转动折向器。但同时也增加了一套调节和执行机构，增加了调速器的复杂性。

二、水轮机调节系统的特性

当机组的发电机阻力矩（或者负荷）发生变化时，首先是机组转速产生偏差，接着是调速器动作改变接力器行程和导叶开度，在较短时间内使得水轮机动力矩和发电机阻力矩达到新的平衡，转速恢复到额定值及允许的范围内。上述的过程称之为水轮机调节系统的过渡过程，或者水电站过渡过程。在该过程中不仅导叶开度、水轮机出力和转速随时间而变，而且输水管道系统中任一断面的流速和压力也随时间而变。所以水轮机调节系统的工作状态可归纳为两种：①调节前后的稳定状态；②调节开始到终止的过渡过程状态。对于水轮机调节系统而言，前一种状态可以用静态特性有关指标来描述及衡量，后一种状态则可以用动态特性有关指标来描述及衡量。同理，水电站输水管道系统的稳定状态可以用恒定流来描述，过渡过程状态则可以用非恒定流来描述。

1. 调节系统的静态特性

水轮机调节系统静态特性是指在调速器不动作、导叶开度不变条件下，机组转速和机组出力之间的关系。

若转速 n 与出力 N 大小无关，即保持额定转速不变，称为无差调节（图 5-1）。这种调节方式在单机运行时是可行的，但在多台机组并列运行时，将造成负荷分配不明确的问题。其原因是各机组调速器的灵敏度不可能完全一致。于是当负荷变化时，各机组反映先后和动作快慢也不一样。有的机组多带负荷，有的少带，不仅不能按照要求分配负荷，而且使机组间出现负荷窜动现象，以致机组无法稳定运行。

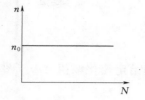
图 5-1　无差调节的静特性

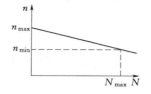
图 5-2　有差调节的静特性

为了解决上述问题，采用有差调节。有差调节的静特性是转速 n 与出力 N 大小呈有一定倾斜度的直线关系（图 5-2），每一个出力 N 对应一个转速 n，其调差率为

$$e_p = \frac{n_{\max} - n_{\min}}{n_0} \times \% \tag{5-3}$$

式中　$n_{\max}$——机组最大的额定转速，r/min，相应于空载工况；

$\qquad n_{\min}$——机组最小的额定转速，r/min，相应于最大出力工况；

$\qquad n_0$——机组额定转速，r/min。

在实际运行中，一般采用 $e_p = 0\% \sim 8\%$。当 $e_p = 0$，即为无差调节。调速器中的调差机构就是用来调整或整定 e_p 的。

在此需要指出的是：多台机组并列运行时，若按等负荷分配原则，则要求每台调速器的调差率相同，否则就不能满足以相同转速同步并列运行的条件。在该原则下，水电站运行效率最高。若要求机组之间以不同负荷分配方式工作时，则调差率越大，承担的负荷变化量越小。如图 5-3 所示，图中 ΔN 为出力或者负荷的变化量。

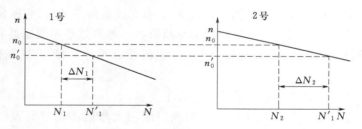
图 5-3　两台不同调差率并列运行机组间的负荷分配

2. 调节系统的动态特性

水轮机调节系统动态特性主要是指调节过程中机组转速随时间的变化，常用 $n = f(t)$ 的动态特性曲线表示。实际运行中，不仅要求该动态特性曲线迅速衰减，收敛于额定转速允许的变化范围之内；而且其动态品质的指标也能满足规范的要求。常见的指标如下：

（1）调节时间 T_p：是从转速开始变化到转速重新稳定额定值允许的偏差范围之内所经历的时间。即在此之后的转速 n 在 $n_0' \pm \Delta$ 的范围内。Δ 值对大型调速系统取 $0.2\% n_0'$，对小型调速系统取 $0.4\% n_0'$，如图 5-4 所示。

（2）最大转速偏差 $\Delta n_{\max}$：是指过渡过程中转速第一个波峰的偏差值（图 5-4），即 $\Delta n_{\max} = n_{\max} - n_0$，也可用相对值 $\dfrac{\Delta n_{\max}}{n_0}$ 表示。

（3）转速的超调量 δ：对于无差调节是指过渡过程中转速第一个波谷的偏差值 Δn_1

（图 5-4）与最大转速偏差 $\Delta n_{\max}$ 之比，即

$$\delta = \frac{\Delta n_1}{\Delta n_{\max}} \times 100\% \tag{5-4}$$

对于有差调节通常以最大转速偏差 $\Delta n_{\max}$ 占转速给定变化幅值 Δn_0（图 5-4）百分比来表示，即

$$\delta = \frac{\Delta n_{\max}}{\Delta n_0} \times 100\% \tag{5-5}$$

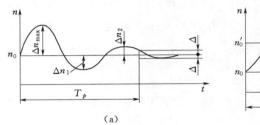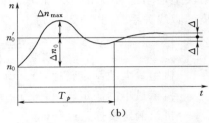

（a）　　　　　　　　　　　　　　　（b）

图 5-4　调节系统动态品质的有关指标

（4）振荡次数 X：通常以调节时间内出现的振荡波峰波谷个数的一半表示。

（5）衰减度 ψ：通常以第二个波峰与第一个波峰幅值之差的相对值来表示，即

$$\psi = \frac{\Delta n_{\max} - \Delta n_2}{\Delta n_{\max}} \tag{5-6}$$

在上述指标中，比较常用的是调节时间 T_p、最大转速偏差 $\Delta n_{\max}$ 和振荡次数 X。

为了保证水轮机调节系统具有良好的动态品质，一般通过整定调速器有关参数，使调节系统在空载阶跃扰动时，调节时间 T_p 短，超调量 δ 小于 30%，振荡次数 X 不超过 2 次。

而在机组甩负荷后，其动态品质应达到以下要求：

（1）甩 25% 额定负荷后，接力器不动时间对配用大型电液调节装置的系统，不得超过 0.2s；对配用中型电液调节装置的系统应不超过 0.3s（接力器不动时间定义为机组甩 25% 额定负荷时，自发电机定子电流消失起到接力器明显动作时为止的时间）。

（2）甩 100% 额定负荷后，在转速变化过程中，超过额定转速 3% 以上的波峰，不得超过 2 次。

（3）甩 100% 额定负荷后，接力器第一次向开启方向运动时起，到机组转速摆动相对值不超过 +0.5% 为止，历时（即调节时间）不大于 40s。

（4）甩 100% 额定负荷后，蜗壳压强上升率和机组转速上升率及尾管进口真空度应满足调节保证计算的要求。

同时，还应保证机组在空载自动运行时，其转速（或频率）的波动值应满足以下要求：对配用大型电液调节装置的系统，应不超过 ±0.15%；对与配用中型电液调节装置的系统，应不超过 ±0.25%；对配用小型电液调节装置的系统，则不得超过 ±0.35%（以上所述均指在手动时未超过规程规定的前提下）。

第二节 水轮机调速器工作原理及调速器类型

一、水轮机调速器工作原理

1. 水轮机调节系统的组成

通常把水轮机调速器和被调节对象（机组、输水管道系统、负荷）合称为水轮机调节系统。其调节系统简化框图如图5-5所示。而一台具有自动调节功能的水轮机调速器一般由如下环节组成：

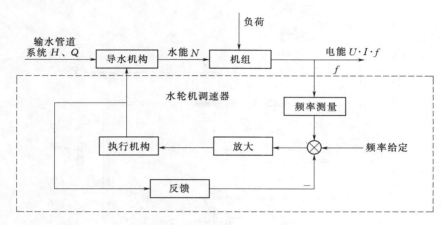

图5-5 水轮机调节系统简化框图

（1）频率测量环节（单元）。将机组的频率信号转换为对应的位移量（机调）或电压量（电调）或数字量（微机调）信号的环节。

（2）综合环节（单元）。将频率测量环节测得的频率信号与给定频率信号和反馈信号进行综合比较，得出频率偏差大小及方向，并依次发出调节命令（对微机调和全电气调节器电调还视频率偏差情况按一定的调节规律发出调节命令）的环节。

（3）放大环节（单元）。将调节命令进行功率放大，以达到足以按要求的速度推动执行机构（单元）的环节。

（4）执行机构（元件）。推动导叶控制机构（导水机构，转桨式机组还有桨叶调整机构），改变导叶开度，实现对流量的调节。

（5）反馈环节（单元）。将导叶开度变化信息返回综合环节（负反馈信号）的环节。

2. 水轮机调节系统的工作原理

水轮发电机组的运行调节、工况转换和操作，都是在具有相应功能的水轮机调速器控制下实现的。如当用户负荷变化时，水轮机调速器则按一定的调节规律控制导水机构改变进入水轮机转轮的流量，以恢复机组的力矩平衡和转速稳定，形成无差或有差调节特性等。为了说明调速系统的工作原理，以直观易懂的单调节机械液压型调速器为例，其原理简图如图5-6所示。该调速器主要由离心摆、引导阀、辅助接力器、主配压阀、主接力器、缓冲器、调差机构、手动控制手轮及杠杆系统等元件组成。

离心摆用于测量机组转速，并把转速信号变为引导阀的位移信号，由于离心摆的负载能力很小，要推动笨重的导水机构，必须添加放大装置。为此引导阀和辅助接力器构成第一级液压放大装置，主配压阀和主接力器构成第二级液压放大装置。从辅助接力器输出引出信号送回引导阀的输入端，作为第一级液压放大装置的内部反馈，从主接力器输出引出信号经缓冲器和调差机构到引导阀输入端，作为主反馈信号。

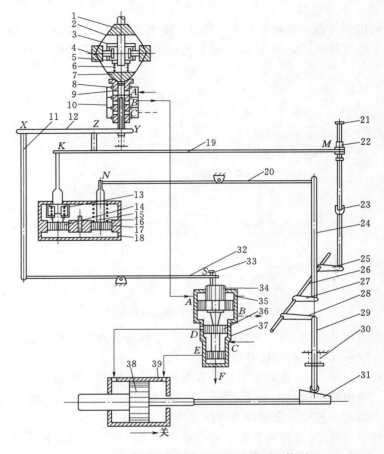

图 5-6　单调节机械液压型调速器原理简图

1—离心摆；2—钢带；3—限位架；4—重块；5—调节螺母；6、13、16—压缩弹簧；7—下支持块；8—引导阀转动套；9—引导阀针阀；10—引导阀阀壳；11、24、29—拉杆；12、19、20、32—杠杆；14—缓冲器从动活塞；15—节流阀；17—缓冲器主动活塞；18—缓冲器；21—手轮；22—螺母；23—丝杆；25、27、28—拐臂；26—回复臂；30—弹簧；31—斜块；33—调节螺钉；34—辅助接力器活塞；35—辅助接力器；36—主配压阀阀体；37—主配压阀壳体；38—主接力器活塞；39—主接力器

（1）离心摆的动作原理。如图 5-6 所示，离心摆由钢带、重块、下支持块、限位架、调节螺母、压缩弹簧和离心摆转轴及上支持块等组成。

钢带包在下支持块的外圆上，并固定在一起，两个重块挂在钢带的两侧，上支持块与转轴通过固定销连接，钢带上部通过螺钉固定在上支持块上，压缩弹簧位于调节螺母和下支持块之间，改变调节螺母位置相当于改变给定转速。装在离心摆上面的电动机通过转轴拖动离心摆转动，转动时重块产生的离心力使钢带向外扩张，并带动下支持块上移压缩弹簧。当离心摆处于某一位置时，作用在离心摆上的各种力正好平衡，使离心摆处于某一平衡状态运行。若此时转速升高，重块的离心力亦增加，于是克服弹簧阻力带动下支持块上移；若转速降低，则离心力减小，弹簧力使下支持块下移。下支持块的位移即为离心摆的输出信号。在忽略惯性力和液压摩阻力前提下，离心摆的输出量与输入量成正比关系，故离心摆是一个比例环节。

带动离心摆转动的电源有两种：①来自主机同轴的永磁发电机；②来自发电机机端电压互感器。电源的频率反映了机组的转速，所以离心摆的转速变化亦反映了机组的转速变化。以往在大中型水轮发电机组上，一般都采用永磁发电机作为离心摆的电源，这是因为在主机励磁切除的情况下，永磁发电机仍可保证离心摆及调速器正常工作。从而可提高离心摆电源的可靠性，减少外部干扰。但采用永磁发电机会增加主机结构的投资。故在小型机组上一般只采用机端电压互感器供电的方式。

（2）液压放大装置。第一级液压放大装置由引导阀和辅助接力器构成，但引导阀与离心摆组成一体，而辅助接力器与主配压阀联成一体，二者之间通过油流来传递调节信号，并通过杠杆传递反馈信号。

如图 5-6 所示，引导阀由引导阀阀壳、引导阀转动套和引导阀针阀等组成。在机械液压型调速器中，转动套是与离心摆的下支持块连在一起并随离心摆一起旋转的，故它的位置高低能反映机组转速的高低。在转动套上开有 3 排油孔，上排油孔与压力油相通，下排油孔与排油接通，中间油孔通过油管与辅助接力活塞工作腔（即图中辅接活塞的上腔）相连。针阀有上、下两个阀盘，当处于平衡状态时正好盖住转动套上、下两排油孔，此时，中间 B 腔中的油液将具有某一油压，该油压亦传至辅助接力器工作腔。当转动套随离心摆转速上升而上移时，其上排油孔封闭，下排油孔打开，中间 B 腔与排油接通，则辅助接力器工作腔通排油，油压降低。反之，当转动套随离心摆转速下降而下移时，则其下排油孔封闭，上排油孔打开，使中间 B 腔与上排油孔压力油相通，则辅助接力器工作腔通压力油，压力上升。故引导阀的作用是把转动套的位移（即离心摆下支持块的位移）转化为油压的变化传递给辅助接力器去控制其活塞的运动。

辅助接力器活塞是差动的，活塞的下腔接通排油，压力为零，而活塞上腔（即工作腔）的环形面积上作用着从引导阀中腔引来的某一油压 p_i，因此有一个向下的力，其值为

$$P_A = p_i F_A \qquad\qquad (5-7)$$

式中　p_i——从引导阀中腔输出来的油压，N/m^2；

　　　F_A——辅助接力器活塞上表面的环形面积，m^2；

　　　P_A——作用在辅助接力器活塞上的油压力，N。

第二级液压放大装置由主配压阀和主接力器组成，由于主配压阀阀体与辅助接力器活塞联成整体，辅助接力器活塞的运动带动主配压阀阀体动作。主配压阀阀体上、下两个阀盘直径不相等，上面大，下面小。两阀盘之间通有压力油（因主配压阀壳体上也开有 3 排油孔，中孔 C 与压力油相通，上孔 D 通过油管与接力器活塞左腔连通，下孔 E 与接力器活塞右腔连通）。故压力油产生的推力同时作用于上阀盘的下表面与下阀盘的上表面。但因上阀盘受油面积大，所以综合起来是一个向上的作用力，该力为

$$P_M = p(F_1 - F_2) \tag{5-8}$$

式中　P_M——压力油作用在主配压阀阀盘上向上的合力，N；

　　　p——压力油的压强，N/m²；

　　F_1、F_2——上、下阀盘受油的面积，m²。

辅助接力器和主配压阀的状态取决于 P_M 与 P_A 两力的对比（不计活塞和阀体重量）。当 $P_M = P_A$ 时，辅助接力器活塞与主配压阀体不动（即处于平衡状态）；当 $P_M > P_A$ 时，辅接活塞和主配阀体向上移动；当 $P_M < P_A$ 时，辅接活塞和主配阀体向下移动。

辅接活塞的运动又通过调节螺钉、杠杆、拉杆、杠杆、传递到引导阀的针阀上，构成了第一级液压放大装置的内部反馈校正。因为它是用杠杆系统来传递信号，故是一个比例环节。

设转速升高至某一数值，引导阀转动套亦上移至某一位置，转动套下孔开启，辅接活塞上腔油液经转动套下孔与排油接通，辅接活塞和主配阀体上移，经过杠杆系统使针阀也上移。当针阀上移到与转动套恢复相对中间位置时，转动套下孔重新被针阀下阀盘封闭，引导阀输出的油压也恢复到原来的数值，于是辅接活塞上的作用力与主配阀体上的作用力恢复平衡，活塞停止移动。活塞位移 m_A 与引导阀转动套（或针阀）位移量 S 是成比例的，两者位移的方向相同，其比例系数也就是杠杆系统的传动比 K，则有 $m_A = KS$，此 K 值大约可在 $2 \sim 10$ 之间调整，这样就把离心摆下支持块的位移放大了，同时由于辅接活塞面积大，可克服几十牛顿至几百牛顿的干摩擦力而不至造成过大的不灵敏度。

但这样大的力还是不足以推动笨重的导水机构，因此，需要使用第二级液压放大装置。由于第二级液压放大装置的主配压阀阀体是和第一级液压放大装置的输出元件辅助接力器活塞联成整体的，所以主配压阀随着辅接活塞移动。主配压阀控制主接力器，主配衬套的中间油孔 C 与压力油相通，衬套的顶端及底端两侧与排油相通。衬套的上、下油孔与主接力器活塞两侧的油缸相通，当主配阀体在中间位置时，上、下两阀盘正好遮住 D、E 两孔，此时，主接力器活塞两侧油压基本相等，活塞不动。若主配阀体上移，则 D 孔与压力油接通，E 孔与排油相通，主接力器在油压作用下向右移动，关闭导水机构。若主配阀体下移则正好相反，D 孔与排油相通，E 孔与压力油接通，接力器活塞在油压作用下向左移动，开启导水机构。

（3）缓冲器。缓冲器是反馈校正装置，它的性能直接影响水轮机调节系统的稳定。如图 5-6 所示，缓冲器的壳体好像一只连通器，里面充满油。主动活塞通过杠杆、拉杆、拐臂、回复轴、拐臂、拉杆、斜块与接力器活塞相连。从动活塞则通过杠杆、与引导阀针阀相连。从动活塞由弹簧及其支架定位，正常时处于中间位置。当主动活塞由于接力器活塞右移而被迫下移时，由于油是不可压缩的，而且活塞下部的油一下子又来不及从节流孔流到上部去，故活塞下部油压升高，此油压力作用在从动活塞下表面上，推动从动活塞上移，从而把信号传送到引导阀上去。从动活塞上移使弹簧压缩。随后，活塞下部的油慢慢地通过节流孔流到活塞的上部，当主动活塞停止下移时，在弹簧反力的作用下，从动活塞也就慢慢地向下回到中间位置。而当主动活塞上移时，活塞下部产生负压，在大气压力的作用下，从动活塞下移，从而把信号传到引导阀上。此时也压缩从动活塞上的弹簧。随后，由于活塞上部的油慢慢地通过节流孔流到下部，当主动活塞停止上移时，在弹簧反力的作用下，从动活塞又慢慢地向上回复到中间位置。

缓冲器工作特性可由节流针塞来调节。如把节流针塞全部打开，此时活塞上、下两腔接通，油可以迅速流动，无论主动活塞如何上、下移动，从动活塞则一直处于中间位置，即信号输出为零，这相当于切除缓冲器，若此时机组处于空载或单机带负荷运行，则水轮机调节系统就会不稳定。这是因为水轮机调节系统含有压力引水系统，在调节过程中，由于水的惯性产生水击，并引起反调节功率（即反调节效应），致使调节系统产生过调节，如果没有像缓冲器这样的校正装置，调节系统就不会稳定，这一点已在生产实践中得到了证实。当机组单独运行时（如机组在与系统并列之前），如果切除缓冲器，即可观察到调节系统的振荡。所以，机组在单独运行时，是不允许切除缓冲器的。但是，如若把节流针塞全部关闭，使上、下腔完全隔绝，那么从动活塞在随着主动活塞偏离中间位置后，就不会自动回复到中间位置，而是保持输出信号不变。也就是说，缓冲器产生的反馈信号不仅在调节过程中存在，而且在调节过程结束后也仍然存在。此时缓冲器成为比例反馈，即硬反馈。在一般情况下，为使机组与系统解列时能稳定运行，缓冲器必须要有20%～30%的反馈量。当缓冲器变为硬反馈时，也就是说，调节后会有20%～60%的静态误差，这显然是太大了。所以在工程实践中，要求缓冲器的反馈信号只在调节过程中存在，而在调节过程结束后总为零，也就是缓冲器要起暂态反馈的作用。为此当把节流针塞放在中间某一位置时，缓冲器才会如上面所述的过程工作，即缓冲器主动活塞移动后，从动活塞先跟着偏离中间位置，从而输出一个反馈信号，然后又缓缓地回复到中间位置，输出信号又变为零。

（4）调速系统动作原理。以图5-6来叙述整个调速系统的动作原理。设机组单独带负荷运行，若负荷突然减少，此时水轮机动力矩大于负荷的阻力矩，机组开始增速，由永磁发电机（或由机组电压互感器）驱动的离心摆电动机转速也随着升高，离心摆下支持块上移，引导阀转动套也跟着上移，引导阀转动套上排油孔封闭，下排油孔打开，使其中间油孔与下排孔排油接通，辅助接力器活塞上腔油压降低，在主配压阀向上作用的油压的驱动下，使辅助接力器活塞与主配压阀阀体一起上移。并通过第一级内部反馈杠杆即杠杆、连杆和杠杆，使引导阀针阀上移，恢复与转动套的相对位置，于是辅助接力器输出油压恢复原来的数值，辅接活塞与主配压阀体停止继续上移。而主配压阀阀体的上移，使其上排油口 D 与压力油接通，而下排油口 E 与排油接通，接力器活塞的左腔进入压力油，右腔连通排油，于是接力器活塞向右移动，关闭导水机构。水轮机的过流量减少，动力矩减少，逐步使机组停止加速，并继而使机组减速，使转速恢复到额定值。另外，在接力器活塞向右移动的过程中，使斜块也向右移，通过拉杆、拐臂使回复轴逆时针转动，带动拐臂、拉杆、杠杆，使缓冲器主动活塞下移。活塞下部油压升高，迫使缓冲器从动活塞上移，通过杠杆，使引导阀针阀也上移，从而使转动套相对针阀占据较低位置，上排油孔打开，下排油孔封闭，使中孔与上孔压力油接通，引导阀输出油压增加，使辅接与主配阀体下移，逐步回复到中间位置，主接力器活塞也停止向右移动，由于导叶关闭，机组转速逐渐下降，转动套下移。同时，缓冲器从动活塞在弹簧反力作用下回到中间位置，并通过杠杆传递，使得引导阀针阀下移恢复与转动套的相对位置，使调速系统进入新的平衡状态。

二、水轮机调速器的分类

机械液压型调速器诞生于19世纪末叶，20世纪30年代已趋完善，至今在世界各国仍有使用。电调始于20世纪40年代，我国60年代开发研制，70年代应用。80年代随着电子技术与计算机技术的飞速发展，诞生了微机调速器。水轮机调速设备由调速柜、主接力器、油压装置3部分组成，品种繁多，形式多样，可根据不同的分类方法进行定义。

1. 按工作容量分类

调速器工作容量，是指执行元件——接力器对导水机构的操作能力，并以力矩（N·m）计算。由于受控水轮机出力一般从几百千瓦到几十万千瓦，故调速器划分如下：

特小型调速器：工作容量小于3kN·m；

小型调速器：工作容量3～15kN·m以下；

中型调速器：工作容量15～50kN·m；

大、巨型调速器：工作容量50kN·m以上，并按放大执行元件主配压阀直径（80mm、100mm、150mm、200mm、250mm）来计算。

2. 按供油方式分类

由于调速器的压力油供给方式有直接和间接两种，故调速器又可分为通流式和压力油罐式。

（1）通流式调速器：油泵连续运行，直接供给调速器的调节过程用油，非调节过程时，由限压溢流阀将油泵输出的油全部排回到集油箱。工作中油流反复循环不息，易恶化油质。但设备简单、造价低。主要用于小型和特小型调速器。

（2）压力油罐式调速器：有专门的油压设备，其中油泵断续运行，维持压力油罐的压力和油位，再由压力油罐随时提供给调速器调节过程用油，因而设备复杂、造价高。主要用于中、大型调速器。

压力油罐式调速器又分为组合式和分离式。整台调速器（包括执行元件——接力器）和油压设备组合成一体的，称为组合式调速器，主要用于中、小型调速设备；调速器的主接力器和油压设备均分别独立设置的，称为分离式调速器，主要用于大、巨型调速设备。

3. 按调节机构数目分类

按调节机构数目可分为单调节调速器和双重调节调速器两种。双重调节是指流量调节机构有两个，如转桨式水轮机调速器、贯流式水轮机调速器和冲击式水轮机调速器都是双重调节调速器。

4. 按元件结构不同分类

按元件结构不同，调速器又可分为机械液压型和电气液压型两大类。而电气液压型又分为模拟型电气液压调速器和微机型电气液压调速器。

（1）机械液压型调速器。机械液压型调速器简称机调，其主要功能元件均为机械和机械液压部件。机械液压型调速器中转速测量元件采用离心摆。信号的综合元件采用引导阀及杠杆。放大执行元件是液压放大器，通常有两级液压放大：第一级由引导阀和辅助接力器组成；第二级由主配压阀和主接力器组成。反馈元件采用缓冲器和硬反馈调差机构，它们也是机械液压元件。

（2）模拟型电气液压调速器。模拟型电气液压调速器简称为电调，一般采用全电气调节器和电液随动系统模式。该调速器的有关单元，一部分是电气元件，另一部分则是机械液压元件。综合单元有的采用综合放大器，有的采用电气积分器电路。软反馈单元采用实际微分电路。测速单元采用测频电路，有的还带有测加速度回路。此外，硬反馈调差单元和功率给定等也都是电气电路。但放大执行单元仍采用二级液压放大器。另外又增加了一个连接电气部分与液压部分的电气综合放大器和电液转换单元。以及将主接力器的机械位移转化为电气信号的位移传感器。

（3）微机型电气液压调速器。微机型电气液压调速器简称微机调。该调速器仅将模拟型电气液压调速器的电气元件部分改由微机或单片机来实现，而机械液压元件部分基本一样。当然，目前微机调的伺服系统除了电液随动系统外，还有其他多种形式。而微机调的控制模式通常采用并联 PID 或串并联 PID 形式，而这些调节规律的实现是采用软件（即数学算式）来完成的。

此外，调速器的分类还可以按调节规律的不同分为 PI 型和 PID 型。所谓 PI 调节规律，是指调速器输出的调节信号是对频差信号按比例放大与积分相叠加后去控制导水叶的。而 PID 调节规律，是指对频差信号进行微分和进行积分及比例放大 3 部分相叠加而成的调节信号去控制导水叶的。

另外，按调差反馈信号取自不同位置又分为中间接力器型、辅助接力器型和电气调节器型 3 种。

第三节 油 压 装 置

一、油压装置的组成

中大型水轮机调速系统的油压装置通常由压力油罐（或称压力油桶）、集油槽（或称回油箱）、油泵及其驱动装置、保护装置、控制装置、压缩空气补给装置等元件构成，如图 5-7 所示。

1. 压力油罐

压力油罐呈圆筒形，其下部用于储存压力油，压力油大约占油罐容积的 1/3，油罐上部 2/3 容积充满着压缩空气。根据压缩空气体积变化引起的压力变化远小于压缩液体体积变化引起的压力变化这一特性，在油泵供油间歇及调速器动作使得油罐内油面下降一定高度时，可使油压仍然保持在正常工作范围之内，从而减少油泵的启动次数。

2. 集油槽

集油槽是调节系统用油的储存装置。集油槽通常为箱体结构，用于收集调速器的回油和漏油。集油槽由过滤网分为回油区和清洁油区，一般是回油区小于清洁油区，油泵安放在清洁油区。集油槽不仅能容纳调速器的全部回油，而且有一定的余量。正常工作时，集油槽的存油量应满足一台油泵 5～10min 的吸油量。集油槽应装有油位计，以便观察集油槽油位的高低，超出其阈值将做相应的处理。

3. 油泵及其驱动装置

调节系统的油压装置所采用的油泵通常是螺杆泵或齿轮泵，驱动装置为异步电动机。

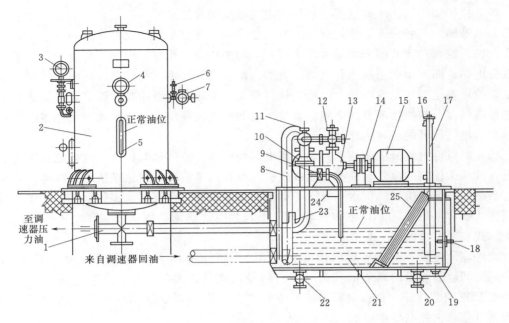

图 5-7 油压装置简图

1、10—三通管；2—压力油箱；3—压力信号器；4—压力表；5—油位表；6、9、11、20、22—球阀；7—空气阀；
8—吸油管；12—安全阀；13—螺旋油泵；14—弹性联轴节；15—电动机；16—限位开关；17—油位指示器；
18—电阻温度计；19—螺塞；21—回油箱；23—漏油管；24—安全阀；25—油过滤器

油泵及其驱动装置一般采取立式布置方式，位于在集油槽的顶部。小型调速器通常只装有一套油泵及其驱动装置，而大中型调速器装有两套，一套工作，另一套备用。

4. 保护装置及控制装置

油压装置中装有止回阀、安全阀、溢流阀等，用于保护油路；装有电接点压力表，监测压力油罐中油压的变化，进而控制油泵电动机的启停；装有电接点压力信号器，监视油压因事故降低时发出故障信号，若故障不能及时排除，油压继续降低至最低事故油压时，电接点压力信号器将启动事故继电器，操作紧急停机电磁阀。

5. 压缩空气补给装置

尽管压力油罐采取多种的密封措施，但仍然不能完全避免压缩空气的泄漏和带走。所以需要向压力油罐自动补充压缩空气。当压力油罐中压缩空气由于消耗而减少时，压力油罐中油面上升，由自动检测装置（如液位继电器）测出后，将接通电磁空气阀及其压缩空气回路，使空气压缩机向压力油罐内补充压缩空气，直到油面降低到规定的高度。至此，检测装置切断电磁空气阀控制回路，停止补气。

二、油压装置的分类

油压装置按其布置方式可分为分离式和组合式。分离式是指压力油罐和集油槽分开布置，组合式则是指压力油罐和集油槽组装在一起。中小型调速器的油压装置通常采用组合式。

我国的油压装置已经标准化，见表5-1。

表 5-1　　　　　　　　　　　油 压 装 置 标 准 规 格

分离式	YZ-1	YZ-1.6	YZ-2.5	YZ-4	YZ-6	YZ-8	YZ-10	YZ-12.5	YZ-16/2	YZ-20/2
组合式	HYZ-0.3	HYZ-0.6	HYZ-1.0	HYZ-1.6	HYZ-2.5	HYZ-4.0				

油压装置的型号由 4 部分组成：

第 1 部分为分类代号，YZ 为分离式，HYZ 为组合式。

第 2 部分为阿拉伯数字，分子表示压力油罐的总容积（m³），分母表示压力油罐的个数（无分母为一个压力油罐）。

第 3 部分也为阿拉伯数字，表示油压装置的额定油压（MPa）。中小型机械液压型调速器额定工作油压以前通常为 2.5MPa，目前，微机调速器有不少采用 4.0MPa、6.3MPa甚至更高的油压。

第 4 部分为制造厂家的代号和表示该产品特性或系列的代号以及改型产品，由各个厂家自行规定。如无制造厂家的代号，则表示产品是按统一设计图样生产。

例如：HY-4-2.5 为组合式，压力油罐容积 4m³，一个压力油罐，额定油压2.5MPa。又如：YZ-20/2-4.0-02 为分离式，压力油罐总容积 20m³，两个 10m³ 压力油罐，额定油压 4.0MPa，为统一设计的 02 系列产品。

第四节　水轮机调速设备的选择

水轮机调速设备通常由调速柜、主接力器和油压装置 3 部分组成。中小型调速器是将这 3 部分组合在一起作为一个整体设备，如图 5-8 所示。并且以主接力器的工作容量（或称为调速功）为表征，形成了产品的系列。所以在选择时只需要计算得出水轮机的调速功，并在调速器系列型谱表中选出所需的调速器即可。而大型调速器的调速柜（包括主配压阀）、主接力器和油压装置是分离的，三者之间没有固定的匹配。所以要分别进行选择。大型调速器以主配压阀直径为表征，因此需要先求得主接力器的容积，然后计算主配压阀直径，选择相应的调速器。

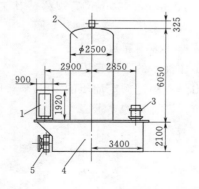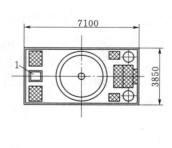

图 5-8　YT 型调速器简图

1—调速柜；2—压力油罐；3—油泵电动机；4—回油箱；5—主配压阀油管

一、中小型调速器选择（调速设备配套）

中小型调速器的调速功是指接力器活塞上的工作油压作用力与其行程的乘积。JB/T 7072—2004《水轮机调速器及油压装置系列型谱》中，中小型调速器（即带压力油罐及接力器的调速器）是接力器在所需最低操作油压下的工作容量（即调速功）来表征的。所以只需计算接力器的工作容量即可在型谱表中查得相应调速设备。

国内外计算调速功的经验公式较多，目前常用的计算公式如下：

对于反击式水轮机：

$$A = K_1 \frac{N_{max}}{H_r} \tag{5-9}$$

式中　A——调速功，N·m；

　　N_{max}——最大出力，kW；

　　H_r——计算水头，m；

　　K_1——系数，混流式取 20，转桨式取 25。

另有：

$$A = K_2 Q \sqrt{H_{max} D_1} \tag{5-10}$$

式中　Q——最大水头额定出力时对应的机组引用流量，m^3/s；

　　H_{max}——最大水头，m；

　　K_2——系数，取 200～250。

对于冲击式水轮机：

$$A = 9.81 Z_0 \left(d_0 + \frac{d_0^3 H_{max}}{6000} \right) \tag{5-11}$$

式中　Z_0——喷嘴数；

　　d_0——额定流量时射流直径，cm。

考虑到机组制造安装质量及工作条件等因素，一般应给予附加 30% 余量为宜。

二、大型调速设备的选择

大型调速器（不带压力油罐及接力器的调速器）是以主配压阀直径为表征的。而主配压阀直径已成系列，有 80mm/100mm/150mm/200mm/250mm 等规格。其工作容量选择时应遵循下列原则：

（1）与调速器相匹配的外部管道中设计流速一般不超过 5m/s。

（2）计算调速器容量的油压，应按正常工作油压的下限考虑。

（3）通过主配压阀及连接管道的最大压力降不超过额定油压的 20%～30%。

（4）接力器最短关闭时间应满足机组调节保证计算的要求。

具体选择步骤如下：

1. 主配压阀直径选择

初步选择时，可按下式计算主配压阀直径 d：

$$d = \sqrt{\frac{4V}{\pi v_m T_s}} \tag{5-12}$$

式中　V——导叶机构或折向器接力器的总容积，m；

v_m——管道中油的流速，m/s；

T_s——接力器关闭时间，s。

按计算结果选取与系列直径相近而偏大的主配压阀直径。

2. 接力器容积的计算

(1) 导叶接力器的选择。大型调速器通常采用两个接力器来操作导水机构，当油压装置的额定油压为 2.5MPa 时，每个接力器的直径 d_s 可按如下经验公式计算：

$$d_s = \lambda D_1 \sqrt{\frac{H_{\max} b_0}{D_1}} \quad (\text{m}) \tag{5-13}$$

式中　λ——计算系数，可由表 5-2 查得；

b_0——导叶高度，m。

表 5-2　　　　　　　　　　　　　　λ 系 数 表

导叶数 z_0	16	24	32
标准正曲率导叶	0.031～0.034	0.029～0.032	
标准对称导叶	0.029～0.032	0.027～0.030	0.027～0.030

注　1. 若 b_0/D_1 的数值相同，而转轮不同时，Q_1' 大时取大值；

　　2. 同一转桨式转轮，蜗壳包角大并用标准对称型导叶者取大值，但包角大，用标准正曲率导叶者取小值。

若油压装置的额定油压为 4.0MPa 时，则接力器直径 d_s' 为

$$d_s' = d_s \sqrt{1.05 \frac{2.5}{4.0}} = 0.81 d_s \quad (\text{m}) \tag{5-14}$$

由上述计算得到 d_s 或者 d_s'，可按表 5-3 给出的标准接力器系列选取相近偏大的直径。

表 5-3　　　　　　　　　　　　　　标 准 接 力 器 系 列

接力器直径 /mm	200	225	250	275	300	325	350	375	400	450
	500	550	600	650	700	750	800	850	900	

单个接力器的容积 V_s：

$$V_s = \frac{\pi}{4} d_s^2 S_{\max} \quad (\text{m}^3) \tag{5-15}$$

式中　$S_{\max}$——接力器最大行程，m，可按如下经验公式计算。

$$S_{\max} = (1.4 \sim 1.8) a_{0\max} \quad (\text{m}) \tag{5-16}$$

式中　$a_{0\max}$——导叶最大开度，m，转轮直径小于 5m 时，采用较小的系数。

两个接力器总容积：

$$V = \frac{\pi}{2} d_s^2 S_{\max} \quad (\text{m}^3) \tag{5-17}$$

(2) 转桨式水轮机轮叶接力器的计算。对于转桨式水轮机的双调节调速器，除选择导叶调速器外还需要选择转动轮叶的接力器，该接力器装在轮毂内，其直径 d_c、最大行程 $S_{c\max}$ 和容积 V_c 可按下列经验公式进行估算：

$$d_c = (0.3 \sim 0.45) D_1 \sqrt{\frac{25}{p_0}} \quad (\text{m}) \tag{5-18}$$

式中　p_0——调速器油压装置的额定油压，MPa。

$$S_{cmax} = (0.036 \sim 0.072)D_1 \quad (m) \qquad (5-19)$$

$$V_c = \frac{\pi d_c^2 S_{cmax}}{4} \quad (m^3) \qquad (5-20)$$

当 $D_1 > 5m$ 时，式（5-18）和式（5-19）中采用较小的系数。

由于轮叶接力器的运动速度比导叶接力器慢很多，所以能满足导叶接力器运动速度要求的主配压阀，也能满足轮叶接力器运动速度的要求。

3. 油压装置的选择

油压装置的工作容量是以压力油罐的总容积来表征的，选择时可按下列经验公式进行估算其容积 V_K：

对于混流式水轮机：

$$V_K = (18 \sim 20)V \quad (m^3) \qquad (5-21)$$

对于转桨式水轮机：

$$V_K = (18 \sim 20)V + (4 \sim 5)V_c \quad (m^3) \qquad (5-22)$$

若油压装置需要同时给进水阀和放空阀等接力器供油时，在上述的总容积中可适度增加进水阀和放空阀接力器所需的容积。

当选用的额定油压为 2.5MPa 时，可按上述估算得到的压力油罐总容积在表5-1中选取相近偏大的油压装置。

三、调速器选择的诺模图

由于主配压阀直径并不能全面地反映调速器的工作容量，其原因是：直径相同而结构不同的主配压阀，具有不同的最大行程、窗口尺寸和开/关机的时间整定方式，因而其摩阻损失和可能的最大输出功率也不同。为了得到调速器选择的诺模图，在计算接力器活塞运动通过主配压阀的油流量 Q 时，将作出如下 3 点假定：

（1）主配压阀为三位四通滑阀结构，接力器为双侧作用差压式结构（图5-9）。

（2）油流为紊流。

（3）主配压阀控制油流窗口呈矩形。

于是，根据孔口出流公式，可得

$$Q = \mu\omega\sqrt{2g \times 0.5 \times \frac{\Delta p_2}{\gamma}} \times 10^3 \quad (L/s) \qquad (5-23)$$

式中　μ——流量系数；

　　　ω——主配压阀控制油流窗口过流面积，m^2；

　　　g——重力加速度，m/s^2；

　　　γ——油的比重，kg/m^3；

Δp_2——通过主配压阀的油流压强损失，MPa；

0.5——考虑油流 2 次切割的压强损失。

取 $\mu = 0.6 \sim 0.7$，$\omega = 0.1885d^2$（d 是活塞直径），$\gamma = 900kg/m^3$，$\Delta p_2 \approx 0.23p_0$（$p_0$ 是工作油压）。代入式（5-23），可得

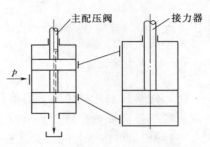

图5-9　调速器液压放大系统示意图

$$Q = (0.0057 \sim 0.0065)d^2 \sqrt{p_0} \times 10^3 \quad (\text{L/s}) \qquad (5-24)$$

由上式可知：通过主配压阀油流流量与主配压阀直径平方、工作油压平方根成正比。考虑 $p_0 = 2.5\text{MPa}$、4.0MPa、6.3MPa，取其下限 2.3MPa、3.6MPa、5.7MPa 及不同主配压阀直径 d，分别利用式（5-24）计算其油流流量 Q。然后比较理论计算及电站实测结果，表 5-4 为水轮机调速器主配压阀许用输油量选择表。大型与中小型水轮机调速器容量选择诺模图分别如图 5-10 和图 5-11 所示。可按照工作油压 p_0 及需用的油流流量 Q（由接力器工作总容积除以导叶关闭时间 T_s 得到）进行调速器选型，便于工程实用。

表 5-4　　　　　　　　水轮机调速器主配压阀许用输油量选择表

主配压阀直径 d/mm	12	35	50	80	100	150	200	250
型谱规定许用输油量 Q/(L/s)	0.5	≤5	5~10	10~25	25~50	10~100	100~150	—
本文推荐许用输油量 Q/(L/s)	≤0.6	≤5.5	≤11	≤28	≤46	≤105	≤180	≤280

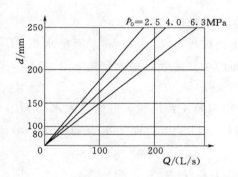

图 5-10　大型水轮机调速器
容量选择诺模图

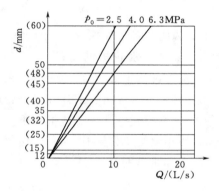

图 5-11　中小型水轮机调速器
容量选择诺模图

习 题 与 思 考 题

1. 试比较金属蜗壳与混凝土蜗壳异同点及适用条件。

2. 水轮机基本方程式的基本假定是什么？它的物理意义是什么？反击式和冲击式水轮机的最优工况分别是什么？

3. 反击式水轮机为什么装设尾水管？设置尾水管后为什么能收回位能和部分动能？试用伯努利方程说明。

4. 尾水管有哪几种形式？适用条件如何？

5. 尾水管的形式尺寸如何确定？它和水轮机的形式有什么关系？

6. 尾水管效率与水轮机汽蚀现象有何内在联系？

7. 水轮机为什么会发生气蚀现象？有哪些有效的预防措施？

8. 决定水轮机安装高程应考虑哪些因素？受什么条件的限制？为什么？

9. 为什么说水轮机的能量特性与汽蚀特性是矛盾的？

10. 什么叫单位参数和比转速？它们具有什么性质？为什么可以利用比转速来代表同轮系水轮机的特征？以什么工况的比转速作为该轮系水轮机的代表特征参数值？

11. 由模型特性换算为原型特性时，为什么要进行效率修正？如何进行修正？

12. 不同类型水轮机的特性曲线各有什么特点？为什么混流式水轮机的特性曲线上绘制了 5% 出力限制线，而轴流式水轮机则没有绘制？轴流式水轮机的出力受什么条件限制？

13. 为什么高比转速的水轮机适用于低水头的水电站，而低比转速的本轮机适用于高水头的水电站？

14. 选择水轮机型号和台数时应考虑哪些原则和因素？如何评价所选得的水轮机的直径、转速和吸出高度是合理的？

15. 试说明利用主要综合特性曲线来进行水轮机主要参数选择的方法步骤。

16. 试比较混流式、轴流式和水斗式水轮机各主要部件（包括进水设备、调节流量机构、工作轮形式及构造，泄水设备的形式）和利用能量形式的特点，以及它们的适用条件。

17. 说明各种比转速（n_s）的水轮机的结构特征、性能及适用条件。

18. 某电站水轮机的直径 $D_1 = 2.25\text{m}$，座环立柱外径 $D_a = 3.7\text{m}$，额定水头 $H_r = 110\text{m}$，最大过流量 $Q_0 = 30.9\text{m}^3/\text{s}$，采用圆形断面的金属蜗壳，最大包角 $\varphi_{\max} = 345°$，导水叶高度 $b_0 = 0.224D_1$。请计算蜗壳轮廓尺寸。

19. 某坝后式电站，总装机容重为 120MW，初拟装 4 台机组，电站最大水头 $H_{\max} = 140\text{m}$，最小水头 $H_{\min} = 100.0\text{m}$，加权平均水头 $H_{av} = 116.0\text{m}$，额定水头 $H_r = 110\text{m}$，下游水位-流量曲线见表 5-5。

表 5-5　　　　　　　　下游水位与流量关系曲线数据

流量 $Q/(\text{m}^3/\text{s})$	0	10	20	30	40	50	60
水位 Z/m	450	450.9	451.8	452.6	453.3	453.8	454.2
流量 $Q/(\text{m}^3/\text{s})$	70	80	90	100	110	120	
水位 Z/m	454.5	454.8	455.0	455.2	455.3	455.4	

要求：

（1）确定水轮机类型及装置方式；

（2）确定水轮机转轮直径 D_1 及转速 n，校核水轮机的工作范围和额定水头下的额定出力；

（3）计算在额定水头下，机组发出额定出力时的允许吸出高度 H_s，并算出此时水轮机的安装高程。问此工况是否是气蚀最危险工况？为什么？

（4）采用圆形断面的金属蜗壳，最大包角 $\varphi_{\max} = 345°$，导水叶高度 $b_0 = 0.224D_1$。请计算蜗壳及尾水管轮廓尺寸。并用 CAD 绘出蜗壳、尾水管单线图。

20. 调速器的作用是什么？它与保证供电质量有什么关系？

参 考 文 献

［1］ 金钟元. 水力机械 ［M］. 2 版. 北京：水利电力出版社，1992.

［2］ 刘启钊，胡明. 水电站 ［M］. 4 版. 北京：中国水利水电出版社，2010.

［3］ 骆如蕴. 水电站动力设备设计手册 ［M］. 北京：水利电力出版社，1990.

［4］ 水电站机电设计手册编写组. 水电站机电设计手册——水力机械 ［M］. 北京：水利电力出版社，1989.

［5］ GB/T 28528—2012 水轮机、蓄能泵和水泵水轮机型号编制方法 ［S］. 北京：中国标准出版社，2012.

［6］ 郑源. 水轮机 ［M］. 北京：中国水利水电出版社，2011.

［7］ 刘大恺. 水轮机 ［M］. 3 版. 北京：水利电力出版社，1996.

［8］ 张昌期. 水轮机——原理与数学模型 ［M］. 武汉：华中工学院出版社，1988.

［9］ 宫让勤. 水轮机基本技术条件 ［M］. 北京：中国标准出版社，2006.

［10］ 郑源，张强. 水电站动力设备 ［M］. 北京：中国水利水电出版社，2003.

［11］ 李启章，张强，于纪幸，等. 混流式水轮机水力稳定性研究 ［M］. 北京：中国水利水电出版社，2014.

［12］ 王泉龙. 混流式水泵水轮机基本技术条件 ［M］. 北京：中国标准出版社，2009.

［13］ 沙锡林. 贯流式水电站 ［M］. 北京：中国水利水电出版社，1999.

［14］ 宋文武. 高水头贯流式水轮机的理论及应用 ［M］. 北京：科学出版社，2015.

［15］ 游赞培. 灯泡贯流式水电站 ［M］. 北京：中国水利水电出版社，2009.

［16］ 刘国选. 灯泡贯流式水轮发电机组运行与检修 ［M］. 北京：中国水利水电出版社，2006.

［17］ 田树棠. 贯流式水轮发电机组及其选择方法 ［M］. 北京：中国电力出版社，2000.

［18］ 付元初. 可逆式抽水蓄能机组起动试验规程 ［M］. 北京：中国标准出版社，2002.

［19］ 于波. 水轮机原理与运行 ［M］. 北京：中国电力出版社，2008.

［20］ 毛恩启. 水轮机转轮的类型与结构 ［M］. 北京：中国电力出版社，2000.

［21］ 周文桐. 水斗式水轮机基础理论与设计 ［M］. 北京：中国水利水电出版社，2007.

［22］ 陈新方. 水轮机结构分析 ［M］. 北京：水利电力出版社，1994.

［23］ 苏文涛. 水轮机水力稳定性 ［M］. 哈尔滨：哈尔滨工业大学出版社，2016.

［24］ 常近时. 水轮机与水泵的空化与空蚀 ［M］. 北京：科学出版社，2016.

［25］ 吴玉林. 水力机械空化和固液两相流体动力学 ［M］. 北京：中国水利水电出版社，2007.

［26］ 刘树红. 水力机械流体力学基础 ［M］. 北京：中国水利水电出版社，2007.

［27］ 常近时. 水力机械装置过渡过程 ［M］. 北京：高等教育出版社，2005.

［28］ 徐洪泉，王万鹏. 水轮机空化系数及其对水力性能的影响 ［J］. 大电机技术，2010，5：44－47.

［29］ GB/T 15469—1995 反击式水轮机空蚀评定 ［S］. 北京：中国标准出版社，1995.

［30］ 沈祖诒. 水轮机调节 ［M］. 2 版. 北京：水利电力出版社，1988.

［31］ 蔡维由. 水轮机调速器 ［M］. 武汉：武汉水利电力出版社，2000.

［32］ GB/T 9652.1—1997 水轮机调速器与油压装置技术条件 ［S］. 北京：中国标准出版社，1997.

［33］ 魏守平. 水轮机控制工程 ［M］. 武汉：华中科技大学出版社，2005.

［34］ 程远楚. 水轮机自动调节 ［M］. 北京：中国电力出版社，2010.

［35］ Bryan R. Cobb, Kendra V. Sharp. Impulse (Turgo and Pelton) turbine performance characteristics and their impacton pico－hydro installations ［J］. Renewable Energy，2013，50：959－964.

［36］ Helmut Keck, Mirjam Sick. Thirty years of numerical flow simulation in hydraulic turbo machines ［J］. Acta Mech，2008，201：211－229.

［37］　徐洪泉，王万鹏，李铁友．论水轮机比转速选择和水电站稳定性的关系［J］．水力发电学报，
　　　　2011，10：220－223．

［38］　聂荣升．水轮机中的空化与空蚀［M］．北京：水利电力出版社，1985．

［39］　戴曙光．水轮机空化安全系数与比转速［J］．水利水电技术，2003，2：52－53．

［40］　克里斯托弗·厄尔斯·布伦南．空化与空泡动力学［M］．王勇，潘中永，译．镇江：江苏大学出
　　　　版社，2013．

水电站输水建筑物

第六章　进（出）水口及引水道建筑物

第一节　进（出）水口的功用和要求

进水口位于输水系统首部，其功用是引进发电所需用水。

进水口分为有压和无压两大类。有压进水口也称为深式进水口，用于坝式、有压引水式水电站，设置在水库最低发电水位以下，流经其中的水流为有压流。无压进水口即通常的进水闸，用于无压引水式水电站，流经其中的水流为无压流。

进水口的设计应满足以下要求，并有相应设施来保证：

（1）要有足够的进水能力。在任何工作水位下，进水口都能引进必需的流量，为此，进水口的高程以及在枢纽中的位置需合理安排，进水口的流道应该平顺并有足够的断面尺寸。

（2）进水口应设置拦污、拦沙、拦冰等设施，以保证水质符合发电要求。

（3）进水口应该位置合适、流速小，以尽可能减小水头损失。

（4）进水口应设置闸门，以便在输水系统或电站厂房发生事故或需要检修时，用来截断水流。对于无压进水口，有时尚需用进水口闸门来控制引水流量。

（5）满足水工建筑物的一般要求。进水口应有足够的强度、刚度和稳定性，构造简单，并便于运行和维修。

（6）对于具有大消落深度水库的水电站，为满足在最低发电水位时的运行要求，进水口的位置一般较低。而在高水位运行时，进水口引进的是水库深层水体，水温较低，使下游河道内水温和含氧量变化较大，对下游水生生物有不利影响。此时还需要满足适应库水位变动分层取水的要求。

出水口位于输水发电系统的末端，满足电站尾水与下游河道水流平顺衔接。其功能要求比进水口少，没有防沙、清污的要求，在水流控制方面，仅需设置检修用的闸门和启闭设备。由于功能要求少，因此出水口的结构形式比较简单，仍然可以参照进水口进行设计。

第二节　有压进水口

一、有压进水口的类型及其适用条件

有压进水口（即深式进水口）通常由进口段、闸门段及渐变段组成。按照结构形式一般可分为坝式进水口、河床式进水口、塔式进水口、岸式进水口（又分为岸坡式、岸塔式和闸门竖井式）等4大类。此外，还有双向水流特点的抽水蓄能电站进（出）水口，以及一些具有特殊要求或特殊布置形式的进水口，如分层取水口和虹吸式进水口等。

1. 坝式进水口

混凝土坝的坝后式水电站（含坝内式、挑流式或溢流式），其进水口常直接依附在坝体上，并与坝内高压管道相衔接，如图6-1所示。通常每台机组有单独进水口。为了不削弱坝体，进水口或其拦污栅可设在伸出坝面的悬臂平台上。拦污栅在平面上可用直线或折线布置。多数进水口成竖直布置，也可沿坝面成倾斜式。

2. 河床式进水口

河床式进水口适用于河床式水电站，为厂房坝段的组成部分，其典型布置如图6-2所示。河床式进水口有两个显著特点：①进水口与厂房结合在一起，兼有拦洪挡水的作用；②一般多为中低水头大流量的水电站，排沙和防污的问题较为突出。

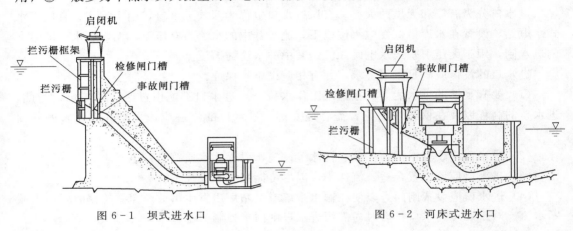

图6-1　坝式进水口　　　　　　　　　　　图6-2　河床式进水口

3. 塔式进水口

塔式进水口是由进口段、闸门段、渐变段及上部框架组成的一个耸立在水库中的塔式结构，通过工作桥与岸边相接，可以从一边或四周进水，如图6-3所示。适用于河岸（库岸）地形过缓或因地质条件不宜在岸边设置进水口的情况。进水孔可按高度布置一层或多层。多层布置时可按要求从不同高度取水，有利于防沙、防污和在水库蓄水初期临时运行。

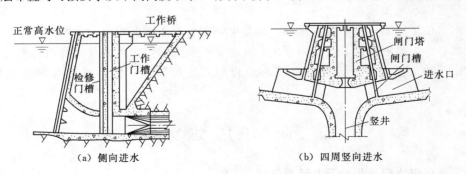

（a）侧向进水　　　　　　　　　　（b）四周竖向进水

图6-3　塔式进水口

4. 岸式进水口

岸式进水口布置在库岸或河岸上，为独立布置进水口，按结构布置特点又可分为岸塔式、岸坡式和竖井式3种进水口。岸塔式进水口建筑物紧靠岸坡布置，闸门布置于进水口塔形结构中，此种进水口可兼作岸坡支挡结构，如图 6-4（a）所示。岸坡式进水口倾斜布置在岸坡上，闸门布置于进水口内，闸门门槽（含拦污栅槽）贴靠岸坡，如图 6-4（b）所示。竖井式进水口闸门井布置于山体竖井中，喇叭段入口设于岸坡上，喇叭段入口与闸门竖井之间流道为隧洞段，一般为压力水流，如图 6-4（c）所示。

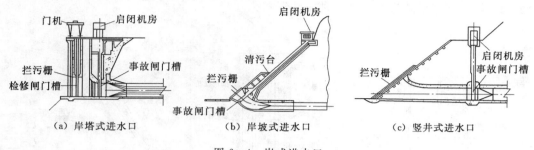

（a）岸塔式进水口　　　　　（b）岸坡式进水口　　　　　（c）竖井式进水口

图 6-4　岸式进水口

5. 抽水蓄能电站进（出）水口

抽水蓄能电站具有发电、抽水两种运行工况，进（出）水口具有双向过流的特点。对于上库进（出）水口而言，发电时为进流，抽水时为出流；而对于下库进（出）水口则正好相反。

抽水蓄能电站的进（出）水口通常有侧式和竖井式两种。其中侧式进（出）水口应用较多，通常设置在水库岸边，如图 6-5（a）所示，其结构组成与上述的岸式进水口基本相同，但为了满足双向水流的条件和结构要求，在其进口段一般设置了中隔墩和防涡梁。竖井式进（出）水口一般设于水库内，如图 6-5（b）所示。

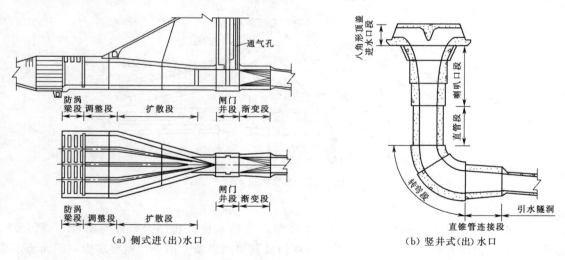

（a）侧式进（出）水口　　　　　　　（b）竖井式（出）水口

图 6-5　抽水蓄能电站进（出）水口

6. 分层进水口

为了满足分层取水的要求，一般采用以下两种形式：

（1）设置多层进水口分层取水，如图 6-6（a）所示。这种形式对于电站运行的限制较多，结构较复杂，实际工程中很少采用。

（2）进水口设置在较低位置，用闸门控制分层取水，所采用的闸门主要有叠梁闸门和多段闸门。目前采用较多的是用叠梁闸门控制分层取水，如图6-6（b）所示，其优点是结构简单、控制方便，缺点是水头损失略大。多段闸门控制的分层取水，如图6-6（c）所示，由于结构复杂，一般只用于中小型水电站。分层进水口从结构特点上来看，应该属于坝式、塔式或岸塔式进水口的一种特殊形式。

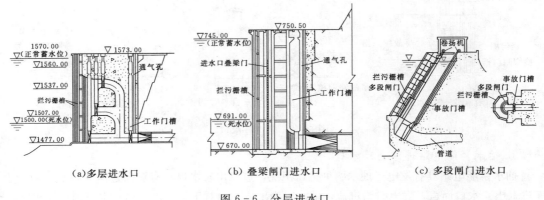

图6-6 分层进水口

7. 虹吸式进水口

虹吸式进水口是利用虹吸原理设置的一种适用于引用流量不大的引水式水电站的进水口，其典型布置如图6-7所示。

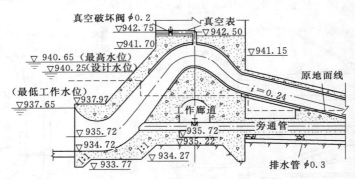

图6-7 虹吸式进水口

8. 出水口

出水口功能要求较进水口少，一般不需考虑与挡水建筑物结合，没有防沙、清污要求，在水流控制方面，仅需设置检查用的闸门及其启闭设备。由于功能要求少，因而出水口的结构形式较简单，一般采用以下两种：

（1）与发电厂房结合布置的尾水平台式出水口，如图6-8（a）所示。

（2）岸塔式出水口，其结构形式与无拦污栅且仅设置检修闸门的岸塔式进水口类似，如图6-8（b）所示。

二、有压进水口的主要设备和设施

有压进水口应根据运用条件设置拦污栅及清污设备、闸门及启闭设备、通气孔以及充

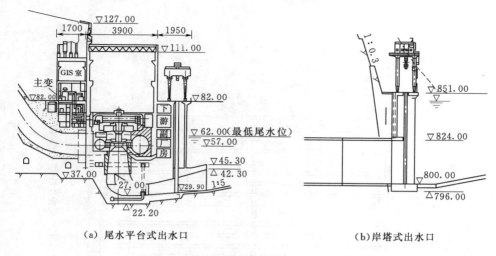

（a）尾水平台式出水口　　　　　　　　（b）岸塔式出水口

图 6-8　出水口

水阀等主要设备和设施。

1. 拦污设备

进水口前一般要设拦污栅，是进水口拦阻漂浮物的主要设施。拦污栅可以布置成垂直或倾斜的，进水面可以是多边形的或平面的。倾斜布置和平面拦污栅便于清污。图 6-9 示出了拦污栅布置及栅片典型结构。每块栅片包括边框和栅条，由型钢焊成，插在柱墩和横梁间，可以提起检修或更换。栅条间的净距根据水轮机型号及尺寸选定，对混流式及轴流式水轮机，净距分别为转轮直径的 1/30 及 1/20。过栅的水流流速应尽量小，以减小水头损失和清污困难，一般不宜大于 1m/s。

拦污栅前污物堵塞时，形成栅前后水位差，不仅增加水头损失，还会压坏栅片，因此要清污，可以用顶部平台上的清污设备来完成。我国河流中漂浮污物较多，拦污栅堵塞和清污困难通常是水电站运行中的一个难题。有时在远离进水口的上游加设一道粗栅或拦污浮排，拦阻粗大漂浮物以改善拦污栅工作条件。在寒冷地区要防止拦污栅结冰，可以采用低压电流加热或在拦污栅下部通入压缩空气等办法，也可将拦污栅建在室内以保温。

拦污栅框架和栅条上承受的水压力，按拦污栅因堵塞而引起的水头差来选定，并按此进行结构设计。拦污栅设计的主要内容包括确定栅面面积、栅条间距、栅框截面尺寸及支承方式等。

2. 闸门及启闭设备

按工作性质，进水口闸门可分为工作闸门（动水中启、闭）、事故闸门（动水中闭、静水中启）和检修闸门（静水中启、闭）。

电站有压进水口应设置工作闸门或事故闸门。事故闸门的功用，主要是当引水道或机组发生事故时进行紧急关闭，以防事故扩大，需要快速关闭时故又称为快速事故闸门。也可用以关闭进水口以便检修引水系统。事故闸门应能在动水中快速关闭（2~3min），但只要求在静水中开启，静水中开启是在闸门上下游水压力基本平衡的情况下进行的。每个事故闸门都设固定的卷扬式或油压式启闭机，并能远程控制实现紧急（快速）关闭操作。

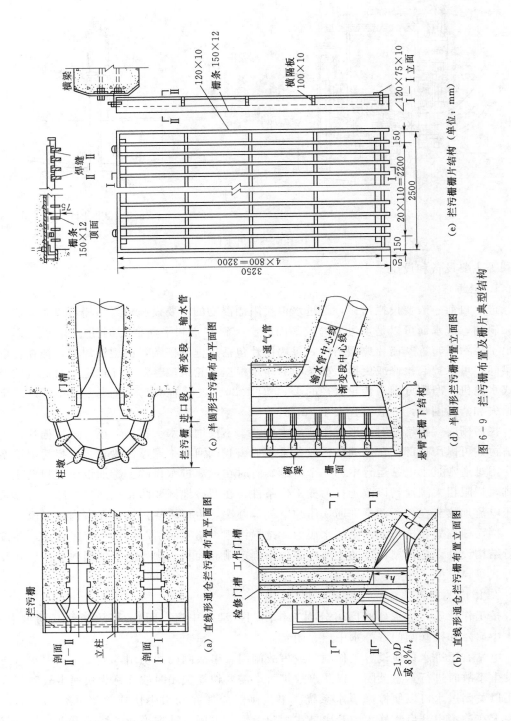

图 6-9 拦污栅布置及栅片典型结构

（a）直线形通仓拦污栅布置平面图
（b）直线形通仓拦污栅布置立面图
（c）半圆形拦污栅布置平面图
（d）半圆形拦污栅布置立面图
（e）拦污栅栅片结构（单位：mm）

事故闸门前根据需要可设检修闸门，用以检修事故闸门及门槽，仅要求在静水中启闭。检修闸门可用平板门或叠梁门，可以几个进水口合用一套闸门，用进水口平台上的移动式启闭机操作。

有压进水口的闸门为矩形，且通常是高而窄，而有压引水道一般为圆形。因此，应在进水口段设置由矩形过渡到圆形的渐变段，使水流平顺过渡，减少水头损失。但渐变段不宜过长，以利结构布置，改善结构受力条件。

3. 通气孔及充水阀

有压进水口工作闸门后应设通气孔，其作用是：当事故闸门关闭时，给有压引水系统及时补气，以免系统内发生真空；在压力引水系统充水时，通过通气孔排出空气。通气孔的面积取决于事故闸门紧急事故关闭时所需进气流量。此流量可取为进水口最大引用水流量，进气流速取为 $30\sim50\mathrm{m/s}$。通气孔出口必须高出上游最高水位以防水流溢出，同时要妥善选择出口位置，以免进气时吸入周围物体。

进水口还应设充水阀，其作用是在闸门开启前将压力引水系统充满水，使闸门能在静水压中开启以减小启门力。充水阀可以设在工作闸门上，也可设置在连通闸门上下游侧的旁通管上，充水阀布置在廊道内。

三、有压进水口的布置及轮廓尺寸

1. 有压进水口的布置

有压进水口的布置，包括选择合适的进水口位置及确定其高程。有压进水口位置的选择，应与电站枢纽的总体布置协调进行。要使进水口的水流平顺、对称，不发生回流和旋涡，不使漂浮物堆积，不出现泥沙淤积。进水口后接引水隧洞时，还应与洞线布置协调一致，选择地形、地质及水流条件都适宜的地方。

进水口高程应布置在水库可能出现的最低工作水位以下，并应有一定的淹没深度，以保证不产生漏斗状的吸气旋涡。此淹没深度可按下面的戈登（J. L. Gordon）经验公式初估：

$$S=cv\sqrt{d} \tag{6-1}$$

式中　S——闸门孔顶至最低工作水位的垂直距离，m；考虑风浪影响时，计算中采用的最低工作水位比静水位约低半个浪高；

d——闸门孔口高度，m；

v——闸门断面的水流速度，m/s；

c——经验系数，$c=0.55\sim0.73$，对称进水时取小值，侧向进水时取大值。

影响旋涡产生的因素有很多，有些因素无法定量估算，式（6-1）只能用来初步估计进水口的淹没深度。实践表明，受地形限制及复杂的行近水流边界条件影响，要求进水口在各种运行情况下完全不产生漩涡是困难的，关键是不产生漏斗状的吸气旋涡。

在满足进水口前不产生漏斗状的吸气旋涡及引水道内不产生负压的前提下，进水口高程应尽可能抬高，以改善结构受力条件，降低闸门、启闭设备及引水道的造价，也便于进水口运行维护。

进水口底部高程应高于水库泥沙冲淤平衡高程，无法满足时，应采取导、拦、排结合的措施，保证厂房进口"门前清"。

2. 有压进水口的轮廓尺寸

塔式和岸式进水口的进口段、闸门段和渐变段划分比较明确，进水口的轮廓尺寸主要取决于3个控制断面的尺寸，即拦污栅断面、闸门孔口断面和隧洞断面。拦污栅断面尺寸通常按该断面的水流流速不超过某个极限值的要求来决定，如前所述，过栅流速以不超过1m/s为宜。闸门孔口通常为矩形，工作闸门净过水断面 I 一般为隧洞断面 II 的1.1倍左右，检修闸门孔口常与此相等或稍大，孔口宽度略小于隧洞直径，而高度等于或稍大于隧道直径。隧洞直径一般需通过动能经济比较来确定，详见本章第五节。

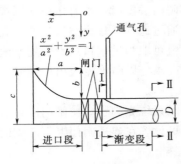

图 6-10　进水口尺寸拟定

进口段的作用是连接拦污栅与闸门段。进口段通常为平底，两侧稍有收缩，顶板收缩较大。两侧收缩曲线常为圆弧，顶板收缩曲线一般用1/4椭圆，如图6-10所示。进口段的长度无一定标准，在满足工程结构布置与水流顺畅的条件下，尽可能紧凑，一般椭圆长半轴 a 可取闸门孔口高度的1.0～1.5倍，b 取闸门孔口高度的1/3。闸门段的长度主要根据设备布置要求确定。渐变段是由矩形断面到圆形断面的过渡段，通常采用圆角过渡，圆角半径 r 按直线规律变化，如图6-11所示。渐变段长度可取隧洞直径的1.5～2.0倍，使收缩率不大于1:8～1:5。

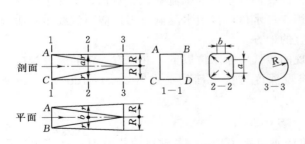

图 6-11　渐变段体形

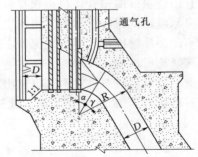

图 6-12　坝式进口段

坝式进水口轮廓尺寸拟定的原则同前，但又有其特点。坝式进水口一般都做成矩形喇叭口状，通常由试验确定形状，以不出现负压、旋涡且水头损失最小为原则。为了适应坝体的结构要求，进水口长度要缩短，进口段与闸门段常合二为一，工作闸门布置在喇叭口的中部，而将检修闸门置于喇叭口的上游面，如图6-12所示。进水口的中心线可以是水平的，也可以是倾斜的，应根据压力管道的布置情况而定。

四、抽水蓄能电站进（出）水口的布置

抽水蓄能电站的上库进水口在抽水工况时成为出水口，下库进水口在发电工况时成为出水口，其体型还要考虑有利于反向水流的均匀扩散，以防脱流和漩涡。因此，抽水蓄能电站进（出）水口在采用上述原则进行布置设计时，还应考虑以下特点：

（1）双向过流。作为进水口时，应使水流逐渐平顺的收缩；作为出水口时，又要使水流平顺扩散。水流在两个方向流动时均应保证全断面流速分布均匀，水头损失小，无脱流和回流现象，因此体型轮廓设计要求更为严格，进（出）水口渐变段尺寸较长。发电和抽水时均要过水，水头损失尽可能小，否则整个系统的总效率将降低。

（2）淹没深度小。抽水蓄能电站的上库与下库有时是人工挖填而成，为了尽量减少工程量，要求尽可能地利用库容，导致水库工作深度大、库水位变幅亦较大。当库水位较低时，进（出）水口淹没深度较小，容易产生入流立轴旋涡，需要采用消涡梁、栅、板等结构措施对其进行预防及消减。

（3）过栅流速大。抽水蓄能电站单机容量常较大，水道中流速亦较大，从而导致过栅流速大、流速分布也不均匀，水流易在栅条尾部发生分离，形成旋涡脱落，不仅会导致水头损失增加，而且如果产生的绕流频率接近拦污栅自振频率，则可能诱发共振，造成拦污栅破坏的事故。

（4）易产生库底和库岸的冲刷。由于抽水蓄能电站库容一般较小，进（出）水口流速较大，水流如不能均匀扩散，将在水库中形成环流，导致库底和库岸冲刷，并引起进（出）水口流量分配不均匀和产生旋涡等不良后果。

为此，在进行抽水蓄能电站进（出）水口布置设计时，为了尽量利用库容，常将进（出）水口的孔口做成宽度较大、高度较小的孔口，常设隔墩分成几孔；对竖井式进（出）水口沿井圈四周也设有多个隔墩。因此，对于沿岸坡布置的进（出）水口，孔口宽度大，很难将进（出）水口拦污栅段和扩散段放入洞内，常常伸出于山坡之外，可设置拦污栅塔启闭拦污栅，或利用库水位下降到某一高程（如死水位）后进行拦污栅的启闭和检修。

此外，为了更好地消除进水口处水流旋涡的影响，设计上应使进（出）水口布置的轴线方向尽量与来流方向一致，进（出）水口两侧结构应尽量对称布置，改善进流条件，必要时设置防涡梁、板等设施。

第三节　无压进水口及沉沙池

无压进水口一般用于无压引水式水电站，也见于低坝水库的有压引水式水电站。无压进水口的设计原理与有压进水口基本相同，但因水库较小，防沙、防污及防冰问题突出，因此在进水口的布置和设计上，必须统筹考虑。

一、无压进水口的布置

按布置和结构条件，无压进水口有表面式和底部拦污栅两类。

（1）表面式进水口，或称进水闸，如图 6-13（a）、（b）所示。引用河道或水库表层水流，为了防止漂浮物及泥沙进入，常设于凹岸，并可设浮排、胸墙、冲沙闸、底部冲沙廊道等。

（2）底部拦污栅进水口，如图 6-14 所示，它是在过流建筑物的坎中，在水流垂直方向设置引水廊道，其上覆盖拦污栅，水从廊道引入。必要时再经冲沙室、沉沙池进入引水道。

无压进水口宜设于河道凹岸，凹岸不易产生回流，漂浮物不致堆积，而且河道弯段形成的横向环流使表层清水进入进水口而河中底沙被带向凸岸。

枢纽布置中，要考虑在进水口前设拦沙坎，进水口旁设泄水设施，如泄沙闸、泄沙孔

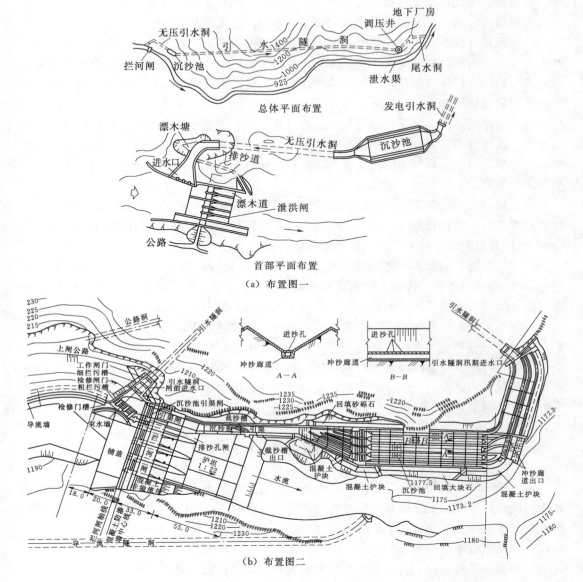

图 6-13　表面式无压进水口

等，以便定期或连续冲走可能的漂浮物及淤积的泥沙，冲沙流速应在 4m/s 以上。还可以在进水口后设沉沙池以沉积有害泥沙，并用水力或机械方法清除池中淤沙。

二、沉沙池

为了防止已经进入进水口的悬移质泥沙中的有害颗粒进入引水道，可以设沉沙池。有害的泥沙一般是指粒径大于 0.25mm 的泥沙，它会沉积在引水道内减小过水能力；会磨损引水道壁面增加粗糙度，甚至影响衬砌强度；还会磨损水轮机过流部件并加剧其汽蚀，影响水轮机的效率和运行寿命。水流含沙量很高时，粒径更小的泥沙也会引起水轮机磨损。

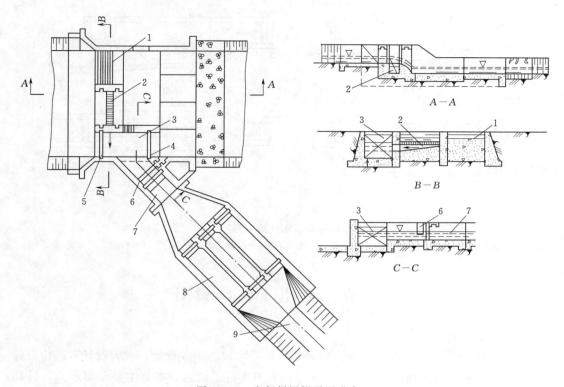

图 6-14 底部拦污栅无压进水口
1—溢洪坝；2—设有拦污栅覆盖的底部引水廊道；3—冲沙室；4、5—冲沙室的下游、上游闸门；
6—排冰道；7—用于从冲沙室引水的进水口；8—沉沙池；9—引水渠

　　沉沙池常布置在无压进水口之后、引水道之前。图 6-13（b）是我国一座典型的山区多泥沙河流上引水式中型水电站的首部布置图，枯水季水流无泥沙时，拦河闸抬高水位，河水直接引入隧洞。洪水季泥沙含量高，拦河闸闸门打开，挟沙洪水下泄，有压隧洞入口闸门关闭，含沙水流经拦河闸左侧引渠进入沉沙池，泥沙沉积后的清水经引渠进入隧洞的另一个入口。

　　沉沙池的工作原理是：降低水流速度从而减小其挟沙能力，使泥沙在池中逐渐沉积。因此要求沉沙池有足够的宽度、深度和长度，使流速变小并且均匀。根据水流中泥沙颗粒大小，池中平均流速应为 $0.25\sim0.7\text{m/s}$。

　　沉积在沉沙池内的泥沙必须排除。排沙方式可以是连续的或定期的，排沙方法可以是水流冲沙或机械排沙。图 6-13（b）及图 6-15（b）的沉沙是连续冲沙的，逐渐沉入的泥沙由底部冲沙廊道排往河道，上层清水则流进引水道。图 6-15（a）是定期冲沙的例子，沉沙池分成几室，当池内泥沙沉积到一定深度时关闭其中一室的池后闸门，用水流冲沙或机械排沙，几室轮流操作，这样在冲沙时可不停止发电。

　　沉沙池的形状、尺寸及其水力设计，包括排沙方法，应经专门的分析计算。模型试验和已有沉沙池运行的经验在计算方法中有很重要的作用。由于泥沙运动和沉沙池工作的复杂性，较大型水电站的沉沙池设计都需要进行水力模型试验。

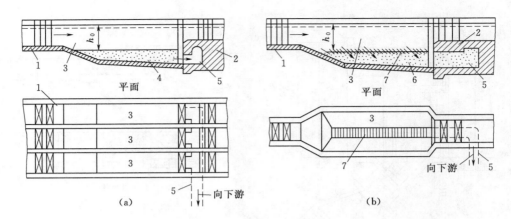

图 6-15　沉沙池布置图

1—进口底坎；2—出口底坎；3—沉沙室；4—死池容；5—冲沙廊道；6—集沙-冲沙廊道；7—拦污栅

第四节　进（出）水口设计

一、设计内容

不管是哪种进水口形式，其设计内容都包括进水口的布置设计、水力设计和结构设计3个方面。进水口的布置设计已经在本章第二节中进行了论述，本节主要介绍水力设计和结构设计两个方面的内容。

1. 水力设计

应根据进水口形式和功能进行相应的水力设计，对于大型或重要工程进水口还应采用三维流场数值计算或水工模型试验进行验证。

有压进水口水力计算的主要内容包括：①水头损失；②过流能力；③最小淹没深度；④土质地基渗流；⑤高速水流空化数；⑥通气孔面积。

无压进水口水力计算的主要内容包括：①水头损失；②过流能力；③进水口上、下游水面衔接；④土质地基渗流；⑤高速水流空化数；⑥不稳定流。

具体设计可以参照 SL 285—2003《水利水电工程进水口设计规范》、DL 5398—2007《水电站进水口设计规范》、《水工设计手册第八卷——水电站建筑物》。

2. 结构设计

进水口建筑物结构设计应包括以下内容：①整体稳定；②地基应力；③土质地基渗透稳定与地基沉降；④整体结构设计；⑤局部构件设计。

在结构设计时，应根据地质条件以及建筑物运行要求，合理确定建筑物轮廓、结构形式以及地基防渗、排水和加固等处理措施。

二、荷载与组合

1. 荷载种类

进水口建筑物上的荷载可分为基本荷载和特殊荷载两类。各荷载取值参照 DL 5077—1997《水工建筑物荷载设计规范》。

基本荷载包括：①自重（结构重量及永久设备重量）；②设计运行水位时的静水压力；③拦污栅前、后的设计水位差；④设计运行水位时的扬压力；⑤设计运行水位时的浪压力；⑥泥沙压力；⑦土压力；⑧冰压力；⑨雪荷载；⑩风压力；⑪活荷载；⑫其他荷载（含灌浆压力、地基不均匀沉降等）。

特殊荷载包括：①校核运行水位时的静水压力；②校核运行水位时的扬压力；③校核运行水位时的浪压力；④温度荷载；⑤地震荷载；⑥其他荷载（含漂木、船舶撞击和施工荷载等）。

2. 荷载组合

荷载组合可分为基本组合和特殊组合两类，具体列于表6-1。

表 6-1　　　　　　　　　　　　荷　载　组　合　表

荷载组合	计算工况	序号	荷载名称											
			自重	静水压力	扬压力	浪压力	泥沙压力	土压力	冰压力	雪荷载	风压力	活荷载	地震荷载	其他荷载
			1	2	3	4	5	6	7	8	9	10	11	12
基本组合	设计洪水位	1	√	√	√	√	√	√	√	√	√	√		
	正常蓄水位	2	√	√	√	√	√	√	√		√	√		
	施工期挡水	3	√	√	√	√		√	√		√			
特殊组合	完建未挡水	4	√					√			√	√		
	校核洪水位	5	√	√	√	√	√	√				√		
	正常蓄水位＋地震	6	√	√	√	√	√	√		√		√	√	
	检修	7	√	√		√	√	√			√		√	

三、结构设计

1. 整体稳定与地基应力

常规水电站和抽水蓄能电站进（出）水口，目前大多建在岩基上，其稳定计算包括抗滑稳定、抗浮稳定、抗倾覆稳定和建基面承载力校核；如果是位于砂土地基上的进水口建筑物，计算要复杂一些，还需要计算渗透稳定和地基沉降。具体计算可以参照《水工设计手册第八卷——水电站建筑物》、SL 285—2003《水利水电工程进水口设计规范》、DL 5398—2007《水电站进水口设计规范》等进行。

2. 整体结构和局部构件设计

水电站进（出）水口是一个典型的空间结构，其静力计算可采用结构力学方法进行，大型或重要工程进（出）水口应同时进行整体结构有限元分析计算。

在采用结构力学方法进行静力计算时，一般是按平面结构处理，即以垂直水流方向切取典型断面，然后按弹性地基上倒框架模式或弹性地基梁（板）模式进行计算。对于隧洞式和墙式进水口，隧洞和竖井结构应参照 SL 279—2002《水工隧洞设计规范》进行设计。

拦污栅支承结构的设计荷载主要是栅面上下游水压差、清污设备重、漂浮物撞击力、地震惯性力、地震水压力以及结构自重等，其中栅面上下游水压差一般按 2～4m 考虑。

拦污栅支承结构按照结构力学方法进行设计时，目前有许多平面和三维的杆件结构计算机程序可供采用；在得出各杆件内力后，再按照混凝土结构设计规范计算结构配筋。对受压构件还需进行失稳验算。

第五节 引 水 道

一、引水道的功用及形式

引水道的功用是集中落差，形成水头，并将水流输送到压力管道引入机组，然后将发电后的水流排到下游。引水道多布置在厂房上游，但在中部和首部开发的地下水电站中（第十三章），引水道的相当部分布置在厂房下游（即尾水道）。

根据工作条件和水力特性，引水道可分为无压引水道和有压引水道两类。

无压引水道的特点是具有自由水面，引水道承受的水压不大。它适用于从河道或水库水位变化不大的场合引水，否则会在进水口处造成较大水头损失。在结构形式上，无压引水道最常用的是渠道，也可使用无压隧洞。渠道常沿山坡等高线布置，受地形及表面地质条件制约，其长度及开挖工程量较大，而且运行期需要经常维护、修理；但在地面施工，比较方便。中小型电站常采用渠道。隧洞可使线路短，建成后运行条件好、安全，但施工条件要求较高。

有压引水道的特点是引水道内为压力流，可以承受较大的水头，并且适应河道或水库水位的大幅度变化。有压隧洞是最常用的结构形式，它可以利用岩体承受内水压力和防止渗漏。在很特殊的情况下，有压引水道才采用明管或隧洞内的明钢管。

二、引水道设计的基本要求

用于水力发电的引水道，除应满足一般水工引水道的要求外，应特别注意以下要求：

（1）有符合要求的输水能力。引水道要有足够的过水面积和流速。要防止引水道中泥沙沉积，从而减小过水断面；防止引水道表面被冲蚀、长草，增加糙率从而减小流速；更要防止岩土坍塌、岸崩等堵塞引水道。要尽量减少从引水道向外的漏水量。

（2）减少水头损失。为此应减少引水道长度，减少表面粗糙度，减少弯道和断面变化。通过一定流量时，流速小则水头损失小，但为此必须加大过水面积，会增加引水道工程量。应通过技术经济分析比较，确定引水道内的最优设计流速。

（3）保证水质。要防止有碍水电站运行的泥沙、污物、冰凌等进入引水道。首先是在进水口采取防范措施。对于开敞式明渠，还要在渠道沿线采取措施，防止山坡上污物、泥沙和人为垃圾等进入渠道。已进入引水道的污物应考虑必要设施，及时清除。

三、渠道

（一）渠道的类型

水电站引水渠道一般做成如图 6-16 所示的形式，渠顶平行于渠底，渠底末端接有压力前池，前池处设置溢流堰。当电站引用流量小于渠道中通过的流量时，多余水量由溢流堰泄往下游。这种渠道的优点是工程量小，缺点是若电站下游无固定用水要求时将造成弃水，这种渠道称为非自动调节渠道。

另一类引水渠道的堤顶高程，自渠首至渠末不变，渠道断面越向下游越深，前池处不设溢流堰，如图6-17所示。当电站引用流量变化时，渠槽本身起着调蓄作用，使进出流量达到平衡，这种渠道称为自动调节渠道。由于它工程量大，因此只在渠线很短、坡底较缓和下游无固定用水要求时才可能采用。

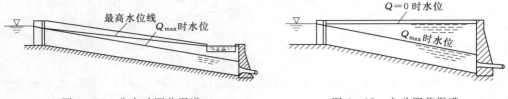

图6-16 非自动调节渠道　　　　　　　　图6-17 自动调节渠道

（二）渠道的水力计算

渠道水力设计的主要任务是根据已定的设计流量来选定渠道横断面尺寸、糙率、纵坡和水深。渠道水力计算的内容包括：

1. 恒定流计算

计算渠道内恒定均匀流的公式如下：

$$F = \frac{Q}{C\sqrt{Ri}} \qquad\qquad (6-2)$$

$$C = \frac{1}{n}R^{1/6} \qquad\qquad (6-3)$$

流经长度为 L 的渠道所引起的水头损失为

$$\Delta H = iL \qquad\qquad (6-4)$$

式中　F——过水断面面积，m^2；

　　　Q——设计流量，m^3/s；

　　　C——谢才系数，$m^{1/2}/s$；

　　　R——水力半径，m；

　　　i——纵坡；

　　　n——糙率。

渠道断面一般用梯形或矩形。糙率 n 由渠道衬砌形式决定。取定横断面形状及底宽后，F 及 R 仅取决于水深，根据式（6-2）便可计算出不同纵坡值的渠内水深。上述各种因素是互相影响的。纵坡大，则渠内流速大，过水断面小，工程量小，但水头损失大。采用人工衬砌，表面光滑，糙率减小，可以减小过水断面或水头损失，还可减少水量渗漏损失，但增加了衬砌费用。渠道断面形状和过水面积、纵坡等又受当地地形和地质条件影响，决定渠内流速时还要考虑流速不能太小以免泥沙沉积；在不用人工衬砌的渠道中流速又不能太大以免冲刷渠底和边坡。应对所有因素综合分析，进行技术经济比较以决定渠道的所有参数。

当进水口水位一定，渠道内通过设计流量 Q_{max} 时，渠内为恒定均匀流，水面如图6-18中水面曲线1所示，与底坡平行，渠内水头损失为 ΔH_1。当水电站引用流量 Q 小于 Q_{max} 时，可操作进水口闸门，使闸门后渠首水位降低，形成相应于新的引用流量 Q 的恒定均匀流，其水面如图6-18中的水面曲线2所示，仍与底坡平行。但此时水头 ΔH_2 将大

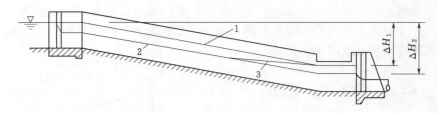

图 6-18　明渠恒定流

于 ΔH_1。为了增加电站工作水头，可操作进水口及压力前池的闸门，使压力前池处水位抬高到相应于 Q_{max} 的水位，形成水面曲线 3。这样使引用流量为 Q 时的水头损失由 ΔH_2 减小到 ΔH_1，增加了发电效益。水面曲线 3 是壅水水面线，可以用水力学方法计算出来，相应的水流为恒定非均匀流。

上述情况是水电站引用流量即渠道中流量是定值，渠道中水流为恒定流。

2. 非恒定流计算

水电站水轮机的引用流量是变化的，最典型的是突然丢弃负荷和增加负荷。这时渠道末端即压力前池处的流量瞬时发生变化，但沿渠道中的水流却只能逐渐变化，造成沿渠道长度内各断面流量、水深随时间变化，即渠道内的非恒定流。

电站丢弃负荷时，水轮机引用流量突然减小，但渠道的来流量还来不及减小，多余水量蓄积起来，渠道水位由下游向上游依次逐渐升高，这种水位升高现象是由渠末向渠首逐步传递的，称为涌波。图 6-19 中曲线 1 为负荷变化前恒定流的水面线。电站突然丢弃负荷后，涌波如图中实线所示，向上游推进。在此过程中渠道内由下到上各断面流量依次变化，渠道内的水面线是涌波线。应计算涌波线求出渠道沿线的最高水位，以决定渠顶高程和水电站的作用水头。为了限制渠道内水位过高，造成渠顶过高，甚至水从渠顶漫溢，常在渠道末端设置溢流堰，溢流堰顶应略高于渠道通过最大引用流量时恒定流的水面，使电站正常运行时不致弃水。溢流堰的过水宽度及溢流堰上水深应按宣泄渠道最大设计流量选定。如果渠道末端压力前池的容积比较大，或者渠末连接有调节池 (图 6-23)，那么丢弃负荷时渠道内水位的变化就可以受到限制。

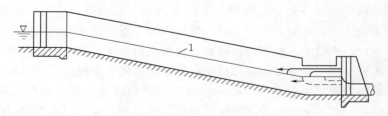

图 6-19　明渠非恒定流

电站增加负荷时，水轮机引用流量突然增加，但渠道来流量还来不及增加，渠道末的水量被引走，水位逐渐降低，这种水位降低现象也是由渠末向渠首逐渐传递的，称为消落波，如图 6-19 中虚线所示。在此过程中渠道内各断面流量随着变化，渠道内的水面线是消落波线。应计算消落波求出最低水位，以决定渠道末端压力管道进口高程。电站增加负荷时，溢流堰不起作用。但渠道末端的调节库容可以减少水位的降低。

渠道恒定流和非恒定流的水力计算方法在"水力学"教程及设计手册中有详细阐述。计算时水电站负荷变化条件要符合电站实际运行工况和有关规范的规定。发电引水渠道的结构设计计算与所有水工渠道一样，在"水工建筑物"课程中讲授。

四、隧洞

1. 隧洞的类型和特点

作为水电站引水道用的隧洞，可以是电站厂房上游隧洞（通常称引水隧洞），也可以是下游隧洞（通常称尾水隧洞）。隧洞可以是无压的，也可以是有压的。

与渠道相比，隧洞具有以下优点：

（1）可以采用较短的路线，避开沿线不利的地形、地质条件。

（2）有压隧洞能适应水库水位的大幅度升降及水电站引用流量的迅速变化。

（3）不受冰冻影响，沿程无水质污染。

（4）运行安全可靠。

隧洞的主要缺点是对地质条件、施工技术及机械化的要求较高，单价较贵，施工期较长。但随着现代施工技术和设备的不断改进，以及隧洞衬砌设计理论的不断提高，这些缺点正逐渐被克服。因此，隧洞获得了越来越广泛的应用。

2. 隧洞水力计算

无压隧洞的工作条件与渠道相似，水力计算的内容也一样。恒定流计算的目的是研究通过一定流量时，隧洞断面、纵坡及水头损失之间的关系，从而选定这些参数和衬砌形式。对于无压隧洞，也要进行非恒定流的计算。

有压隧洞恒定流计算的目的是根据已定的设计流量来选定横断面面积（或流速）、糙率和水头损失，计算公式如下：

$$\Delta H = \left(\frac{2gL}{C^2 R} + \sum \xi_i \right) \frac{v^2}{2g} \tag{6-5}$$

式中　ΔH——水头损失，m；

　　　　L——隧洞长度，m；

　　R、C——与式（6-2）和式（6-3）相同；

　　　　ξ——局部水力损失系数；

　　　　v——洞中流速，m/s。

当流量及洞长一定时，隧洞面积愈大，流速愈小，表面糙率及局部损失愈小，则水头损失愈小，但隧洞的工程量也会增加。应进行技术经济比较来正确选择这些参数。

有压隧洞水力计算的特点是隧洞过水能力仅取决于洞全长的水头损失，而与洞的纵坡无关，与洞的埋深即洞在上游水位下的深度无关。通常，为了减小隧洞的内水压力荷载值，有压隧洞洞线应尽量抬高，但必须保证在任何工作条件下，包括非恒定流的情况，洞顶处的水压力值不得小于 2.0m。

有压引水道的非恒定流分析，与机组运行、压力管道及调压室等建筑物密切相关，将在第三篇的第九章和第十章中详细阐述。发电隧洞的结构设计与其他隧洞一样，在"水工建筑物"课程中讲授。

第六节　压力前池和日调节池

一、压力前池的作用和组成

压力前池是把无压引水道的无压流变为压力管道的有压流的连接建筑物。压力前池的作用如下：

（1）电站正常运行时把流量按要求分配给压力管道，并使水头损失最小。

（2）在水电站出力变化或事故时，能与引水渠道配合，调节流量，并将多余水量排泄，避免无压引水道水位过高；在电站停止运行、压力管道关闭时供给下游必需的流量；在压力管道事故时紧急切断水流以防止事故扩大。

（3）防止引水道中杂物、冰凌与有害泥沙进入压力管道。

根据所需功能，压力前池有如下部分组成，如图6-20所示。

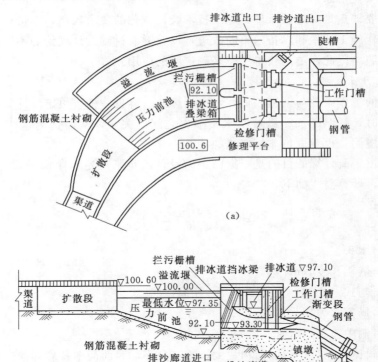

图6-20　压力前池布置图

（1）池身及扩散段。其尺寸取决于压力管道进口的布置和调节流量的要求，因而其宽度和深度比渠道的要大，需要在二者之间设置扩散段，池身底坡也加大。这样池身就有了一定容积，可供调节流量。具有调峰甚至日调节任务的水电站，要求有较大的调节库容，此时可以额外加大前池的容积或修建调节池与前池相连。前池和调节池的容积可使负荷变化时无压引水道的水位变幅减小。

（2）压力管道的进水口及设备。进水口一般采用挡水墙式，其结构和拦污栅、工作闸门、检修闸门、通气孔等与第二节所述的岸式有压进水口相似。

（3）泄水和排沙、排污建筑物。泄水建筑物用于泄水、排污、排冰等。常采用溢流堰，下接陡槽及消力塘等，或将溢流直接泄入山沟及河道。溢流堰顶可以设控制闸门或不设闸门。水流由引水道进入前池后流速减小，泥沙淤积，因此常在管道进水口底部设拦沙坎和冲沙孔，冲沙孔也可作为放空前池及向下游供水之用。

二、压力前池的布置

压力前池是连接无压引水道和压力管道及厂房的建筑物，应统一考虑这几个建筑物最合理的布置和相互关系。前池应尽可能接近厂房，以缩短昂贵而且对安全要求高的压力管道。为此，前池常需布置在靠近河岸的陡坡上。但这样往往使前池的工程量增加，而且前池承受水压，对山坡及地基的稳定不利，渠道和前池的渗漏，又会促进山坡坍滑，如图6-21（a）、（b）所示。因此必须选择良好的地质条件，池身尽可能建在挖方中，要防止渗漏破坏，必要时采取防渗和排水设施，进行地基稳定和建筑物强度设计。

前池与渠道和压力管道的相对位置可以不同，如图6-22所示。方案（a）中管线与渠道方向一致，进水平顺；方案（b）及（c）中，进水条件较差，但拦污栅前污物易于被冲走。

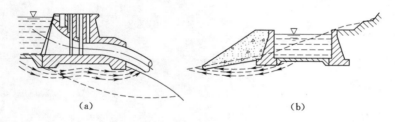

图6-21　前池边坡稳定示意图

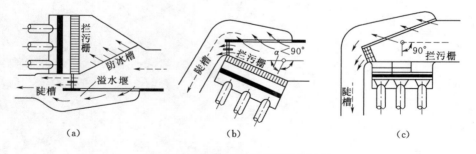

图6-22　前池不同引水方向布置图

三、日调节池

当水电站进行日调节时，发电引用流量将随时变化。而引水渠道是按Q_{max}设计的，这意味着1天内的大部分时间，渠道的过水能力没有得到充分利用。如果渠道下游沿线有合适的地形建造日调节池，如图6-23所示，则情况可大为改善：日调节池与压力前池之间的渠道仍然按Q_{max}设计，但日调节池上游的渠道可按日平均引用流量进行设计。运行过程中，水电站引用流量大于平均流量时，日调节池予以补水，水位下降；水电站引用流量小于平均流量时，多余的水注入日调节池，使水位上升，这样，上游渠道可以终日维持在平均流量左右。显然，日调节池越靠近压力前池，其作用越大。

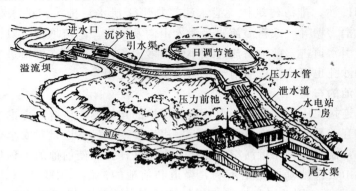

图 6 - 23 日调节池

第七章 水电站压力管道

第一节 压力管道的功用和类型

压力管道是从水库或平水建筑物（前池或调压室）中将水在有压的状态下引入水轮机的输水管道。它集中了水电站全部或大部分的水头，其特点是：①坡度陡；②承受电站的最大水头，且受水击动水压力；③靠近厂房。因此它的安全性和经济性受到特别重视，对材料、设计方法和工艺等有不同于一般水工建筑物的特殊要求。

压力管道的主要荷载是内水压力，管道内径 D 和水压 H 及其乘积 HD 值是标志压力管道规模及其技术难度的最重要特征值，HD 值也与该管道所提供的装机容量 N_g 直接有关。若取管道中流速为 $5\sim7\text{m/s}$，则 $HD\approx(0.15\sim0.18)\sqrt{N_gH}$。由此可见，管道的装机容量相同时，电站的水头越高，HD 值越大。目前水电站压力管道直径最大的是向家坝右岸地下电站引水压力钢管，直径为 14.4m，HD 值最高的为抽水蓄能电站，已超过 5000m^2。

压力管道可按布置形式和所用材料分类，见表 $7-1$。

表 7-1　　　　　　　　　　压 力 管 道 类 型

类型	布 置 形 式	材 料 和 结 构
明管	暴露在空气中的压力管道，图 7-1	钢管，钢筋混凝土管，钢衬钢筋混凝土管
地下埋管	埋入岩体中的压力管道，图 7-2	不衬砌，锚喷或混凝土衬砌，钢衬混凝土衬砌
坝内埋管	埋设在混凝土坝内的压力钢管，图 7-40	钢衬钢筋混凝土结构
坝后背管	敷设在混凝土坝下游面的压力管道，图 7-48～图 7-53	钢管，钢衬钢筋混凝土结构

回填管（沟埋管或称为埋地钢管）、土坝下涵管和木管、铸铁管等已很少或仅在小型电站中应用。

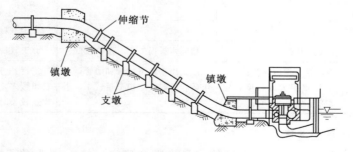

图 7-1　明钢管示意图

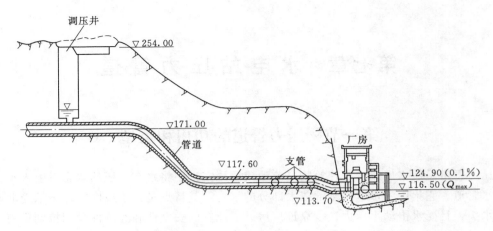

图 7-2　地下埋管（单位：m）

第二节　压力管道的供水方式和水力计算

一、供水方式

压力管道向多台机组供水的方式可用 3 种，见表 7-2。

表 7-2 压 力 管 道 供 水 方 式

供水方式		（1）单元供水	（2）联合供水	（3）分组供水
示意图				
技术经济比较	运行	灵活	一般	较好
	阀门设置	一般可省去机组前快速阀门	机组前需设快速阀门	机组前需设快速阀门
	管道结构	尺寸小，易于制作，无分岔管	单管规模大，多分岔管	单管规模适中，少分岔管
	管道布置	管道在平面上所占尺寸大，管道布置与前池、调压室的连接较困难	布置较容易	介于（1）和（2）之间
	施工安装	可分期安装，分期投资	一次投资	介于（1）和（2）之间
	经济性	相同水头损失下，造价较高	相同水头损失下，造价较低	介于（1）和（2）之间
	适用情况	1. 坝内埋管、坝后背管； 2. 单管流量很大或长度较短的地下埋管或明管	广泛用于地下埋管和明管，机组数较少时，单机流量较小，引水道较长时	广泛用于地下埋管和明管，机组数多，单机流量不大，引水道较长时

二、压力管道直径选择

供水方式选定后，每条管道通过的流量也随之确定，接着应选择管道直径。直径越小，管道用材越少，造价越低，但管中流速大，水头损失和发电量损失也越大。因此管道直径应进行经济比较选定。国内外用以计算钢管经济直径的理论公式和统计公式很多，但其本质都相似。管道造价和发电量损失可以比较可靠地计算，但进行二者间的经济比较的原则和因素往往不易精确确定。此外，这种计算也难于考虑管道施工工艺等技术条件的因素，所以按公式计算的结果往往只能做参考。通常先根据已有工程经验及适当公式选择相近的几种直径，分别进行造价和电量计算，并结合技术问题综合分析，选定最优直径。在可行性研究和初步设计阶段，可用以下彭德舒公式来初步确定大中型压力钢管的经济直径：

$$D = \sqrt[7]{\frac{5.2Q_{max}^3}{H}} \tag{7-1}$$

式中　D——钢管经济直径，m

　　　Q_{max}——钢管的最大设计流量，m^3/s；

　　　H——设计水头，m。

三、水力计算

管道水力计算包括水头损失和水击计算，用以决定水电站的工作水头和作用在水轮机部件上的水压力，也用于确定管线的压力分布：①正常工作情况最高压力线；②特殊工作情况最高压力线；③最低压力线。

水头损失包括沿程摩阻损失，以及进口、拦污栅、门槽、渐变段、弯段、分岔管等处的局部损失，可按"水力学"教程或设计手册中相应公式计算。

水击计算在本书第九章详细叙述。

第三节　压力钢管的材料及强度

水电站压力钢管长期承受高内水压力和水击冲击等动力作用，属于压力容器类结构，故对钢材有严格要求。

一、钢材性能的基本要求

要求钢材有良好的机械力学性能和工艺性能，能符合设计规范和相应的国家标准。

一般要求钢材的屈服强度 σ_s 和抗拉强度 σ_b、塑性指标（伸长率 δ 和断面收缩率 ψ）、常规冲击韧性 a_k、断裂韧性值等都尽量高。但是强度和塑韧性之间是有矛盾的。强度增大时，屈强比即 σ_s/σ_b 随之提高，钢材的塑韧性和焊接性能往往降低。对压力钢管这样的容器，良好的塑韧性是极为重要的，它能使结构应力趋于均匀，减少应力集中，提高承载力，防止脆断，增加安全性，有利于冷加工成型和焊接。因此有时宁可采用强度稍低而塑韧性高的钢材，这样更有利于安全，甚至也可能更经济。

钢材的工艺性能主要是切割、冷弯、焊接等性能。要求冷弯时的塑性变形、冷作硬化和冷脆等限于允许范围内，可焊性好，焊接工艺简单，焊缝和热影响区不产生裂纹，残余应力小，具有不低于母材的机械性能。

为了使钢材的性能达到要求，首先必须选择合宜的钢种，并保证其化学和合金成分符合有关的规范要求。不同的元素成分和含量可以使钢材性能得到改善或恶化。硫、磷等对钢材性能极其有害的元素的含量，必须严格控制。同样的材料，不同的热处理方式可以得到不同的性能。热处理还可以改善冷加工后的钢材性能和焊接性能。有关规范规定，对于厚板、强度较高的钢材和低温焊接时，焊前要预热，卷板和焊接后要整体或局部热处理。

水电站钢管尺寸大，难于整体热处理。安装环缝，甚至某些纵缝，必须在安装现场施焊。而现场工作条件往往不利，如场地窄小，湿度温度条件差，不利于焊接质量和热处理。所以，钢种和合理的加工工艺的选择就显得特别重要。

必须对钢材和焊接材料进行质量检验、可焊性试验，以保证使用材料的质量。漏检或不按要求进行材质试验，有可能成为事故的重要原因之一。

"水工钢结构"教程中有关钢材的讨论，基本适用于压力钢管，但对于承受高压的钢管，对材料的要求更为严格。

二、强度校核和允许应力

关于强度校核，由于钢材是一种比较均匀、具有弹塑性质的金属材料，实践表明，第三及第四强度理论较适用。我国及多数国家现在采用第四强度理论（畸变能理论），即各计算点应力应满足下式：

$$\sqrt{\sigma_x^2+\sigma_r^2+\sigma_\theta^2-\sigma_x\sigma_r-\sigma_x\sigma_\theta-\sigma_r\sigma_\theta+3(\tau_{xr}^2+\tau_{x\theta}^2+\tau_{r\theta}^2)}\leqslant\phi[\sigma] \quad 或 \quad \sigma_R \qquad (7-2)$$

式中　σ_θ、σ_r、σ_x——钢管环向、径向和轴向应力，N/mm^2；

$\tau_{x\theta}$、τ_{xr}、$\tau_{r\theta}$——钢管各方向的剪应力，N/mm^2；

ϕ——焊缝系数，根据焊缝类别和探伤要求，取为 0.90～0.95；

$[\sigma]$——允许应力，N/mm^2；

σ_R——抗力限值，N/mm^2。

水电站钢管的 σ_r、τ_{xr} 及 $\tau_{r\theta}$ 值很小，可以忽略。所以，上式可简化为

$$\sqrt{\sigma_x^2+\sigma_\theta^2-\sigma_x\sigma_\theta+3\tau_{x\theta}^2}\leqslant\phi[\sigma] \quad 或 \quad \sigma_R \qquad (7-3)$$

在 SL 281—2003《水电站压力钢管设计规范》中，按允许应力进行强度校核，允许应力 $[\sigma]$ 常以钢材屈服强度的百分比表示。对于基本荷载组合，对钢管的膜应力区和对明钢管，$[\sigma]$ 取较低值；对特殊荷载组合，对钢管的局部应力区和对埋藏式钢管，$[\sigma]$ 可取较高值；对屈强比大（$\sigma_s/\sigma_b>0.67$）的钢材，试用新钢材和弯管、岔管或特别重要部位，$[\sigma]$ 需适当降低，具体取值见表 7-3。

表 7-3　　　　　　　　　　　　　　　　钢 管 允 许 应 力

应力区域		膜应力区		局部应力区			
荷载组合		基本	特殊	基本		特殊	
产生应力的力		轴力	轴力	轴力	轴力和弯矩	轴力	轴力和弯矩
允许应力	明钢管	$0.55\sigma_s$	$0.7\sigma_s$	$0.67\sigma_s$	$0.85\sigma_s$	$0.8\sigma_s$	$1.0\sigma_s$
	地下埋管	$0.67\sigma_s$	$0.9\sigma_s$				
	坝内埋管	$0.67\sigma_s$	$0.8\sigma_s$ $0.9\sigma_s$				

在 NB/T 35056—2015《水电站压力钢管设计规范》中，按抗力限值（类似于允许应力）进行强度校核，钢材抗力限值为

$$\sigma_R = \frac{f}{\gamma_0 \psi \gamma_d} \tag{7-4}$$

式中　f——钢材设计强度，N/mm^2；

　　　γ_0——由钢管安全级别决定的结构重要性系数，对于 1 级建筑物取 1.1，对于 2 级、3 级建筑物取 1.0；

　　　ψ——设计状况系数，持久状况为 1.0，短暂状况为 0.9，偶然状况为 0.8；

　　　γ_d——结构系数，按表 7-4 取值。

表 7-4　　　　　　　　　　　　不同管型的结构系数 γ_d

管型	应力种类		内力种类		结构系数 γ_d（$\varphi=0.95$）
明管	整体膜应力		轴力		1.6
	局部应力	局部膜应力	轴力		1.3
		局部膜应力＋弯曲应力	轴力＋弯矩		1.1
地下埋管	整体膜应力		轴力		1.25
坝内埋管	整体膜应力		轴力	联合承载	1.25
				单独校核	1.0
	局部膜应力＋弯曲应力		轴力＋弯矩		1.0
钢衬钢筋混凝土管	整体膜应力		轴力		1.5

注　1. 表中 γ_d 适用于焊缝系数 $\varphi=0.95$ 的情况，若 $\varphi \neq 0.95$，则 γ_d 应乘以 $0.95/\varphi$。

　　2. 主厂房内的明管，γ_d 宜增大 10%～20%。

　　3. 水压试验情况，γ_d 应降低 10%。

三、水电站管道钢材的现状

我国在水电站钢管方面已经广泛而成熟地使用的国产钢种是普通碳素钢 Q235（屈服强度 $\sigma_s = 235$N/mm^2）和低合金结构钢 Q345、Q345R（$\sigma_s = 345$N/mm^2），其次是 15MnV 和 15MnTi（$\sigma_s = 390$N/mm^2）。这类镇静钢可用以制造管壁、支承环、分岔加强构件等。这类钢生产工艺比较简单，价格不贵，加工和焊接性能良好，板厚较薄时，焊前不需预热，但这些钢材屈服强度不够高。

随着我国水电站钢管参数的提高，上述钢材已不能满足要求。如继续采用强度等级较低的钢材，则钢板厚度势必增加。当钢板超过一定厚度时（例如超过 36～38mm），加工、焊接、运输都会出现困难，造价也将增加。为改善加工条件，降低造价，须采用强度等级较高的钢材以减薄厚度，如抗拉强度为 600N/mm^2 的高强钢（$\sigma_s = 490$N/mm^2）和抗拉强度为 800N/mm^2 的高强钢（$\sigma_s = 690$N/mm^2），甚至抗拉强度为 1000N/mm^2 的高强钢（$\sigma_s = 880$N/mm^2）。我国目前在水电工程中已经广泛使用的高强钢有 WDB620、WDL610 及 Q690CF 等，取得了很好的经济效益。

国外在水电站钢管中已经较多使用高强钢材。日本已经比较普遍地采用抗拉强度为 600～800N/mm^2 的 HT-60、HT-70、HT-80 的高强钢制造水电站钢管。高强钢含有铬、镍、钼等合金元素，价格高，焊接工作较难。但钢管的厚度可以减薄，用材量少，而且运输、加工、焊接、安装等费用都可以降低，总费用可以减少。安装时由于管节重量轻，有利于把管节焊成较长管段进行安装，可以缩短安装工期，所以采用高强钢，经济上仍是有利的。美国也已将类似等级的高强钢 A517 用于水电站钢管。前苏联在大型水电站钢管中已经采用抗拉强度为 $700N/mm^2$ 等级的 14X2ГМР 及 И3138-2 等高强钢，取得了技术经济效益。

第四节　压力钢管的设施和构造

明管、坝内埋管、坝后背管以及水轮机前不设进水阀的地下埋管，在管道首端须设快速闸阀和必要的检修设施。地下埋管，若自取水口至管道前的引水道较长，或管道内压较大而埋深不大，应在首端设事故闸阀。闸阀设在前池压力墙结构内或调压室内，也可设在调压室下游的专门阀室内。钢管首端的快速闸阀必须有远方（中央控制室）和就地操作装置，操作装置必须有可靠电源。紧靠快速闸阀下游必须设置通气孔（井）或通气阀。布置管线时，应使钢管顶部至少在最低压力线 2m 以下，以防管内发生真空。宜在管道最低点设排水设施，以便完全排空管道内积水和闸阀漏水。管道应有进人孔和必要的供检查和维修用的设施，进人孔间距一般不宜超过 200m。

为了减少水头损失和便于制作，管道转弯半径不宜小于 3 倍管径，为了在施工中使钢管具有一定刚度，钢管最小壁厚应不小于 $(D/800+4)$mm 或 6mm。同一钢管可能随内压的增加逐段减小管径，但变径次数不宜过多。钢管壁厚变化级差不宜太大，一般不超过 4mm，以利焊接。钢管的纵缝一般在工厂焊接。焊接好的管段运至现场用环缝（横缝）连接。各管段的纵缝应错开，并避开横断面垂直轴线和水平轴线上应力较大的部位。环向焊缝的间距应不小于 500mm，以免焊缝效应互相影响。安装完毕后钢管椭圆度不得大于 5D/1000。钢管应有有效的防腐蚀措施。常用防腐措施有涂料保护、喷镀金属、电化学保护等。考虑锈蚀、磨损及钢板厚度误差，管壁厚度应至少比计算值增加 2mm。

明管和岔管宜作水压试验，压力值应不小于 1.25 倍正常工作情况的最高内水压力。其目的是：①以超载内压暴露结构缺陷，检查结构整体安全度；②在缓慢加载条件下，缺陷尖端发生塑性变形，使缺陷尖部钝化与卸载后产生预应力；③焊接残余应力和不连续部位的峰值应力，通过水压试验得以削减。对重要的钢管还要作必要的原型观测，以监视管道运行状态，预测异常情况，并积累资料。为此，施工时需埋设测量压力、流量和管壁应力等相应的探测设备。

第五节　压力管道设计荷载和组合

一、设计荷载

根据 DL 5077—1997《水工建筑物荷载设计规范》的规定，各种压力管道结构设计应计入的作用（荷载）详见表 7-5。对于 NB/T 35056—2015《水电站压力钢管设计规范》，应在作用（荷载）标准值的基础上，考虑作用分项系数，将其转换成设计值后再进行管道设计。

表 7-5 作用 (荷载) 分类及分项系数

序号		作用分类及名称	明管	地下埋管	坝内埋管	坝后背管	明岔管	地下岔管	作用分项系数
(1)	(1a)	内水压力 正常蓄水位的静水压力	√			√	√		静水压力 $\gamma_Q=1.0$ 水击压力 $\gamma_Q=1.1$
	(1b)	正常运行情况最高压力 (静水压力＋水击压力)	√	√	√	√	√	√	
	(1c)	特殊运行情况最高压力 (静水压力＋水击压力)	√	√	√	√	√	√	静水压力 $\gamma_A=1.0$ 水击压力 $\gamma_A=1.1$
	(1d)	水压试验内水压力	√				√	√	$\gamma_Q=1.0$
(2)		管道结构自重	√			√			$\gamma_G=1.05(\gamma_G=0.95)$
(3)		管内满水重	√						$\gamma_Q=1.0$
(4)		温度作用	√			√	√		$\gamma_Q=1.0$
(5)		管道直径变化处、转弯处及作用在堵头、闸阀、伸缩节上的内水压力 (静水压力＋水击压力)	√		√	√	√		静水压力 $\gamma_Q=1.0$ 水击压力 $\gamma_Q=1.1$
(6)		弯道离心力	√			√			$\gamma_Q=1.1$
(7)		镇墩、支墩不均匀沉陷引起的力	√						$\gamma_Q=1.1$
(8)		风荷载	√				√		$\gamma_Q=1.3$
(9)		雪荷载	√				√		$\gamma_Q=1.3$
(10)		灌浆压力		√	√	√		√	$\gamma_Q=1.3$
(11)		地震作用	√				√		$\gamma_Q=1.0$
(12)		管道放空时通气设备造成的气压差	√						$\gamma_Q=1.0$
(13)	(13a)	外水压力 地下水压力		√				√	$\gamma_Q=1.0$
	(13b)	坝体渗流压力			√	√			$\gamma_Q=1.0$
(14)		坝体变位作用			√	√			$\gamma_Q=1.0$

注 1. 序号 (2) 中的作用分项系数括号内数值在自重作用效应对结构有利时采用。
2. 序号 (12) 中管道放空时通气设备造成的气压差作用取值不应小于 0.05N/mm^2,亦不应大于 0.1N/mm^2。
3. 表中 γ_G、γ_Q、γ_A 分别为永久作用、可变作用、偶然作用的分项系数。

二、荷载组合

对于不同的压力管道,相应的计算工况和荷载组合详见表 7-6。NB/T 35056—2015 和 SL 281—2003 各计算工况的对应关系亦列于表 7-6,设计时根据所使用的规范分别采用。

表 7-6 各种管型计算工况及荷载组合

管型	设计状况		NB/T 35056—2015 中作用效应组合	计算内容	对应于 SL 281—2003 组合
明管	持久状况	基本组合	(1b)+(2)+(3)+(4)+(5)+(7)	正常运行工况 (一)	基本荷载组合
			(1a)+(2)+(3)+(4)+(5)+(7)+(8)或(9)	正常运行工况 (二)	基本荷载组合
	短暂状况		(12)	放空工况	基本荷载组合
			(1d)+(2)+(3)+(5)	水压试验工况	特殊荷载组合
	偶然状况	偶然组合	(1c)+(2)+(3)+(4)+(5)+(7)	特殊运行工况	特殊荷载组合
			(1a)+(2)+(3)+(4)+(5)+(7)+(11)	地震工况	特殊荷载组合

管型	设计状况	NB/T 35056—2015 中作用效应组合		计算内容	对应于 SL 281—2003 组合
地下 埋管	持久状况	基本 组合	(1b)	正常运行工况	基本荷载组合
	短暂状况		(12)＋(13a)	放空工况	基本荷载组合
			(10)	施工工况	特殊荷载组合
	偶然状况	偶然 组合	(1c)	特殊运行工况	特殊荷载组合
坝内 埋管	持久状况	基本 组合	(1b)	正常运行工况	基本荷载组合
			(1b)	明管单独承载校核工况	基本荷载组合
	短暂状况		(12)＋(13b)	放空工况	特殊荷载组合
			(10)	施工工况	特殊荷载组合
	偶然状况	偶然 组合	(1c)	特殊运行工况	特殊荷载组合
坝后 背管	持久状况	基本 组合	(1b)	正常运行工况（一）， 计算管壁厚度及环筋量	基本荷载组合
			(1b)＋(2)＋(4)	正常运行工况（二）， 计算各种管材环向应力	基本荷载组合
			(1b)＋(2)＋(3)＋(5)＋(6)＋(14)	正常运行工况（三），有限元法 计算上弯段及管坝接缝面应力等	基本荷载组合
	短暂状况		(12)＋(13b)	放空情况	基本荷载组合
			(10)	施工工况	特殊荷载组合
	偶然状况	偶然 组合	(1c)＋(2)＋(3)＋(5)＋(6)＋(14)	特殊运行工况	特殊荷载组合
			(1a)＋(2)＋(3)＋(5)＋(6) ＋(11)＋(14)	地震工况	特殊荷载组合

第六节　明　钢　管

一、明钢管布置

1. 明钢管线路选择

明钢管的线路选择应与电站引水系统中其他建筑物，特别是前池或调压室，还有和水电站厂房的布置统一考虑。

（1）管道线路应尽可能短而直，以降低造价，减少水头损失，降低水击压力和改善机组运行条件。因此，明钢管通常敷设在陡峻的山脊上，避免布置在山洪集中的山谷中。

（2）选择良好的地质条件，使钢管支承在坚固的地基上。特别应避开可能产生滑坡及崩塌的地段。当个别地段不能避开山洪坠石、雪崩危害时，应当有切实可行的防护措施。

（3）尽量减少管道线路的起伏波折。管道线路不宜与交通道路或其他管道交叉，在不能避免时应设专门桥涵来互相隔离。在与道路交叉时还应采取其他安全措施。

2. 管道与主厂房的关系

选择管道与厂房的相对位置主要取决于整个厂区枢纽布置中各建筑物的布置情况，常采用的明钢管引进厂房的方式有 3 种：

（1）正向引进。钢管轴线与厂房纵轴线垂直，如图 7 - 3（a）、（b）所示。优点是水流平顺，水头损失小，厂房纵轴线大致平行河道，开挖量小，进厂交通方便；缺点是当管道破裂时，高压水流会对厂房及人员构成危害。这种方式使用最为广泛，多在地下埋管、坝身管道和中、低水头水电站的地面明钢管中采用，当用于高水头水电站的地面明钢管时，要考虑防护措施，如设挡水墙、排水道等。

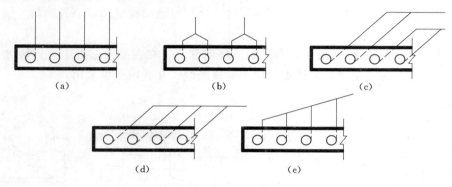

图 7 - 3　管道与厂房相对位置

（2）纵向引进。主管轴线与厂房纵轴线平行，如图 7 - 3（c）、（d）所示。优点是减轻钢管破裂时对厂房及人员的威胁；缺点是水头损失增加，而且由于压力管道布置时需要垂直等高线，造成厂房纵轴也垂直于等高线布置，使厂房开挖量增加，这种方式使用不多，适应于高、中水头的水电站。

（3）斜向引进。介于正向引进和纵向引进两种方式之间，主管轴线与厂房纵轴线斜交成一定角度，如图 7 - 3（e）所示。当地形、地质条件、引水系统及厂房布置要求适宜时采用这种布置方式，多用于分组供水和联合供水的水电站。

3. 管道高程

应保证管内在运行情况下不出现负压，这对明钢管更为重要，要求沿线管顶在最低压坡线 2m 以下，钢管底与地面净距不得小于 0.6m。

二、明钢管敷设和支承方式

明钢管一般宜采用分段式敷设。钢管轴线转弯处设镇墩，镇墩间管段用支墩支承，两镇墩间设有伸缩节，如图 7 - 1 所示。镇墩将管段的一端固定在地基上，防止位移。支墩仅起支承管身的作用，管身可在支墩的支座上移动。伸缩节的作用是当温度变化时，管身可沿轴向伸缩，从而减少温度应力，而且设置的伸缩节也能适应少量的不均匀沉陷或变形。为了降低伸缩节内的水压力和便于安装钢管，伸缩节宜设在靠近镇墩的下游侧。若直线管段过长（大于 150m），可在其间加设镇墩，若管道纵坡较缓，也可不加镇墩，而将伸缩节置于该管段中部，以减少管身与支墩间摩擦力引起的钢管轴力。支墩间距应通过钢管应力分析，并考虑安装条件、支座形式、地基条件等因素，做技术经济比较确定。支墩间距小时，造价增加，但钢管应力减少，反之则相反。在两相邻镇墩之间，支墩宜按等距布置。设有伸缩节的一跨，管段不连续，支墩间距宜缩短以减少弯矩。下面分别介绍镇墩和支墩的形式。

1. 镇墩

镇墩依靠本身重量固定钢管，一般用混凝土浇制。按钢管在镇墩上的固定方式，镇墩有以下形式：

（1）封闭式。如图 7-4 所示，钢管埋设在混凝土体中，有利于固定钢管。镇墩表层应布置温度筋，钢管周围应设环向钢筋和一定数量的锚筋，对于高水头水电站的镇墩，应布置足够的环向钢筋，以限制镇墩混凝土裂缝。这种镇墩结构简单，节省钢材，较广泛应用在水电站中。

（2）开敞式。如图 7-5 所示，利用锚筋将钢管固定在混凝土基础上。镇墩处的管壁受力不均匀，锚环施工复杂，其优点是便于检查维修。在我国很少采用。

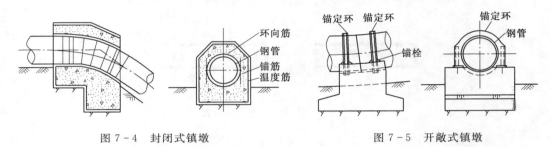

图 7-4　封闭式镇墩　　　　　　　图 7-5　开敞式镇墩

2. 支墩

支墩按其支座与管身相对位移的特征，有以下形式：

（1）滑动式支墩。钢管由于受力及温度变化而伸缩时，沿支座顶面滑动。滑动式支座支墩又可分为无支承环鞍形支墩、有支承环鞍形支墩和有支承环滑动支墩 3 种。

无支承环鞍形支墩，如图 7-6（a）所示，是将钢管直接支承在一个鞍形的混凝土支座上，其包角 β 在 $90°\sim120°$ 之间。为了减少管壁与支座之间的摩擦力，在支座上铺设钢板并在接触面上加润滑剂，如石墨；有时也采用压力油来润滑。这种支座结构简单，但支承部分管身受力不均匀，摩擦力大。适用于管径 1m 以下的钢管。

有支承环鞍形支墩，如图 7-6（b）所示，是钢管通过支承环安放在鞍形支座上，支承环改善了支承部分管壁的受力不均匀。适用于管径不大于 2m 的钢管。

有支承环滑动支墩，如图 7-6（c）所示，比鞍形支座的摩擦力更小。适用于管径 1~3m 的钢管。近年来滑动支墩上下支承板之间采用高分子复合材料，摩擦系数减小为 0.05~0.10，已经可适应直径更大的钢管。

（2）滚动式支墩。如图 7-7 所示，在支承环与支承面之间设置圆柱形辊轴，钢管位移时辊轴滚动，摩擦系数小。常用于垂直荷载较小而管径大于 2m 的钢管。

（3）摆动式支墩。如图 7-8 所示，在支承环与支承面之间设置一摆动的短柱。短柱的下端与支承板铰接，上端以圆弧面与支承环的上托板接触。钢管沿轴向伸缩时，短柱以铰为中心前后摆动。这种支座摩擦力很小，用于管径大于 2m 的钢管。

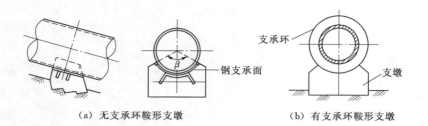

（a）无支承环鞍形支墩 　　　　　（b）有支承环鞍形支墩

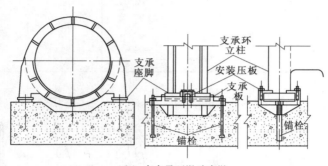

（c）有支承环滑动支墩

图 7－6　滑动式支墩

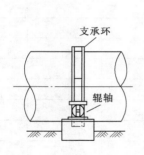

图 7－7　滚动式支墩

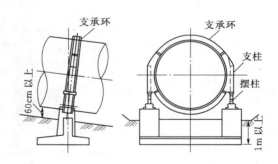

图 7－8　摆动式支墩

如果地基不够坚硬，或者明钢管外面需包混凝土保护层，也可以将明管敷设在连续的鞍形混凝土垫座上，以减少作用在地基上的压强和管身的弯矩。近年来，国内外有一些特大型的明钢管，由于直径大，用支承环方式支承在支墩上已有困难，反而采用鞍形连续垫座。这种管道往往外包薄层、不承受内水压力的钢筋混凝土保护层，例如美国大古力三厂的直径为 12.2m 的钢管和我国清江隔河岩水电站直径为 8.0m 的钢管。

三、作用在钢管及墩座上的力和荷载

作用在明管上的荷载详见表 7－5，计算工况和荷载组合见表 7－6。表 7－7 列出了作用于管身、镇墩、支墩上的主要作用力及其计算公式。风、雪荷载、土压力、地震力等均未列入，可参阅 DL 5077—1997《水工建筑物荷载设计规范》有关规定进行确定。

在进行钢管应力分析时，由于实际情况是复杂的，可能有不同情况出现，各作用力并不是在任何情况下同时出现。随着施工、检修或运行等不同情况、气温升高还是降低情况

表 7-7　　作用在明钢管及墩座上的力

序号	作用力方向	作用力名称	计算公式	作用力符号 上段 温度 升	作用力符号 上段 温度 降	作用力符号 下段 温度 升	作用力符号 下段 温度 降	受力部位 管壁	受力部位 支墩	受力部位 镇墩	作用力示意图	备注
1	管轴方向	钢管自重分力	$A_1=\sum(q_sL_0)\sin\alpha$	+	+	+	+	√		√	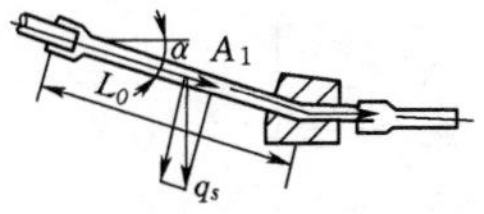	q_s——每米管长钢管自重
2		关闭的阀门及闷头上的力	$A_2=\frac{\pi D_0^2}{4}P$	±	±	±	±	√		√	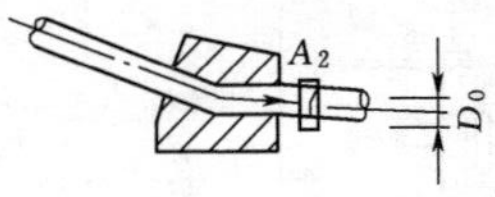	D_0——钢管内径；P——内水压强；阀门全开，此力不存在
3		弯管上的内水压力	$A_3=\frac{\pi D_0^2}{4}P$	+	+	−	−	√		√	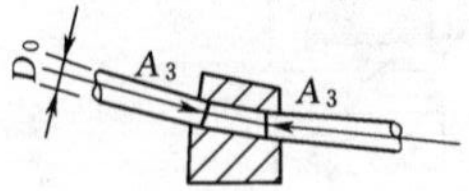	
4		渐缩管的内水压力	$A_4=\frac{\pi}{4}(D_{01}^2-D_{02}^2)P$	+	+	+	+	√		√	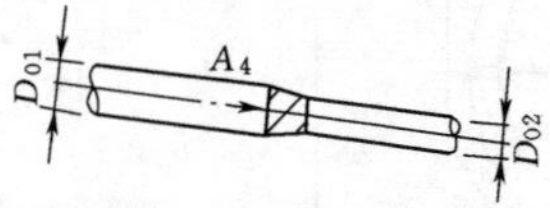	D_{01}、D_{02}——渐缩管最大和最小内径
5		伸缩节端部的内水压力	$A_5=\frac{\pi}{4}(D_1^2-D_2^2)P$	+	+	−	−	√		√	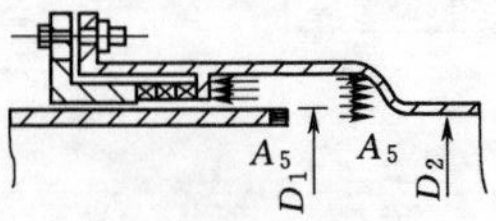	D_1、D_2——套管式伸缩节内套管外径和内径
6		伸缩变化时伸缩节止水填料的摩擦力	$A_6=\pi D_1 b_1 \mu_1 P$	+	−	−	+	√		√	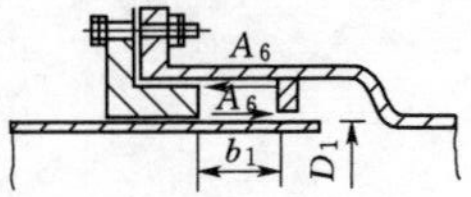	μ_1——伸缩节止水填料与钢管摩擦系数；b_1——填料沿管轴长度

续表

序号	作用力方向	作用力名称	计算公式	作用力符号 上段 温度 升	上段 降	下段 升	下段 降	受力部位 管壁	支墩	镇墩	作用力示意图	备注
7	管轴方向	温度变化时支座对钢管的摩擦力	$A_7=\sum(qL)f\cos\alpha$	+	-	-	+	√	√	√		f—支座对管壁的摩擦系数; L—支承环间距; q_s+q_w
8		弯管中心的离心力的分力	$A_8=\dfrac{\pi D_0^2}{4}\dfrac{v_0^2}{g}\gamma_w$	+	+	-	-	√	√	√		v_0—管中平均流速; R—离心力; A_5—离心力在管轴方向的分力
9	垂直管轴方向	钢管自重力	$Q_s=q_sL\cos\alpha$					√	√	√		q_s—每米管长管自重
10		钢管中水重分力	$Q_w=q_wL\cos\alpha$					√	√	√		q_w—每米管长管内水重
11	径向	内水压力	$P=H\gamma_w$					√		√		H—水头,算到计算截面管道中心

注 1. 管轴向作用符号:"+"为钢管下行方向;"-"为钢管上行方向。

2. 上段指镇墩以上钢管,下段指镇墩以下钢管。

等，荷载可有不同组合，应根据具体情况确定采用什么作用力组合为最不利的荷载组合。

四、明钢管的结构分析

（一）钢管管壁厚度估算

在进行钢管应力分析时，需先设定钢管管壁厚度。可以按钢管承受设计内水压力的条件估算壁厚。为此，可取出单位长度充满内水压力的钢管，沿水平的直径位置切开，移去上半部，取内水压力与管壁的环向拉力相平衡，如图7-9所示。

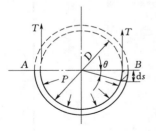

图7-9 圆管环拉力

根据力的平衡条件$\sum Y = 0$，得

$$2T = \int_0^\pi P\sin\theta \times 1 \times \mathrm{d}s = \int_0^\pi P\sin\theta r\,\mathrm{d}\theta = \int_0^\pi \frac{PD}{2}\sin\theta\mathrm{d}\theta = PD$$

因此

$$T = \frac{1}{2}PD$$

管壁环向拉应力为

$$\sigma_\theta = \frac{T}{t \times 1} = \frac{PD}{2t} = \frac{Pr}{t}$$

式中　P——钢管中心处内水压力，$\mathrm{N/mm^2}$；

　　　r——钢管半径，mm；

　　　t——管壁厚度，mm。

根据钢管应力应小于材料允许应力$[\sigma]$的条件：

$$\sigma_\theta = \frac{Pr}{t} < [\sigma] \tag{7-5}$$

式（7-5）称为锅炉公式。考虑焊缝的强度降低，允许应力应乘小于1的焊缝系数ϕ。ϕ可按规范取为$0.9\sim0.95$，根据焊接技术和检验方法而定。由于仅考虑内水压力，按锅炉公式计算时，允许应力一般要降低$5\%\sim15\%$，管径较小和内压较高时降低取小值，管径大且内压低时降低取大值，因此管壁厚度为

$$t \geqslant \frac{Pr}{(0.85-0.95)\phi[\sigma]} \tag{7-6}$$

考虑锈蚀、磨损及钢板厚度误差，管壁厚度应至少比计算值加2mm。此外，还需考虑制造工艺和安装、运输等要求，保证必需的刚度。管壁最小厚度不宜小于（$D/800+4$）mm，也不宜小于6mm。

（二）钢管应力分析

明管敷设在一系列支墩上，为了使管壁受力均匀，支座处的管壁常加支承环，为保持钢管的抗外压稳定，有时需在支承环之间设加劲环，管壁应力计算应选择4个基本计算部位：跨中断面①-①；支承环旁管壁膜应力区边缘，断面②-②；加劲环及其旁管壁，断面③-③；支承环及其旁管壁，断面④-④；如图7-10所示。管壁应力分析时，其计算坐标常取柱坐标$xr\theta$体系，即管轴线方向为x轴，半径方向为r轴，管壁切线方向为θ轴。如图7-11所示。

1. 跨中断面①-①的管壁应力

跨中断面的特点是弯矩最大，剪力等于零。

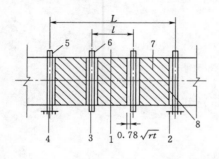

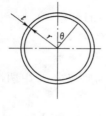

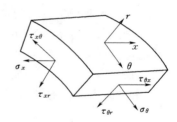

图 7-10　明管应力分析计算部位　　　　　图 7-11　管壁应力计算坐标系

1—跨中管壁；2—支承环近旁管壁边缘；3—加劲环及其近旁管壁；

4—支承环及其近旁管壁；5—支承环；6—加劲环；

7—整体膜应力区；8—局部膜应力区

（1）径向应力 σ_r。在水管内表面承受内水压力，作用于径向的应力 σ_r，等于该处的内水压强，即 $\sigma_r = -\gamma H$。"—"号表示压应力，管壁外表面 $\sigma_r = 0$。此力较小，一般计算中可以忽略。

（2）环向应力 $\sigma_{\theta 1}$。管壁的环向应力主要由内水压力引起。由于管道常沿地形倾斜布置，管轴线有一倾角 α，在压力水管中心处的水头为 H，则管顶的水头为 $H - r\cos\alpha$，管底水头为 $H + r\cos\alpha$。设管壁环向任意点与管顶半径夹角为 θ，则管壁任意点水头为 $H - r\cos\alpha\cos\theta$，如图 7-12 所示。我们取一微小管壁，沿圆周长为 $rd\theta$，沿轴线为单位长度。单位长度上管壁内的环拉力为 T。由图 7-13 可知：

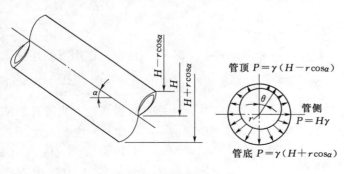

图 7-12　管壁内水压力　　　　　　图 7-13　管壁环向应力

$$\sum y = 0$$

$$2T\sin\frac{d\theta}{2} = Prd\theta$$

$$P = \gamma(H - r\cos\alpha\cos\theta)$$

因为 $d\theta$ 很小，$\sin\dfrac{d\theta}{2} \approx \dfrac{d\theta}{2}$，所以

$$T = \gamma r(H - r\cos\alpha\cos\theta)$$

$$\sigma_{\theta 1} = \frac{T}{t \times 1} = \frac{\gamma r}{t}(H - r\cos\alpha\cos\theta) = \frac{Pr}{t}\left(1 - \frac{r}{H}\cos\alpha\cos\theta\right) \qquad (7-7)$$

式中　H——钢管中心处计算水头，mm；

α——管轴线倾角，(°)；

θ——环向任意点与管顶半径的夹角，(°)；

γ——水体容重，N/mm^3；

其他符号同前。

（3）轴向应力 σ_x。跨中断面的轴向应力 σ_x 由两部分组成：

1）由轴向力引起的轴向应力 σ_{x1}。

$$\sigma_{x1} = \frac{\sum A}{F} = \frac{\sum A}{2\pi rt} \tag{7-8}$$

式中 $\sum A$——作用在该断面以上钢管上所有的轴向力（表 7-5）的总和，N；

F——钢管横断面积，mm^2。

2）由管重和管中水重的法向力引起的轴向应力 σ_{x2}，将钢管视为一根连续梁，支承在镇墩和一系列支墩上。下端的镇墩作为固定端，上端的伸缩节处作为自由端，法向力相当于均布荷载作用在连续梁上，如图 7-14 所示。跨中管壁的 θ 方向各点的应力为

$$\sigma_{x2} = -\frac{M}{W}\cos\theta = -\frac{M}{\pi r^2 t}\cos\theta \tag{7-9}$$

式中 M——管重和水重作用下的连续空心梁弯矩，N·mm，正负号按图 7-14 而选；

W——空心梁的断面模数，$W = \pi r^2 t$，mm^3。

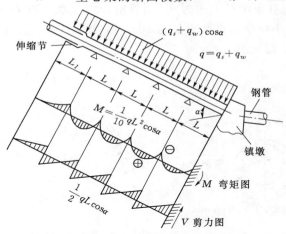

图 7-14 法向力引起的弯矩和剪力

如果同时计入地震力作用，则轴向应力 σ_{x2} 为

$$\sigma_{x2} = \frac{1}{\pi r^2 t}(-M\cos\theta + M_e\sin\theta) \tag{7-10}$$

式中 M_e——地震力作用下的连续梁弯矩，$M_e \approx \frac{n_e M}{\cos\alpha}$，N·mm；

n_e——地震系数，当设计烈度为 7 度、8 度、9 度时，n_e 分别为 0.05、0.1、0.2。

（4）剪应力 $\tau_{x\theta}$。因为跨中不产生剪应力，所以 $\tau_{x\theta} = 0$。

2. 支承环旁管壁膜应力区边缘，断面②-②的管壁应力

断面②-②靠近支承环，但在支承环的影响范围之外，该处有管重和水重的法向分力引起的剪力 V。剪应力是在垂直 x 轴的平面上，方向沿管壁的切线方向即环向，因此记为 $\tau_{x\theta}$，根据"材料力学"教程的公式：

$$\tau_{x\theta} = \frac{VS_R}{bJ}$$

式中 V——管重和水重法向分力作用下的连续梁剪力，N；

S_R——计算点以上管壁环形截面积对重心轴的面积矩，mm^3；

b——受剪截面宽度，$b = 2t$，mm；

J——截面惯性矩，$J=\pi D^3 t/8$，mm^4。

S_R 的计算如下：如图 7-15 所示，取一小段管壁 $dF=rd\phi\cdot t$，该面积对中和轴的面积矩为

$$dS_R=dF\cdot C=rd\phi\cdot t\cdot r\sin(90°-\phi)=r^2 t\cos\phi\cdot d\phi$$

计算点（$\phi=\theta$）以上管壁面积对中和轴的面积矩：

$$S_R=\int_{-\theta}^{\theta}dS_R=2r^2 t\sin\theta$$

因此

$$\tau_{x\theta}=\frac{V\times 2r^2 t\sin\theta}{2t\pi r^3 t}=\frac{V\sin\theta}{\pi rt} \tag{7-11}$$

当 $\theta=0°$（管顶）和 $\theta=180°$（管底）时，$\tau_{x\theta}=0$；当 $\theta=90°$（管侧）时，$\tau_{x\theta}=\dfrac{V}{\pi rt}$，达最大值。

如果同时计入地震力作用，则剪应力为

$$\tau_{x\theta}=\frac{1}{\pi rt}(V\sin\theta-V_e\cos\theta) \tag{7-12}$$

式中　V_e——地震力作用下，连续梁剪力，$V_e\approx\dfrac{n_e V}{\cos\alpha}$；

n_e、V 符号意义同前。

$\tau_{x\theta}$ 的分布如图 7-16 所示，该图为以上各应力的综合图。

断面②-②其他正应力 σ_r、σ_θ 和 σ_x 均与断面①-①相同。

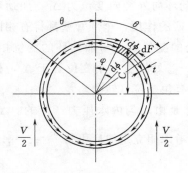

图 7-15　面积矩的计算

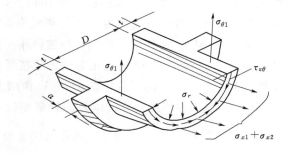

图 7-16　管壁应力分布和方向示意图

3. 加劲环及其旁管壁，断面③-③的管壁应力

（1）轴向应力 σ_{x3}。由于加劲环存在，管壁在内水压力和管重作用下的径向变形受到了限制，因而产生了局部应力，变形如图 7-17（a）所示。加劲环对管壁约束的影响范围，每侧为 l'。l' 又称等效翼缘宽度。由弹性理论分析可得

$$l'=\frac{\sqrt{rt}}{\sqrt[4]{3(1-\mu^2)}}=0.78\sqrt{rt} \tag{7-13}$$

式中　μ——钢材的泊松比。

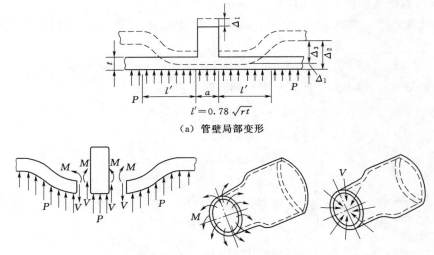

（a）管壁局部变形

$l'=0.78\sqrt{rt}$

（b）切口处均布的径向弯矩和剪力

图 7-17　加劲环及其旁管壁变形示意图

对于 l' 范围以外的管壁，已不受加劲环的影响，也就不存在局部应力。在计算时，加劲环有效断面 F，为其自身净断面 F' 加上两侧各长为 $0.78\sqrt{rt}$ 的管壁面积。

分析时仅考虑内水压力的作用。在内水压力作用下，由于是轴对称，因此管壁圆周上各处弯矩和剪力值都相等。设想将加劲环与管壁切开，根据变形相容条件可以证明，在切口处存在着均布的径向弯矩 M' 和剪力 V'，如图 7-17（b）所示。

设在内水压力 P 和管壁传来的剪力 V' 作用下，加劲环向外径向变位为 Δ_1，加劲环影响范围以外的管壁向外径向变位为 Δ_2。如果没有 M' 和 V' 的作用，全部管壁都将有相同的变位 Δ_2；但是在 M' 和 V' 作用下，钢管与加劲环连接处的变位应该与加劲环的变位相同，等于 Δ_1；我们可以看作 M' 和 V' 作用下使钢管在断面③-③处发生一个变位等于 Δ_3，根据连续条件，$\Delta_3=\Delta_2-\Delta_1$，同时管壁在 M' 和 V' 作用下没有角变位（转角）。

1）求 Δ_2。在加劲环影响范围以外的管壁变位 Δ_2，是由均匀内水压力产生的。Δ_2 为半径的增长，其相对值 Δ_2/r，即管壁的环向应变值 ε，考虑胡克定律后可得 $\dfrac{\Delta_2}{r}=\varepsilon=\dfrac{\sigma_\theta}{E}$。

将式（7-5）的 $\sigma_\theta=\dfrac{Pr}{t}$，代入上式可得

$$\Delta_2=\frac{Pr^2}{tE} \tag{7-14}$$

式中　E——钢材弹性模量，N/mm²。

2）求 Δ_1。

$$\Delta_1=(Pa+2V')\frac{r^2}{F'E} \tag{7-15}$$

式中　a——加劲环宽度，mm；

　　　F'——加劲环净截面积，mm²，不包括管壁翼缘。

3）求 Δ_3。根据弹性理论，M' 与 V' 之间存在关系如下：

$$M' = \frac{V'}{2k} \qquad (7-16)$$

管壁径向变位为

$$\Delta_3 = \frac{3V'(1-\mu^2)}{k^3 E t^3} \qquad (7-17)$$

式中 k——管壁等效翼缘宽度 l' 的倒数，mm^{-1}，即

$$k = \frac{1}{l'} = \frac{\sqrt[4]{3(1-\mu^2)}}{\sqrt{rt}} = \frac{1}{0.78\sqrt{rt}}$$

根据连续条件，$\Delta_3 = \Delta_2 - \Delta_1$，将式（7-14）、式（7-15）和式（7-17）代入，得

$$\frac{3V'(1-\mu^2)}{k^3 t^3 E} = \frac{Pr^2}{tE} - (Pa + 2V')\frac{r^2}{F'E} \qquad (7-18)$$

再将 $k^2 = \frac{\sqrt{3(1-\mu^2)}}{rt}$ 代入上式，化简后得

$$V' = \frac{P}{k}\beta \qquad (7-19)$$

代入式（7-16）得

$$M' = \frac{P}{2k^2}\beta \qquad (7-20)$$

$$\beta = \frac{F' - at}{F' + 2t/k} = \frac{F' - at}{F' + 2tl'} = \frac{F' - at}{F} \qquad (7-21)$$

式中 F——加劲环有效截面积，mm^2，包括管壁等效翼缘。

最后可得局部弯矩 M' 产生的管壁轴向应力 σ_{x3} 为

$$\sigma_{x3} = \pm\frac{M'\frac{t}{2}}{\frac{1\times t^3}{12}} = \pm\frac{6M'}{t^2} = \pm\frac{3Pr}{\sqrt{3(1-\mu^2)}t}\beta = \pm\frac{\sqrt{3}}{\sqrt{1-\mu^2}}\beta\frac{Pr}{t}$$

$$\mu = 0.3，则 \sigma_{x3} = \pm 1.816\beta\frac{Pr}{t} \qquad (7-22)$$

式中的正号代表管壁内缘受拉，负号代表管壁外缘受压。

（2）剪应力 τ_{xr}。上述剪力 V' 在加劲环旁壁内产生剪应力 τ_{xr}，作用方向指向管中心，其值 $\tau_{xr} = V'/(1\times t) = 1.5\beta P/(kt)$（管壁中面）或 $\tau_{xr} = 0$（管壁内、外缘）。因其值较小，且管壁综合应力的控制点在管壁内外缘，故 τ_{xr} 可不计。

（3）环向应力 $\sigma_{\theta 2}$。加劲环净截面除承受径向的均匀内水压力 Pa 外，还承受外侧径向剪力 $2V'$，如图 7-17（b）所示。总环向拉应力为

$$\sigma_{\theta 2} = \frac{r}{F'}(Pa + 2V')$$

将式（7-19）代入上式得

$$\sigma_{\theta 2} = \frac{r}{F'}\left(Pa + \frac{2P}{k}\beta\right) = \frac{Pr}{F'}(a + 2l'\beta) \qquad (7-23)$$

根据式（7-21）可得

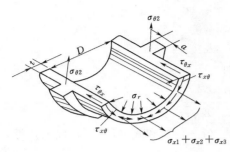

图7-18　加劲环断面管壁应力分布和方向示意图

$$F' = \frac{t(2l'\beta + a)}{1 - \beta}$$

将上式代入式（7-23），即可得

$$\sigma_{\theta 2} = \frac{Pr}{t}(1 - \beta) \qquad (7-24)$$

（4）剪应力 $\sigma_{\theta x}$。由管重和水重在管壁中引起的剪应力 $\tau_{\theta x}$ 用式（7-11）计算，而

$$\tau_{\theta x} = \tau_{x\theta}$$

断面③-③的轴向应力 σ_{x1}、σ_{x2} 和剪应力 $\tau_{x\theta}$ 的计算，均与断面②-②相同。

综合断面③-③各应力方向和分布，如图7-18所示。

4. 支承环及其旁管壁，断面④-④的管壁应力

支承环与加劲环从形式上看都是一个套焊在管壁外缘的钢环，因此断面④-④的管壁应力 σ_{x1}、σ_{x2}、σ_{x3}、$\sigma_{\theta 2}$、$\tau_{x\theta}$、$\tau_{\theta x}$、τ_{xr} 的计算均与断面③-③相同。但支承环还承担着由于传递管重和水重法向力 Q 给支墩而引起的支承反力，从而在支承环内产生附加应力。随着支承方式和结构不同，应力状态也不同。

（1）支承环的支承方式。大中型水电站明钢管上的支承环支承方式有侧支承和下支承两种形式，如图7-19所示。图中点画线为支承环有效截面重心轴，它与圆心距离为半径 R，支墩支承点至支承环截面有效重心轴距离为 b，支承反力为 $\frac{Q}{2}\cos\alpha$。

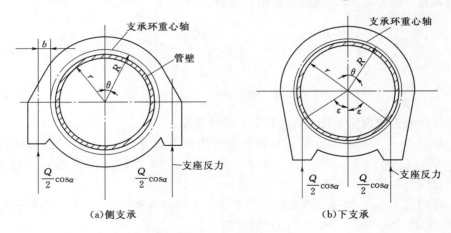

（a）侧支承　　　　（b）下支承

图7-19　支承环的支承方式

（2）支承环内力计算。常采用"结构力学"教程中的方法进行支承环的内力计算。因为钢管断面是一个对称圆环，是一个三次超静定结构。可用弹性中心法计算支承环上各点的内力。

当采用侧支承时，设支承反力离支承环重心轴距离为 b。根据分析，在设计时常取

$b=0.04R$，使环上最大正弯矩与最大负弯矩接近相等，则钢材的利用最为经济。地下明钢管有时采用下支承，一般 $\varepsilon=30°\sim90°$ 可能经济些。符号 ε 的意义如图 7-19（b）所示。

1）侧支承式支承环的内力计算。支承环所承受的荷载主要是管重和水重法向分力产生的剪力（表现为支承环两侧壁上的剪应力 $\tau_{x\theta}$），以及支墩每侧的反力 $\dfrac{Q}{2}$；还有支承环自重，但相对较小。钢管一般都是倾斜布置，支承反力为 $\dfrac{Q}{2}\cos\alpha$。管重和水重在支承环两侧管壁上产生的剪应力均为 $\tau_{x\theta}=\dfrac{Q}{2\pi rt}\sin\theta\cos\alpha$，因此沿管壁圆周单位长度上作用在支承环上的剪力为

$$S_{x\theta}=2\tau_{x\theta}t\times1=\frac{Q}{\pi r}\sin\theta\cos\alpha \tag{7-25}$$

要进行对支承环截面的内力计算，实际上是要计算一个封闭圆环各断面上的弯矩 M_R、剪力 T_R 和轴力 N_R。其计算简图如图 7-20 所示。利用弹性中心法，将圆环顶部切开加上内力 T_G 和 M_G；由于圆环是对称图形，该处没有剪力，把内力移到弹性中心，令弹性中心处的力矩为 M_0，推力为 T_0。

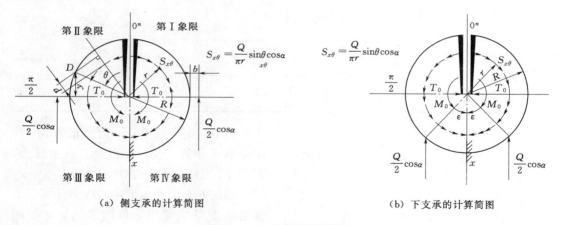

（a）侧支承的计算简图 　　　　　　　　（b）下支承的计算简图

图 7-20　支承环计算简图

由弹性中心法的公式可得

$$M_0=-\frac{\int M_s\,\mathrm{d}s}{\int\mathrm{d}s} \tag{7-26}$$

$$T_0=\frac{\int M_s y\,\mathrm{d}s}{\int y^2\,\mathrm{d}s} \tag{7-27}$$

式中　　M_s——圆环上各点的静定力矩，$\mathrm{N\cdot mm}$，以顺时针方向为正；

　　　　y——弧的纵坐标，mm；

　　　　$\mathrm{d}s$——弧长的微分，mm。

求出弹性中心处的 M_0 及 T_0 后，即可得到环顶切口处的内力 M_G、T_G，从而可推求出封闭圆环（支承环）任一断面上的内力 M_R、T_R 和 N_R。

导出的计算公式列于表 7 - 8，从表中可以看出，支承环内力除取决于它的几何尺寸及荷载 Q、$S_{x\theta}$ 以外，还与支点的位置 b 有关。当 $b=0.04R$ 时，支承环各断面的内力分布情况如图 7 - 21 所示。

表 7 - 8 　　　　　　　　　　**侧支承式的支承环任一断面的内力计算公式**

内力	象限	任一断面的内力	$\theta=0°$，$\dfrac{\pi}{2}$，π 等断面内力	
弯矩 M_R	Ⅰ 或 Ⅱ	$M_R=\dfrac{QR}{2\pi}\left[\theta\sin\theta+\left(\dfrac{2b}{R}+\dfrac{3}{2}\right)\cos\theta-\dfrac{\pi}{2}\left(1+\dfrac{b}{R}\right)\right]$	$\theta=0°$	$M_R=-\dfrac{QR}{2\pi}\left(0.07-0.43\dfrac{b}{R}\right)$
			$\theta=\dfrac{\pi}{2}$	$M_R=-\dfrac{Qb}{4}$，$M'_R=\dfrac{Qb}{4}$
	Ⅳ 或 Ⅲ	$M_R=-\dfrac{QR}{2\pi}\left[\pi-\theta\sin\theta-\left(\dfrac{2b}{R}+\dfrac{3}{2}\right)\cos\theta-\dfrac{\pi}{2}\left(1+\dfrac{b}{R}\right)\right]$	$\theta=\pi$	$M_R=\dfrac{QR}{2\pi}\left(0.07-0.43\dfrac{b}{R}\right)$
轴力 N_R	Ⅰ 或 Ⅱ	$N_R=\dfrac{Q}{\pi}\left[\left(\dfrac{r-b}{R}-\dfrac{3}{4}\right)\cos\theta-\dfrac{\theta}{2}\sin\theta\right]$	$\theta=0°$	$N_R=\dfrac{Q}{\pi}\left(\dfrac{r-b}{R}-0.75\right)$
			$\theta=\dfrac{\pi}{2}$	$N_R=-\dfrac{Q}{4}$，$N'_R=\dfrac{Q}{4}$
	Ⅳ 或 Ⅲ	$N_R=\dfrac{Q}{\pi}\left[\left(\dfrac{r-b}{R}-\dfrac{3}{4}\right)\cos\theta+\dfrac{\pi-\theta}{2}\sin\theta\right]$	$\theta=\pi$	$N_R=-\dfrac{Q}{\pi}\left(\dfrac{r-b}{R}-0.75\right)$
剪力 T_R	Ⅰ 或 Ⅱ	$T_R=-\dfrac{Q}{\pi}\left[\left(\dfrac{r-b}{R}-\dfrac{5}{4}\right)\sin\theta+\dfrac{\theta}{2}\cos\theta\right]$	$\theta=0°$	$T_R=0$
			$\theta=\dfrac{\pi}{2}$	$T_R=-\dfrac{Q}{\pi}\left(\dfrac{r-b}{R}-1.25\right)$
	Ⅳ 或 Ⅲ	$T_R=-\dfrac{Q}{\pi}\left[\left(\dfrac{r-b}{R}-\dfrac{5}{4}\right)\sin\theta-\dfrac{\pi-\theta}{2}\cos\theta\right]$	$\theta=\pi$	$T_R=0$

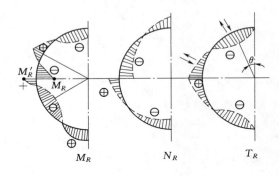

图 7 - 21　$b=0.04R$ 时支承环内力图

图中弯矩画在受拉一边，正的 M_R 表示支承环外侧受拉，正的 N_R 表示拉力，正的 T_R 方向如图 7 - 21 中 ↓↑ 所指。

（3）下支承式支承环的内力计算。下支承环支点位置用 ε 角度来确定，如图 7 - 19（b）所示。仍用弹性中心法计算内力，计算简图如图 7 - 20（b）所示。支承环任意断面内力计算公式可查 SL 281—2003《水电站压力钢管设计规范》。不论是侧支承或是下支承，当需要考虑地震时

尚需计算横向地震力作用下产生的内力，计算公式见上述规范。

当计算出支承环支承反力产生的弯矩 M_R、轴力 N_R 和剪力 T_R 后，它们所产生的应力分别为

正应力

$$\sigma_{\theta 3}=\frac{N_R}{F} \tag{7 - 28}$$

$$\sigma_{\theta4}=\frac{M_R Z_R}{J_R}=\frac{M_R}{W_R} \tag{7-29}$$

剪应力
$$\tau_{\theta r}=\frac{T_R S_R}{J_R a}（支承环腹板） \tag{7-30}$$

式中　N_R——支承环横截面上的轴力，N；

　　　　M_R——支承环横截面上的弯矩，N·mm；

　　　　Z_R——计算点与重心轴的距离，mm；

　　　　J_R——支承环有效截面对重心轴的惯性矩，mm⁴；

　　　　W_R——支承环有效截面对重心轴的断面矩，mm³；

　　　　T_R——支承环横截面上的剪力，N；

　　　　S_R——支承环有效截面积上，计算点以外部分截面对重心轴的静矩，mm³；

　　　　a——支承环与管壁接触宽度或腹板厚度，mm；

　　　　F——支承环有效截面积，mm²，包括管壁等效翼缘。

　　综合断面④-④各应力方向和分布，如图7-22所示。

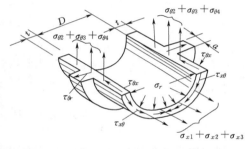

图7-22　支承环断面管壁应力分布和方向示意图

（三）强度校核

　　钢管受力属于三维应力状态，计算出各种应力后，应按本章第三节所述方法进行强度校核，各计算点的应力必须满足式（7-2）的要求。如果不满足要求，可重新调整管壁厚度或支墩间距，直到满足强度要求为止。

五、明钢管的抗外压稳定校核

　　水电站引水管道可能在机组负荷变化过程中产生负水击使管道内产生负压，或者在钢管放空时由于通气孔失灵而产生真空。钢管在管外大气压力作用下可能丧失稳定，管壁被压扁。因此，必须根据钢管处于真空状态时不致产生不稳定变形的条件来校核管壁厚度或采取措施。

　　近似把钢管作为一均匀和无限长的圆筒进行分析。取单位长度的圆环来考虑，它承受均匀外压力 P，当 P 值逐渐增加达到临界值 P_{cr}，圆环就丧失稳定；而在 P_{cr} 作用下，维持一定的变形状态，如图7-23（a）所示。实线为圆环变位前的情况，虚线为变位后的情况。设在 A 点的径向变位为 y_A，其他点的变位为 y，如图7-23（b）所示。将圆环切出一段弧长，加上内力对圆心取力矩的平衡条件可得到

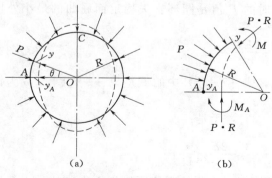

图7-23　圆管在外压下的屈曲

$$M_A-M+Pr(r-y_A)-Pr(r-y)=0$$

因此

$$M = M_A - Pr(y_A - y) \tag{7-31}$$

考虑变位 y 值很小，外压力 P 均通过圆心，所以对 O 点没有力矩。圆环的弯曲方程式为

$$\frac{\mathrm{d}^2 y}{\mathrm{d}\theta^2} + y = -\frac{Mr^2}{EJ} \tag{7-32}$$

将式（7-31）代入上式得

$$\frac{\mathrm{d}^2 y}{\mathrm{d}\theta^2} + y = -\frac{r^2}{EJ}[M_A - Pr(y_A - y)]$$

$$\frac{\mathrm{d}^2 y}{\mathrm{d}\theta^2} + y\left(1 + \frac{Pr^3}{EJ}\right) = \frac{-M_A r^2 + Pr^3 y_A}{EJ}$$

式中　　r——圆环半径，mm；

　　　　E——钢的弹性模量，N/mm²；

　　　　J——惯性矩，mm⁴。

令

$$k^2 = 1 + \frac{Pr^3}{EJ}$$

$$\frac{\mathrm{d}^2 y}{\mathrm{d}\theta^2} + k^2 y = \frac{-M_A r^2 + Pr^3 y_A}{EJ}$$

其通解为

$$y = A\sin k\theta + B\cos k\theta + \frac{-M_A r^2 + Pr^3 y_A}{EJ + Pr^3}$$

利用边界条件决定 A、B 两个积分常数，在 A 点处 $\theta = 0$，$\frac{\mathrm{d}y}{\mathrm{d}\theta} = 0$；在 C 点处 $\theta = \frac{\pi}{2}$，$\frac{\mathrm{d}y}{\mathrm{d}\theta} = 0$。由此得出，$A = 0$，$B\sin\frac{k\pi}{2} = 0$。

因为 B 不能为零，所以必须 $\sin\frac{k\pi}{2} = 0$，即 k 应是任意正偶数，因此圆环不稳定平衡条件是：

$$P = (k^2 - 1)\frac{EJ}{r^3} \quad (k \text{ 为正偶数})$$

符合此条件的 P 值的最小值，即 $k = 2$ 时的 P 值是圆环丧失稳定而屈曲的最小外压值，称为临界压力 P_{cr}，计算式为

$$P_{cr} = \frac{3EJ}{r^3} \tag{7-33}$$

对长圆筒的薄钢管要考虑平面应变问题，式（7-33）中的 E 应以 $\frac{E}{1-\mu^2}$ 代替，μ 为钢材的泊松比，则 $EJ = \frac{E}{1-\mu^2}\frac{1t^3}{12}$，代入式（7-33），于是：

$$P_{cr} = \frac{3}{r^3}\frac{Et^3}{12(1-\mu^2)} = \frac{2E}{1-\mu^2}\left(\frac{t}{D}\right)^3$$

为安全起见，引入安全系数 K，则光滑管亦即无刚性环的明钢管不失稳的最小管壁厚度计算公式为

$$P_{cr} = \frac{2E}{(1-\mu^2)}\left(\frac{t}{D}\right)^3 \geqslant KP \qquad (7-34)$$

式中 D——钢管直径，mm；

t——钢管管壁厚度，mm；

P——钢管外压荷载设计值，N/mm²。

明管外压荷载设计值最大为一个大气压强，即 $P=0.1$MPa，钢的弹性模量 $E=2.0\times 10^5$MPa，取 $K=2$，略去 μ^2，代入式（7-34），得到不失稳的条件为

$$t \geqslant \frac{D}{130} \qquad (7-35)$$

如不能满足抗外压稳定要求，可设置加劲环来增加管壁刚度，通常这比增加管壁厚度要经济。

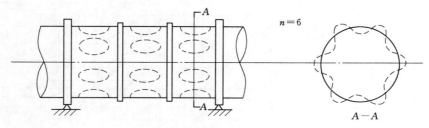

图 7-24 管壁屈曲波形示意

加劲环的刚性应足够大，在设计外压下不应失稳。这时相邻两个加劲环之间的光滑管壁，因两端已受到刚性约束，在外压作用下，失稳变形的一般形态将不是如图 7-23 所示的双波形，而是如图 7-24 所示的多波形。发生多波形屈曲所需的外压值要比发生双波形屈曲的外压值［式（7-33）］大。当加劲环间距很小时，其间管壁将完全随加劲环而变形，管壁的临界压力即加劲环的临界压力。当加劲环间距相当大时，远离加劲环的管壁已受不到环的加劲约束作用，其临界压力与不设加劲环的光滑管相同，加劲环间管壁产生多波形屈曲的临界压力值计算，我国采用米赛斯公式：

$$P_{cr} = \frac{Et}{r(n^2-1)\left(1+\frac{n^2L^2}{\pi^2 r^2}\right)^2} + \frac{Et^3}{12r^3(1-\mu^2)}\left[n^2-1+\frac{2n^2-1-\mu}{1+\frac{n^2L^2}{\pi^2 r^2}}\right] \qquad (7-36)$$

$$n = 2.74\left(\frac{r}{L}\right)^{1/2}\left(\frac{r}{t}\right)^{1/4} \qquad (7-37)$$

式中 n——屈曲波数；

L——加劲环间距，mm。

上式中仅有加劲环的间距，没有加劲环本身的参数，这是因为上式成立的条件是加劲环不失稳。保持加劲环稳定的条件在下面叙述。

用上式计算时应采用 P_{cr} 为最小值时的 n 值，需用试算法。初估时先用式（7-37）算 n，取整数，再用 $n+1$、n、$n-1$ 三个数分别代入式（7-36）求 P_{cr}，所得最小值就是所求的临界荷载。

用式（7-36）计算很繁，可利用此式制成的如图 7-25 所示曲线直接查求。

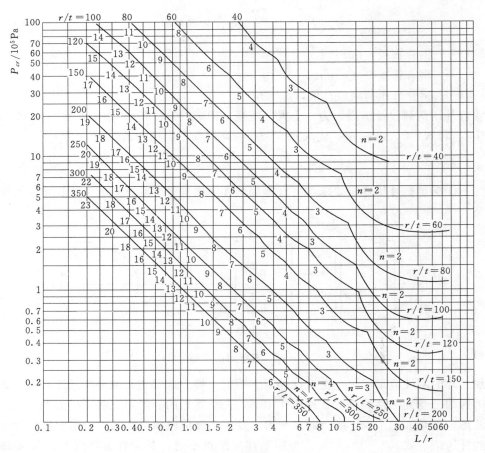

图 7-25　明管临界压力曲线

由式（7-36）、式（7-37）及图 7-25 的曲线可见：当管径和管壁厚度一定时，加劲环的间距越小，管壁在外压下屈曲的波数便越多，临界压力值便越大。

设置加劲环的钢管在外压作用下，加劲环必须同时满足两个要求：①加劲环不能失稳屈曲；②加劲环不失稳时，其横截面的压应力小于材料允许值。

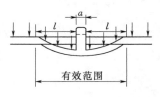

图 7-26　加劲环的有效范围

加劲环两侧附近的一段管壁可以与加劲环一起变形，成为有效翼缘，构成加劲环的一部分。由弹性理论可知，翼缘长度每侧为 $l=0.78\sqrt{rt}$。加劲环的有效截面如图 7-26 所示，图中 a 为加劲环厚度。进行加劲环的临界压力和压应力计算时，都应取其有效截面。

加劲环受外压力时，要维持弹性稳定的临界压力，仍可用式（7-33）。但每个加劲环必须承受长度为 L 的管段上的全部外压，所以应用式（7-33）时，等号右边除以 L。加劲环弹性稳定临界压力为

$$P_{cr1}=\frac{3EJ}{R_k^3 L} \tag{7-38}$$

同时满足加劲环横截面的压应力小于材料允许值的临界压力为

$$P_{cr2} = \frac{\sigma_s F}{rL} \qquad (7-39)$$

式中　J——计算断面对其自身中和轴的惯性矩，mm^4；

　　　R_k——加劲环有效截面中心的半径，mm；

　　　σ_s——钢材屈服强度，N/mm^2；

其他符号意义同前。

因此，明钢管抗外压稳定校核的设计步骤为：首先根据强度确定的光面管厚度计算其临界压力；如不满足稳定要求，可设置加劲环，即先假定加劲环间距、截面尺寸，然后根据式（7-38）和式（7-39）分别计算临界压力，取两者之小值，如果其略大于设计外压力与安全系数的乘积，表示所设定的加劲环参数可以满足要求，否则应重新假定，直到满足要求为止。

六、镇墩和支墩结构分析

（一）镇墩结构分析

镇墩承受明管传递来的轴向力、剪力、弯矩等荷载，其中轴向力 $\sum A_i$ 为主要外荷载。镇墩必须以其自重来平衡外荷载，以满足抗滑和抗倾覆稳定及地基承载能力等要求。

镇墩结构分析的内容如下。

1. 作用力分析

求出作用于明钢管而传到镇墩上的各种力，并按照温升情况下钢管充水运行、钢管放空和温降情况下钢管充水运行、钢管放空等进行最不利的组合。

2. 求轴向力分量

设 x 轴水平顺水方向为正，y 轴垂直向下为正，水管轴线交点为坐标原点。如图 7-27 所示，求出轴向力总和在 x 和 y 轴上的分力：

$$\sum X = \sum X' + \sum X'' = \sum A' \cos\alpha' + \sum A'' \cos\alpha''$$
$$\sum Y = \sum Y' + \sum Y'' = \sum A' \sin\alpha' + \sum A'' \sin\alpha''$$
$$(7-40)$$

3. 拟定镇墩尺寸

镇墩的尺寸应能够将钢管的转弯段完全包住。镇墩上游面为使钢管受力均匀而垂直管轴，管道的外包混凝土厚度不宜小于管径的 $2/5\sim4/5$。为维护、检修方便，管道底距地面

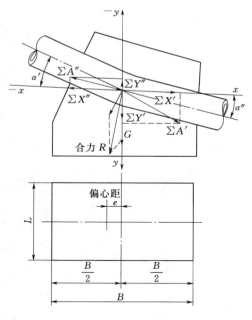

图 7-27　镇墩受力示意图

不宜小于 0.6m。在土基上的镇墩，底面常做成水平。镇墩埋深应在冰冻线以下 1m，对岩基不少于 0.5m。地震区应将镇墩较深地埋入地基中并适当加大基础面，同时减小镇墩间距。根据结构上的要求拟定出尺寸后，求出镇墩的重心位置及其重量 G。

4. 求合力作用点及偏心距

利用图解法或数解法求 G 及 $\sum A$ 的合力作用点位置及偏心距 e。应保证 e 在镇墩底宽

的三分点以内。

5. 抗滑稳定校核

抗滑稳定应符合下式要求：

$$K_c = \frac{(\sum Y + G)f}{\sum X} \geqslant [K_c] \qquad (7-41)$$

式中 K_c——抗滑稳定安全系数；

　　f——镇墩与地基间摩擦系数；

　　$[K_c]$——抗滑稳定安全系数容许值，$[K_c]$规定值见表7-9。

表7-9　　　　　　　　　　　　抗滑稳定安全系数

建筑物等级	荷载组合	
	基　本	特　殊
Ⅰ级	1.5	1.3
Ⅱ级	1.4	1.2
Ⅲ级	1.3	1.1

6. 地基承载能力校核

要求地基上均为压应力，且最大值不超过地基的容许值 $[R]$。可按偏心受压公式计算地基应力。

$$\sigma = \frac{\sum Y + G}{BL}\left(1 \pm \frac{6e}{B}\right) \leqslant [R] \qquad (7-42)$$

式中符号意义如图7-27所示，σ 假定压应力为正，要求最大值 $\sigma_{max} \leqslant [R]$，最小值 $\sigma_{max} > 0$，即不应出现拉应力。

（二）支墩结构分析

支墩承受管重和管内水重的法向分力、钢管与支座间的摩擦力。支墩结构分析的原则与镇墩相似，其内容如下：

1. 作用力分析

计算作用在支墩上的力，如图7-28所示。

（1）作用于支墩上的钢管自重分力及水重分力。

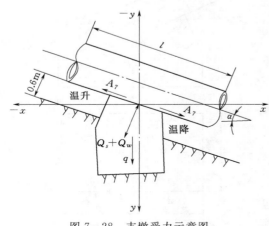

图7-28　支墩受力示意图

$$Q_s = q_s L \cos\alpha \qquad (7-43)$$

$$Q_w = q_w L \cos\alpha \qquad (7-44)$$

（2）钢管与支墩间的摩擦力 A_7。

（3）支墩自重 q。

2. 求水平和垂直分力

以支墩顶面中点为坐标原点，取水平轴 x 顺水流为正，竖轴 y 向下为正，求出各力叠加后的水平分力和垂直分力如下：

$$\sum X = \pm A_7 \cos\alpha - (Q_s + Q_w)\sin\alpha \qquad (7-45)$$

$$\sum Y = \pm A_7 \sin\alpha + (Q_s + Q_w)\cos\alpha + q \qquad (7-46)$$

3. 抗滑、抗倾覆稳定及地基承载力校核

(1) 抗滑稳定。

$$K_c = \frac{[\pm A_7 \sin\alpha + (Q_s + Q_w)\cos\alpha + q]f}{\pm A_7 \cos\alpha - (Q_s + Q_w)\sin\alpha} \geqslant [K_c] \qquad (7-47)$$

(2) 抗倾覆稳定。

$$K_0 = \frac{\sum M_1}{\sum M_2} \geqslant [K_0] \qquad (7-48)$$

式中　$[K_c]$——允许抗滑稳定系数；

　　　$\sum M_1$——抗倾覆力矩总和，N·mm；

　　　$\sum M_2$——倾覆力矩总和，N·mm；

　　　$[K_0]$——允许抗倾覆稳定系数，设计情况 $[K_0]=1.5$，校核情况 $[K_0]=1.2$。

计算时根据对稳定最不利的情况用 A_7 的正号或负号。

七、明钢管的伸缩节、进人孔及排水孔

1. 伸缩节

伸缩节是分段敷设的明钢管上必设的管道附件，其功用是在温度升高或降低时使钢管沿轴线方向可以伸缩，从而消除或减少温度应力。设置在水轮机前阀门处的伸缩节还可以适应微量的不均匀沉陷引起的钢管角变位，同时为阀门拆装提供方便。

图 7-29 (a) 为单向滑动套筒式结构，制造、安装、运行及检修均较方便，但只能有轴向位移。图 7-29 (b) 是双向滑动套筒式，结构较复杂，可以有轴向位移，也可以

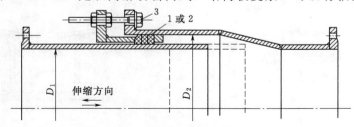

(a) 单向滑动套筒伸缩节

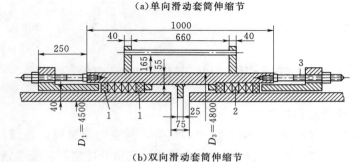

(b) 双向滑动套筒伸缩节

图 7-29　伸缩节 (单位：mm)

1—橡皮填料；2—大麻或石棉填料；3—拉紧螺栓

有微小的径向位移，适用于地质条件差的情况或者有径向位移的伸缩沉降缝处的钢管道部位。伸缩节止水靠止水填料，如油浸麻绳、橡皮圈、石棉橡胶绳等，在掺有石墨粉的动物油中浸过后，放入止水套筒中，靠压紧环将填料压紧。伸缩节滑动的长度，除考虑温度变化引起的伸缩外，还应附加大于 50mm 的裕量。

图 7-30 为近年来在水电站引水压力钢管上开始采用的波纹伸缩节，在此基础上改进而来的波纹密封套筒式伸缩节，包括波纹管、波芯体和外套管等基本构件，也已成功替代了我国一系列大中小型水电站引水压力钢管的常规套筒式伸缩节，如图 7-31 所示。

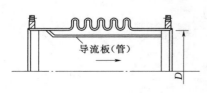

图 7-30　波纹管伸缩节

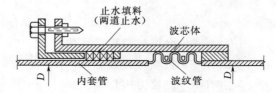

图 7-31　波纹密封套筒式伸缩节

2. 进人孔

进人孔的功用是为了进入管道内进行检查、修理或涂装，如图 7-32 所示。进人孔设置在镇墩的上游侧，以便固定缆索、小车、吊笼等机具。进人孔间距一般不大于 200m 设一个，其尺寸一般做成大于 45cm 的圆孔或 45cm×50cm 的椭圆孔，孔上用可拆卸的盖板密封。

3. 排水孔

钢管上还应设有排水孔。设置在钢管的最低处供检修放空时排除管内积水及泥沙。其构造如图 7-33 所示。

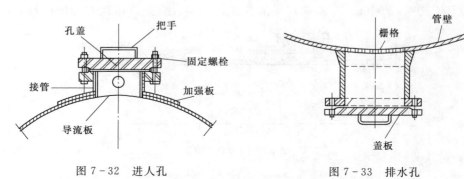

图 7-32　进人孔　　　　　　　　　　图 7-33　排水孔

第七节　地　下　埋　管

一、地下埋管的特点和构造

地下埋管通常是指埋藏于地层岩石之中的钢管，其竖向布置可以是倾斜的、竖直的，所以也被称为斜井、竖井，或称为隧洞式压力管道。它由开挖岩洞，安装钢衬，再在岩层与钢衬之间浇筑混凝土做成。这类管道有时不用钢管做衬砌而用其他衬砌形式。

（一）工作特点及适用条件

地下埋管是大中型水电站中应用最多的一种压力管道。国外已建和在建的装机容量为

1000MW 以上的常规水电站中，采用地下埋管的就占 40％ 左右。全世界已建和在建的容量为 1000MW 以上的抽水蓄能电站，绝大多数采用地下埋管。世界上承受水头最高和 HD 值最大的管道也是地下埋管。我国已建的水电站中，向家坝右岸地下电站是采用地下埋管最大的水电站（装机容量为 $4 \times 800MW$，最大设计内压 242m，最大管径 14.4m），已建成的最大的地下水电站溪洛渡水电站，也采用了地下埋管。地下埋管得到这样广泛的应用，是因为与明管相比，它具有一些突出的优点。

（1）布置灵活方便。明管要求比较好的地形和地质条件，即坡度适中，地基有足够强度，无滑坡、泥石流、雪崩等危险，无强烈地震等。地下埋管埋设在岩体内部，地质条件优于地表，管线位置选择比较自由，而且往往可以缩短管道长度。在明管不易修建的地方，地下埋管总是可以布置的。至于地下厂房，必然要全部或部分采用地下埋管。近几十年来岩石力学和地下工程设计、施工技术有了迅速发展，修建压力竖井和斜井的技术相当成熟，施工条件和费用在有的国家已开始优于地面管道。

（2）利用围岩分担内水压力，减少钢衬壁厚。不仅坚固的围岩可以承担内水压，即使地质条件较差，采取适当措施后，仍可发挥围岩的承载力。减少钢衬壁厚，不仅可以降低造价，而且使制造、焊接、安装等工作简化，在保证钢衬质量，加快安装速度方面，其优越性甚至更为重要。特大容量、高水头的管道，HD 值很大，采用明管技术上难于实现，采用地下埋管就可能解决。

（3）运行安全。地下埋管的运行不受外界条件影响，维护简单。围岩的极限承载能力一般很高，钢材又有良好的塑性，因此管道的超载能力很大。

地下埋管也有其缺点：

（1）它构造比较复杂，施工安装工序多，工艺要求较高，而地下施工条件又较差。这些因素会使造价增加，工程质量不易保证，而且影响工期，有时地下埋管会成为电站投产的关键。

（2）在地下水压力较高的地方，钢衬可能受很大外压，造成失稳。国内外地下埋管的破坏事故中，多数是外压失稳。

（二）布置

地下埋管线路应尽量选择在地形、地质条件优越的地区，并与调压室和厂房有良好的总体布置。有利的地形能减少管道长度，从而节约投资和改善机组运行条件，同时便于施工。埋在坚固、完整和覆盖岩层厚的岩体中的管道，可以更多利用围岩承担内水压的能力。要使埋管轴线尽量与岩层构造面垂直。应避开地下水压力和涌水量很大而又不易采取有效排水措施的地段，以避免钢衬在外水压作用下丧失稳定而破坏。

地下埋管宜用单管多机的集中供水方式，若管道较短、引用流量较大，机组台数较多、分期施工间隔较长或工程地质条件不宜开挖大断面洞井，则经技术经济比较，可采用两根或多根管道各向数台机组供水的分组供水方式，相邻两管间距除考虑开挖爆破影响外，还应进行岩体强度验算。

洞井形式（平洞、斜井、竖井）及坡度，应根据布置要求、工程地质条件、施工机械和施工方法的条件选用。

（三）构造与施工要求

地下埋管是钢衬与岩体之间用混凝土回填后共同受力的组合结构，包括开挖、钢衬安装、混凝土回填和灌浆等施工程序。

洞井开挖可以用不同方法。尽量采用光面、预裂爆破或掘进机开挖，保持圆形孔口，减少爆破松动影响。对施工支洞要合理选择其高程及平面位置以利出渣、运输钢衬和混凝土浇筑，并考虑作为永久性排水洞和观测洞的可能。钢管管壁与围岩之间的径向净空尺寸，视施工方法和结构布置（开挖、回填、焊接等方法以及有无锚固加劲构件等）而定。凡钢管就位以后需要在管外焊接作业者，两侧和顶至少留 0.5m，底部至少留 0.6m 或更大。加劲环距岩壁应至少留 0.3m。应尽量避免现场管外焊接，减小加劲环高度，以节省开挖和回填混凝土量。

钢管衬砌一般在加工厂经钢板画线、切割、卷板、拼装、焊接、探伤、除锈、涂防锈层等工艺，焊制成一定长度的管节，运输到洞内用预埋的锚件固定，校正圆度，压缝整平后，焊接安装环缝。

钢衬与围岩之间回填的混凝土仅起传递径向内压力而不必承受环向拉力，因此混凝土强度等级不必太高，但也不宜低于 C20。更为重要的是要采用合适的原材料和级配，合理的输送、浇筑和振捣工艺，以保证回填混凝土密实、均匀并和围岩及钢衬密切配合。斜管及平管的底部，止水环和加劲环附近尤须加强振捣，不许出现疏松区和空洞。在地下水丰富的地层施工时，要特别注意地下水冲走水泥浆而影响混凝土密实。回填混凝土的缺陷会引起钢衬的局部弯曲，特别不利，甚至不如明管。所有这些缺陷常常是造成地下埋管事故的重要原因。采用预埋骨料压浆混凝土和微膨胀水泥等，常可取得较好的效果，而且可将混凝土浇筑和回填灌浆的工艺结合为一，并对钢衬起一定的预压作用。采用竖井和较陡的斜井，有利于回填混凝土的质量。

灌浆分为回填灌浆、接缝灌浆和固结灌浆。关于各种灌浆的必要性，存在不同看法。但我国钢管设计规范作了规定：平洞、斜井应作顶拱回填灌浆，因为顶拱处很不容易浇筑好；在结构分析中，若考虑钢衬与围岩联合受力，应该做钢衬与混凝土之间的接缝灌浆，且宜在气温最低的季节施工，以减少缝隙值。固结灌浆可视具体条件选用。灌浆过程中，应严密监视，防止钢衬失稳等事故。灌浆后，全部灌浆孔均必须严格封堵，以防运行时内水外渗，造成事故。

二、地下埋管承受内压时的强度计算

（一）基本工作原理

图 7-34 为地下埋管承受内水压力前的部分横剖面示意图。在承受内压前，钢衬与混凝土衬圈之间、混凝土衬圈与外围岩石之间存在缝隙 Δ_1、Δ_2，缝隙之和为 $\Delta = \Delta_1 + \Delta_2$，混凝土衬圈外有一层施工爆破造成的岩石破碎区，外围是原来的岩石完整区。埋管承受内压后，钢衬发生径向位移，使缝隙消失后，继续向混凝土衬圈传递内压，使混凝土内发生环向拉应力，从而在衬圈内产生径向均匀裂纹；内压通过径向开裂后的混凝土继续向围岩传递，围岩产生向外的径向位移并形成围岩抗力，使埋管在内压下得到平衡。如果缝隙是均匀的，岩石又是各向同性的，那么地下埋管是轴对称组合筒结构，在均匀内压下的位移和应力可按平面应变情况的变位相容条件得出解析解。其中最主要的是在已定壁厚条件下

求钢衬应力 σ_θ，或在已定允许应力条件下求钢衬壁厚 t。

（二）应力计算和管壁厚度确定

埋管各参数如图 7-34 所示，为了与现行钢管设计规范一致，单位采用 N-mm 制。在内水压 p 作用下，钢管应力可按式（7-49）～式（7-52）计算。

1. 当 $\Delta \geqslant [\sigma]\varphi r/E'$ 时。

钢管环向应力 $\sigma_\theta = pr/t$ （7-49）

或管壁厚度 $t = pr/[\sigma]\varphi$ （7-50）

其中 $E' = E/(1-\mu^2)$

式中 $[\sigma]$——埋管钢管材料的允许应力，N/mm²；

    φ——焊缝系数；

    E'——平面应变问题的钢材弹性模量，N/mm²；

    p——均匀内水压力，N/mm²；

    t——管壁计算厚度，mm；

    r——钢管内半径，mm；

    σ_θ——钢管环向正应力，N/mm²。

2. 当 $\Delta < [\sigma]\varphi r/E'$ 时。

钢管环向应力 $\sigma_\theta = \dfrac{pr + 1000K_0\Delta}{t + 1000K_0 r/E'}$ （7-51）

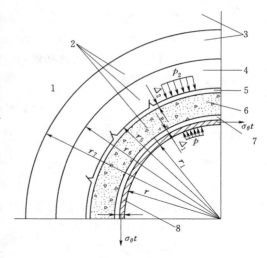

图 7-34 地下埋管计算

1—恒温区；2—热影响区；3—围岩完整区；4—围岩破碎区；5—混凝土衬砌与围岩间缝隙；6—混凝土衬砌；7—钢管与混凝土衬砌间缝隙；8—管壁

或管壁厚度

$$t = \frac{pr}{[\sigma]\varphi} + 1000K_0\left(\frac{\Delta}{[\sigma]\varphi} - \frac{r}{E'}\right)$$ （7-52）

式中 K_0——岩石单位抗力系数（下限值），N/mm³，用于计算钢管厚度。

（三）覆盖围岩厚度要求

（1）埋管在内水压力作用下，钢管上覆盖围岩厚度（不包括风化层）必须同时满足式（7-53）和式（7-54）两个条件，才能按式（7-52）计算管壁厚度。

$$H_r \geqslant 6r_5$$ （7-53）

$$H_r \geqslant \frac{p_2}{\gamma_r\cos\alpha}$$ （7-54）

$$\alpha \leqslant 60°$$

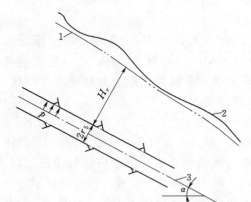

图 7-35 埋管上覆盖围岩厚度

1—基岩计算顶面（已扣除不应计入的岩层）；2—地面线；3—管轴线

式中 H_r——最小覆盖岩石厚度，垂直钢管轴线量取，mm，如图 7-35 所示；

p_2——围岩分担的最大内压，N/mm^2；

γ_r——围岩的重度，取较小值，N/mm^3；

α——埋管轴线与水平线的夹角，(°)。

围岩分担的最大内水压力：

$$p_2 = \frac{pr - \sigma_{\theta1} t}{r_5} \tag{7-55}$$

钢管承受的最小环向应力为

$$\sigma_{\theta1} = \frac{pr + 1000 K_{01} \Delta_{s1}}{t + \dfrac{1000 K_{01} r}{E'}} \tag{7-56}$$

式中　$\sigma_{\theta1}$——内水压力作用下，钢管承受的最小环向正应力，N/mm^2；

K_{01}——取 K_0 最大可能值，N/mm^3；

Δ_{s1}——钢管最小冷缩缝隙值，mm，施工缝隙和围岩冷缩缝隙忽略不计。

（2）若钢管上覆盖围岩厚度满足式（7-53）的要求，而不满足式（7-54）的要求，则令

$$p_2 = \gamma_r H_r \cos\alpha \tag{7-57}$$

$$t = \frac{pr - p_2 r_5}{[\sigma] \varphi} \tag{7-58}$$

（3）若钢管上覆盖围岩厚度不满足式（7-53）的要求，则不计岩石抗力，用明管的允许应力计算管壁厚度。

对于 $\alpha > 60°$，即陡斜井或竖井的情况，抗上抬方法已不适用，但可以用考虑围岩摩擦力的侧推平衡原则分析围岩水平覆盖厚度的要求。一般内摩擦系数小于 1，所以水平覆盖厚度应大于最小垂直覆盖厚度。

（四）影响钢衬应力因素的分析

1. 围岩单位抗力系数 K_0 对钢衬应力的影响

例如：当 $r = 2000mm$、$t = 12mm$、$p = 2MPa$、$\Delta = 0$ 时，当 K_0 分别等于零（围岩无抗力）及 $4 N/mm^3$；钢衬应力则由 333MPa 降为 85.5MPa。可见 K_0 值的选取是很重要的。但是正确地选取 K_0 值也是很不容易的。如果把围岩看做是无限大的均质线弹性体，其弹模和泊松比为 E_r 和 μ_r，那么用弹性理论可以推导出：

$$K_0 = E_r / 1000(1 + \mu_r)$$

即在理想情况下，在实验室内求出岩块试样的 E_r 和 μ_r，即可算得 K_0。但是围岩岩体是由岩块组成的，围岩中总是有节理、裂隙、夹层等地质构造的。围岩内孔口受内压时，这些构造闭合或张开，产生变形，同时岩块受力也变形。岩体孔口的径向位移包括了这两部分。往往前者（构造变形）是主要的。因此根据小块岩石试样的 E_r 和 μ_r 计算 K_0 的方法是不可靠的。如果在现场做规模较大的测试，如试验洞的水压试验，由于在一定程度上包括了地质构造，结果更符合实际。但这类试验与原型相比，往往场所不同，尺寸和荷载不同，所得结果也要谨慎分析后使用。

提高围岩的抗力系数能显著降低钢衬应力，因此工程实践中常常采用固结灌浆来加固围岩，提高 K_0 值。在岩石节理裂隙发育、裂隙中充填物少、可灌性好的条件下，固结灌

浆的效果较好，否则效果可能不好。固结灌浆费用也比较高，工期长，灌浆孔的封堵会影响钢衬质量。因此固结灌浆的必要性应作技术经济比较决定。固结灌浆后岩石承载能力的提高，也必须经试验证实，方能在结构分析中使用。

2. 缝隙值 Δ 对钢衬应力的影响

例如 $r=2000$mm、$t=12$mm、$p=2$MPa、$K_0=4$N/mm^3，当 Δ 分别等于 0 及 1mm 时，钢衬应力由 85.5MPa 增至 171MPa。

工程实践表明，缝隙值 Δ 的变化很大，影响其大小的因素很多，也相当复杂。它主要由以下几部分组成：

(1) 施工缝隙 Δ_0，是混凝土浇筑或接缝灌浆施工完成，且温度恢复正常（水化热消散后）时，钢衬和混凝土衬圈间的间隙和混凝土衬圈与围岩间的间隙的总和。它是由混凝土及灌浆浆液收缩及施工不良造成，其数值因施工方法及施工质量而异。较陡的斜井和竖井有利于保证回填混凝土质量和减小施工缝隙。浇筑混凝土的水化热消散后在低温时进行认真的接缝灌浆可以比较有效地减小施工缝隙。在混凝土浇筑时降低入仓温度和对钢衬进行冷却（如喷洒冷水），也很有效。采用膨胀混凝土回填时，甚至可以不做接缝灌浆。采用预埋骨料压浆混凝土，施工缝隙很小。一般情况下，如管外填筑密实混凝土，并作认真的接缝灌浆，Δ_0 可取 0.2mm。

(2) 钢衬冷缩缝隙 Δ_s，也称钢衬的温差缝隙，其值取决于钢衬竣工时温度和运行时温度之差。前者应取竣工时洞内气温或进行接缝灌浆时洞内最高温度，后者取水温。水温有年变化，Δ_s 也随之有年变化，其值冬季最大。

$$\Delta_s = \alpha_s \Delta t_s r(1+\mu)$$

如是施工季节选择不当，Δ_s 可以达到相当数值。

(3) 围岩冷缩缝隙 Δ_R，是指管道投入运行后，水温低于围岩原始温度，围岩降温冷缩形成的缝隙。围岩完整区温降时，其内周径向位移是向心的，有利于减小缝隙，围岩破碎区，以及开裂的混凝土衬圈，温降后增加缝隙值。Δ_R 可如下估算：

$$\Delta_R = \alpha_r \Delta t_R r \Delta_R'$$

式中　α_r——围岩膨胀系数；

Δt_R——围岩温差；

Δ_R'——围岩破碎区影响系数，可按表 7-10 查取。

表 7-10 　　　　　　　　　　　Δ_R' 取 值

r_6/r_5	1	2	3	5	7	9	10	11
Δ_R'	0	0.8389	1.460	2.312	2.822	3.089	3.151	3.170

上述 3 种缝隙是埋管缝隙的主要部分，计算时可取三者之和，即

$$\Delta = \Delta_0 + \Delta_s + \Delta_R$$

此外，混凝土衬圈的塑性和徐变会形成缝隙，但其值一般较小。围岩塑性和蠕变也形成缝隙，这是不可恢复的变形，其值与岩体节理裂隙情况、充填物性质、岩性和其风化程度、开挖爆破松动影响情况、是否固结灌浆等因素有关，难以可靠地取值。这种变形的影响也可以用适当降低围岩抗力系数 K_0 的办法，在计算中加以考虑。

三、地下埋管的抗外压失稳

地下埋管的钢衬也存在外压作用下失稳的问题。这个问题甚至比内压问题更需注意。国内外地下埋管发生的事故中，钢衬破坏大多是由于受外压失稳造成的。这是因为地下埋管承受内压的潜在安全度相当高，但管道放空时所受外压力的值可能远大于大气压力。

（一）钢衬的外压荷载

（1）地下水压力。钢衬所受地下水压力值，可根据勘测资料选定。根据最高地下水位线来确定外水压力值是稳妥的，但常会使设计值过高。同时要分析水库蓄水和引水系统渗漏等对地下水位的影响。地下水位线一般不应超过地面。

（2）钢衬与混凝土之间接缝灌浆压力。接缝灌浆压力一般为 0.2MPa。

（3）回填混凝土时流态混凝土的压力。其值决定于混凝土一次浇筑的高度，最大可能值等于混凝土容重乘以浇筑高度。

（二）埋管钢衬在外压下失稳的特征

明管的外压值达到式（7-33）的临界压力值，钢管将发生如图 7-23（a）所示的变形。明管位于大气中不受约束，所以外压略超过临界压力，钢管就会产生很大的屈曲变形，丧失其使用功能。埋管的钢衬在外压下的变形性能与此有很大不同，因为钢衬的变形要受到外围混凝土的限制。

如图 7-36（a）所示，钢衬与混凝土衬砌之间存在初始均匀缝隙 Δ。当外压达到明管的最小临界压力（$k=2$）时，钢衬发生屈曲；但其挠度即径向变位达到 Δ 时，钢衬屈曲波峰即与混凝土接触而受到其抗力，变形不再发展。如果此时钢衬内最大应力未达到材料屈服强度，则钢衬在此外压下可保持新的稳定状态，不丧失其使用性能，并不失稳。如果外压值继续增加，达到由第六节中得出的公式 $P=(k^2-1)EJ/r^3$ 所算得的相应于 k 为大于 2 的整偶数时的 P 值，钢衬将发生更多波形的屈曲，其应力值也相应增加，一直达到材料屈服值。如外压继续增加，钢衬将发生塑性流动而导致大变形，从而丧失其使用性能。工程上，钢衬应力达到屈服强度时的状态称为失稳，相应的外压力为临界压力。临界状态时屈曲波有 n 个，沿整个圆周同时发生，屈服波峰紧贴混凝土。屈曲波轴线如图 7-36（a）中虚线所示，它与原钢衬位置不同，是因为在外压下钢衬受到了环向压缩，原环向轴线缩短了。

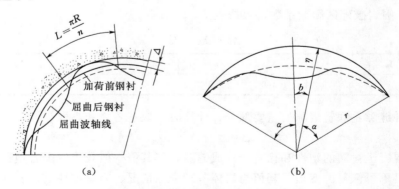

（a）　　　　　　　　　　　　（b）

图 7-36　埋管钢衬外压下屈曲

上述钢衬在外压下的屈曲变形只是钢衬屈曲的一种可能形式。另外一种可能形式如图 7-36 (b) 所示。在外压作用下，钢衬圆周上有可能出现几个初始波，但随着荷载的增加，钢衬将首先在某个薄弱部位屈曲，从而减小了其他部位的管壁发生屈曲的可能。因此这是一种局部屈曲。当外压增加到屈曲后的钢衬的最大纤维应力达到材料屈曲强度时，认为即是失稳状态，相应的外压力为临界压力。

不论哪一种屈曲状态，都是以钢衬的最大纤维应力达屈服强度作为钢衬失稳的判据。而钢衬的屈曲应力，又和钢衬与混凝土间的初始缝隙有关。所以，埋管钢衬的临界压力必然与材料的屈服强度和初始缝隙值直接有关，这是埋管与明钢管外压下失稳的重要区别。

（三）光面钢衬临界压力计算

伏汉和包罗特等人根据第一种屈曲形式，用自由薄壁圆管弹性稳定的基本方程，经一系列假定和推导，得出钢衬总的径向位移及其组合应力的计算公式。当组合应力等于屈服强度 σ_s 时，即可解出临界压力。根据第二种屈曲形式，阿姆斯图兹推导了求临界压力的公式。世界各国有的用第一类公式，有的用阿氏公式。阿氏公式计算出的临界压力值较低。国内外实际工程的地下埋管失稳破坏的实例说明，第二种屈曲形式比较符合实际，而第一种屈曲形式不能为很多实例所证明。与第一类公式相比，阿氏公式的计算结果也比较接近模型试验值，因此我国钢管设计规范推荐阿氏公式作为主要计算公式。

阿氏推导计算公式时的主要原理如下：屈曲波由 3 个半波组成，两个半波向外，一个半波向内，如图 7-36 (b) 所示。根据内外力平衡和曲梁变形方程，建立钢衬屈曲后的外力与变位的关系。屈曲后钢衬与混凝土开始脱离（$\phi = \alpha$）处，钢衬位移 η、转角 $d\eta/d\phi$ 及弯矩 M 均为 0。同时使考虑初始缝隙值 Δ 和钢衬受均匀压缩后的钢衬周向变形量，和钢衬局部屈曲后的周向变形量一致。弯矩最大值发生在屈曲波中点 $\phi = 0$ 处，该点钢衬纤维应力达屈服强度 σ_s 时的外压力即为临界压力。对于光面管，阿氏公式为

$$\left(E'\frac{\Delta}{r} + \sigma_N\right)\left[1 + 12\left(\frac{r}{t}\right)^2\frac{\sigma_N}{E'}\right]^{3/2} = 3.46\frac{r}{t}(\sigma_{s0} - \sigma_N)\left[1 - 0.45\frac{r}{t}\frac{(\sigma_{s0} - \sigma_N)}{E'}\right]$$

$$(7-59)$$

$$P_{cr} = \frac{\sigma_N}{\dfrac{r}{t}\left[1 + 0.35\dfrac{r(\sigma_{s0} - \sigma_N)}{tE'}\right]}$$

$$(7-60)$$

其中
$$\sigma_{s0} = \sigma_s / \sqrt{1 - \mu + \mu^2}$$

缝隙 Δ 包括施工缝隙 Δ_0、钢管冷缩缝隙 Δ_s、围岩冷缩缝隙 Δ_R 及围岩塑性压缩缝隙 Δ_p。计算时先由式 （7-59） 求 σ_N，再由式 （7-60） 算 P_{cr}。求 σ_N 时需要试算。为了方便，已将阿氏公式制成曲线 （图 7-37），根据钢衬的 σ_s 值和钢衬的主要参数 r/t 和 Δ/r 即可直接查得 P_{cr} 值。

从图 7-37 可以看出，r/t 值对 P_{cr} 影响最大。Δ/r 在工程上的实用范围是 $(1 \sim 4) \times 10^{-4}$，在这个范围内 P_{cr} 的变化幅度是不大的。P_{cr} 随 σ_s 的增加而加大，但如果考虑到，采用 σ_s 较高的高强钢时，承受内压所需的管壁厚度 t 要减小，那么和强度较低的钢材相比，采用强度高的钢材作钢衬，临界压力可能会降低。这是采用高强钢材需要注意的一个问题。

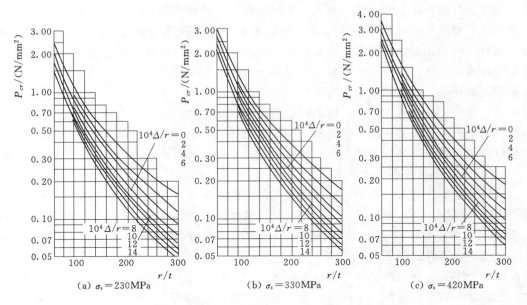

图 7-37 地下埋管临界外压曲线（阿氏公式）

需要指出，上述理论公式只考虑 r、t、Δ 等因素对 P_{cr} 的影响，而且假定缝隙 Δ 均匀分布。实际上埋管抗外压稳定的因素很多，而且很多因素难以确定，例如外压力的大小和分布，缝隙的大小和分布，钢衬的椭圆度和局部缺陷等。因此理论公式的计算结果不可能完全精确地反映实际情况。

在初步计算时也还可用下列经验公式：

$$P_{cr} = 620\left(\frac{t}{r}\right)^{1.7}\sigma_s^{0.25} \tag{7-61}$$

这公式是根据 38 个模型试验资料用回归分析的方法建立的。这些资料是不同的国家、不同试验者在不同的时期得出的。这一经验公式只包括 r/t 和 σ_s 两个参变量，使用起来比较简便。由于经验公式所依据的试验资料客观上包含了影响钢衬外压稳定的各种随机因素，因此公式在一定程度上也综合地反映了这些因素的影响。

（四）加劲环式钢衬临界压力计算

地下埋管光面钢衬的临界压力虽然比相同的明钢管要高，但是由于埋管所受外压往往也高得多，所以光面钢衬常常难于满足抗外压失稳的要求。用加大壁厚或提高钢材强度的办法是不经济、不合理的。采用加劲环是常用的手段，它也有利于运输和施工时增加钢衬的刚度。

加劲环式钢衬的外压稳定分析，包括加劲环和加劲环间管壁两个部分的稳定分析。

1. 加劲环的稳定计算

加劲环本身的稳定计算，在理论上也可按埋藏式光面管公式进行，仅需按加劲环的有效截面对截面特性作适当修改，同时要把相邻两环之间长度内的全部外压作为加劲环的外压。但是，加劲环嵌固在混凝土内，变形时受约束大，像光面管壁那样脱离混凝土而向内屈曲的可能性不大，所以有些国家，包括我国的规范不要求按屈曲计算临界压力，而是按强度条件，即钢衬在外压作用下加劲环内平均压应力不超过材料屈服强度的条件来计算临界压力：

$$P_{cr}=\sigma_s F/rl \tag{7-62}$$

式中　F——加劲环有效截面，mm^2；

　　　l——加劲环间距，mm。

2. 加劲环间管壁的稳定

埋管的加劲环间管壁的抗外压稳定，是空间问题，迄今尚无完善的计算方法。但在工程实用的加劲环间距范围内，由于加劲环的存在，管壁失稳时屈曲波数一般较多，波幅较小，管壁与混凝土之间的缝隙对临界压力的影响减小，因此在缺乏较好的计算理论之前，可用有加劲环的明管的计算公式（本章第六节），即认为缝隙值很大，这样偏于安全。

加劲环式钢衬抗外压失稳的设计步骤是：根据确定外压力荷载值，算出管壁不失稳所需的加劲环间距，然后根据间距设计加劲环的断面。

（五）防止埋管钢衬受外压失稳的措施

地下埋管钢衬的严重失稳事故，多发生在地下水作用的情况下。采取有效措施，降低地下水压力，是防止钢衬失稳的根本办法。排水廊道结合排水孔是比较广泛采用的有效措施。图7-38是一个国外的实例，位于压力管道上游侧设上下两层排水廊道，由上廊道打排水孔，直径100mm，间距7.5m，深60m；由下廊道打排水孔，间距为22.5m。预计可使地下水位降低150～160m，使钢衬仅承受50～60m的外水压。与此同时，钢衬外围设排水措施如图7-39（a）所示。图7-39（b）、（c）是钢衬排水的其他实例。

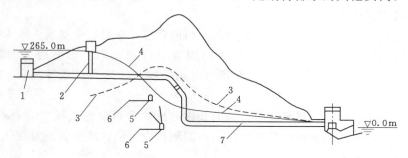

图7-38　地下埋管围岩排水
1—进水口；2—闸门井；3—天然地下水位线；4—修水库及排水后地下水位线；
5—排水洞；6—排水孔；7—压力管道

精心施工并做好钢衬与混凝土之间的接缝灌浆，减小缝隙，有利于抗外压失稳。需注意灌浆压力造成钢衬在施工时期鼓包失稳，也是发生较多的事故现象。但只要设计合理并避免灌浆超压，这类事故是可以而且应该避免的。流态混凝土外压下的钢衬稳定，可以用控制浇筑层高度和采用临时支撑等措施解决。一般不应该为了抵抗施工期的外压荷载额外增加管壁的永久性加劲措施。

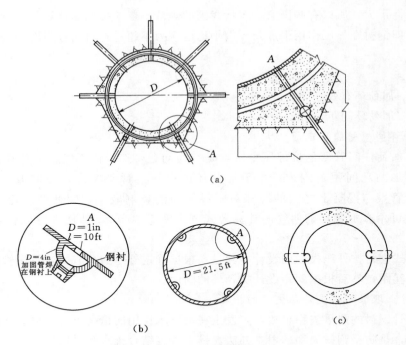

图 7-39　地下埋管钢衬排水

第八节　混凝土坝内埋管

一、坝内埋管的布置

坝内埋管是全部位于混凝土坝体实用剖面内的管道，管径和承受水头较大时，均采用钢管结构，因此常称坝内钢管。重力坝坝内埋管是应用最广、历史最久的形式，如图 7-40 （a）、（b）、（c）所示。但坝内埋管也可用于拱坝、重力拱坝等场合，如图 7-40 （d）所示。

坝内埋管的布置原则：尽量缩短管道的长度；减少管道空腔对坝体应力的不利影响，特别要减小因管道引起的坝体内拉应力区的范围和拉应力值；减少管道对坝体施工的干扰并有利于管道本身的安装、施工。

在立面上，坝内埋管有 3 种典型布置形式。

1. 倾斜式布置

管轴线与下游坝面近于平行并尽量靠近下游坝面，如图 7-40 （a）所示。其优点是进水口位置较高，承受水压小，有利于进水口的各种设施；管道纵轴与坝体内较大的主压应力方向平行，可以减少管道周围坝体内由坝的荷载所引起的拉应力；管道位置高，因而与坝体施工的干扰较少。缺点是管道较长，弯段多。此外，管道与下游坝面之间的混凝土厚度较小，对坝体承受内水压力不利。

2. 平式和平斜式布置

管道布置在坝体下部，如图 7-40 （b）、（d）所示。其优缺点与第一种布置形式正好

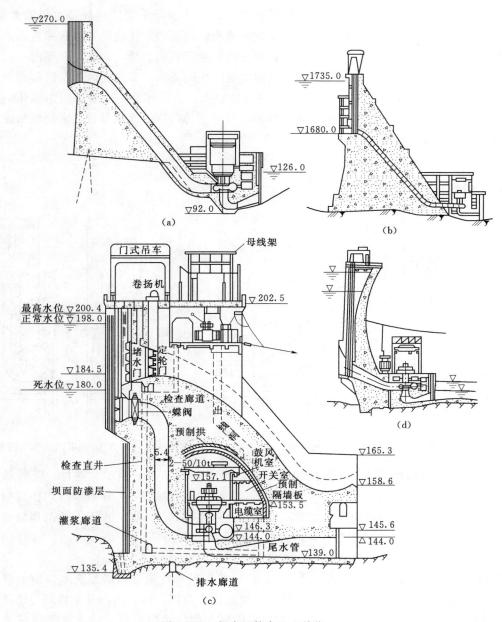

图 7-40　坝内埋管布置（单位：m）

相反。对于拱坝，坝体厚度不大，而管径却较大时，往往只能采用这种布置。

3. **竖直式布置**

管道的大部分竖直布置，如图 7-40（c）所示。这种布置通常适用于坝内厂房；或者为了避免钢管安装对坝体施工的干扰，在坝体内预留竖井，后期在井内安装钢管。缺点是管道弯曲大，水头损失大，管道空腔对坝体应力不利。

在工程实践中，第一种布置形式应用最普遍，因为钢管可较晚安装，对坝体前期浇筑

217

的影响较小。特别对于大型电站且机组台数较多时，坝体混凝土施工往往是工程的关键，其进度对发电工期有极重要影响，尽量减少埋管对坝体施工的干扰就成为埋管布置方式的决定性因素。有时为了避免这种干扰，可在坝体内预留钢管施工槽，钢管可在槽内一次组装，如图 7-41 所示。为了满足安装钢管及回填混凝土的要求，要保证两侧及底部的最小净空在 1m 以上。当管径较大时，预留槽尺寸可能很大，会引起施工期坝体应力恶化。如果钢管未安装回填前，坝体需蓄水承载，则情况可能更为严重。这也是近代大型电站建设中容易遇到的情况，值得重视。

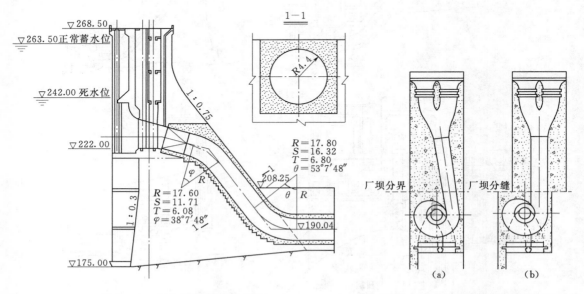

图 7-41　坝内埋管钢管槽方案　　　　　图 7-42　管道在坝内的平面布置

在平面上，坝内埋管最好布置在坝段中央，如图 7-42（b）所示。这样，管外两侧混凝土较厚，且受力对称。通常在这种情况下，厂坝之间有纵缝，厂房机组段内横缝与坝段间横缝相互错开。但当坝与厂房之间不设纵缝而厂坝联成整体时，由于二者的横缝也必须在一条直线上，管道在平面上不得不转向一侧布置，如图 7-42（a）所示。这时钢管两侧外包混凝土厚度不同，左侧下游可能很薄，对结构受力不利。

坝内埋管采用坝式进水口（第六章第二节），其布置和设施必须满足进水口的所有要求。进水口的拦污栅一般布置在坝体悬臂上以增加过水面积，检修闸门及工作闸门槽通常布置在坝体内，紧接门槽后是由矩形变为圆形的渐变段，然后接管道的上水平段或上弯段；有时渐变段可与上弯段合并，渐变段直接连接斜直段。进水口位于坝体内，过水断面较大，宜做成窄高型，渐变段要尽量短，以便较快过渡到圆形断面，这样有利于闸门结构及坝体应力。应注意保证通气孔的必要面积和出口高程及合理位置，以免进气时产生巨大吸入气流，影响通气孔出口附近设备及运行人员安全。应使进口处所设充水阀和旁通管面积不过大，以免充水时从通气孔向外溢水和喷水，影响厂坝之间电气设备的正常运行。

二、坝内埋管结构分析

坝内埋管的渐变段及上游部分，通常承受的水头不高，形状又不规则，多采用钢筋混

218

凝土结构；少数多泥沙河道上的水电站也有采用钢板衬砌以防磨损的。一般，从渐变段以下，或从上弯段以下，才开始用钢板衬砌，成为坝内钢管。通常是把坝体混凝土浇筑到一定高程后，将钢管在坝体安装定位，钢管周围布置好钢筋，然后继续浇筑管外坝体混凝土。这样，坝内钢管与外包的坝体混凝土成为共同受力的整体钢衬钢筋混凝土结构。这一部分管道承受内压大，坝体应力也大，受力复杂，是坝内埋管结构设计的重要部分。

坝内埋管的结构有两个特点：①管内水压力会通过钢管传到管外的坝体混凝土上来，而且从后面的分析可以看到，对于整体浇筑的坝内钢管，钢管只能分担内水压力的一小部分，内水压力的大部分要由坝体混凝土承担；②管道空腔的存在，使坝体压力和实体坝的相比，发生了变化，即管道周围坝体内产生拉应力集中。因此从结构上看，坝内埋管是由钢衬和管外坝体混凝土两部分组成。由于混凝土坝是坝后式水电站最主要的建筑物，其强度和安全十分重要，所以进行坝内埋管结构设计时，不能只考虑钢衬本身，必须把管外坝体混凝土的结构分析和设计放在重要位置，而且这部分的分析和设计，有时还更加困难。

（一）埋内埋管的荷载

（1）内水压力。

（2）坝体荷载或坝体应力。坝体所受荷载，如上游面水压力、自重等，会在管道周围坝体内产生应力。也可以这样理解：原来实体坝内由上述荷载引起了坝体应力，一般情况下，都是压应力；但由于布置了管道空腔，坝体应力在管道周围区域发生应力集中形式的应力重分布；这种应力重分布发生在管周外较小的范围内，除压应力值增加外，还会产生不利的拉应力。

（3）温度变化引起的力。主要有两种：①坝体混凝土浇筑产生温升而引起埋管空腔外围坝体混凝土内的温度力；②管道运行时，管内水或坝面大气和管外混凝土之间的温度差引起的温度力。

（4）坝体渗流水压力。库水从钢衬首端沿钢衬外壁向下游渗水而形成的水压力。管道放空时，渗水压力作用在钢衬外壁，可能引起钢衬失稳。

（5）施工荷载。主要指灌浆压力或未凝固的混凝土压力等。

前 3 种是运行期间的荷载，是最主要的，进行结构分析时应考虑不同荷载组合，可参见表 7-3 和表 7-4。坝内钢管的管外有坝体混凝土包围，所以钢衬自重和地震力等次要荷载在设计中通常不予考虑。

（二）坝内埋管结构设计

坝内埋管结构设计的任务主要是：决定钢衬材料及壁厚、管外坝体混凝土等级和配筋、钢衬抗外压措施。

坝内埋管结构设计的要求是：

（1）钢衬和钢筋的应力小于钢材允许值。

（2）坝体混凝土不开裂，至少裂缝的规模和范围受到限制，不伸展到坝面。

（3）钢衬在外压作用下不失稳。

关于坝内钢管抗外压失稳的问题，可参照第七节中地下埋管抗外压失稳计算方法进行。

坝内埋管的安装和混凝土浇筑的条件比地下埋管好，钢衬与坝体之间一般要进行接缝灌浆，缝隙值不会很大。因此二者联合承载时，只要坝体混凝土不产生贯穿性的宽裂缝，钢衬和钢筋应力小于其允许值的要求，是不难达到的。但是由于内水压力的大部分要传到坝体上，产生拉应力，同时坝体应力和温差又引起坝体内拉应力，因此要使坝体内拉应力小于混凝土允许拉应力值以达到不开裂，并不是经常都能做到的。增加钢衬厚度和配筋量，有利于防裂，但效果不显著，而且是不经济、不合理的。

目前通用的设计方法要点如下：

1. 选择钢衬壁厚

如果钢衬外围混凝土最小厚度不大，例如小于钢管半径，则在荷载作用下，坝体很可能裂穿，为安全起见，可以考虑由钢衬单独承受内水压力来决定其壁厚，允许应力可比明管略大（正常运行工况取为 $0.67\sigma_s$）。如果钢衬外围混凝土最小厚度较大，例如大于钢衬直径，则应考虑钢衬、钢筋和混凝土联合承担内水压力，并按联合承载原则的计算选择钢衬壁厚。但为了安全起见，应将钢衬单独承受正常运行情况时的内水压力作为校核工况，允许应力可提高为 $0.9\sigma_s$，确定最小壁厚。

2. 混凝土强度和配筋计算

选择钢衬壁厚 t 后再适当设定环向钢筋用量，如图 7-43（a）所示。然后将钢筋换算成一层壁厚为 t_3 的钢衬，并将钢衬及外围坝体简化为二层钢衬和二层混凝土的轴对称组合圆筒，将埋管中心至坝下游面或坝段横缝的最小距离作为组合圆筒外半径，如图 7-43（b）所示。这样便可用解析方法计算内水压 P 作用下各组成部分的应力。可能有 3 种情况：混凝土未开裂，混凝土开裂及混凝土裂穿，图 7-43（b）即为 P 作用下部分开裂情况。采用符号如下：

r_0——钢衬内半径，mm；

r_3——环向钢筋中心线半径，mm；

r_4——混凝土开裂区外半径，mm；

r_5——混凝土完整区外半径，mm；

t——钢衬壁厚，mm；

t_3——环向钢筋折算厚度，mm；

Δ——钢衬与混凝土之间的缝隙值，mm；

P——内水压力，N/mm²；

P_1——钢衬与混凝土之间径向接触压力，即钢衬传给坝体混凝土的内水压力，N/mm²；

E'——$E/(1-\mu^2)$，N/mm²；

E_c'——$E_c/(1-\mu_c^2)$，N/mm²；

μ_c'——$\mu_c/(1-\mu_c)$；

E——钢材弹模，N/mm²；

E_c——混凝土弹模，N/mm²；

μ_c——混凝土泊松比；

$[\sigma_l]$——混凝土允许拉应力，N/mm²；

$\sigma_{\theta1}$——钢衬环向拉应力，N/mm²；

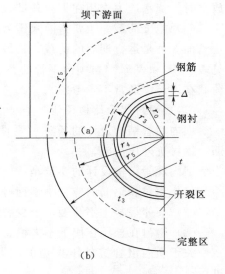

图 7-43　坝内埋管计算图

$\sigma_{\theta2}$——混凝土最大环向拉应力，N/mm^2；

$\sigma_{\theta3}$——钢筋拉应力，N/mm^2。

（1）混凝土内最大拉应力小于允许拉应力，混凝土不开裂，则

$$P_1 = \left(P - \frac{E'\Delta t}{r_0^2}\right) \Big/ \left[1 + \frac{E't}{E'_c r_0}\left(\frac{r_5^2 + r_0^2}{r_5^2 - r_0^2} + \mu'_c\right)\right] \tag{7-63}$$

$$\sigma_{\theta1} = (P - P_1)r_0/t \tag{7-64}$$

$$\sigma_{\theta2} = P_1(r_5^2 + r_0^2)/(r_5^2 - r_0^2) \tag{7-65}$$

在这种情况下，混凝土不开裂，所以

$$\sigma_{\theta2} \leqslant [\sigma_l]$$

$\sigma_{\theta1}$一般不大，小于其允许应力。钢筋应力 $\sigma_{\theta3}$ 很小，可不计算。

（2）混凝土部分开裂，开裂区仅传递径向压力，未开裂区仍参加承载，此时混凝土最大环向拉应力 $\sigma_{\theta2}$ 位于未开裂区内缘（半径为 r_4），其值恰好等于允许应力 $[\sigma_l]$，则

$$\sigma_{\theta1} = \sigma_{\theta3}r_3/r_0 + E'\Delta/r_0 \tag{7-66}$$

$$\sigma_{\theta3} = \frac{E'r_5}{E'_c r_3}[\sigma_l]\left\{m\left[\ln\left(\psi\frac{r_5}{r_3}\right) + n\right]\right\} \tag{7-67}$$

$$P_1 = P - \sigma_{\theta1}t/r_0 \tag{7-68}$$

式中 $m = \psi\dfrac{1-\psi^2}{1+\psi^2}$；$n = \dfrac{1+\psi^2}{1-\psi^2} + \mu'_c$。

$\psi = r_4/r_5$，称为混凝土相对开裂深度，需试算而得，也可查现成曲线，见 SL 281—2003《水电站压力钢管设计规范》附录 C。

在这种情况下，$\sigma_{\theta1}$ 一般不大，小于其允许应力，钢筋应力 $\sigma_{\theta3}$ 很小。

（3）混凝土已裂穿，不参加承载，全部内水压由钢衬和钢筋承担，则

$$P_1 = \left(P - \frac{E'\Delta t}{r_0^2}\right) \Big/ \left(1 + \frac{tr_3}{t_3 r_0}\right) \tag{7-69}$$

$$\sigma_{\theta1} = (P - P_1)r_0/t \tag{7-70}$$

$$\sigma_{\theta3} = P_1 r_0/t_3 \tag{7-71}$$

在这种情况下，钢筋应力 $\sigma_{\theta3}$ 必然小于钢衬应力 $\sigma_{\theta1}$。

必须注意，上述公式是在下列前提下推导出来的：①仅有单一的内水压力作用；②把结构简化成轴对称的组合圆环，且具有均匀缝隙；③钢衬外混凝土开裂后形成径向等长的均匀裂缝。

根据上述内水压力作用下的计算，可以在设定的环向钢筋量的情况下，求出钢衬及钢筋中的应力和由钢衬传递到坝体混凝土的内压 P_1。

这是坝内埋管承受内水压力的设计计算。除内水压外，坝内埋管还承受坝体荷载和温度荷载，在结构设计时应和内水压力同时考虑。现行的结构设计方法是：将上述内水压力荷载下计算所得的由钢衬传递到坝体混凝土的内压 P_1 作为作用在混凝土孔口内周的均匀内压，不

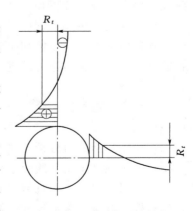

图 7-44 非杆件体系配筋方法

论混凝土是否开裂，都作为完整均质结构，按手册查表或有限元方法可计算混凝土内环向应力。同样，可按手册查表或有限元方法计算坝体应力和温差引起的混凝土内的环向应力。将所有荷载产生的环向应力叠加，可得混凝土内总的环向应力分布，如图 7-44 所示。然后用 SL 191—2008《水工混凝土结构设计规范》中的非杆件体系钢筋混凝土结构的配筋计算原则进行配筋，即拉应力大于 $0.45f_t$ 区域的全部拉应力，由钢筋来承受。管道单位长度内配筋面积为

$$A_s = KT/f_y \tag{7-72}$$

式中　　A_s——管道单位长度内配筋面积，mm^2；

　　　　T——钢筋承担的拉应力合力，N；

　　　　K——受拉钢筋的强度安全系数；

　　　　f_y——钢筋抗拉强度设计值，N/mm^2。

温度应力的计算值往往较大，但又难于准确求得，因此实际工程中常常努力做好温控、养护等工作，不计算温度应力而适当降低 f_y 值，即适当增加配筋量来解决。

按照上述办法求出的配筋量 A_s，若已略小于原设定的钢筋量，即满足要求；否则，重新设定配筋量，重复计算直至达到要求。

上述坝内埋管结构设计方法，虽然在工程中得到应用，但也存在矛盾和问题。首先，在分析坝体是否开裂和开裂形态这个对坝内埋管应力状态十分重要的问题时，只考虑内水压力一种荷载，又把结构简化为组合圆环，并因此认为钢衬周围混凝土开裂而又未裂穿时，会形成径向等厚的均匀开裂区，这些都是不符合实际的。其次，按应力图形法配筋时，钢衬外围混凝土应力是按均质弹性体算得的，并未完全考虑在荷载作用下混凝土是否开裂；而且配筋时，钢筋应力取其设计强度，而钢筋应力达其设计强度时混凝土可能已经开裂，不再是原来的均质弹性体，应力状态也发生了变化，可见应力图形和钢筋计算应力之间存在矛盾。因此，现行设计方法也就难以给出钢衬和钢筋的真实应力。

已有的工程实践表明，上述通用的结构设计方法，当坝内埋管直径和水头不太大时，一般都能保证安全，但不够经济合理。表现在：①钢衬的运行应力大多偏低；②结构的承载能力未能充分发挥；③钢筋布置过多过密，影响施工。而且，随着坝后式电站的规模愈来愈大，坝高、埋管的直径及其承受的水头不断提高，现行的设计方法已难于解决工程的技术和经济问题。例如，钢衬厚度过大，其制作安装工艺已难以保证质量及经济性；坝体内由于管道引起的拉应力值和拉应力区过大，坝体的抗裂安全性难以保证等。因此，坝内埋管设计方法和结构措施的改进，已日益受到重视。国内近年来这方面的研究工作有了进展。主要如下：

（1）综合考虑坝内埋管的所有荷载，并按坝内埋管实际形状分析应力，不再简化为轴对称厚壁圆筒。

（2）采用三维数值分析方法进行坝内埋管应力分析。

（3）考虑混凝土是非线弹性材料，利用其真实的弹塑性性质，分析钢衬外围混凝土的抗裂能力，保证混凝土的抗裂安全度。

（4）按照混凝土裂穿这种极端状态下的强度要求配置钢衬和钢筋，保证坝内埋管的承载安全性。

建立在以上概念的基础上的设计计算原则和方法，不仅可以克服现行的设计方法所存在的理论上互相矛盾的缺陷，还可以比较可靠地判断坝体混凝土真实的抗裂安全度和埋管的承载能力，可以更合理有效地配置钢衬和钢筋，从而增加结构安全性和明显节约钢材用量。

（三）坝内埋管钢衬抗外压失稳

坝内埋管钢衬抗外压失稳分析的原理和方法与地下埋管钢衬相同。坝内埋管钢衬的外压荷载主要有外水压力、施工时的流态混凝土压力和灌浆压力。施工期临时荷载，不宜作为设计控制条件，应靠加设临时支撑，控制混凝土浇筑高度等工程措施来解决。钢衬所受外水压力来源于从钢衬始端沿钢衬外壁向下的渗流。渗流水压力可假定沿管轴线直线变化，钢衬首端为 αH，钢衬穿过厂坝分缝处为零。H 为上游正常蓄水位至钢衬首端的静水压力。α 为折减系数，可根据采用的防渗、排水、灌浆等措施取 1.0～0.5。为安全计，全钢衬最小外压力不小于 0.2MPa。钢衬上游段承受的内压值小，管壁薄，但钢衬外渗流水压大，是抗外压失稳的重点。应该在钢衬首端采取阻水环等防渗措施，并在阻水环后设排水措施，这样可以比较有效地降低钢衬外渗压。接缝灌浆可减小缝隙，也有利于钢衬抗外压失稳。坝内埋管钢衬在放空时外压失稳的事故比较少见。

三、设软垫层的坝内钢管

与坝体混凝土浇筑成整体的联合承载坝内钢管，内水压力的绝大部分将传至坝体，引起坝体内的拉应力，使坝体安全受到影响，甚至开裂，而且增加配筋数量。为了减少坝体承担的内水压力，可以在钢管外设置软垫层，将钢管与坝体隔离。软垫层可以吸收钢管在内压作用下的径向变位，从而使内压只有一部分或很小部分传至坝体。以往，这种措施常见于坝内钢管与厂房连接处的小部分管长，以适应厂坝二者不同变位的要求。随着坝内钢管直径、水头的增加，这种结构形式已开始应用于坝内钢管的主要部分。20 世纪 70 年代投产的苏联的托克托古尔水电站（图 7-45）重力坝坝内钢管的垂直段采用了这种结构，软垫层在钢管全圆周铺设。

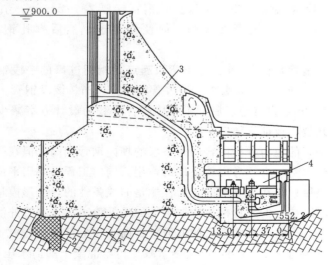

图 7-45　托克托古尔水电站

1—固结灌浆边界；2—灌浆帷幕；3—压力管道；4—内有两排机组的厂房

巴西的一些大型坝后式水电站，也较多的采用了这种形式。例如伊塔帕里卡水电站，单机 250MW，重力坝坝内钢管直径 9.5m，管内最大静水头 60.4m。钢管位于长度为 31m 的坝段中央，基本上平行于下游坝面，埋设很浅，钢管顶混凝土最小厚度仅 2m 多。钢管最大壁厚 19mm，钢管上半周约 204°范围内，包括 T 形加劲环外面，包有软垫层。下半周，包括矩形加劲环和吊装时的钢支撑，全部浇在混凝土坝体内，并预留灌浆孔，最后灌浆。整条钢管上下两端（上部与混凝土渐变段连接的部位，包括止水环，下部与蜗壳渐变段连接的部位）不设垫层，成为钢管两个固定端。垫层材料是一种膨胀聚苯乙烯，厚 20mm，设计压缩量 3mm。垫层材料用胶水粘贴在钢管外表面上，然后在其上浇筑混凝土。

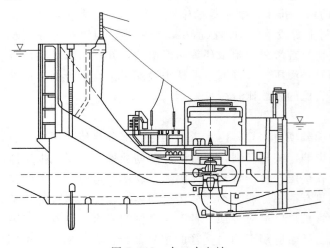

图 7-46 水口水电站

我国福建水口水电站（图 7-46）和云南漫湾水电站在国内首次采用设垫层的坝内钢管。水口水电站是重力坝坝后式电站，装机 7 台，单机容量 200MW，引水坝段长 20.5m，引水系统由拦污栅、进水口、渐变段及钢管段组成。渐变段末端到蜗壳进口为钢管段，全长 59m，钢管直径 10.5m，蜗壳进口处正常静水头 61m，下水平段和弯管段上覆混凝土厚度为 2.25m。在距离钢管进口端约 20m 以下至蜗壳进口的钢管段，在钢管上半周 180°范围内铺设了软垫层，厚 30mm，垫层材料为聚苯乙烯（PS）泡沫板。钢管壁厚 23～24mm。垫层预先制成弧形瓦片，用胶粘贴在安装好的钢管外表面，简便而迅速。然后绑扎钢筋，浇筑管外混凝土。

漫湾水电站坝内钢管直径 7.5m，自下弯段起点至蜗壳进口的一段钢管外设置了软垫层，管内正常静水压力 90～104m 水头，最大管壁厚 28mm。该段钢管上部为副厂房，管外混凝土最薄处仅约 2m，设置垫层后，不仅比联合承载的设计方案减少了配筋，而且可以防止管外混凝土开裂，保证坝体安全。

设垫层的坝内钢管的应力分析内容和无垫层的坝内钢管相同，但在分析内水压作用下钢管及坝体混凝土应力时，必须考虑软垫层的作用。国内工程界都用平面数值方法计算应力。因为目前所用垫层材料在受压时的变形性能是非线弹性的，变形模量又不易取准，因此在计算钢管应力时，垫层的变形模量应取可能的最低值；在计算管外混凝土应力时，取最高值。钢管的允许应力略高于明钢管的取值。目前工程上都采用较软（变形模量为 1～2MPa）较厚（30mm 以上）的垫层，以便尽量减少传至混凝土的内水压力。

在垫层仅在部分管周敷设情况下，垫层末端，如图 7-47（a）中 A 点处所示，钢管壁环向存在局部应力，应该注意。为减少局部应力，可以在该处将垫层厚度渐变为零，如

图 7-47（b）所示。由于局部应力区允许应力值可以提高，因而不应该由于它的存在而增加钢管壁厚。

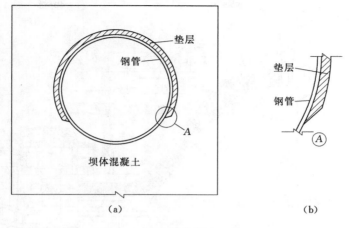

图 7-47 垫层管断面示意图

设软垫层的坝内钢管可以使钢管比较充分地发挥承受内压的作用，大大减少坝体混凝土内的拉应力，增加抗裂安全性，减少配筋量，而且可以允许钢管浅埋，以减少坝体施工与钢管安装的干扰，这些优点是明显的。但与联合承载无垫层的坝内钢管相比，钢管壁厚要增加；垫层末端有一定局部应力，且与加劲环处管壁的纵向局部应力形成双向局部应力区，值得注意，并应采取适当措施缓解；目前所用垫层材料还远非线弹性材料，在长期埋藏的环境下其性能如何变化也还缺乏认识，因而还难以十分可靠地计算内水压在钢管和混凝土之间的分配及其应力状态。这些问题有待于进一步研究和积累经验。可以认为，设软垫层的钢管在水头不太高的大直径坝内钢管中将有良好的运用前景。但水头很大时，这种形式钢管的壁厚可能太大，会引起钢管本身的材料、加工工艺和运输安装方面的技术困难。

第九节　混凝土坝下游面管道

从 20 世纪 60 年代以来，国内外开始在较高水头的大型混凝土坝坝后式水电站中，将压力管道布置在下游坝面上。进水口设在上游坝面上，压力管道近于水平地穿过坝体上部，然后在坝外沿坝下游面敷设，并以弯段及水平段与水轮机蜗壳连接，坝体与下游面管道先后分别施工，管道固定在坝体上，如图 7-48 所示。

与坝内埋管相比，有以下优点：

（1）便于布置。对于较薄的混凝土高坝，如果将大直径管道布置在坝体内，往往需要将进水口放低，并将管道布置在坝体下部，这就增加了进水口设施的困难，采用坝下游面管道可以将进水口尽量抬高。由于管道的主要部分在下游坝面上，维护方便。

（2）减少管道空腔对坝体的削弱，有利于坝体安全。

（3）坝体施工不受管道施工与安装的干扰，可以提高坝体施工质量，并加快进度、提

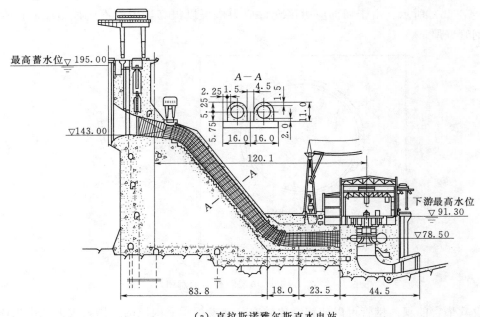

（a）克拉斯诺雅尔斯克水电站

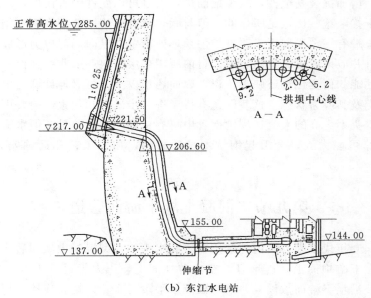

（b）东江水电站

图 7-48 坝下游面管道的布置（单位：m）

前发电。

（4）管道可以随机组的投产先后分期施工，有利于合理安排施工进度，且减少投资积压，机组台数较多时，效益更为显著。

对于高拱坝和大直径管道，这些优点就更加明显。

这种管道的缺点是：由于上弯段以上的坝内埋管段加长，斜管段向下游平移，使厂房向下游移动，增加了厂坝轴线的距离，增加工程量。另外，混凝土坝下游面上常常要布置施工栈桥及施工机械，与管道施工会有一定干扰。

混凝土坝下游面管道，简称坝后背管，有两种结构形式：坝下游面明钢管、坝下游面钢衬钢筋混凝土管。

一、坝下游面明钢管

钢管自坝体穿出后，连接上弯管，上弯管锚固在坝体上，是坝下游面管的上固定端，然后经伸缩节接明钢管。明钢管支承在坝下游面上的支座上，其布置和构造与一般的明钢管相似。钢管斜直段以下连接下弯管，下弯管锚固在坝体上，是坝下游面管的下固定端，然后进入厂房与蜗壳连接。加拿大里维尔斯托克水电站（图 7-49），巴西和巴拉圭合建的伊泰普水电站（图 7-50），日本的大鸟水电站，均采用了这种管道。里维尔斯托克电站为重力坝，坝高 136m，钢管直径 7.9m，上弯段外包预应力混凝土，斜直段为明管。伊泰普电站为双支墩重力坝，坝高 190m，钢管直径 10.5m，斜直段为明管，管壁厚 30～65mm。大鸟电站为拱坝，下游面明钢管直径 7.5m，计算水头 54m。坝下游面明钢管在我国尚无采用。

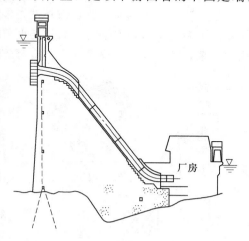

图 7-49 里维尔斯托克水电站

坝下游面明钢管的现场安装工作量小，进度快，与坝体施工干扰小。但是当钢管直径和水头很大时，会引起钢管材料和工艺上的技术难度。敷设在下游坝面上的明管一旦失事，水流直冲厂房，后果严重，因此必须要求钢管具有极高的安全可靠性。

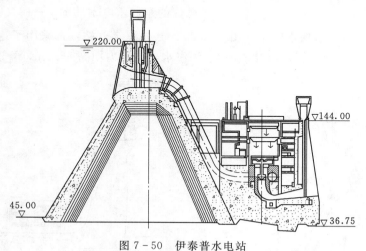

图 7-50 伊泰普水电站

二、坝下游面钢衬钢筋混凝土管道

管道是内衬钢板外包钢筋混凝土的组合结构，用坝下游面上的键槽及锚筋与坝体固定。钢衬与外包混凝土之间不设垫层，紧密结合，二者共同承受内水压力等荷载。

227

这种管道结构的实质是用钢筋混凝土代替了部分钢板。它的优点如下：

（1）管道位于坝体外，所以允许管壁混凝土开裂，使钢衬和钢筋可以充分地发挥承载作用。

（2）利用钢筋承载，可以减少钢板厚度，避免采用高强钢、厚钢板引起的技术、经济上的问题。

（3）环向钢筋的接头是分散的，工艺缺陷不会集中，因此可以避免钢管材质及焊缝缺陷引起的集中的破裂口带来的严重后果。

（4）减少外界因素对管道破坏的可能性，在严寒地区有利于管道防冻。

坝下游面钢衬钢筋混凝土管道与明管比较，增加了管壁混凝土工程量，而且管道结构比较复杂，施工安装工序多。但如合理安排，不致于扰乱坝体施工，也不会额外增加工期。

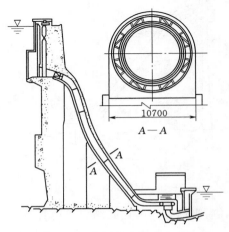

图 7-51　萨扬舒申斯克水电站

这种管道最早用于 1967 年投产的苏联克拉斯诺亚尔斯克水电站，如图 7-48（a）所示。重力坝高 124m，共 10 台机组，单机容量 500MW。每台机组用两根内径为 7.5m 的管道引水，两管在厂房前的水平段处汇合成单管与蜗壳进口相接。苏联共有约 10 座已建及设计中的电站采用这种管道。能典型代表当前水平的是 1978 年投产的萨扬舒申斯克水电站的坝下游面管（图 7-51）。该电站的重力拱坝高 242m，单机容量 640MW，共装 10 台机。每台机组用一条内径为 7.5m 的管道引水，钢衬厚 16～30mm，外包钢筋混凝土厚 1.5m，所用环向钢筋直径达 60mm 及 70mm。我国已建的东江水电站［图 7-48（b）］、紧水滩水电站（图 7-52）、李家峡水电站（图 7-53）、五强溪水电站，都采用了这种管道。李家峡水电站拱坝高 165m，管道内径 8m；五强溪水电站重力坝高 87.5m，管道内径 11.2m。

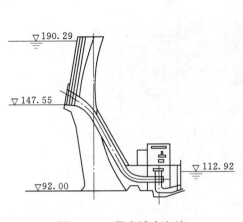

图 7-52　紧水滩水电站

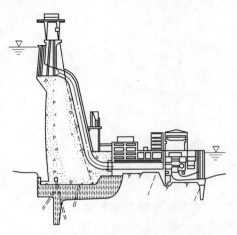

图 7-53　李家峡水电站

（一）荷载及结构设计要求

坝下游面钢衬钢筋混凝土压力管道的荷载：①内水压力；②坝体变形引起的作用在管道上的力；③温度变化；④振（震）动。

内水压力，包括静水压和水击压力，是坝下游面管的主要荷载，由钢衬和钢筋混凝土共同承受。当荷载较小，混凝土不开裂时，内水压引起的环向力大部分由混凝土承受，钢衬和钢筋的应力不大。荷载较大时，混凝土管壁内发生径向裂缝，裂缝处环拉力由钢衬及钢筋共同承受。

坝体受载后，引起坝下游面管的轴向应力以及管道与坝面之间的剪应力和正应力。坝下游面管的轴向应力主要是压应力，沿管道横截面呈不均匀分布，在钢衬和管壁混凝土中都存在，使管道处于不利的三向复合受力状态，在设计中要进行核算。管道与坝面之间的应力要用合理的管坝连接措施来解决。此外，拱坝的拱向应力会引起管道中的附加应力，但设计中一般忽略不计。固定在坝体上的管道，局部地增加了坝体的刚度，也会影响坝体的变形和应力，其影响与管道的尺寸有关，在坝体设计中要考虑这种影响。

温度变化包括管道施工温度与运行温度之差，以及运行期间管道内外温差。坝下游面管属厚壁管，管外壁不设保温层，因此温度荷载应予考虑。管壁混凝土允许开裂，因此只需考虑温度荷载所引起的钢衬和钢筋的附加应力及对裂缝宽度的影响。

坝下游面管因管内水流引起的振动，用与坝体固定的措施来消除。地震荷载应将管道作为大体积坝体的一个组成部分加以分析，地震引起的管坝接缝面上的剪应力和法向拉应力是需要特别注意的。

在上述荷载各种可能的组合下，管道结构应满足以下要求：①有足够的强度；②管壁混凝土允许开裂，但裂缝宽度在允许范围以内，一般限制为不超过 0.3mm；③管坝连接可靠；④结构尽可能简单，安装及施工方便、经济。

（二）构造

坝下游面管的内层为钢衬，由钢板卷制焊接而成，按运输吊装条件制成一定长度的管节，运至现场进行环缝焊接组装。因为钢管埋设在混凝土内，又无外水压力作用，所以如果能采取必要措施（如在钢管内加临时支撑结构）保证钢管在施工期间（运输和浇筑外包混凝土时）有足够刚度，就不需要或仅需少量地在钢管外壁加设加劲环等加劲措施。

环向钢筋应至少布置内外两层。应合理选择钢筋直径和混凝土骨料级配，既保证钢筋有必要的间距，便于混凝土浇筑，又不能使钢筋太稀，以减少裂缝宽度。环向钢筋接头的焊接质量必须严格保证，并应经试验检定。原苏联已采用专门的装置将大直径（达70mm）钢筋对接焊并卷成与钢衬管节长度对应的螺旋状钢筋环，这样不仅节约了钢材，而且减少了焊接接头，提高了质量和施工速度。内外层钢筋用角钢加工成的支撑桁架来固定，布置在每节骨架的两端。为了便于架设环向钢筋以及改善坝下游面管承受轴向力的性能，要加设纵向钢筋。与每一管节对应，组成有足够刚性的钢筋构架，整体吊运至现场，与钢衬管节配合组装。内层钢筋与钢衬之间用少量辐射向钢支撑定位，二者之间留有150mm 以上的间隙以利浇筑混凝土，这种构造如图 7－51 所示。必须指出，钢衬及内外层钢筋的联合受力，靠的是将它们连成整体的混凝土而不是靠它们之间用钢材连接，因此固定钢筋与钢衬的支撑应尽量少设，以免影响混凝土的浇筑质量，并避免钢衬与支撑连接处的局部应力。

管道与坝面之间有剪应力，对于拱坝，管坝接缝面上还可能有法向拉应力。为使管坝牢固地连接而不致被破坏，接缝面应凿毛，布置键槽，有时还加设法向插筋，甚至进行接缝面灌浆。

坝下游面管的横截面的外形轮廓可以是马蹄形或多边形的，为了缩短厂坝之间的距离，坝下游面管可以采用部分嵌入坝体的横截面形式，如图7-54所示。混凝土管壁厚度在保证钢筋能合理布置，且有利于混凝土浇筑的前提下，尽可能薄一些。

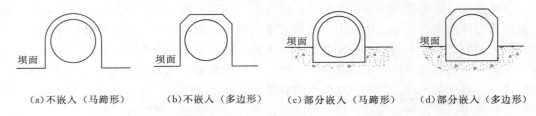

(a)不嵌入（马蹄形）　(b)不嵌入（多边形）　(c)部分嵌入（马蹄形）　(d)部分嵌入（多边形）

图7-54　坝后背管断面形式

（三）结构强度分析

坝下游面管结构强度分析的主要目的就是要确定钢衬厚度和环向钢筋配置，可采用式（7-73）或式（7-74）解析法进行。

按水利行业标准SL 281—2003《水电站压力钢管设计规范》，钢管壁厚及环向钢筋折算厚度应满足式（7-73）：

$$KPr \leqslant t\sigma_s\varphi + t_3 f_{yk} \tag{7-73}$$

式中　K——安全系数，在正常情况最高压力作用下不小于2.0，在特殊情况最高压力作用下不小于1.6，经论证后可减小10%以内。

f_{yk}——环向钢筋抗拉强度标准值，N/mm^2；

σ_s——钢材屈服点，N/mm^2，若钢材屈强比σ_s/σ_b大于0.7，取$\sigma_s = 0.7\sigma_b$，σ_b为钢材抗拉强度；

φ——钢材焊缝系数，单面焊接时取0.9，双面焊接时取0.95。

按电力行业标准NB/T 35056—2015《水电站压力钢管设计规范》，钢管壁厚及环向钢筋折算厚度应满足式（7-74）：

$$Pr \leqslant \frac{tf_s + t_3 f_y}{\gamma_0 \psi \gamma_d} \tag{7-74}$$

$$t_3 = nF_s/1000$$

式中　P——内水压力设计值，N/mm^2；

r——钢管内半径，mm；

t——钢管管壁厚度，mm，不小于最小厚度，且应满足抗外压稳定要求；

t_3——环向钢筋折算厚度，mm，不宜小于钢管壁厚的一半；

f_s——钢板抗拉强度设计值，N/mm^2；

f_y——环向钢筋抗拉强度设计值，N/mm^2；

n——单位管长范围内环向钢筋根数；

F_s——单根环向钢筋截面积，mm^2；

γ_0、ψ——分别为结构重要性系数、设计状况系数；

γ_d——管型结构系数，取 1.5。

对于温度应力和轴向钢筋的配置，也有相应的简化计算方法。

坝下游面管的钢衬和钢筋可以可靠地联合承载，安全度很高。钢衬可以在满足结构最小厚度的条件下尽量薄，增加钢筋以达到强度要求，无需用钢衬单独承受内压的条件进行校核。这样不仅可以减少钢板用量，达到经济目的，而且薄板工艺质量容易保证，钢筋用量高有利于防止管道破裂，因而增加了结构的安全可靠度。钢筋用量高也有利于减小混凝土管壁裂缝宽度。

管壁混凝土的作用是将钢衬和钢筋结成整体，联合承载，因此其强度等级不宜低于C20，也不宜高于C30。容许混凝土开裂，以充分发挥钢材作用，混凝土只传递径向力和承受轴向力。因此混凝土管壁在保证钢筋合理布置和混凝土施工质量的条件下，应尽量薄。这样可以节省混凝土工程量，减少温度应力，而且提高了含筋率，有利于减小裂缝宽度。

应该限制混凝土裂缝宽度以保证结构的耐久性。大型坝下游面管的裂缝宽度要限制在规定的 0.3mm 以内，可能是有困难的。减少管壁混凝土厚度，增加钢筋用量，减小钢筋直径，增加钢筋密度，在外层多布置钢筋，均有利于减小裂缝宽度。也可以采用合理的结构措施（如预裂缝加止水片），以减小裂缝过宽对结构耐久性的不利影响。

三、混凝土坝上游面管道

为了克服坝内钢管的布置、结构强度方面存在的困难，出现了混凝土坝上游面管道与坝内钢管配合应用的布置形式。自坝面的进水口以下，将管道沿上游坝面布置，到一定深度后，经弯管与埋设在坝体底部的呈水平布置的坝内钢管段相连接。这种形式实质上是把坝内钢管布置在深部的进水口移到了上部。其特点是既保持了深部坝内钢管管线短、施工干扰少等优点，又避免了深式进水口的技术困难。这种布置特别适用于薄拱坝，因为在这种情况下，除将压力管道水平穿过坝体外，很难在坝内布置大直径的压力管道。

这种形式管道的典型实例是伊朗的卡比尔水电站的管道，如图 7-55 所示。卡比尔坝是高 200m 的双曲拱坝，4 台机组，单机容量 250MW，每台机各有自己的进水口和管道。管道直径 6.5m，管壁混凝土厚 2.1m。管道的直立段未设钢衬，紧贴在拱坝上游曲面上，与坝体连成整体，并嵌入坝体 1.2m 的深度。下弯段将直立段同穿过坝底部的水平管段连接在一起。下弯段和水平管段均设有钢衬。

坝上游面管道位于坝体外的部分，是在水库内，应考虑管内充水和放空两种受力情况。管道放空时，管外为库水压力，一般会使管壁受压，不产生大的环向拉应力。机组

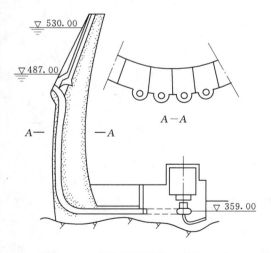

图 7-55　坝上游面管道（单位：m）

运行，管内充水时，除不大的流速水头和水头损失外，内外压力是平衡的。因而坝上游面管道受力条件好，而且可以不用钢衬，是它的优点。但由于管道一侧固定在坝体上，而且拱坝受力变形，会引起管道内局部区域的切向拉应力。如果减少管道嵌入坝体的深度，可以减少这类拉应力。管道的内外管壁处仍应配置环向钢筋。此外，由于坝表面在开始时比坝体内部冷却得更快，所以在压力管道的管壁内可能出现管轴向拉应力，因此还应设置纵向钢筋。实践证明，未设钢衬的直立段的水平施工缝容易漏水，应采取有效的止水措施。位于坝体内的带钢衬的管道就是一般的坝内钢管，其特点是埋设深、承压高，而且其起始端位于库水位下很深，钢衬外的渗透水压大，因此管道放空时钢衬抗外压稳定问题需要注意。

坝上游面压力管道的优点是布置方便，管道与坝体施工干扰少，管道受力条件好，可以节省钢材。但是管道大部分位于水库内，检修困难；坝内钢管部分位于坝底高应力区，对结构不利，而且坝体浇筑初期即需埋入钢管。

坝上游面管道在国外应用尚不太多，在我国还未获应用。

第八章 分 岔 管

第一节 概 述

一、分岔管的功用、特点和要求

采用联合供水或分组供水时，即一根管道需要供应两台或多台机组用水时，需要设置分岔管，这种岔管位于厂房上游侧，通常位于调压室底部或调压室下游。几台机组的尾水管往往在下游合成一条压力尾水洞，汇合处也是分岔管，不过水流方向相反。下游压力引水道上的分岔管往往尺寸较大，但内压较低。本章主要讨论厂房前的分岔管。

岔管用以分配水流，水流的方向和流态有较大改变，加上岔管由于受力条件差，要求尺寸尽量小，从而通过岔管的流速较大，因此岔管是引水系统中水头损失较大的地方。岔管处静动水压力最大，又靠近厂房，因此其安全性十分重要。岔管一般由薄壳和刚度大的加强构件组成，管壁厚，构件尺寸大，有时需锻造，焊接工艺要求高，造价也比较高。

岔管应满足下列要求：

（1）水流平顺，水头损失小，避免涡流和振动。影响岔管水头损失的主要因素是：主、支管断面积之比，流量分配比，主、支管半锥角 α_1、α_2，分岔角 β，岔裆角 γ，钝角区转折角 θ 等，如图 8-1 所示。试验研究表明，当水流通过岔管各断面的平均流速接近相等，或水流缓慢加速（分岔前断面积大于分岔后面积之和）时，可避免涡流，减少水头损失。分支管宜采用锥管过渡，半锥角一般是 $5° \sim 10°$。宜采用较小的分岔角 β，岔裆角 γ 和顺流转角 θ 也宜采用较小值。但这些要求有时是矛盾的，例如增加 α_2 可减小 θ，但会使 γ 加大，因此需要全面考虑选择。

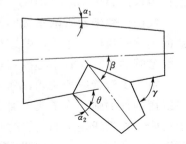

图 8-1 岔管示意图

（2）结构合理简单，受力条件好，不产生过大的应力集中和变形。

（3）制作、运输、安装方便。

以上水力学条件和结构、工艺的要求也常常互相矛盾。例如分岔角越小对水流有利，但此时主支管相互切割的破口也越大，对结构不利，而且会增加岔裆处的焊接困难。对于低水头电站，应更多考虑减少水头损失；对高水头电站，有时为了使结构合理简单，可以容许水头损失稍大一些。

二、岔管的布置形式

岔管的典型布置有以下 3 种：

（1）卜形布置，如图 8-2（a）所示。如果要从主管中分出一支较小的岔管，或者两条支管的轴线因故不能作对称布置时，可以用卜形布置。

（2）对称 Y 形布置，如图 8-2（b）所示。用于主管分成两个相同的支管。

（3）三岔形布置，如图 8-2（c）所示。用于主管直接分成 3 个相同的支管。

若机组台数较多，可采用 Y 形-卜形或 Y 形-三岔形组合布置。

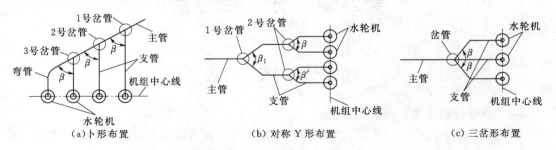

（a）卜形布置 （b）对称 Y 形布置 （c）三岔形布置

图 8-2 岔管的布置形式

对于中小规模岔管，布置形式比较灵活，既可采用对称布置形式，也可采用非对称布置形式。然而，对高水头、大 HD 值岔管，技术可行性往往在一定程度上成为制约因素，因此，应尽可能采用对称布置形式。如果从水道系统总体布置上分析，岔管采用对称布置比较困难时，可以通过变锥局部调整主、支管轴线方向，将岔管主体布置成对称形式，通过弯管或锥管与主支管连接。岔管与弯管结合布置增加的水头损失是比较有限的，而从结构方面看，却大大改善了岔管的受力条件，壳体和肋板厚度大大减薄，不仅节约了工程量，且给制造、安装带来了方便，有利于结构的安全。这种做法国内外已有不少工程实例，比如说国内的西龙池抽水蓄能电站的岔管（主管直径为 3.5m，两支管直径为 2.5m，设计内水压力为 10.15MPa），如图 8-3 所示。

我国已建钢岔管的布置形式中卜形布置居多。除因卜形布置灵活简便外，还因以往建造的钢岔管规模较小，用贴边补强的多，较适合于卜形布置。

岔管的主、支管中心线宜布置在同一平面内，使结构简单。

主、支管管壁的交线，称为相贯线。由于在相贯线处主支管互相切割，常常需要沿相贯线用构件加强。为了便于加强构件的制造和焊接，希望相贯线是平面曲线。可以在几何上证明，相贯线是平面曲线的必要和充分条件是主支管有一公切球，如图 8-4 所示。在平面上，公切球为一公切圆，圆心 O，与主管及支管 I 相切于 $a-a$，与支管 II 相切于 $b-b$，

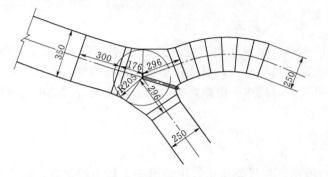

图 8-3 西龙池电站岔管布置方案（单位：cm）

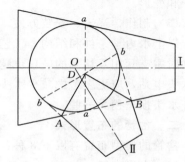

图 8-4 锥管公切球

直线 aa 与 bb 的交点为 D。AD 和 BD 即为相贯线所在的平面，在平面内，相贯线 AD 和 BD 是两个椭圆曲线。

如果主、支管的直径相差较大，或因其他原因，主、支管公切于一个球有困难，则相贯线将位于曲面上，沿相贯线的加强构件将是一个曲面构件，计算、制造、安装都将增加困难。

工程实践表明，岔管的主、支管中心线布置在同一平面内虽然可使结构简单，但不利于引水系统检修放空时排水，因此有学者提出了采用水平底钢岔管的设计思路，如图 8-5 所示，并开展了相应的水力和结构特性的研究。研究表明，无论是水力学特性还是结构特性，水平底钢岔管都能够满足规范的相关要求，有待于在实际工程中推广应用。

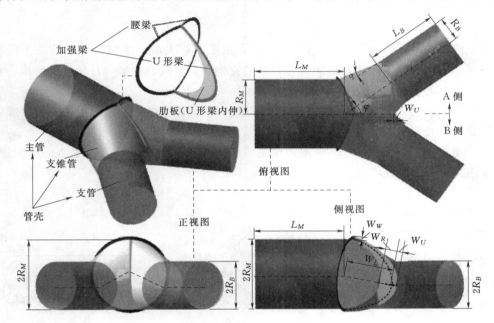

图 8-5　水平底钢岔管的设计思路

三、岔管的结构形式

岔管有很多结构形式，按制造岔管的材料和岔管所用的加强方式两个特征来进行分类，比较方便，也利于结构分析。

（一）明钢岔管

岔管用钢材焊制而成，全部荷载由钢材承受，如图 8-6 所示。

明钢岔管按其所用加强方式或受力特点，可有以下结构形式：

（1）三梁岔管。如图 8-7 所示，在主、支管的相贯线外侧，设置 U 形梁和腰梁，组成薄壳和空间梁系的组合结构。

图 8-6　明钢岔管

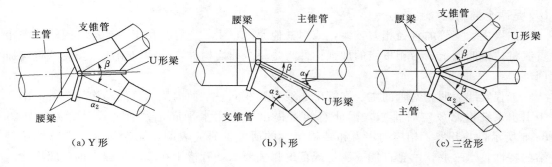

（a）Y 形 （b）卜 形 （c）三岔形

图 8-7 三梁岔管

（2）内加强月牙肋岔管。如图 8-8 所示，由主管扩大段（主锥）和支管缩小段（支锥）组成一个切于同一公切球的圆锥壳，并沿支锥的相贯线，内插一月牙状的肋板，焊接在管壁上作为加强构件。

（3）贴边岔管。如图 8-9 所示，在相贯线两侧一定范围内的主、支管内表面或外表面，设置与管壳紧密贴合的补强板而成。

（4）无梁岔管。如图 8-10 所示，用主管和支管逐渐扩大的锥壳与中心的球壳连续、平顺地连接，不设置任何加强梁。

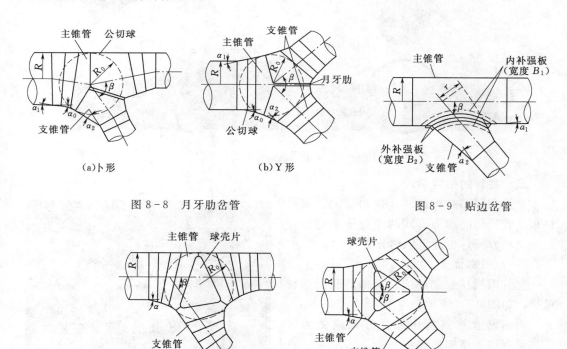

（a）卜形 （b）Y 形

图 8-8　月牙肋岔管　　　　　　　　　　图 8-9　贴边岔管

（a）卜形 （b）Y 形

图 8-10　无梁岔管

（5）球形岔管。如图 8-11 所示，通过球面壳进行分岔，沿主、支管与球壳交接处的相贯线，设置圆环形加强梁，组成球壳和加强梁的组合结构。

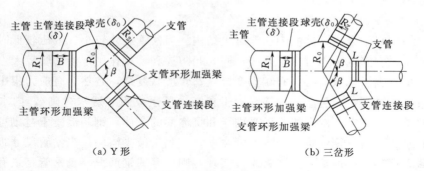

（a）Y 形 　　　　　　　　　　　（b）三岔形

图 8-11 球形岔管

（6）隔壁岔管。如图 8-12 所示，由扩散段、隔壁段、变形段组成，各级皆为完整的封闭壳体，除隔壁处，无其他加强构件。

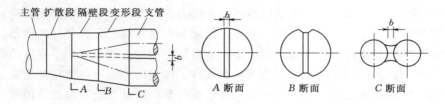

图 8-12 隔壁岔管

我国 20 世纪 50 年代建造的岔管，尺寸及内压不大，多为贴边式；60 年代由于高水头水电站的出现，三梁式岔管应用较多；随着钢管的规模增大，大直径、高内压的三梁岔管，制作安装困难较大，技术经济指标不佳，逐渐采用月牙肋岔管，少数工程还采用了球形岔管和无梁岔管。隔壁岔管是国外新发展起来的适应性强、流态较优、受力条件较好而不需特大锻件的岔管，但我国尚无实践。

多数情况下，钢岔管外包混凝土镇墩，用以平衡内水压引起的轴向不平衡力并与地基固定。镇墩内也布置一定数量钢筋，但是在设计时不考虑镇墩分担内水压力，在这种情况下，仍看作是明钢岔管。

（二）地下埋藏式岔管

岔管位于岩体内，通常用于地下埋管的末端。其特征是设计时考虑围岩分担岔管的内水压力。按构造，可以分为两种：

1. 埋藏式钢岔管

钢岔管与围岩之间用混凝土填实，内水压力一部分经钢衬及混凝土传至围岩，钢衬防渗及承受部分内水压，构造及受力与地下埋管一样，但结构计算很复杂，一般需用有限元方法进行分析。比较简化的方法是按直管段的计算方法初估围岩分担内水压的百分数，然后考虑钢岔管承担剩下的内水压力，再按明岔管办法分析钢岔管的应力和强度。

这种岔管的钢岔管部分，原则上可以采用前述明钢岔管的任何一种结构形式，但为了减小开挖洞径和交通洞尺寸，同时更好地发挥围岩联合承载作用，一般宜选用没有加强梁或加强梁较小的贴边岔管、月牙肋岔管等。

2. 埋藏式钢筋混凝土岔管

岔管是与围岩结合成整体的钢筋混凝土结构。当岔管尺寸较小、内压较低时，依靠围岩分担内水压，钢筋混凝土可以不开裂，同时起防渗和承载作用。当岔管较大，特别是内压很高时，由于围岩承载后必须有相当变形，岔管形状复杂，必然会有应力集中，因此钢筋混凝土很难不开裂，开裂后的钢筋混凝土在高内压下成为"透水衬砌"，内水压将基本上转由围岩承受。这样，围岩成为承受内压和抗渗漏的主体。钢筋混凝土衬砌可以减少内壁粗糙度和水头损失，钢筋可以减少裂缝宽度，有利于减少渗漏。当岔管尺寸很大时，如果使用埋藏式钢岔管，运输和安装将难以实现，则埋藏式钢筋混凝土岔管是最有利的结构形式。显然，采用这种岔管时，必须要求围岩有很高的承载力和抗渗能力，因此往往要求足够的埋藏深度，岔管离厂房要有足够距离，应做高压灌浆，并做好岩体的排水。这种岔管在高水头大容量抽水蓄能电站中已得到很多运用。

（三）钢衬钢筋混凝土岔管

钢岔管外包钢筋混凝土，两者共同承受内水压力。内部钢岔管即钢衬同时能起防渗作用，因而外部的钢筋混凝土允许开裂，这样，钢衬和钢筋都能比较充分发挥作用。钢衬可根据需要采用明钢岔管的某种形式，但由于钢筋混凝土参加承载，减轻了钢衬的负担，因而钢衬与单独承载的明钢岔管相比，管壁可以减薄，加强构件也可以减轻甚至取消。这种结构不仅可以节省钢板用量，使选材和工艺要求更简单，降低造价，而且结构安全性也比明钢岔管高。

使用明钢岔管时，一般在钢岔管外需要加设混凝土镇墩。与这种岔管相比，钢衬钢筋混凝土岔管甚至不需额外增加混凝土工程量，技术经济效益更加明显。

钢衬钢筋混凝土岔管于 20 世纪 60—70 年代就已经在国外开始运用，我国 90 年代后期也已经成功地将这种岔管应用于贵州大七孔水电站（图 8-13，主管直径 2.4m，设计水压力 400m，HD 值为 960m²）、云南柴石滩水电站（图 8-14，主管直径为 6.4m，设计水压力 130m，HD 值为 832m²），以及山西引黄入晋工程的许多泵站的分岔管中。

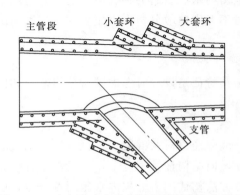

图 8-13　大七孔水电站钢衬钢筋混凝土岔管图

图 8-14　柴石滩水电站钢衬钢筋混凝土岔管图

这种岔管结构目前还缺乏成熟的设计计算方法，一般参照钢衬钢筋混凝土管道的方法进行设计。对于比较重要的工程，宜采用钢筋混凝土非线性有限元法或模型试验的方法作进一步论证。

四、岔管的荷载及结构设计要求

岔管的荷载及其组合与主管道一样，但是岔管结构自重、满水重、风载、雪载、施工吊装等次要荷载可以忽略。对于埋藏式岔管，山岩压力由混凝土结构承担；还应校核抗外压稳定。岔管设计中一般可不考虑温度荷载，但对无伸缩节的大型明岔管，应尽量减少安装合拢温度和运行期温度之差值以降低温度应力。岔管计算工况及荷载组合可参见表 8－1，其中荷载种类可参见表 7－5。

表 8－1   岔管计算工况及荷载组合

管型	设计状况	NB/T 35056—2015 中作用效应组合		计算内容	对应于 SL 281—2001 组合
明岔管	持久状况	基本组合	(1b) ＋ (4)	正常运行工况	基本荷载组合
	短暂状况		(12)	放空工况	基本荷载组合
			(1d)	水压试验工况	特殊荷载组合
	偶然状况	偶然组合	(1c) ＋ (4)	特殊运行工况	特殊荷载组合
			(1a) ＋ (4) ＋ (11)	地震工况	特殊荷载组合
地下埋藏式岔管	持久状况	基本组合	(1b)	正常运行工况	基本荷载组合
	短暂状况		(12) ＋ (13a)	放空工况	基本荷载组合
			(1d)	水压试验工况	特殊荷载组合
			(10)	施工工况	特殊荷载组合
	偶然状况	偶然组合	(1c)	特殊运行工况	特殊荷载组合

岔管的允许应力（抗力限值）应比直管段的略予降低，这是因为岔管的结构复杂，难于精确分析其应力，具体取值见表 8－2、表 8－3。岔管处管壁厚度要比主、支管壁厚大，因此管节要变厚。相邻管节壁厚差值不宜大于 4mm，以利焊接和避免应力集中。

月牙肋岔管、无梁岔管、球形岔管内部应设置导流板以减少水力损失及振动。这些岔管的体形均为上凸、下凹，运行充水时，顶部空气排不出去，开始运行时水流挟气，对机组运行不利，所以应在顶部设置排气设备。在最低处应设置排水管，或者如前所述采用水平底钢岔管布置，以便检修时排空岔管。

表 8－2   SL 281—2003《水电站压力钢管设计规范》钢岔管允许应力

应力区域	部 位	作用（荷载）组合	
		基本	特殊
膜应力区 $[\sigma]_1$	膜应力区的管壁及小偏心受拉的加强构件	$0.5\sigma_s$	$0.7\sigma_s$
局部应力区 $[\sigma]_2$	距承受弯矩的加强构件 $3.5\sqrt{rt}$ 以内及转角点处管壁	$0.8\sigma_s$	$1.0\sigma_s$
	承受弯矩的加强构件	$0.67\sigma_s$	$0.8\sigma_s$

注 表中 σ_s 为钢板屈服强度；采用有限元法计算峰值应力时，其允许应力取值可较本表酌情提高。

表 8 - 3 **NB/T 35056—2015《水电站压力钢管设计规范》钢岔管结构系数 γ_d**

管型	应力种类	部 位	结构系数 γ_d（$\varphi=0.95$）
明岔管	整体膜应力	膜应力区的管壁	1.76
	局部膜应力	肋板、补强环	1.43
		距承受弯矩的加强构件 $3.5\sqrt{rt}$ 以内及转角点处管壁中面、加强梁	1.43
	局部膜应力＋弯曲应力	距承受弯矩的加强构件 $3.5\sqrt{rt}$ 以内及转角点处管壁表面、补强板	1.21
地下埋藏式岔管	整体膜应力	膜应力区的管壁	1.50
	局部膜应力	肋板、补强环	1.35
		距承受弯矩的加强构件 $3.5\sqrt{rt}$ 以内及转角点处管壁中面、加强梁	1.20
	局部膜应力＋弯曲应力	距承受弯矩的加强构件 $3.5\sqrt{rt}$ 以内及转角点处管壁表面、补强板	1.10

注 1. 表中 γ_d 适用于焊缝系数 $\varphi=0.95$ 的情况，若 $\varphi\neq0.95$，则 γ_d 应乘以 $0.95/\varphi$。
　　2. 水压试验情况，γ_d 值应降低 10%。

五、岔管设计内容与方法

无论是哪种钢岔管形式，其设计内容与步骤均包括以下内容：

（1）岔管形式选择：根据工程的地形地质条件、规模、施工技术水平，选择适合于各具体工程的钢岔管结构形式。

（2）体形设计：岔管形式确定后，再根据工程的具体布置和主支管直径，选择卜形、对称 Y 形或三分岔形，并初步确定钢岔管体形，包括分岔角、锥角及加强梁尺寸等。具体方法包括几何解析方法和各种计算机辅助设计软件，比如 Auto CAD、Solidworks、CATIA 以及专门的钢岔管体形设计软件。

（3）结构设计：对于规模较小的钢岔管，采用有关规范或手册提供的解析方法，就可以确定钢岔管管壁厚度和加强梁尺寸，满足工程建设的需要；但是对于规模较大的钢岔管，可以应用上述计算机辅助设计软件确定的体形，进一步划分网格和开展三维有限元计算，以确定钢岔管管壁厚度和加强梁尺寸。随着大量抽水蓄能电站的兴建，钢岔管的 HD 值越来越大，钢岔管与围岩联合承载的设计新方法已经开始推广采用，这种设计均只能基于有限元数值方法才能完成。

（4）管节展开计算：钢岔管是由多个管节和加强梁组成的空间结构，而各个管节均是由钢板通过画线、切割、卷板、焊接等工艺完成，因此管节的展开计算是钢岔管设计不可缺少的重要组成部分。所采用的方法主要有几何解析计算、作图法以及借助于计算机辅助设计软件的展开方法等。

第二节 三 梁 岔 管

三梁岔管的典型布置有 Y 形、卜形和三岔形，如图 8-7 所示。

从承受均匀内水压力来说，圆柱壳产生环向均匀膜拉应力，是最有利的。但在岔管处，由于管壳互相切割，不再是完整的圆形，如图 8-15（a）中岔管的 $A-A$ 截面所示，即如图 8-15（b）所示，已是两个不完整圆环壳的组合。

这种形状的结构虽然是封闭的，可以承受一定内水压力，但在内压作用下将产生很大弯矩，变形也会很大，承载能力受到限制。这主要是因为每个支管的圆柱壳在 E、F 处被割去了一段圆弧，这段圆弧原来对圆柱壳在 E、F 两点施加的环拉力 T 不复存在，使理想的受力条件被破坏。我们常把这环拉力 T 称为不平衡力。如果我们在 E、F 点壳体外用一种构件加固，在内水压作用下，倘若这加固件对壳体施加的反力能尽可能起到恢复不平衡力 T 的作用，那么不完整的圆柱壳的受力状态将接近完整的圆柱壳而得到改善。这是三梁岔管的基本原理。

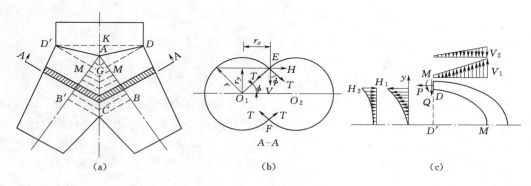

图 8-15 岔管受力分析

具体做法是沿主管和支管的相贯线 AD 和 AD' 用腰梁加强，沿两支管的相贯线 AC 用 U 形梁加强，将 U 形梁和腰梁端部连接点焊接在一起，通常用一短柱为连接点，如图 8-16（a）所示。U 形梁的横截面形式比较常用的有矩形和 T 形两种。有时为了简化，可以将 2 个腰梁合成一个沿 DKD' 布置的圆环梁，并将 U 形梁延伸到 K 点与圆环形腰梁连接。

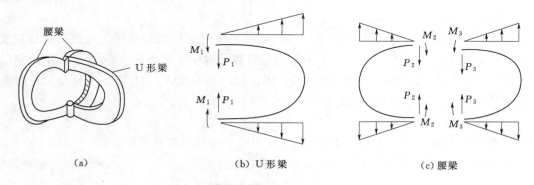

图 8-16 加固梁受力分析

下面我们用简化的方法分析三梁岔管的受力体系。以图 8-15（a）的 Y 形对称分岔为例，主管为圆柱管，两支管为相同的锥管。切取垂直于锥形支管轴的单位长度条带 $A-A$，其截面展平后如图 8-15（b）所示。

1. 管壁环向拉力引起的荷载

在内水压力 P 作用下，沿锥管轴线单位长度管壁的环向拉力：

$$T=\frac{Pr}{\cos^2\alpha} \tag{8-1}$$

式中 α——锥管的半锥顶角，(°)；

r——剖面截取处锥管半径，mm。

T 沿相贯线 AC 单位长度上的垂直分力 V 和水平分力 H 为

$$V=T\cos\varphi\cos\beta=\frac{Pr}{\cos^2\alpha}\cos\varphi\cos\beta=\frac{Pr_x}{\cos^2\alpha}\cos\beta$$

$$H=T\sin\varphi\cos\beta=\frac{Pr}{\cos^2\alpha}\sin\varphi\cos\beta=\frac{Pr_y}{\cos^2\alpha}\cos\beta \tag{8-2}$$

式中 φ——通过 E 点的支管半径 O_1E 与水平线的夹角，(°)；

β——支管半分岔角，(°)；

r_x、r_y——半径 r 在水平和铅直方向的投影，mm。

图 8-15 (b) 中，E 点上不平衡力 T 引起的水平分力 H，又可以分解为沿 AC 方向的分力（以 H_1 表示）和垂直 AC 的分力。垂直 AC 的两个支管的分力在同一平面上，基本上互相抵消。而沿 AC 方向的分力则叠加，这一水平荷载指向上游，在 U 形梁中产生的弯矩与铅直荷载 V 产生的弯矩相反，是有利的。将 H_1 以相贯线平面内沿竖轴 y 表示，则一侧支管产生的 H_1 为

$$H_1=\frac{a}{b}P\frac{y^2}{\sqrt{b^2-y^2}}\frac{\sin\beta\cos\beta}{\cos^2\alpha} \tag{8-3}$$

式中 y——相贯线垂直坐标，mm，如图 8-15 (c) 所示；

a、b——相贯线的长半轴和短半轴，mm，其值为

$$a=R\frac{\cos\alpha\sin\beta}{\cos^2\alpha-\cos^2\beta}, \quad b=R\frac{\sin\beta}{\sqrt{\cos^2\alpha-\cos^2\beta}}$$

式中 R——主管半径，mm。

以上 V、H_1 即是一个支管在相贯线单位长度上作用于 U 形加强梁上的铅直荷载和水平荷载。对于 Y 形对称岔管，乘以 2 即得到总荷载；对于不对称的 Y 形岔管，则分别以两支管的参数代入式 (8-2)、式 (8-3)，求出相应的荷载 V、H_1，然后再分别进行叠加即得到总荷载，其方向和分布，如图 8-15 (c) 所示。

2. 管壁轴向力引起的荷载

管壁的轴向力有以下几种情况：有闷头、有锥管、有伸缩节及埋管等。

支管轴向力 T' 在相贯线上的垂直分量和水平分量为

$$V_2=T'\sin\alpha\sin\beta\left[1+\frac{(u-b')\tan\alpha\cos\beta}{r}\right] \quad（指向管内） \tag{8-4}$$

$$H_2=\frac{a^2}{b^2}T'R\frac{\sin\beta}{\cos\alpha}\left[\frac{\cos\alpha\cos\beta}{u}-\frac{(u-b')\sin\alpha\sin^2\beta}{ur}\right] \quad（向下游） \tag{8-5}$$

式中 u——U 形梁内缘曲线 $\frac{u^2}{a^2}+\frac{y^2}{b^2}=1$ 上计算点的横坐标值，mm，$b'=a-\frac{R}{\sin(\alpha+\beta)}$；

T'——支锥管单位周长管壁沿母线方向的轴向应力，N/mm²，管口封闭进行水压

试验时，$T' = \dfrac{Pr_x}{2\cos\alpha}$，当为埋管时，$T' = \dfrac{v_s Pr_x}{\cos\alpha} - \Delta T\alpha_s t E_s$；

ΔT——温差，℃；

v_s、E_s、α_s——钢材的泊松比、弹性模量及线膨胀系数。

其他符号意义同前。V_2 和 H_2 亦为一个支管引起的荷载，方向示于图 8-15（c）中。以上为相贯线 AC 上的荷载，相贯线 AD、AD' 上的荷载也可以类似求出。

将 U 形梁和腰梁的荷载按上述方法确定后，就可以对加强梁系进行内力分析。U 形梁和腰梁在端点 A 是焊接连接的，是空间超静定梁系结构，用结构力学的方法完全可以求解。将 3 根梁分别取隔离体，各自的受力如图 8-16（b）、（c）所示，根据连接点变位一致和力的平衡条件，即可求出连接点的内力，从而求出每根梁的内力和应力。在实际工程计算中，还可以作进一步简化：对于明岔管，将 U 形梁与腰梁的端接点视作铰点，即 $M_1 = M_2 = M_3 = 0$；对于埋藏式岔管，将端接点视作固接，即转角为 0，这样计算又可大为简化。

在计算中，需先设定加强梁的截面尺寸，进行上述内力分析，校核其强度，不满足要求时，要重新设定截面，进行计算。

模型试验、原型观测和三维有限元计算都说明，上述简化方法所得的加强梁的应力值偏大，而邻近加强梁的管壁，除膜应力外，还有较大的边缘效应应力。试验说明，管壁实测最大应力可达主管理论膜应力的 1.5～2.0 倍。因此岔管处主、支管的管壁应适当地比直管段加厚。对于重要的岔管，应进行三维数值分析计算或模型试验来验证设计。

三梁岔管是国内外普遍采用的管型，可用于大、中型电站。由于加强梁中的应力主要是弯曲应力，材料不能得到充分利用。对于高内压、大直径钢管，加强梁构件可能很大，会引起选材、制造和运输上的困难。如用于埋藏式岔管，还会增加开挖尺寸。近来，工程上已愈来愈多地用结构上更合理的内加强月牙肋岔管，来取代三梁岔管。

第三节　内加强月牙肋岔管

月牙肋岔管的典型布置有 Y 形、卜形两种。

月牙肋岔管是三梁岔管的一种发展，它是用一个嵌入管体内的月牙形肋板来代替三梁岔管的 U 形梁，取消腰梁，这样确定月牙肋的位置和尺寸，可使月牙肋接近轴心受拉构件。月牙肋岔管由主管扩大段（倒锥管）和支管收缩段（顺锥管）组成，三者有一公切球，使相贯线成为平面曲线，如图 8-8 所示。设置倒锥管，可以减少拐点管壁的顺流转角 θ（图 8-1），改善转折处管壁局部应力和流态，而且可以逐渐扩大分岔处的过流面积、降低该处流速，从而减小水头损失。

月牙肋岔管的基本受力原理可简要说明如下：

图 8-17 表示一对称 Y 形岔管，AB 为相贯线，是一条曲线，内加强月牙肋设置在此相贯线上。我们用分析三梁岔管 U 形梁上荷载的方法来考虑月牙肋上的荷载，也就是把相贯线上管壳破口的"不平衡环拉力"反向后作为月牙肋的荷载。这样，在相贯线上任一

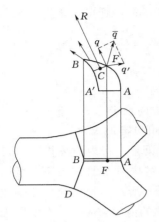

图 8-17 月牙肋受力分析

点 F 处，有两个支管环向力产生的荷载，令其合值为 q。在 F 点上还有来自管端轴向力的作用，也可合成为 q'，将 q 与 q' 向量合成，得到作用在 F 点上的合成荷载 $\bar{q}$，其大小及方向都可确定。F 点沿相贯线位置不同时，$\bar{q}$ 也随之变化。我们如果把从肋端 B 到 F 点之间的荷载求和，便可得出作用在 BF 这一段肋上的总荷载 R 及其作用线。过 F 点作正交于此作用线的直线得到垂足 C。如果以 C 为轨迹作为加强肋的轴心线，则加强肋将只承受轴心拉力。

具体的设计方法要点是：先求出 C 点的轨迹线，再定肋的宽度（即求出肋的内外缘边线）。肋的外缘必须与管壳焊在一起，所以 F 点的肋宽 b 至少应为两倍 $\overline{FC}$ 长，即 $b \geqslant 2\overline{FC}$。选定 b 以后，就可根据规定的强度理论，定出该处肋板的厚度 $t = \dfrac{R}{b[\sigma]_l} + C$。

但是这样算得的各处断面的肋板厚度很可能是不一样的。为了使肋板是等厚度的，可以选择最重要的截面来定肋厚，一般是肋板的水平对称截面即 AA' 处合力 V 最大，根据此截面定肋宽 $B_T = AA'$，并根据合力 V 和强度要求确定肋厚 t_w：

$$t_w = \frac{V}{B_T[\sigma]_l} + C \tag{8-6}$$

式中　$[\sigma]_l$——肋板的允许应力，N/mm^2，基本荷载情况下取 $0.5\sigma_s$，特殊荷载情况下取 $0.7\sigma_s$；

　　　C——锈蚀裕量，mm；

　　　t_w——肋板厚度，mm，一般取管壁厚度的 $2.0\sim2.5$ 倍。

那么其他截面的肋宽为

$$b = B_T R / V$$

但这样定出的肋宽 b 在该截面处不一定等于 $2\overline{FC}$。如 $b > 2\overline{FC}$，就让肋的外缘突出在管壳外；如 $b < 2\overline{FC}$，就适当放大肋宽 b，使肋外缘至少达到相贯线，以便与管壳焊接。

这样得出的加强肋是等厚的，肋的绝大部分位于相贯线的内部，又因其形状如月牙，所以称为月牙形内加强肋。实际设计过程中，采用上述方法计算肋板尺寸显得过于繁琐，一般采用简化的方法进行，具体方法如下：

肋板的中央截面宽度 B_T 可以从图 8-18（a）中的经验曲线根据分岔角初步确定，曲线 $Ⅰ_1$ 用于水压试验工况，曲线 $Ⅱ_2$ 用于运行工况。B_T 确定后，肋板的内缘尺寸可按图 8-18（b）中的 BAB' 3 点连成一抛物线，方程为 $y^2 = y_0^2(x_0 - x)/x_0$，肋板外缘为了满足焊接的需要，一般在相贯线的基础上向外增加 $50\sim100mm$。肋板的厚度仍然可按式（8-6）进行计算。

以上分析中只近似地考虑了薄膜应力中的环向应力和轴向应力，忽略了管壁中的剪应力以及管壳和肋板接合处的局部应力，所以实际上月牙肋中必然还存在弯曲应力和剪应力。对于不对称分岔，受力情况就更加复杂。此外，用上述方法，并不能计算岔管管壳的

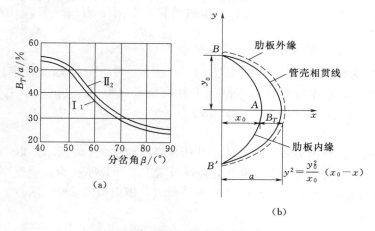

图 8-18　肋板宽度拟定参考曲线

应力分布和局部应力。因此对于重要的工程，宜采用数值分析法或模型试验作进一步验证。

月牙肋岔管有以下特点：

（1）肋板主要受轴拉力，应力比较均匀，能较充分地发挥材料的作用。据分析，通常月牙肋重量仅为三梁岔管加强梁的 $1/5\sim1/4$。月牙肋是均匀厚板，制造工艺相对较简单。

（2）月牙肋插在管壳内，岔管尺寸小，管壳外表面光滑，对地下埋管可减少开挖量，有利于发挥围岩抗力。

（3）水力损失较小。但流量偏离设计工况时，肋板会增加阻力。

（4）岔管外侧管壁转折处（图 8-17 的 D 点）和管壁与肋板相交处有应力集中，是薄弱环节，常需采取措施缓解或加固，例如在体形设计时减小折角，增加管壁厚度或局部贴边等。

内加强月牙肋岔管的应用已经有 40 多年的历史，积累了相当的经验，近年来在我国已基本取代了三梁岔管。

第四节　贴边岔管、球形岔管和无梁岔管

一、贴边岔管

贴边岔管的典型布置是卜形。

当钢管尺寸和水头不大而需分出小岔管（支、主管直径比不大于 0.7）时，可以不设置专门的加强梁系，而只需将主、支管的管壁比直管段适当加厚，并在分岔管的相贯线两侧将主管和支管的管壳用加强板贴厚，称为贴边补强岔管。贴边的补强板可以焊固于管道外壁或内壁，或内外壁均有补强板。分岔处"不平衡力"由补强板和管壁共同承担。补强板与加强梁或肋相比，刚度较小，在内水压作用下，可以发生较大的向外位移，因此用于埋藏式岔管，会有利于发挥围岩的抗力，也便于做成钢衬钢筋混凝土岔管。

贴边岔管的受力状态比较复杂，目前尚无较好的解析方法来求应力，常根据有限元方

法、模型试验和工程实际所积累的经验来进行设计。以下为按经验设计补强板的几种方法。

1. 面积补偿法

面积补偿法为贴边岔管的常用计算方法。如图 8-19 所示，当支管半径 r_d 不大于主管半径 r 的 1/2 时，沿主管轴线的纵剖面上补强板截面积 A_d 应稍大于主管破口截面积 A_c，其板厚 t_d 为主管壁厚 t 的 1.0~1.3 倍。

2. 圆环法

圆环法为贴边岔管的另一计算方法，其计算简图如图 8-20 所示。以一圆环作加劲结构，圆环内径为 L，沿径向计算宽度 b 为补强板宽度，计算厚度为管壁壁厚 t 与补强板厚度 t_d 之和。竖向荷载 pr 为主管破口处的不平衡力，横向荷载 $pr/2$ 为主管管壁对补强板变形产生的约束力。

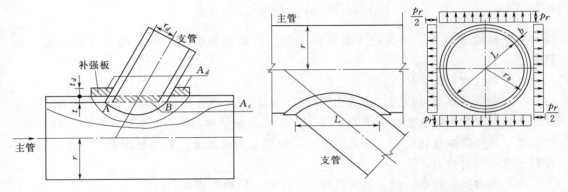

图 8-19　面积补偿法计算简图　　　　　图 8-20　圆环法计算简图

圆环加劲结构最大应力发生在腰部，其内缘弯矩为

$$M=\frac{prr_b^2}{8} \tag{8-7}$$

其内缘轴拉力：
$$N=prr_b \tag{8-8}$$

最大应力：
$$\sigma_{max}=\frac{M}{W}+\frac{N}{F}$$

$$\sigma_{max}\leqslant\sigma_R \quad 或 \quad \sigma_{max}\leqslant[\sigma] \tag{8-9}$$

式中　　p——内水压力设计值，N/mm^2；

　　　　r——主管半径，mm；

　　　　r_b——圆环中心半径，mm，$r_b=(L+b)/2$；

　　　　b——圆环板宽度，mm；

　　　　W——圆环板截面抗弯截面模量，mm^3；

　　　　F——圆环板截面积，mm^2。

我国在中、低水头地下埋管中应用贴边岔管较多，已积累一定的实践经验，HD 值最大的已达 $990m^2$。

二、球形岔管

球形岔管的典型布置有 Y 形和三岔形。

球形岔管是通过球面壳体进行分岔，结构形式简单：在分岔部位设置一个球壳，主管和支管均直接和球壳相接，各管道的轴线都应通过球心。主管一般为圆筒，支管可以为圆筒或圆锥，管道和球壳的相贯线都是完整的圆。为了减少分岔的水头损失，壳内设导流板。球形岔管的结构布置如图 8-21 所示。

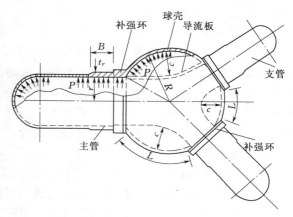

图 8-21　球形岔管的结构布置

球壳最小半径 R 要使主、支管开孔后球壳的局部应力互相不影响，并有必要焊接空间，常取为主管半径的约 $1.3 \sim 1.6$ 倍，并不小于 $0.3m$，且在满足下列条件时取小值。

（1）球壳上两相邻孔洞间的最短弧长。

$$L \geqslant 2.43 \sqrt{Rt_s} \tag{8-10}$$

式中　t_s——球壳壁厚，mm。

（2）球壳与内部导流板间的最小空间 c 不小于 $0.3 \sim 0.5m$。球壳在均匀内水压力作用下，其膜应力是各向均匀的，且仅为同半径圆柱管壳环向应力的一半。因此球壳厚度可取为

$$t_s = \frac{K_1 PR}{2\phi[\sigma]} \tag{8-11}$$

式中　K_1 可取为 $1.1 \sim 1.2$。

主、支管与球壳连接处，完整的球壳壳体被破口，需用补强环加固。补强环是一个圆环形梁，其断面设计，应尽量使补强环受力后不发生扭转且径向变位与球壳未破口前的变位及主支管的变位相近。这样，球壳及主、支管接近于理想的球壳及圆柱壳的膜应力状态。

主、支管与补强环连接处，管壁应略加厚成过渡段。

补强环、球壳及圆柱壳的应力计算可以用杆件、壳体力学的静不定结构分析方法。即把补强环、球壳及管壳取 3 个隔离体，将三者互相连接处的内力（轴力、剪力、弯矩）及外荷载（内水压）作为隔离体的荷载。然后按连接处的变位（径向变位、角变位）一致的条件和力的平衡条件解出连接处的内力，从而求解球壳、补强环和主、支管管壳的应力。

对重要工程应进行整体结构应力分析，或做模型试验。

球岔的优点是：布置灵活，各管道间的夹角选用范围广，支管可以指向任意方向（主、支管可以不在一个平面内），也可以布置多于两条的支管。分岔部位的受力结构是球壳，主、支管仍保持为完整的圆柱壳，受力条件好，补强环是环形梁，应力分析方法也比较简单可靠。球岔也存在一定缺点：球壳需模压成型拼焊，补强环要用锻压件，球岔制成后有时需整体退火；球岔尺寸大时，这些问题将更困难。

球岔是国外较多采用的成熟管型，在高水头时应用更多。我国已成功地应用于大、中

型高水头水电站，但不多，主要是受到了工艺和运输条件的限制。随着材料及工艺水平的提高，将会得到更广泛应用。

三、无梁岔管

无梁岔管的典型布置是 Y 形和卜形，也可布置为三岔形。

无梁岔管是在球形岔管的基础上发展起来的。在球岔中，圆管与球壳结合处，球壳被开孔，需要设补强环，连接处会有应力集中。为了改善受力条件，可以用直径较大的锥管和球壳沿切线方向衔接，使球壳只剩下上、下两个面积不大的三角形，并在主、支管和这些锥管之间插入几节逐渐扩大的过渡段，构成一个比较平顺、无太大的不连续接合线的体形，这就是无梁岔管。

无梁岔管体形设计时，应遵循以下原则：

（1）无梁岔管各管节间以及球壳片与其相邻锥管间的连接，均应符合公切球原理。公切球半径 R_i（即 r_s），对于 Y 形布置可取为主管半径的 $1.15\sim1.30$ 倍；对于非对称 Y 形布置，可取为主管半径的 $1.20\sim1.35$ 倍。主管半径较大时可取小的比值。

（2）主、支锥管的节数决定于主、支管直径与公切球直径之比、管壁的允许转折角和焊缝的最小间距。管节的长度应使转折角引起的局部应力不致互相影响，一般不宜小于 $300\sim500$mm。

（3）分岔角 ω 宜用 $80°\sim120°$。管壁的腰线转折角 C_i 不宜大于 $15°$，最大直径处不宜大于 $12°$。若管壁厚度不变，在管径较小处，腰线转折角可增至 $18°$。

无梁岔管通过壳体的比较连续的组合，通过膜应力以及不大的弯曲应力来承受内压力，避免了设置加固构件。除两块面积不大的三角形球壳片外，其余均为圆锥壳片，尺寸较小，运输、安装均较方便。做成地下埋藏式岔管时，有利于发挥围岩抗力。但是这种岔管体形较复杂，球片成型工艺仍较困难，焊缝多，结构应力强度分析尚无较可靠的解析方法，使用经验也还不多，因此大型无梁岔管需要用数值分析方法或进行模型试验。无梁岔管的分岔处过水断面急剧增大，易产生涡流，宜采用内部导流结构以改善流态。

无梁岔管是一种有发展前途的岔管形式，可用于大、中型地下埋管。我国已在新疆喀什二级水电站和云南柴石滩水电站中成功地应用了无梁岔管。

习 题 与 思 考 题

1. 进水口有哪几种类型？有压进水口有哪几种类型？各适用于什么条件？

2. 根据对进水口要求，如何选择确定进水口位置与高程？

3. 水电站进水口工作闸门和检修闸门的作用是什么？它们在运行上有什么要求？

4. 有压进水口包括哪些设备？其作用是什么？

5. 压力前池的作用？组成？在进行压力前池布置时，你认为需特别引起注意的是什么问题？

6. 压力水管的类型及其适用条件是什么？

7. 水电站压力水管的供水方式主要有哪几种方式？它们优缺点和适用条件如何？

8. 地面明钢管中镇墩、支墩的作用是什么？镇、支墩各有哪些形式及特点？

9. 为什么压力水管上要设伸缩节？设在什么位置？为什么？

10. 地面明钢管设计时应选择哪几个控制断面？用图表示各控制断面的位置？受力特点如何？

11. 某地面压力钢管：内径 $D=3m$，镇墩间距85m，滚动式支墩间距10m，上镇墩以下 2m 处设伸缩节，伸缩节所在管段间距为5m。滚动式支墩摩擦系数为0.1，管轴与地面倾角30°，伸缩节密封填料长 $b_1=0.3m$；$\mu=0.25$。末跨跨中内水压力（含水击压力）200m，伸缩节处内水压力（含水击压力）160m。钢材采用 Q345C，屈服强度为325MPa。

考虑温升工况，试对钢管末跨跨中断面 1-1、支承环旁断面 2-2（图 7-10）进行强度校核，并对跨中断面 1-1 进行抗外压稳定校核，具体内容包括：

（1）初估管壁厚度；

（2）计算单位长度管重和水重，计算 1-1、2-2 断面内力，即轴力 $\sum A$、剪力 Q、弯矩 M，应力计算内容如下，要求精确到小数点后 3 位有效数字；

（3）计算 1-1 断面管顶、管腰、管底 3 点的应力分量，采用第四强度理论进行校核；

（4）计算 2-2 断面管顶、管腰、管底 3 点的应力分量，采用第四强度理论进行校核；

（5）计算 1-1 断面临界外压力，先校核光面管，要求 $p_{cr} \geqslant 2.0p_{外}$（一个大气压力，0.1MPa），如果不满足要求，则采用加劲环，假定加劲环间距 $L=1.0 \sim 2.0m$、加劲环截面高度 $h=150 \sim 300mm$，加劲环厚度取管壁厚度，计算加劲环和加劲环之间管壁临界外压力，均要求 $p_{cr} \geqslant 2.0p_{外}$。

附：M、V 计算方法：M、V 可按多跨连续梁计算。

在距伸缩节三跨以上，即可按两端固定计算：

M 值：跨中 $M=0.0416QL\cos\alpha$；支座处 $M=-0.08333QL\cos\alpha$

V 值：支座 $V=0.5Q\cos\alpha$

其中 Q 为单跨管重和水重之和；L 为每跨的跨度。

12. 导致地下埋管抗外压失稳的主要原因是什么？改善地下埋管抗外压稳定的措施有哪些？

13. 坝内埋管主要有哪几种结构形式？其受力特点有什么不同？

14. 与坝内埋管相比，坝下游面管有什么优缺点？其适用条件如何？

15. 岔管结构型式有哪些？各有什么特点？其适用条件如何？

参 考 文 献

[1] 王仁坤，张春生. 水工设计手册：水电站建筑物 [M]. 2 版. 北京：中国水利水电出版社，2013.

[2] 中华人民共和国水利部. SL 285—2003 水利水电工程进水口设计规范 [S]. 北京：中国水利水电出版社，2003.

[3] 中华人民共和国国家发展和改革委员会. DL 5398—2007 水电站进水口设计规范 [S]. 北京：中国电力出版社，2008.

[4] 中华人民共和国水利部. SL 281—2003 水电站压力钢管设计规范 [S]. 北京：中国水利水电出版社，2003.

[5] 国家能源局. NB/T 35056—2015 水电站压力钢管设计规范 [S]. 北京：中国电力出版

社，2016.

[6] 中华人民共和国电力工业部. DL 5077—1997 水工建筑物荷载设计规范 [S]. 北京：中国电力出版社，1998.

[7] 中华人民共和国水利部. SL 279—2002 水工隧洞钢管设计规范 [S]. 北京：中国水利水电出版社，2003.

[8] 中华人民共和国国家发展和改革委员会. DL 5195—2004 水工隧洞设计规范 [S]. 北京：中国电力出版社，2004.

[9] 中华人民共和国国家质量监督检验检疫总局，中国国家标准化管理委员会. GB/T 12777—1999 金属波纹管膨胀节通用技术条件 [S]. 北京：国家质量技术监督局，1999.

[10] 中华人民共和国国家发展和改革委员会. DL/T 5057—2009 水工混凝土结构设计规范 [S]. 北京：中国电力出版社，2009.

[11] 水电站坝内埋管设计手册及图集编写组. 水电站坝内埋管设计手册及图集 [M]. 北京：中国水利电力出版社，1988.

[12] 潘家铮. 压力钢管 [M]. 北京：电力工业出版社，1982.

[13] 水利电力部西北勘测设计院钢管试验组. 水电站压力钢管与混凝土联合作用的试验与探讨 [J]. 水利学报，1983，6：61-65.

[14] 伍鹤皋，生晓高，刘志明. 水电站钢衬钢筋混凝土压力管道 [M]. 北京：中国水利水电出版社，2000.

[15] 王志国，陈永兴. 西龙池抽水蓄能电站内加强月牙肋岔管水力特性研究 [J]. 水力发电学报，2007，26（1）：42-47.

[16] 王志国，段云岭，耿贵彪，等. 西龙池抽水蓄能电站高压岔管考虑围岩分担内水压力设计现场结构模型试验研究 [J]. 水力发电学报，2006，25（6）：55-60.

[17] 汪洋，伍鹤皋，杜芳琴. 一种新型水平底钢岔管设计理论的研究与应用 [J]. 水利学报，2014，45（1）：96-102.

[18] 罗京龙，伍鹤皋. 月牙肋岔管有限元网格自动剖分程序设计 [J]. 中国农村水利水电，2005，（2）：86-87.

[19] 付山，伍鹤皋，汪洋. 基于CATIA二次开发的月牙肋钢岔管辅助设计系统开发与应用 [J]. 水力发电，2013，39（7）：73-76.

[20] 宋蕊香，伍鹤皋，苏凯. 月牙肋岔管管节展开程序开发与应用研究 [J]. 人民长江，2009，40（13）：34-37.

[21] 马善定，汪如泽. 水电站建筑物 [M]. 北京：中国水利水电出版社，1996.

[22] 刘启钊，胡明. 水电站 [M]. 4版. 北京：中国水利水电出版社，2010.

水电站调节保证计算与调压室

第九章 调节保证计算

第一节 调节保证计算的任务

一、调节保证计算的基本概念

水电站运行中经常为满足电力系统调峰、调频要求而大幅改变出力，也偶尔因机组、主变压器、高压断路器自身事故或电力系统事故而快速关机，这些均要求调速器自动开启或关闭水轮机导叶，迅速改变引用流量。由于水流具有惯性，水轮机引用流量的改变会导致水电站有压输水系统（有压输水道、蜗壳、尾水管等）各断面压强变化。此压强变化按一定的速度以压力波的形式从水轮机导叶向上游和下游传播，并在输水系统的特性变化处发生反射，这种压力波的传播与反射现象称为水击。压力波（水击波）的传播速度取决于输水系统弹性和水体弹性，而压强（水击压强）的变化不但与输水系统弹性和水体弹性有关，而且在很大程度上决定于水轮机过流量的变化过程和变化率。若正水击压强超过了压力管道、蜗壳等过流部件强度的限制，或者负水击压强低于水流的汽化压强以致出现水柱分离与弥合，均将危及水电站运行安全。

机组负荷的突变，会导致水轮机的动力矩与发电机的阻力矩失去平衡，引起机组转速变化。例如，事故导致机组甩负荷后，发电机的阻力矩瞬时降为零，而水轮机的动力矩仍然存在，过剩的能量将使机组转速快速升高。若不能及时关闭水轮机导叶，切断水流，则水流将不断做功，使机组旋转机械能增大，转速越升越高，直至飞逸。高速旋转的巨大离心力有可能引起发电机转子结构变形，导致发电机扫膛事故。

显然，机组甩负荷后，若导叶关闭较慢，则水轮机剩余能量较大，机组转速升高值就较大，但在压力管道、蜗壳中流速变化较慢，水击压强较小；若导叶关闭较快，则机组转速升高值小，但水击压强大。由此可见，压强变化和转速变化二者对导叶启闭时间和速率的要求是矛盾的。放宽转速变化幅度限制会增加发电机造价和影响发电质量，放宽压强变化幅度限制则会增加水电站输水系统、水轮机的造价和恶化机组的调节品质。

为了分析以上矛盾，需要进行调节保证计算（即水力机械过渡过程计算），其任务是：协调水击压强和机组转速之间的矛盾，选择适当的导叶关闭时间和关闭规律，使水击压强值和机组转速升高值均在经济合理的范围内，满足规范和设计的要求，保证水电站安全运行。对于不满足规范要求的设计方案，应调整水电站输水发电系统总体布置，或采取工程措施（如设置调压室），经济合理地解决调节保证计算中出现的矛盾。

二、调节保证计算的控制工况

在实际运行中，水轮发电机组会在不同工况运行，即对应于不同的水头、流量、出力、导叶开度条件。显然，在导叶关闭规律不变的前提下，并非所有工况的水击压强、机组转速升高值均是起控制作用的最不利值。所以，为了减少调节保证计算的工作量，且不遗漏控制值，需要分析确定调节保证计算的控制工况。对于如图 9-1 （a） 所示的单管单机输水发电系统，通常考虑如下：

（1）机组转速最大升高值的控制工况。机组在额定水头下甩额定负荷。其理由是，在额定水头、额定出力工况，水轮机引用流量最大，导叶开度最大。甩负荷时，导叶关闭时间最长，水轮机剩余能量最多，所以机组转速升高值最大。

（2）蜗壳和压力管道的最大动水压强值的控制工况。水库正常蓄水位或者更高的发电水位下，机组在额定水头或最大水头下甩额定负荷或最大负荷（当机组设有最大容量时）。其理由是，在水库正常蓄水位或更高水位下，蜗壳和压力管道承受的静水压强最大；机组在额定水头或最大水头下甩额定负荷所产生的正水击压强较大。两者之和致使蜗壳和压力管道的动水压强最大。

在此应该指出的是：与蜗壳和压力管道的最大动水压强值控制工况相同的水位和水头下，机组甩部分负荷时（如 70%～90% 的额定负荷），其水击压强有可能大于机组甩额定负荷产生的水击压强。其原因是，水击压强的大小主要取决于水轮机引用流量的变化率。受水轮机流量特性的影响，甩部分负荷时流量的变化率有可能大于甩额定负荷时流量的变化率，致使水击压强有所增大。但通常两者相差不大，在水电站可行性设计阶段可以不进行详细对比分析。

（3）尾水管及尾水洞最小动水压强值的控制工况。根据水电站下游水位与流量关系曲线确定的最低发电水位，对应额定水头或最大水头，机组甩额定负荷。其理由是，尾水管及尾水洞在下游最低发电水位时承受的静水压强最小；在额定水头或最大水头下甩额定负荷所产生的负水击压强较大。两者之和致使尾水管及尾水洞的动水压强最小。

同样，也需要注意机组甩部分负荷时（如 70%～90% 的额定负荷），其负水击压强有可能大于机组甩额定负荷产生的负水击压强的现象。

（4）蜗壳和压力管道最小动水压强的控制工况。水库死水位或者较低发电水位下，对应额定水头或最小水头机组增额定负荷或全负荷（注意：额定负荷对应着机组最大出力，全负荷对应着水轮机在额定水头之下受限的最大出力）。其理由是蜗壳和压力管道在死水位或者相应较低发电水位承受的静水压强较小；在额定水头或最小水头下增额定负荷或全负荷所产生的负水击压强较大。两者之和致使蜗壳和压力管道动水压强最小。

（5）尾水管及尾水洞最大动水压强的控制工况。显然，下游设计洪水位或者最高发电水位，对应额定水头或最小水头机组甩额定负荷或全负荷是其控制工况。由于尾水管及尾水洞最大动水压强通常远远小于蜗壳和压力管道最大动水压强，其结构的强度设计容易满足，故调节保证计算中可以不考虑尾水管及尾水洞最大动水压强。但在尾水洞较长、机组自重较轻的情况下，应进行尾水管及尾水洞最大动水压强计算与分析，以防止抬机事故的发生。

如图 9-1 （b）、（c）所示的一管多机和设调压室的水电站输水发电系统，其调节保证计算的控制工况比单管单机情况要复杂得多。其原因是，一管多机和设有调压室的水电站输水发电系统存在波动叠加、流量转移的现象，故调节保证计算的控制工况不仅要考虑上下游水位、水头的组合以及同水力单元所有机组同时甩负荷，而且要考虑多台机组相继开机增至额定负荷或全负荷、相继甩负荷、先增后甩、先甩后增引起的波动叠加及流量转移，考虑调压室水位波动与压力管道水击压强的叠加。并且在其他条件相同情况下，一管多机和设有调压室的水电站输水发电系统的调节保证参数的极值通常大于单管单机的极值。

最后应该指出的是，每座水电站的运行条件各不相同，应根据实际情况，按上述一般规律作具体分析，合理确定调节保证计算的控制工况。

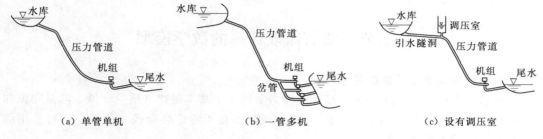

(a) 单管单机　　　　　　(b) 一管多机　　　　　(c) 设有调压室

图 9-1　输水发电系统示意图

三、调节保证参数的保证值

调节保证参数的控制值是以现行规范推荐的保证值为基础、结合工程实际与经验确定的调节保证计算时的限制性参数值。规范中各调保参数的保证值在不同国家不同时期会有所不同，因为规范的制定取决于科学技术发展的程度和人们的认知水平。现将我国现行的《水力发电厂机电设计规范》（DL/T 5186—2004）的相关规定列举如下：

（1）机组甩负荷时的最大转速升高率的保证值 $[\beta_{max}]$，按以下不同情况选取：当机组容量占电力系统工作总容量的比重较大，或担负调频任务时，宜小于 50%；当机组容量占电力系统工作总容量的比重不大，或不担负调频任务时，宜小于 60%；贯流式机组转速最大上升率宜小于 65%；冲击式机组转速最大上升率宜小于 30%。

可逆式抽水蓄能机组基本上与混流机组相同，但对于大容量、高水头水泵水轮机组，$[\beta_{max}]$ 宜小于 45%。

（2）机组甩负荷时蜗壳（贯流式机组导水叶前）最大压强升高率的保证值 $[\xi_{max}]$，按以下不同情况选取：额定水头小于 20m 时，宜为 70%～100%；额定水头为 20～40m 时，宜为 70%～50%；额定水头为 40～100m 时，宜为 50%～30%；额定水头为 100～300m 时，宜为 30%～25%；额定水头大于 300m 时，宜小于 25%（可逆式蓄能机组宜小于 30%）。

（3）机组突增或突减负荷时，压力输水系统全线各断面最高点处的最小压强不应低于 0.02MPa，不得出现负压脱流现象。甩负荷时，尾水管进口断面最大真空保证值不应大于 0.08MPa。

在此，需要指出的是：

1）蜗壳最大压强升高率保证值是综合考虑结构强度与经济性的指标，其定义至今未统一，存在不同解释。在此定义 $\xi_{max}=\dfrac{\Delta H}{H_0'}$，其中 $H_0'=$ 上库水位－机组安装高程，ΔH 是水击压强。蜗壳最大动水压强工况的蜗壳最大压强升高率与其保证值相比，应满足上述指标要求。

2）对于压力钢管而言，有出现外压失稳的可能性，所以要求断面最高点处的最小压强不应低于 0.02MPa。但对于混凝土衬砌或无衬砌压力管道，只需保证不出现负压脱流现象即可。

3）尾水管进口断面最大真空应考虑大气压的修正，$H_{bmax} - \dfrac{\nabla}{900}$，其中 H_{bmax} 是最大真空度，∇ 是机组安装高程。

第二节　调节保证计算的数学模型

一、有压管道非恒定流的基本方程

有压管道非恒定流（瞬变流）遵循流体力学的 3 个基本定律（质量守恒、动量守恒和能量守恒定律）以及相关的本构关系（状态方程）。在不考虑热交换的前提下，可采用动量方程和连续性方程进行描述。

1. 动量方程

动量方程，即牛顿第二定律 $\vec{F} = m\vec{a}$，它是矢量方程，可在空间三维坐标系内分解。但对流体输送系统而言，管道系统轴线长度通常远远大于径向尺寸。故在此给出两点重要的假定：①一维流，以轴线长度方向为 x 坐标，垂直于该坐标的任何分量均为零；②渐变流，以断面中心的压强视为断面的平均压强。但应用于急变流局部管段时，应对流速头进行修正。

图 9-2 表示截面积为 A 厚度为 $\mathrm{d}x$ 圆台形的流体脱离体，面积 A 是 x 的函数，x 是从任意起点开始的沿管道轴线的坐标距离。管道与水平线呈 α 夹角，当高度沿 x 正方向增加时 α 为正。

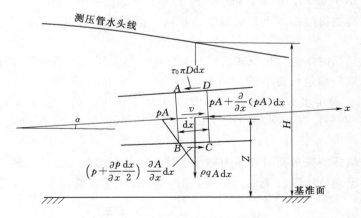

图 9-2　管中微分段水体受力分析示意图

施加于脱离体的作用力，可分为表面力、重力和惯性力。表面力又可分为压力和摩阻力。这些力平行 x 坐标轴的分量，共同构成了一维动量方程，即

$$pA - \left[pA + \frac{\partial (pA)}{\partial x}\mathrm{d}x \right] + \left(p + \frac{\partial p}{\partial x}\frac{\mathrm{d}x}{2} \right)\frac{\partial A}{\partial x}\mathrm{d}x - \tau_0 \pi D\mathrm{d}x - \rho gA\mathrm{d}x\sin\alpha = \rho A\mathrm{d}x\frac{\mathrm{d}v}{\mathrm{d}t}$$

方程两边除以 dx，并忽略二阶微量，整理可得

$$\frac{\partial p}{\partial x}A+\tau_0\pi D+\rho gA\sin\alpha+\rho A\frac{dv}{dt}=0 \qquad (9-1)$$

对于大多数实际应用而言，计算中用恒定流的切应力公式计算非恒定流（瞬变流）的切应力的误差不大。因此，根据达西-魏斯巴赫（Darcy-Weisbach）公式，可知

$$\tau_0=\frac{\rho fv|v|}{8} \qquad (9-2)$$

式中　f——摩阻系数。

绝对值符号是为了保证切应力方向始终与流速方向相反，以起到消耗动量的作用。

在瞬变过程中，任意截面的流速是时间 t 和位置 x 的函数，其微分表达式：

$$\frac{dv}{dt}=\frac{\partial v}{\partial t}+v\frac{\partial v}{\partial x} \qquad (9-3)$$

将式（9-2）和式（9-3）代入式（9-1），方程两边除以 ρA，得

$$\frac{1}{\rho}\frac{\partial p}{\partial x}+\frac{\partial v}{\partial t}+v\frac{\partial v}{\partial x}+g\sin\alpha+\frac{fv|v|}{2D}=0 \qquad (9-4)$$

在输送液体的实际工程中，常用测压管水头 H 代替 p，$p=\rho g(H-Z)$，在此假定 ρ 与 H 和 Z 相比，基本不变。于是 $\frac{\partial p}{\partial x}=\rho g\left(\frac{\partial H}{\partial x}-\sin\alpha\right)$，代入式（9-4），得

$$g\frac{\partial H}{\partial x}+v\frac{\partial v}{\partial x}+\frac{\partial v}{\partial t}+\frac{fv|v|}{2D}=0 \qquad (9-5)$$

若 $\frac{\partial v}{\partial t}=0$，积分可得管道瞬变流条件下的伯努利方程，即

$$\left(H+\frac{v^2}{2g}\right)_1=\left(H+\frac{v^2}{2g}\right)_2+\frac{\Delta xf\bar{v}|\bar{v}|}{2gD} \qquad (9-6)$$

$$\Delta x=x_2-x_1$$

式中：$\bar{v}$ 为管道水流平均流速。

若 $\frac{\partial v}{\partial t}=0$ 且 $\frac{\partial v}{\partial x}=0$，式（9-6）改写为

$$\Delta H=-\frac{\Delta xf\bar{v}|\bar{v}|}{2gD} \qquad (9-7)$$

这就是达西-威斯巴哈方程，其中 $\Delta H=H_2-H_1$。

2. 连续性方程

如图9-3所示，在非棱柱体管道中取长为 dx 水流微段，密度为 ρ，质量为 m，横截面面积等于管道的横截面面积 A。则有 $m=\rho Adx$。

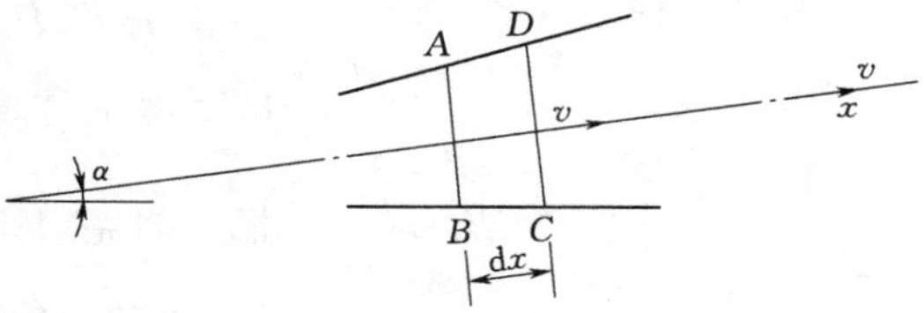

根据质量守恒定律 $\frac{dm}{dt}=0$，得

$$\frac{d\rho}{\rho dt}+\frac{dA}{A dt}+\frac{d(dx)}{dx dt}=0 \qquad (9-8)$$

由于液体的压缩性满足线弹性的本构关系：

图9-3　管中微分段水体连续性分析示意图

$$\frac{\mathrm{d}\rho}{\rho}=\frac{\mathrm{d}p}{K} \tag{9-9}$$

式中 K——液体的体积弹性模量，N/m^2。

在管道瞬变流过程中，非棱柱体管道横截面积 A 的大小与所在的位置 x 和所受的压强 p 有关，即 $A=f(x,\ p)$，则

$$\frac{\mathrm{d}A}{\mathrm{d}t}=\frac{\partial A}{\partial x}\frac{\mathrm{d}x}{\mathrm{d}t}+\frac{\partial A}{\partial p}\frac{\mathrm{d}p}{\mathrm{d}t} \tag{9-10}$$

而

$$\frac{1}{\mathrm{d}x}\frac{\mathrm{d}(\mathrm{d}x)}{\mathrm{d}t}=\frac{\mathrm{d}v}{\mathrm{d}x}=\frac{\partial v}{\partial x} \tag{9-11}$$

将式（9-9）～式（9-11）代入式（9-8），整理可得

$$\frac{1}{K}\frac{\mathrm{d}p}{\mathrm{d}t}+\frac{1}{A}\left(v\frac{\partial A}{\partial x}+\frac{\partial A}{\partial p}\frac{\mathrm{d}p}{\mathrm{d}t}\right)+\frac{\partial v}{\partial x}=0 \tag{9-12}$$

定义波速：

$$a=\sqrt{\frac{K}{\rho\left(1+\frac{K}{A}\frac{\partial A}{\partial p}\right)}} \tag{9-13}$$

将式（9-13）代入式（9-12），整理可得

$$\frac{1}{\rho a^2}\frac{\mathrm{d}p}{\mathrm{d}t}+\frac{\partial v}{\partial x}+\frac{1}{A}v\frac{\partial A}{\partial x}=0 \tag{9-14}$$

同样，以测压管水头 H 代替 p，则有

$$\frac{\partial H}{\partial t}+v\frac{\partial H}{\partial x}+\frac{a^2}{g}\frac{\partial v}{\partial x}+\frac{a^2}{gA}v\frac{\partial A}{\partial x}-v\sin\alpha=0 \tag{9-15}$$

上式是非棱柱体管道中的瞬变流连续方程。若令 $\dfrac{\partial A}{\partial x}=0$，即为棱柱体管道中的瞬变流连续方程。

二、水击波的传播速度

在波速公式（9-13）中，主要的问题是如何求解 $\dfrac{1}{A}\dfrac{\partial A}{\partial p}=\dfrac{1}{A}\dfrac{\mathrm{d}A}{\mathrm{d}p}$。

1. 薄壁弹性圆管

圆管断面积 $A=\dfrac{\pi}{4}D^2$，其中 D 是圆管内径。$\dfrac{\mathrm{d}A}{A}=2\dfrac{\mathrm{d}(\pi D)}{\pi D}=2\mathrm{d}\varepsilon$；$\varepsilon$ 是管壁的环向应变。而产生环向应变的原因如下：

（1）环向应力 σ_2 产生的环向应变分量 ε_2。如图 9-4 所示，作用于管壁的拉力 $T_f=\dfrac{pD}{2}$，由于薄壁管道，截面拉应力可视为均匀分布，$\sigma_2=\dfrac{T_f}{e}=\dfrac{Dp}{2e}$。根据胡克定律：$\varepsilon_2=\dfrac{\sigma_2}{E}=\dfrac{Dp}{2eE}$。

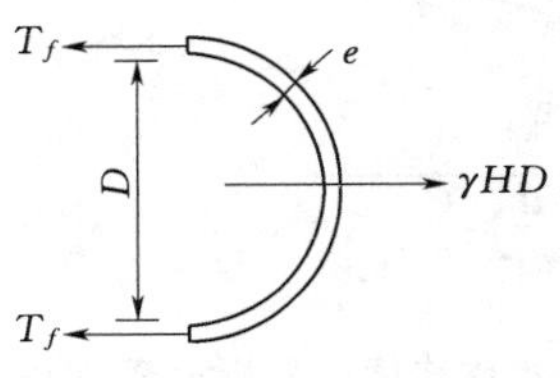

（2）由轴向应力 σ_1 产生的环向应变分量 ε'。与轴向应力对应的轴向应变 $\varepsilon_1=\dfrac{\sigma_1}{E}$；泊松定律：$\varepsilon'=-\mu\varepsilon_1=-\mu\dfrac{\sigma_1}{E}$。总的环向应变 $\varepsilon=\varepsilon_2+\varepsilon'=\dfrac{1}{E}(\sigma_2-\mu\sigma_1)=\dfrac{1}{E}\left(\dfrac{Dp}{2e}-\mu\sigma_1\right)$，所以

图 9-4 薄壁弹性圆管受力分析示意图

$$\mathrm{d}\varepsilon = \frac{1}{2E}\left(\frac{D}{e} - 2\mu\frac{\mathrm{d}\sigma_1}{\mathrm{d}p}\right)\mathrm{d}p \tag{9-16}$$

轴向应力 σ_1 依管道的支承方式不同有不同的表达式：

（1）上端固定，但管道能沿纵向运动。

$$\mathrm{d}\sigma_1 = \frac{A\mathrm{d}p}{\pi De}, \quad \mathrm{d}\varepsilon = \frac{1}{2E}\left(\frac{D}{e} - 2\mu\frac{A}{\pi De}\right)\mathrm{d}p = \frac{D}{2Ee}\left(1 - \frac{\mu}{2}\right)\mathrm{d}p, \quad \frac{1}{A}\frac{\mathrm{d}A}{\mathrm{d}p} = \frac{D}{Ee}\left(1 - \frac{\mu}{2}\right)$$

（2）两端固定，管道没有纵向变形。

$$\varepsilon_1 = 0, \quad \sigma_1 = \mu\sigma_2, \quad \mathrm{d}\sigma_1 = \mu\frac{D}{2e}\mathrm{d}p,$$

$$\mathrm{d}\varepsilon = \frac{1}{2E}\left(\frac{D}{e} - \mu^2\frac{D}{e}\right)\mathrm{d}p, \quad \frac{1}{A}\frac{\mathrm{d}A}{\mathrm{d}p} = \frac{D}{Ee}(1 - \mu^2)$$

（3）管道装有伸缩节，完全可以自由运动。

$$\sigma_1 = 0, \quad \frac{1}{A}\frac{\mathrm{d}A}{\mathrm{d}p} = \frac{D}{Ee}$$

综合以上各点，得出薄壁弹性圆管的波速公式，即

$$a = \sqrt{\frac{K/\rho}{1 + \frac{KD}{Ee}C_1}} \tag{9-17}$$

式中　C_1 分 3 种情况，上端固定，$C_1 = 1 - \frac{\mu}{2}$；两端固定，$C_1 = 1 - \mu^2$；自由运动，$C_1 = 1$。

2. 厚壁弹性圆管

管壁较厚时，应力不再均匀分布。为此可以按厚壁圆筒的应力理论计算。环向应力分布 $\sigma_\theta = \frac{R^2 p}{2eR + e^2}\left[1 + \frac{(R+e)^2}{r^2}\right]$；径向应力分布 $\sigma_r = \frac{R^2 p}{2eR + e^2}\left[1 - \frac{(R+e)^2}{r^2}\right]$；轴向应力分布，同样考虑上端固定、两端固定和自由运动 3 种情况，运用胡克定律和泊桑定律，可以得出与式（9-17）形式相同的波速表达式，只是与支承方式有关的系数 C_1 不同。即

上端固定：　$$C_1 = \frac{2e}{D}(1+\mu) + \frac{D}{D+e}\left(1 - \frac{\mu}{2}\right)$$

两端固定：　$$C_1 = \frac{2e}{D}(1+\mu) + \frac{D}{D+e}(1 - \mu^2)$$

自由运动：　$$C_1 = \frac{2e}{D}(1+\mu) + \frac{D}{D+e}$$

从中可以看出，当 D 远远大于 e 时，厚壁弹性圆管系数 C_1 的表达式就与薄壁弹性圆管的完全一致。通常认为 $D/e < 25$ 为厚壁圆管。

3. 圆形隧洞

圆形隧洞可视为厚度极大的厚壁圆管，所以厚壁圆管系数 C_1 表达式中第二项可以忽略不计，故

$$a = \sqrt{\frac{K/\rho}{1 + \frac{2K}{E_R}(1+\mu)}} \tag{9-18}$$

式中　E_R——隧洞建筑材料的弹性模量，N/m^2。

《水工设计手册（第二版）》还介绍了加箍的钢管、钢筋混凝土管、坚硬岩石中的不衬砌隧洞、埋藏式钢管等的波速计算公式。要精确计算管道波速并不容易。若水击现象属于末相水击，波速的大小对水击压强极值的影响不大。在缺乏资料的情况下，露天薄壁钢管的水击波速可近似取 $1000m/s$，埋藏式钢管可近似取 $1200m/s$。

三、基本边界条件

1. 水库

通常水库容积很大，在机组甩负荷或增全负荷过程中，水位保持不变（图 9-5）。因此，水库处的测压管水头：

$$H_U = \text{const}$$

考虑管道进口的流速水头和局部水头损失，则

$$H_P = H_U - (k+1)\frac{v_P^2}{2g} = H_U - (k+1)\frac{Q_P^2}{2gA^2} \qquad (9-19)$$

式中　k——进口局部水头损失系数。

若该流速水头和水头损失相对于水电站的水头小得多，可忽略不计，则 $H_P = H_U = \text{const}$。

2. 封闭端

水轮机导叶全关闭，形成封闭端（图 9-6），在此其流量：

$$Q_D = 0 \qquad (9-20)$$

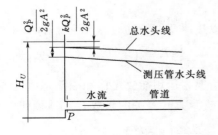

图 9-5　水库边界

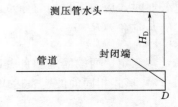

图 9-6　封闭端边界

3. 管道中的阀门

假设非恒定流过程中，流经管道中阀门（图 9-7）的流量满足如下式：

$$|H_U - H_D| = K \frac{Q_P^2}{2gA^2} \qquad (9-21)$$

式中　H_U、H_D——阀门上游侧和下游侧的测压管水头，m；

　　　　K——阀门的阻力系数，与阀门的类型、开度等有关，$K = \dfrac{1}{\mu^2}$；

　　　　μ——阀门的流量系数；

　　　　A——阀门孔口面积，m^2，$A = \tau A_0$，A_0 是阀门全开的孔口面积，τ 是阀门开度，随时间的变化过程需预先确定。

改写式（9-21），得

当 $H_U \geqslant H_D$ 时
$$Q_P = \mu \tau A_0 \sqrt{2g(H_U - H_D)} \tag{9-22}$$

当 $H_U < H_D$ 时
$$Q_P = -\mu \tau A_0 \sqrt{2g(H_D - H_U)} \tag{9-23}$$

式（9-22）和式（9-23）可用于水电站压力管道中各种类型的阀门，包括调压阀。

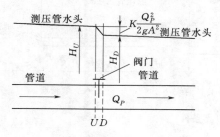

图9-7 管道中的阀门边界

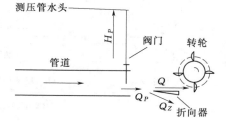

图9-8 冲击式水轮机边界

4. 冲击式水轮机

冲击式水轮机装在管道的末端，由针阀控制喷嘴的射流，推动转轮旋转。所以，喷嘴射流可按孔口出流公式来模拟其边界条件（图9-8），即

$$Q_P = \mu \tau A_0 \sqrt{2gH_P} \tag{9-24}$$

若假设不同开度下的流量系数不变，则式（9-24）可改写为

$$\begin{cases} Q_0 = \mu A_0 \sqrt{2gH_0} \\ Q_P = \mu A \sqrt{2gH_P} \\ \tau = \dfrac{\mu A}{\mu A_0} = \dfrac{A}{A_0} \end{cases} \tag{9-25}$$

式中 Q_0、H_0——恒定流的流量（m³/s）和测压管水头（m）。

转轮旋转速度可根据动量矩定律（或称为一阶发电机方程）计算，即

$$J \frac{d\omega}{dt} = M_t - M_g \tag{9-26}$$

式中 J——水轮发电机组的转动惯量，kg·m²；

ω——转轮的旋转角速度，rad/s；

M_t——水轮机轴端动力矩，N·m；

M_g——发电机阻力矩，N·m。

$$M_t = 9.81 Q H_P \eta / \omega \tag{9-27}$$

式中 Q——射入水轮机转轮的流量，m³/s，$Q = Q_P - Q_Z$，Q_Z 是折向器动作偏移的流量（图9-8）；

η——水轮机效率。

5. 尾水出口边界条件

尾水出口边界条件可以按恒定水位、流量与尾水出口水位关系曲线、宽顶堰等不同情况处理（图9-9）。

（1）恒定水位。

$$H_P = H_D - \frac{Q_P^2}{2gA_P^2} + k \frac{Q_P |Q_P|}{2gA_P^2} \tag{9-28}$$

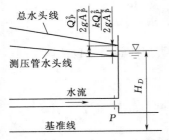

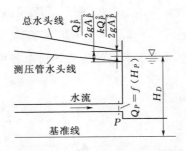
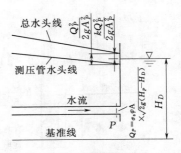

（a）恒定水位　　　　（b）流量与尾水出口水位关系曲线　　　　（c）宽顶堰

图 9-9　尾水出口边界条件

式中　　H_D——尾水出口恒定水位，m。

（2）流量与尾水出口水位关系曲线。

以表格形式或曲线形式表示的流量与尾水出口水位关系曲线，可表达为

$$Q_P = f(H_P) \tag{9-29}$$

（3）宽顶堰。尾水出口参照无底坎宽顶堰淹没出流处理：

$$Q_P = \sigma_s \varphi A \sqrt{2g(H_P - H_D)} \tag{9-30}$$

式中　　φ——流速系数；

　　　　A——河道入口断面面积，m^2；

　　　　σ_s——淹没系数，随淹没程度的增大而减小。

第三节　调节保证计算的解析法

一、有压管道瞬变流基本方程的波函数解

忽略方程式（9-5）和式（9-15）中非线性项、摩阻损失项和斜坡项，并令 $x = -x$（与前述定义反向），则得

$$\frac{\partial H}{\partial x} = \frac{1}{g} \frac{\partial v}{\partial t} \tag{9-31}$$

$$\frac{\partial H}{\partial t} = \frac{a^2}{g} \frac{\partial v}{\partial x} \tag{9-32}$$

式（9-31）和式（9-32）是一组标准的双曲型线性偏微分方程，其通解为

$$\Delta H = H - H_0 = F\left(t - \frac{x}{a}\right) + f\left(t + \frac{x}{a}\right) \tag{9-33}$$

$$\Delta v = v - v_0 = -\frac{g}{a}\left[F\left(t - \frac{x}{a}\right) - f\left(t + \frac{x}{a}\right)\right] \tag{9-34}$$

式中　　F、f——波函数。

尽管确定上述两个波函数必须利用初始条件和边界条件，但它们的独特的性质与初始条件和边界条件无关。该性质是 t 和 x 的组合不变，函数值不变。例如：

F：
$$t - \frac{x}{a} = t + \Delta t - \frac{x + \Delta x}{a} \quad \left(\Delta t = \frac{\Delta x}{a}\right)$$

$$F\left(t-\frac{x}{a}\right)=F\left(t+\Delta t-\frac{x+\Delta x}{a}\right)$$

所以 F 是一个波函数，并且是以 a 沿 x 轴正方向，向上游传播的水击波，称为正向波或逆流波（图 9-10）；同理，f 也是一个波函数，并且是以 a 沿 x 轴反方向，向下游传播的水击波，称为反向波或顺流波。波函数这种以波速沿程传播而数值不变的性质，在水击压力计算公式的推导中要用到。

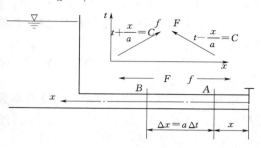

图 9-10 波函数传播示意图

式（9-33）和式（9-34）具有量纲，为了方便起见，将其转换为无量纲的形式。

令：$\xi=\dfrac{H-H_0}{H_0}$；$\tilde{v}=\dfrac{v}{v_{max}}$；$\Phi=\dfrac{F}{H_0}$；$\varphi=\dfrac{f}{H_0}$ 和 $\rho=\dfrac{av_{max}}{2gH_0}$，于是得出无量纲的水击方程如下：

$$\xi=\Phi+\varphi \tag{9-35}$$
$$2\rho(\tilde{v}_0-\tilde{v})=\Phi-\varphi \tag{9-36}$$

水击波在管道特性变化处（如进水口、分岔点、串联点、阀门等）一般都要发生入射波的反射和透射，即入射波到达管道特性变化处，一部分以反射波的形式折回，另一部分以透射波的形式继续向前传播。反射波与入射波的比值称为反射系数，以 r 表示；透射波与入射波的比值称为透射系数，以 s 表示。

（1）水库：由于 $\xi_U=0$，则 $\Phi_U=-\varphi_U$，$r=\dfrac{\varphi_U}{\Phi_U}=-1$，称为异号等值反射。

（2）封闭端：由于 $\tilde{v}_D=\tilde{v}_{D0}=0$，则 $\Phi_D=\varphi_D$，$r=\dfrac{\varphi_D}{\Phi_D}=1$，称为同号等值反射。

（3）分岔点：如图 9-11 所示的分岔管，将其边界条件代入水击方程，可得出分岔点的反射系数和透射系数：

$$r=\frac{\rho_2\rho_3-\rho_1\rho_2-\rho_3\rho_1}{\rho_1\rho_2+\rho_2\rho_3+\rho_3\rho_1}$$

$$s=\frac{2\rho_2\rho_3}{\rho_1\rho_2+\rho_2\rho_3+\rho_3\rho_1}$$

（4）串点：如图 9-12 所示的串联管，将其边界条件代入水击方程，可得出串点的反射系数和透射系数：

$$r=\frac{\rho_2-\rho_1}{\rho_1+\rho_2}, \quad s=\frac{2\rho_2}{\rho_1+\rho_2}$$

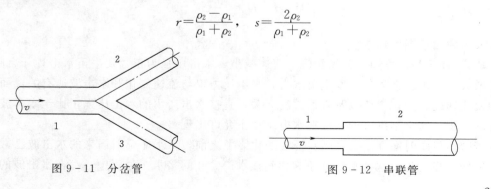

图 9-11 分岔管   图 9-12 串联管

从上述得到的串点反射系数可知：若两管水击波速相同，入射波由小径管到大径管，有 $\rho_1 > \rho_2$，反射系数为负值，即异号反射；反之，反射系数为正值，即同号反射。

（5）管道末端阀门（冲击式水轮机）：将其边界条件代入水击方程，可得出末端阀门的反射系数：

$$r = \frac{1 - \rho\tau}{1 + \rho\tau} \tag{9-37}$$

由式（9-37）可知，阀门处的反射系数随开度而变，不是常数。当 $\rho\tau > 1$ 时，$r < 0$，异号反射；当 $\rho\tau = 1$ 时，$r = 0$，不发生反射；当 $\rho\tau < 1$ 时，$r > 0$，同号反射；当阀门开度为零，$r = 1$，同号等值反射。

以上 $\rho = \dfrac{av_{max}}{2gH_0}$ 称为管道特性系数，反映管道中水体动能与势能的比值，对水击压强的变化特性有影响。

二、直接水击和间接水击

应用水击方程及边界条件，就可以求出管道中任一断面在任一时刻的水击压强。

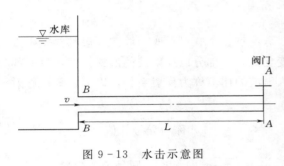

图 9-13 水击示意图

而工程中最关心的是最大水击压强。对于如图 9-13 所示的由上游水库、简单压力管道（又称为简单管，其管壁厚度、管道截面形状，管道截面尺寸、管材等参数均沿程不变）和末端阀门组成的输水系统，由于水击波通常由阀门的启闭所产生，向上游传播。到达水库后反射回来的反向波也是最后到达阀门，所以最大压强总是发生在阀门所在的 $A-A$ 断面。

最大压强的大小与阀门的启闭时间和规律有关。当阀门启闭时间 $T_s \leqslant t_r$（$t_r = 2L/a$ 称为相长），则在水库反射波到达管道末端 $A-A$ 断面之前，开度变化已结束。$A-A$ 断面的水击压强只受向上游传播的正向波的影响，这种情况习惯上称为直接水击。

由于直接水击过程中，波函数 $f = 0$，所以联立式（9-33）和式（9-34），消去 F，可得直接水击的计算公式。

$$\Delta H = H - H_0 = \frac{a}{g}(v_0 - v) \tag{9-38}$$

也可表示为无量纲形式 $\xi_d = 2\rho(\tilde{v}_0 - \tilde{v})$。

从式（9-38）可知：关闭阀门，流速减小，水击压强为正，发生正水击；开启阀门，流速增大，水击压强为负，发生负水击；水击压力仅与流速变化和水击波速有关，而与开度的变化速度、变化规律以及管道长度无关；直接水击产生的水击压强正比于水击波速和流速的乘积，通常是巨大的，故在水电站中不允许出现。

若阀门启闭时间 $T_s > t_r$，则在开度变化终了之前，从水库反射回来的水击波已影响管道末端的压强变化。这种水击现象称为间接水击。在间接水击过程中，存在水击波的多次反射与叠加，其计算比直接水击更复杂。

根据水击方程、阀门和水库的边界条件、水击波反射系数，可得到计算间接水击的递推公式。推导步骤如下：

将水击基本方程式（9-35）和式（9-36）用在时刻第 i 个相长，然后相加，得出

$$\xi_i^A + 2\rho(\tilde{v}_0^A - \tilde{v}_i^A) = 2\Phi_i^A \tag{9-39}$$

将水击基本方程式（9-35）和式（9-36）用在时刻第 $i+1$ 个相长，然后相减，得出

$$\xi_{i+1}^A - 2\rho(\tilde{v}_0^A - \tilde{v}_{i+1}^A) = 2\varphi_{i+1}^A \tag{9-40}$$

式（9-39）与式（9-40）相加，得到

$$\xi_i^A + \xi_{i+1}^A - 2\rho(\tilde{v}_i^A - \tilde{v}_{i+1}^A) = 2(\Phi_i^A + \varphi_{i+1}^A) \tag{9-41}$$

将阀门边界条件表达式（9-25）进行无量纲处理，得

$$\tilde{v} = \tau\sqrt{1+\xi} \tag{9-42}$$

利用正向波的波动特性，有 $\Phi_i^A = \Phi_{i+1/2}^B$，其中 B 点为水库。再根据水库的反射条件，得 $\Phi_{i+1/2}^B = -\varphi_{i+1/2}^B$。再利用反向波的波动特性，得 $-\varphi_{i+1/2}^B = -\varphi_{i+1}^A$。故

$$\Phi_i^A = -\varphi_{i+1}^A \tag{9-43}$$

$$\xi_i^A + \xi_{i+1}^A = 2\rho(\tau_i\sqrt{1+\xi_i^A} - \tau_{i+1}\sqrt{1+\xi_{i+1}^A}) \tag{9-44}$$

式中　下标 i 表示相长（$i = 1 \sim n$），只要给出了每相末的相对开度 τ_1，τ_2，$\cdots$，τ_n，就可求出阀门处的 ξ_1^A，ξ_2^A，$\cdots$，ξ_n^A。式（9-44）又称为水击的连锁方程，初始条件 $\xi_0^A = 0$。

三、开度依直线规律变化的间接水击

在递推公式中，τ 的大小和变化规律可以任意给定，但其计算仍不方便。而水轮机导叶（针阀）启闭规律通常可以简化为直线规律。

对于直线关闭情况的水击，根据最大压强出现的时间归纳为两类（图9-14）：一相水击和末相水击（也称为极限水击），产生不同水击现象的原因是由于阀门的反射特性不同造成的，其判别条件是 $\rho\tau_0$ 是否大于1。

一相水击是指最大压强出现在一相末的水击。由递推公式，得

$$\xi_1^A = 2\rho(\tau_0 - \tau_1\sqrt{1+\xi_1^A}) \tag{9-45}$$

这是一元二次方程，可直接求解，得到具有物理意义的根如下：

$$\xi_1^A = 2\rho[(\tau_0 + \rho\tau_1^2) - \sqrt{(\tau_0 + \rho\tau_1^2)^2 - (\tau_0^2 - \tau_1^2)}] \tag{9-46}$$

当 $\xi_1^A < 0.5$，应用级数将式（9-45）展开，简化为

$$\xi_1^A = \frac{2\sigma}{1 + \rho\tau_0 - \sigma} \tag{9-47}$$

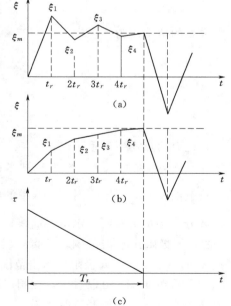

图9-14　开度直线变化时的两种水击类型

式中 $\sigma=-\Delta\tau\rho=\dfrac{2L}{aT_s}\dfrac{av_{max}}{2gH_0}=\dfrac{Lv_{max}}{gH_0T_s}$。$\sigma$ 称为水击特性系数，表示阀门开度变化时管道中水流动量的相对变化率，对水击压强有直接影响。关闭时，σ 为正值；开启时，σ 为负值。

发生一相水击的判别条件是 $\rho\tau_0<1$。对于甩额定负荷而言，$\tau_0=1$，若 $a=1000\text{m/s}$，$v_{max}=5\text{m/s}$，由 $\rho=\dfrac{av_{max}}{2gH_0}<1$，得 $H_0>250\text{m}$。所以，只有在高水头水电站才会发生一相水击。

末相水击指最大压强出现在阀门停止动作时刻的水击。其判别条件是 $\rho\tau_0>1$ 且 $T_s\geqslant 3t_r$。假设 $\xi_{m+1}^A\approx\xi_m^A$，由递推公式，得

$$2\xi_m^A=2\rho(\tau_m\sqrt{1+\xi_m^A}-\tau_{m+1}\sqrt{1+\xi_m^A}) \tag{9-48}$$

其解为

$$\xi_m^A=\frac{\sigma}{2}(\sigma+\sqrt{\sigma^2+4})=\frac{\sigma^2+\sigma\sqrt{\sigma^2+4}}{2} \tag{9-49}$$

当 $\xi_m^A<0.5$，上式简化为

$$\xi_m^A=\frac{2\sigma}{2-\sigma} \tag{9-50}$$

水电站机组增负荷时，导叶开启，在压力管道中产生压强降低，称为负水击，其相对值表示为 $y=\dfrac{H_0-H}{H_0}$。按照上述方法导出以下公式：

第一相末的负水击

$$y_1^A=-2\rho(\tau_0-\tau_1\sqrt{1-y_1^A}) \tag{9-51}$$

若起始开度 $\tau_0=0$，则上式改写为

$$y_1^A=2\rho\tau_1\sqrt{1-y_1^A} \tag{9-52}$$

末相的负水击为

$$y_m^A=-\frac{\sigma}{2}(\sigma+\sqrt{\sigma^2+4}) \tag{9-53}$$

$$\sigma=-\frac{Lv_{max}}{gH_0T_s}$$

在此有两点需要着重指出：

（1）用 $\rho\tau_0$ 是否大于 1 作为判别水击类型的条件是近似的。水击类型可根据 $\rho\tau_0$ 和 σ 的数值查图 9-15 得出。图 9-15 中的曲线是根据 $\xi_1^A=\xi_m^A$ 求得，即 $\sigma=\dfrac{4\rho\tau_0(1-\rho\tau_0)}{1-2\rho\tau_0}$；$45°$ 斜线区分直接水击和间接水击；曲线、斜线和 $\sigma=0$ 的横坐标将整个图域分成 5 区，Ⅰ区，$\xi_m^A>\xi_1^A$，属极限正水击范围；Ⅱ区，$\xi_1^A>\xi_m^A$，属一相正水击范围；Ⅲ区，属直接水击范围；Ⅳ区，$y_m^A>y_1^A$，属极限负水击范围；Ⅴ区，$y_1^A>y_m^A$，属一相负水击范围。

（2）从图 9-15 可以看出，在阀门开启时，只要开度为零，就产生一相负水击。在水轮机增负荷时，若初始开度等于零，显然发生一相负水击。然而水轮机存在空转开度 τ_x，在该开度下，水轮机输出功率为零，所以增负荷时，水轮机初始开度通常等于或大于空转

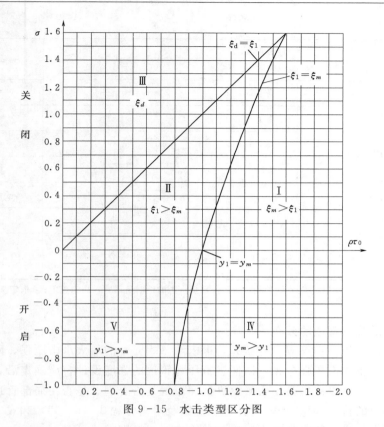

图 9-15 水击类型区分图

开度。因此，水轮机增负荷时，是发生一相负水击还是极限负水击，必须查图 9-15 判断。τ_x 与水轮机类型有关，混流式 $\tau_x = 0.08 \sim 0.12$；转桨式 $\tau_x = 0.07 \sim 0.10$；定桨式 $\tau_x = 0.20 \sim 0.25$。

综上所述，水击计算公式汇总见表 9-1。

表 9-1 水击计算公式汇总表

		开 度		最大水击发生时刻	计 算 公 式	近似公式
		起始	终了			
关闭	直接水锤	τ_0	τ_c	终了	$\tau_c \sqrt{1+\xi} = \tau_0 - \dfrac{1}{2\rho}\xi$	$\xi = \dfrac{2\rho(\tau_0 - \tau_c)}{1+\rho\tau_c}$
		τ_0	0	终了	$\xi = 2\rho\tau_0$	$\xi = 2\rho\tau_0$
		1	0	终了	$\xi = 2\rho$	$\xi = 2\rho$
	间接水锤	τ_0	0	极限	$\xi_m = \dfrac{\sigma}{2}\left(\sqrt{\sigma^2+4}+\sigma\right)$	$\xi_m = \dfrac{2\sigma}{2-\sigma}$
		τ_0		第1相	$\tau_1 \sqrt{1+\xi_1} = \tau_0 - \dfrac{1}{2\rho}\xi_1$	$\xi_1 = \dfrac{2\sigma}{1+\rho\tau_0-\sigma}$
		1		第1相	$\tau_1 \sqrt{1+\xi_1} = 1 - \dfrac{1}{2\rho}\xi_1$	$\xi_1 = \dfrac{2\sigma}{1+\rho-\sigma}$
		τ_0		第n相	$\tau_n \sqrt{1+\xi_n} = \tau_0 - \dfrac{1}{\rho}\sum_{i=1}^{n-1}\xi_i - \dfrac{1}{2\rho}\xi_n$	$\xi_n = \dfrac{2\left(n\sigma - \sum_{i=1}^{n-1}\xi_i\right)}{1+\rho\tau_0-n\sigma}$

		开 度		最大水击发生时刻	计算公式	近似公式
		起始	终了			
开启	直接水锤	τ_0	τ_c	终了	$\tau_c\sqrt{1-y}=\tau_0+\dfrac{1}{2\rho}y$	$y=\dfrac{2\rho(\tau_c-\tau_0)}{1+\rho\tau_c}$
		τ_0	1	终了	$\sqrt{1-y}=\tau_0+\dfrac{1}{2\rho}y$	$y=\dfrac{2\rho(1-\tau_0)}{1+\rho}$
		0	1	终了	$\sqrt{1-y}=\dfrac{1}{2\rho}y$	$y=\dfrac{2\rho}{1+\rho}$
	间接水锤	τ_0	1	极限	$y_m=\dfrac{-\sigma}{2}(\sqrt{\sigma^2+4}+\sigma)$	$y_m=\dfrac{-2\sigma}{2-\sigma}$
		τ_0	1	第 1 相	$\tau_1\sqrt{1-y_1}=\tau_0+\dfrac{1}{2\rho}y_1$	$y_1=\dfrac{-2\sigma}{1+\rho\tau_0-\sigma}$
		0	1	第 1 相	$\tau_1\sqrt{1-y_1}=\dfrac{1}{2\rho}y_1$	$y_1=\dfrac{-2\sigma}{1-\sigma}$
		τ_0	1	第 n 相	$\tau_n\sqrt{1-y_n}=\tau_0+\dfrac{1}{\rho}\sum_{i=1}^{n-1}y_i+\dfrac{1}{2\rho}y_n$	$y_n=\dfrac{-2(n\sigma+\sum\limits_{i=1}^{n-1}y_i)}{1+\rho\tau_0-n\sigma}$

注 表中 $y_i=(H_0-H_i)/H_0$，y_i 为水击的相对压降，是负水击的绝对值形式，均为正值；σ 依定义计算，关闭为正值，开启为负值。

四、水击压强沿管线的分布

在水电站设计中，不仅应确定压力管道末端（蜗壳）的最大水击压强，而且应确定沿管线各断面最大正水击压强分布，以便进行压力管道的强度设计；应确定沿管线各断面最大负水击压强分布，以便检验压力管道纵剖面布置是否合理，是否在局部管顶出现真空。

根据波函数的特性 $\varPhi_{i-\frac{x}{a}}^A=\varPhi_i^x$、$\varphi_{i+\frac{x}{a}}^A=\varphi_i^x$ 以及水击方程式（9-35）和式（9-36），可得出压力管道中任意一断面的水击压强的计算表达式，即

$$\xi_i^x=\frac{1}{2}\big[\xi_{i-\frac{x}{a}}^A+\xi_{i+\frac{x}{a}}^A+2\rho(\tilde{v}_{i+\frac{x}{a}}^A-\tilde{v}_{i-\frac{x}{a}}^A)\big] \tag{9-54}$$

在开度依直线规律变化情况下，一相水击和末相水击沿管线分布规律不同（图9-16）。

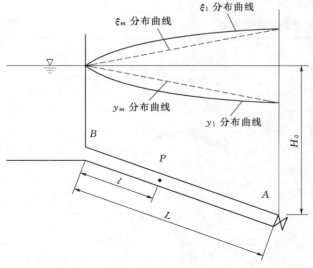

图 9-16 水击压强沿管线的分布

（1）末相水击的压强分布规律：研究证明，当管道末端出现末相水击（极限水击）时，无论是正水击还是负水击，管道沿线的水击压强都按直线规律分布，如图9-16中虚线所示。若管道末端 A 的最大水击为 ξ_m^A 或 y_m^A，则管中任意点 P 的最大水击可按比例算出。

末相水击呈直线分布：

$$\xi_m^P=\frac{l}{L}\xi_m^A,\qquad y_m^P=\frac{l}{L}y_m^A \tag{9-55}$$

（2）一相水击的压强分布规律：研究证明，第一相水击沿管线不依直

线规律分布。正水击的分布曲线是向上凸的，负水击的分布曲线是往下凹的，如图 9-16 中实线所示。如果假定按直线规律分布会偏于不安全。

任意点 P 的最大水击升压发生在 A 点的最大水击升压传到 P 点之时，即比 A 点出现最大水击升压滞后 $(L-l)/a$，其值为

$$\xi_1^P = \frac{2\sigma}{1+\rho\tau_0 - \sigma} - \frac{2\sigma_{AP}}{1+\rho\tau_0 - \sigma_{AP}} \tag{9-56}$$

$$\sigma = \frac{Lv_{\max}}{gH_0 T_s}, \quad \sigma_{AP} = \frac{(L-l)v_{\max}}{gH_0 T_s}$$

由式（9-56）可知：右边第一项为管长为 L 情况下 A 点第一相末的水击压强，第二项为管长为 $L-l$（相当于水库移至 P 点）之 A 点第一相末的水击压强，P 点的最大水击压强为上述两者之差。

对于第一相负水击，任意点 P 的最大水击降压为

$$y_1^P = \left| \frac{2\sigma}{1+\rho\tau_0 - \sigma} - \frac{2\sigma_{AP}}{1+\rho\tau_0 - \sigma_{AP}} \right| \tag{9-57}$$

$$\sigma = -\frac{Lv_{\max}}{gH_0 T_s}$$

$$\sigma_{AP} = -\frac{(L-l)v_{\max}}{gH_0 T_s}$$

式中　y_1^P——相对压降的绝对值。

五、开度大小和变化规律对水击的影响

1. 起始开度对水击的影响

水轮发电机组有可能在各种不同负荷情况运行。当机组满负荷运行时，起始开度 $\tau_0 = 1$；当机组部分负荷运行时，$\tau_0 < 1$。因此，机组甩负荷时的起始开度 τ_0 是随初始工况而变的。

由式（9-49）和式（9-50）可知：ξ_m 只与 σ 有关，而与 τ_0 无关，因此在如图 9-17 所示 $\xi-\tau_0$ 坐标系中，ξ_m 是一条平行于 τ_0 轴的水平线。

从式（9-47）可知：ξ_1 值随 τ_0 的减小而增大，在 $\xi-\tau_0$ 坐标系中是一条下降的曲线。

另外，从式（9-46）可知：阀门若在第一相末已完全关闭，即 $\tau_1 = 0$，将发生直接水击 ξ_d，其大小为 $\xi_d = \xi_1 = 2\rho\tau_0$。$\xi_d$ 在 $\xi-\tau_0$ 坐标系中是一条通过坐标轴原点的直线，其斜率为 2ρ。

图 9-17 中 a 点是 ξ_1 线与 ξ_d 线的交

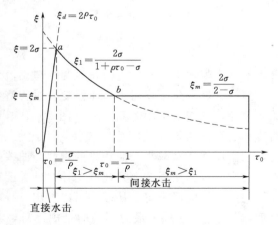

图 9-17　不同起始开度的水击压强

点，利用式（9-47）和 $\xi_d = 2\rho\tau_0$，令 $\xi_1 = \xi_d$，可解得对应于 a 点的起始开度，即 $\tau_0^a = \sigma/\rho$。该开度称为临界开度，是发生直接水击和间接水击的分界点。

图 9-17 中 b 点是 ξ_1 线与 ξ_m 线的交点，利用式（9-47）和式（9-50），令 $\xi_1 = \xi_m$，可解得对应于 b 点的起始开度，即 $\tau_0^b = 1/\rho$。

分析图 9-17，可得出以下结论：

（1）当起始开度 $\tau_0 > 1/\rho$，即 $\rho\tau_0 > 1$ 时，$\xi_m > \xi_1$，最大水击压强发生在阀门关闭终了，ξ_m 与 τ_0 无关。

（2）当 $\sigma/\rho < \tau_0 < 1/\rho$ 时，$\xi_1 > \xi_m$，最大水击压强发生在第一相末，τ_0 越小，ξ_1 越大。

（3）当 $\tau_0 \leqslant \sigma/\rho$ 时，发生直接水击，但并非最大的水击值。

（4）当阀门起始开度为临界开度 $\tau_0 = \sigma/\rho$ 时，发生最大的直接水击，其值为 $\xi_{max} = \xi_d = 2\rho\tau_0 = 2\sigma$。

图 9-17 中用粗实线表示出各种不同起始开度时的最大水击压强。可见最大水击压强并不发生在甩全负荷情况，而是发生在甩较小负荷情况。低水头电站的 ρ 值较大，在 τ_0 较小时，仍可能发生第一相水击。但在此必须指出是：

（1）水轮机在空转开度 τ_x 时已不能输出功率，因此从空转到停机，导叶可以关得很慢，水击压强也就大大减小了。如果 $\tau_x > \sigma/\rho$，就不可能发生直接水击 $\xi_d = 2\sigma$ 的情况。实际可能出现的最大水击压强随 τ_x 的大小而定。

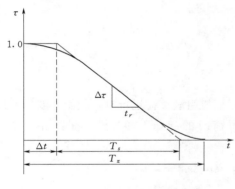

（2）以上讨论均以开度依直线变化且关闭时间与起始开度大小成比例（关闭规律斜率不变）这一假设为基础。开度的变化规律决定于调速系统的特性，一般在关闭终了有延缓现象，如图 9-18 所示。在甩小负荷时，实际关闭时间比按直线比例关系求出的要长，即大于 $\tau_0 T_s$，因此甩小负荷时实际的水击压强往往不起控制作用。

图 9-18　开度变化规律

2. 开度变化规律对水击压强的影响

上述关于一相水击和末相水击的概念及计算公式是在一定条件下推导的，除了假定简单管、不计摩阻损失、阀门过流特性为孔口出流外，还假定阀门开度按直线规律变化。

然而开度变化规律对水击压强变化过程有明显影响。图 9-19（a）绘出了 3 种不同的关闭规律，它们的关闭时间相同；图 9-19（b）绘出了与之相应的水击压强变化过程。曲线Ⅱ表示开始阶段关闭速度较快，因此水击压强迅速上升到最大值，而后关闭速度减慢，水击压强逐渐减小；曲线Ⅲ的规律与曲线Ⅱ相反，关闭速度先慢后快，而水击压强是先小后大。水击压强的上升速度随导叶的关闭速度的加快而加快，最大压强出现在关闭速度较快的那一时段末尾。从图中可以看出，导叶开度按直线规律变化，即关闭规律Ⅰ较为合理，其 $\xi_{max} = 0.16$；最为不利的是规律Ⅲ，其 $\xi_{max} = 0.47$，约为前者的 3 倍；规律Ⅱ的 $\xi_{max} = 0.35$。该结果表明，合理地调整导叶启闭规律可以降低水击压强。

导叶关闭规律影响水击压强的大小，而关闭规律的确定受水轮机调速系统特性的限制。合理的关闭规律要求在一定的关闭时间下，在调速器的可调范围内，产生尽可能小的水击压强。采用合理的关闭规律，可有效地降低水击压强，不需额外增加投资，是一种经

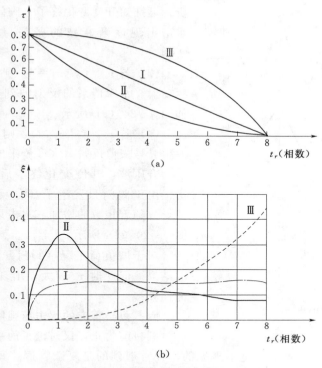

图 9-19 导叶关闭规律对水击压力的影响

济而有效的措施。在高水头水电站中常发生一相水击，应采取先慢后快的非直线（多段折线或曲线）关闭规律，以降低第一相的水击值；在低水头水电站中常发生极限水击，应采取先快后慢的非直线关闭规律，以降低末相的水击值。

3. 开度变化终了后的水击现象

一般来说，当阀门启闭终了后，压力管道中的水击现象并不立即消失，而有一个变化过程。研究该过程对于水轮机调节和压力管道的设计有时是必要的。例如，阀门关闭终了后的正水击可能经阀门反射后成为负水击，其绝对值可能大于阀门开启时所产生的负水击的绝对值。

开度变化终了后的水击现象取决于开度变化终了时的阀门反射特性，可用式（9-37）加以判别。将终了开度记为 τ_c，则式（9-37）可写成

$$r = \frac{1 - \rho\tau_c}{1 + \rho\tau_c} \tag{9-58}$$

分析式（9-58）可知：

（1）若阀门在第 n 相完全关闭，则 $\tau_c = 0$，$r = 1$，阀门发生异号减值反射。阀门关闭终了时产生的升压波经水库反射为等值的降压波并返回阀门，又经阀门反射成为等值降压波返回水库。两个降压波和一个升压波叠加，使第 $n+1$ 相末水击压强与第 n 相末水击压强绝对值相等而符号相反。若不计摩阻，阀门关闭后水击压强呈锯齿形周期性不衰减振荡，如图 9-20（a）所示。

（2）若 $\tau_c > 0$，$\rho\tau_c < 1$，则 $0 < r < 1$，阀门发生同号减值反射。根据对前一种情况的分

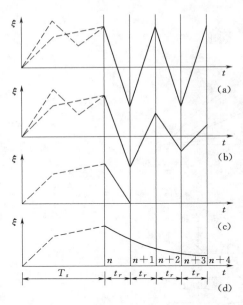

图 9-20 开度变化终了后的水击

析，可推知开度变化终了（阀门未完全关闭）后水击出现逐渐衰减的振荡，如图 9-20（b）所示。

（3）若 $\tau_c>0$，$\rho\tau_c=1$，则 $r=0$，阀门不发生反射。水库传来的反射波到达阀门即行消失，如图 9-20（c）所示。

（4）若 $\tau_c>0$，$\rho\tau_c>1$，则 $-1<r<0$，阀门发生异号减值反射。水库传来的降压波经阀门反射为升压波，开度变化终了后不可能出现负水击。由于阀门只发生了部分反射，反射是减值的，故随着相数的增加，水击压强逐渐减小，如图 9-20（d）所示。

对于增负荷工况（阀门开启），可得到类似的结果。但此时 τ_c 较大，出现后两种情况的可能性较多。

六、复杂管道的水击压强解析计算

到目前为止，仅讨论了简单管的水击解析计算。但在实际工程中，简单管是不多见的，经常遇到的是复杂管道。其类型可分为如下 3 种：

（1）串联管：管壁厚度随水头增大而逐渐增大，直径随水头增大而逐渐减小，或者管道材料沿程有变化的管道。不仅水击波的波速会沿程变化，而且管道中流速也有可能发生变化。

（2）分岔管：在分组供水和联合供水的管道系统布置中，需要采用分岔管。水击波在分岔管处将会发生反射、透射、叠加，从而使水击现象和解析计算更为复杂。

（3）反击式水轮机：反击式水轮机不同于冲击式水轮机，安装在管道中间，转轮前后有蜗壳和尾水管（甚至有尾水洞），蜗壳和尾水管的水流惯性在水击压强计算分析时需要考虑。另外，反击式水轮机的过流特性与阀门孔口出流特性有一定差别，其过流量不仅与作用水头和导叶开度有关，还与转速和机型有关。

1. 串联管的水击压强计算

串联管各管段的流速 v 和波速 a 不同，因此管道特性系数 ρ 和水击特性系数 σ 各异。在解析计算中通常把串联管转化为等价的简单管。其计算方法称之为"等价管法"。

如图 9-21 所示的串联管，全长为 L，各段的长度、流速和水击波波速分别示于图中。现以等价的简单管代替，其管长、截面积、流速和水击波波速分别以 L_e、A_e、v_e 和 a_e 表示。以下将推导等价管应满足 3 个基本原则：管中长度相等、

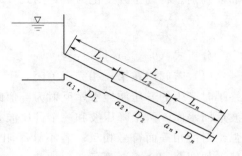

图 9-21 串联管示意图

水击相长相等、管中水体动能相等。

由一维非恒定流动的能量方程可知：

$$z_1 + \frac{p_1}{\gamma} + \frac{v_1^2}{2g} = z_2 + \frac{p_2}{\gamma} + \frac{v_2^2}{2g} + \frac{1}{g}\int_1^2 \frac{\partial v}{\partial t}\mathrm{d}s + \int_1^2 J\mathrm{d}s \qquad (9-59)$$

非恒定流的总机械能由 4 个部分组成，即位置势能、压强势能、动能和惯性能。在孤立系统中，能量从一种形式转换成另一种形式，各种形式的能量的总和保持不变。水击即是由于液体流速的骤然增加或减小，引起压强的剧烈波动，并在整个管道内传播。于是可以认为：水击现象中压强变化主要是由动能和惯性能变化所引起的，而位置势能和摩阻损失的影响可忽略不计。

等价管基本原则的目的是：等价管道末端的最大水击压强与原串联管末端的最大水击压强相等，这要求两者的动能和惯性能相等（惯性能变化也是由于流速变化引起的，故动能和惯性能的本质是一致的）。而式 $(9-59)$ 中的 $\frac{v^2}{2g}$ 为单位重量的动能，乘以 M 和 g 后，可得出

$$\frac{1}{2}Mv_e^2 = \frac{1}{2}\sum_{i=1}^n m_i v_i^2 \qquad (9-60)$$

$$\rho L_e^2 A_e \frac{\mathrm{d}v_e}{\mathrm{d}t} = \sum_{i=1}^n \rho l_i^2 A_i \frac{\mathrm{d}v_i}{\mathrm{d}t} \qquad (9-61)$$

由于等价前后断面流量相等，即 $A_e v_e = A_i v_i$，分别代入式 $(9-60)$ 和式 $(9-61)$，得出水体动能不变的原则和惯性能不变的原则，即

$$v_e = \sum_{i=1}^n \frac{l_i v_i}{L_e} \qquad (9-62)$$

或者

$$\frac{L_e}{A_e} = \sum_{i=1}^n \frac{l_i}{A_i} \qquad (9-63)$$

而管道长度相等的原则是假定的，或者从动量相等 $Mv_e = \sum\limits_{i=1}^n m_i v_i$ 条件中导出，即

$$L_e = \sum_{i=1}^n l_i \qquad (9-64)$$

为保证极值发生时间一致，令：$\dfrac{L_e}{a_e} = \sum\limits_{i=1}^n \dfrac{l_i}{a_i}$，故

$$a_e = L_e \Big/ \sum_{i=1}^n \frac{l_i}{a_i} \qquad (9-65)$$

等价管的特性系数：

$$\rho_e = \frac{a_e v_e}{2g H_0}, \ \sigma_e = \pm \frac{L_e v_e}{g H_0 T_s} \qquad (9-66)$$

利用 ρ_e 和 σ_e，即可将串联管作为简单管采用"等价管法"进行计算。沿管长各点的水击压强可以根据该点之前的水体动能 $\sum l_i v_i$ 占总动能 $l_e v_e$ 的比例进行分配。

这种近似方法忽略管道内边界点水击波的局部反射，按照管道长度不变的假设，水击压强值由管中水体动能或惯性能转化而得。研究证明，该方法计算阀门直线启闭的末相水击误差较小，计算第一相水击或非直线启闭的情况误差较大。

2. 分岔管的水击压强计算

分岔管的水击压强计算比串联管更为复杂，原因是，两根或者两根以上的支管对称或不对称地与主管衔接，各支管的长度往往又不相同，如图 9-22（a）所示。当阀门启闭时，发生的水击波沿支管向上游传播到达分岔点时，水击波受到反射部分由原支管折回，部分向主管及其他支管继续传播。于是呈现出水击波复杂的叠加现象，直接影响支管末端的最大水击压强。尽管分岔管的水击压强可根据水击连锁方程、分岔点及其他边界条件联立求解，但过程相当繁琐。在实际中通常采用两种简化方法进行解析计算：

（1）合肢法：设想将所有机组合并成一台大机组，并将该大机组装设在最长一根支管的末端，引用流量为各台机组流量之和，最长支管的断面面积亦用各支管断面面积之和代替，主管的断面面积不变。此时分岔管变成一根串联管，再按"等价管法"进行水击压强计算。

（2）截肢法：截去暂不计算的支管，将剩余的管道变成串联管。串联管各段的长度、波速、断面积按自身的实际值计算，而流速按不截肢通过的实际流量除以断面积计算。再按"等价管法"进行水击压强计算。如图 9-22（b）所示。

与串联管相比，水击波在分岔管反射、叠加途径要复杂得多，因此上述两种简化方法是极其粗略的。在压力管道的主管较长、支管较短（例如支管长度为主管的 10% 以内）的情况下，计算结果误差不大，否则误差就较大，难以被工程设计所采用。

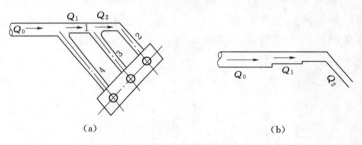

图 9-22 分岔管截肢法示意图

3. 反击式水轮机的水击压强计算

到目前为止，水击压强解析计算均是以阀门位于管道末端为前提的，即适用于冲击式水轮机。但反击式水轮机安装在管道中间，机组甩负荷导叶关闭时，压力管道和蜗壳产生正水击压强；而尾水管和尾水洞在导叶之后，产生负水击压强。并且蜗壳和尾水管通常为非棱柱体（图 9-23），其水击压强有别于棱柱体。因此，若采用"等价管法"进行反击式水轮机的水击压强计算，需要作出如下两点假定：

（1）导叶的启闭以阀门的启闭来代替，并且导叶移至尾水管的末端（若有尾水洞，导叶移至尾水洞的末端），即压力管道、蜗壳和尾水管（包括尾水洞）组合在一起成

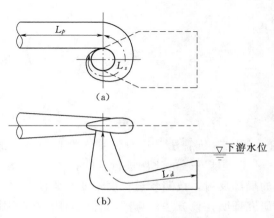

图 9-23 反击式水轮机示意图

为串联管。

（2）将蜗壳和尾水管视为棱柱体，其当量长度和当量面积采用下述方式取值。

对于蜗壳，首先按下式计算蜗壳中心线的长度，即

$$L_s = \varphi_0 r_a + \frac{\varphi_0^2}{2C} + \frac{2}{3}\varphi_0 \sqrt{2\frac{r_a}{C}\varphi_0} \qquad (9-67)$$

$$r_a = a_j - \rho_j$$

$$C = \frac{\varphi_0}{a_j - \sqrt{a_j^2 - \rho_j^2}} \quad (1/\text{m})$$

式中　φ_0——蜗壳包角，rad；

a_j——进口断面中心至水轮机轴的半径；

ρ_j——进口半径，m。

由于蜗壳水流一方面沿切向流动，另一方面沿径向流入转轮，所以当量长度 L_{we} 假设为蜗壳中心线长度的一半，即

$$L_{we} = 0.5L_s \qquad (9-68)$$

当量面积 A_{we} 按下式计算：

$$A_{we} = \frac{L_s}{\beta_e/4\pi^2} \qquad (9-69)$$

$$\beta_e = \beta_{e,1} + r_a\beta_{e,2}$$

$$\beta_{e,1} = \frac{2}{c^3}\left[\frac{1}{2}cx_0^2 - cbx_0 - b^2\ln\left(\frac{b}{cx_0+b}\right)\right]$$

$$\beta_{e,2} = \frac{2}{c^2}\left[-1 + \frac{b}{cx_0+b} - \ln\left(\frac{b}{cx_0+b}\right)\right]$$

其中

$$c = \frac{1}{C}, \quad x_0 = \sqrt{\varphi_0}, \quad b = \sqrt{2\frac{r_a}{C}}$$

对于尾水管，可视为 3 段非棱柱体组成的串联管，仍然按长度相等、尾水管中水体动能相等的原则得出当量长度当量面积，即

$$L_{de} = h_1 + L_2 + L_3 \qquad (9-70)$$

式中　h_1——锥管段高度；

L_2——肘管段中心线长度；

L_3——扩散段中心线长度。

当量面积满足下式：

$$\frac{L_{de}}{A_{de}} = \int_0^{h_1}\frac{\mathrm{d}l}{A} + \int_0^{L_2}\frac{\mathrm{d}l}{A} + \int_0^{L_3}\frac{\mathrm{d}l}{A} \qquad (9-71)$$

于是，压力管道、蜗壳和尾水管组合在一起成为串联管，再将该串联管简化为等价简单管进行计算。其管长 L、加权平均波速 a_e 及流速 v_e 分别为

$$L = L_p + L_{we} + L_{de} \qquad (9-72)$$

$$a_e = L/\left(\frac{L_p}{a_p} + \frac{L_{we}}{a_{we}} + \frac{L_{de}}{a_{de}}\right) \qquad (9-73)$$

$$v_e = (L_p v_p + L_{we} v_{we} + L_{de} v_{de})/L \qquad (9-74)$$

上述 3 式中下标 p、w、d 分别表示压力管道、蜗壳和尾水管。

到此，可求得等价管道的特性系数 ρ_e 及 σ_e，从而得到管路末端最大水击压强 ξ 值（第一相或末相水击）。

然后以管道、蜗壳、尾水管 3 部分水体动能为权重，将水击压强 ξ 值进行分配，求出压力管道末端、蜗壳末端和尾水管进口的水击压强。

压力管道末端水击压强：

$$\xi_p = \frac{L_p v_p}{(L_p + L_{we} + L_{de}) v_e} \xi \tag{9-75}$$

蜗壳末端水击压强：

$$\xi_s = \frac{L_p v_p + L_{we} v_{we}}{(L_p + L_{we} + L_{de}) v_e} \xi \tag{9-76}$$

尾水管进口水击压强：

$$y_d = \frac{L_{de} v_{de}}{(L_p + L_{we} + L_{de}) v_e} \xi \tag{9-77}$$

求出尾水管的负水击 y_d 后，应校核尾水管进口处的真空度 H_d。

$$H_d = H_s + y_d H_0 + \frac{\nabla}{900} < 8\text{m} \tag{9-78}$$

式中 H_s——水轮机的允许吸出高度，m；

$y_b H_0$——尾水管内水击压强降低绝对值，m；

∇——水轮机安装高程，m。

显然尾水管的当量面积 A_{de} 大于尾水管进口实际面积 A_{dj}，将直接影响尾水管进口的真空度，故需要进行面积修正处理，即

$$H_d = H_s + y_d H_0 + \frac{\nabla}{900} - \frac{1}{2g}\left(1 - \frac{A_{de}^2}{A_{dj}^2}\right) v_{de}^2 < 8 \tag{9-79}$$

式中 $\dfrac{v_{de}^2}{2g}$——尾水管进出口断面在出现 y_b 时的流速水头，m。

七、机组转速升高的解析计算

机组转速变化通常以相对值表示，称为转速变化率 $\beta(t)$。

$$\beta(t) = \frac{n(t) - n_0}{n_0} \tag{9-80}$$

式中 n_0——机组额定转速，r/min；

$n(t)$——机组甩负荷后某一时刻的转速，r/min。

机组甩负荷后，发电机阻力矩变为 0，导叶关闭过程中，水轮机多余的能量（图 9-24）转化为机组转速变化。由式（9-26）积分可得甩负荷时机组转速最大上升率的计算公式：

$$\beta_{\max} = \sqrt{1 + \frac{365 N_0 (2T_c + T_n f)}{GD^2 n_0^2}} - 1 \tag{9-81}$$

式中 N_0——机组甩负荷前的出力，kW；

GD^2——机组飞轮力矩，t·m²；

T_c——调速器迟滞时间，s；

T_n——机组升速时间，s；

f——水击修正系数。

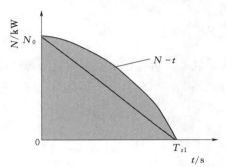

图 9-24 导叶关闭过程中水轮机出力变化

迟滞时间 T_c 一般小于 0.2s，最大不超过 0.5s。T_c 对 $\beta_{\max}$ 的影响与水轮机比转速有关，比转速越低，影响越大，一般在 3.5% 以内。

升速时间 T_n 是指机组甩负荷至机组转速上升到最大值这段时间，它与导叶关闭时间 T_s 有着如下近似关系：

$$T_n = (0.9 - 0.00063 n_s) T_s$$

其中比转速 n_s 因水轮机类型不同而变化：水斗式 $n_s = 10 \sim 70$、混流式 $n_s = 60 \sim 350$、斜流式 $n_s = 200 \sim 450$、轴流式 $n_s = 400 \sim 900$，故升速时间范围是 $T_n = (0.894 \sim 0.333) T_s$，当 $n_s \leqslant 476$，$T_n = (0.9 \sim 0.6) T_s$，由此可见，升速时间的物理意义、量级与常见的导叶有效关闭时间 T_{s1} 是一致的。

修正系数 f 与水击类型有关。

对于一相水击：

$$f = \frac{\sigma m^2}{m + \sigma \tau_0 - m\sigma} \left[\frac{2}{\varepsilon} - \frac{4m}{3\varepsilon} - \frac{4m^n}{(n+2)\varepsilon^{n+1}} + \frac{4m^{n+1}}{(n+3)\varepsilon^{n+1}} \right]$$
$$- \left[\frac{m}{\varepsilon} - \frac{m^2}{2\varepsilon} - \frac{m^{n+1}}{(n+1)\varepsilon^{n+1}} + \frac{n^{n+2}}{(n+2)\varepsilon^{n+1}} \right] \frac{4\sigma}{2-\sigma} + \frac{2+\sigma}{2-\sigma} \left(\frac{2n}{n+1} - \frac{n\varepsilon}{n+2} \right) \quad (9-82)$$

对于末相水击：

$$f = \frac{2}{\varepsilon} \frac{2\sigma^2}{4 - \sigma^2} \left[(1-\varepsilon)^{\left(\frac{2}{\sigma}+1\right)} - 1 \right] + \frac{2+\sigma}{2-\sigma} \left(\frac{2n}{n+1} - \frac{n\varepsilon}{n+2} \right) \quad (9-83)$$

$$m = \frac{t_r}{T_s}, \quad \varepsilon = \frac{T_n}{T_s}$$

式中　n——水轮机效率修正相关的待定系数。

解析计算与数值计算结果对比表明：对于一相水击，式（9-82）中 n 取 2.2，相对误差在 0.5% 以内，原因在于水轮机效率随转速的变化呈二次曲线的关系；对于末相水击，式（9-82）中 n 取 ∞，相对误差在 5% 以内，原因在于利用德斯巴尔简化公式所得的水击压强偏小，n 取 ∞ 将弥补其不足。

对于一相水击，f-σ 呈上凹变化趋势，表明"长办"公式 [形式与式（9-81）相同] 只适用于一相水击，其修正系数可近似表示为：$f = 0.589\sigma^2 + 0.414\sigma + 1.003$。

对于末相水击，f-σ 呈下凹变化趋势，表明苏联 л.м.з 公式（未计入迟滞时间 T_c 的作用）只适用于末相水击。

$$\beta_{\max} = \sqrt{1 + \frac{365 N_0}{GD^2 n_0^2} T_{s1} f} - 1 \quad (9-84)$$

对应的修正系数可近似表示为：$f = -1.196\sigma^2 + 1.967\sigma + 0.967$。

尽管机组转速最大上升率的解析计算有了新的发展，但对 η、Q、H 随时间变化的假定仍存在一定的偏差，并且无法考虑水轮机特性曲线的影响，所以数值计算结果应该比解析计算结果更精确、更可靠，建议在工程设计中尽可能采用数值计算方法。

第四节　调节保证计算的数值法

一、有压管道非恒定流基本方程的特征线解

采用调节保证计算的解析法，忽略了有压管道瞬变流基本方程式（9-5）和式（9-

15）中非线性项（对流扩散项）和摩阻损失项，难免对调节保证计算结果带来一定的影响。为此，需要采用数值计算方法直接求解有压管道瞬变流基本方程。而特征线法的物理意义明确、具有二阶的计算精度、便于处理各种复杂的边界条件，所以在调节保证计算中广泛采用。以下将对特征线解进行扼要的介绍。

特征线法的基本步骤是：首先将偏微分方程转换成特殊的常微分方程，然后对常微分方程积分得到便于数值处理的有限差分方程，最后采用常见的等时段网格对差分方程进行求解。

1. 偏微分方程转换为常微分方程

分别令 L_1 等于式（9-5），L_2 等于式（9-15），得出

$$L_1: \quad g\frac{\partial H}{\partial x}+v\frac{\partial v}{\partial x}+\frac{\partial v}{\partial t}+\frac{fv|v|}{2D}=0 \tag{9-85}$$

$$L_2: \quad v\frac{\partial H}{\partial x}+\frac{\partial H}{\partial t}+\frac{a^2}{g}\frac{\partial v}{\partial x}+\frac{a^2}{gA}\frac{\partial A}{\partial x}v-v\sin\alpha=0 \tag{9-86}$$

为了将式（9-85）和式（9-86）表征的偏微分方程转换为常微分方程，在式（9-86）两边乘以待定系数 λ，然后与式（9-85）相加，得到

$$L_1+\lambda L_2=\lambda\left[\frac{\partial H}{\partial t}+\left(v+\frac{g}{\lambda}\right)\frac{\partial H}{\partial x}\right]+\left[\frac{\partial v}{\partial t}+\left(v+\lambda\frac{a^2}{g}\right)\frac{\partial v}{\partial x}\right]-\lambda v\sin\alpha+\lambda\frac{a^2}{g}\frac{v}{A}\frac{\partial A}{\partial x}+\frac{fv|v|}{2D}=0$$

令：$v+\dfrac{g}{\lambda}=v+\lambda\dfrac{a^2}{g}=\dfrac{\mathrm{d}x}{\mathrm{d}t}$；则：$\lambda=\pm\dfrac{g}{a}$；$\dfrac{\mathrm{d}x}{\mathrm{d}t}=v\pm a$。

于是得到 x-t 平面上两簇在特征线上的常微分方程（图 9-25）：

$$C^+: \begin{cases} \dfrac{\mathrm{d}H}{\mathrm{d}t}+\dfrac{a}{g}\dfrac{\mathrm{d}v}{\mathrm{d}t}+\dfrac{a^2}{g}\dfrac{v}{A}\dfrac{\partial A}{\partial x}-v\sin\alpha+\dfrac{aS}{8gA}fv|v|=0 \\[2mm] \dfrac{\mathrm{d}x}{\mathrm{d}t}=v+a \end{cases} \tag{9-87}$$

$$C^-: \begin{cases} \dfrac{\mathrm{d}H}{\mathrm{d}t}-\dfrac{a}{g}\dfrac{\mathrm{d}v}{\mathrm{d}t}+\dfrac{a^2}{g}\dfrac{v}{A}\dfrac{\partial A}{\partial x}-v\sin\alpha-\dfrac{aS}{8gA}fv|v|=0 \\[2mm] \dfrac{\mathrm{d}x}{\mathrm{d}t}=v-a \end{cases} \tag{9-88}$$

式中　S——湿周；

$\dfrac{\partial A}{\partial x}$——管道面积沿程变化率。

两组方程中的第一个方程称为特征方程，第二个方程称为特征线方程。

在此应该指出 3 点：

（1）两个偏微分方程通过变换得出 4 个常微分方程（特征方程 2 个和特征线方程 2 个）。

（2）特征线方程 $\dfrac{\mathrm{d}x}{\mathrm{d}t}=v\pm a$ 在 x-t 平面上代表着两簇特征线。

（3）偏微分方程［式（9-5）和式（9-15）］与常微分方程［式（9-87）和式（9-88）］的对等关系只是在 C^+、C^- 代表的特征线上才有效，偏离了特征线，常微分方程的解就不是原偏微分方程的解。

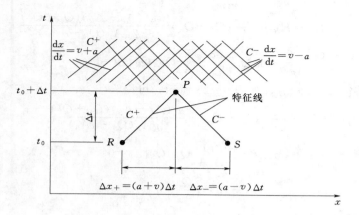

图 9-25 特征线示意图

若管道为棱柱体，则 $\dfrac{\partial A}{\partial x}=0$，式（9-87）和式（9-88）简化为

$$C^+:\begin{cases} \dfrac{g}{a}\dfrac{\mathrm{d}H}{\mathrm{d}t}+\dfrac{\mathrm{d}v}{\mathrm{d}t}-\dfrac{g}{a}v\sin\alpha+\dfrac{Sf}{8A}v\,|\,v\,|=0 \\[3mm] \dfrac{\mathrm{d}x}{\mathrm{d}t}=v+a \end{cases} \quad (9-89)$$

$$C^-:\begin{cases} -\dfrac{g}{a}\dfrac{\mathrm{d}H}{\mathrm{d}t}+\dfrac{\mathrm{d}v}{\mathrm{d}t}+\dfrac{g}{a}v\sin\alpha+\dfrac{Sf}{8A}v\,|\,v\,|=0 \\[3mm] \dfrac{\mathrm{d}x}{\mathrm{d}t}=v-a \end{cases} \quad (9-90)$$

若对流项（v 为系数的项）可以忽略，则特征方程形式不变，而特征线方程改写成

$$\frac{\mathrm{d}x}{\mathrm{d}t}=\pm a \quad (9-91)$$

其物理实质是流速远远小于波速，对流项的影响可忽略不计。

2. 常微分方程转换为有限差分方程

在实际应用中，常用流量代替断面平均流速，并将式（9-87）和式（9-88）乘以 $\mathrm{d}t$，沿特征线 C^+ 和 C^- 积分：

沿特征线 C^+ 积分，如图 9-25 所示，可得

$$\int_{H_R}^{H_P}\mathrm{d}H+\int_{Q_R}^{Q_P}\frac{a}{gA}\mathrm{d}Q+\int_{t_R}^{t_P}\frac{a^2}{gA^2}\frac{\partial A}{\partial x}Q\mathrm{d}t-\int_{t_R}^{t_P}\frac{Q}{A}\sin\alpha\mathrm{d}t+\int_{t_R}^{t_P}\frac{aSfQ\,|\,Q\,|}{8gA^3}\mathrm{d}t=0$$

$$H_P-H_R+\frac{a}{gA_P}(Q_P-Q_R)+\frac{a^2(A_P-A_R)(Q_P+Q_R)}{2gA_PA_R(x_P-x_R)}(t_P-t_R)$$

$$-\frac{Q_P+Q_R}{2A_P}\sin\alpha(t_P-t_R)+\frac{aS_Pf}{8gA_RA_P^2}Q_P\,|\,Q_R\,|(t_P-t_R)=0 \quad (9-92)$$

$$x_P-x_R=\left(\frac{Q_R}{A_R}+a\right)(t_P-t_R) \quad (9-93)$$

将式（9-93）代入式（9-92），整理得

$$H_P - H_R + \frac{a}{gA_P}(Q_P - Q_R) + \frac{a^2(A_P - A_R)(Q_P + Q_R)}{2gA_P(Q_R + aA_R)}$$

$$- \frac{Q_P + Q_R}{2A_P}\sin\alpha\Delta t + \frac{aS_P f}{8gA_R A_P^2}Q_P|Q_R|\Delta t = 0 \tag{9-94}$$

同样，沿特征线 C^- 积分，如图 9-25 所示，可得

$$H_P - H_S - \frac{a}{gA_P}(Q_P - Q_S) + \frac{a^2(A_P - A_S)(Q_P + Q_S)}{2gA_P(Q_S - aA_S)}$$

$$- \frac{Q_P + Q_S}{2A_P}\sin\alpha\Delta t - \frac{aS_P f}{8gA_S A_P^2}Q_P|Q_S|\Delta t = 0 \tag{9-95}$$

$$x_P - x_S = \left(\frac{Q_s}{A_S} - a\right)(t_P - t_S) \tag{9-96}$$

整理式（9-94）和式（9-95），可得

$$C^+: \qquad Q_P = Q_{CP} - C_{QP}H_P \tag{9-97}$$

$$C^-: \qquad Q_P = Q_{CM} + C_{QM}H_P \tag{9-98}$$

式中
$$C_{QP} = \frac{1}{(C-C_3)/A_P + C(C_1 + C_2)}, \quad C_{QM} = \frac{1}{(C+C_3)/A_P + C(C_4 + C_5)}$$

$$Q_{CP} = C_{QP}\left[Q_R\left(\frac{C+C_3}{A_P} - CC_1\right) + H_R\right], \quad Q_{CM} = C_{QM}\left[Q_S\left(\frac{C-C_3}{A_P} - CC_4\right) - H_S\right]$$

$$C = \frac{a}{g}, \quad C_1 = \frac{a(A_P - A_R)}{2A_P(aA_R + Q_R)}, \quad C_2 = \frac{\Delta t S_P|Q_R|}{8A_R A_P^2}f, \quad C_3 = \frac{1}{2}\Delta t\sin\alpha$$

$$C_4 = \frac{a(A_P - A_S)}{2A_P(aA_S - Q_S)}, \quad C_5 = \frac{\Delta t S_P|Q_S|}{8A_S A_P^2}f$$

下面将采用分部积分方法来证明摩阻项数值积分为二阶精度：

$$\int_{t_R}^{t_P} Q^2 \, dt = Q^2 t\Big|_{t_R}^{t_P} - \int_{t_R}^{t_P} t \, dQ^2 = Q_P^2 t_P - Q_R^2 t_R - 2\int_{t_R}^{t_P} tQ \, dQ$$

$$= Q_P^2 t_P - Q_R^2 t_R - 2\left[\frac{Q_P t_P + Q_R t_R}{2}(Q_P - Q_R)\right]$$

$$= Q_P^2 t_P - Q_R^2 t_R - Q_P^2 t_P + Q_P Q_R t_P - Q_P Q_R t_R + Q_R^2 t_R$$

$$= Q_P|Q_R|(t_P - t_R)$$

上述推导中采用梯形数值积分，故计算精度为二阶。

最后需要指出的是：式（9-93）～式（9-96）4 个代数方程，有 12 个参数，分为 3 类：

（1）时段末的参数 H_P、Q_P。

（2）时段初的参数 H_R、Q_R、H_S、Q_S。

（3）R、S 和 P 3 点的空间和时间参数 x_R、t_R、x_S、t_S、x_P、t_P。

第一类参数无论采用什么计算网格都是未知的。第二类和第三类参数是否已知则与计算网格有关。

3. 等时段网格

等时段网格就是 Δt 在计算过程中保持不变（图 9-26），但 Δt 的选取应满足库朗稳定条件，即

$$\Delta t \leqslant \frac{\Delta x}{a + |v|} \tag{9-99}$$

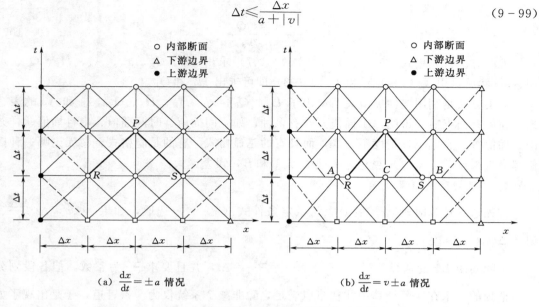

(a) $\frac{\mathrm{d}x}{\mathrm{d}t} = \pm a$ 情况　　　　(b) $\frac{\mathrm{d}x}{\mathrm{d}t} = v \pm a$ 情况

图 9-26　特征线法等时段计算网格示意图

若在特征线方程中忽略 v，$\frac{\mathrm{d}x}{\mathrm{d}t} = \pm a$。$a$ 是常数，于是上式可以取等号，R 和 S 就落在网格点上。这时第二类和第三类参数都是已知的。只需利用特征方程 C^+、C^- 即可求出 H_P 和 Q_P。式（9-97）和式（9-98）构成二元一次方程组，很容易求解。

但对于更一般的情况 $\frac{\mathrm{d}x}{\mathrm{d}t} = v \pm a$。$R$ 和 S 就不落在网格点上。这时第 3 类参数中 t_R、t_S、x_P、t_P 是已知的，x_R 和 x_S 以及第二类参数必须利用插值公式和特征线方程预先求出。

补充线性插值方程如下：

$$\frac{x_C - x_R}{x_C - x_A} = \frac{H_C - H_R}{H_C - H_A} \tag{9-100}$$

$$\frac{x_C - x_R}{x_C - x_A} = \frac{Q_C - Q_R}{Q_C - Q_A} \tag{9-101}$$

$$\frac{x_C - x_R}{x_C - x_A} = \frac{A_C - A_R}{A_C - A_A} \tag{9-102}$$

$$\frac{x_C - x_S}{x_C - x_B} = \frac{H_C - H_S}{H_C - H_B} \tag{9-103}$$

$$\frac{x_C - x_S}{x_C - x_B} = \frac{Q_C - Q_S}{Q_C - Q_B} \tag{9-104}$$

$$\frac{x_C - x_S}{x_C - x_B} = \frac{A_C - A_S}{A_C - A_B} \tag{9-105}$$

式（9-93）改写为

$$\frac{x_C - x_R}{\Delta t} = \frac{Q_R}{A_R + a} \tag{9-106}$$

式 (9 - 96) 改写为

$$\frac{x_C - x_S}{\Delta t} = \frac{Q_S}{A_S - a} \tag{9-107}$$

求解方法：先用式 (9 - 100) ~式 (9 - 107) 求出 H_R、Q_R、x_R、A_R、H_S、Q_S、x_S 和 A_S，然后再用式 (9 - 97) 和式 (9 - 98) 即可求出 H_P 和 Q_P。

上述方法是利用线性插值关系给出了 H_R、Q_R、x_R、A_R、H_S、Q_S、x_S 和 A_S 的表达式。在此有两点需要说明：①插值方式有多种，如空间插值、时间插值、串行插值、样条函数插值等，它们不仅精度不一样，而且有的是显格式，有的是隐格式；②无论哪一种插值都会带来误差，R 和 S 越是远离网格点 A 和 B，误差越大。

4. 网格划分及短管处理

首先选择计算时段 Δt。根据库朗稳定条件式 (9 - 99) 选取，如果 $v \ll a$，$\Delta t \leqslant \frac{\Delta x}{a}$。通常 $\Delta t = 0.01\text{s}$ 左右。

空间间距 Δx 的选择，$\frac{\Delta x_1}{a_1} = \frac{\Delta x_2}{a_2} = \cdots = \frac{\Delta x_n}{a_n} = \Delta t$，并且要求 $\frac{L_i}{\Delta x_i}$ 为整数。但各段划分均为整数的要求在实际计算中往往难以满足，除非整个系统仅为一条管道，于是出现了如图 9 - 27 所示的短管。

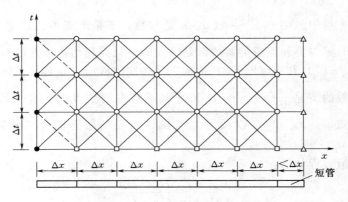

图 9 - 27 特征线法计算中短管示意图

调整波速是短管处理最常见的方法。其理由是：波速往往难以精确的确定，并且末相水击压强的大小与波速关系不大（水电站机组甩负荷所产生的水击现象通常类似于末相水击），所以适度地调整每条管道的波速，以满足不出现短管的要求。

$$\Delta t = \frac{L_i}{a_i(1 \pm \psi_i)N_i} \tag{9-108}$$

式中 ψ_i——第 i 根管道波速的允许偏差，一般不超过 10%；

N_i——第 i 根管道的分段数。

二、反击式水轮机的边界条件

反击式水轮发电机组的示意图如图 9 - 28 所示，其数学模型中的未知数包括蜗壳末端的测压管水头 H_P、尾水管进口的测压管水头 H_S、水轮机过流量 Q_P、机组转速 n 和水轮

机动力矩 M_t。可列出的对应方程如下：

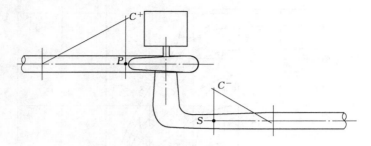

图 9-28 反击式水轮发电机组的示意图

蜗壳末端侧的特征方程：

C^+ ：
$$Q_P = Q_{CP} - C_{QP} H_P \tag{9-109}$$

尾水管进口的特征方程：

C^- ：
$$Q_P = Q_{CM} + C_{QM} H_S \tag{9-110}$$

发电机采用一阶方程，即动量矩方程：

$$J \frac{\mathrm{d}\omega}{\mathrm{d}t} = M_t - M_g \tag{9-111}$$

以上 3 个方程，有 5 个未知数，需要补充方程如下：

$$Q_P = Q_1' D_1^2 \sqrt{(H_P - H_S) + \Delta H} \tag{9-112}$$

$$Q_1' = f_1(\tau, n_1') \tag{9-113}$$

$$n_1' = \frac{n D_1}{\sqrt{(H_P - H_S) + \Delta H}} \tag{9-114}$$

$$M_t = M_1' D_1^3 (H_P - H_S + \Delta H) \tag{9-115}$$

$$M_1' = f_2(\tau, n_1') \tag{9-116}$$

式中 $\Delta H = \left(\frac{\alpha_P}{2g A_P^2} - \frac{\alpha_S}{2g A_S^2} \right) Q_P^2$；$\tau$ 与 t 的关系曲线（即导叶启闭规律）是预先给定的已知值；发电机阻力矩 $M_g(t)$ 随时间变化过程也是预先给定的。

所以，反击式水轮发电机组数学模型是 8 个方程，有 8 个未知数，即 Q_P、H_P、H_S、Q_1'、n_1'、M_1'、n、M_t。方程组是封闭的。

方程式（9-113）和式（9-116）分别表示水轮机的流量特性曲线（图 9-29）和力矩特性曲线（图 9-30）。当开度 $\tau(t) = \frac{a(t)}{a_{max}} = \tau_P$ 已知，就可以采用插值方法在两条开度曲线 τ_i 和 τ_{i+1} 之间绘出曲线 τ_P。用较密集的折线近似逼近曲线，则方程式（9-113）和式（9-116）分别改写为

$$Q_1' = A_1 + A_2 n_1' \tag{9-117}$$

$$M_1' = B_1 + B_2 n_1' \tag{9-118}$$

对式（9-111）进行数值积分，且 $\omega = \frac{2\pi n}{60}$ 得

$$n = n_0 + 0.1875 (M_t + M_{t0}) \Delta t / GD^2 \tag{9-119}$$

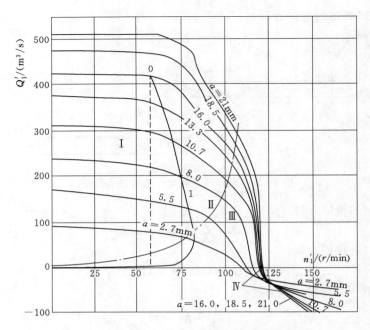

图 9-29 混流式水轮机流量特性曲线示意

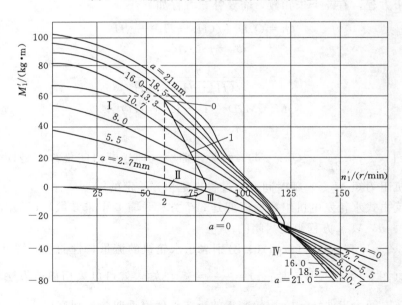

图 9-30 混流式水轮机力矩特性曲线示意

式（9-109）～式（9-119）中　D_1——转轮直径，m；

$\qquad GD^2$——机组转动惯量，t·m²；

$\qquad Q_1'$、n_1'、M_1'——单位流量，m³/s，单位转速，r/min，单位转矩，kg·m；

$\qquad$ 下标 P、S——转轮进出口侧计算边界点；

下标 0——上一计算时段的已知值。

令 $X=\sqrt{(H_P-H_S)+\Delta H}$, $C_1=Q_{CP}/C_{QP}+Q_{CM}/C_{QM}$, $C_2=1/C_{QP}+1/C_{QM}$,

$\qquad C_3=\alpha_P/(2gA_P^2)-\alpha_S/(2gA_S^2)$, $E=0.1875\Delta t/GD^2$

上述 8 个方程可以化简为二元二次方程组：

$$F_1=(A_1^2 C_3 D_1^4-1)X^2+A_1 D_1^2(2A_2 C_3 D_1^3 n-C_2)X$$

$$+A_2 D_1^3 n(A_2 C_3 D_1^3 n-C_2)+C_1=0 \qquad (9-120)$$

$$F_2=B_1 D_1^3 EX^2+B_2 ED_1^4 nX-n+n_0+EM_0=0 \qquad (9-121)$$

可采用牛顿-拉夫森（Newton-Raphson）方法求得 X、n 后，将其回代，可依次求出各未知变量。

牛顿-拉夫森方法求得的解是否正确合理，与初值的选取密切相关。为了精确地得到式（9-120）和式（9-121）的解析解，在 $C_3\approx 0$ 假设下，可将这两个方程消元合并为一元三次方程，即

$$B_2 ED_1^4 X^3-(A_2 B_1 C_2 ED_1^6-A_1 B_2 C_2 ED_1^6+1)X^2-(B_2 C_1 ED_1^4+A_1 C_2 D_1^2)X$$

$$-[A_2 C_2 D_1^3(n_{t0}+EM_{t0})-C_1]=0 \qquad (9-122)$$

式中 E——正常数，当 $B_2=0$，即力矩特性曲线与单位转速坐标轴垂直，该方程简化为一元二次方程，其解十分方便，在此不予讨论；当 $B_2\neq 0$，该方程为一元三次方程。

进一步整理，可得

$$X^3+B_X X^2+C_X X+D_X=0 \qquad (9-123)$$

其中

$$B_X=\left(A_1-\frac{A_2 B_1}{B_2}\right)C_2 D_1^2-\frac{1}{B_2 ED_1^4}, \quad C_X=-C_1-\frac{A_1 C_2}{B_2 ED_1^2}, \quad D_X=\frac{-A_2 C_2(n_{t0}+EM_{t0})}{B_2 ED_1}+\frac{C_1}{B_2 ED_1^4}$$

式（9-123）可应用经典数学中的卡丹尔公式进行求解。引入变量 $X=Z-B_X/3$，则式（9-123）可转换为

$$Z^3+P_Z Z+Q_Z=0 \qquad (9-124)$$

其中

$$P_Z=-\frac{B_X^2}{3}+C_X, \quad Q_Z=\frac{2B_X^3}{27}-\frac{B_X C_X}{3}+D_X$$

该一元三次方程的 3 个根分别为

$$Z_1=\sqrt[3]{-\frac{Q_Z}{2}+\sqrt{\left(\frac{Q_Z}{2}\right)^2+\left(\frac{P_Z}{3}\right)^3}}+\sqrt[3]{-\frac{Q_Z}{2}-\sqrt{\left(\frac{Q_Z}{2}\right)^2+\left(\frac{P_Z}{3}\right)^3}} \qquad (9-125)$$

$$Z_2=\omega\sqrt[3]{-\frac{Q_Z}{2}+\sqrt{\left(\frac{Q_Z}{2}\right)^2+\left(\frac{P_Z}{3}\right)^3}}+\omega^2\sqrt[3]{-\frac{Q_Z}{2}-\sqrt{\left(\frac{Q_Z}{2}\right)^2+\left(\frac{P_Z}{3}\right)^3}} \qquad (9-126)$$

$$Z_3=\omega^2\sqrt[3]{-\frac{Q_Z}{2}+\sqrt{\left(\frac{Q_Z}{2}\right)^2+\left(\frac{P_Z}{3}\right)^3}}+\omega\sqrt[3]{-\frac{Q_Z}{2}-\sqrt{\left(\frac{Q_Z}{2}\right)^2+\left(\frac{P_Z}{3}\right)^3}} \qquad (9-127)$$

其中：$\omega=\dfrac{-1+i\sqrt{3}}{2}$, $\omega^2=\dfrac{-1-i\sqrt{3}}{2}$（$i^2=-1$）。上述 3 个根是实根还是复根，可由根的判

别式的符号来确定。判别式为

$$\Delta = \left(\frac{Q_z}{2}\right)^2 + \left(\frac{P_z}{3}\right)^3 \qquad (9-128)$$

当时 $\Delta > 0$，该一元三次方程有一个实根 Z_1 和两个复根 Z_2 和 Z_3；当 $\Delta = 0$ 时，有 3 个实根，且当 $\left(\frac{Q_z}{2}\right)^2 = -\left(\frac{P_z}{3}\right)^3 \neq 0$ 时，3 个实根中有两个相等；$\Delta < 0$ 时，有 3 个不等实根。解出 Z_1、Z_2 和 Z_3 后，则根据下式解出对应的 X 值：

$$X_1 = Z_1 - \frac{B_X}{3} \qquad (9-129)$$

$$X_2 = Z_2 - \frac{B_X}{3} \qquad (9-130)$$

$$X_3 = Z_3 - \frac{B_X}{3} \qquad (9-131)$$

由于水头平方根 X 为正实数，首先舍去上述结果中的复根和负实根，如果正实根的数目仍大于 1，则取与上一时刻解相差最小的解作为方程组当前时刻的解。

应该指出的是：上述的求解方法（用较密集的折线近似逼近曲线，并且进行逐段搜索）存在以下两点问题：①根的搜索方向不明确，逐段搜索耗费计算时间；②开度线上所有折线段均不能满足要求时，只好假设上一时刻解为当前时刻的解，这是没有办法的办法，也往往是错解的根源。

在增荷过渡过程中，机组转速已知且不变，式（9-120）简化为一元二次方程，用求根公式得出 X 后，将其回代，再求出各未知变量。

对于冲击式水轮机，由于不存在尾水管，故式（9-110）中的 H_s 是常数，数值上对于大气压。

另外，式（9-112）和式（9-113）可用阀门水力学公式代替，即

$$Q_P = \tau \mu A_0 \sqrt{2gH_P} \qquad (9-132)$$

所以，冲击式水轮发电机组的数学模型及求解可以得到相应的简化。

水轮发电机组数学模型及求解的关键在于水轮机的流量特性曲线和力矩特性曲线。流量特性曲线表示开度、单位转速和单位流量 3 者之间的关系，给定了 τ 和 n_1' 就可以依据水轮机模型综合特性曲线得到 Q_1'。应该指出的是，等开度线的形状和斜率取决于水轮机的比转速 $n_S = 3.13 n_1' \sqrt{Q_1'\eta}$，即转轮的流道形状。低比速的水轮机的过流特性是，随 n_1' 增加时输水能力减小，即 Q_1' 减小，等开度线向左倾；而高比速的则相反，随 n_1' 增加时输水能力增加，即 Q_1' 增加，等开度线向右倾。力矩特性曲线表示开度、单位转速和单位力矩（效率）三者之间的关系，从水轮机模型综合特性曲线查得 η，按下式进行转换：

$$M_1' = \frac{30 \times 1000}{\pi} g\eta \frac{Q_1'}{n_1'} \qquad (9-133)$$

流量特性曲线主要影响水击压强的变化过程。例如低比速水轮机甩负荷时，随 n_1' 增

加 Q_1' 减小，即使导叶不动作，也会出现正水击。此条件下应采用直线规律或先慢后快折线规律关闭导叶，否则正水击压强过大，难以满足调节保证计算的要求。

力矩特性曲线主要影响机组转速上升的变化过程。当 $M_t = 0$ 时（$\eta = 0$ 时）转速到达最大值，因此飞逸工况线（效率为零的曲线）以及小开度的力矩特性曲线对转速变化过程有很大的影响。

在甩负荷中，水轮机工作点的轨迹将经过水轮机工况区（Ⅰ）、飞逸工况线（Ⅱ）、制动工况区（Ⅲ），甚至反水泵工况区。这些区域远超出水轮机制造厂家提供的模型综合特性曲线（图 9-31），因此需要在已有的模型综合特性曲线上，扩展和补充小开度的特性，以满足调节保证计算的需要。

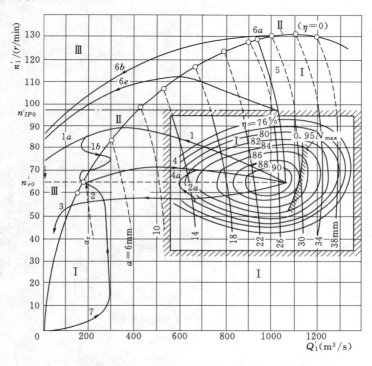

图 9-31 机组甩负荷工作区域及水轮机外特性常见的区域

三、数值计算基本步骤及计算结果分析

1. 数值计算基本步骤

水电站调节保证数值计算的基本步骤可分为如下 6 步：

（1）绘制计算简图，输入与计算工况无关的固定参数：根据水电站输水发电管道系统布置，绘制计算简图，确定每条管道、每台机组和各种边界条件（如上游水库、闸门井、串联点、分岔点、阀门、机组、调压室、下游边界等）之间的拓扑关系。实例如图 9-32 所示。对每条管道进行等价管处理，包括蜗壳和尾水管，形成见表 9-2 的对应于计算简图的管道系统参数表。输入每条管道参数、每个边界条件所需的参数，尤其是机组的边界条件比较繁琐，包括发电机的转动惯量 GD^2、额定转速 n_0、水轮机流量特性曲线和力矩特性曲线、转轮直径、导叶开度与接力器行程关系曲线等。

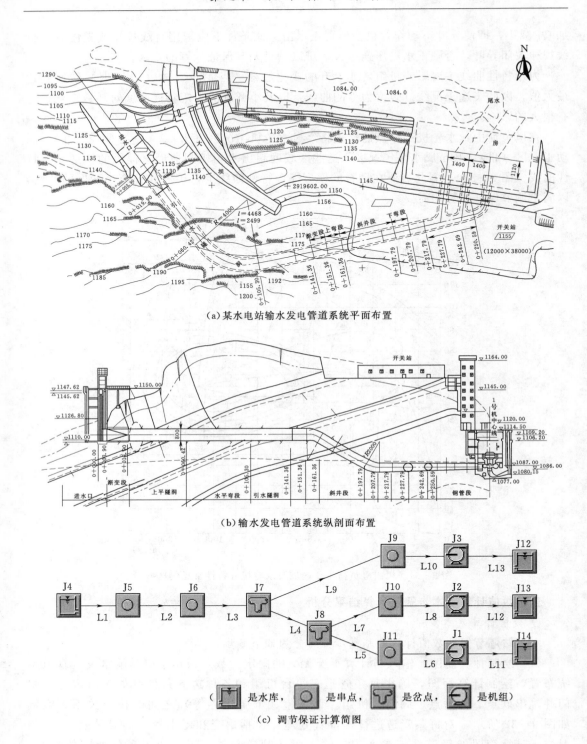

(a)某水电站输水发电管道系统平面布置

(b)输水发电管道系统纵剖面布置

（ 是水库， 是串点， 是岔点， 是机组）

(c)调节保证计算简图

图9-32　某水电站输水系统布置及调保计算管路系统简图

表 9-2　　　　　　　　　　　　对应计算简图的管道系统参数

编号	长度/m	面积/m²	水力半径/m	波速/(m/s)	糙率系数	局部水头损失系数	备注
L1	32.100	89.213	2.664	1000	0.014	0.446	进水口至渐变段
L2	131.459	49.817	1.991	1100	0.014	0.161	平面转弯段
L3	82.743	37.913	1.737	1100	0.014	0.206	至第一个岔点
L4	14.899	23.265	1.361	1200	0.012	0.00778	至第二个岔点
L5	43.516	12.566	1.000	1200	0.012	0.4	至1号机组中心线
L6	12.000	3.797	0.550	1300	0	0	1号蜗壳段
L11	15.000	13.054	1.019	800	0	0	1号尾水管
L7	35.421	12.566	1.000	1200	0.012	0.668	至2号机组中心线
L8	12.000	3.797	0.550	1300	0	0	2号蜗壳段
L12	15.000	13.054	1.019	800	0	0	2号尾水管
L9	40.600	12.566	1.000	1200	0.012	0.833	至3号机组中心线
L10	12.000	3.797	0.550	1300	0	0	3号蜗壳段
L13	15.000	13.054	1.019	800	0	0	3号尾水管

（2）确定计算工况：包括初始工况和工况转换条件，每台机组导叶启闭规律等。输入计算控制参数（时间步长、总的计算时间、迭代允许误差等）及结果显示控制参数。

（3）划分等时段网格：依据时间步长和每条管道给定的波速，在满足库朗条件下进行网格的划分，以及短管的处理。

（4）初始工况的迭代计算：得到每个网格点的测压管水头和流量，闸门井、调压室的初始水位，以及每台机组初始工况点等数据。

（5）调节保证计算：根据工况转换条件和导叶启闭规律，进行调节保证的过渡过程计算，得到每个网格点的测压管水头和流量随时间的变化过程，闸门井/调压室水位随时间的变化过程，以及每台机组工况点有关变量随时间的变化过程，直到计算时间大于总计算时间为止。

（6）计算结果的显示：根据结果显示控制参数，输出所需的计算结果。通常包括沿管线最大/最小测压管水头分布，闸门井、调压室水位波动过程，机组出力、转速、导叶开度（接力器行程）、引用流量、蜗壳末端和尾水管出口的测压管水头等随时间的变化过程。

调节保证数值计算的程序流程如图 9-33 所示。

2. 计算结果分析

（1）计算结果的显示。调节保证计算的结果可分为两部分：恒定流计算结果和非恒定流（水力过渡过程）计算结果。结果的显示对于结果分析是非常重要的。

对于恒定流而言，需要显示的结果有：上库水位，下游水位，每台机组的引用流量、水头、出力、导叶开度和机组转速，各管段通过的流量（包括流动方向），沿管线的总水头分布、测压管水头分布，调压室、闸门井水位等（图 9-34）。由此，可检查恒定流计算结果是否满足计算工况的要求，如机组出力、转速；可检查沿管线的总水头分布、测压管水头分布是否合理，各岔点流量是否平衡等。若存在不满足计算要求、水头分布不合理或流量不平衡等现象，问题往往来自于计算参数输入错误，需要认真检查有关计算参数。

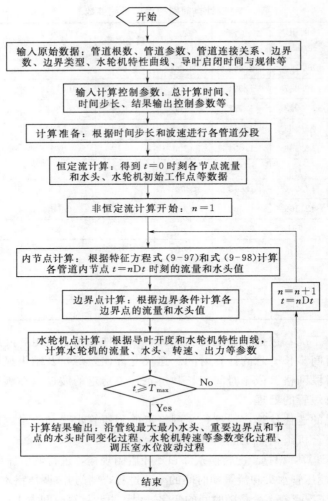

图 9-33 调节保证数值计算的程序流程图

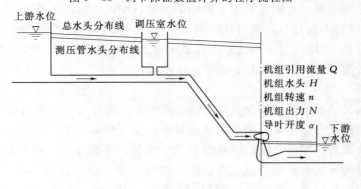

图 9-34 恒定流显示结果示意图

对于非恒定流而言，需要显示的结果可分为 3 个部分：机组调节保证参数、沿管线最大/最小压强分布、调压室、闸门井最高/最低水位及作用于调压室底板压差等。

通常将蜗壳末端水击压强（或者测压管水头）、尾水管进口水击压强（或者测压管水头）、机组转速、机组出力、导叶开度等变量随时间变化过程（对于增负荷工况，机组转速不变）绘制在同一张图上（图9-35），并标明各项的极值和发生时间。

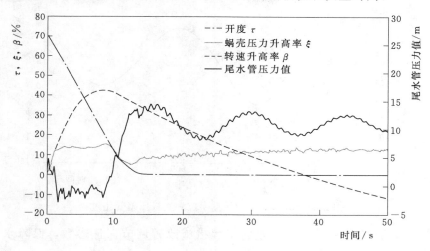

图9-35　某水电站调保参数变化过程线

沿管线最大和最小压强（或测压管水头）分布通常分机组上游侧和机组下游侧分别绘制，并同时绘出管道中心线（以高程计），如图9-36所示。

调压室涌浪水位变化过程与作用于调压室底板压差的变化过程通常绘制在同一张图上，如图9-37所示。需要时，可将流进、流出调压室的流量绘在此图上。

此外，对于结果分析所关注的某些断面的水击压强和流量变化过程也应绘制出来。

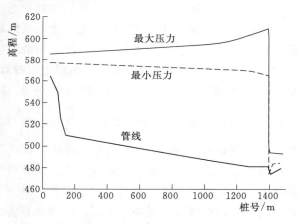

图9-36　某水电站管道沿程测压管水头包络线

上述各变量的极值及发生时间将以表格形式列出（表9-3），以供查找和分析。

表9-3　　　　　　　　　　　　　　　调保参数极值统计表

参数	蜗壳最大动水压强 /m	尾水管最小压强 /m	转速最大上升率 /%	调压室最高水位 /m	调压室底板最大压差 /m
数值					
发生时刻/s					
对应工况					

（2）计算结果的分析。不同的水电站在不同的运行条件下，其调节保证计算结果必然不相同。但某些反映内在规律的共性是存在的，对共性的深入认识不仅有利于对计算结果

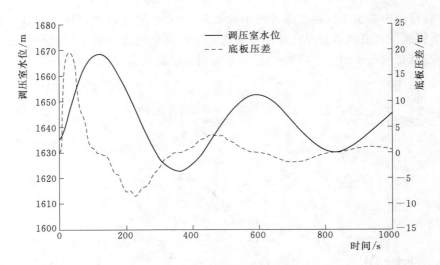

图 9 - 37　某水电站调压室水位和底板压差变化过程

的分析与判断，而且有利于采用有效的工程措施改善调节保证参数，保障水电站安全运行。

在管道系统确定的前提下，导叶启闭规律对机组调节保证参数及管道沿程动水压强分布作用最明显，即导叶关闭时间越短，水击压强越大，机组转速升高率越小。反之，水击压强越小，机组转速升高率越大。导叶采用分段折线关闭同样存在类似的规律。

在导叶启闭规律确定的前提下，机组上游侧管道的最大最小压强分布及蜗壳末端最大/最小动水压强主要取决于上游侧管道的水流惯性，即上游侧管道特性系数 $\rho_u = \sum_{i=1}^{n} a_i v_i / 2gH_0$ 或水击特性系数 $\sigma_u = \sum_{i=1}^{n} L_i v_i / gH_0 T_s$，其次取决于水轮机流量特性，而与机组下游侧管道 ρ_d 或 σ_d 几乎无关。同样，机组下游侧管道的最大/最小压强分布及尾水管进口最大最小动水压强主要取决于下游侧管道的水流惯性，与上游侧管道的水流惯性也基本无关。由此可得出 3 点启示：①水击压强主要取决于管道的水流惯性，所以解析解的计算结果与数值解应该基本一致；②在缺乏真实水轮机特性曲线的条件下，采用相近的水轮机特性曲线进行数值计算，对于水击压强而言，不会引起明显的偏差，因此不会影响水电站有关的招标设计和结构设计；③改善蜗壳末端最大动水压强或尾水管进口最大真空度，可以通过改变机组上游侧或下游侧管道的布置和尺寸来实现。

在合理的导叶启闭规律下，高水头水电站水击压强的特征近似于一相水击，即蜗壳末端最大动水压强发生在导叶关闭过程之中，且发生时间比较靠前；管道沿程最大最小压强接近二次曲线分布。中低水头水电站水击特征近似于末相水击，即蜗壳末端最大动水压强发生在导叶关闭终了；管道沿程最大最小压强接近直线分布。

导叶开度直线关到零后，无论采取解析计算还是数值计算，水击压强将锯齿形振荡，且衰减很慢。真实水轮机运行时，导叶开度关到零之前，存在关闭速度放慢的缓冲段（图9-18），且关至零时存在一定的漏流量，所以原型测试中不存在水击压强锯齿形振荡的问题。故计算时可模拟缓冲段或留有很小的导叶开度，以消除这种现象。

机组转速最大上升值发生在导叶关闭过程中，即升速时间 T_n 小于导叶关闭时间 T_s。在导叶关闭规律确定的前提下，机组转速最大上升值主要取决于水轮机力矩特性，其次是水击压强的影响。通常是水轮机效率越高，机组转速最大上升值越大；管道的水流惯性越大，机组转速最大上升值越大。因此解析计算结果与数值计算结果偏差较明显，且解析计算所得的机组转速最大上升值往往小于数值计算的结果。

计算结果是否合理不仅与输入的计算参数是否正确有关，而且与计算程序所采用的计算方法有关。例如，在某些特殊情况下（如水轮机特性曲线处理不合理），求得的一元 n 次方程的根不是高阶方程物理意义的解，由此产生大的扰动（数值干扰）将影响后续的整个变化过程，导致不合理的结果。

不合理的计算结果主要表现为：压强、流量、转速、压差等变量在波动过程中出现明显的跳动或随计算时间步长的振荡，数值上接近甚至远远超出极值，发生时间也偏离极值的发生时间与规律。对此，应检查水轮机运行的轨迹线，若轨迹线出现跳动或折回，而不是光滑平顺变化，则该计算结果通常是错误的，不宜采用。

（3）数值计算结果与解析计算结果的对比。为了定性判断数值计算结果的可靠性，还可将数值计算结果和解析计算结果对比。两者通常不会有巨大差别，特别是参数量级和总体变化趋势应一致。若两者有本质差别，则必然有错误。

四、改善调节保证参数的措施

减小水击压强对于降低输水发电管道及水轮机、调压建筑物造价均具有重要意义。通常，电站设计时的水击压强和机组转速升高率必须都满足规范规定的保证值。在不设置调压设施的前提下，改善调节保证参数的措施主要有以下 4 种。

1. 导叶关闭规律的优化

图 9-19 示出 3 种不同导叶关闭规律对水击压强的影响。由图可见：选择合理的导叶关闭规律能有效地降低水击压强值。然而至今为止，接力器只能直线或者两段折线（加装分段装置）改变导叶关闭规律。

对于直线关闭规律，可供选择的参数仅仅是导叶有效关闭时间 T_{s1}，如图 9-38（a）所示，显然有效关闭时间越长，水击压强越小，机组转速升高率越大；反之，有效关闭时间越短，水击压强越大，机组转速升高率越小。故选择合理的有效关闭时间，协调水击压强和转速升高之间的矛盾，方可满足调节保证设计的要求。直线关闭规律适用于引用流量随导叶开度变化较均匀的水轮机，即中比转速水轮机。而用于中低水头电站的高比转速水轮机，由于其等开度线向右倾斜，即开度不变前提下，单位流量随着单位转速的上升而增大，产生负水击，故可采用先快后慢的折线关闭规律。同理，用于高水头电站的低比转速水轮机，由于其等开度线向左倾斜，即开度不变前提下，单位流量随着单位转速的上升而减小，产生正水击，故需要采用先慢后快的折线关闭规律。

对于折线关闭规律，可供选择的参数除了导叶有效关闭时间 T_{s1} 之外，还有折点的位置，即如图 9-38（b）中的 τ_1 和 t_1 所示。选择所遵循的基本原则是：①在满足机组转速最大上升率略小于规范要求的前提下，尽量延长导叶关闭时间，以减小水击压强；②选取合适的折点，错开最大水击压强和机组转速最大上升率的发生时间，使调节保证参数均能满足规范要求。基本步骤是：以直线关闭规律为基础，即选择合适的 T_{s1} 之后，再选择折

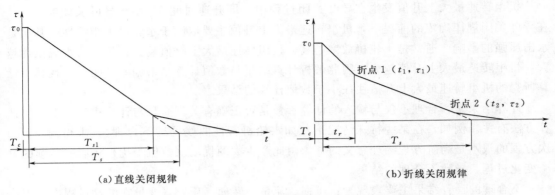

(a)直线关闭规律　　　　　　　　　　　(b)折线关闭规律

图 9-38　导叶关闭规律示意图

点的位置。

折点位置选在 $t_1 = T_c + \max|t_{r,u}, t_{r,d}|$ 时刻（其中 T_c 是迟滞时间；$t_{r,u}$ 和 $t_{r,d}$ 分别是机组上游侧的相长和机组下游侧的相长，取两者之间的最大值）。τ_1 的大小与引用流量随导叶开度变化均匀度有关，变化越均匀，τ_1 越靠近直线关闭规律中的 $\tau_{1,z}$；反之，相隔越远。对于先慢后快的关闭规律，其限制条件是 $\tau_{1,z} \leqslant \tau_1 \leqslant \tau_0$；对于先快后慢的关闭规律，其限制条件是 $0.5\tau_0 \leqslant \tau_1 \leqslant \tau_{1,z}$。

导叶关到空载开度之后，由于接力器活塞逐渐堵塞排油孔及进油孔，所以出现非线性的缓冲段，直到导叶关到零。该缓冲段的存在，对于避免或者减小开度变化终了后的等幅水击现象起着关键性的作用。在数值计算中应尽可能地模拟。

对于冲击式水轮发电机组，当机组甩负荷时，调速器使折向器以较快速度在 $1\sim2\text{s}$ 内将射流折偏，离开转轮，减小机组转速升高。有利于针阀以较慢速度关闭，减小水击压强。折向器构造简单，造价低，且无需增加厂房的尺寸，但折向器在机组增减负荷时不动作，对改善机组调节品质不起作用。

2. 机组转动惯量的优化

从机组转速最大上升率的计算公式（9-81）可知：GD^2 越大，β_{max} 越小，因此增加 GD^2 不仅有利于满足机组转速升高率的限制要求，而且有可能延长导叶有效关闭时间，减小水击压强，但 GD^2 是发电机转动部分的重量与其惯性直径平方的乘积，随着 GD^2 增加，发电机重量增加，从而造价也随之增加。该公式还表明：GD^2 与 β_{max} 的平方成反比，所以随着 GD^2 增大，β_{max} 减小的趋势将放缓，其作用逐渐减小，如图 9-39 所示。

随着科技的发展，发电机转动惯量有逐渐减小的趋势，增大 GD^2 将一定程度提高机组的造价，并且有可能增大厂房的尺寸。

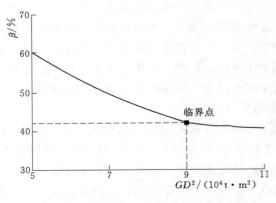

图 9-39　某水电站增大 GD^2 对减小 β_{max} 的效果

3. 压力管道直径和长度的优化

从水击压强相对值解析计算公式 $\xi_1^A = \dfrac{2\sigma}{1+\rho\tau_0-\sigma}$ 和 $\xi_m^A = \dfrac{2\sigma}{2-\sigma}$ 可知：σ 与 ξ_1 或 ξ_m 成正比，减小 σ 就可以减小 ξ_1 或 ξ_m。而压力管道特性系数 $\sigma = \dfrac{L v_{max}}{g H_0 T_s}$ 又与压力管道长度或最大流速成正比。显然增大压力管道洞径可以减小其最大流速，从而达到减小水击压强、改善调节保证参数的目的。而缩短压力管道长度，也能起到相同的作用。

因此，在输水发电管道系统的设计中，应对压力管道直径和长度进行技术经济比较，在不过多地增加工程投资或者可以取代设置调压设施的前提下，应适度地加大压力管道直径，减小流速，有利于电站的经济运行；应根据地形、地质条件，尽量采取压力管道较短的布置方案。

4. 机组安装高程的优化

机组安装高程不仅取决于水轮机的允许吸出高度，而且取决于尾水管进口真空度的限制值。尾水管进口真空度的限制值比起蜗壳末端最大压强的限制值要苛刻得多，其理由是该限制值受制于水柱分离现象是否发生，一旦发生水柱分离其弥合时水击压强类似于直接水击，是水电站设计不可接受的。而适度增加管壁厚度或提高管材的强度以增大压力管道和蜗壳承载力是很容易办到的。若计算得出的尾水管进口真空度大于其限制值 $2\sim3m$，采取降低机组安装高程的方式，有可能比采用其他工程措施更直接更经济。

5. 调压设施

对比上述 4 种改善调节保证参数的措施可知：优化导叶关闭规律所需的代价最少，因此可作为首选的措施。若综合采用上述 4 种措施仍然不能满足规范和设计要求，则需要设置一定规模的调压设施。

（1）设置上游调压室或压力前池。较长的有压引水管道系统，由于水流惯性时间常数 $T_w = \dfrac{\sum L_i v_i}{g H_0}$ 较大，即压力水击特性系数 $\sigma = \dfrac{T_w}{T_s}$ 较大，ξ_1 或 ξ_m 超过了规范和设计要求。设置上游调压室或压力前池，缩短了压力管道长度，利用调压室或压力前池的自由水面反射水击波。上游调压室和压力前池差别是：前者的水道是有压隧洞，其水位波动为质量波；后者的水道是无压明渠，其水位波动为重力波。

（2）设置下游调压室、变顶高尾水洞、无压尾水洞或尾水渠。同理，较长的有压尾水管道系统，由于水流惯性时间常数较大，尾水管进口真空度也会超过规范和设计的要求。于是设置下游调压室、变顶高尾水洞、无压尾水洞或尾水渠，缩短有压尾水管道长度，利用调压室或明满流分界面处的自由水面反射水击波。

关于调压设施的设置条件及调压室水力设计，将在第十章中予以介绍。

（3）设置调压阀。调压阀又称空放阀，是一种装设在反击式水轮机蜗壳上的旁通泄流设备，如图 9-40 所示。当机组甩负荷时，调速器自动按照机组转速升高率 β_{max} 所允许的时间快速关闭水轮机导叶，同时自动打开阀门泄放部分流量，减小进入蜗壳的水流流量，从而减小压力管道中流速的变化梯度，降低压力管道的水击压力。待导叶关闭后，调压阀再以水击压力升高所允许的速度缓慢关闭，以满足调节保证的要求。

与设置调压室相比，调压阀造价低，当电站水头较高、机组台数不多时，采用调压阀

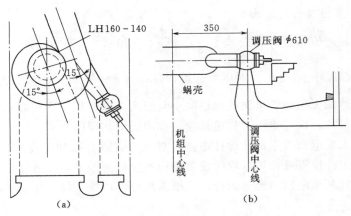

图 9-40 调压阀装置示意图

取代调压室往往是经济的。但调压阀在机组增减负荷时不起作用，不能改善机组运行稳定性，且增加厂房尺寸和造价。

五、简单管水击计算程序示例

1. 程序界面和使用说明

简单管水击计算程序是在面向对象的编程环境 Delphi 4.0 下编制而成的，可以直接在 Windows 环境下运行，是本教材的附件。应用它能对"水库-管道-阀门"这样的简单引水系统的水力过渡过程进行计算和演示。计算功能可以满足初步设计要求，演示功能则作为辅助教学手段，加深学生对水击物理实质的理解。该程序能配合教材对下列内容进行分析和演示：①水击波的传播和反射；②直接水击和间接水击；③一相水击和末相水击；④起始开度对水击的影响；⑤开度变化规律对水击压力的影响；⑥阀门启闭终了后的水击现象。

程序启动后显示如图 9-41 所示界面。首先填入"水库-管道-阀门"系统的原始参数，单击【数据确定】接受数据，单击【进行计算】获得结果。接着点击"波动过程"页标进入如图 9-42 所示结果输出界面，单击【开始演示】可以观察压力变化和水击波传播过程，得到压力极值和压力分布图。单击【打印屏幕】可将屏幕上的所有内容打印出来，单击【打印曲线】可将阀端压力变化过程线和最大最小压力沿程分布线打印出来。

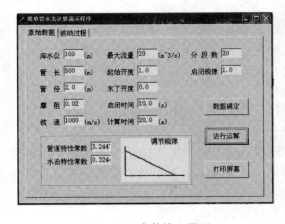

图 9-41 参数输入界面

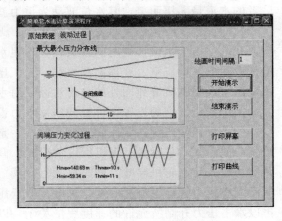

图 9-42 结果输出界面

2. 程序原代码及参数说明

（1）参数说明。

H_r——以阀门端为基准的水库水位，m；

H_0——流量为 Q_0 时的阀门端水头，m，以阀门端为基准；

H_i——计算工况起始时阀门端水头，m；

Q_0——最大流量，$\mathrm{m^3/s}$，对应于最大水力开度即 $T_{au}=1$；

Q_i——计算工况起始时的流量，$\mathrm{m^3/s}$；

A——波速，m/s；

F——管道摩阻系数，即式（9-4）的摩阻项中的 f；

X_l——管道长度，m；

D——管道直径，m；

$T_{\max}$——计算时间，s；

N——管道分段数；

D_t——计算时段，s，$D_t=X_l/N/A$；

T_c——阀门启闭时间，s；

T_i——起始阀门的相对水力开度；

T_f——阀门动作终了的相对水力开度；

E_m——启闭规律控制参数，$E_m=1$ 时为直线；$E_m<1$ 时先快后慢；$E_m>1$ 时先慢后快；

T_{au}——T 时刻阀门孔口的相对水力开度 τ，$\tau=\phi\omega/\phi_0\omega_{\max}$。任意时刻阀门的相对水力开度可以用起始和终了的阀门相对开度以及启闭规律控制参数表示出来（即 T_{au} 也可以用 T_i、T_f 和 E_m 表示出来），这里取 $T_{au}=T_i+(T_f-T_i)\left(\dfrac{T}{T_c}\right)^{Em}$；

$H_{\max}$——阀门端最大水头，m；

$H_{\min}$——阀门端最小水头，m；

$T_{h\max}$——阀门端最大水头发生时刻，s；

$T_{h\min}$——阀门端最小水头发生时刻，s。

（2）程序源代码。

```
Var  /* 变量定义 */
 i,k,N,Kmax: integer;
 Hr,Xl,D,A,G,F,Q0,Tmax,Ti,Tf,Tc,Em,Ru,H0,Hi,Qi,Dt,Cvp,Tau,T,Cv,Thmax,Thmin,Qcp,Qcm,Cqp,
 Cqm,C,S,R: double;
 H,Q: array[0..40,0..10000] of double;
 Hmax,Hmin: array[0..40] of double;
 begin  /* 计算开始 */
 G:=9.81;
 Dt:=Xl/(A*N);
 S:=F*Dt/(2.0*D*0.7854*D*D);
```

```
        C:=(G*0.7854*D*D)/A;
        Kmax:=Round(Tmax/Dt)+1;
/*恒定流计算,得到t=0时刻各节点流量和水头以及阀门初始工作点*/
        R:=F*Xl/(2.0*G*D*D*D*D*D*0.7854*0.7854*N);
        H0:=Hr-R*N*Q0*Q0;
        Hi:=Hr/(1.0+R*N*Q0*Q0*Ti*Ti/H0);
        Qi:=Sqrt(Hr*Q0*Q0*Ti*Ti/(R*N*Q0*Q0*Ti*Ti+H0));
        for i:=0 to N do
          begin
            H[i,0]:=Hr-i*R*Qi*Qi;
            Q[i,0]:=Qi;
            Hmax[i]:=H[i,0];
            Hmin[i]:=H[i,0];
          end;
        Tau:=Ti;
/*非恒定流计算开始*/
        for k:=1 to Kmax do
          begin
            T:=k*Dt;
```

/*内节点计算，根据特征方程式（9-97）和式（9-98）计算管道内节点在 $t=k\mathrm{D}t$ 时刻的流量和水头值*/

```
            for i:=1 to N-1 do
              begin
                Cqp:=C/(1+S*ABS(Q[i-1,k-1]));
                Cqm:=C/(1+S*ABS(Q[i+1,k-1]));
                Qcp:=Q[i-1,k-1]/(1+S*ABS(Q[i-1,k-1]))+Cqp*H[i-1,k-1];
                Qcm:=Q[i+1,k-1]/(1+S*ABS(Q[i+1,k-1]))-Cqm*H[i+1,k-1];
                H[i,k]:=(Qcp-Qcm)/(Cqp+Cqm);
                Q[i,k]:=Qcm+Cqm*H[i,k];
              end;
```

/*边界点计算，首先联立水库端边界条件式（9-19）和特征方程式（9-98）计算上游水库点的流量和水头值*/

```
                Cqm:=C/(1+S*ABS(Q[1,k-1]));
                Qcm:=Q[1,k-1]/(1+S*ABS(Q[1,k-1]))-Cqm*H[1,k-1];
                H[0,k]:=Hr;
                Q[0,k]:=Qcm+Cqm*H[0,k];
```

/＊然后联立阀门边界条件式（9－24）和特征方程式（9－97）计算下游水轮机点的流量和水头值＊/

```
if (T<Tc) then
    Tau：=Ti-(Ti-Tf)*Exp(Em*ln(T/Tc))
else
    Tau：=Tf;
Cv：=Tau*Tau*Q0*Q0/H0;
Cqp：=C/(1+S*ABS(Q[N-1,k-1]));
Qcp：=Q[N-1,k-1]/(1+S*ABS(Q[N-1,k-1]))+Cqp*H[N-1,k-1];
H[N,k]：=(Qcp*Cqp+Cv/2.0-Sqrt(Cv*Cv/4.0+Qcp*Cqp*Cv))/(Cqp*Cqp);
Q[N,k]：=Qcp-Cqp*H[N,k];
```
/＊确定阀门端的最大最小水头值及发生时刻＊/
```
    if (H[N,k]>Hmax[N]) then THmax：=T;
    if (H[N,k]<Hmin[N]) then THmin：=T;
```
/＊确定管道沿线的最大最小水头值＊/
```
    for i：=0 to N do
        begin
            if (H[i,k]>Hmax[i]) then Hmax[i]：=H[i,k];
            if (H[i,k]<Hmin[i]) then Hmin[i]：=H[i,k];
        end;
    end;
end;
```
/＊计算结束,输出结果＊/

3. 算例

（1）直接水击。

1）原始数据：$H_r=100$m；$X_l=500$m；$D=2$m；$F=0.02$；$A=1000$m/s；$Q_0=20$m³/s；$T_i=1.0$；$T_f=0.0$；$T_c=0.1$；$T_{max}=20$s；$N=20$；$E_m=1.0$。

2）打印曲线得到的阀端压力变化过程线（图9－43）和最大最小压力沿程分布线（图9－44）。

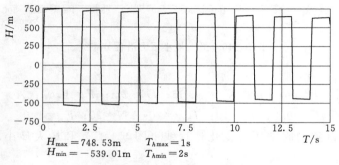

$H_{max}=748.53$m　　$T_{hmax}=1$s
$H_{min}=-539.01$m　　$T_{hmin}=2$s

图9－43　阀端压力变化过程线

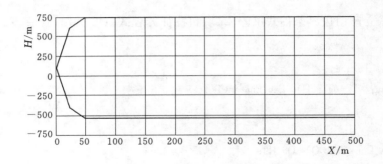

图 9-44　最大最小压力沿程分布线

（2）一相水击

1）原始数据：$H_r = 300\text{mm}$；$X_l = 500\text{m}$；$D = 2\text{m}$；$F = 0.00002$；$A = 1000\text{m/s}$；$Q_0 = 10\text{m}^3/\text{s}$；$T_i = 1.0$；$T_f = 0.0$；$T_c = 10$；$T_{max} = 20\text{s}$；$N = 20$；$E_m = 1.0$。

2）打印曲线得到的阀端压力变化过程线（图 9-45）和最大最小压力沿程分布线（图 9-46）。

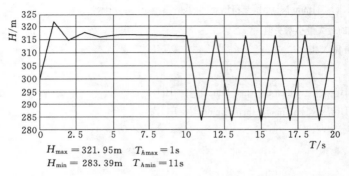

$H_{max} = 321.95\text{m}$　$T_{hmax} = 1\text{s}$
$H_{min} = 283.39\text{m}$　$T_{hmin} = 11\text{s}$

图 9-45　阀端压力变化过程线

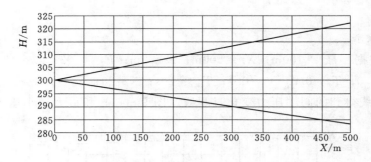

图 9-46　最大最小压力沿程分布线

（3）极限水击

1）原始数据：$H_r = 100\text{m}$；$X_l = 500\text{m}$；$D = 2\text{m}$；$F = 0.02$；$A = 1000\text{m/s}$；$Q_0 = 20\text{m}^3/\text{s}$；$T_i = 1.0$；$T_f = 0.0$；$T_c = 10$；$T_{max} = 20\text{s}$；$N = 20$；$E_m = 1.0$。

2）打印曲线得到的阀端压力变化过程线（图 9-47）和最大最小压力沿程分布线（图 9-48）。

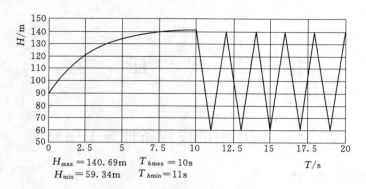

$H_{max} = 140.69m \quad T_{hmax} = 10s$
$H_{min} = 59.34m \quad T_{hmin} = 11s$

图 9 - 47　阀端压力变化过程线

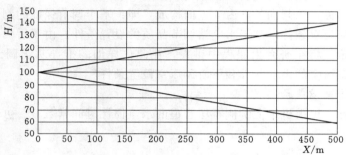

图 9 - 48　最大最小压力沿程分布线

第十章 调 压 室

第一节 调压室的设置条件与工作原理

一、调压室的设置条件

调压室的设置条件实质上是调压设施是否设置的判别条件。根据水电站安全稳定良好调节品质的运行目标，该判别条件由 3 方面构成，即：基于调节保证的判别条件，基于水电站运行稳定性的设置条件，基于水电站调节品质的设置条件。由于后两个判别条件涉及水轮机调节等理论，将在研究生课程中讲授，在此仅详细的推导基于调节保证的判别条件，并分为上游调压室的设置条件和下游调压室设置条件。

二、上游调压室设置条件

作为初步设计，可由机组上游侧有压管道的水流惯性时间常数 T_w 初步判断是否设置上游调压室，即

$$T_w = \frac{\sum L_i v_i}{g H_p} \tag{10-1}$$

式中　　L_i——有压管道、蜗壳等各管段的长度，如有分岔管时，可按最长的支管考虑，m；

$\quad\quad v_i$——相应管段内的平均流速，m/s；

$\quad\quad H_p$——额定水头，m。

计算 T_w 时，流量与水头应相互对应。一般采用最大流量，使用与之相对应的额定水头；若采用最小水头，则需采用与之对应的流量。

当 $T_w > [T_w]$，则需要设置上游调压室。我国 NB/T 35021—2014《水电站调压室设计规范》依据我国已建电站的设计运行经验及国外有关规范与资料的分析论证，得出 T_w 的允许值 $[T_w]$ 取 $2\sim4\mathrm{s}$。对于高水头电站，T_w 值宜用小值；对于低水头电站，T_w 宜取大值。

应该指出的是该判别规定基于末相水击理论推导得出 $T_w = \frac{2\xi T_s}{2+\xi}$，结合相对最大压强 $\xi_{\max}$ 的保证值取值范围和 T_s 取值范围，并考虑一定的裕度，得出 $[T_w] = 2\sim4\mathrm{s}$。但调节保证不仅有水击压强的限制，也有机组转速升高的限制，所以文献 [4] 基于 β、ξ 的计算公式推导了一相水击、末相水击的上游调压室允许 $[T_w]$ 的计算表达式。其推导过程如下：

首先将水击压力表达式 $\xi = f(T_w, T_s)$ 改写为

$$T_s = f_1(\xi, T_w) = \begin{cases} \dfrac{\xi+2}{\left(1+\dfrac{a}{2L} T_w\right)\xi} T_w & \text{（一相水击）} \\[4mm] \dfrac{\xi+2}{2\xi} T_w & \text{（末相水击）} \end{cases} \tag{10-2}$$

再将转速升高表达式 $\beta = f(T_a, T_s)$ 改写为

$$T_s = f_2(\beta, T_a) = \begin{cases} \dfrac{T_a\beta(\beta+2)-2T_c}{\varepsilon f} & （一相水击） \\[3mm] \dfrac{T_a\beta(\beta+2)-2T_c}{\varepsilon f} & （末相水击） \end{cases} \tag{10-3}$$

联立式（10-2）和式（10-3），$T_s = f_1(\xi, T_w) = f_2(\beta, T_a)$，得出上游调压室允许 $[T_w]$ 的计算表达式：

$$[T_w] = \begin{cases} \dfrac{t_r\xi_{max}[T_a\beta_{max}(\beta_{max}+2)-2T_c]}{t_r\varepsilon f(\xi_{max}+2)-T_a\xi_{max}\beta_{max}(\beta_{max}+2)+2\xi_{max}T_c} & （一相水击） \\[3mm] \dfrac{2\xi_{max}[T_a\beta_{max}(\beta_{max}+2)-2T_c]}{\varepsilon f(\xi_{max}+2)} & （末相水击） \end{cases} \tag{10-4}$$

$$T_a = \frac{GD^2 n_0^2}{365 N_0}$$

式中　t_r——水击波相长，s；

ξ_{max}——蜗壳压力最大相对压力上升率；

β_{max}——机组转速最大上升率；

T_a——机组加速时间常数，s；

T_c——接力器动作迟滞时间，s；

ε——与水轮机比转速相关的参数，$\varepsilon = 0.9 - 0.00063 n_s$；

n_s——水轮机比转速；

f——水击压力修正系数。

该公式考虑因素较为全面，其中蜗壳压力最大相对压力上升率和机组转速最大上升率可根据《水力发电厂机电设计规范》取值。而上游调压室其他的判别条件均可由式（10-4）简化得到。但该式推导过程中存在一定假设且无法考虑水轮机特性曲线的影响，因此式（10-4）可作为电站初步设计阶段的上游调压室设置条件，电站资料允许时应进行数值计算复核。

三、下游调压室设置条件研究

下游调压室用于缩短压力尾水道的长度，减少机组甩负荷时尾水管中的真空度，避免出现水柱分离。由于尾水管中流态十分复杂，发生水柱分离的条件不容易精确地确定，一般按下式计算不设置下游调压室的尾水道的临界长度，初步判断设置下游调压室的必要性：

$$L_w > \frac{5T_s}{v}\left(8 - \frac{\nabla}{900} - \frac{v_d^2}{2g} - H_s\right) \tag{10-5}$$

式中　L_w——压力尾水道的长度，m；

T_s——水轮机导叶关闭时间，s；

v——稳定运行时压力尾水道中的流速，m/s；

∇——水轮机的安装高程，m；

v_d——尾水管进口流速，m/s；

H_s——水轮机吸出高度，m。

在此应该指出的是：大量工程实例表明式（10-5）判别条件过于保守，有压尾水隧洞实际长度远远超过式（10-5）计算得到的临界长度，当机组甩全负荷时，尾水管内并没有产生液柱分离现象。其主要原因是该式未考虑水击真空最大值与流速水头真空最大值的时序关系，仅简单地将二者相加等同为尾水管最大真空，使得尾水临界长度计算值偏小，不利于工程设计。

1. 考虑水击真空与流速水头真空时序叠加的下游调压室设置条件

文献［5］提出了水击真空与流速水头真空随时间变化的综合函数，考虑水击真空与流速水头真空时序效应，得到该综合函数产生峰值的时刻，可以准确地得到尾水管最大真空，从而推导出较为合理的尾水洞临界长度计算公式。推导过程如下：

根据一维非恒定流理论，建立如图 10-1 所示尾水系统中 1-1 断面至 2-2 断面能量方程，可得到尾水管内不形成液柱分离的条件。

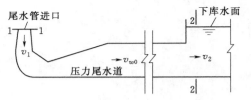

图 10-1 尾水系统示意图

$$\frac{L}{g}\frac{\mathrm{d}v}{\mathrm{d}t}-\frac{v_1^2}{2g}\geqslant-8+\frac{\nabla}{900}+H_s \quad (10-6)$$

式中　H_s——水轮机吸出高度，$H_s=Z_1-Z_2$，m；

　　　∇——水轮机安装高程处的海拔高程，m。

定义综合函数 $F(t)=F_1(t)+F_2(t)$，$F_1(t)=-\dfrac{v_1^2}{2g}$，$F_2(t)=\dfrac{L}{g}\dfrac{\mathrm{d}v}{\mathrm{d}t}$，则式（10-6）可改写为

$$F(t)\geqslant-8+\frac{\nabla}{900}+H_s \quad (10-7)$$

假定水轮机导水机构和机组过流量均按照直线规律变化，则有

$$F_1(t)=-\frac{Q_0^2}{2gA_1^2T_s^2}(T_s-t)^2=-\frac{v_{wj}^2}{2gT_s^2}(T_s-t)^2 \quad (0\leqslant t\leqslant T_s) \quad (10-8)$$

式中　Q_0——稳定运行时水轮机流量，$\mathrm{m^3/s}$；

　　　A_1——尾水管进口断面积，$\mathrm{m^2}$；

　　　v_{wj}——稳定运行时尾水管进口流速，m/s；

　　　T_s——水轮机导叶有效关闭时间，s。

$F_1(t)$ 随时间的变化规律如图 10-2 所示。

再根据惯性水头的定义，将 $F_2(t)$ 采用相对水击压力 ξ 和作用在水轮机上的净水头 H_0 表示为 $F_2(t)=-\xi H_0$，$F_2(t)$ 随时间的变化遵循一相水击［图 10-3（a）］和末相水击［图 10-3（b）］两种规律，图中零时刻对应于机组突甩负荷的时刻。

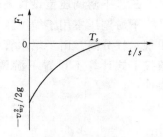

图 10-2 尾水管进口速度头随时间变化示意图

因此，对综合函数 $F(t)$ 求最小值可以确定尾水临界长度计算公式。

（1）一相水击条件下尾水洞临界长度。分析图 10-2 和图 10-3（a）的曲线变化规律，可得到 $F(t)$ 产生最小值的时刻为

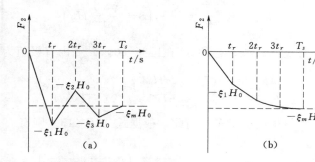

图 10-3　尾水管进口水击压强变化规律示意图

$$t_{w1} = T_s \left[1 - \frac{a v_{w0}}{(1+\rho-\sigma) v_{wj}^2} \right] \qquad (10-9)$$

式中　ρ、σ——压力尾水道的特征系数；

　　　　a——水击波速，m/s；

　　　　v_{w0}——稳定运行时压力尾水道中的流速，m/s。

通常，一相水击规律满足 $\rho<1.0$ 和 $\sigma<1.0$ 条件。从量级上分析，$\dfrac{a v_{w0}}{(1+\rho-\sigma) v_{wj}^2}>1.0$ 恒成立。因此有 $t_{w1}<0$，故 $F(t)$ 在时间区间 $(0, t_r)$ 内没有极值。$F(t)$ 的最小值只可能发生在 $t=t_r$ 或 $t=0$ 时刻。显然，$F(t)$ 在 $t=t_r$ 时的函数值远小于 $t=0$ 时刻的函数值，因此将 $t=t_r$ 时，得 $F(t)$ 的最小值为

$$-\frac{v_{wj}^2}{2gT_s^2}(t_r-T_s)^2 - \frac{\xi_1 H_0}{t_r} t_r = -\frac{v_{wj}^2}{2gT_s^2}(t_r-T_s)^2 - \frac{2L v_{w0}}{gT_s(1+\rho-\sigma)}$$

再根据式（10-9），则得到发生一相水击时的尾水洞临界长度计算公式：

$$L_{w1} = K \frac{gT_s}{2v_{w0}}(1+\rho-\sigma)\left[8 - \frac{\nabla}{900} - H_s - \frac{v_{wj}^2}{2gT_s^2}(T_s-t_r)^2 \right] \qquad (10-10)$$

式中　K——考虑尾水管进口流速分布不均的修正系数。

（2）末相水击条件下尾水洞临界长度。分析图 10-2 和图 10-3 (b) 曲线变化规律，$F(t)$ 在整个时间区间 $[0, T_s]$ 内都有可能产生最小值。根据德斯巴尔（Desparre）简化公式，可得

$$F(t) = -\frac{v_{wj}^2}{2gT_s^2}(t-T_s)^2 - \frac{2\sigma}{2-\sigma}H_0\left[1 - \left(1-\frac{t}{T_s}\right)^{\left(\frac{2}{\sigma}-1\right)} \right] \quad (0 \leqslant t \leqslant T_s) \qquad (10-11)$$

对 t 求导并令其等于零，可得到 $F(t)$ 产生最小值的时刻：

$$t_{um} = T_s\left[1 - \left(\frac{v_{wj}^2}{2gH_0}\right)^{\frac{\sigma}{2-3\sigma}} \right] \qquad (10-12)$$

通常情况下，有 $\dfrac{v_{wj}^2}{2gH_0}<1.0$，当 $\dfrac{\sigma}{2-3\sigma}<0$ 时，必然有 $t_{um}<0$，故 $F(t)$ 在区间 $(0, T_s)$ 内没有极值，$F(t)$ 只可能在 $t=T_s$ 时刻达到最小值，应为 $-\dfrac{2\sigma H_0}{2-\sigma} = -\dfrac{2L v_{w0}}{gT_s(2-\sigma)}$。再根据式（10-12）则得到

$$L_{um} = K \frac{g T_s}{2 v_{w0}} (2-\sigma) \left(8 - \frac{\nabla}{900} - H_s \right) \tag{10-13}$$

当 $\frac{\sigma}{2-3\sigma} > 0$ 时，有 $0 < t_{um} < T_s$，$F(t)$ 在区间 $[0, T_s]$ 内有极值为

$$-\frac{v_{wj}^2}{2g} \left(\frac{v_{wj}^2}{2g H_0} \right)^{\frac{2\sigma}{2-3\sigma}} - \frac{2\sigma H_0}{2-\sigma} \left[1 - \left(\frac{v_{wj}^2}{2g H_0} \right)^{\frac{2-\sigma}{2-3\sigma}} \right]$$

与 $t = T_s$ 时的极值 $-\frac{2\sigma H_0}{2-\sigma}$ 相比小得多。因此，根据式（10-13）则有

$$L_{um} = K \frac{g T_s}{2 v_{w0}} (2-\sigma) \frac{8 - \dfrac{\nabla}{900} - H_s - \dfrac{v_{wj}^2}{2g} \left(\dfrac{v_{wj}^2}{2g H_0} \right)^{\frac{2\sigma}{2-3\sigma}}}{1 - \left(\dfrac{v_{wj}^2}{2g H_0} \right)^{\frac{2\sigma}{2-3\sigma}}} \tag{10-14}$$

式（10-13）和式（10-14）即为发生末相水击时的尾水洞极限长度计算公式。

2. 考虑尾水管最小压力值及机组转速最大上升率的下游调压室设置条件

式（10-10）、式（10-13）和式（10-14）是考虑了水击真空与流速水头真空时序叠加得到的尾水临界长度计算公式，但上述公式仅关注尾水管进口最大真空度，没有考虑机组转速升高的影响。文献［5］结合式（10-10）、式（10-13）、式（10-14）及式（10-3）推导了考虑机组转速最大上升率的压力尾水道允许 $[T_w]$ 的计算表达式：

对于一相水击，压力尾水道允许 $[T_w]_1$ 值的计算式为

$$[T_w]_1 = \frac{H'_{p1} \left[T_a \beta_{max} (\beta_{max} + 2) - 2T_c \right]}{H'_{p1} \left[\varepsilon f - \dfrac{T_a \beta_{max} (\beta_{max} + 2) - 2T_c}{t_r} \right] + 2\varepsilon f H_0} \tag{10-15}$$

式中 $H'_{p1} = 8 - \dfrac{\nabla}{900} - H_s - \dfrac{v_{wj}^2}{2g} \left[\dfrac{\varepsilon f t_r}{T_a \beta_{max} (\beta_{max} + 2) - 2T_c} - 1 \right]^2$。

对于末相水击，压力尾水道允许 $[T_w]_m$ 值的计算式为

当 $T_w > \dfrac{2 \left[T_a \beta_{max} (\beta_{max} + 2) - 2T_c \right]}{3 \varepsilon f}$ 时：

$$[T_w]_m = \frac{2 \left(8 - \dfrac{\nabla}{900} - H_s \right) \left[T_a \beta_{max} (\beta_{max} + 2) - 2T_c \right]}{\varepsilon f \left[2H_0 + \left(8 - \dfrac{\nabla}{900} - H_s \right) \right]} \tag{10-16}$$

当 $T_w < \dfrac{2 \left[T_a \beta_{max} (\beta_{max} + 2) - 2T_c \right]}{3 \varepsilon f}$ 时：

$$[T_w]_m = \frac{2 \left[8 - \dfrac{\nabla}{900} - H_s - \dfrac{v_{wj}^2}{2g} \left(\dfrac{v_{wj}^2}{2g H_0} \right)^{\frac{2\sigma}{2-3\sigma}} \right] \left[T_a \beta_{max} (\beta_{max} + 2) - 2T_c \right]}{2\varepsilon f H_0 \left[1 - \left(\dfrac{v_{wj}^2}{2g H_0} \right)^{\frac{2\sigma}{2-3\sigma}} \right] + \varepsilon f \left[8 - \dfrac{\nabla}{900} - H_s - \dfrac{v_{wj}^2}{2g} \left(\dfrac{v_{wj}^2}{2g H_0} \right)^{\frac{2\sigma}{2-3\sigma}} \right]} \tag{10-17}$$

在此得指出：式（10-14）和式（10-17）需要迭代求解。

四、调压室的作用、工作原理和基本方程

1. 调压室的作用

调压室是平水建筑物。上游调压室位于有压引水隧洞与压力管道的衔接处，下游调压室则位于尾水管延长段与有压尾水洞的衔接处，分别如图10-4和图10-5所示。利用调

压室较大的断面积（与有压管道的断面积相比）和自由水面反射水击波，不仅降低了压力管道或尾水管及延长段的水击压强，而且使有压引水隧洞或有压尾水洞基本上避免了水击波的透射形成的"穿井压强"。此外压力管道和尾水管延长段的水流惯性时间常数的减小，有利于改善机组的运行条件。所以，调压室主要作用是改善调节保证参数、改善机组参与电网调峰调频时的运行条件及提高供电质量，满足水电站安全稳定运行且具有良好调节品质的目标。

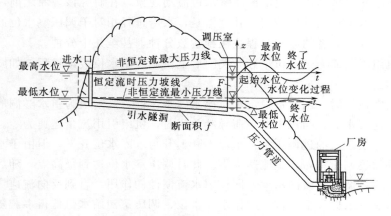

图 10-4　设有上游调压室的输水系统示意图

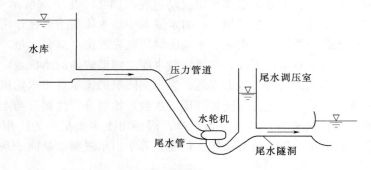

图 10-5　设有下游调压室的输水系统示意图

为了发挥调压室的作用，对调压室设计的基本要求如下：

（1）调压室尽量靠近厂房，以缩短有压管道的长度。有压管道长度越短，作用于蜗壳末端或尾水管进口的水击压强绝对值越小。

（2）调压室应具有良好的反射特性，充分地反射有压管道传来的水击波，尽可能避免水击波的透射形成的"穿井压强"。

（3）调压室的工作状态必须是稳定的，绝对不允许水位波动发散现象，否则将危及水电站甚至电网的稳定运行。并且要求调压室水位波动衰减迅速，尽快到达新的稳定状态。

（4）调压室稳定运行时，其水头损失小，满足水电站经济运行的需求。

（5）调压室选型合理，结构安全，施工方便，造价经济。

为此，本章主要任务是：通过水力计算确定调压室的尺寸，即调压室高度和调压室断面积。所以需要研究如下两方面的问题：

（1）调压室水位波动过程和振幅，决定调压室的高度。

（2）调压室水位波动稳定性，决定调压室最小稳定断面积。

为了讨论上述两方面的问题，需要讲授一些基本知识，包括调压室工作原理、调压室基本方程、调压室的布置方式及类型等。

2. 调压室的工作原理

调压室的工作原理是用来说明调压室水位波动现象，在研究该现象之前，先假定调压室水位波动时，水击现象已经结束。其理由是，水击过程相对于调压室水位波动过程通常是一个短暂的过程，后者的波动时程往往到达数分钟，甚至几十分钟。

下面以机组甩负荷为例，讨论导叶关闭后上游调压室水位波动过程，如图 10-4 上部所示水位波动。

电站在正常运行时，调压室稳定水位比水库水位低，其差值为引水隧洞的水头损失和调压室底部的速度水头。当机组甩负荷导叶关闭时，机组引用流量迅速为零。但引水隧洞两端的水头差，使水流涌进调压室，水位不断上升与水库水位齐平。但由于水流惯性的作用，水流继续涌进调压室，直到流速为零。此时调压室水位达到最高点。随后在反向水头差作用下，水流从调压室流向水库，同样因水流惯性的作用，直到反向流速为零，调压室水位达到最低点。最低涌浪水位一般比水库水位、调压室初始水位低得多。随后重复上述的过程，由于水头损失的作用，波动不断衰减，最终稳定在与上库水位一致的静水位。

同理，分析导叶开启后上游调压室水位波动过程（图 10-4 下部所示水位波动）。当水电站负荷增加时，水轮机引用流量加大，引水隧洞中的水流由于惯性作用，不可能立刻满足增大流量的要求。于是位于引水隧洞末端的调压室先放出一部分水量，满足水轮机流量增加的要求，引起调压室水位下降。调压室与水库之间形成新的水位差，使引水隧洞中水流加速流向与调压室底部衔接的压力管道。当引水隧洞的流量等于水轮机流量时，调压室水位达到最低点。随后多余的流量使得调压室水位开始回升，达到最高点（此时，引水隧洞流量再次等于水轮机流量）后再开始下降。同样由于水头损失的作用，波动不断衰减，最终稳定某一新水位。该水位与水库水位之差等于引水隧洞流量同于水轮机引用流量时的水头损失。

从如图 10-4 所示的调压室水位 Z 及引水隧洞流速 v 随时间变化过程可知：

（1）机组甩负荷工况下，当引水隧洞流速 $v=0$ 时，调压室水位 Z 达到极大值或极小值（$Z=Z_{max}$ 或 $Z=Z_{min}$）；机组增负荷工况下，当引水隧洞流量 Av（A 是隧洞截面积）等于水轮机引用流量 Q 时，调压室水位 Z 达到极大值或极小值。这对于确定调压室水位波动的最大向上和向下振幅，继而确定调压室高度是必不可少的充要条件。

（2）调压室水位波动过程实质上是能量转换的过程，即动能转换成位能，位能转换成动能。如果在转换过程中没有摩阻损失的存在，则波动呈等幅振荡，一直持续下去。

（3）调压室水位波动的衰减是有条件的，当导叶全关或调速器不动作，衰减是肯定的。但在调速器为了维持恒定出力，随调压室水位的升高和降低，相应减小和增大水轮机流量时，将会进一步激发调压室水位的变化。有可能使得调压室水位波动的振幅不衰减，甚至随时间而增大，成为不稳定波动。这是本章需要着重研究的问题。

（4）调压室水位波动是质量波，与流进/流出调压室水体质量多少相关。质量波与水击波区别明显，水击波是弹性波，与水体和管壁的可压缩性有关。由此可见，描述调压室水位波动可采用不可压缩流体的连续性方程和动量方程来模拟。

（5）从电力系统调度的要求来看，长达数分钟甚至几十分钟的调压室水位波动过程中，甩负荷的机组有可能重新带上负荷。甩负荷形成的调压室水位波动与随后增负荷产生的水位波动必然存在着叠加，叠加的结果有可能使得水位波动的振幅更大，衰减更慢；也有可能使得水位波动的振幅减小，衰减加快。这取决于不同的叠加时刻和叠加方式，也是工程设计和电站运行中需要着重研究的问题。

3. 调压室的基本方程

图 10-4 为设有上游调压室的有压引水系统的示意图。在机组稳定运行时，其引用流量 Q_0 为常数，有压隧洞和压力管道中的水流为恒定流，其流量等于机组的引用流量，隧洞中的流速 $v_0 = \dfrac{Q_0}{f}$（其中 f 隧洞截面积）。调压室没有水流的进出，其水位 Z_0 是静止的。并且有压引水系统的各部分均可采用伯努利方程来表达各个断面之间的能量关系。

当水轮机引用流量 Q 发生变化时，根据上述调压室工作原理可知，调压室水位开始波动，有压隧洞中的水流为非恒定流。有压隧洞中的流速 v 和调压室涌浪水位 Z 均为时间 t 的函数。对于有压隧洞和调压室之中的质量波动，可以忽略水体的可压缩性、管壁的弹性及调压室中的水体惯性，故采用刚性水击的动量方程如下：

$$\frac{L}{g}\frac{\mathrm{d}v}{\mathrm{d}t} = -Z - h_w - h_r \qquad (10-18)$$

式中　L——有压隧洞的长度，m；

Z——调压室水位，以库水位为基准，向上为正，m；

h_w——有压隧洞的水头损失，m；

h_r——水流进/出调压室的局部水头损失，包括阻抗损失，m。

根据水流连续性原理，流经有压隧洞的流量，一部分进入调压室，一部分流入压力管道和水轮机，故

$$fv = F\frac{\mathrm{d}Z}{\mathrm{d}t} + Q \qquad (10-19)$$

式中　F——调压室断面积，与高程对应，m^2；

Q——压力管道的流量，m^3/s，根据水轮机处的边界条件给出，可以是时间的函数，也可以是阶跃变化。

调压室水位波动引起水轮机水头的变化，从而引起水轮机出力的变化。若假定调速器能维持水轮机出力不变，则可得到水轮机等出力方程如下：

$$\frac{Q}{Q_0} = \frac{(H_0 - h_{w0} - h_{m0})\eta_0}{(H_0 + Z + h_r - h_m)\eta} \qquad (10-20)$$

式中　H_0——电站上下游水位差，即电站的毛水头，m；

h_{m0}——流量为 Q_0 时压力管道的水头损失，m；

h_m——流量为 Q 时压力管道的水头损失，m。

式（10-18）～式（10-20）为调压室水力计算的基本方程。

第二节　调压室的基本布置方式与基本类型

一、调压室的布置方式

根据调压室与厂房的相对位置不同可以归纳为如下 5 种布置方式。

1. 上游调压室（引水调压室）

上游调压室位于厂房上游侧的引水道上，将引水道划分为引水隧洞和压力管道，如图 10-4 所示。这种布置方式在引水式水电站、河岸地下式水电站尾部开发方案中广泛采用。设置的目的主要是控制蜗壳和压力管道最大动水压强，满足有关规范和设计的要求。

2. 下游调压室（尾水调压室）

下游调压室位于厂房下游侧的尾水道上，将尾水道划分为尾水管延伸段和尾水隧洞，如图 10-5 所示。这种布置方式通常应用于河岸地下式水电站首部开发方案。设置的目的主要是控制尾水管进口最小动水压强，避免水柱分离现象发生，保证机组和电站运行安全。

3. 上下游双调压室系统

有些地下式水电站，尤其是抽水蓄能电站，厂房的上下游均有较长的有压引水道，为了减小水击压强，改善机组的运行条件，在厂房上下游侧均设有调压室，即成为上下游双调压室系统，如图 10-6 所示。

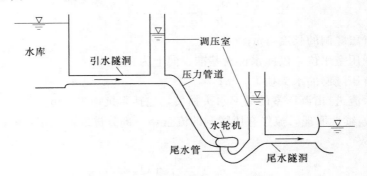

图 10-6　上下游双调压室系统

机组甩负荷时，上下游双调压室水位波动互不影响，可以分别求得上游调压室和下游调压室最高水位和最低水位。但机组增减负荷时，水轮机引用流量发生变化，上下游调压室水位随之而变。并且任一调压室水位的变化，又引起水轮机引用流量发生新的变化，从而影响到另一个调压室水位的变化。这种水力现象较为复杂，特别是当引水隧洞的水力特性与尾水隧洞接近时，有可能发生共振，在设计时应予以重视，不能只限于推求水位波动的第一振幅，应求出上下游双调压室水位波动的全过程，研究波动衰减的快慢。

4. 上游双调压室系统

当上游有压引水道很长且地形地质条件受限时，不得不在厂房上游侧设置两个调压室，如图 10-7 所示。靠近厂房的调压室对于反射水击波起主导作用，称为主调压室；位于主调压室上游侧的调压室称为辅助调压室，又称为副调压室，其作用是分担超长引水隧洞水流惯性引起的水位波动,降低主调压室水位波动的幅度,从而降低主调压室高度。

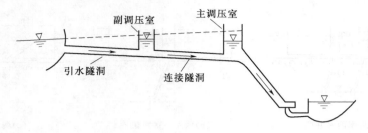

图 10-7 上游双调压室系统

机组正常运行时,由于引水道摩阻损失作用,副调压室水位低于水库水位,主调压室水位低于副调压室水位。一旦机组甩负荷,主调压室水位首先上升,而副调压室水位滞后上升,滞后时间与主副两个调压室的初始水位差有关,初始水位差越大,滞后时间越长。当主调压室与副调压室水位齐平后,两者水位一起上升。从图 10-8 可以看出:在引水隧洞长度远远大于两个调压室之间连接隧洞,且主调压室断面积大于副调压室断面积前提下,主调压室和副调压室水位波动周期几乎完全相同,极值发生时间也相同,均为流进和流出调压室流量为零的时刻,但主调压室水位波动的振幅略大于副调压室。而流量分配过程比较复杂,但每一时刻满足连续性方程,即引水隧洞流量等于主调压室和副调压室的流量之和,而且主调压室的流量大于副调压室的流量。

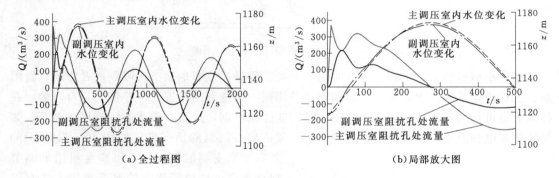

图 10-8 上游双调压室内的水位波动过程示例

无论是机组甩负荷还是机组增减负荷,引水系统中质量波动的衰减由两个调压室共同保证。增加其中某一个调压室的断面积,可以减小另一个调压室的断面积,但两个调压室断面积之和总是大于只设置一个调压室的断面积。副调压室越靠近主调压室,不仅所起的作用越大,而且总和的断面积越趋近只设置一个调压室的断面积。反之亦然。

利用引水隧洞施工竖井修建副调压室,形成上游双调压室系统,可能是经济的,可以作为可行性设计阶段的比较方案。对于扩容水电站,有可能原调压室断面积或容积不够,需要增设副调压室。

5. 其他布置方式

其他布置方式尚有如图 10-9 所示的并联和如图 10-10 所示的串、并联混合的混联调压室系统,以满足有些水电站增加运行灵活性、更合理地利用水资源、减少引水道尺寸或平行施工等特殊需要。

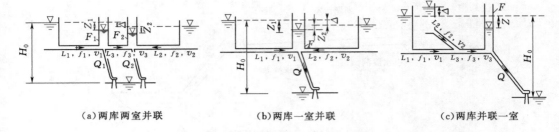

(a)两库两室并联　　　　　　(b)两库一室并联　　　　　　(c)两库并联一室

图 10-9　并联调压室系统示意图

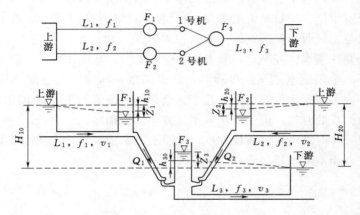

图 10-10　混联调压室系统示意图

在中小型水利水电工程中，有时为了节省工程量、克服地质条件限制或者空间布置限制、工程改建或者扩建，采用发电和泄水共用同一条隧洞的布置，在经济上是合理的，在技术上是可行的，具体型式可以是发电隧洞兼作泄水洞，或者是泄水隧洞兼作发电洞。如果这种发电和泄水相结合的隧洞比较长，可能需要在隧洞的适当位置如图 10-11 所示的具有泄水支洞的调压室，以满足机组的调节保证要求。这种调压室的典型布置方式有以下 3 种：①调压室位于发电和泄水支洞的分岔点；②调压室位于发电和泄水支洞分岔点上游；③调压室位于发电和泄水支洞下游。

有时还可以根据水电站的具体情况，采用几条引水道或尾水道合用一座调压室，几座竖井共用一个上室，或者几座并列布置的调压室之间的隔墩在一定高程处将相邻调压室水力连通等布置方式。

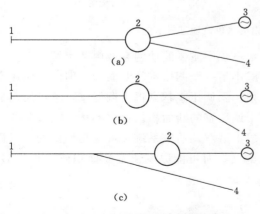

图 10-11　具有泄水支洞的调压室

1—水库；2—调压室；3—机组；4—泄水支洞

二、调压室的基本形式

自从 1895 年瑞士西尔水电站采用调压室以来，随着水电站建设的发展，调压室的尺寸越来越大，调压室形式也是多种多样的。以下从调压室水力性能的角度介绍几种调压室的基本形式。

1. 简单式调压室

如图 10 - 12 (a) 所示，简单式调压室的特点是自上而下具有相同的断面，结构形式简单，反射水击波的效果好，但是在正常运行时隧洞与调压室的连接处水头损失较大，当流量变化时调压室中水位波动的振幅较大，衰减较慢，所需调压室的容积较大，因此一般多用于低水头或小流量的水电站。有时为了减少水流通过调压室底部的水头损失，用面积不小于所在位置输水道断面的连接管将调压室连接到输水道上，如图 10 - 12 (b) 所示。

2. 阻抗式调压室

底部用面积小于输水道断面的孔口或者连接管连接输水道的调压室。如图 10 - 12 (c)、(d) 所示。由于阻抗孔口使水流进出调压室的阻力增大，消耗了一部分能量，在同样条件下水位波动振幅比简单调压室小，衰减快，因而所需调压室的体积小于简单式，正常运行时水头损失小。但由于阻抗的存在，水击波不能完全反射，隧洞可能受到水击的影响，设计时必须选择合适的阻抗孔口尺寸。

3. 水室式调压室

水室式调压室是由一个断面较小的竖井和断面扩大的上室、下室或上下各一个室组成，如图 10 - 12 (e)、(f) 所示，同时具有上室和下室的水室式调压室又称为双室式调压室。当甩负荷时，竖井中水位迅速上升，一旦进入断面较大的上室，水位上升的速度便立即缓慢下来；在增加负荷过程中，或水库低水位甩负荷后水位波动到第二振幅时，水位迅速下降至下室，并由下室补充不足的水量，因而限制了水位的下降。由于甩负荷时涌入上室中水体的重心较高，而增加负荷时由下室流出的水体重心较低，故同样的能量，可存储于较小的容积之中，所以这种调压室的容积比较小，适用于水头较高和水库工作深度较大的水电站，且宜做成地下结构。

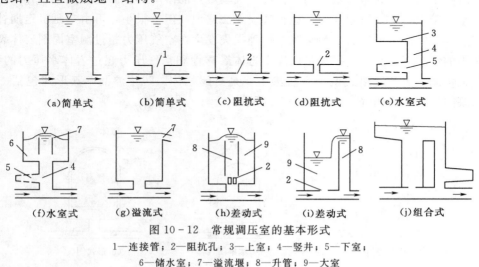

图 10 - 12 常规调压室的基本形式

1—连接管；2—阻抗孔；3—上室；4—竖井；5—下室；

6—储水室；7—溢流堰；8—升管；9—大室

4. 溢流式调压室

溢流式调压室的顶部有溢流堰，如图 10 - 12（g）所示。当甩负荷时，水位开始迅速上升，达到溢流堰顶后开始溢流，因此限制了甩负荷后调压室水位的最大升高值。溢出的水量可以排至下游河床，也可以设上室储存，待竖井水位下降时，储存的水量经底部孔口流回竖井。

5. 差动式调压室

差动式调压室由大、小两个竖井和阻抗孔组成。小竖井通常称为升管，其上有溢流口，可以与大竖井布置成同心结构，二者之间设较多支撑，其底部以阻力孔口与外面的大井相通，如图 10 - 12（h）所示。正常运行时，升管与大井水位齐平；水位波动过程中，升管和大井经常保持着动态的水位差。这种形式兼顾了阻抗式和溢流式调压室的优点，所需容积较小，反射水击波的条件好，水位波动衰减较快，但由于结构复杂，已逐渐被如图 10 - 12（i）所示的小竖井布置在大井一侧或者大井之外的结构所取代，阻抗孔设在大竖井底部和压力水道之间。它综合地吸取了阻抗式和溢流式调压室的优点，但结构较复杂。当稳定断面较大而上游水位变化不大时，多采用差动式调压室。

6. 气垫式调压室

气垫式调压室是一种将自由水面之上空间做成气压高于大气压力的密闭气室的调压室，又称为压气式、空气制动式、封闭式调压室。它利用密闭气室中空气的压缩和膨胀来制约水位高度，减小调压室水位波动的振幅。由于室内气压一般高于一个大气压，故能压低调压室内的稳定水位，降低调压室的高度。此种调压室可靠近厂房布置，但需要较大的稳定断面，还需要配置压缩空气机，定期向气室补气，增加了运行费用。在表层地质地形条件不适于做常规调压室或通气竖井较长，造价较高的情况下，气垫式调压室是一种可供考虑选择的形式，多用于高水头、地质条件好、深埋于地下的水道。

气垫式调压室气体渗漏的大小是决定工程成败的关键。气体渗漏主要有两个途径：①空气溶解于水，因为来自水库的水在进入气室后，能溶解更多的高压空气，并在流出气室时将空气带走，从而引起气损，这种气损无法避免，但量很小，可由空压机定期补充解决；②空气经气室边壁围岩裂隙渗漏，这种损失发生在空气压力超过洞室周围岩体裂隙中的水压力的情况下，其空气损失量取决于岩体渗透性和空气压力超过岩体水压力的程度，这种气损可能很大。气垫式调压室防渗主要是封闭气体、防止渗漏，其形式包括围岩闭气、水幕闭气和罩式闭气，如图 10 - 13 所示。

图 10 - 13　气垫式调压室及其防渗形式示意图

7. 组合式调压室

根据电站的具体条件和要求，吸收上述两种或者两种以上基本类型调压室的特点，组合而成的调压室，如图 10-12 （j）所示。其结构形式和水位波动过程比较复杂，多用于要求波动衰减较快的抽水蓄能电站。

三、调压室位置的选择

以尾水调压室位置优化为例分析调压室位置选择应考虑的因素。

当尾水道的长度超过了不设调压室的临界长度，就需要设置尾水调压室，以满足机组甩负荷时尾水管最小压强值的限制，避免水柱分离。以往的认识是：尾水调压室离厂房越近，越利于尾水管压强值，但不利于洞室围岩稳定。因此地下水电站布置常常受到该矛盾的制约。

理论上分析，对于设有调压室的尾水系统，尾水管最小压强值不仅取决于尾水管延长段水击压强，而且取决于尾水调压室及尾水洞的质量波动，是两者的叠加。在尾水系统长度不变的前提下，尾水管延长段越短，水击压强越小；但尾水洞越长，调压室水位波动的幅度越大。相反，尾水管延长段越长，水击压强越大；但尾水洞越短，调压室水位波动的幅度越小。所以，尾水调压室位置在一定范围内前后移动，尾水管最小压强值应变化不大且最有利，从而可以加大厂房至尾水调压室的间距。

1. 尾水管进口压强变化过程的数学模型

为了探讨本问题的物理本质、便于理论分析，对如图 10-14 所示的尾水系统，在建立尾水管进口压强变化过程数学模型时，需作出如下假定：按刚性水击考虑尾水管延长段，不考虑水轮机力矩特性和流量特性的影响，给定尾水管进口断面流量随时间的变化过程。

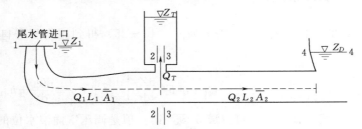

图 10-14 设有尾水调压室的尾水系统示意图

尾水管延长段（断面 1-1 至断面 2-2）的动量方程：

$$Z_1 + \frac{p_1}{\gamma} + \frac{\alpha_1 Q_1^2}{2gA_1^2} = Z_2 + \frac{p_2}{\gamma} + \frac{\alpha_2 Q_1^2}{2gA_2^2} + \frac{L_1}{g\overline{A}_1}\frac{\mathrm{d}Q_1}{\mathrm{d}t} + h_{w1-2} \qquad (10-21)$$

尾水洞（断面 3-3 至断面 4-4）的动量方程：

$$Z_3 + \frac{p_3}{\gamma} + \frac{\alpha_3 Q_2^2}{2gA_3^2} = Z_D + \frac{L_2}{g\overline{A}_2}\frac{\mathrm{d}Q_2}{\mathrm{d}t} + h_{w3-4} \qquad (10-22)$$

阻抗式调压室基本方程：

$$Z_2 + \frac{p_2}{\gamma} = Z_T + \alpha_T Q_T |Q_T| = Z_3 + \frac{p_3}{r} \qquad (10-23)$$

$$Q_1 - Q_2 = Q_T \qquad (10-24)$$

$$F\frac{\mathrm{d}Z_T}{\mathrm{d}t} = Q_T \qquad (10-25)$$

式中　　p——压强，N/m^2；

γ——水的容重，$kg/(m^2 \cdot s^2)$；

α——动能修正系数；

α_T——调压室阻抗系数；

Q——断面流量，m^3/s；

Q_T——流进流出调压室流量（以流进为正），m^3/s；

g——重力加速度，m/s^2；

h_w——断面间的水头损失，m；

L——断面间管道长度，m；

$\overline{A_1}$、$\overline{A_2}$——断面间管道当量面积，m^2；

F——调压室断面面积，m^2。

在以上 5 个方程中，管道特性参数、调压室特性参数、Z_1 及 Z_D 均为已知量，Q_T、Q_2、$Z_2 + \dfrac{p_2}{\gamma}$、$\dfrac{p_1}{\gamma}$ 及 Z_T 均为未知量。求解步骤如下：

首先联立式（10-22）～式（10-25）得到调压室水位 Z_T 的方程，即

$$\frac{L_2 F}{\overline{A_2} g}\frac{d^2 Z_T}{dt^2} + \frac{\alpha_3}{2gA_3^2}F^2\left(\frac{dZ_T}{dt}\right)^2 + \alpha_T F \frac{dZ_T}{dt}\left|\frac{dZ_T}{dt}\right| - \frac{\alpha_3 F}{gA_3^2}Q_1\frac{dZ_T}{dt} + Z_T$$

$$= Z_D - \frac{\alpha_3}{2gA_3^2}Q_1^2 + \frac{L_2}{\overline{A_2} g}\frac{dQ_1}{dt} + h_{w3-4} \qquad (10-26)$$

然后联立式（10-21）、式（10-23）及式（10-25）得到尾水管进口断面压力 $\dfrac{p_1}{\gamma}$ 的方程如下：

$$\frac{p_1}{\gamma} = (Z_T - Z_1) + \left(\frac{\alpha_2}{2gA_2^2} - \frac{\alpha_1}{2gA_1^2}\right)Q_1^2 + \alpha_T F^2 \frac{dZ_T}{dt}\left|\frac{dZ_T}{dt}\right| + \frac{L_1}{g\overline{A}}\frac{dQ_1}{dt} + h_{w1-2} \qquad (10-27)$$

由式（10-27）式可知：右边可分成 5 项，第一项是调压室涌浪水位的作用；第二项是断面 2-2 与断面 1-1 流速水头之差，与 L_1 的长短无关；第三项是调压室阻抗损失影响；第四项是尾水管延长段的水击压强，第五项是断面 1-1 至断面 2-2 水头损失。当调压室前后移动时，一、三、四、五项均对尾水管进口压强值有影响，其中第五项的影响较小，可以不考虑。

在研究 L_1 或 L_2 长短的影响时，前提是尾水管进口到尾水洞出口的管道总长度不变，即 $L_1 + L_2 =$ const，方程中的其他参数均不变。由式（10-26）可知：L_2 改变，将会使 Z_T 发生变化。所以，L_1 与 Z_T 共同作用，影响 $\dfrac{p_1}{\gamma}$ 的值。

式（10-26）为复杂的二阶常微分方程，很难求出 Z_T 的解析解，并且不能直接的反映 L_2 对 Z_T 的影响。式（10-27）也不能直接反映出 L_1 与 Z_T 同时改变对 $\dfrac{p_1}{\gamma}$ 的影响。因此，采用龙格-库塔（Runge-Kutta）法对式（10-26）进行求解，得出 Z_T 的数值解，再通过式（10-27）来分析 L_1 与 Z_T 对尾水管进口压强值的影响。

2. 数值计算结果及分析

数值计算中借助了某电站管道参数及基本资料，即尾水管进口到下游水库的总长度为 778.104m，调压室断面面积为 858.57m²。单机引用流量机组 337.4m³/s，导叶直线关闭时间为 13.2s，假设流量 Q_1 变化过程呈线性，安装高程为 1630.7m，下游水位为 1640.91m。

改变机组与调压室之间的距离，通过方程式（10-26）来分析 L_1 对调压室水位 Z_T 的影响，以及通过方程式（10-27）来分析 L_1 对尾水管延长段的水击压强、调压室阻抗损失、尾水管进口压强的影响。

L_1 取值从 87.995m 到 267.995m，间隔 30m。计算结果分别如图 10-15～图 10-18 所示。从中可知：随着 L_1 的减小，调压室水位波动周期变长，涌浪水位 Z_T 的变化幅度变大，最低涌浪水位更低，对尾水管进口最小压强值不利；调压室阻抗损失随 L_1 减小而增大，也对尾水管进口最小压强值不利；而水击压强值随着 L_1 减小而减小，对尾水管进口最小压强值有利；故图 10-18 显示的结果表明：①当 L_1 在 117.995～267.995m 范围内变化时，尾水管进口最小压强值发生时间为 9.038～9.052s，在此范围内尾水管最小压力值主要受水击压强的控制，L_1 越长，负水击压强越大；②当 L_1 在 87.995～117.995m 范围内变化时，尾水管进口最小压强值发生时间为 12.878～12.887s，此范围内逐渐增大的负水击压强与逐渐增大的调压室阻抗损失相互抵消，使得尾水管进口最小压强值主要受调压室向下涌浪水位的影响。

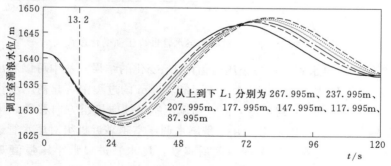

图 10-15　不同 L_1 对应的调压室水位变化过程线

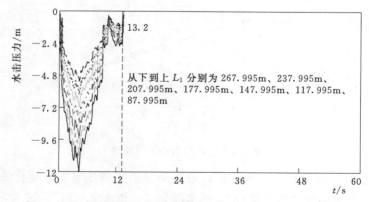

图 10-16　不同 L_1 对应的尾水管沿长段水击压强变化过程线

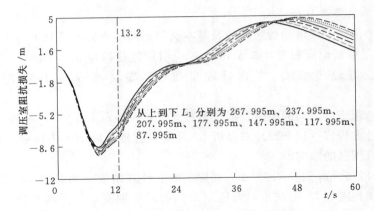

图 10-17 不同 L_1 对应的调压室阻抗损失变化过程线

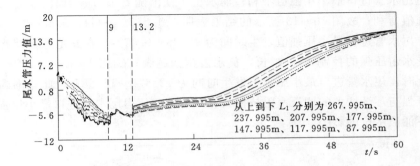

图 10-18 不同 L_1 对应的尾水管进口压强变化过程线

图 10-19 给出了尾水管进口最小压强值随 L_1 变化的结果。从中可以看出：调压室向靠近机组方向移动，L_1 从 267.995m 减小到 127.995m 的过程中，起初尾水管进口最小压强值逐渐增大，到 127.995m 到达最大值。当调压室继续向机组方向移动，尾水管进口最小压强值缓慢减小。由此可以看出，并不是尾水调压室越靠近机组对尾水管进口最小压强值越有利，而是压室位置在一定范围内前后移动，尾水管进口最小压强值变化不大且最有利。

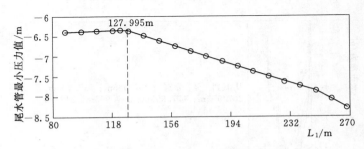

图 10-19 尾水管进口最小压强值随 L_1 变化

图 10-20 给出了某水电站尾水管进口最小压强值随调压室位置变化的结果。该实例的布置方式是：引水部分"单机单管"，尾水部分"三机一室一洞"，尾水管进口到尾水洞

出口长度 778.104m。采用数值解法计算，考虑了机组特性及管壁弹性。结果表明 L_1 在 148～178m 范围内，尾水管进口最小压强值变化不大且最有利。

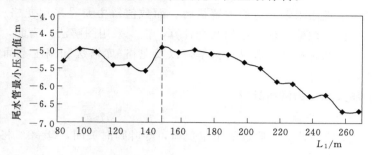

图 10-20　某水电站 1 号机组尾水管进口最小压强值随 L_1 变化

3. 结论与推论

理论推导及工程实例表明：尾水调压室位置并不像以往认为的越靠近厂房对尾水管进口最小压强值越有利，而是当调压室面积不变时，调压室位置向机组靠近时，尾水管进口最小压强值存在最大值。

发生最大值的调压室所在的位置，与调压室断面面积有关，面积越大，调压室位置越靠近厂房，如图 10-21 所示。

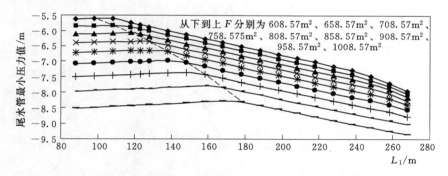

图 10-21　尾水管进口最小压强值变化随 L_1 和调压室断面积的变化趋势

尾水管进口最小压强值到达最大值后，调压室继续向机组方向移动，尾水管进口最小压强值变化幅度通常不大。因此，在一定范围内前后移动尾水调压室的位置，并不一定会使尾水管进口最小压强值恶化，可较为灵活地选择尾水调压室的位置，从而方便解决与洞室围岩稳定之间的矛盾。

同理，上游调压室也不是越靠近厂房，对控制蜗壳最大压强值越有利。而是距离厂房某一范围内存在最有利的位置，在该范围内移动上游调压室的位置，蜗壳最大压强值变化不大且有利。

第三节　调压室水位波动计算

计算调压室水位波动的基本方程是由式（10-18）和式（10-19）表达的动量方程和

连续性方程，该方程组为非线性的常微分方程，只有在个别情况下才能求得精确的解析解，例如等断面调压室机组甩负荷的情况。其他情况都需要引入各种假定以求得近似解。近年来也可以采用渐进法求解其近似的解析解。而数值解主要是采用龙格-库塔法，或者调压室涌浪水位与机组调节保证参数的联合计算，很少采用图解法。为此，本节主要介绍调压室水位波动计算的解析解、各种近似解，以及龙格-库塔法和调压室涌浪水位与机组调节保证参数的联合计算。

一、调压室涌浪水位的解析计算

1. 等断面积阻抗式调压室

(1) 最高涌浪水位的计算。假设机组甩负荷，导叶瞬时关闭，$Q=0$。将此条件代入方程式（10-19），得到

$$fv = F \frac{\mathrm{d}Z}{\mathrm{d}t} \tag{10-28}$$

令 $h_w = \alpha(fv)^2 = h_{w0}\left(\dfrac{v}{v_0}\right)^2$，$h_r = \beta\left(F\dfrac{\mathrm{d}Z}{\mathrm{d}t}\right)^2 = \beta(fv)^2 = h_{r0}\left(\dfrac{v}{v_0}\right)^2 = h_{r0}\left(\dfrac{Q_T}{Q_0}\right)^2$。其中 α 是引水隧洞水头损失系数，包括沿程损失和局部损失；β 是调压室阻抗损失系数；h_{r0} 表示流量为 Q_0 时的阻抗损失。将这些定义代入方程式（10-18），得到

$$\frac{L}{g}\frac{\mathrm{d}v}{\mathrm{d}t} = -Z - (h_{w0} + h_{r0})\left(\frac{v}{v_0}\right)^2 \tag{10-29}$$

令 $y = v/v_0$；则 $v = v_0 y$，$\mathrm{d}v = v_0\,\mathrm{d}y$ 代入式（10-29），得

$$\frac{L}{g}\frac{v_0\,\mathrm{d}y}{\mathrm{d}t} = -Z - h_{w0}y^2 - h_{r0}y^2$$

两边除 h_{w0}，并令 $\eta = h_{r0}/h_{w0}$，改写上式，得

$$\frac{L}{gh_{w0}}\frac{v_0\,\mathrm{d}y}{\mathrm{d}t} = -\frac{Z}{h_{w0}} - (1+\eta)y^2$$

$$\frac{L}{gh_{w0}}\frac{v_0\,\mathrm{d}y}{\mathrm{d}Z}\frac{\mathrm{d}Z}{\mathrm{d}t} = \frac{L}{gh_{w0}}\frac{v_0\,\mathrm{d}y}{\mathrm{d}Z}\frac{fv}{F} = \frac{Lfv_0^2}{gFh_{w0}}y\frac{\mathrm{d}y}{\mathrm{d}Z} = -\frac{Z}{h_{w0}} - (1+\eta)y^2$$

令 $\lambda = \dfrac{Lfv_0^2}{2gFh_{w0}}$，$X = -\dfrac{Z}{\lambda}$，$X_0 = -\dfrac{Z_0}{\lambda} = \dfrac{h_{w0}}{\lambda}$，则有

$$\frac{\mathrm{d}(y^2)}{\mathrm{d}X} = \frac{X}{X_0} - (1+\eta)y^2 \tag{10-30}$$

式（10-30）是一阶线性微分方程，积分得

$$y^2 = \frac{(1+\eta)X + 1}{(1+\eta)^2 X_0} + Ce^{(1+\eta)X} \tag{10-31}$$

由初始条件确定积分参数 C，即 $t=0$，$v=v_0$，$y=1$，$Z=h_{w0}$，$X=X_0$，得

$$C = \frac{\eta(1+\eta)X_0 - 1}{(1+\eta)^2 X_0}e^{-(1+\eta)X_0}$$

$$y^2 = \frac{(1+\eta)X+1}{(1+\eta)^2 X_0} + \frac{\eta(1+\eta)X_0-1}{(1+\eta)^2 X_0} e^{-(1+\eta)(X_0-X)} \qquad (10-32)$$

在调压室水位达到最高值时 $Z_{\max} = -\lambda X_{\max}$，$v=0$，即 $y=0$，代入式（10-32），得

$$1+(1+\eta)X_{\max} = [1-\eta(1+\eta)X_0]e^{-(1+\eta)(X_0-X_{\max})}$$

对上式取对数，得到

$$\ln[1+(1+\eta)X_{\max}] - (1+\eta)X_{\max} = \ln[1-(1+\eta)\eta X_0] - (1+\eta)X_0 \qquad (10-33)$$

对于简单式调压室，无阻抗损失，即 $\eta=0$。代入式（10-33），得出

$$X_0 = -\ln(1+X_{\max}) + X_{\max} \qquad (10-34)$$

（2）最低涌浪水位的计算。对于上游调压室，机组甩负荷的水位波动第二振幅和机组增负荷引起的调压室水位下降值可按如下方法计算。

1）机组甩负荷产生的第二波动振幅。仍然可利用式（10-33）进行求解。只是得注意：X 需要反符号，并且求积分常数时 $y=0$，$X=X_{\max}$。于是

$$\ln[1-(1+\eta)X_2] + (1+\eta)X_2 = \ln[1-(1+\eta)X_{\max}] + (1+\eta)X_{\max} \qquad (10-35)$$

对于简单式调压室，将 $\eta=0$ 代入式（10-35），得

$$X_2 + \ln(1-X_2) = X_{\max} + \ln(1-X_{\max}) \qquad (10-36)$$

2）增加负荷时的最低涌浪水位。水电站的流量由 mQ_0 增加到 Q_0（$m<1$，称为负荷系数）时，且调压室为简单式，可按 Vogt 近似公式求解，即

$$\frac{|Z_{\min}|}{h_{w0}} = 1 + (\sqrt{\varepsilon} - 0.275\sqrt{m} + 0.05/\varepsilon - 0.9)(1-m)(1-m/\varepsilon^{0.62}) \qquad (10-37)$$

其中

$$\varepsilon = \frac{Lfv_0^2}{gFh_{w0}^2} = 2\lambda/h_{w0}$$

2. 其他形式的上游调压室

在近年新编的《水电站调压室设计规范》和《水工设计手册》中对各种形式调压室涌浪水位的解析计算进行了详细的介绍，为了节省篇幅，在此不一一重复，而将有关的假定、公式和符号的定义进行了归纳，见表 10-1 和表 10-2。

表 10-1　　　　　　　　　各类型调压室涌浪水位解析计算的假定及方法

工　况	调压室类型	假　定	解　法
甩全负荷 $Q_0 \rightarrow 0$ （Q_0 为满负荷时的流量）	简单式	无	分离变量法
	阻抗式		
	差动式	假定Ⅰ："理想型差动式"，升管水位上升至最高水位或降低至最低水位时，大井和引水道的流量均随之发生变化	
	双室式	忽略阻抗损失	

工 况	调压室类型	假 定	解 法
增负荷 $mQ_0 \to Q_0$	简单式	无	Vogt公式，该经验公式通过引用一些无量纲参数结合模型实验得出
	阻抗式	假定 Ⅱ：阻抗损失系数为 $(Z_{\min}/h_{w0} - m^2)/(1-m^2)$	
	差动式	包括以上假定 Ⅰ、Ⅱ	
	双室式	无解析公式	

表 10 - 2   **各类型调压室涌浪水位的解析公式及符号定义**

类型	涌浪	公 式
简单式	最高涌浪 $Z_{\max}$	$X_0 = -\ln(1+X_{\max}) + X_{\max}$，$\lambda = \dfrac{Lfv_0^2}{2gFh_{w0}}$，$X_0 = \dfrac{h_{w0}}{\lambda}$，$X_{\max} = \dfrac{Z_{\max}}{\lambda}$ h_{w0}——流量为 Q_0 时，引水隧洞沿程损失；v_0——Q_0 时压力引水道的流速
	第二振幅 Z_2	$X_{\max} + \ln(1-X_{\max}) = \ln(1-X_2) + X_2$，$X_2 = \dfrac{Z_2}{\lambda}$
	最低涌浪 $Z_{\min}$	$\dfrac{Z_{\min}}{h_{w0}} = X_{\min} = 1 + \left(\sqrt{\varepsilon - 0.275\sqrt{m}} + \dfrac{0.05}{\varepsilon} - 0.9 \right)(1-m)(1-m/\varepsilon^{0.62})$，$\varepsilon = \dfrac{Lfv_0^2}{gFh_{w0}^2}$，$m = \dfrac{Q}{Q_0}$ Q——增加负荷前的流量
阻抗式	最高涌浪 $Z_{\max}$	$\ln[1+(1+\eta)X_{\max}] - (1+\eta)X_{\max} = \ln[1-(1+\eta)\eta X_0] - (1+\eta)X_0$ 阻抗系数 $\eta = h_{r0}/h_{w0}$，h_{r0} 是全部流量 Q_0 通过阻抗孔口时所产生的水头损失，它反映阻抗的相对大小，可用式 $h_{r0} = \dfrac{1}{2g}\left(\dfrac{Q_0}{\phi f}\right)^2$ 计算。 f——孔口断面面积；ϕ——流量系数，在 $0.6\sim0.8$ 之间
	第二振幅 Z_2	$\ln[1-(1+\eta)X_2] + (1+\eta)X_2 = \ln[1-(1+\eta)X_{\max}] + (1+\eta)X_{\max}$
	最低涌浪 $Z_{\min}$	$\dfrac{Z_{\min}}{h_{w0}} = 1 + \left(\sqrt{0.5\varepsilon - 0.275\sqrt{m}} + \dfrac{0.1}{\varepsilon} - 0.9 \right)(1-m)\left(1 - \dfrac{m}{0.65\varepsilon^{0.62}}\right)$
双室式	无溢流堰最高涌浪 $Z_{\max}$	$e^{\frac{2(X_{\max}-X_C)}{\varepsilon_C}} = \left(1 + \dfrac{2X_{\max}}{\varepsilon_C}\right) \Big/ \left[1 - \dfrac{\varepsilon_S}{\varepsilon_C}\left(1 - e^{\frac{2(X_C-1)}{\varepsilon_S}}\right)\right]$， $X_{\max} = \dfrac{Z_{\max}}{h_{w0}}$，$X_C = \dfrac{Z_C}{h_{w0}}$，$\varepsilon_S = \dfrac{LA_1v_0^2}{gA_Sh_{w0}^2}$，$\varepsilon_C = \dfrac{LA_1v_0^2}{gA_Ch_{w0}^2} = \varepsilon_S\dfrac{A_S}{A_C}$ Z_C——自静水位至上室底面距离；A_S——竖井断面面积；A_C——上室断面面积
	有溢流堰最高涌浪 $Z_{\max}$	$Z_{\max} = Z_S - \Delta h$，$\Delta h = \left(\dfrac{Q_y}{MB}\right)^{\frac{2}{3}}$，$Q_y = yQ_0$，$y = \sqrt{X_S - \dfrac{\varepsilon_S}{2}\left[1 - e^{\frac{2}{\varepsilon_S}(X_S-1)}\right]}$ Z_S——溢流堰顶在上游静水位以上的距离；Δh——溢流堰顶通过的最大流量 Q_y 时的水层厚度；M——溢流堰的流量系数，与堰顶的形式有关；B——堰顶的长度；y——竖井水位升到溢流堰顶时压力水道内流速减小率
差动式	最高涌浪 $Z_{\max}$	$Q_y = Q_0\left(1 - \sqrt{\dfrac{h_{w0} + \lvert Z_{\max} \rvert}{\eta_C h_{w0}}}\right)$，$\Delta h = \left(\dfrac{Q_y}{MB}\right)^{\frac{2}{3}}$，$\eta_C = \dfrac{\varphi_H^2}{\varphi_C^2}\eta_H$ Q_y——升管顶部溢入大室流量；η_C——水自升管（或压力管道）流入大室时的孔口阻抗损失相对值；η_H——水自大室流入升管（或压力管道）时的孔口阻抗损失相对值；φ_C——水自升管（或压力管道）流入大室时的孔口流量系数（初步计算时可取 0.6）；φ_H——水自大室流入升管（或压力管道）时的孔口流量系数（初步计算时可取 0.8）

类型	涌浪	公　　式
差动式	最低涌浪 $Z_{\min}$	$X_{\min}=1+\left(\sqrt{0.5\varepsilon_1-0.275\sqrt{m}}+\dfrac{0.1}{\varepsilon_1}-0.9\right)(1-m)\left(1-\dfrac{m}{0.65\varepsilon_1^{0.62}}\right)$ $\varepsilon_1=\left[\dfrac{LA_1v_0^2}{g(A_r+A_p)h_{w0}^2}\right]\Bigg/\left\{1-\dfrac{A_r/(A_r+A_p)}{2\left[1-\dfrac{2}{3}(1-m)\right]}\right\}$ A_r——升管断面面积；A_p——大室断面面积

注　以上公式中的符号均包含了规定坐标轴下的正负号。如图 10-22 所示。

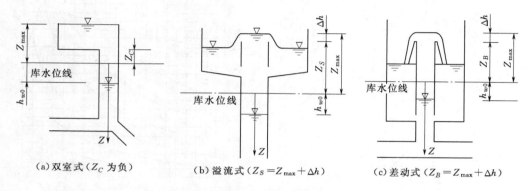

（a）双室式（Z_C 为负）　　（b）溢流式（$Z_S=Z_{\max}+\Delta h$）　　（c）差动式（$Z_B=Z_{\max}+\Delta h$）

图 10-22　调压室涌浪水位计算中有关符号正负的定义

从计算等断面积阻抗式调压室涌浪水位第一振幅（最高涌浪水位）解析式（10-33）及第二振幅（最低涌浪水位）解析式（10-35）可知：两式均为隐式超越方程，使用非常不方便。所以，规范和设计手册中均附上相应的辅助计算曲线图，如图 10-23～图 10-30 所示，以便设计人员应用。

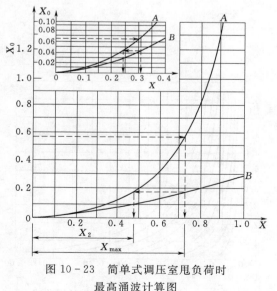

图 10-23　简单式调压室甩负荷时
最高涌波计算图

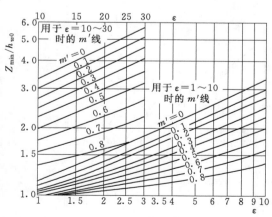

图 10-24　简单式调压室增负荷时
最低涌波计算图

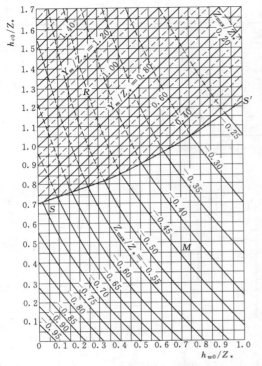

图 10-25 阻抗式调压室甩负荷时最高涌波计算图

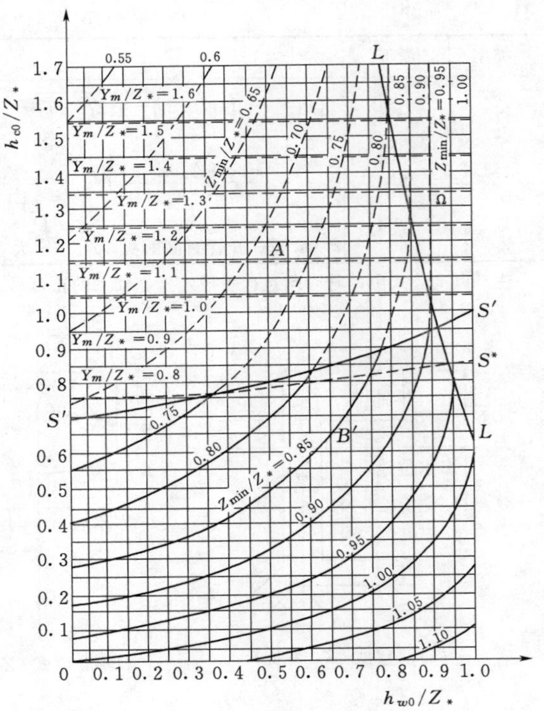

图 10-26 阻抗式调压室最低涌波计算图

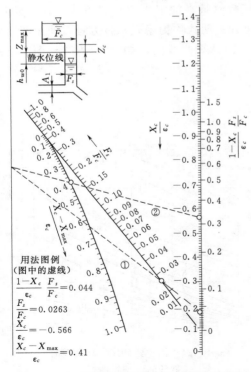

图 10-27 无溢流堰的上室最高涌波计算图

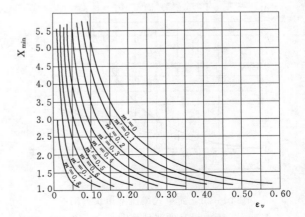

图 10-28 确定调压室下室容积计算曲线

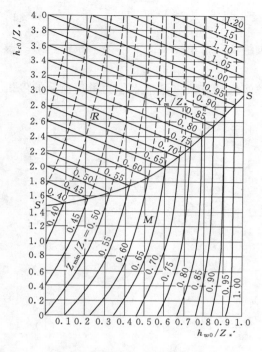

图 10-29　差动式调压室最低涌波计算图
（负荷自 50％增至 100％时）

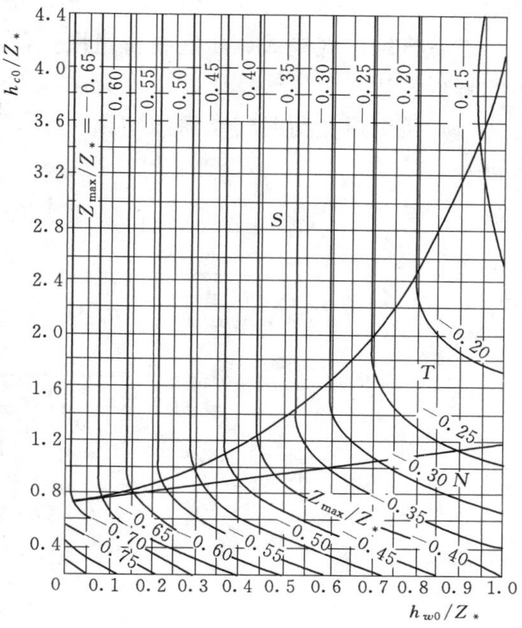

图 10-30　差动式调压室最高涌波计算图

3. 采用渐进法计算调压室涌浪水位

根据非线性振动渐进法，可将调压室水位波动的基本方程改写为如下形式：

$$\frac{d^2Z}{dt^2} + \omega^2 Z = -\omega^2 h_{w0}\left(\frac{Q}{fv_0} + \frac{F}{fv_0}\frac{dZ}{dt}\right)\left|\frac{Q}{fv_0} + \frac{F}{fv_0}\frac{dZ}{dt}\right| - \eta\omega^2 h_{w0}\left(\frac{F}{fv_0}\right)^2 \frac{dZ}{dt}\left|\frac{dZ}{dt}\right|$$

$$(10-38)$$

$$\omega = \sqrt{\frac{gf}{LF}}$$

式中　Z——以水库水位为基准的调压室水位，向上为正；

　　　　F——调压室面积；

L、f、v——引水隧洞长度面积和流速；

　　　　Q——压力管道流量；

h_{w0}、v_0——水轮机引用流量为 Q_0 时引水隧洞的水头损失和流速，$\eta = h_{r0}/h_{w0}$；

　　　　h_{r0}——Q_0 通过阻抗孔口的水头损失。

令 $\beta = \eta h_{w0}/v_0^2$，即 $\beta = \eta\alpha$，α 和 β 分别为引水隧洞和阻抗孔口的水头损失系数。并规定引水隧洞中流速流向压力管道或调压室为正。

方程式（10-38）的一阶近似解的表达式如下：

$$Z = A\cos\varphi \qquad\qquad (10-39)$$

$$\frac{dA}{dt} = -\frac{\varepsilon}{2\pi\omega}\int_0^{2\pi} f(-A\sin\varphi)\sin\varphi\, d\varphi \qquad (10-40)$$

$$\frac{\mathrm{d}\varphi}{\mathrm{d}t} = \omega - \frac{\varepsilon}{2\pi A\omega}\int_0^{2\pi} f(-A\sin\varphi)\cos\varphi\mathrm{d}\varphi \tag{10-41}$$

以下将给出气垫式调压室在机组甩负荷和机组增负荷单一工况下，第一振幅、第二振幅的解析表达式。

（1）机组甩负荷时气垫调压室第一、二涌波幅值计算式（基准水位为甩负荷后的停机水位）。

$$Z_i = (-1)^i a_i + \frac{1}{6}\frac{m(m+1)p_s}{\gamma l_s^2 \sigma_s}\alpha_i^2 \quad (i=1,2) \tag{10-42}$$

其中

$$a_0 = \sqrt{\left(\frac{h_{w0}}{\sigma_0}\right)^2 + \left(\frac{Q_0}{F\omega_s}\right)^2}, \quad \theta_0 = \arccos\left(\frac{h_{w0}}{\sigma_0 a_0}\right), \quad \varepsilon = \frac{Lf v_0^2}{2gFh_{w0}},$$

$$a_i = \frac{a_0}{1+\dfrac{2a_0(\eta+1)}{2\pi\varepsilon}(i\pi-\theta_0)}, \quad \eta = \frac{Q_0^2}{2g\varphi^2 S^2 h_{w0}},$$

$$T_s = 2\pi\sqrt{\frac{LF}{gf}}/\sqrt{\sigma_s}, \quad \omega_s = \frac{2\pi}{T_s}, \quad \sigma_s = 1+\frac{mp_s}{\gamma l_s}, \quad \sigma_0 = 1+\frac{mp_0}{\gamma l_0}$$

$$l_s = l_0 - l_{w0}/\sigma_0 \tag{10-43}$$

$$p_s = \frac{p_0 l_0^m}{(l_0 - h_{w0}/\sigma_0)^m} \tag{10-44}$$

式中　γ——水体容重；

$\quad\quad m$——理想气体多变指数，当室内气体为等温变化时取 1.0，绝热变化时取 1.4；

$\quad\quad p_0$、l_0——水电站满负荷稳定运行时的气室绝对压力与气室折算高度（气垫调压室室内气体体积与其调压室实际断面积之比）；

$\quad\quad p_s$、l_s——停机后的气垫调压室内绝对压力及气室高度。

p_0、l_0、p_s、l_s 可根据电站不同的已知运行条件，按照式（10-43）与式（10-44）进行转换。φ 为阻抗孔流量系数，可由试验得出，初步计算时可在 0.60～0.80 之间选用。

（2）机组增负荷引用流量由 mQ_0 增加负荷后为 Q_0 时气垫调压室最低涌波 $Z_{\min}$ 的计算式（基准水位为停机水位）。

$$z_{\min} = a + \left[\frac{2}{3}\frac{gFh_{w0}}{Lf v_0^2} + \frac{1}{6}\frac{m(m+1)p_0}{\gamma l_0^2 \sigma_0}\right]a^2 + \frac{h_{w0}}{\sigma_0} \tag{10-45}$$

其中

$$a = \frac{a_1}{1-\mu_2 a_1}, \quad a_1 = \frac{a_0}{1+\mu_2 a_0}e^{\mu_1(\pi-\theta_0)},$$

$$a_0 = \sqrt{\left[\frac{(1-m'^2)h_{w0}}{\sigma_0}\right]^2 + \left[\frac{(1-m')Q_0}{F\omega_0}\right]^2}, \quad Q_0 = \arccos\left[\frac{(1-m'^2)h_{w0}}{\sigma_0 a_0}\right],$$

$$\mu_1 = \frac{-gh_{w0}}{\omega_0 L v_0}, \quad \mu_2 = \frac{4}{3\pi}\eta\frac{F}{Q_0}\omega_0, \quad \omega_0 = \frac{2\pi}{T_0}, \quad T_0 = 2\pi\sqrt{\frac{LF}{gf}}/\sqrt{\sigma_0}$$

式中符号意义同前，应注意公式的基准水位为停机水位，若已知气垫调压室内正常运行水位 H_{T0}，则相应的停机水位为 $H_{T0}+\dfrac{h_{w0}}{\sigma_0}$。

4. 下游调压室涌浪水位的解析法

将下游调压室的水位变化 Z 和阻抗损失 h_r 的正负号作与上游调压室相反的假定以后，如图 10-31 所示，其微分方程式与上游调压室的基本方程式（10-18）和式（10-19）具有完全相同的形式，因此，上游调压室水位波动计算的有关公式可直接用于下游调压室，只需注意有些参数的正负符号即可。

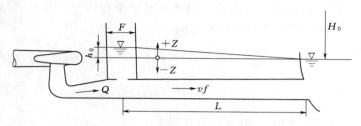

图 10-31 下游调压室参数定义示意图

（1）机组甩负荷情况。机组甩负荷条件下，简单式下游调压室涌浪水位的第一振幅 $Z_{\max}$ 用式（10-34）计算，第二振幅 Z_2 用式（10-36）计算。其中：$X_{\max}=\dfrac{Z_{\max}}{\lambda}$，$X_0=\dfrac{h_{w0}}{\lambda}$，$X_2=\dfrac{Z_2}{\lambda}$，$\lambda=\dfrac{Lfv_0^2}{2gFh_{w0}}$，$\eta=\dfrac{h_{r0}}{h_{w0}}$。在机组甩负荷时，下游调压室的第一振幅向下，故公式中的 $X_{\max}$ 仍应取负值，X_2 仍取正值。

下游调压室在机组甩负荷情况下最低（第一振幅）和最高（第二振幅）涌波水位亦可从图 10-23 查出。

（2）增加负荷情况。简单式下游调压室增加负荷时的最高涌波值可用式（10-37）求出，但式中的 $Z_{\min}$ 和 h_{w0} 应代入以图 10-24 中坐标体系中的 $Z_{\max}$ 和尾水道对应于流量 Q_0 的水头损失 h_{w0}，同时，$\varepsilon=\dfrac{Lfv_0^2}{gFh_{w0}^2}$，$X_0=\dfrac{h_{w0}}{\lambda}=\dfrac{2}{\varepsilon}$。

对于阻抗式下游调压室，若流量由 mQ_0 突增至 Q_0，在这个瞬间，流量 Q_0-mQ_0 全部进入调压室，则阻抗损失为

$$h_r=h_{r0}\left(\frac{Q_0-mQ_0}{Q_0}\right)^2=(1-m)^2\eta h_{w0} \tag{10-46}$$

此时调压室水位在下游水位之上：

$$Z=h_{w0}\left(\frac{mQ_0}{Q_0}\right)^2=m^2 h_{w0} \tag{10-47}$$

比较理想的阻抗孔口是使突增负荷时孔口底部的压力升高值 $Z+h_r$ 等于调压室水位的最大升高值 $Z_{\max}$，即

$$Z_{\max}=Z+h_r=m^2 h_{w0}+(1-m)^2 \eta h_{w0} \tag{10-48}$$

$$\eta=\frac{\dfrac{Z_{\max}}{h_{w0}}-m^2}{(1-m)^2} \tag{10-49}$$

在满足上述条件下，阻抗式下游调压室在增加负荷时的最高涌波值可从下式求出，即

$\dfrac{Z_{\min}}{h_{w0}}=1+\left(\sqrt{0.5\varepsilon-0.275\sqrt{m}}+\dfrac{0.1}{\varepsilon}-0.9\right)(1-m)\left(1-\dfrac{m}{0.65\varepsilon^{0.62}}\right)$。但式中的 $Z_{\min}$ 应以 $Z_{\max}$

代替，同时，$\varepsilon = \dfrac{Lfv_0^2}{gFh_{w0}^2}$。

二、调压室涌浪水位的数值计算

1. 龙格库塔法

调压室涌浪数值计算方法采用龙格-库塔方法，其适用于求解一阶常微分方程组。该方法的计算误差与步长的五次方成正比，只要步长值取得恰当，其计算精度是可以保证的。以如下所示的二维一阶常微分方程组为例：

$$\left.\begin{array}{l} \dfrac{\partial u}{\partial t} = f(t, u, v) \quad u(t_0) = u_0 \\[3mm] \dfrac{\partial v}{\partial t} = g(t, u, v) \quad v(t_0) = v_0 \end{array}\right\} \qquad (10-50)$$

采用经典的四级四阶龙格-库塔方法求解如下：

$$\left.\begin{array}{l} \begin{bmatrix} u_{n+1} \\ v_{n+1} \end{bmatrix} = \begin{bmatrix} u_n \\ v_n \end{bmatrix} + \dfrac{h}{6} \begin{bmatrix} k_{11} + 2k_{12} + 2k_{13} + k_{14} \\ k_{21} + 2k_{22} + 2k_{23} + k_{24} \end{bmatrix} \\[5mm] k_1 = \begin{bmatrix} k_{11} \\ k_{21} \end{bmatrix} = \begin{bmatrix} f(t_n, u_n, v_n) \\ g(t_n, u_n, v_n) \end{bmatrix} \\[5mm] k_2 = \begin{bmatrix} k_{12} \\ k_{22} \end{bmatrix} = \begin{bmatrix} f\left(t_n + \dfrac{h}{2}, u_n + \dfrac{hk_{11}}{2}, v_n + \dfrac{hk_{21}}{2}\right) \\ g\left(t_n + \dfrac{h}{2}, u_n + \dfrac{hk_{11}}{2}, v_n + \dfrac{hk_{21}}{2}\right) \end{bmatrix} \\[5mm] k_3 = \begin{bmatrix} k_{13} \\ k_{23} \end{bmatrix} = \begin{bmatrix} f\left(t_n + \dfrac{h}{2}, u_n + \dfrac{hk_{12}}{2}, v_n + \dfrac{hk_{22}}{2}\right) \\ g\left(t_n + \dfrac{h}{2}, u_n + \dfrac{hk_{12}}{2}, v_n + \dfrac{hk_{22}}{2}\right) \end{bmatrix} \\[5mm] k_4 = \begin{bmatrix} k_{14} \\ k_{24} \end{bmatrix} = \begin{bmatrix} f(t_n + h, u_n + hk_{13}, v_n + hk_{23}) \\ g(t_n + h, u_n + hk_{13}, v_n + hk_{23}) \end{bmatrix} \end{array}\right\} \quad (10-51)$$

式中　　h——时间步长，$t_n = t_0 + nh$；

　　下标 n——前一时刻的值；

　下标 $n+1$——这一时刻的值。

将调压室水位波动的基本方程改写为

$$\dfrac{\mathrm{d}Z}{\mathrm{d}t} = \dfrac{Q - Q_m}{F} = f(t, Z, Q), \ Z(t_0) = Z_0 = H_u - h_{w0} \qquad (10-52)$$

$$\dfrac{\mathrm{d}Q}{\mathrm{d}t} = \dfrac{gA}{L}(H_u - Z - \alpha Q|Q| - \beta Q_T|Q_T|) = g(t, Z, Q), \ Q(t_0) = Q_0 \qquad (10-53)$$

式中　Q——隧洞中的流量，m^3/s；

　　Q_m——压力管道中的流量，m^3/s；

　　Q_T——流进或流出调压室的流量 m^3/s，流进为正；

　　Z——调压室水位，m；

　　H_u——上游水库水位，m；

　　A——隧洞的截面积，m^2；

　　L——隧洞的长度，m；

　　F——调压室的断面积，m^2；

　　g——重力加速度，m/s^2；

　　α——隧洞的水头损失系数，包括沿程损失和局部损失；

　　β——调压室阻抗损失系数。

（1）程序代码。

```
#include<stdio. h>
#include<math. h>
double f(double,double,double);
double g(double,double,double);
void main(void)
{
    double t0,z0,v0,k11,k21,k12,k22,k13,k23,k14,k24,t1,z1,v1,h,zmax=0,tmax=0;
    int n,i,m=0;
    double z[10000],t[10000];
    FILE * fp;
    fp=fopen("阻抗式甩负荷的结果. txt","w");
    printf("Input data t0 z0 v0 h n=\n"); //输入初始时刻,初始调压室水位,初始引水隧洞流速,计算步长,计算
次数。
    scanf("%lf%lf%lf%lf%d",&t0,&z0,&v0,&h,&n);
    fprintf(fp,"%15s%15s%15s\n","    n","t       ","z       ","v       ");
    fprintf(fp,"    ");
    for(i=0;i<50;i++)
        fprintf(fp,"%c",'-');
    fprintf(fp,"\n");
    for(i=0;i<=n;i++)
    {
        t1=t0+h;
        k11=f(t0,z0,v0);
        k21=g(t0,z0,v0);
        k12=f(t0+h/2,z0+h*k11/2,v0+h*k21/2);
        k22=g(t0+h/2,z0+h*k11/2,v0+h*k21/2);
        k13=f(t0+h/2,z0+h*k12/2,v0+h*k22/2);
        k23=g(t0+h/2,z0+h*k12/2,v0+h*k22/2);
        k14=f(t0+h,z0+h*k13,v0+h*k23);
        k24=g(t0+h,z0+h*k13,v0+h*k23);
        z1=z0+h*(k11+2*k12+2*k13+k14)/6;
        v1=v0+h*(k21+2*k22+2*k23+k24)/6;
```

```
            fprintf(fp,"%15d%15.6lf%15.6lf%15.6lf\n",i,t0,z0,v0);
            t[i]=t1;
            z[i]=z1;
            t0=t1;
            z0=z1;
            v0=v1;
        }
        zmax=z[0];
        for(i=0;i<n-1;i++)
        if(z[i]>zmax)
        {
            zmax=z[i];
            m=i;
        }
        tmax=t[m];
        fprintf(fp,"zmax=%lf,tmax=%lf\n",zmax,tmax);
        fclose(fp);
    }
    double f(double t,double z,double v)        //调压室连续方程
    {
        double z1;
            double F=113.0973;                  //调压室断面积
            double f1=15.904;                   //引水隧洞面积
            double Q=0;                         //压力管道流量
            z1=(f1*v-Q)/F;
            return z1;
    }
    double g(double t,double z,double v)        //调压室动力方程
    {
        double v1;
        double Q=0;                             //压力管道流量
        double L=7905;                          //引水隧洞长度
        double f1=15.904;
        double k1=0.00516;                      //引水隧洞损失系数
        double k2=0.0049809;                    //阻抗孔口系数
        v1=-(z+k1*f1*f1*v*fabs(v)+k2*(f1*v-Q)*fabs(f1*v-Q))*9.81/L;
        return v1;
    }
}
```

（2）工程算例。某水电站引水隧洞长度 $L=7905\text{m}$，引水隧洞面积 $f_1=15.904\text{m}^2$，引水隧洞损失系数 $k_1=0.00516$，上游调压室面积为 $F=113.0973\text{m}^2$，阻抗孔口损失系数 $k_2=0.0049809$。输入初始时刻 $t_0=0$，初始调压室水位 $Z_0=594.153\text{m}$，初始引水隧洞流速 $v_0=3.09\text{m/s}$，计算步长 $h=0.02\text{s}$，计算次数 $n=12000$，机组甩全部负荷，上游调压室水位波动变化过程如图 10-32 所示。

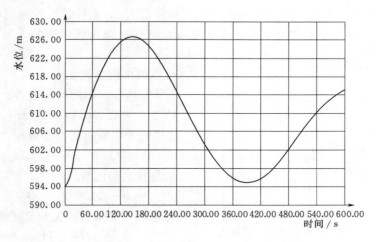

图 10-32　某水电站机组甩负荷，调压室水位波动变化过程
（采用龙格库塔方法）

2. 调压室涌浪水位与机组调节保证参数的联合计算

在计算机应用非常普及的当今，调压室涌浪水位与机组调节保证参数的联合计算已相当成熟。与两者分开计算相比，其优势在于：①能精确地计入调压室涌浪水位波动过程对机组调节保证参数的影响，因为，设置调压室尽管缩短了压力管道的长度，但调压室与水库相比，其断面积是有限的，不仅自身的水位波动影响机组调节保证参数，而且对水击波反射不够充分，也会将压力隧洞少部分的水流惯性作用于机组调节保证参数；②能方便地计算各种组合工况下，调压室水位波动叠加对自身水位极值的影响，以及对机组调节保证参数的影响；③能方便地处理复杂的水力单元布置，如图 10-33 所示的一洞三机、岔管位于调压室底部的布置方式。

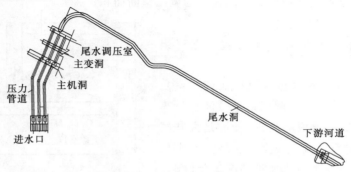

图 10-33　某水电站尾水一洞三机布置图

调压室涌浪水位与机组调节保证参数联合计算的基本处理方法是：列出各种形式调压室的边界条件，与连接调压室的管道首断面或末断面的特征方程联立，形成完整的调压室水位波动计算的数学模型，并入水电站过渡过程计算程序，联合求解。故在此仅介绍各种形式调压室水位波动计算的数学模型。

（1）简单式调压室。如图 10-34 所示，简单式调压室水位波动计算简图中共有 7 个未知数，即 1 号管道末断面的测压管水头 H_{P1} 和流量 Q_{P1}，2 号管道首断面的测压管水头 H_{P2} 和流量 Q_{P2}，调压室底部的测压管水头 H_{TP}，流进或流出调压室的流量 Q_{TP}（流进为正）、调压室水位高程 Z。

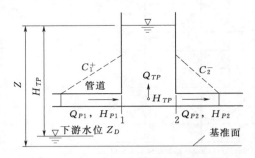

图 10-34 简单式调压室水位波动计算简图

可以列出的方程如下：

1 号管道末断面的特征方程：

$$C_1^+: \qquad Q_{P1} = Q_{CP} - C_{QP}H_{P1} \qquad (10-54)$$

2 号管道首断面的特征方程：

$$C_2^-: \qquad Q_{P2} = Q_{CM} + C_{QM}H_{P2} \qquad (10-55)$$

调压室底部流量连续性方程：

$$Q_{P1} = Q_{P2} + Q_{TP} \qquad (10-56)$$

在忽略岔管水头损失和流速水头之差时：

$$H_{P1} = H_{TP} \qquad (10-57)$$

$$H_{P2} = H_{TP} \qquad (10-58)$$

在忽略调压室内水体惯性和沿程损失时：

$$Z = H_{TP} + Z_D \qquad (10-59)$$

式中 测压管水头均以下游水位为基准；

Z_D——下游水位高程，m。

调压室水位方程：

$$Z^n = Z^{n-1} + \frac{Q_{TP}^n + Q_{TP}^{n-1}}{2}\frac{\Delta t}{F} \qquad (10-60)$$

式中 测压管水头均以下游水位为基准；

Δt——计算时间步长，s；

F——调压室断面积，m^2，若调压室为变断面（包括上室或下室），则 F 应代入对应于涌浪水面所到达高程处的调压室断面积；

上标 $n-1$——上一时刻的已知值。

对于 7 个未知数，有 7 个方程，方程组封闭。

（2）差动式调压室（包含阻抗式调压室）。如图 10-35 所示的差动式调压室水位波动计算简图，其中 Z_{SD} 是升管顶部高程，Z_{DB} 是大井底板高程，Z_{RP} 是升管水位高程，Z_{MP} 是大井水位高程。水位波动计算可分为 4 种情况进行讨论：

1）水位在大井底板之下，即为阻抗式调压

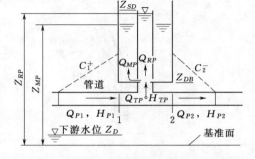

图 10-35 差动式调压室水位波动计算简图

室。如计算简图 10-35 所示，该情况下共有 5 个未知数，即 1 号管道末断面的流量 Q_{P1}，2 号管道首断面的流量 Q_{P2}，调压室底部的测压管水头 H_{TP}，流进或流出调压室的流量 Q_{TP}（流进为正），以及调压室水位高程 Z。

可以列出的方程与简单式调压室基本相同，为了节省篇幅，不再重复。仅仅是方程式（10-59）改写为

$$Z = H_{TP} + Z_D - \beta Q_{TP} |Q_{TP}| \tag{10-61}$$

式中　β——阻抗损失系数。

2）升管顶部无溢流：$Z_{SD} > Z_{RP}$ 且 $Z_{MP} > Z_{DB}$。如计算简图 10-35 所示：该情况下共有 8 个未知数，即 1 号管道末断面的流量 Q_{P1}，2 号管道首断面的流量 Q_{P2}，调压室底部的测压管水头 H_{TP}，调压室的流量 Q_{TP}（流进为正），调压室大井的水位高程 Z_{MP} 和流进或流出 Q_{MP}（流进为正），调压室升管的水位高程 Z_{RP}，和流进或流出 Q_{RP}（流进为正）。

可以列出的方程如下：

1 号管道末断面的特征方程：

C_1^+：
$$Q_{P1} = Q_{CP} - C_{QP} H_{TP} \tag{10-62}$$

2 号管道首断面的特征方程：

C_2^-：
$$Q_{P2} = Q_{CM} + C_{QM} H_{TP} \tag{10-63}$$

连续性方程：

$$Q_{P1} = Q_{P2} + Q_{TP} \tag{10-64}$$

$$Q_{TP} = Q_{RP} + Q_{MP} \tag{10-65}$$

大井与升管之间孔口出流方程：

$$\left. \begin{aligned} Q_{MP} &= m_1 A_C \sqrt{2g(Z_{RP} - Z_{MP})} \quad (Z_{RP} \geqslant Z_{MP}) \\ Q_{MP} &= -m_2 A_C \sqrt{2g(Z_{MP} - Z_{RP})} \quad (Z_{RP} < Z_{MP}) \end{aligned} \right\} \tag{10-66}$$

式中　m_1、m_2——流进和流出孔口的流量系数；

$\quad\quad A_C$——孔口面积，m^2。

水位方程：

$$Z_{RP} = H_{TP} + Z_D - \beta Q_{TP} |Q_{TP}| \tag{10-67}$$

$$Z_{RP}^n = Z_{RP}^{n-1} + \frac{Q_{RP}^n + Q_{RP}^{n-1}}{2} \frac{\Delta t}{A_S} \tag{10-68}$$

$$Z_{MP}^n = Z_{MP}^{n-1} + \frac{Q_{MP}^n + Q_{MP}^{n-1}}{2} \frac{\Delta t}{A_J} \tag{10-69}$$

式中　A_S——升管断面积，m^2；

$\quad\quad A_J$——大井断面积，m^2；

上标 $n-1$——上一时刻的已知值。

3）升管顶部有溢流：$Z_{RP} > Z_{SD}$ 或者 $Z_{MP} > Z_{SD}$。如计算简图 10-35 所示：该情况下共有 9 个未知数，即 1 号管道末断面的流量 Q_{P1}，2 号管道首断面的流量 Q_{P2}，调压室底部的测压管水头 H_{TP}，调压室的流量 Q_{TP}（流进为正），调压室大井的水位高程 Z_{MP}，流进或流出流量 Q_{MP}（流进为正），调压室升管的水位高程 Z_{RP}，流进或流出流量 Q_{RP}（流进为正），升管顶部溢流的流量 Q_{CP}。

与第 2）情况相比，仅仅多了溢流的流量 Q_{CP}。故只需要补充溢流方程，并且改写式（10-68）和式（10-69）。

溢流方程：

$$Q_{CP} = \mu_1 L_C \sqrt{2g}[Z_{RP} - Z_{SD}]^{\frac{3}{2}} \quad Z_{RP} > Z_{SD} 且 Z_{MP} \leqslant Z_{SD}$$

$$Q_{CP} = -\mu_2 L_C \sqrt{2g}[Z_{MP} - Z_{SD}]^{\frac{3}{2}} \quad Z_{RP} \leqslant Z_{SD} 且 Z_{MP} > Z_{SD} \tag{10-70}$$

式中 μ_1、μ_2——正反两个方向的溢流流量系数；

L_C——溢流前沿长度，m。

式（10-68）和式（10-69）改写为

$$Z_{RP}^n = Z_{RP}^{n-1} + \frac{Q_{RP}^n + Q_{RP}^{n-1} - Q_{CP}^n - Q_{CP}^{n-1}}{2} \frac{\Delta t}{A_S} \tag{10-71}$$

$$Z_{MP}^n = Z_{MP}^{n-1} + \frac{Q_{MP}^n + Q_{MP}^{n-1} + Q_{CP}^n + Q_{CP}^{n-1}}{2} \frac{\Delta t}{A_J} \tag{10-72}$$

4）溢流口被淹没。即等同阻抗式调压室，与第 1）情况完全一致。

（3）气垫式调压室。气垫式调压室水位计算简图如图 10-36 所示。其中未知数 6 个，即 1 号管道末断面的流量 Q_{P1}，2 号管道首断面的流量 Q_{P2}，调压室底部的测压管水头 H_{TP}，流进或流出调压室的流量 Q_{TP}（流进为正），调压室水位高程 Z，气室压强水头 H_q。

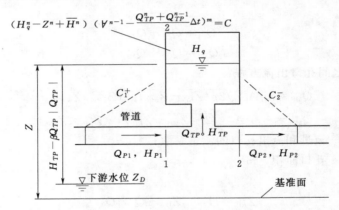

图 10-36 气垫式调压室水位波动计算简图

与阻抗式调压室相比，仅仅多了气室压强水头 H_q。故只需要补充气体状态方程，并且改写式（10-61）。

气体状态方程：

$$(H_q^n - Z^n + \overline{H}^n)\left(\forall^{n-1} - \frac{Q_{TP}^n + Q_{TP}^{n-1}}{2}\Delta t\right)^m = C \tag{10-73}$$

式中 $\forall$——气室体积，m³；

m——气体多方指数 1.0～1.4；

$\overline{H}$——以水头形式表示的大气压，m；

上标 $n-1$——上一时刻的已知值。

式（10-61）改写后成为

$$H_q = H_{TP} + Z_D - \beta Q_{TP} |Q_{TP}| \qquad (10-74)$$

3. 调压室涌波水位计算的控制工况

(1) 上游调压室最高涌波水位。设计工况为：上库正常蓄水位（或厂房设计洪水位）下，共用同一个调压室的全部 n 台机组满负荷运行瞬时丢弃全部负荷，导叶紧急关闭。校核工况为：上库最高发电水位下，共用同一个调压室的全部 n 台机组丢弃全部负荷，或上库正常蓄水位下，共用同一个调压室的 $(n-1)$ 台机组满负荷运行增至 n 台机组满负荷运行，在流入调压室流量最大时，n 台机组同时丢弃全部负荷，导叶紧急关闭。

(2) 上游调压室最低涌波水位。设计工况为：上库最低发电水位下，共用同一个调压室的 $(n-1)$ 台机组满负荷运行增至 n 台机组满负荷运行，或者 n 台机组由 2/3 负荷增至满负荷运行，并复核共用同一个调压室的全部 n 台机组瞬时丢弃全部负荷时的第二振幅。校核工况为：上库最低发电水位下，共用同一个调压室的所有机组瞬时丢弃全部负荷，在流出调压室流量最大时，其中一台机组从空载增至满负荷运行。

(3) 下游调压室最高涌波水位。设计工况为：厂房下游设计洪水位下，共用同一个调压室的 $(n-1)$ 台机组满负荷运行增至 n 台机组满负荷运行，或者 n 台机组由 2/3 负荷同时增至满负荷运行，并复核共用同一个调压室的全部 n 台机组瞬时丢弃全部负荷时的第二振幅。校核工况为：下游校核洪水位下的上述工况，或厂房下游设计洪水位下，共用同一个调压室的全部 n 台机组瞬时丢弃全部负荷，在流入调压室流量最大时，其中一台机组从空载增至满负荷运行。

(4) 下游调压室最低涌波水位。设计工况为：与 n 台机组发电运行相应的下游尾水位下，共用同一个调压室的全部 n 台机组满负荷运行瞬时丢弃全部负荷，并复核下游最低尾水位下，部分机组运行瞬时丢弃全部负荷。校核工况为：下游最低尾水位下，共用同一个调压室的 $(n-1)$ 台机组满负荷运行增至 n 台机组满负荷运行，在流出调压室流量最大时，n 台机组同时丢弃全部负荷，导叶紧急关闭。

(5) 其他应注意的事项。上游调压室最低涌波水位和下游调压室最高涌波水位在校核工况下若不满足要求，可通过调整连续开机的时间间隔、控制分级增荷的幅度，限制丢弃全部负荷后重新开机的时间间隔等合理运行措施加以解决。

若电站机组和出线的回路数较多，而且母线分段，经过分析论证，电站没有丢弃全部负荷的可能，也可按丢弃部分负荷计算涌波最大值。

若水电站有分期蓄水发电情况，还要对水位和运行工况进行专门分析。

进行调压室涌波水位计算时，引（尾）水道的糙率在丢弃负荷时取小值，增加负荷时取大值。

对大型水电站的调压室或者形式复杂的调压室的水力特性，必要时可通过水力学模型试验进行研究。

4. 联合计算的工程实例

锦屏二级水电站位于四川省凉山州境内的雅砻江干流上，装设有 8 台单机容量为 600MW 混流式水轮机。其引水系统采用 4 洞 8 机布置形式，主要由电站进水口及事故闸门室、引水隧洞、上游调压室、高压管道等建筑物组成。引水隧洞平均洞线长度约 16.67km，其中 1 号和 3 号引水隧洞中部衬砌后为洞径 10.8m 的四心圆断面，其他洞段及

2号和4号引水隧洞全长衬砌后为洞径11.8m的四心圆马蹄形断面（西端）和平底马蹄形断面（东端）。引水隧洞末端各布置有上游差动式调压室，调压室实际断面面积（含升管）为415.64m²，调压室总高度约为140m。4条引水隧洞在调压室底部通过Y形岔管分岔成8条高压管道，管道内径为6.5m，厂前渐变至6.05m，与蜗壳延伸段相接。尾水系统采用单机单洞的布置形式，主要由尾水隧洞、尾水出口事故闸门室及尾水隧洞出口等建筑物组成。尾水隧洞总长约为212.4～261.3m，采用圆拱直墙形，断面尺寸为9.50m×12.80m（$b×h$）。该水电站布置图如10-37所示。

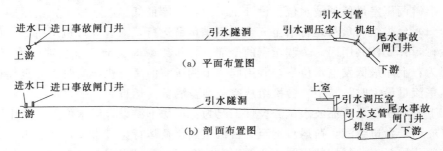

图10-37 锦屏二级水电站输水发电系统布置示意图

计算工况：上库正常蓄水位1646.00m，下库8台机运行尾水位1333.74m，同一水力单元两台机组以额定出力正常运行时同时甩负荷，导叶关闭。

1号水力单元与4号水力单元极值结果见表10-3。

表 10-3　　　　　　　　　极 值 结 果 表

水力单元	蜗壳末端最大动水压强/m		尾水管进口最小压强/m		转速最大上升率/%		大井与升管之间的最大水位差/m	
	1号	4号	1号	4号	1号	4号	1号	4号
极值	365.96	364.98	6.31	5.04	47.07	9.00	−31.53 14.36	−29.42 14.48
时间/s	27.26	192.24	5.46	5.04	2.88	45.87	20.40 376.80	19.20 347.40

水力单元	最高水位/m				最低水位/m			
	大井		升管		大井		升管	
	1号	4号	1号	4号	1号	4号	1号	4号
极值	1681.86	1681.00	1681.86	1681.00	1607.39	1608.36	1607.38	1608.35
时间/s	201.96	191.54	201.96	191.54	498.56	481.20	499.08	479.50

水力单元	底板向上最大压差/m				底板向下最大压差/m			
	大井		升管		大井		升管	
	1号	4号	1号	4号	1号	4号	1号	4号
极值	14.75	14.68	2.94	2.61	46.81	33.77	2.87	9.86
时间/s	381.82	346.86	339.04	306.26	17.62	17.30	2.89	77.40

由表10-3与图10-38和图10-39可以看出：

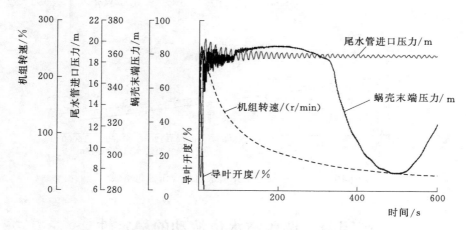

图 10 - 38　1 号机调保参数变化过程线

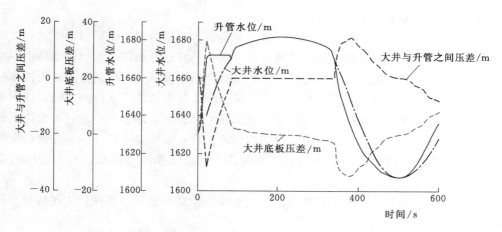

图 10 - 39　1 号水力单元调压室参数变化过程线

（1）蜗壳末端最大动水压力既可能受导叶关闭规律产生的水击压力控制，也可能受调压室最高涌浪控制，如本例中 1 号水力单元的极值发生在前，即为水击压力作用的结果，4 号水力单元的极值发生在后且与调压室最高涌浪发生时刻接近，为调压室最高涌浪作用的结果。

（2）由于本例中尾水系统长度较短，尾水管进口最小压力主要由导叶关闭规律控制。

（3）机组转速最大上升率的发生时间为工况点达到飞逸线的时间，其数值大小由导叶关闭速率、机组转动惯量 GD^2 等控制。

（4）对于调压室大井水位与升管水位，在水位上升的过程中，由于升管面积较小，因此水位上升较快，在达到溢流高程（进入上室）时，二者之间的压差达到极值，此后升管水位趋于平稳，二者之间的压差逐渐缩小，待大井水位也上升到溢流高程后，两者变化规律一致，压差为零；在水位下降过程中，在达到溢流高程以下时，升管水位同样下降更快，周期更短。

汇总过渡过程各控制工况，得到输水发电系统最大和最小压强包络线，如图 10 - 40

所示。

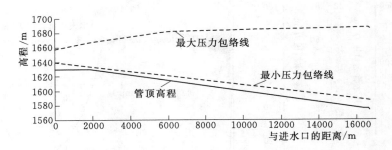

图 10 - 40　1 号水力单元引水道沿线压强包络线

第四节　调压室水位波动的稳定性

一、上游调压室水位波动的稳定性

水电站负荷变化时，例如从部分负荷增至全负荷，必然引起水轮机引用流量和工作水头的变化。而水轮机引用流量的变化导致调压室水位的波动。调压室水位波动又进一步引起水轮机工作水头的变化。为了维持机组全负荷对应的出力不变，调速器自动操控导叶开度，改变水轮机的引用流量。而流量的变化，又返回来激发调压室水位的波动。这种相互激发的结果，有可能导致调压室水位的波动越来越大，这是实际工程中绝对不允许出现的状况。要维护水电站、水轮发电机组及电网的稳定运行，必须要求调压室水位波动是衰减的，且衰减较快。而调压室水位波动呈等幅振荡，只是临界稳定状态，也不是应有工作状态。

因此，本节的任务是从理论上推导调压室水位波动临界稳定的条件，从而指导调压室水力设计。

1. 调压室水位波动稳定条件

调压室水位波动不稳定现象，首先在德国海姆巴赫（Heimbach）水电站发现，经水电专家托马（Thoma）的研究，于 1910 年提出了著名的调压室水位波动临界稳定断面计算式。

推导的前提是假定：①波动振幅无限小，即调压室水位波动是线性的；②理想调节，出力保持常数；③压力管道的水体惯性不计；④电站单独运行，机组效率保持不变。这 4 点假定统称为托马假定。

推导的依据仍然是前面已介绍的调压室的基本方程，即动量方程式（10 - 18），连续方程式（10 - 19），以及调速方程式（10 - 20）。

采用摄动法，令 $v = v_0 + \Delta v$，$Q = Q_0 + \Delta Q$，$Z = Z_0 + \Delta Z$，代入调压室基本方程，得到

$$f \Delta v = F \frac{\mathrm{d} \Delta Z}{\mathrm{d} t} + \Delta Q \tag{10 - 75}$$

$$\frac{L}{g} \frac{\mathrm{d} \Delta v}{\mathrm{d} t} = -\Delta Z - 2\alpha' v_0 \Delta v \tag{10 - 76}$$

$$\Delta Q H_0' = -\left(\Delta Z + \frac{2k_1 v_0 \Delta v}{2g}\right) Q_0 \tag{10-77}$$

式中　$\alpha' = \alpha + \dfrac{k_1}{2g}$，$H_0' = H_0 - h_{w0} - 3h_{m0}$。

采用微分算子，消去 ΔQ、Δv 及它们的导数，并令 $\Delta Z = x$，得

$$\frac{LF}{gf} H_0' \frac{\mathrm{d}^2 x}{\mathrm{d}t^2} + \left(\frac{2\alpha' v_0 F}{f} H_0' - \frac{LQ_0}{gf}\right) \frac{\mathrm{d}x}{\mathrm{d}t} + (H_0' - 2h_{w0}) x = 0 \tag{10-78}$$

将方程式（10-78）改写为，得到

$$\frac{\mathrm{d}^2 x}{\mathrm{d}t^2} + 2n \frac{\mathrm{d}x}{\mathrm{d}t} + P^2 x = 0 \tag{10-79}$$

式中　$n = \dfrac{v_0}{2}\left(\dfrac{2\alpha' g}{L} - \dfrac{f}{FH_0'}\right)$，$P^2 = \dfrac{gf}{LF}\left(1 - 2\dfrac{h_{w0}}{H_0'}\right)$。

常微分方程式（10-79）代表一个有阻尼的自由振动，其阻尼项可能是正值也有可能是负值。如果阻尼为零，即 $n=0$，则波动永不衰减，成为持续的周期性波动，此时若不计水头损失，调压室水位波动周期 T 为

$$T = 2\pi \sqrt{\frac{LF}{gf}} \tag{10-80}$$

实际上阻尼总是存在的，阻尼对波动周期 T 的影响很小，因而式（10-80）在分析中经常被采用。

假定方程式（10-79）的解为 $x = \mathrm{e}^{\lambda t}$，就可得到特征方程，即

$$\lambda^2 + 2n\lambda + P^2 = 0 \tag{10-81}$$

其根为

$$\lambda_1 = -n + \sqrt{n^2 - P^2}, \quad \lambda_2 = -n - \sqrt{n^2 - P^2}$$

有以下 3 种情况：

（1）$n^2 < P^2$，则 λ 具有两个复根：$\lambda_1 = -n + \mathrm{i}\sqrt{P^2 - n^2}$，$\lambda_2 = -n - \mathrm{i}\sqrt{P^2 - n^2}$。以此代入 $x = \mathrm{e}^{\lambda t}$，得方程式（10-79）的两个特解为

$$x_1 = \frac{C_1}{2}(\mathrm{e}^{\lambda_1 t} + \mathrm{e}^{\lambda_2 t}) = C_1 \mathrm{e}^{-nt} \cos\sqrt{P^2 - n^2}\, t$$

$$x_2 = \frac{C_2}{2i}(\mathrm{e}^{\lambda_1 t} - \mathrm{e}^{\lambda_2 t}) = C_2 \mathrm{e}^{-nt} \sin\sqrt{P^2 - n^2}\, t$$

故式（10-79）的通解为

$$x = \mathrm{e}^{-nt}(C_1 \cos\sqrt{P^2 - n^2}\, t + C_2 \sin\sqrt{P^2 - n^2}\, t) = x_0 \mathrm{e}^{-nt} \cos(\sqrt{P^2 - n^2}\, t - \theta) \tag{10-82}$$

因此，调压室水位变化为周期性波动，从式（10-82）不难看出：若 $n > 0$，因子 e^{-nt} 随时间减小，波动是衰减的；若 $n < 0$，因子 e^{-nt} 随时间增强，波动是不稳定且发散的；若 $n = 0$，系统的阻尼为零，式（10-82）为一余弦曲线，波动永不衰减。

由以上讨论可知：式（10-82）所代表的波动发生衰减的必要条件为 $n > 0$，这一条件显然能满足，因为式（10-82）是在 $n^2 < P^2$ 的条件下得出的。

（2）$n^2 = P^2$，式（10-79）的通解为：$x = \mathrm{e}^{-nt}(C_1 t + C_2)$，波动是非周期性的，衰减的条件是 $n > 0$。

（3）$n^2 > P^2$，即当阻尼很大时，式（10-81）的两个根全为实根，代入 $x = e^{\lambda t}$ 得式（10-79）的通解为：$x = C_1 e^{\lambda_1 t} + C_2 e^{\lambda_2 t}$，解中没有周期性因子，故波动是非周期性的，衰减条件是 $\lambda_1 < 0$ 和 $\lambda_2 < 0$，即 $n > 0$ 和 $P^2 > 0$。

通过以上讨论可知，为了使"压力引水道-调压室"系统的波动在任何情况下都是衰减的，其必要和充分条件是 $n > 0$ 和 $P^2 > 0$。

根据 $n > 0$ 得

$$F > \frac{Lf}{2\left(\alpha + \dfrac{k_1}{2g}\right)g\left(H_0 - h_{w0} - 3H_{m0}\right)} \tag{10-83}$$

上式表明：波动衰减的条件之一是调压室的断面积必须大于某一数值，令

$$F_{th} = \frac{Lf}{2\left(\alpha + \dfrac{k_1}{2g}\right)g\left(H_0 - h_{w0} - 3h_{m0}\right)} \tag{10-84}$$

式中　F_{th}——调压室水位波动衰减的临界断面，通常称为托马（Thoma）断面。

根据 $P^2 > 0$，得

$$H_0 > 3(h_{w0} + h_{m0}) \tag{10-85}$$

对于任何一个水电站而言，隧洞和压力管道水头损失之和小于 1/3 的静水头是能满足的，否则水头损失过大，极不经济，失去了兴建水电站的意义。

2. 波动稳定条件的分析

（1）托马公式的取值。从式（10-83）的分子可知：隧洞越长或者隧洞截面积越大，调压室稳定断面积越大。而从式（10-83）的分母可知：H_0 或者 α 越小，调压室稳定断面积越大。所以在计算托马断面积时，应按水电站在正常运行中可能出现的最小水头 $H_0 = H_{min}$ 计算，上游的最低水位一般为死水位。但如水电站有初期发电和战备发电的任务，这种特殊最低水位也应加以考虑。α 也应取最小糙率计算。特别要注意的定义，$\alpha = h_w / v^2$。h_w 包括引水道进口到调压室底部的所有水头损失，即沿程损失和局部损失。压力管道可采用平均糙率。计算中的流量应与水电站发电的最小水头相对应。

另外，从该式可知：高水头水电站要求的调压室稳定断面积较小，而水位波动振幅起控制性的作用，所以可采用双室式调压室，但双室之间连接管或竖井的断面积必须满足托马稳定的要求。而中低水头水电站，常常是水位波动稳定性起控制性的作用，所以多采用简单式、阻抗式或差动式调压室。差动式调压室水位波动稳定断面积是用大井和升管断面之和来保证的。

（2）调压室底部流速水头 $\dfrac{k_1}{2g}$ 的影响。对于简单式调压室，调压室底部的流速水头近似为零，故 $\alpha' = \alpha$。应该注意 α 中包含引水隧洞在调压室底部突扩损失 $\dfrac{1}{2g}$。

对于有连接管的调压室，包括阻抗式调压室，调压室底部的流速水头不为零。通常 $k_1 = 0.7 \sim 1.0$。α 中不包含调压室底部突扩损失 $\dfrac{1}{2g}$。

所以在其他条件完全相同的情况下，简单式调压室和阻抗式调压室所需的稳定断面积

差不多。但后者的水头损失小了 $\dfrac{v^2}{2g}$，提高了水电站的有效水头。

（3）压力管道水流惯性的影响。在托马公式中没有压力管道水流惯性的作用。要考虑其影响，就必须考虑调速器的校正作用，否则波动是不稳定的。换句话说，压力管道的水流惯性不利于波动的稳定，而调速器缓冲作用有利于波动的稳定。

（4）水轮机效率的影响。在托马公式的推导中，假定水轮机效率不变。实际上，水轮机效率随着水头和流量的变化而变化。$\eta = \eta_0 + \dfrac{\partial \eta}{\partial Q}\Delta Q_0 + \dfrac{\partial \eta}{\partial H}\Delta H_0$，代入调速方程，采用与前面相同的处理方法，可以得出

$$F_{th} = \frac{Lf(1+\Delta)}{2\alpha' g\left[H_0 - 2h_{m0}(1+\Delta)\right]} \tag{10-86}$$

$$\Delta = \frac{H_0}{\eta_0}\left(\frac{\partial \eta}{\partial H}\right)_0 \Big/ \frac{Q_0}{\eta_0}\left(\frac{\partial \eta}{\partial Q}\right)_0 \tag{10-87}$$

式中　下标 0——稳定工况点（H_0，Q_0）；

$\dfrac{\partial \eta}{\partial H}$、$\dfrac{\partial \eta}{\partial Q}$——效率随水头和流量的变化率，可根据水轮机特性曲线求得，如图 10-41 所示。

效率变化对于稳定断面最不利的影响发生在 η 随 H 增加而增加，并随 Q 增加而减小。

效率变化随稳定工况点的不同而不同。因此在考虑水轮机效率影响时，必须比较各种不同水头、各种不同稳定工况点的 F_{th}，取其最小值。

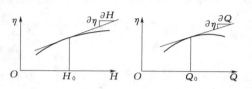

图 10-41　效率随水头和流量的变化趋势

（5）电力系统的影响。对于单独运行的水电站，当调压室水位发生变化时，只能由本电站的机组来保证出力为常数。当电站参加电力系统运行，则可以由系统各电站的机组共同保证系统出力为常数。因此减小了本电站流量变化的幅度，有利于调压室水位波动的衰减。所以参加系统运行的电站，可以减小 F_{th}。但系统的影响是很复杂的，只有在充分论证的前提下，才能考虑系统的影响。

（6）大波动的稳定条件。当波动振幅较大时，运动的微分方程不再是线性的。因此托马公式不能直接应用于大波动。非线性波动稳定问题的严格解析解，目前还得不出，只能采用图解法和数值近似。

研究结果表明，如小波动的稳定性不能保证，则大波动必然不能衰减。为了保证大波动衰减，调压室的断面必须大于临界稳定断面，并有一定的安全裕量。

二、下游调压室水位波动的稳定性

推导下游调压室水位波动稳定条件，仍然依据托马假定。但对于有连接管的下游调压室，包括下游阻抗式调压室，调压室底部的流速水头为负值，即：$\alpha' = \alpha - \dfrac{k_1}{2g}$，故下游调压室托马临界稳定断面面积计算公式为

$$F_{th} = \frac{Lf}{2g\alpha'(H_0 - h_{w0} - 3h_{m0})} \tag{10-88}$$

式中　F_{th}——托马临界稳定断面面积，m^2；

L——压力尾水道长度，m；

f——压力尾水道断面面积，m²；

H_0——发电最小毛水头，m；

α——下游调压室至下游河道或水库水头损失系数，$\alpha = h_{w0}/v^2$，包括局部水头损失与沿程水头损失；

v——压力尾水道平均流速，m/s；

h_{w0}——压力尾水道水头损失，m；

h_{m0}——下游调压室上游管道总水头损失（包括压力管道和尾水管延伸段水头损失），m。

由式（10-88）可知：对于中低水头的水电站，由于该流速水头为负值的影响，使得有连接管的下游调压室稳定断面积要比简单式的大得多，从而成为了下游调压室采用除简单式之外其他结构形式调压室的主要障碍。故在我国修建大朝山、龙滩、小湾等水电站之前，国内外很少采用下游阻抗式调压室。

文献 [7] 运用戈登（Gardel）的 T 型分岔管水头关系式，分析了连接管处流速水头和动量交换项对下游调压室稳定断面积的影响，从理论上证明了连接管处流速水头是不利的，而动量交换项是有利的，其计算公式如下：

$$F_{th} = \frac{Lf}{g\left[2\left(\alpha - \dfrac{k_1}{2g}\right) + \dfrac{\bar{\sigma}}{2g}\right](H_0 - h_{w0} - 3h_{m0})} \qquad (10-89)$$

式中　$\bar{\sigma} = 0.5\left[0.4\left(1 + \dfrac{1}{\varphi}\right)\cot\dfrac{\theta}{2} + 0.36 + 3.84 - \varphi\right]$，$\bar{\sigma}$ 的大小取决于连接管与尾水隧洞的断面面积之比 φ，以及连接管与尾水隧洞的轴线的交角 θ。在 $\varphi = 1$，$\theta = 90°$ 的特定条件下，$\bar{\sigma} = 2.0$。

若 $k_1 = 1$，$\bar{\sigma} = 2.0$，代入式（10-89）可得

$$F_{th} = \frac{Lf}{2g\alpha(H_0 - h_{w0} - 3h_{m0})} \qquad (10-90)$$

式（10-90）即为下游简单式调压室稳定断面积计算公式。说明对于有连接管的下游调压室，连接管处流速水头和动量交换项的作用相反，数值大致相当，可相互抵消，结果接近于下游简单式调压室稳定断面积。

为了计算简化起见，最新的 NB/T 35021—2014《水电站调压室设计规范》明确了按式（10-90）计算下游调压室稳定断面积，而不区分调压室的结构形式。

值得指出的是：若合理地选取连接管的尺寸和形式，可进一步减小下游调压室水位波动稳定所需的断面积。

三、气垫式调压室水位波动稳定性

对于地形条件受限或者有较高环保要求的高水头长距离引水式水电站，在地质条件许可的情况下，可在厂房上游侧考虑设置气垫式调压室。而下游调压室位置一般与尾水位的高差较小，不宜采用气垫式调压室。

推导气垫式调压室水位波动稳定条件，仍然依据托马假定，且利用气体状态方程式（10-73），得到气垫式调压室的临界稳定断面积计算公式如下：

$$F_{SV} = F_{th}\left(1 + \frac{np_0}{l_0}\right) = \frac{Lf}{2g\alpha'(H_0 - h_{w0} - 3h_{m0})}\left(1 + \frac{np_0}{\gamma l_0}\right) \tag{10-91}$$

式中　　F_{SV}——气垫式调压室的临界稳定断面积，m^2；

$\quad\quad F_{th}$——常规调压室的临界稳定断面积，m^2；

$\quad\quad n$——气体多方指数，取 $1.0\sim1.4$；

$\quad\quad p_0$——气室内气体绝对压强，N/m^2；

$\quad\quad \gamma$——水体容重，N/m^3；

$\quad\quad l_0$——气体体积折算为 F_{SV} 面积时的高度，m。

从式（10-91）可知：

（1）从严格意义上来讲，气垫式调压室水位波动稳定条件取决于该对应工况下调压室内的水面面积、气体绝对压强和气体体积，而不是由其中某一个因素单独决定的。

（2）气垫式调压室的临界稳定断面积比常规调压室的临界稳定断面积大 $\left(1 + \frac{np_0}{\gamma l_0}\right)$ 倍。即所需的稳定断面积与气体体积（l_0）成反比，当气体体积等于无穷大时，就转化为常规的调压室，所需的稳定断面积最小，等于托马断面积；稳定断面积与调压室内气体绝对压强（p_0）成正比，选取的绝对压强越大，所需的稳定断面积越大。

（3）改写式（10-91），得到 $F_{SV}\left(\frac{1}{F_{th}} - \frac{np_0}{\gamma \forall_0}\right) = 1$，其中 $\forall_0 = l_0 F_{SV}$。说明气体体积 $\forall_0$ 不能太小，否则气垫式调压室水位波动就不能稳定。

（4）由于 $\frac{p_0}{\gamma} = Z_u - Z_0 - h_{w0} + \overline{H}$，代入式（10-91）并改写，得到气垫式调压室临界稳定气体体积：

$$\forall_{SV} = \frac{[l_0 + n(Z_u - Z_0 - h_{w0} + \overline{H})]Lf}{2g\alpha'(H_0 - h_{w0} - 3h_{um0})} = l_0 F_{th} + \frac{np_0}{\gamma}F_{th} \tag{10-92}$$

在此应该指出的是：

（1）气垫式调压室的工作气压一般都很高，其洞室多采用不衬砌或锚喷支护，故气垫式调压室所处围岩自身应有足够的强度以承受高内水压强及气体压强。为了满足气垫式调压室围岩的稳定性和阻水阻气性要求，必须考虑与位置相关的地形和地质条件。地形条件要求地形完整、山体雄厚；地质条件要求围岩完整、坚硬、致密，从而不会因气垫式调压室的水压强和气压强而致使围岩变形及渗漏。

（2）气垫式调压室断面积通常很大，为了气垫式调压室拱顶的稳定，断面积的平面形状可以是环形、条形、"日"字形、L 形、T 形等。如我国的自一里和小天都水电站均采用了条形；挪威的 Torpa 水电站采用了环形，Kvildal 水电站采用了"日"字形。

（3）气垫式调压室底板高程应按室内最小水深不小于安全水深来控制，否则高压气体进入压力管道，不仅浪费了高压气体，而且有可能引起机组运行事故。所以，水电站调压室规范明确规定：气垫式调压室安全水深的设计取值建议不小于 2.0m，对于发生概率很小的校核工况，可取不小于 1.5m，当水深小于 1.5m 时，则视为事故情况。

四、上下游双调压室水位波动稳定性

设置上、下游双调压室的水电站在发生非恒定流时，上、下游调压室的水位波动是互相影响的。早期埃万杰利斯蒂（Evangelisti）公式求得的调压室断面积明显偏大，后来耶格尔（Jaeger）引入无量纲参数直接研究上下游双调压室系统水位波动稳定域，但其假定条件与实际差别较大。文献［8］深入分析了上下游双调压室水位波动的稳定条件和稳定域变化规律，从理论上导出了稳定域的干涉点和共振点的解析公式，提出了上下游调压室稳定断面设计的准则和计算方法，并指出上下游调压室断面不能同时为托马断面。

1. 基本方程与波动稳定条件

针对如图 10-42 所示的上下游双调压室输水发电管道系统，以托马假定为前提，可列出的基本方程如下：

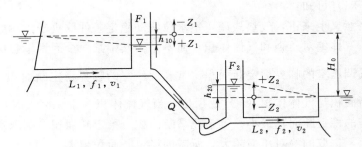

图 10-42　设有上下游双调压室输水发电管道系统

引水隧洞的动量方程：

$$\frac{L_1}{g}\frac{dv_1}{dt}=Z_1-h_1+\frac{k_1 v_1^2}{2g} \tag{10-93}$$

上游调压室底部的连续性方程：

$$Q_1=f_1 v_1+F_1\frac{dZ_1}{dt} \tag{10-94}$$

尾水隧洞的动量方程：

$$\frac{L_2}{g}\frac{dv_2}{dt}=Z_2-h_2+\frac{k_2 v_2^2}{2g} \tag{10-95}$$

下游调压室底部的连续性方程：

$$Q_2=f_2 v_2+F_2\frac{dZ_2}{dt}=Q_1 \tag{10-96}$$

调速方程：

$$Q_{10}(H_0-h_{10}-h_{m0}-h_{20})=Q_1(H_0-Z_1-h_m-Z_2) \tag{10-97}$$

上述公式中的符号定义如图 10-42 所示，不再累述。

引入如下参数：

（1）每个调压室单独运行的稳定断面和相应的托马周期。

$$\left.\begin{array}{l}F_{thi}=\dfrac{L_i f_i}{2g\alpha_i' H_1'}\quad(i=1,2)\\[3mm]T_{thi}=2\pi\sqrt{\dfrac{L_i F_{thi}}{g f_i}}\quad(i=1,2)\end{array}\right\} \tag{10-98}$$

式中　$H_1'=H_0-h_{10}-3h_{m0}-h_{20}$，$\alpha_1'=\alpha_1+k_1/2g$，$\alpha_2'=\alpha_2-k_2/2g$。

（2）调压室断面的放大系数和相应的实际周期。

$$n_i = F_i/F_{thi} \quad (i=1,2)$$
$$T_i = 2\pi\sqrt{\frac{L_iF_i}{gf_i}} = T_{thi}\sqrt{n_i} \quad (i=1,2)$$

$$(10-99)$$

（3）相对水头损失系数。

$$r_i = \frac{2\alpha_i' v_{i0}^2}{H_1'} \quad (i=1,2)$$

$$(10-100)$$

由此导出上下游双调压室系统水位波动稳定性的四阶微分方程如下：

$$A_0 x_1^{(4)} + A_1 x_1^{(3)} + A_2 x_1^{(2)} + A_3 x_1^{(1)} + A_4 x_1^{(0)} = 0 \qquad (10-101)$$

式中 $A_0=1$，$A_1=a_1+a_2$，$A_2=b_1+b_2+a_1a_2-c_1c_2$，$A_3=a_1b_2+b_1a_2-c_1d_2-c_2d_1$，$A_4=b_1b_2-d_1d_2$。

其中：$a_i=\dfrac{2\pi}{T_{thi}}\sqrt{r_i\left(1-\dfrac{1}{n_i}\right)}$，$b_i=\dfrac{4\pi^2}{n_iT_{thi}^2}(1-r_i)$，$c_i=\dfrac{2\pi}{n_iT_{thi}}\sqrt{r_i}$，$d_i=\dfrac{4\pi^2 r_i}{n_iT_{thi}^2}(i=1,2)$。

由常微分方程稳定性理论可知，当方程式（10-101）的系数满足劳斯-赫尔维茨（Routh-Hurwitz）条件时，即满足：

$$A_1>0,\ A_2>0,\ A_3>0,\ A_4>0$$
$$\Delta_3 = A_1(A_2A_3 - A_1A_4) - A_3^2 > 0$$

$$(10-102)$$

则方程式（10-101）表示的波动是稳定的。

2. 干涉点、共振点确定稳定域边界曲线

由上下游双调压室水位波动稳定域的变化规律的具体分析（过程略）可知：两条渐近线和 3 个特征点便可确定以两个调压室断面放大系数（n_i，$i=1,2$）为坐标系的上下游双调压室水位波动的稳定域边界（图 10-43）。其中：两条渐近线指的是 $n_i=1$，$i=1,2$；3 个特征点指的是干涉点（成双出现的 $A_1=0$ 与 $A_2=0$ 的交点）及共振点。

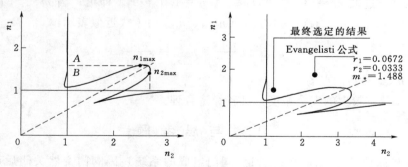

图 10-43　稳定域和某实际电站的稳定断面参数计算结果

干涉点的计算式如下：

$$n_2 = \frac{\left(m_* + \dfrac{1}{m_*} + 2K\right) \pm \sqrt{\left(m_* + \dfrac{1}{m_*} + 2K\right)^2 - 4(1-r_1)\left(K+\dfrac{1}{m_*}\right)(K+m_*)}}{2(1-r_1)\left(K+\dfrac{1}{m_*}\right)}$$

$$(10-103)$$

$$n_1 = \frac{\left(m_* + \dfrac{1}{m_*} + 2K\right) \pm \sqrt{\left(m_* + \dfrac{1}{m_*} + 2K\right)^2 - 4(1-r_1)\left(K + \dfrac{1}{m_*}\right)(K + m_*)}}{2(1-r_1)\left(K + \dfrac{1}{m_*}\right)} + \frac{1 + \dfrac{K}{m_*}}{1 - r_2}$$

$$(10-104)$$

式中　m_*——上下游调压室的托马周期之比，$m_* = T_{th1}/T_{th2}$；

K——相对水头损失比，$K = r_2/r_1$。

当上下游调压室的周期相等时，水位波动将发生共振，故将稳定边界曲线上周期相等的点称为共振点，共振点计算公式如下：

一般情况下，两个调压室断面积放大系数近似满足如下关系：

$$(n_1 - 1)(n_2 - 1) = 1 \tag{10-105}$$

为了精确地计算共振点的数值，可将 $n_1 = 1/m_*^2 + 1$ 作为初值代入下式进行迭代计算：

$$n_{1,j+1}^* = n_{1,i}^* - \frac{E_0 n_{1,i}^3 + E_1 n_{1,i}^2 + E_2 n_{1,i} + E_3}{3 E_0 n_{1,i}^2 + 2 E_1 n_{1,i} + E_2} \tag{10-106}$$

式中　$E_0 = m_* \left(\dfrac{X_1}{X_2} - \sqrt{r_1 r_2}\right)\dfrac{X_1}{X_2}$，$E_1 = -(2 - r_1 - r_2)\dfrac{X_1}{X_2} - \left(1 + \dfrac{1}{m_*^2}\right) m_* \left(\dfrac{X_1}{X_2} - \sqrt{r_1 r_2}\right)\dfrac{X_1}{X_2}$，

$E_2 = \dfrac{1 - r_1 - r_2}{m_*} + \left(1 + \dfrac{1}{m_*^2}\right)\left(2\dfrac{X_1}{X_2} - \sqrt{r_1 r_2}\right)$，$E_3 = -\left(1 + \dfrac{1}{m_*^2}\right)\dfrac{1}{m_*}$。

其中　$X_1 = \sqrt{r_1} + m_* \sqrt{r_2}$，$X_2 = \sqrt{r_2} + m_* \sqrt{r_1}$。

一般情况下，迭代一次即可。

3. 稳定断面的设计准则与计算方法

根据上述内容及方法，便可描绘稳定边界的近似轮廓，在边界线右上方，系统是稳定的。考虑到稳定性及裕度两方面的要求，建议上下游双调压室水位波动稳定断面设计准则是：当 $m_* \geqslant 1$，选取 $n_1 = (1 \sim 1.05) n_{1\max}$，$n_2 = 1.05 \sim 1.1$ 即可；当 $m_* < 1$ 时，则选取 $n_2 = (1 \sim 1.05) n_{2\max}$，$n_1 = 1.05 \sim 1.1$。而 $n_{1\max}$、$n_{2\max}$ 由下式近似表示：

$$n_{1\max} = \frac{n_{1r}}{1 - r_2}, \quad n_{2\max} = \frac{n_{2r}}{1 - r_1} \tag{10-107}$$

式中　n_{1r}、n_{2r}——共振点的值。

上述选择既有较大的安全裕度，又较经济合理。

习 题 与 思 考 题

1. 试分析简单管（水库-单一管道-阀门组成的系统）因阀门突然关闭后产生的水击压强的传播、反射、叠加过程，绘出一个周期 $T = 4L/a$ 内阀门端的压强变化过程线、水库端的流速变化过程线。

2. 对于上、下游均设调压室的水电站输水系统，当机组发生甩负荷工况时，在蜗壳、尾水管分别会发生什么样的水击现象？在调压室会发生什么样的水位波动现象？机组转速、流量会如何变化？请绘图示意。当机组发生增负荷工况时，情况又如何？

3. 为何说调节保证计算中水击压力和转速升高是矛盾的？有哪些解决这种矛盾的措施？

4. 水击压强解析计算中，管道特性系数和水击特性系数是最重要的参数，它们分别代表什么物理意义？在解析计算中分别起何作用？

5. 水击基本方程的解可表达成波函数形式。波函数具有哪些特点？请利用表达成波函数形式的水击通解方程推导三岔管和半开的阀门的水击反射系数。

6. 请推导计算间接水击的连锁方程。该连锁方程对阀门开启、关闭及其规律有限制吗？

7. 一相水击、末相水击、直接水击是如何区分的？它们之间的界限是绝对的吗？与管道特性系数 ρ、水击特性系数 σ 和阀门开度 τ 有何关系？

8. 阀门启闭时间和规律对水击压强变化过程和最大水击压强值有何影响？不同水头水电站优化过的导叶关闭规律有何特点？

9. 水击和调压室水位波动两者现象有何异同？为何可以将它们分开分别计算？

10. 调压室为何可缩短压力管道，反射水击波？请推导阻抗式调压室的水击反射系数和透射系数。

11. 请绘图示意上游调压室、下游调压室的最高涌波水位波动过程线。要注意给出正确的工况、水库（尾水）水位、调压室起始水位、波动终了水位、隧洞最大压力包络线。

12. 请绘图示意上游调压室、下游调压室的最低涌波水位波动过程线。要注意给出正确的工况、水库（尾水）水位、调压室起始水位、波动终了水位、隧洞最小压力包络线。

13. 上游调压室和下游调压室的设置判别条件有何差别？

14. 调压室水位波动过程反映了什么样的物理守恒现象？能否给出其水位波动的解析解。大波动现象和小波动现象有何差别？

15. 推导调压室水位波动基本方程时，水位、流量的方向规定十分重要。在规定调压室水位以水库水位为基准，向下为正，向上为负；引水道流量流向调压室为正，反之为负；机组引用流量以流向机组为正的前提下，推导上游调压室的水位波动基本方程。

16. 在规定下游调压室水位以尾水位为基准，向下为正，向上为负；尾水道流量流离调压室为正，反之为负；机组引用流量以流离机组为正的前提下，推导下游调压室的水位波动基本方程。

17. 用 MathCAD、Matlab 等数学软件可直接求解调压室基本方程，获得水位波动过程线和极值水位。请用一种数学软件计算上游阻抗式调压室的水位波动过程。

18. 确定调压室最高涌波水位和最低涌水位时，要选择哪些计算工况？请分上游调压室、下游调压室、单管单机、一管两机等多种情况分别讨论。

19. 不同形式的调压室各有哪些特点和适用条件？选择调压室形式时如何协调稳定断面与涌波振幅？

20. 调压室托马稳定断面推导时有哪些理想化的假设条件？有哪些因素对水电站调压室的稳定断面有影响，计算调压室稳定断面时如何考虑这些因素？

21. 确定调压室断面时要考虑哪些因素？为什么？

参 考 文 献

［1］ DL/T 5186—2004 水力发电厂机电设计规范［S］. 北京：中国电力出版社，2004.

［2］　王仁坤，张春生. 水工设计手册：水电站建筑物［M］. 2版. 北京：中国水利水电出版社，2013.

［3］　NB/T 35021—2014　水电站调压室设计规范［S］. 北京：中国电力出版社，2015.

［4］　杨建东，汪正春，詹佳佳. 上游调压室设置条件的探讨［J］. 水力发电学报，2008，27（5）：114－117.

［5］　Zhao Guilian，Yang Jiandong. Research on the condition to set a tailrace surge tank［J］. Journal of Hydrodynamics，2004，16（4）：486－491.

［6］　鲍海艳，杨建东，付亮等. 基于水电站调节品质的调压室设置条件探讨［J］. 水力发电学报，2011，30（3）：180－186.

［7］　杨建东，赖旭，陈鉴治. 连接管速度头和动量项对调压室稳定面积的影响［J］. 水利学报，1995，（7）：59－66.

［8］　杨建东，陈鉴治，赖旭. 上下游调压室系统水位波动稳定分析［J］. 水利学报，1993，（7）：55－56.

［9］　刘启钊. 水电站调压室［M］. 北京：水利电力出版社，1995.

［10］　郝元麟，余挺. 水电站气垫式调压室设计［M］. 北京：中国水利水电出版社，2017.

［11］　唐巨山. 中小型水利水电工程典型设计图集，水电站引水建筑物分册，引水隧洞与调压室［M］. 北京：中国水利水电出版社，2007.

［12］　克里夫琴科. 水电站动力装置中的过渡过程［M］. 北京：水利出版社，1981.

［13］　吴荣樵，陈鉴治. 水电站水力过渡过程［M］. 北京：中国水利水电出版社，1997.

［14］　耶格尔. 水力不稳定流：在水力发电工程中的应用［M］. 大连：大连工学院出版社，1987.

［15］　E. B. Wylie，V. L. Streeter. Fluid Transients in Systems［M］. 3rd Edition. Prentice Hall Englewood Cliffs，1993.

［16］　M. H. Chaudhry. Applied Hydraulic Transients［M］. 3rd Edition. Springer，2014.

水 电 站 厂 房

第十一章 厂房的布置设计

第一节 水电站厂房的基本类型和组成

一、水电站厂房的功用

水电站厂房是水工建筑物、机电设备、电气设备布置的综合体，从能源利用角度来看，是将水能转换成电能的场所。所以，厂房的主要功用是将挡水坝或引水道集中的水能通过压力管道引入水轮机，经水轮发电机组将水能有效转换成电能，并按要求把电能可靠而经济地输送给用户。

水力发电过程，是先由水轮机将水流的势能和动能转换成水轮机的机械能，再由发电机将机械能转换成电能。水电站厂房的任务是通过系列工程措施，合理、经济布置各种主要设备和保证设备安全运行的辅助装置，并为这些设备和装置的安装、检修、运行提供有效条件和场所，同时给运行人员创造良好的工作环境，实现水能到电能的安全、高效转换。

二、水电站厂房的基本类型

由于水电站的开发方式、枢纽布置各有不同，所以厂房的类型划分也各有所不同。按水电站厂房结构特征分类，水电站厂房可分为地面式厂房和地下式厂房。

（一）地面式厂房

地面式厂房是指厂房结构建筑全部布置在地面的厂房。根据厂房在水电站枢纽中的位置不同，水电站地面厂房主要分为坝后式、河床式、岸边地面式3种类型。

1. 坝后式厂房

厂房紧靠大坝之后布置。这种厂房一般情况下水电站的水头较高，具有较大库容，大坝挡水，厂房位于坝后不起挡水作用，发电用水直接穿过坝体引入厂房。坝后式厂房一般位于挡水坝段之后（图11-1），厂房与大坝用永久缝分开，厂房不受坝体的水推力。坝后式厂房是最常见的布置形式，根据厂房所处坝段的位置不同，坝后式厂房还有以下几种形式：

（1）溢流式厂房：厂房布置在溢流坝段后。当河谷狭窄，泄流量较大，机组台数多，地质条件差，厂房布置困难时，把坝顶溢流段与厂房结合在一起，构成联合建筑物，称为溢流式厂房。这种厂房位于溢流坝段之后（图11-2），厂坝分开，厂房顶部兼做溢洪道溢流，厂房振动较大，大坝不是很高。

（2）挑流式厂房：厂房布置在泄流坝段后。当在峡谷处建高坝、高水头大流量，泄洪时高速水流挑越过厂房顶，溢流水舌挑越厂房顶落入下游河道中，称挑越式厂房。这种厂房位于泄流坝坝趾处，如图11-3所示，厂房在泄洪开始和终结前，有小股流量水舌撞击厂房顶，但时间短，荷载不大，对厂房安全不构成威胁。

（3）坝内式厂房：厂房布置在挡水坝段内。当河谷狭窄，泄量大，在坝轴线上不能布置厂房，将厂房布置在混凝土坝的空腔内时，称坝内式厂房，如图11-4所示。这种厂房放在坝体内，施工干扰大，应力条件差，运行条件不好。

图 11-1 坝后式厂房

图 11-2 溢流式厂房

图 11-3 挑流式厂房

图 11-4 坝内式厂房

2. 河床式厂房

当水头较低、单机容量较大时，厂房与整个进水建筑物连成一体，厂房本身起挡水作用，称为河床式厂房，如图 11-5 所示。厂房位于河床中，是挡水建筑物的组成部分，结构受力复杂，需要进行稳定复核。河床式厂房的水库容积不大，水库深度小，洪水期污物漂流严重，进水口拦污和清污的问题突出。潮汐式电站厂房是建立在海湾，采用双向发电的贯流式机组，利用海水的涨落进行发电，也是河床式厂房，如图 11-6 所示。河床式厂房常采用的机组形式有立轴轴流式水轮机和卧轴贯流式水轮机。采用的机组形式不同，厂房结构特点也不同。根据机组和泄流结构布置，河床式有以下几种形式：

图 11-5 河床式厂房

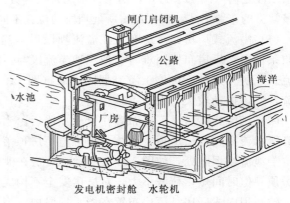

图 11-6 潮汐式厂房

（1）立轴轴流式水轮机河床式厂房。装置立轴轴流式水轮机的河床式厂房一般均采用钢筋混凝土蜗壳，如图11-7所示，蜗壳包角和断面形状的选择应考虑对厂房流道水流条件和对厂房尺寸及布置的影响。这种河床式厂房顺水流方向由进水口段、主厂房段和尾水段组成。水轮机尾水管的长度相对较大，尾水平台较宽，主变压器往往布置于尾水平台上，如图11-8所示。河床式厂房本身为壅水建筑物，厂房上下游沉降差别较大时，会产生不均匀沉降，应采取措施减小厂基渗透压力，保证厂房整体稳定。

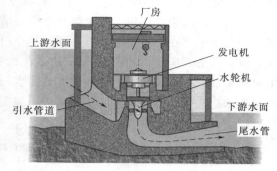

图11-7　立轴轴流式水轮机河床式厂房剖面

图11-8　立轴轴流式水轮机河床式厂房布置

（2）卧轴贯流式水轮机河床式厂房。水头低于20m的大中型河床式水电站往往采用灯泡贯流式机组，如图11-9所示。与立轴轴流机组相比，采用贯流机组的厂房机组段长度和安装场尺寸较小，结构简单，厂基面可以提高，厂房钢筋混凝土和开挖土石方量可减少，施工安装方便。在水轮机方面，贯流机组的效率高于立轴轴流机组。由于将机组安装得低一些也不致引起深开挖，所以水轮机的气蚀问题可得以减轻。贯流机组的比转速高于立轴轴流机

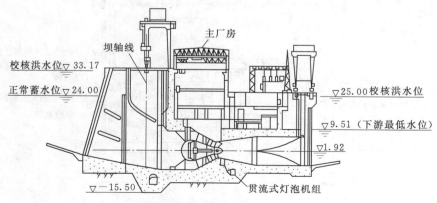

图11-9　卧轴贯流式水轮机河床式厂房（单位：m）

353

组，因而转轮直径可以减小，水轮机重量也可减轻。根据国外的统计数字，水头低于20m的河床式厂房，采用灯泡式贯流机组土建投资可节约25%，机电投资可减少15%。

（3）泄流式河床式厂房。泄水道穿过厂房结构的河床式厂房简称泄流式厂房，也称混合式厂房。泄水道在厂房中的位置不同，其作用也不相同。泄水道可布置在蜗壳与尾水管之间，以底孔形式泄水，如图11-10所示；也可布置在蜗壳顶板上（发电机置于井内），发电机层上部或主机房顶上，以堰流方式泄水；也可在尾水管之间布置泄水廊道，或将机组段与泄水道间隔布置，又称闸墩式厂房。如图11-11所示为一采用灯泡式贯流机组的泄流式厂房，泄水道布置在发电机层顶部。

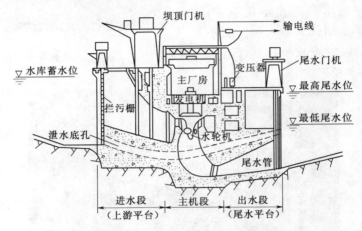

图 11-10　泄水道布置在蜗壳与尾水管之间

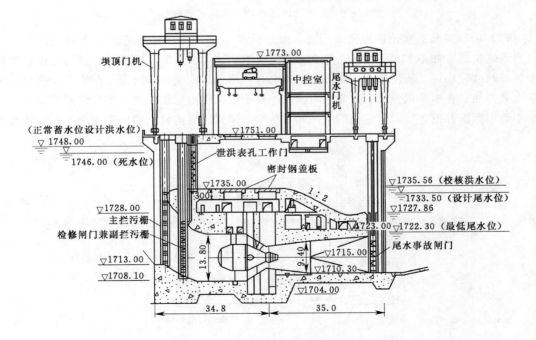

图 11-11　泄水道布置在发电机层顶部

3. 岸边式厂房

当采用引水管道将发电用水引到与大坝分离的河岸边厂房时，称为岸边式厂房。这种厂房主要是采用引水道集中全部水头（引水式水电站）或部分水头（混合式水电站），厂房远离大坝、水闸等建筑物，引水道比较长，通过引水道将水引入厂房，所以又称为引水式厂房，如图 11-12（a）所示。引水式水电站由首部枢纽、引水道建筑物和厂房枢纽 3大部分组成，如图 11-12（b）所示。

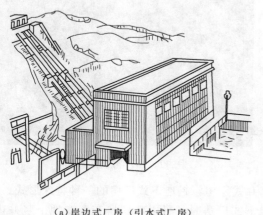

（a）岸边式厂房（引水式厂房）　　　　（b）引水式水电站组成示意图

图 11-12　岸边式厂房

首部枢纽建筑物：有壅高河流水位及将水流引向引水道的挡水建筑物和导流建筑物，有清除污物、杂物和沉淀泥沙的建筑物，有时还有防冰设施和排冰的建筑物，如坝、拦河闸、引水道的进水口、拦污栅、沉沙池、冲淤和排冰设施。

引水道建筑物：在无压引水道上，常布置有侧向溢流堰、拦沙槛，以及防止崩石、拦截泥石流等保护性工程措施；在引水明渠末端通常建有压力前池和日调节池。在有压引水道的末端与压力水管之间，常设置调压室，以减少水击影响和改善机组运行条件。

厂房枢纽：包括压力水道末端及其以后的一整套建筑物。厂房枢纽主要有水电站主厂房、副厂房、升压开关站、尾水道（明渠或隧洞）。具体布置方法根据地形、地质条件择优选定。

坝后式、河床式厂房布置位置相对单一；岸边式厂房布置位置较为灵活。

（二）地下式厂房

将厂房结构全部布置在地下时，称为地下式厂房。这种厂房与大坝建筑完全分开，环境干扰少，厂房和大坝施工相互不影响，有利提前发电，但运行条件差，对地质条件要求较高。

地下式厂房布置方式，以厂房在引水道上的位置划分有首部式厂房、中部式厂房和尾部式厂房；以厂房的埋藏方式划分有全地下式厂房、窑洞式厂房和半地下式厂房。

（1）全地下式厂房。全埋式地下厂房是整个地下厂房洞室结构全部位于地下，如图11-13 所示，厂房与外界联系采用交通洞、出线洞等。由于厂房洞室位于岩体深部，厂房洞室的稳定相对较好，但交通运输不是很方便，通风采光条件较差。

（2）窑洞式厂房。窑洞式地下厂房的主厂房洞室一端直接与地面相通，地下厂房就是一个窑洞，如图11-14所示。厂房的对外交通直接与外部公路相通。窑洞式地下厂房的进口岩体埋深较浅，所以地下厂房洞室进口的围岩稳定相对较差，但交通运输非常方便，通风采光较好、运行管理较方便。

图11-13　全地下式厂房

图11-14　窑洞式厂房

（3）半地下式厂房。半地下式厂房又称竖井式厂房，是地下式厂房的一种特殊形式。当地形开挖要求较深或地形条件不具备采用全地下式厂房时，可以将厂房布置在地下竖井内。半地下式厂房由顶部开敞的地下竖井和地面建筑两部分组成，水轮发电机组及其附属设备布置在竖井内，安装场和运行管理副厂房布置在地面。汉华水电站厂房布置如图11-15所示。

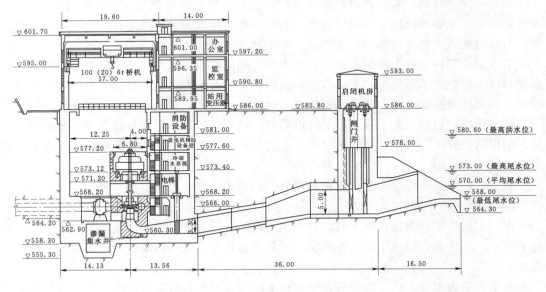

图11-15　半地下式厂房（单位：m）

三、厂房的组成

（一）厂房的建筑物组成

水电站厂房建筑物一般由厂房结构和变电结构两部分组成。厂房结构包括主厂房和副厂房，变电结构包括主变场和开关站。

1. 主厂房

主厂房是水电站厂房的主要组成部分，是厂房的主要动力设备（水轮发电机组）和各种辅助设备布置、组装、检修的场所。

从立面上分，主厂房以发电机层为界分为上部结构和下部结构。发电机层以上的结构与工业厂房类似，以板、梁、柱结构为主；发电机层以下的结构与水工建筑物类似，以块体混凝土实体结构为主。从平面上分，主厂房分为主机段和安装场。主机段主要是水轮发电机组和辅助设备布置的场所，安装场是机组安装和检修的场所。

2. 副厂房

副厂房是保证水电站主机正常运行所需的控制设备、电气设备和辅助设备的布置房间。是水电站运行、控制、监视、通信、实验、管理和运行人员工作的场所。

按照生产要求副厂房可以分为直接生产副厂房、辅助生产副厂房和间接生产副厂房；根据生产布置特点又可以分为电气副厂房和水机副厂房。综上所述，副厂房的类型如下：

$$
\text{副厂房}
\begin{cases}
\text{直接生产副厂房}
\begin{cases}
\text{电气用房：中控室、开关室、厂变、直流、保护、通信}\\
\text{水机用房：水、油、气、通风系统}
\end{cases}\\
\text{辅助生产副厂房}
\begin{cases}
\text{电气用房：仪表、电工、电气、高压等试验室}\\
\text{水机用房：油处理、机械、仓库、工具修理等房间}
\end{cases}\\
\text{间接生产副厂房}
\begin{cases}
\text{生活用房：值班、休息、厕所等房间}\\
\text{行政用房：党、政、工、团办公，会议室、资料室等}
\end{cases}
\end{cases}
$$

3. 主变场

主变场是主变压器布置场所。主变压器是将发电机发出的电压升高到规定的电压等级后，再引到开关站。

4. 开关站

开关站是高压输电配电场所。开关站通常需要布置高压开关、高压母线和保护措施等高压电气设备。

（二）厂房的设备系统组成

从水电站运行和管理上分，水电站厂房设备可以分以下 3 个系统：

1. 水流系统

从进入厂房到流出厂房依次包括压力管道、进水阀、蜗壳、水轮机转轮、尾水管、尾水闸门、尾水渠。

2. 机电系统

机电系统包括水轮发电机组、励磁系统、调速系统、油气水系统、起重设备及各种试验维修设备。

3. 电气系统

根据运行和管理要求包括一次电气设备和二次电气设备。

（1）一次设备：从发电机到开关站的设备。包括发电机、引出线、开关室、母线、厂变、主变压器、开关站。

（2）二次设备：水电站运行控制和保护设备。包括中控室、继电保护系统、机旁盘、自动远程装置、通信调度系统、直流系统、检测和监视设备等。

厂房各类设备系统的关系如图 11-16 所示。

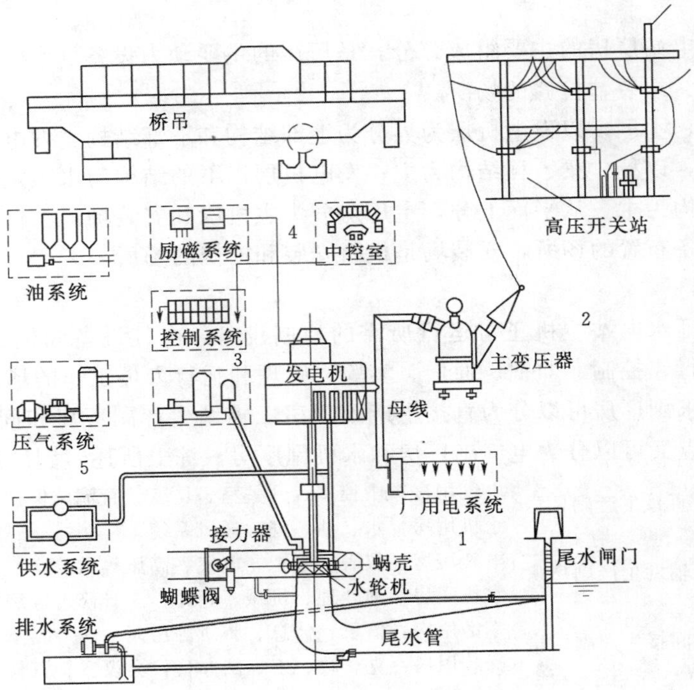

图 11-16 厂房各类设备系统的关系图

四、厂房布置要求

(一) 厂房主要建筑物布置要求

(1) 主厂房：主要满足水轮发电机组的布置、检修、运行要求，同时满足为主机运行服务的辅助设备（调速器、机旁盘、进水阀、起吊设备等）布置要求。

(2) 副厂房：布置时主要围绕主厂房进行布置，以满足保证水电站主机正常运行所需的控制设备、电气设备和辅助设备的布置。副厂房开窗要尽量避免西晒，保证通风、采光，使出线、机械和电气设备运行检修合理。

(3) 主变压器：由于发电机到主变压器的母线较贵，缩短出线较为经济，布置时应尽可能靠近主厂房。地面式厂房的主变压器布置方式一般有 3 种：布置在主厂房下游（位于尾水平台）；布置在主厂房上游（位于厂坝之间）；布置在主厂房端部。主变压器布置要求安全、可靠，便于检修。图 11-17 为主变压器布置在尾水平台上。

(4) 开关站：有户内和户外两种布置方式。户内开关站设备精小，费用较高。但布置紧凑，占地较小，布置时可以与副厂房布置进行综合考虑；户外开关站设备较大，占地面积较大。但布置灵活，可以因地制宜布置在厂房附近的开阔平地，以便于架线和出线布置。图 11-18 为水电站开关站布置实例。

(二) 厂房结构设计要求

水电站厂房与一般的工业厂房相比具有不同的特点，所以厂房的结构设计要求也有所不同。

（1）厂房的水工特点。水电站厂房下部结构都是大体积混凝土，占到总量的 90% 以上，下部结构受到水压、土压作用，需要止水排水，其受力特点都与水工建筑物类似。所以下部结构设计应按水工标准设计。

（2）厂房的建筑特点。水电站厂房上部结构为板、梁、柱、框架结构，受力特点与工业厂房类似，要求结构稳定和可靠。所以上部结构应按建筑标准设计。

（3）厂房的运行特点。水电站厂房内机电、电气、水机设备集中，为了运行、监测、管理人员工作方便，要求建筑物美观、实用，厂内具有良好的工作、卫生条件。所以厂内建筑应按生活住房标准设计。

图 11-17　尾水平台上主变压器的布置方式

（a）户外开关站　　　　　　　　　　　　（b）户内开关站

图 11-18　水电站开关站布置实例

第二节　主厂房主要设备和结构布置

主厂房的设备和结构尺寸直接影响主厂房的布置和投资，合理地布置厂内的设备，使它们相互关联、协调布置组合成一个有机整体，对保证完成生产任务、使厂房达到舒适、经济、美观之目的是非常重要的。

一、主厂房的机电设备

1. 水轮机

水能与旋转机械能的转换设备。主要包括：蜗壳（引水）、导叶（导水）、转轮（工作）、尾水管（泄水）4大部件。水轮机的基本类型和构造在第二章中作了详细介绍，水轮机的部件形式、尺寸及布置对厂房下部结构尺寸和形状影响很大。

2. 调速系统

调节水轮机导叶开度，平衡机组负荷，使机组高效、经济运行。调速系统设备由调速器、接力器、输油管道几部分组成。调速器包括控制系统、伺服系统、油压装置；接力器由一个油压活塞筒组成，通过接力器把油压传给导叶的调速环，以调节机组的出力；输油管道由进油和回油两部分组成。

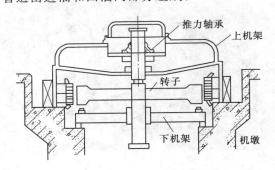

图 11-19 悬式发电机

3. 发电机

旋转机械能与电能的转换设备。主要设备包括：转子、定子、上支架、下支架、推力轴承和与水轮机连接的大轴。发电机的尺寸对主厂房上部结构尺寸和布置影响较大。

（1）发电机的类型：根据传力方式不同，发电机分为两大类型。

1）悬式发电机：推力轴承位于上支架上，发电机转动部分重量悬挂在上支架上（图 11-19）。上支架承受转动部分的重量及本身和发电机外壳重量，通过上支架的支臂（一般 4～12 个）把荷载传给定子外壳。下支架承受下导轴承限制机组转动的摆动力和机组刹车的制动反力，通过支架把荷载传给机座。下导轴承主要防止机组转动时摆动。制动闸位于下支架上，在机组停机时，把转子顶起，以防推力头和推力轴承摩擦过大而烧毁。优点是推力轴承损耗较小，装配方便，运行较稳定。但上支架尺寸大，机组较高。悬式发电机组的传力方式为：

转动部分：旋转重量→推力头→推力轴承→上支架→外壳→├─→机座→混凝土块→基础。

固定部分：
$$\begin{array}{l}\text{推力轴承和上支架自重}\rightarrow\text{上支架}\\ \text{制动反力和下导摆力及下支架自重}\rightarrow\text{下支架}\end{array}\Big\}\text{├}\rightarrow\text{机座}\rightarrow\text{混凝土块}\rightarrow\text{基础。}$$

2）伞式发电机：推力轴承位于下支架上，发电机转动部分重量通过下支架传给基础，推力轴承似把伞支撑着机组转动部分的重量（图 11-20）。上支架只承受上导轴承的摆动力和自重，通过支架传给定子外壳；下支架承受转动部分的重量和自重及机组制动力。优点是上支架轻，可以降低机组高度，检修方便。但推力轴承大，易磨损，转动重心相对较高，机组稳定性差。根据导轴承的布置有 3 种形式：普通伞式，有上下导

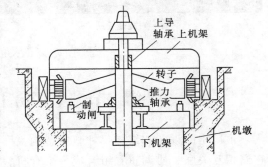

图 11-20 伞式发电机

轴承；半伞式，有上导轴承，无下导轴承；全伞式，无上导轴承，有下导轴承。伞式发电机组的转力方式：

转动部分：旋转重量→推力头→推力轴承→下支架→├─→机座→混凝土块→基础。

固定部分：$\left.\begin{array}{l}\text{推力轴承、制动力→下支架}\\\text{上支架重、摆动力→上支架}\end{array}\right\}$→├─→机座→混凝土块→基础。

悬式发电机推力头在上支架上，转动部分重心低，运转稳定。对于高水头电站，发电机转速高、直径小、高度大、重心高，多采用悬式结构。

伞式发电机推力头在下支架上，轴承短、厂房低，转动部分重心高，摆动较大。对于低水头电站，当机组容量大、转速低时，发电机直径大、高度小、重心低，多采用伞式结构。

（2）发电机的布置方式：根据发电机与发电机楼板的相对位置分为 3 种。

1）埋入式：上支架全部埋入发电机层楼板以下。这种形式发电机层楼板很高，有利于防洪；发电机和水轮机层高度较大，可设中间出线层，当尾水较高时，采用这种形式较为有利。而且发电机层宽敞，检修场地大，有利缩小厂房宽度。但可能加大厂房的高度，不利观察机组运行，主要适用于 100MW 以上的大型机组。

2）弧岛式：上支架全部外露，或取消发电机层，机座全部外露。这种布置方式的优、缺点与埋入式刚好相反。由于弧岛式布置使各种控制设备均布置发电机层楼板上，可采用自然通风，适用容量较小的中、小型机组。

3）半岛式：上支架部分外露。这种布置方式的优点便于上导轴承维护和机架摆度测量，但厂房宽度有所以增加。主要适用大、中型机组。

（3）发电机的励磁系统：向发电机转子提供形成磁场的直流电源。如果中断励磁，发电机将立即甩负荷。所以一般要求每台发电机设置独立的励磁系统，该系统主要由励磁变和励磁盘组成。

励磁变：将电力系统或发电机本身发出的交流电进行整流，变成发电机需要的直流电，再供发电机励磁用。

励磁盘：发电机励磁回路控制设备和自动调整装置盘，主要是调整和控制水轮发电机的励磁电流，每台机组一般由 3～5 块盘组成，包括：电压校正盘、复励盘、自动灭磁盘、自耦变压器架等。

二、主厂房的机械设备

1. 进水阀

设在机组蜗壳进口处的阀门。主要作用是机组检修或停机时截断水流，当机组出现事故且调速器拒动，进水阀在动水中紧急截断水流，防止事故扩大。大中型水轮机常用的进水阀有蝴蝶阀和球阀两种（图 11-21），与进水阀配套的设备有伸缩节、空气阀、旁通阀和排水阀等。伸缩节的作用是调节管道变形，保持阀门受力明确；空气阀是管道放空时补气，充水时排气；旁通阀是给阀门两侧平压时通水用；排水阀是管道检修放空时排除积水及漏水。

2. 起重设备

水电站厂房的起重设备一般是采用桥式吊车。与一般工业厂房相比，吊车起吊容量

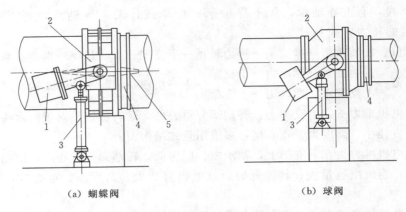

(a) 蝴蝶阀　　　　　　　　(b) 球阀

图 11 - 21　进水阀

1—重锤；2—阀体；3—接力器；4—伸缩节；5—活门

大，大型电站达 400~600t，例如三峡电站高达 1200t；工作间歇性长，一般只是检修时用；操作速度慢，多采用软钩起吊，轮压动力系数小。有单小车和双小车两种，单小车设有主钩和副钩，双小车在桥架上设有两台可以单独或联合运行的小车。双小车桥机比单小车桥机耗钢量少，能降低厂房高度。

吊车台数的选择应结合机组台数多少，以经济合理、安全可靠、使用方便的原则进行选择。吊车的工作参数包括起吊重量、跨度和起吊高度，如图 11 - 22 所示。

图 11 - 22　起重设备（吊车）

起吊重量：起重机的额定重量，取决于吊运的最重部件加上吊具重量。高水头电站一般为发电机转子，吊悬式发电机为转子带轴，吊伞式发电机转子可带，也可不带轴；低水头电站一般为水轮机转轮，可能带轴，也可能不带轴；少数情况下取决于主变压器重量。

吊车跨度：吊车轨道中心线的间距，根据吊车吊钩能吊到所有设备的活动范围来确定。在选择吊车跨度时应综合考虑厂房的宽度和标准吊车跨度等因素。

起吊高度：吊钩上下移动提升的极限距离。吊钩上限要满足吊运发电机转子带轴和水轮机转轮带轴的高度要求；吊钩下限要满足从机坑内吊水轮机转轮或从吊物孔内吊运进水阀及其他设备的高度要求。

三、主厂房的主要结构

以发电机层为界，主厂房结构分为上部结构和下部结构。发电机层以上主要是板梁结构；发电机层以下主要是混凝土块体结构，包括发电机机墩、水轮机的蜗壳和尾水管、基础块体结构。

1. 上部结构

发电机层以上的厂房构建系统，与工业厂房类似，主要包括厂房排架、吊车梁、屋盖系统，可以按建筑结构规范设计。

厂房排架：由厂房结构柱和大梁组成空间构架，主要承受厂房上部结构的各种荷载，并将荷载传给基础。

吊车梁：承受吊车动静荷载，并将荷载传给厂房排架。

屋盖系统：厂房顶部结构，与一般工业厂房类似，主要承受自重、风雪荷载。

2. 发电机支承结构

通常称为机座或机墩。其作用是将发电机支承在固定的位置上，承受机组转动和固定部分重量，并将荷载传给块体混凝土，为机组的运行、维护、安装、检修创造有利条件。一般采用钢筋混凝土结构，常见的机墩形式有：圆筒式、框架式、块体式和平行墙式机墩。

(1) 圆筒式机墩：内侧一般为水轮机圆形机井，外侧一般为圆形或八角形的圆筒式结构。这种机墩的优点是结构刚性大，受压、抗扭性能好，一般为少筋混凝土。但机井内部狭窄，不便于水轮机安装、维修和检修，如图 11-23 所示。

水轮机机井下部直径取决于水轮机顶盖处各种设备的布置、安装、维护、检修和结构的传力条件。为了便于荷载传递，内径要略大于、等于座环内径，一般取水轮机转轮直径 D_1 的 1.3～1.4 倍。水轮机机井下部常设一段钢板里衬，由厂家制造。

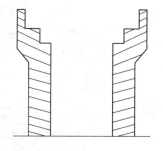

图 11-23　圆筒式机墩

水轮机井上部直径与形状决定于发电机的结构，要考虑依次吊入的设备，上部直径必须大于转轮外径，最好大于顶盖外径，而小于发电机转子直径，同时要考虑下支架支撑等要求。一般比发电机转子小 0.6～1.5m，一般比水轮机转轮 D_1 大 0.5～0.7m。

机井内布置有接力器，预埋各种油、气、水管道和布置电缆、电线等。为了便于运行人员经常进入机墩内巡视检修，机墩要留进人孔，所以机墩高度不能太矮。机墩的结构厚度由结构强度计算控制，一般为 1.5～3.0m。圆形机墩受力条件较好，适用于 100MW 以下的大中型机组。

(2) 块体式机墩：机墩在发电机层以下，除了留有水轮机井和必要通道布置油、水、气管路外，全部为块体混凝土，机组直接支承在块体混凝土上。块体式机墩的强度和刚度都很大，抗震性能好，但混凝土方量大，主要适用大型机组，如图 11-24 所示。例如刘家峡、凤滩、丹江口水电站都是采用这种形式。

(3) 框架式机墩：由 4～6 根立柱和环型梁组成的框架结构。发电机安装在环形圈梁上，荷载通过立柱传给下部块体混凝土，如图 11-25 所示。机墩的尺寸确定与圆形机墩尺寸的确定原则相同。这种机墩结构简单，能充分利用水轮机层面积，混凝土用量少，水轮机顶盖处比较宽敞，设备的布置、安装、维护、检修比较方便，但机墩的刚性较小，抗扭、抗震性能较差，适用于 40MW 以下的中小型机组。

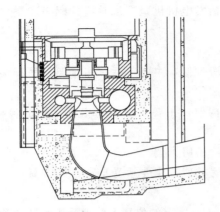

图 11-24　块体式机墩

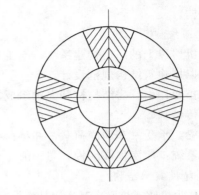

图 11-25　框架式机墩

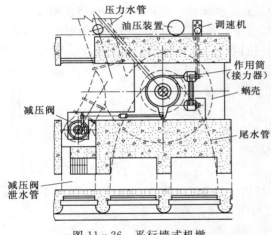

图 11-26　平行墙式机墩

（4）平行墙式机墩：由两平行承重钢筋混凝土墙及其间的两横梁组成，发电机支承在两平行墙上，荷载通过跨过蜗壳的两平行墙传到下部块体混凝土，如图 11-26 所示。这种机墩空间宽敞，工作方便，可以不拆除发电机，将水轮机转轮从平行墙之间吊除。但是机墩的刚性较差，抗扭、抗震性能低，只适用小型发电机。

（5）钢机墩：采用钢结构支承发电机并将荷载传至水轮机顶盖、座环或蜗壳上。钢机墩的优点是发电机与水轮机直接配套，结构紧凑，安装方便迅速，减少了复杂的钢筋混凝土工程，缺点是耗钢材较

多，我国目前尚未采用。

3. 蜗壳

由高压水管引至水轮机转轮室的导水机构，在低水头电站中是机组尺寸的控制因素。按材料分有钢蜗壳和混凝土蜗壳两大类。

钢蜗壳进口断面是圆形，从进口到蜗壳末端断面逐渐变小，其变化包角一般为 345°，如图 11-27 所示。钢蜗壳承受的水头较高，流量相对较小。蜗壳尺寸一般由水轮机厂家提供，缺乏资料时可通过水力计算确定。钢蜗壳一般埋在混凝土中以防止震动，主要适用于中、高水头的大中型水电站。

钢筋混凝土蜗壳断面为梯形，包角一般为 180°～225°，如图 11-28 所示。由于混凝土抗拉强度较低，主要适用于低水头、大流量的中小型水电站。当最大水头在 40m 以上

图 11-27　钢蜗壳结构

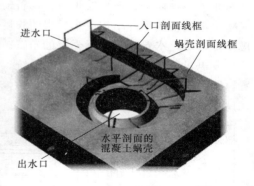

图 11-28　钢筋混凝土蜗壳结构

时宜采用金属蜗壳。若采用钢筋混凝土蜗壳，则应有技术经济论证。例如高坝洲水电站水头范围为 22.3～40m，处于低水头向中水头过渡区间，混凝土蜗壳进口断面最大高度 10m，底板作用水头为 51.07m，计入水击压力后达到 55.07m，设计水头之高，居国内混凝土蜗壳之首，研究采用了预应力钢筋混凝土蜗壳来解决结构受力与防渗要求。

4. 尾水管

尾水管是将水轮机水流扩散引向下游的泄水部件，有直锥型和弯肘型两种形式，如图 11-29 和图 11-30 所示。直锥型多用于小型电站；大中型水电站厂房，为了减小基础开挖，一般采用弯肘型尾水管。它由直锥段、弯肘段和扩散段组成。为了减小扩散段结构跨度，通常可设 1～2 个隔墩。尾水管应该设有进人孔，尺寸一般为 600mm×600mm 或 ϕ650mm，以便检修人员进出。尾水管的尺寸和形状一般通过模型试验确定，或者采用标称尺寸。

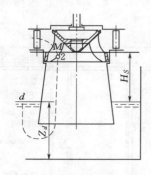

图 11-29　直锥型尾水管

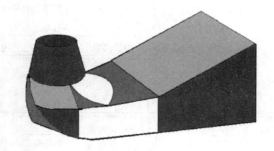

图 11-30　弯肘型尾水管

5. 排水结构

在主厂房基础块体最低部位一般布置集水井和集水廊道，在集水井上方设置水泵室，以便排除厂房内的渗水、生活和技术用水、机组检修时的蜗壳和尾水管内的集水。集水井的底部高层应该低于厂房的最低高程。

四、主厂房布置

主厂房布置设计的任务是根据主厂房的设备布置要求，经济合理地确定主厂房轮廓尺寸、布置各种设备，保证便于各种设备的安装、运行、维护和管理。在进行主厂房布置时应将上部结构和下部结构、主厂房的长度和宽度结合起来考虑，主厂房的布置设计主要考虑发电机层、水轮机层、蜗壳层的布置。

发电机层布置时主要考虑调速系统、油压装置、机旁盘、励磁盘、楼梯、吊阀孔的位置，同时应该考虑两边的交通和机组检修时设备吊运的要求。图 11-31 为典型的水电站厂房发电机层的布置。

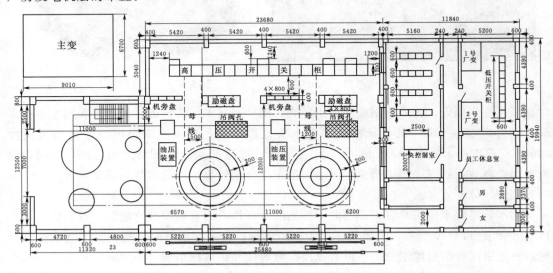

图 11-31　主厂房发电机层布置

水轮机层主要考虑水轮机机墩结构和油、气、水系统管道、一次电气系统的引出线、中性点、互感器以及调速器的回复机构、作用筒、立式深井泵、进水阀操作机构等设备和交通布置。图 11-32 示出了典型的水电站厂房水轮机层布置。

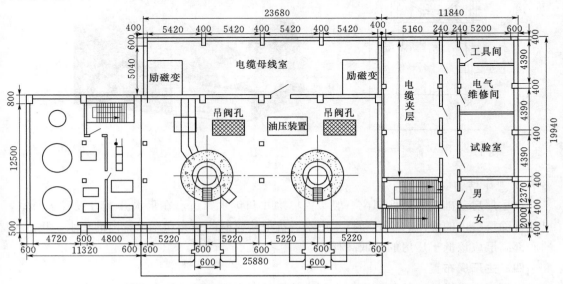

图 11-32　主厂房水轮机层布置

蜗壳层主要考虑蜗壳、压力管道的蝶阀（球阀）、集水井、水泵等设备和交通布置。图 11-33 示出了典型的水电站厂房蜗壳层的布置。

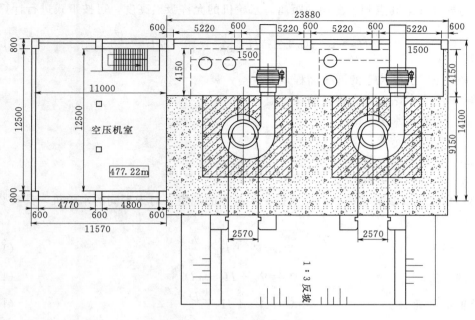

图 11-33 主厂房蜗壳层布置

在主厂房布置设计时，首先选择主厂房的机组设备：包括水轮机、发电机、吊车、主变、进水阀、水轮机机墩、蜗壳、尾水管结构尺寸，然后再根据各种设备尺寸和布置要求确定主厂房各高程和平面尺寸。

第三节 厂房主要高程的确定

主厂房剖面设计的主要任务是根据水轮发电机组资料合理地确定厂房的各高程，以满足主厂房的主、副设备布置和厂房结构通风、采光需要，合理安排发电、配电布置，为运行人员提供良好的工作环境。主厂房的高程可分为水下和水上两部分组成，水下部分各高程由水轮机、蜗壳、尾水管等尺寸确定；水上部分各高程由发电机尺寸、吊运高度和方式确定。在主厂房剖面设计时，首先应该确定水轮机的安装高程，然后根据安装高程再确定其他高程。

一、水轮机安装高程 ∇_T 的确定

水轮机安装高程是厂房的一个控制性标高，其他高程都需根据安装高程确定，所以在主厂房剖面设计时，首先必须确定安装高程。水轮机的安装方式不同，安装高程的定义也不同。

（1）安装高程规定：对于立轴水轮机为导叶中心线高程；对于卧轴水轮机为转轮中心高程。反击式水轮机安装高程取决于水轮机的机型、允许吸出高度 H_S 和下游水位 ∇_w。

（2）允许吸出高度 H_S（m）：指水轮机转轮室中压力最低点至下游水位的距离。不同的水轮机，压力最低点发生的位置随着工况不同而不同，所以根据水轮机特性，对不同水轮机的允许吸出高度作如下规定。立轴混流式水轮机 H_S 为导叶下部底环面到下游水面的距离；立轴轴（斜）流式水轮机 H_S 为导叶片中心线到下游水面的距离；卧轴反击式水轮机 H_S 为导叶片最高点到下游面的距离。水轮机的允许吸出高度，可按下式进行计算：

$$H_S = 10 - (\sigma + \Delta\sigma)H - \frac{\nabla}{900} = 10 - k\sigma H - \frac{\nabla}{900} \qquad (11-1)$$

式中　∇——厂房所位于的海拔高程，m；

$\nabla/900$——水电站海拔高程处的校正值；

H——额定水头，m；

σ——汽蚀系数；

$\Delta\sigma$——修正汽蚀值；

K——气蚀修正系数。

（3）水轮机安装高程 ∇_T（m）：根据安装高程的规定，对于不同的水轮机，其安装高程的计算公式也不同。

立轴混流式：

$$\nabla_T = \nabla_w + H_S + \frac{b_0}{2} \qquad (11-2)$$

立轴轴流式：

$$\nabla_T = \nabla_w + H_S + xD_1 \qquad (11-3)$$

卧轴水轮机：

$$\nabla_T = \nabla_w + H_S - \frac{D_1}{2} \qquad (11-4)$$

冲击水轮机：转轮高于下游水位 0.5～3.0m。

式中　b_0——导叶高度，m；

D_1——水轮机直径，m；

x——水轮机的系数。

水轮机安装高程，不仅关系到水电站投资和水轮机转轮气蚀问题，而且影响到水电站的运行和发电质量，同时控制水电站厂房其他高程的确定。水轮机安装高程的确定与机组调节保证设计有关，通常需要通过调节保证计算后，综合运行、安全、经济等因素进行确定。当下游设计最低水位确定后，水轮机安装高程就取决于水轮机的吸出高度。吸出高度一般由厂家给定，缺乏资料时应根据经济、技术比较确定。下游设计尾水水位，一般应经过经济、技术比较确定。在预可研阶段，无调节径流电站可采用保证出力时的下游水位；有调节水库电站应根据机组台数和运行条件确定下游设计水位，具有 3～4 台机组时，一般取可 1 台机满荷运行对应的下游水位。

二、厂房水下部分各高程

水下部分各高程是指发电机层以下的水轮机层、作用筒层、蜗壳层和尾水管底板、基岩开挖等高程。各高程的位置如图 11-34 所示。

（1）水轮机层高程 ∇_S：主要布置水轮机井进人孔。其高程应该满足蜗壳结构强度要求，根据蜗壳进口半径、蜗壳上部混凝土厚度和水轮机安装高程，可按下式计算：

$$\nabla_S = \nabla_T + R（蜗壳进口半径）+ S（蜗壳上部结构层厚） \qquad (11-5)$$

其中：蜗壳上部混凝土厚度 S 一般通过结构计算确定或参考其他工程类比确定，但作为金属蜗壳的保护层一般不得小于 0.8～1.0m。

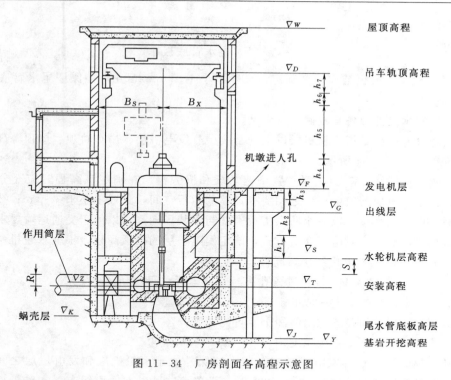

图 11-34　厂房剖面各高程示意图

（2）作用筒高程∇_Z：是位于蜗壳层和水轮机层之间的中间层，主要是布置水轮机作用筒而设置的。其要求主要是能满足接力器的布置，根据水轮机安装高程，作用筒高程按下式计算：

$$\nabla_Z = \nabla_T + \frac{d}{2} \qquad\qquad (11-6)$$

式中　d——作用筒层板的结构厚度，由强度计算确定；

　　　∇_T——水轮机安装高程，一般与管道中心线重合。

当蜗壳层和水轮机层之间的空间高度较小时，作用筒层可以取消，此时作用筒层可与蜗壳层合并布置。

（3）蜗壳层∇_K：也称蝶阀层，主要要求能满足蝶阀支承结构的布置和集水井、尾水管进人孔、底部廊道布置。根据安装高程和钢管半径、运行要求按下式确定：

$$\nabla_K = \nabla_T - S_1 （钢管半径） - S_2 （运行高度） \qquad\qquad (11-7)$$

运行高度 S_2 主要考虑人员通道、尾水管进人孔高度和蝶阀支承结构的设置要求。

（4）尾水管底板高程∇_J。主要取决于尾水管的结构尺寸，根据安装高程按下式确定：

$$\nabla_J = \nabla_T - x - h_{尾} （尾水管高度） \qquad\qquad (11-8)$$

式中　x——安装高程到尾水管进口的高度，不同的水轮机，其值不同；

　　　$h_{尾}$——尾水管高度，由尾水管结构尺寸确定。

（5）基岩开挖高程∇_Y。主要取决于尾水管底板结构强度，根据尾水管底板高程∇_J按下式确定：

$$\nabla_Y = \nabla_J - S_3 (尾水管底板厚) \qquad (11-9)$$

S_3 通过尾水管底板结构计算确定，一般不小于 $1.0 \sim 2.0$m，并保证尾水管底板坐落在新鲜岩基上。

三、厂房水上部分各高程确定

水上部分各高程是指水轮机层以上的出线层、发电机层、吊车轨顶、屋顶等高程。各高程的位置如图 11-34 所示。

（1）发电机层高程 ∇_F：主要布置调速系统和机旁盘。在确定该高程时应充分考虑以下因素：①水轮机层与发电机层之间要有足够的运行空间，一般不小于 $3 \sim 4$m；②发电机层最好高于设计洪水位，以减小防洪工程；并与安装场同高，以便于交通运输要求；③采用套用机组时，应根据发电机布置方式，确定发电机层的楼板高程。根据水轮机层的高程 ∇_S，按下式可以确定发电机层楼板高程：

$$\nabla_F = \nabla_S + h_1 (进人孔高) + h_2 (运行空间) + h_3 (过梁) \qquad (11-10)$$

式中　h_1——进人孔的高度一般取 $1.8 \sim 2$m；

　　　h_2——运行空间要考虑出线和中性点的布置；

　　　h_3——过梁高度由结构强度确定，一般 $1 \sim 2$m。

（2）出线层 ∇_G：也称发电机装置高程。该层是位于水轮机层和发电机层之间，当水轮机层和发电机层之间高度超过 4m 以上时，设置该层可以方便出线布置和维护检修。其高程可按下式计算：

$$\nabla_G = \nabla_S + h_1 (进人孔高) + \Delta h (孔口顶厚度) \qquad (11-11)$$

其中：∇h 孔口顶厚度按结构要求确定。

（3）吊车轨顶高程 ∇_D：也称起重机的安装高程，是确定主厂房上部结构高度的重要因素。确定该高程的主要原则是满足厂内最大、最长部件的吊运要求，通常受吊运转轮带轴、转子带轴、主变抽芯（图 11-35）3 大部件控制。根据机组拆卸检修要求，可按下式确定吊车轨顶高程：

$$\nabla_D = \nabla_F + h_4 + h_5 + h_6 + h_7 \qquad (11-12)$$

式中　h_4——吊运部件距 ∇_F 的安全距离，m，应该考虑发电机的上支架和固定设备与吊运部件之间的安全距离，不能小于 20cm；

　　　h_5——最大吊运部件的高度，m；

　　　h_6——吊具高度，m，吊运部件与吊钩之间的距离一般在 $1.0 \sim 1.5$m，主要取决于吊运方式，使用吊索时，内夹角应根据强度确定，但不得超过 $60°$角；

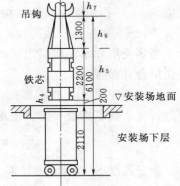

图 11-35　主变起吊示意图

　　　h_7——主钩最高位置至轨顶面高程的距离，m，由吊车结构尺寸确定。

当发电机层与安装场层不同高时，厂房高度将会增加，所以采用合理的吊运方式可以

减小厂房的高度。大型水电站机组台数较
多，为了降低主厂房的高度，通常采用两台
吊车，可以减小一台吊车的起重量。采用两
台吊车时，可以通过平衡梁连接构件进行吊
装，此时必须考虑平衡梁的重量，一般大约
增加起重量的10%。采用平衡梁进行吊装
时，水轮机轴用法兰盘连接于平衡梁上，发
动机转子轴可以穿过平衡梁孔，用固定装置
连接在平衡梁上，如图11-36所示。采用
两台吊车，水电站厂房高度可能降低，但在
厂房轴线方向可能需要加长。

图11-36 两台吊车联合吊运转子示意图

（4）屋顶高程∇_{wd}：当吊车轨顶高程确
定后，根据吊车的小车高度，按下式可确定屋面高度。

$$\nabla_{wd}=\nabla_D+h_8（小车高度）+h_9（运行空间）+h_{10}（屋架结构厚）\qquad(11-13)$$

式中　h_8——吊车轨顶至吊车上小车顶部高度，m；

　　　h_9——吊车检修运行预留空间高度，m，一般为0.2～0.5m；

　　　h_{10}——屋面大梁和屋面板厚，m，由结构强度加屋面防水层厚度控制。

（5）厂房其他高程：包括尾水平台、检修平台和副厂房各高层。尾水平台一般应该高
于下游最高尾水，最好与安装场同高；检修平台必须高于下游最低尾水位，最好高于设计
尾水位；副厂房各层主要考虑与主厂房各层的协调。

图11-37为水电站厂房典型的结构横剖面图，图11-38为水电站厂房典型的结构纵
剖面图。此两图给出了主厂房各高程与副厂房各高程的相对关系和各种设备布置状况。

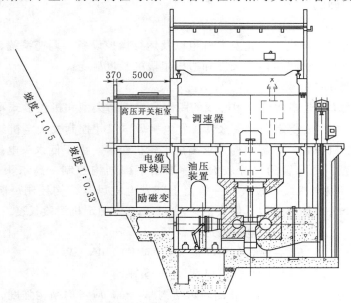

图11-37 水电站厂房结构横剖面图

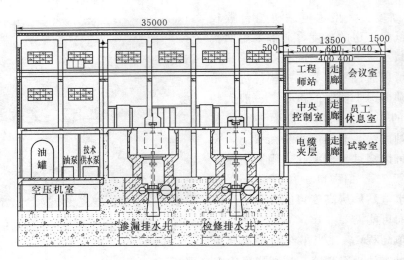

图 11-38 水电站厂房结构纵剖面图

第四节 厂房平面尺寸的确定

主厂房的平面尺寸受上部结构和下部结构尺寸、设备布置、运行要求的影响，在确定主厂房的长度和宽度时，上部应考虑发电机的定子和外风罩尺寸，下部应考虑水轮机蜗壳和尾水管的布置。所以在进行平面设计时，应综合上部和下部结构布置进行尺寸确定。主厂房是水轮发电机机组布置的场所，是水电站厂房的核心部位，厂房平面尺寸的确定应保证设备布置合理、运行安全、维护方便。厂房平面尺寸的确定，主要包括主厂房长度、宽度和安装场尺寸的确定。

一、主厂房长度

主厂房的长度主要取决于水轮发电机组以及运行操控设备（调速系统、机盘旁、励磁盘、进水阀）的布置，由机组段的长度和边机组段的长度确定。

1. 机组段长度 $L_{机}$ 的确定

机组段的长度 $L_{机}$ 是指两机组中心线的距离。水电站类型和机组形式不同，机组段的长度 $L_{机}$ 也不同，它主要受蜗壳、尾水管、发电机风罩尺寸控制。确定机组段长度时上部结构要求满足发电机布置，下部结构要求满足水轮机布置。由于低水头电站水头 H 较小，流量 Q 较大，蜗壳、尾水管的尺寸较大，一般由下部结构控制。高水头电站水头 H 较大，流量 Q 较小，发电机尺寸较大，一般由上部发电机风罩结构控制。所以机组段的尺寸一般按下列 3 个公式计算，取其最大值，图 11-39 为确定机组段长度的示意图。

$$L_{机} = 发电机风道外径(L) + L_1 + L_2$$
$$L_{机} = 蜗壳包络线最大宽度(W) + W_1 + W_2 \qquad (11-14)$$
$$L_{机} = 尾水管出口宽(S) + S_1 + S_2$$

式中　　　L_1、L_2——发电机风道外侧两边结构厚，m，应考虑结构强度、施工条件、设备布置和标准构件等要求；

W_1、W_2 和 S_1、S_2——蜗壳和尾水管两侧的结构厚，m，同样应考虑结构强度、施工条件
标准构件等要求，一般不小于 $0.8 \sim 1.0$m。

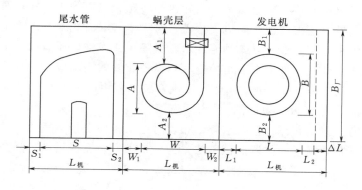

图 11-39　确定机组段长度的示意图

2. 边机组段长度 $L_{边}$ 确定

边机组是指位于安装场另一边的端机组段。除了考虑机组段长度的确定因素外，边机
组段还应考虑进水阀的布置、机组型号、吊车台数和吊钩限制范围、蜗壳型式和布置、调
速器的布置位置、水工结构的一些特殊要求。一般边机组段加长要求达到：$\Delta L = (0.2 \sim 1.0)D_1$。在吊运边机组段设备时，一般要求保证被吊运设备的中心线应在吊勾限制线以
内，并有 $0.2 \sim 0.3$m 的裕量。

二、主厂房宽度

主厂房宽度除了满足设备布置外，还应满足设备吊运、运行交通和结构强度等要求。
通常应考虑以下几个原则：①上部结构满足发电机布置；②下部结构满足水轮机布置；
③符合吊车标准跨度，满足吊运最大部件要求；④满足辅助设备和交通布置要求。

高水头电站，发电机尺寸较大，一般由上部结构尺寸控制。所以厂房宽度由下式
确定：

$$B_厂 = 发电机外风道直径(B) + B_1 + B_2 \tag{11-15}$$

注：B_1、B_2 应考虑结构、调速器、油压装置、机旁盘等设备都在吊钩限制线内，同
时要满足吊运方式、交通布置要求。

低水头电站，水轮机尺寸较大，一般由下部结构尺寸控制。所以厂房宽度由下式确定：

$$B_厂 = 蜗壳最大尺寸(A) + A_1 + A_2 \tag{11-16}$$

注：A_1、A_2 应考虑结构、接力器、蝶阀（球阀）、管路、排水廊道等辅助设备布置，
同时要考虑交通、吊物孔等要求的布置。

厂房宽度除了满足上述结构和设备要求以外，最后还应综合厂房各种设备的吊运方式
和起重机的标准跨度确定厂房的宽度。

三、安装场的尺寸

安装场又称安装间，是机组组装、检修的场所。安装场的位置受对外交通和厂房类型
的影响，一般位于靠厂房交通道的一端。在特殊情况下，当机组台数较多时，在厂房两端
都设安装场。

1. 安装场的面积

安装场的面积必须满足一台机组安装和大修时的设备安放要求。对于悬式混流式水轮机通常要求布置发电机的转子、上支架和水轮机的转轮、顶盖等4大件；对于悬式轴流式水轮机，除了4大件，还需增加水轮机支持盖；对于伞式混流式水轮机除了4大件，还需增加水轮机推力轴承支架；对于伞式轴流式水轮机除了4大件，还需增加水轮机支持盖和水轮机推力轴承，共计6大件。在机组检修时，设备布置的周围应留一定的运行空间，例如发电机转子直径周围应留2.0m的间隙，以供安装磁极用；发电机上机架周围、水轮机转轮和顶盖周围应留有1.0m的间隙，作为通道用。

安装场除了考虑机组解体大修要求外，布置时还要考虑安排运货台车的停车位置和堆放试重块或设置试重块地锚的位置。试重块是为了桥吊安装完成后进行静载和动载试验的钢筋混凝土块。静载试验时，桥吊要吊起起重量的125%；动载试验时，桥吊要吊起起重量的110%，并反复吊起放下。由于试重块体积很大，常常堆放在安装场内的试重坑内。当试重块体积过于庞大，难以寻找合适的堆放处，可以在安装场下设置地锚，并在地锚和桥吊主沟之间加设测力器进行静载试验。当主变压器需要进入安装场检修时，则应考虑主变压器的运入方式及停放地点。图11－40是典型的水电站安装场布置示意图。

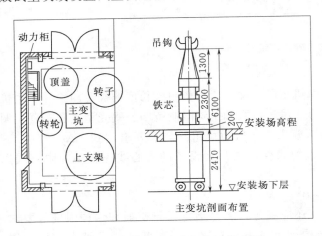

图 11－40　水电站安装场布置示意图

为了吊车沿主厂房纵向运行，安装场的宽度与主厂房宽度一致，确定安装场的面积实际就是确定安装场的长度。一般安装场的长度大约为机组段长度的1～1.5倍，对于混流式水轮机和悬式水轮发电机组采用偏小值，对于轴流式水轮机和伞式水轮发电机组、贯流式机组采用偏大值。在特殊情况下，安装场的长度达到1.8～2倍的机组段长度。

主厂房的总长度：　　$L＝n×L_{机}＋\Delta L（边机组加宽）＋L_{场}$　　　　　　（11－17）

式中　n——机组台数；

$L_{机}$——机组段长度；

$L_{场}$——安装场长度。

2. 安装场的高程

安装场的高程主要取决于对外交通和发电机层楼板高程。布置原则主要考虑以下几个因素：

（1）安装场高程宜与对外交通同高，便于车辆直接开入安装场，利用桥吊卸货。

（2）安装场高程宜与发电机层同高，充分利用机组段的面积，可以减小厂房的总面积，方便检修。

（3）安装场高程最好高于下游洪水位，以保证对外交通在洪水期畅通无阻，可以减小防洪工程。当发电机层楼板因某些原因低于下游最高尾水时，可以采用防洪墙和排水、卸荷平台、防洪门等措施解决交通和防洪问题，保证厂房不受洪水影响。具体有下列几种方案：

1) 安装场与对外交通同高，均高于发电机层和最高尾水位，以保证洪水期对外交通畅通。这种布置方式对外交通方便，货物能直接进厂，不需设防洪工程；但安装场与发电机层相邻的场地不能充分利用，安装场的长度将有所增加，另外由于安装场高程高于发电机层，考虑吊运要求，整个厂房的高度将加高，例如丹江、湖南镇水电站厂房的布置。

2) 安装场与发电机层同高，但低于下游最高尾水位。这种布置方式厂房高度可以低一些，安装场的面积可小一些。但交通不便，需设防洪工程，特别是下游水位很高时，防洪工程量较大。此时对外交通有两种处理方法：①用斜坡段连接安装场和对外交通，并沿斜坡外侧全线修筑防洪墙，以保证洪水期对外交通畅通；②将主厂房大门做成止水门，洪水期临时中断对外交通，值班人员可从高处通道进出厂房。

3) 安装场与发电机层同高，而在安装场上布置一段卸货平台，并保证卸货平台与对外交通同高（高于下游最高尾水位）。这种布置方式厂房高度取决于卸货要求，厂房的长度增加了卸货平台的长度。但交通方便，不需设防洪工程。

四、减小厂房尺寸的措施

减小厂房尺寸可以节省材料，加快施工进度，其措施有以下几个方面：

(1) 采用新型机组。例如新型伞式机组推力轴承支撑在水轮机顶盖上，下支架只承受制动反力，故支架小，可以缩短大轴，降低厂房高度。

(2) 采用合理布置方式。例如采用孤岛式布置，可以降低发电机层高度，小型机组还可取消发电机层。

(3) 采用双小车吊车。双小车可减小吊车吨位，降低厂房高度，但增加边机组段和吊车造价，需要进行方案比较。

(4) 当安装场高程由主变轴芯控制厂房高度时，可选用钟罩式主变，或者主变就地检修，可以降低厂房高度。

第五节 厂房的辅助设备

厂房的辅助设备是保证机组正常运行、安装及送变电所必需的设备。其类型可分为水机辅助设备和电气辅助设备。

一、水机辅助设备

水机辅助设备是保证水轮机运行、维护和调节控制所必需的设备，主要包括调速系统和油、水、气系统。

1. 调速系统

调速系统是水轮机出力调节系统，其作用是保证机组运行稳定和供电质量。调速系统的组成包括操作柜、作用筒（接力器）和油压装置。

(1) 操作柜是调速系统的核心部分。一般为长方形（0.8m×1.9m），布置在主厂房上游侧，如图 11-41 所示。

(2) 油压装置给调速系统提供原动力。由压力油桶、储油槽和油泵组成。油桶内 2/3

是高压气，1/3 为油，油压为 2.5～16MPa；油槽收集调速器的回油和漏油；油泵向压力油桶送油。油压装置一般布置在发电机层，紧靠操作柜，如图 11-41 所示，也可以布置在水轮机层上游侧。

（3）作用筒是调速系统的传力结构，由油压活塞组成。通过推动调节环，控制水轮机导叶开度大小，调节水轮机的出力，一般位于水轮机层上游侧，如图 11-42 所示。

图 11-41　水电站操作柜和油压装置布置　　　　图 11-42　水电站作用筒布置

2. 油系统

油系统是提供水电站各种机电设备用油的各种设备。根据其作用不同油系统可分为两类：①透平油，主要起润滑、散热、传递能量作用，主要供机组各种轴承润滑、操作、冷却用；②绝缘油，主要给各种变压器、油开关、油断路器，起绝缘、散热、消弧作用。透平油和绝缘油用途不同，油的性质也不同，不能相混。为了便于管理一般按两个独立油系统分开设置，所以设有透平油库和绝缘油库。

油在运输和储存过程中，因种种原因而发生物理、化学变化，使之产生氧化，变成劣化油，不能正常使用。油劣化后，酸价增高、闪点降低、颜色加深、黏度增加、杂质增多，影响油的润滑和散热作用，腐蚀金属和纤维，使操作系统失灵，所以必须对劣化油进行处理。根据油的劣化和污染程度不同，可分为污油和废油。污油是轻度劣化或被水及机械杂质污染的油，通过油处理室进行简单净化处理后仍然可以使用。废油是深度劣化变质油，必须经过再生处理，即经过化学或物理化学方法才能恢复油的原有性质。由于对废油进行再生处理成本高、设备投资大、占地多，而水电站废油不多，所以一般不设废油的再生设备。水电站的油系统一般包括下列几个组成部分：

（1）油库：油库内一般采用油桶储油。考虑防火要求，储油总量大于 200m³ 时，一般设在厂外。透平油库一般设在厂内，只是在用油量过大时才在厂外另设新的油库。绝缘油用量大，油库一般设在厂外，当总油量＜100m³ 时，可以设在厂内。

（2）油处理室：内设有滤油机、离心机、油泵等设备。一般布置两个以上的油罐（清油和污油分开），通常紧靠油库，位于安装场下层或水轮机层，如图 11-43 所示。

（3）中间排油槽：当油库设在厂外时，在厂房下部结构中布置中间排油槽，存放各种设备放出的污油。

（4）补给油箱：在吊车梁之下有时设补给油箱，以自流方式向用油设备补充新油抵偿油耗。没有布置补偿油箱时，可用油泵补油。

（5）废油槽：常设在每台机组的在最低点（如蝶阀室），收集各种漏油、废油。

（6）事故油槽：对充有油的设备（主变，油开关）和油库失火时将油迅速排入事故油槽，以免事故扩大。事故油槽一般布置在便于充油排油的位置，以便灭火。油槽内的集水要注意经常排空，以便保持必要的储油容积。

（7）油管：连接油系统各组成部分及用油设备之间的管道，如图11-44所示。通常红色管表示进油，黄色管表示排油。油管通常沿水轮机层一侧纵向布置油管的主管，再由它向各部件引出支管。一般油、气、水管道布置在厂房一侧，而电气、电缆分设在另一侧，以减少干扰。

图11-43　油处理设备布置

图11-44　油管路设备布置

3. 供水系统

水电站厂房的供水系统包括技术供水和生活供水两类。技术供水主要用于通风、发电机空气或油冷却器、变压器冷却器、各导轴承和推力轴承冷却器、油压装置和空气压缩机气缸冷却器轴等冷却用水；同时包括水轮机导轴承和主轴密封处润滑用水。发电机冷却用水耗水量最大，约占技术用水的80%。生活供水包括生活和防火消防用水，消防用水流量应有15L/s，水束应能喷射到建筑物可能燃烧的最高点。生活用水视厂房运行人员多少而定，供水的水质和水温要满足生活要求，必要时应设净化设备以保证水质。

根据水电站水头，供水方式分为直流供水和水泵供水两种。当水头在20～80m之间时，宜采用自流或自流减压供水，取水口可设在上游坝前（厂房紧靠大坝），或从厂房内的钢管、蜗壳处取水，如图11-45所示。各机组供水管相互联通，互为备用，有必要时还需另设水泵供水备用。当水头低于20m自流供水水压不足或高于80m时自流供水减压较为困难已不经济时，宜采用水泵供水，

图11-45　直流供水布置

水源可为下游河道或地下水。水泵供水至少有两台水泵，一台工作，一台备用，供水管道一般为蓝色管。

4. 排水系统

排水系统包括渗漏排水和检修排水。渗漏排水系统主要排厂房各处不能自流排往下游的渗漏水，包括厂房内的技术用水、生活用水和各部件、伸缩缝、沉陷缝的渗漏水。凡能自流排往下游的均自流到下游，其余渗漏水则引入集水井，再用水泵抽排到下游。检修排水主要是机组检修时，排蜗壳、尾水管、钢管中不能自流排往下游的积水。检修排水方式主要有下列几种：

（1）集水井：各机组的尾水管与集水井用管道相连，并用阀门控制，如图 11-46 所示。尾水管中的积水可以通过管道自流到集水井内，再用水泵抽排到下游。集水井容积与水泵的容量有关。

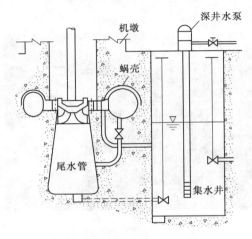

图 11-46　检修集水井的布置和结构

（2）排水廊道：沿厂房纵轴方向在厂房下部块体结构最低处设一条排水廊道，机组检修时，各尾水管的积水直接排到排水廊道，然后用水泵抽到下游。由于排水廊道容积较大，排水较迅速，可以缩短排水时间，河床式厂房或机组台数较多的厂房，常采用这种排水方式。

（3）分段排水：在两台机组之间设集水井和水泵室，组成一个检修排水系统。

（4）移动水泵：不设集水井，对需要检修的机组，临时将移动水泵设在该处进行排水。

渗漏和检修集水井一般分开设置。对中小型电站，渗漏和检修集水井可以合二为一，是否合一应根据具体情况进行论证，但在两个系统管路和集水井之间应设逆止阀，防止检修排水时发生倒灌淹没厂房。

5. 压气系统

水电站气系统包括高压空气和低压气两个系统。高压空气为 20～25 个大气压，调速系统油压装置的压力油箱中 2/3 为高压气，空气开关用气也为高压气；低压空气为 5～8 个大气压，主要用于发电机停机制动、水轮机调相、各种风动工具用气和吹扫、尾水管补气，蝶阀关闭时围带止水，空气开关灭弧等。

气压系统由空气压缩机（图 11-47）、储气罐（图 11-48）、输气管道（厂内为白色管）组成。高压气和低压气两个系统一般分别设两个气罐和两台空气压缩机，一套工作、一套备用。有时低压气储气罐可只设一个，需要时可用高空气罐减压后给低压气罐补给。

二、电机辅助设备

电机辅助设备的作用是保证发电机发出来的电分送到各用户中去，主要包括高压、低压电气、继电保护、直流系统。

1. 高压电气设备

高压电气设备包括主变压器和开关站设备。主变压器是将发电机发出的电压升高到规

图 11-47　空气压缩机

图 11-48　高压和低压气罐

定的电压等级进行送电。布置应尽可能靠近厂房，缩短出线，以减少电能损耗和故障机率，如图 11-49 和图 11-50 所示；同时要考虑防火、防爆、防雷、防水雾、通风冷却等要求，保证安全可靠。高压开关站（高压配电装置）要求按用户需求送配电，其设备包括各种高压开关和高压母线的布置，其布置方式有户外高压配电和户内高压配电两种形式，如图 11-51 和图 11-52 所示。户外高压配电，布置灵活，可因地制宜，选择开阔平地进

图 11-49　布置在厂房尾水平台的主变

图 11-50　布置在厂坝之间的主变

图 11-51　布置在户外的高压开关站

图 11-52　布置在户内的高压开关站

行布置。户内高压开关站设备集中，所有设备布置在厂内，但设备较贵，投资有所加大。与户外布置变电所相比，其优点主要体现在以下几个方面：

（1）占地面积小。户内高压开关站一般采用六氟化硫全封闭组合电器开关柜（GIS），体积较小，布置方便。户内布置方式可将各级配电装置的布置由平面型向立体型发展，使上部空间得到充分利用，使得相同规模的高压开关站占地面积可大大减少。

（2）设备安装运行条件良好。由于设备布置在户内，运行条件大为改善，外界自然条件（台风、大雾等）的影响可基本不考虑，大气环境污染对设备的使用寿命和出线构架的安全影响也可减小到最低程度。特别是对于防护系统，由于没有了风吹雨淋的影响，开关站的运行安全大大提高。不受气候影响，利于提高工程的安装进度。

（3）控制电缆长度短，有利于管理。由于高压配电装置的集中布置，缩短了监控室至各级配电装置的距离，降低了控制电缆的用量，也有利于高压开关站监控系统的抗干扰能力的提高。配电装置集中布置更利于无人值班的管理，对开关站进行图像监控，防盗、消防自动报警都比较容易实施。

2. 低压电气设备

低压配电设备是指连接发电机和主变器之间的电气设备。包括发电机低压出线、母线电缆、发电机开关配电、厂变和断路器、近区变压器和配电设备、其他电气仪表。由于电压较低，一般布置在紧靠发电机和主变器之间的副厂房内，力求缩短母线、保证运行方便。

低压电气设备输电方式可采用电缆或架空母线，前者布置方便，危险性小，但投资较大；后者需要一定空间，且要注意安全。低压电气设备房间通常采用钢筋混凝土墙与主厂房隔开。

3. 继电保护系统

继电保护系统是在系统发生故障时，保证电器设备和机组不受损害，同时将信号显示给值班人员。布置紧靠中控室，便于值班人员观察维护，如图 11-53 所示。对设备要求较高，应保证设备：

（1）动作快：以减小短路电流引起设备的破坏。

（2）可靠性好：防止继电器误动和拒动现象，导致设备的损坏。

（3）选择性好：继电器应只排除故障，保证非故障段正常运行，保证正确切断电流。

（4）灵敏度高：对故障反映能力高，减小故障影响。

图 11-53　继电保护系统布置

4. 直流系统

直流系统是水电站厂房的继电设备、直流操作设备、事故照明等必备的直流电源，如图 11-54 所示。包括酸室、蓄电池室、充电机室、通风机室、直流配电盘室等。酸室内储有硫酸，供蓄电池用；充电机室内布置有充电机，用来将交流电转化为直流电，送入蓄电池中储存起来；通风机室与蓄电池室相邻，保持蓄电池室有良好的通风环境，减少酸的腐蚀；直流配电盘室布置直流系统的配电表盘，控制直流系统的运行。

三、机组操作维护设备

机组操作维护设备是保证机组操作、运行、监控所必需的设备。主要有以下设备。

图 11-54　直流系统布置

1. 中控室设备

中控室是整个水电站厂房运行、调度、控制、监护的中心（图 11-55）。中控室内布置有操作控制台、机组控制盘和保护盘、直流盘、厂用盘、照明盘、自动调频盘、远动盘等各种设备运行状态显示表盘。要求通风、采光好，无振动，便于监测、无干扰、整齐美观。室内净高一般 4～4.5m。

2. 通信系统

水电站通信系统主要是确保水电站与电网、调度指挥中心及时联络，由调度指挥中心按电网要求指挥水电站运行（图 11-56）。其系统包括计算机网络通信、载波通信、微波通信、电讯通信等系统，并设置专门房间布置各种通信设备。

3. 维护设备

水电站的维护设备主要为机械设备检修、电气设备试验所必备的设备。包括机械、电气试验、加工，维修等设备。机械设备维修一般包括空压机、水泵等维修；电气试验包括继电保护和自动装置、测量表计、精密仪表等测试和试验。高压试验对象为 3kV 以上的电气设备，低压试验对象为 500V 以下的电气设备和电气二次回路设备。

图 11-55　中央控制室布置

图 11-56　通信系统布置

第六节 副厂房的布置

水电站副厂房是保证机电设备运行、控制、试验、管理的各种辅助设备布置场所和提供给生产、技术、运行人员的工作房间。

一、副厂房布置的影响因素

水电站副厂房的规模与水电站的装机、机组台数有关，影响其面积的主要因素有：电站容量、电站地位、电站自动化程度和厂区位置等。

（1）水电站容量越大，技术越复杂，辅助设备越多，副厂房面积要求越大，反之副厂房面积可以减小。

（2）水电站在电力系统中的地位比重越大，发挥的作用越大（调频等），技术保护措施要求越高，副厂房布置面积也越大。

（3）水电站自动化程度越高，设备越精巧，副厂房面积越小。

（4）水电站的厂区与生活区隔得越远，副厂房所要布置的设施越全，面积相应要增多。

二、副厂房的布置位置

副厂房的布置位置一般有 3 种布置方式：上游侧副厂房、下游侧副厂房和端部副厂房。

（1）上游侧副厂房的优点是布置紧凑、电缆短、监视机组方便，主厂房下游侧通风采光好。但电气设备线路与进水系统设备相互干扰，引水管道可能加长。适用河岸式、坝后式水电站厂房。

（2）下游侧副厂房的优点是电气设备可以集中布置在下游，电气设备线路与进水系统设备相互不干扰，监测机组方便。但主厂房通风、采光受影响，运行时尾水管的震动对副厂房电气设备影响较大，容易引起误操作，尾水管道较长，增加厂房下部结构尺寸。适用于河床式水电站厂房。

（3）端部副厂房的优点是主副厂房宽度一致，总宽度较小，采光、通风方便，运行环境较好，中控室运行干扰少。但母线和电缆线路较长，当机组台数较多时，监视、维护、检修、试验不是很方便，投资将增加。适用于河岸式电站厂房。

三、副厂房的类型和布置原则

1. 按生产性质分

（1）直接生产副厂房（包括电气和水机），直接为机组运行服务用房。

（2）辅助生产副厂房（包括电气和水机），为机组检修、测试服务用房。

（3）间接生产副厂房（包括生活和行政），间接为生产服务用房。

2. 按作用性质分

（1）控制运行副厂房，保证机组正常运行需要的用房。

（2）辅助设备副厂房，为机组运行服务的辅助设备用房。

（3）生产检修副厂房，为设备检修服务的用房。

（4）生产管理副厂房，为机组运行值班和行政办公的用房。

　　副厂房布置时，从生产角度首先考虑直接生产用房，以保证机组运行要求；然后考虑辅助生产用房，优先布置人员进出较多的房间；最后考虑间接生产用房，以保证生活的必要条件。从设备布置角度首先考虑运行控制设备布置，然后考虑电气设备布置，再考虑水机设备布置，最后考虑试验、检修、管理等用房。

四、副厂房布置的要求

　　由于水电站的形式及规模各异，所需副厂房的数量和尺寸也不同，即使容量相近的水电站厂房，其副厂房的尺寸面积也可能相差很大。所以副厂房的面积应根据机电控制设备布置和运行管理要求来确定。

　　1. 控制运行副厂房

　　控制运行副厂房是整个电站操作控制、运行管理所必需的房间。布置时优先将通风采光好、无振动、便于监测的位置让给控制运行副厂房，其他副厂房再围绕它布置。控制运行副厂房主要包括中控室、集缆室、继电保护盘室、开关室、通信室、计算机室等房间。

　　(1) 中控室：副厂房布置的关键。因为它是整个水电站的神经中枢，中控室的位置一定，其他副厂房的位置也就相应围绕中控室而定。

　　中控室要求靠近主机间，通风、采光条件要好，无震动、无干扰，一般位于主厂房上游侧中部或厂房端部。面积根据机组台数、出线回路和电站装机规模、性质而定。

　　36MW 以下：中控室和继电保护室合二为一，约 $(25\sim45)m^2\times$ 台数；

　　36MW 以上：约 $(20\sim32)m^2\times$ 台数；

　　100MW 以上：约 $(20\sim35)m^2\times$ 台数；

　　高度：一般 $4\sim4.5m$，有的达 $5.5\sim6.0m$。

　　(2) 集缆室：二次回路电缆集中室，又称为电缆夹层。该层汇集了水电站厂房和送变电设备的各种电缆，一般布置在中控室和继电保护盘室的下层，面积等于或小于中控室的面积，室内只有电缆和电缆吊架。为了便于维修，室内净高 $2\sim2.5m$，不宜小于 2m 和大于 3.0m。

　　(3) 继电保护盘室：紧靠中控室布置，有时可以与中控室合二为一。面积根据布置的表盘多少确定，每个表盘按 $2.0m^2$ 计算。

　　(4) 开关室：发电机电压配电装置室。为了缩短发电机的引出线，减小电能损耗，位置应紧靠主机间的副厂房布置。面积可根据电气接线和开关柜的布置要求确定，开关柜维护走廊（靠墙侧）净宽不小于 1.2m；开关柜操作走廊宽度，单列布置时应不小于 1.5m，双侧布置时应不小于 2.0m，高度不小于 1.9m。开关室长度在 7m 以内时，可只设一个出口，超过 7m 时应有两个出口，超过 40m 时应设 3 个出口。

　　(5) 计算机室：一般布置在与中控室同一高程上的相邻房间内，电站较小时可与中控室合二为一。计算机室要保持恒温、恒湿，要求安装自动空调装置。进入计算机室应通过一个套间，防止剧烈振动和腐蚀气体对计算机的影响。单独布置时面积一般按 $25\sim30m^2$ 考虑。

　　(6) 通信室：当输电电压在 110kV 以上时，为了电站与系统调度中心联系，保证电站正常运行，必须设置专门的通信室。通信室布置要求与中控室同一高程，与其毗邻，高度 $3\sim3.5m$。要求防尘防震，避免较大噪声，应远离蓄电池和强电流设备。

　　(7) 巡回检测装置室：为减轻运行人员巡视和抄表劳动，便于及时发现故障而设的巡回检测装置。通常把主机柜、变换器柜、电动发动机组布置在继电保护盘室内，而远方操作台及打字机布置在中控室内。

2. 辅助设备副厂房

为机组运行服务的一些辅助设备布置房间，布置时主要围绕机组运行要求确定其位置和大小，主要房间有：

（1）母线廊道：发电机和主变之间连接母线的布置廊道。位置根据发电机和主变位置确定，尽可能采用直线。面积根据安装、维护、检修要求确定，布置时母线距墙不小于0.8m，空气绝缘要求0.7m。检修走道宽度，单母线布置时1.0m，双母线布置时1.2m。采用母线竖井时，检修用的电梯和楼梯，每隔4～5m需要设维修平台，平台和楼梯宽度不应小于0.8m。

（2）电缆沟或廊道：水电站二次回路电缆线布置通道。小型电站一般采用电缆沟，大中型电站从主厂房到中控室的电缆很多，为了便于检修可以采用电缆廊道。电缆沟或廊道的位置、面积可以根据具体情况灵活布置。例如可以与母线廊道兼顾，挂在墙上进行布置等。

（3）直流系统：布置最好与地面同高，不许布置在中控室、通信室、计算机室、继电保护室和开关室之上，以防酸性残液渗入到下层。位置要求通风好，防止太阳直射，避免蓄电池的酸气外溢，在阳光直射下引起爆炸。除用人工照明外，还需有防爆措施，例如采用防酸防爆密闭型的蓄电池。大中型电站需设两套蓄电池，两套分开单独布置，以免事故时相互影响。直流系统的面积，一般蓄电池室40～50m²，酸室10m²，套间4m²，直流盘15m²。通风机室应与蓄电池室相邻，充电机室要远离中控室，防止震动和噪声影响中控室操作。

（4）厂用电设备：全厂的用电设备，包括厂用变压器和配电盘。厂用变压器可以布置在厂外主变压器旁，也可以布置在厂房内，尽可能靠近开关室或与开关室合并，以缩短母线。每台厂变压器应采用防火、防爆的单间布置，一般与水轮机层同层，采用就地检修。面积由厂变尺寸确定，要求距墙0.3～0.8m。厂用配电盘一般单独布置，离中控室不宜太远，面积根据配电表盘确定，表盘室可分散在安装场、水轮机层、水泵室、空压机室、机修间、油处理室等负荷分载点附近。

（5）空压机室：由于噪声较大，一般布置在水轮机层以下或安装场下层。高压气系统和低压气系统可以分开布置，也可合并布置，压缩机之间净距不小于1.5m，距墙不小于1.0m。位置应远离中央控制室，采用单独房间布置，室内要求防火、防爆，面积大约30～40m²。

（6）油处理室：透平油库和油处理室一般布置在厂内安装场下层或主厂房上、下游侧接近水轮机层的副厂房内，面积根据用油量确定，一般为20～40m²。绝缘油库一般布置在厂外主变压器场或高压开关站附近交通方便的地方。两套油系统都必须注意防火、防爆。

（7）水泵室：供水泵布置较为灵活，位置多在水轮层、蜗壳层，可以分散布置。采用单元供水尽可能把将水泵布置在本机组旁；采用联合供水时，水泵布置在厂房的一端，并以最低尾水位校核水泵的吸出高度来确定。水泵间距不应小于1.5m，通道不应小于1.0m，以便设备检修。面积根据水泵设置确定，集中布置面积大约10～20m²。

（8）集水井和集水廊道：布置较为灵活。集水井位置多在安装场下层和厂房的另一端，面积根据集水容量大小确定。集水廊道一般在厂房最低处沿纵轴向布置一排，并与各排水管道相同。面积根据排水要求确定，考虑施工方便断面不小于2m×1.5m。

3. 生产检修副厂房

为辅助设备检修和试验而布置的一些房间，布置时可以根据副厂房的具体情况灵活确定其位置和大小，主要房间有：

（1）电气试验室：高压试验的电气设备体积大而笨重，搬运不便，往往布置在搬运方便和设备集中的位置；其他电气试验可根据副厂房的具体情况安排，一般多布置在发电机层以上，面积大约 $20\sim50\text{m}^2$。试验室应设置通风、采暖、防尘、防潮等措施，测试工作台要有良好的采光和局部照明。

（2）电气仪表修理室：一般布置在发电机层以上，具有良好的通风、采光等条件。面积大约 $20\sim40\text{m}^2$。

（3）机修间：多布置在厂外，面积大约 $40\sim60\text{m}^2$。

（4）工具、仓库房间：位置不宜太低的合适位置，面积大约 $10\sim20\text{m}^2$。

（5）运行、值班用房：位置紧靠中控室，同时有最短的途径通往主厂房，面积大约 $20\sim25\text{m}^2$。

4. 生产管理副厂房

主要包括行政办公、会议室、接待室、警卫室、厕所等用房。布置时考虑到使用上的要求，通常把厕所、浴室洗漱室设置在紧靠安装场；行政办公、会议室、夜班休息室布置在较安静的地方；接待室、警卫室布置在厂房进出口处。生产管理副厂房一般根据情况确定，自动化管理程度较高的电站，行政办公多布置在厂外，面积由占地和经济条件确定，一般的房间 $15\sim20\text{m}^2$。

第七节　厂房的采光、通风、交通、防火

为了给运行设备创造良好的运行环境，延长使用寿命，保证运行人员工作舒适、具有良好的健康环境，必须要解决好厂房的采光、通风、交通、防火问题。

一、采光

地面厂房尽可能采用自然采光。主副厂房的采光可以考虑开窗，吊车梁以上的窗主要是通风，吊车梁以下最好开大窗。当厂房采用单侧采光时，窗的上沿离地高度应大于房间进深的 $1/2$；采用两侧采光时，窗的上沿离地高度一般不小于房间进深的 $1/4$，窗的底端在发电机层以上不宜超过 $1\sim2\text{m}$，保证既有良好的采光，又避免太阳直射。

水下部分采用人工照明采光。照明分为工作照明（交流电）、事故照明（直流电）、安全照明（低压电 36V 以下）、检修照明（防止光线反射）。

采用自然采光和人工照明都必须注意，太阳光不能直射在仪表盘上，灯光不能使仪表盘面上产生反光，以免运行人员误读数据和发生视觉疲劳。

二、通风

地面厂房尽可能采用自然通风。当下游水位过高，自然通风达不到要求时，或者在房间产生过多热量时，或者产生有害气体时，需要采用人工通风。通风设计以保证自然风能够使人达到舒适为目标。

主副厂房的通风量应根据设备的发热量、散湿量和送排风参数等确定，并要合理安排

进、出风口的位置以达到最佳通风效果。对主厂房下层、副厂房水泵室、蝶阀室等厂内潮湿部位采用以排湿为主的通风方式，对有害气体房间应设专门的排风系统，以防有害气体掺入其他房间。人工通风系统的进风口上风，低于排风口但高于室外地面 2m 以上，要考虑防虫及防灰沙措施。通风室要远离中控室、通信室等安静场所。对通风不能解决盛暑酷热的地方，应采用空调系统调节温度和湿度。

三、取暖

水电站厂房内的温度冬天不能过低，以保证房间的温度使机电设备正常运行和人员舒适。采暖方式主要有以下几种：

（1）利用机组热风采暖。例如发电机层、出线层、水轮机层、母线道等处靠机电设备发出的热量就能维持必要的温度要求，这是一种经济、合理、简单易行的采暖方式。

（2）电热风采暖。由管状电热元件组成的电加热器，装在风管内或空调器内，可用于有防爆防腐要求的房间采暖，也可以用于中控室、计算机室和通信室等房间采暖，不过这些房间一般需要安装空调，以便夏季降温、冬季采暖。

（3）电炉采暖。容许在静止空气中开启，蓄电池室和油处理室的取暖必须满足防火防爆要求，可以采用密闭式电炉；明火电炉可用于暗室采暖。

（4）电辐射取暖器。利用电能通过辐射板高温表面，以辐射方式散发热量，用于厂房内部有防火、防爆要求的房间采暖。

四、防潮

厂房湿度过大，工作人员不舒适；可能引起电气设备短路、误动作或失灵，造成事故；可能引起机械设备锈蚀，损坏设备，所以必须采取防潮措施。防潮原则应以防潮为主，除湿为辅，可以采用"导、堵、隔、封、除"等综合措施进行防潮除湿。除湿的主要措施有：

（1）防渗防漏：加强缝隙止水，防止管道漏水，对于冷却水管和容易结露滴水部位要采用绝热材料包扎。

（2）加强排水：增加抽排，减少渗漏积水，不让其积存。

（3）加强通风：潮湿部位宜采用以排为主的通风方式，减少空气湿度。

（4）局部烘烤：通过电炉或红外线烘烤，防止设备受潮。

五、厂内交通

厂内交通的布置原则应便于设备进厂、安装、维修，便于人员通行方便。要求：

（1）进厂大门可通汽车，便于大型设备进厂。为了保持厂内干净、干燥与温度，不运输大部件时，大门应关闭。大门应有旁通门，以便大门关闭时人员通行，安全出口的门净宽一般不小于 0.8m，门向外开。

（2）主副厂房各层都应有贯穿全程的水平通道，便于运输设备和进行安装检修，并给工作人员巡视和通行提供方便，水平通道宽一般 1~2m。

（3）主副厂房各上下层之间应设斜坡道、楼梯、攀梯、转梯和电梯，保证人员和设备上下层之间的通行。斜坡道坡度在 20°以下，一般以 12°为宜；楼梯的坡度为 20°~46°，以 34°为宜，单人楼梯宽度 0.9m，双人楼梯宽 1.2~1.4m。每台机组最好有一个专用楼梯，至少两台机组有一个楼梯，楼梯的位置要能使运行人员巡视方便，能够在事故时迅速赶到现场。为了吊运各种设备，各层应设吊物孔，保证蝶阀、水泵等各种设备的吊运要求，吊物孔的尺寸，应根据吊运最大设备要求确定。

（4）应设有紧急安全垂直通道，便于危机情况时逃生用。垂直紧急通道楼梯可做成钢爬梯，坡度在 $60°\sim90°$ 之间，宽度 0.7m。

六、防火保安

为了减小水电站事故时的财产损失，各建筑物及设备的布置均应符合防火保安要求，同时还应符合国家防火保安的专门规定。对于水电站的防火保安应注意以下问题：

（1）主副厂房每层至少有两个安全通道，应布置疏散用走道及楼梯，同时要布置消防通道、消防器材和事故照明设备。

（2）厂内的油库要有防火隔墙隔开，墙的厚度要大于 0.3m，柱的尺寸要大于 0.4m，门要能防火。为了防止事故时火势扩大，应设事故排油槽，油库内要设足够的消防器材。

（3）厂内用油的电器设备、厂用变压器应设防爆隔间，并以防爆走道通向外面。

（4）蓄电池有燃烧和爆炸的危险，室内的一切设施都要符合防火防爆要求。

第八节　厂区枢纽布置

水电站厂房枢纽包括主厂房、副厂房、主变、开关站、进厂交通及引水、尾水建筑物。厂区枢纽布置与电站开发方式直接相关，应根据地形、地质、水文条件，妥善解决好与其他建筑的相互关系。在进行厂房枢纽布置时应综合考虑水电站枢纽总体布置、厂区地形、地质、施工检修、运行管理、农田占用、环境保护等方面的因素，进行多方案比较确定。布置时，首先确定主厂房的位置，然后以主厂房为中心，合理安排其相应建筑物的相对位置。

一、厂区布置所需资料

在进行厂房布置设计时需收集以下基本资料：

（1）地形资料：便于厂区建筑物相对位置布置所需要的资料。整个厂区大范围的地形图，包括进出水口、引水系统、厂房等建筑物布置的地形范围。厂房枢纽的地形图，包括主副厂房、变电站、尾水渠等建筑物布置的地形范围。

（2）工程地质和水文地质：用于厂房各建筑物的形式选择和位置确定的资料。厂区地质平面、地质剖面图，各建筑物部位的钻孔柱状图，厂区工程地质报告（包括断层、岩性、物理力学参数等），水文地质（包括地下水、岩体渗透性），地震资料。

（3）水文资料：确定水轮机安装高程、发动机层高程、主变、开关站和对外交通布置所需要的资料。包括水电站的最大引用流量、单机引用流量、最小流量和泄洪流量对厂房尾水的影响、河流的输砂量、冰凌量、厂址水位与流量关系曲线。

（4）气象资料：确定水轮机安装高程、发动机层高程、主变、开关站、对外交通布置和厂内通风、厂房上部构架、墙面、屋面设计、厂房施工所需要的资料。包括当地多年日平均、月平均、季平均气温，水温，相对湿度，主导风向，最大风速、正常风速和风力，降水量，最大积雪厚度、冻土层厚度等。

（5）水能规划资料：机组选择时所需资料。包括：①水位，水库各种特征水位、各种下泄流量与下游对应特征水位；②水头，水电站的最大水头、最小水头、平均水头和设计水头；③动能参数，水电站装机容量、机组台数、保证出力、年平均发电量、年平均利用小时数。

（6）机组资料：确定厂房尺寸和结构布置所需资料。水轮机、发电机型号和各部件尺寸、重量；调速器型号和尺寸；进水阀的外形尺寸和重量；各水机辅助设备的型号、台数、重量和尺寸；起重设备的型号和尺寸；主变压器型号、台数、重量和尺寸；高低压配电设备的型号和尺寸；其他电器辅助设备的型号和尺寸。

（7）厂房设计标准和规范：厂房结构设计依据。包括各部门颁布的设计规范。

（8）建筑材料和施工条件：为厂房布置、结构设计和施工布置提供参考。包括主要建筑材料的来源和运输方式；主要机电设备的运输要求和运输方式。

二、厂区布置的影响因素

1. 相邻建筑物的影响

（1）溢洪道：避开泄洪时对厂房尾水的影响，泄洪水雾对主变、开关站设备的影响。

（2）航道：厂房布置应照顾航道对水流的要求，避免电站进、出水口水流对航道的影响。

（3）其他：要考虑到进口防污、防沙要求，协调进水口与排沙洞进口的布置，且应避开过木道进口。

2. 运行因素的影响

（1）水流线的影响：对进水口要防污、防沙，使引水道尽量短、直，减少水头损失；对出水口要防淤、防淘刷，保持水流平顺。

（2）电力线的影响：从发电机→开关室→主变→开关站，要求电力线短直，顺畅；主变器检修要方便；开关站要求土方工程少，进出线方便。

（3）交通线的影响：进厂交通要方便，满足坡度及转弯半径的要求，满足大件运输要求。

3. 厂区防洪与排水的影响

（1）采取可靠措施保证主、副厂房、主变、开关站在下游设计防洪水位下不受淹。

（2）根据地区暴雨强度及其他可能集水量，采取可靠排水措施。

三、主要建筑物布置原则

1. 主厂房

主厂房是厂房枢纽的核心，对厂区布置起决定性作用。除了考虑各部分协调性外，尽量将主厂房放在良好岩基上，尽量减少挖方。

坝后式厂房的主厂房一般是依从主坝布置，当主坝根据地质和枢纽条件确定后，坝后就是主厂房的位置；河床式厂房的主厂房随着挡水坝的位置确定而得定；河岸地面式厂房的主厂房位置选择余地较大，首先应根据地质条件和边坡开挖稳定条件选择主厂房位置，再将主厂房与引水道和尾水道布置条件一并考虑，尽可能保证进出水平顺，然后再考虑对外交通联系方便，有足够施工场地等要求。

2. 副厂房

根据主厂房位置以及地形和地质条件，紧靠主厂房布置，可以在主厂房的上下游侧或厂房的一端进行布置。

坝后式厂房的副厂房一般是布置在主厂房上游侧，如果上游侧副厂房的位置不够，可以增加端部副厂房；河床式厂房的副厂房一般布置在主厂房下游侧，由于下游尾水管震动较大，中控室、继电保护等运行条件要求较高的副厂房可以布置在主厂房的端部；河岸地面式厂房的副厂房位置选择余地较大，一般是布置在主厂房上游侧，如果采用上游副厂房导致边坡开挖较大，可以采用端部副厂房。

3. 变压器场

应尽可能靠近发电机或发电机电压配电装置，以缩短发电机电压母线，减少母线电能损耗；主变压器要便于运输、安装和检修，最好与安装场及对外交通线在同一高程上，并敷设有变压器运输轨道；要便于维护、巡视和排除故障；基础应坚实稳定，能排水防洪，并符合防火、防爆、通风、散热等要求。

坝后式厂房的主变可以布置在厂坝之间平台上，也可以布置在主厂房下游侧的尾水平台上；河床式厂房的主变一般布置在主厂房下游侧的尾水管平台上；河岸地面式厂房的主变布置较为灵活，可以布置在主厂房上游侧、下游侧和端部，主要根据主厂房周边的地形布置。

4. 高压开关站

一般为露天式，均就近布置在变压器场附近的河岸或山坡平地上。

（1）要求高压进出线及低压控制电缆安排方便而且短。

（2）要求选择地基及边坡稳定的站址，避开冲沟沟口等不利地形。

（3）布置在河谷或山口地段时，应特别注意风速和冰冻的影响。

（4）场地布置整齐、清晰、紧凑等。

（5）土建结构合理，符合防火保安等要求。

坝后式和河床式厂房的开关站，一般都是布置在坝体两岸的开阔平地处，当两岸山坡较陡，无法找到开阔平地时，开关站也可以布置在主厂房的顶部；河床式厂房的开关站一般是布置在离主厂房不远的开阔平地处。

5. 引水道

要少转弯，保证水流平顺，减少水头损失；长度尽可能短，减少工程量，以节省工程投资。

6. 尾水道

布置时防止泄洪回流阻止尾水壅高，避免尾水波动产生漩涡，使之冲刷或淤积。如果地质条件较差，要考虑防冲措施。

7. 对外交通

要充分考虑施工期建筑材料运输和机组安装检修时设备进厂要求，可以考虑进厂公路、铁路和利用船舶进厂的水路布置要求。

8. 行政生活区

布置时不要太靠近厂房，避免干扰；但又不宜太远，要考虑到厂房运行管理的安全，便于联系。可以根据实际情况，因地制宜，充分考虑各方面的因素布置厂房生活区。

图11-57给出了厂房枢纽建筑物主厂房、副厂房、主变压器、开关站、引水道、尾水道和交通道等相互位置几种典型关系布置图，图11-58是某水电站厂房各建筑物布置的实例。

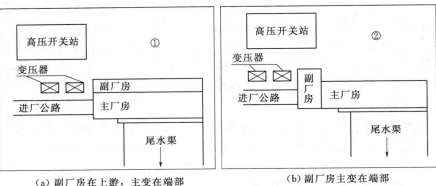

（a）副厂房在上游，主变在端部　　　（b）副厂房主变在端部

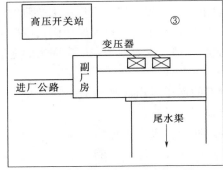

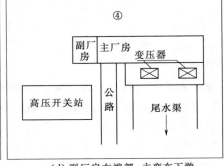

（c）副厂房在端部，主变在上游　　　（d）副厂房在端部，主变在下游

图 11－57　厂房枢纽各建筑物的几种典型布置关系

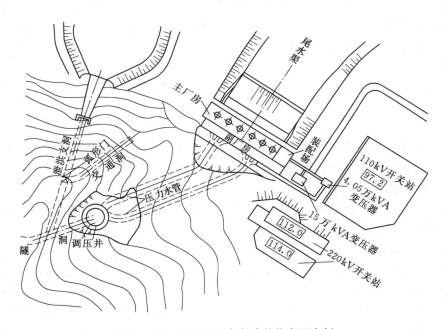

图 11－58　水电站厂房各建筑物布置实例

第十二章 厂房构造与结构设计

水电站厂房布置设计包括机电布置设计和厂房结构布置设计。前者是合理安排各种机电设备的位置，为机组的安装、检修和运行创造良好条件；后者是合理选择厂房的结构形式，确定各构件的相互连接关系、结构尺寸、结构材料，并通过结构计算使厂房结构达到安全、稳定、美观、实用之目的。主厂房结构构件较多，结构复杂，各种结构与机电布置密切相关，所以在进行主厂房布置设计时，必须同时进行主厂房的结构布置设计。副厂房的结构与一般工业民用建筑相似，尽可能采用装配式结构，使得建筑工业化、施工机械化，以保证工程质量，加速建设速度。

第一节　主厂房的结构组成和荷载传力途径

一、主厂房结构的主要构件

主厂房结构分为上部结构和下部结构。由于上部和下部结构特点不同，所以结构的计算方法也不同。上、下结构的组成和受力具有如下特征：

$$
\text{主厂房结构}
\begin{cases}
\text{上部结构}
\begin{cases}
\text{组成：板，梁，柱，构架} \\
\text{受力：设备，自重，活荷载}
\end{cases} \\
\text{下部结构}
\begin{cases}
\text{组成：机座，蜗壳，尾水管，基础块体} \\
\text{受力：水压，土压，上部传递荷载}
\end{cases}
\end{cases}
$$

1. 上部结构

水电站厂房上部结构通常采用钢筋混凝土结构，上部构架在横断面为 Π 形结构，在纵向采用联系梁、吊车梁等相连接，形成空间骨架，如图 12-1 所示。上部结构一般为杆系结构，受力明确，通常采用结构力学方法求解。

图 12-1　水电站厂房上部结构图

（1）厂房构架：是厂房上部结构的骨架，有整体式和装配式两种结构。整体式的柱与梁浇在一起，形成一个刚架，刚度大，整体性好，但施工难度大；装配式的梁是预制的，梁与柱采用装配而成，形成一个排架，刚度小，整体性差，但施工方便。

（2）屋面大梁：承受厂房屋盖上的全部荷载，包括风、雨、雪、屋面板和屋架、大梁自重等，并将荷载传到厂房构架。大梁有整体式和装配式两种，整体式大梁大多是矩形断面，浇筑容易；装配式大梁大多是T形面，结构轻便，便于吊装施工。

（3）吊车梁：承受吊车荷载，包括吊运部件重量、吊车自重和吊车启动或制动时产生的纵、横向水平荷载，并将荷载传到厂房构架。一般为钢筋混凝土结构，其形式有多跨连续梁和简支梁。多跨连续梁受力条件好，尺寸小，但需要现浇，施工不便；简支梁可以预制，施工方便，工期短，但结构受力大，需要较大的断面尺寸。

（4）立柱：承受屋架、屋面大梁、吊车梁、外墙等上部传来的荷载和立柱自身重量，并将荷载传给厂房下部大体积混凝土结构。立柱一般为矩形断面，等间距布置，立柱的基础一定要放在一期混凝土上。当下部基础的刚度大于12～15倍的立柱刚度，可认为是固接；当基础分缝时，需采用双柱，在缝的两侧都需设柱。

（5）楼板：承受楼板上的设备和活荷载，一般为承重板，板梁式结构。由于水电站的水机电设备较多，布置要求不同，孔洞多，荷载大，并有冲击荷载，所以造成楼板形状不规则。对于楼板开孔处（如调速器、油压装置、蝶阀吊孔、吊物孔、楼梯等周边），楼板下面都要布置次梁；楼板的厚度应大于15cm，最好设计成单向板；当板、梁跨度较大时，梁的下部应加柱，板的下部应加次梁，板梁结构布置如图12-2所示。

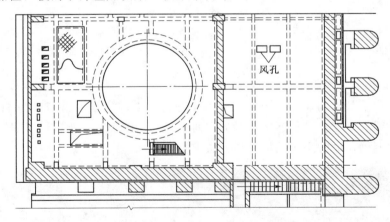

图12-2 水电站厂房板梁结构布置图

（6）屋面和外墙：屋面板与工业厂房类似，主要承受自重和风、雨、雪荷载，并将荷载传给屋架和屋面大梁。屋面板板厚约20cm预制板，6cm现浇钢筋混凝土板，4cm细石混凝土作为防水层。外墙一般不承重，只作隔离用，通常采用砖墙。当外墙要承受较大风荷载或水压力时，可做成钢筋混凝土外墙。

2．下部结构

水电站厂房下部结构主要由机座、蜗壳、尾水管、基础板和外墙所组成。受水轮发电机布置控制，体型庞大，形状不规律，受力复杂，如图12-3所示。对下部大体积混凝土

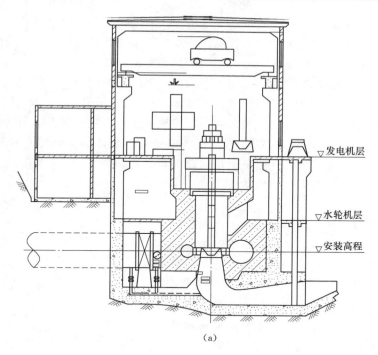

(a)

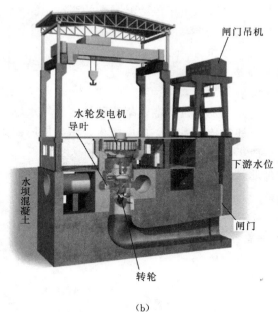

(b)

图 12-3　水电站厂房下部结构图

一般需用有限元计算。

（1）发电机机墩：水轮发电机支承结构。主要承受发电机楼板荷载和水轮发电机自重和转动荷载，并将它们传给座环和蜗壳外围的混凝土。机墩主要承担受压和受扭荷载，可以简化成平面结构进行计算。

（2）蜗壳和水轮机座环：水轮机的导水机构。主要承受自重、水压和上部荷载，并将机墩传下来的荷载通过座环传到尾水管上，将水轮机层的设备重量和活荷载通过蜗壳顶板传到尾水管上，蜗壳外围混凝土一般采用钢筋混凝土。

（3）尾水管：水轮机的泄水机构。在直锥段内有钢衬，外围为钢筋混凝土。承受水轮机座环和蜗壳顶板传来的荷载，经尾水管框架传给基础。承受的水压很小，一般采用构造配筋。

（4）基础块体混凝土：与岩基接触的大体积混凝土块。主要将上部结构传来的荷载传给基础，承受上部结构荷载（包括：排架柱、蜗壳外围块体结构和尾水管传来的荷载）、自重、地基反力，温度应力，一般是采用构造配筋。

二、厂房结构的荷载和传力结构

1. 上部结构荷载

（1）结构自重：板、梁、柱、墙、屋面等。

（2）设备重量：吊车、吊物、辅助设备。

（3）活荷载：风、雪、参观人员、临时活荷载等。

2. 下部结构荷载

（1）混凝土块体自重：包括块体自重和上部传递荷载。

（2）机组静载：水轮机、发电机、蝶阀和辅助设备的重量。

（3）机组动载：机组运转时转动荷载，飞逸转动荷载。

（4）水压力：蜗壳、尾水管的水压传给混凝土的荷载。

（5）温度荷载：大体积混凝土温度变化荷载。

（6）地基反力：基础反力和扬压力等。

3. 厂房结构荷载的传递

厂房结构的传力系统可分为两大类：

（1）机组的传力系统。如发电机机墩、蜗壳和尾水管等水电站厂房特殊的结构。

（2）厂房屋盖、梁、柱的传力系统。如屋面板、屋架或屋面大梁、吊车梁、排架柱和楼板等结构，这是与一般工业厂房传力相类似。

厂房的传力途径是通过各承重构件，将作用于厂房的各种静、活荷载传到基础，传力途径如图 12-4 所示。

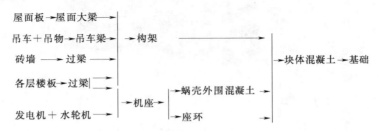

图 12-4　厂房结构传力途径

4. 其他荷载的传递

下游水压力→下游墙；河床式厂房上游水压力→上游墙；河岸式厂房渗水压力→上游墙；伸缩缝渗水压力→蜗壳混凝土；地基扬压力→基础混凝土；风荷→围护结构→排架柱→基础；雪荷载→屋盖结构→排架柱→基础。

第二节　厂房混凝土浇筑的分缝和分块

水电站厂房下部结构为大体积混凝土结构，考虑到温度变化和地基的不均匀沉陷，对下部大体积混凝土结构必须进行分缝，以减小温度应力，适应基础的不均匀沉陷，使混凝土结构满足受力要求。为了满足大体积混凝土的施工浇筑能力和设备安装要求，对结构必须进行分期和分块浇筑，以满足设备安装和施工进度要求。

一、厂房分缝与止水构造

水电站厂房一般设有结构缝和施工缝。结构缝是为了适应温度变化和地基不均匀沉陷而设置的永久缝，对于永久缝必须设止水结构，防止下游尾水进入厂房；施工缝是为了满足混凝土浇筑要求而设的临时缝，对于临时缝必须进行处理，防止新老混凝土浇筑后裂开。

1. 永久缝的设置

水电站厂房由于受到自然环境因素的影响，须经历酷暑和寒冬，昼夜之间温度的变化，厂房混凝土结构受温度变化，会产生热胀冷缩。如果厂房长度过大，墙壁和楼板的混凝土会发生开裂，因此需要设置结构缝，称为伸缩缝或温度缝。厂房基础与地基接触，当基础的地质条件不同，或厂房分段的荷载悬殊，可能引起地基不均匀沉陷，为防止沉陷时互相牵制造成墙壁和构件的开裂，需要设结构缝，称为沉降缝。伸缩缝和沉降缝两者有时可以合二为一，称为伸缩沉降缝。永久缝的设置通常应满足下列要求：

（1）永久缝不能设在机组段中间，防止机组段的沉陷不一。通常在岩基上的大型厂房采用一机组段设一结构缝，中型厂房采用两个机组段设一结构缝。

（2）温度缝可以只设在水上部分，不需贯通至基础；而沉降缝必须贯通到地基上，可兼起伸缩缝作用。

（3）永久缝必须设止水，防止水流渗入厂房。

（4）在主机房与安装场之间、主副厂房分界处，由于荷载悬殊较大，必须设沉降缝。

（5）缝距与缝宽。水电站厂房结构的缝距，应视气候、温度条件、结构形式、地基地质情况和温控措施而定。横向结构缝间距还取决于机组段的长度，下部结构因常年处于水下，结构缝间距主要与地基条件有关；上部结构的伸缩缝缝距最大为 $30\sim70m$。下部结构的沉降缝缝距，岩基上最大为 $20\sim40m$，软基可放宽到 $45\sim50m$，以减小产生机组歪斜和吊车轨面错开等影响。岩基上结构缝一般贯通上部结构和下部结构；软基上如果结构缝间距较大，可在两缝中间再设只贯通厂房上部结构的伸缩缝。

永久缝的宽度，应根据地基情况、可能发生的温度变形、缝间距的大小、厂房高度及预计不均匀沉降引起水平位移量等条件而定。岩基上的缝一般为 $1\sim2cm$，软基上的缝可适当放宽，但不能超过 $6cm$。

2. 永久缝的止水

厂房下部结构的永久变形缝被上下游水流渗入时，在永久缝的迎水面需设止水，竖向止水与水平止水之间应形成封闭系统，重要部位设两道止水，中间设沥青井，次要部位可不设沥青井，如图 12 - 5 所示。

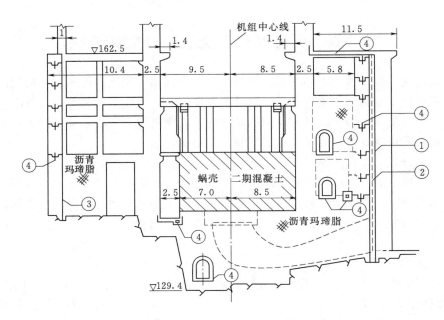

图 12-5 厂房结构的止水布置图（单位：m）
①—紫铜片 A；②—塑料止水片 A；③—紫铜片 B；④—塑料止水片 B

止水材料有金属止水片、橡胶止水带和塑料止水带，如图 12-6 所示。金属止水片又分紫铜片、镀锌铁片和涂沥青钢片。铜片为有色金属，价格昂贵，应尽量少用，仅用在大型水电站的重要部位，一般部位采用镀锌铁片，不重要部位采用涂沥青钢片，但橡胶和塑料止水还存在着时间长会发生老化的缺点。

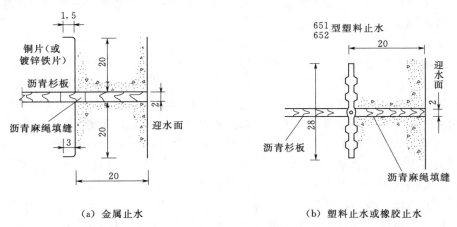

（a）金属止水　　　　　　　　　　（b）塑料止水或橡胶止水

图 12-6 永久变形缝的止水结构（单位：cm）

为防止缝在施工或运行中被泥沙或杂物填死，防止风雨对厂内的侵袭，在厂房屋顶、楼地板层、内外墙的永久变形缝，应填沥青杉板、多层沥青油毡、轻质聚合物材料（闭孔泡沫板）、油膏、玛琋脂（沥青加滑石粉、矿渣粉而成沥青胶）和沥青纤维等弹性防水材料。

3. 施工缝和止水构造

根据施工条件设置的混凝土浇筑缝，称为施工缝或临时缝。由于施工缝是施工过程中因分块浇筑留下的临时缝，破坏了结构的整体性，削弱结构强度，所以必须采取措施对临时施工缝进行处理。主要的处理方法可以采用键槽、布置插筋来增加结构的抗剪力。

在厂房下部结构，凡是施工冷缝，尤其是垂直的冷缝，都应设置止水。水下部分施工缝，在新混凝土浇筑前，在老混凝土面上应预贴沥青油毡止水，并在迎水面加设塑料止水或铜片止水。

图 12-7 为某水电站混凝土结构分缝和止水布置。

二、厂房混凝土浇筑的分期和分块

水电站厂房建筑物上部结构由各种构件组成，下部块体结构受水轮发电机的设备布置影响很大。为了满足水轮发电机的设备安装和混凝土结构的施工要求，在厂房混凝土浇筑时必须进行分期和分块浇筑。

1. 厂房混凝土的浇筑分期

为了满足机组设备安装的要求，厂房混凝土一般分成两期进行浇筑。分期原则如下：

（1）满足机电设备安装和预埋部件的施工要求。

（2）对机组分期安装、分期运行的厂房，应满足初期运行时稳定、强度、防渗的要求。

分期方法可根据设备安装要求，对需要安装设备和预埋部件部位的混凝土分为二期混凝土，其余部位的混凝土分为一期混凝土。即在设备安装之前，通常将底板、尾水管、上下游墙、排架柱、吊车梁以及部分楼层的板梁混凝土先行浇筑，称为一期混凝土。而为了机组安装和埋件需要预留的空位，例如尾管直段、蜗壳、机座、发电机风罩外壁及相连的楼板、机组预埋件部位，等机组部分设备安装好后再浇筑的混凝土，称为二期混凝土。但对于低水头钢筋混凝土蜗壳一般属一期混凝土。图 12-8 中用罗马数字"Ⅰ"表示一期混凝土，"Ⅱ"表示二期混凝土，其下角标序数说明浇筑的先后次序。

2. 厂房混凝土的浇筑分块

为便于施工和保证工程质量，在混凝土浇筑时应根据厂房结构形式、尺寸、浇筑能力、温度控制等条件，对各期混凝土进行分层分块浇筑以保证浇筑质量。

（1）浇筑分块的原因。由于混凝土本身具有干缩、温度变化等特性，容易使混凝土结构产生裂缝，所以为了防止混凝土开裂，浇筑块不宜太大。另外由于施工浇筑能力的限制，一次浇筑的混凝土块也不宜太大。为了满足施工浇筑能力的要求，防止混凝土开裂破坏，混凝土浇筑必须分块。

（2）浇筑分块的因素。浇筑分块过多，导致结构薄弱，临时缝处理困难；浇筑分块过少，使得施工困难，温控措施难以保证。所以浇筑分块应综合结构特点、施工进度、浇筑能力、温控措施等因素进行分块。水电站厂房混凝土的浇筑分块，很难作出统一的规定，只能提出一些原则：①分块应保证主要设备安装方便和埋件方便；②浇筑缝尽可能设在构件内力最小的部位；③分块大小应和混凝土拌和生产量、振捣的工作强度和浇筑的方法相适应，力求同一层浇筑分块的几何尺寸基本一致，几何形状避免薄片或锐角，保证混凝土不发生冷缝；④在保证质量的前提下，浇筑块尽可能分得大些；⑤尽量使工作过程具有重

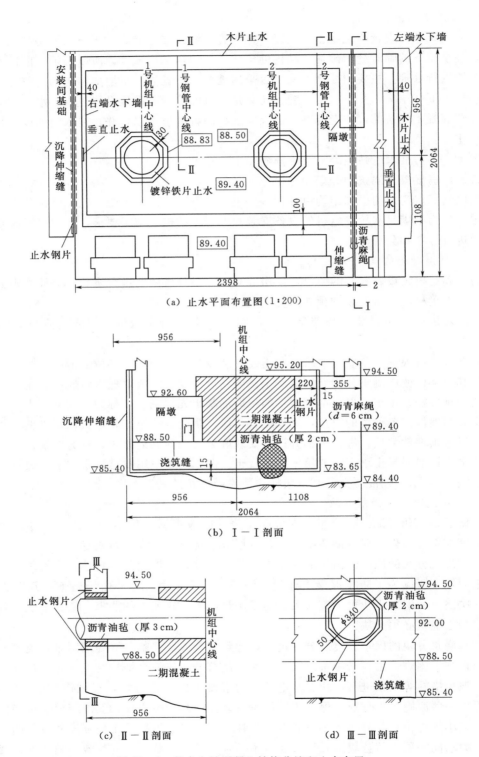

(a) 止水平面布置图(1:200)

(b) Ⅰ—Ⅰ剖面

(c) Ⅱ—Ⅱ剖面

(d) Ⅲ—Ⅲ剖面

图 12-7 某水电站混凝土结构分缝和止水布置

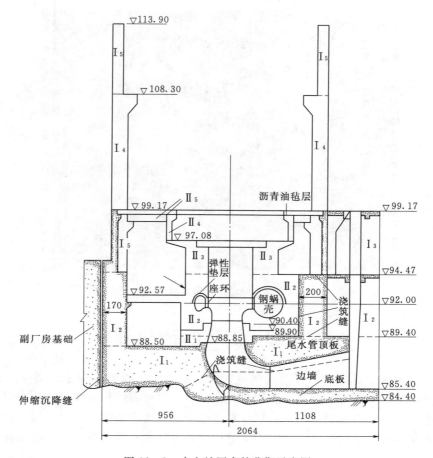

图 12-8　水电站厂房的分期示意图

复性，以简化施工和重复使用模板。采用跳仓浇筑，以免浇筑时扰动邻近的尚未达到足够强度的混凝土。

（3）浇筑分块的要求。一般是根据浇筑能力和结构特点确定分块的尺寸，对不同部位块高可以不同。考虑温度和基岩约束，基础块的块高一般为 1～2m；其他部位，如蜗壳、机墩处的块高一般为 3～4m；墙和尾水管墩的块高可放到 4～6m。浇筑块的面积，边长一般不大于 15～20m，面积不超过 300m²，软基可以适当放大一些，尾水墩和边墙，厚度小，边长不宜超过 15m。

（4）施工缝的布置和处理。浇筑分块导致施工临时缝出现，使混凝土整体结构被削弱，因此要合理布置和处理施工缝。施工缝应布置在拉应力小的部位，避免块体出现锐角、薄壁或薄层形状，上、下块施工缝应错缝，错缝距应为块高的 1/3～1/2，但不小于 30m。

当施工缝布置在拉应力较大或体形有突变处时，应设插筋和键槽；在易产生裂缝或不均匀沉陷处，应预留宽槽；垂直施工缝，缝面应设横向键槽，键槽面积应为缝面的 1/3 左右，每平方设插筋为 3～6cm²，如图 12-9 所示。

图 12-9　垂直施工缝缝面设横向键槽和插筋实景图

第三节　厂房上部结构计算

厂房上部结构包括屋盖、屋架或屋面大梁、吊车梁、排架柱和主、副厂房楼板等构件。上部结构构件的受力特点与工业厂房类似，计算时可将结构简化成结构力学的受力构件，然后根据"结构力学"介绍的方法计算出弯矩、剪力和轴向力，再根据"钢筋混凝土结构学"介绍的方法进行配筋。所以上部结构计算关键在于计算简图的选取，使其合乎受力的现实情况。

一、屋盖系统

厂房的屋盖（屋顶）有采用现场浇筑的梁板系统的钢筋混凝土屋顶，也有采用预制的预应力混凝土屋面大瓦或大型屋面板吊装架设，然后利用预埋的铁件与屋架或屋面大梁焊接在一起。

若为整体浇筑的屋盖系统，屋面大梁与立柱是整浇成为整体式刚架，大梁与立柱的连接为刚性，梁截面一般做成矩形，梁的高度一般为梁跨的 $1/12 \sim 1/8$，计算简图为固接。如果是装配式屋盖系统，大梁与立柱连接为铰接，是拼装结构。装配式屋面大梁常做成双坡，坡度多采用 $1/12$，大梁跨中高度等于跨度的 $1/10 \sim 1/5$，计算简图为铰接。

屋面承受的荷载有：风荷载、雪荷载、上人屋面的活荷载和自重，地震烈度在 7 度以上还需考虑地震荷载。其中风荷载和雪荷载是不同时存在的，设计计算时要进行几种不同的荷载组合，按最不利情况进行计算。

现浇梁板系统屋顶要根据梁的分布情况分配荷载，按单向板或双向板设计；预制的屋面板或大瓦都是按简支单向板设计。

二、屋架结构

水电站厂房的屋架有钢筋混凝土屋架和钢屋架，大型电站一般采用钢桁架，目前普遍采用轻型网架。屋架承受的荷载是将屋面传下的荷载化为节点荷载作用在节点上，然后计算出屋架各杆的内力进行组合分析，按受拉受压构件，根据"钢筋混凝土结构学"或"钢结构"验算杆件是否满足要求。

三、屋面大梁

当厂房跨度小于18m时，通常采用屋面大梁代替屋架。屋面大梁有矩形断面和工字型断面两种，都可以采用预应力钢筋混凝土。工字型断面较经济，腹部薄，又称为薄腹梁。

屋面大梁承受的荷载为屋面下传的荷载和自重，按匀布荷载作用在屋面大梁上。屋面大梁的端部有预埋铁件，可与排架柱顶部的预埋铁件焊接在一起。屋面大梁按简支梁计算，求出最大弯矩和剪力，然后计算出受力筋、架立筋、箍筋，也可能按构造需要配筋。

四、主厂房排架

排架柱在厂房上部结构部分一般是二阶柱，以牛腿面为界，其上称为上柱，以下称下柱。上下柱的断面宽度（沿厂房纵向）相等，而深度（沿厂房横向）则下柱比上柱大。排架柱与水轮机层块体混凝土固接，在水轮机层下柱的深度与发电机层的下柱深度相同或更大些，视下柱承载情况而定。如果深度再加大，就成为三阶柱。

1. 荷载

排架柱承受的荷载有恒载和活荷载两类。恒载一般有排架柱自重，屋盖系统、吊车梁、各楼板梁系、厂房围护结构传来的荷载。如果地面高程高出柱底高程时，在上游侧尚有填土压力或山岩压力等荷载。活荷载一般包括屋面人群荷载、雪荷载、吊车竖向荷载、横向水平制动力、纵向水平制动力、风荷载和温度应力及干缩应力等荷载。如果下游水位高出柱底高程，需计入水荷载。如有抗震要求，还要考虑地震荷载。

作用在排架的荷载繁多，荷载组合较复杂。通常应考虑正常运行、吊车安装试车、校核洪水和地震等情况，根据可能发生的最不利情况进行组合。

2. 计算简图

厂房排架结构为空间构架，一般可简化成按纵、横两个方向的平面结构分别进行计算。由于纵向平面排架的柱较多，刚度较大，荷载较小，可以不必计算。对于横向平面结构主要视立柱与梁的连接形式、相对刚度确定其简图。图12-10为主厂房和安装场的几个典型排架计算简图。

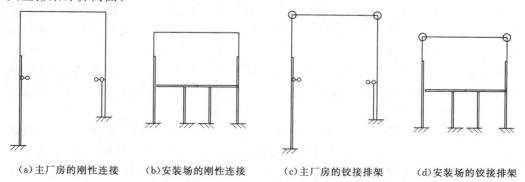

(a)主厂房的刚性连接　　(b)安装场的刚性连接　　(c)主厂房的铰接排架　　(d)安装场的铰接排架

图12-10　主厂房和安装场排架计算简图

3. 内力计算

排架是超静定结构，在计算内力时先估计杆件的截面尺寸或相对刚度比。如果横梁与排架柱为铰接，横梁跨中截面尺寸按 M_0 估算，M_0 是将横梁作为简支梁时的跨中最大弯矩；如果横梁与排架柱为刚性连接，横梁跨中截面尺寸按 $(0.6\sim0.8)M_0$ 估算，配筋率可取 $1.5\%\sim2\%$。排架柱截面可先按轴心受压初估，然后加大 $50\%\sim80\%$ 截面尺寸。初估排架尺寸时可参考已建的工程资料，初估假定的截面惯矩与最后选定的截面惯矩差值要求小于 30%，否则应重新计算。

排架的内力计算按"结构力学"的一般方法进行，如果排架为对称的二阶形柱门形时，可利用现成的图表计算内力。如果排架为不对称形或杆件为变截面时，可利用专门图表查出各杆件的形常数和载常数，然后用迭代法或力法计算内力。对于复杂结构可以采用计算机进行数值计算。

五、楼板结构

由于水电站厂房布置有水轮发电机和各种辅助设备，根据布置要求和结构受力特点，主厂房发电机层、安装场、副厂房各层房间的楼板设计要点和构造有所不同。

1. 主厂房发电机层楼板

由于主厂房每个机组段都有机组圆孔、调速器油压装置贮油槽孔、蝶阀孔和与水轮机层交通的楼梯孔等，致使发电机层楼板成为不规则的板，且梁格系也不规则，并有动荷载作用，经常处于振动状态下工作；对楼板面裂缝有严格的限制，在计算和构造上有特殊之处。因为梁格不规则，采用装配式有困难，所以大多采用现浇的肋形结构。

大中型厂房发电机层楼板厚度常在 $0.2m$ 以上，梁跨度一般为 $4\sim6m$。在分缝处要采取双梁、双柱布置。楼板除自重，还有检修时放在楼板上的设备部件、工具和人群的活荷载。活荷载的作用位置和大小应按实际可能发生的情况决定，起吊物放置在楼板上有撞击作用，计算板荷载时还要乘上动力系数，计算梁的内力时可不乘动力系数。

结构设计时首先进行梁格布置，一般主梁平行于厂房横向布置，次梁平行于厂房纵向布置。计算时可将楼面划分若干区，每一区域内选择有代表性的跨径作为单向板或双向板计算，同一区域内相应截面的配筋量取为一致。与梁、混凝土墙或机墩整体浇筑的单向板，可先按简支板计算出跨中最大弯矩 M_0，而跨中正弯矩与支座负弯矩均按 $0.7M_0$ 进行配筋，或者跨中正弯矩按 M_0 配筋，支座负弯矩按跨中钢筋的一半配置。在机组圆孔边界的区域内，为避免钢筋弯起位置不同而使钢筋形式过于复杂，加工不便，可采用上下两层分离配筋而不用弯起钢筋。实际计算还可将作用在梁的荷载简化为匀布、集中力或三角形分布等比较规则的荷载图形。

由于发电机层楼板孔洞较多，孔洞削弱了板的整体性，所以孔口周围应按《钢筋混凝土结构设计规范》设附加钢筋予以加强。

2. 安装场楼板

安装场楼板承受的荷载有楼板自重和梁自重，还有安装或检修时的活荷载，如发电机转子、水轮机转轮、上支架、水轮机顶盖等重量及主变压器和运输车辆的轮压，按移动集中荷载考虑，计算时应乘动力系数 $1.1\sim1.2$。装配场放置发电机转子、水轮机转轮和其他大设备部件的位置往往较为固定，楼板上还常铺设铁轨，以便运输车辆或主变压器进厂检修，板下和轨道下应布置大梁以承受荷载，楼板的构造和计算与普通楼板相同。

3. 副厂房楼板

副厂房的检修试验房间如电工修理间、机修间等都有振动荷载，内力计算基本上采用与主厂房相同的办法。直接生产副厂房和检修试验副厂房的其余房间以及间接辅助生产副厂房房间的楼板，其使用条件与一般工业、民用建筑无大差别，常采用按弹性体系理论计算和按塑性内力重分布计算。

六、吊车梁结构计算

水电站厂房吊车梁是厂房上部的重要承载结构。吊车具有工作间隙性大，使用率低，操作速度缓慢的特点，但要求刚度大，抗扭性能好。一般常采用普通钢筋混凝土吊车梁，而预应力混凝土吊车梁具有重量小、抗裂性能及耐冲击疲劳性能好、施工和吊装方便等优点，所以预应力混凝土吊车梁使用越来越多。在起吊特重的水轮机转轮或发电机转子带轴时，吊车梁要承受非常大的剪力，如超过目前钢筋混凝土所能承受的最大剪力时，可采用钢吊车梁。

厂房吊车梁一般采用单跨简支梁和多跨连续梁（在沉降缝或伸缩缝处分段）。单跨简支梁结构简单、施工吊装方便，截面尺寸大。多跨连续梁，受力条件好，施工复杂，断面较小。吊车梁截面有矩形、T形和工字形等。矩形截面立模简单，但横向刚度较小，适用于起重量较小的吊车梁；T形截面纵向、横向刚度较大，抗扭性能较好，便于固定轨道且有较宽的检查走道，适用于起重量中等或较大的吊车梁；工字形截面基本上同T形截面的吊车梁，由于下翼缘较宽，横向刚度较大，适用于起重量大的预应力混凝土吊车梁。

1. 吊车荷载

（1）自重和最大轮压 p_{max}。自重按吊车梁实际截面尺寸计算，钢轨及附件重量根据厂家资料确定，初估时用 $1.5\sim2kN/m^2$。竖向最大轮压 $p_{max}(kN)$，根据吊车起吊水轮发电机转子带轴，由小车移到主钩的极限位置 L_1 计算。

当一台吊车工作时最大轮压：

$$p_{max}=\frac{1}{m}\left[(G_1+G_2)\frac{L_k-L_1}{L_k}+\frac{1}{2}(G-G_1)\right] \tag{12-1}$$

当两台吊车工作时最大轮压：

$$p_{max}=\frac{1}{2m}\left[(2G_1+G_2+G_3)\frac{L_k-L_1}{L_k}+(G-G_1)\right] \tag{12-2}$$

式中　m——吊车一侧的轮子数；

G——吊车总重（包括小车、吊具），kN；

G_1——小车和吊具重量，kN；

G_2——最大吊件重，kN；

G_3——两台小车起吊时，用的平衡梁重，kN；

L_1——吊钩到吊轨的极限距离，m；

L_k——吊车跨度，m。

（2）横向水平刹车力 $T_1(kN)$。横向水平刹车力是小车突然刹车时产生的水平制动力，作用于轨顶，方向垂直吊车梁，使吊车梁产生扭矩。制动力可向上游，也可向下游作用，各个方向均考虑仅由一侧吊车梁承受，不再乘动力系数。

$$\text{一台吊车工作时：}\quad \left.\begin{array}{l}\text{对于软钩吊车 } T_1=\dfrac{0.08}{m}(G_1+G_2)\\[3mm]\text{对于硬钩吊车 } T_1=\dfrac{0.2}{m}(G_1+G_2)\end{array}\right\}\qquad (12-3)$$

$$\text{两台吊车工作时：}\quad \left.\begin{array}{l}\text{对于软钩吊车 } T_1=\dfrac{0.04}{m}(2G_1+G_2+G_3)\\[3mm]\text{对于硬钩吊车 } T_1=\dfrac{0.08}{m}(2G_1+G_2+G_3)\end{array}\right\}\qquad (12-4)$$

（3）纵向水平制动力 T_2(kN)。吊车突然刹车时产生的纵向制动力，作用于吊车梁轨顶，方向与轨道一致，对吊车梁影响不大。其值可取为一侧轨道上各制动轮的最大轮压之和的 10%，即

$$T_2=0.1\sum p_{\max} \qquad (12-5)$$

式中　$\sum p_{\max}$——制动时轨道一侧各吊车最大轮压之和，kN。

在计算过程中对于预制吊车梁在运输和吊装过程中，自重应乘动力系数 1.5；计算吊车梁时，竖向最大轮压应乘动力系数 μ，但轻级工作制的软钩可取动力系数 1.1；小车水平制动力是可向上、下游两个方向的，可不乘动力系数；大车纵向制动力对吊车梁影响不大，计算吊车梁时可以不考虑。

2.吊车梁的内力计算

（1）计算跨度确定。吊车梁一般是单跨、两跨、三跨、四跨及以上，但四跨以上很少采用。

单跨简支梁：
$$l=l_0+a\leqslant 1.05l_0 \qquad (12-6)$$

连续梁：
$$l=L_z \qquad (12-7)$$

式中　l_0——净跨，m；

a——支承宽度，m；

L_z——支座中心到支座中心距，m。

（2）内力计算。计算内容包括承受移动垂直压力（轮压）作用的内力包络图和承受移动横向水平制动力的内力包络图。计算方法可以采用图解计算或编程进行数值计算，具体计算可参考有关书籍。

3.吊车梁截面设计

（1）截面形式选取。截面形式一般有矩形、T 形、I 字形。矩形立模简单、施工方便，但材料利用不充分，横向刚度小，用于起重量不大的情况。T 形纵、横刚度大，抗扭性能好，其高度 h 一般为跨度的 1/8～1/5，梁宽 B 约为梁高的 1/3～1/2，翼板厚度一般为梁高的 1/10～1/6，宽度不小于 35cm，一般用于起重量较大和中等的情况。I 字形特点同 T 形，由于下翼缘较宽，用于起重量较大的预应力混凝土吊车梁，梁的高跨比 h/l 为 1/7～1/4，梁高与肋宽比 h/b 可达 6～7。

（2）截面强度校核。

1）正截面、斜截面强度计算：参见《钢筋混凝土结构设计规范》。

2）抗扭计算：扭矩 M_T(kN·m) 由钢轨安装偏差和横向水平刹车力 T_1 引起。

$$M_T = (\mu p_{max} e_1 + T_1 e_2)\beta \qquad (12-8)$$

式中　e_1——轨道安装偏差，m，一般取 2cm；

　　　e_2——T 到截面弯曲中心的距离，m，$e_2 = h_a + Y_a$；

　　　h_a——轨道顶至吊车梁顶面的距离，m，一般取 20cm；

　　　Y_a——截面弯曲中心至截面顶的距离，m；

　　　μ——动力系数；

　　　β——荷载组合系数，一台吊车工作时，$\beta=0.8$；两台吊车工作时，$\beta=0.7$。

　　M_T 是一个移动荷载，需作包络图，但扭矩最大值一般发生在固定端处，不论简支梁、连续梁都可按单跨梁支座处最大剪力的计算方法计算 M_T。

　　3）矩形截面抗扭钢筋：根据式（12-8）计算的最大扭矩 M_{Tmax}（kN·m）和钢筋强度 R_g（kN/mm²），按下式计算单支箍筋面积 a_k（mm²）：

$$a_k = \frac{KM_{Tmax}}{2R_g cd}S \qquad (12-9)$$

式中　S——箍筋间距，m；

　　c、d——钢筋包围的核心混凝土矩形长、短边，m；

　　　K——安全系数。

　　全部纵向抗扭钢筋面积 A_n（mm²）按下式计算：

$$A_n = \frac{KM_{Tmax}}{R_g cd}(c+d) \qquad (12-10)$$

　　同时截面的钢筋应符合下列要求：

$$\frac{KQ_{max}}{bh_0} + \frac{KM_{Tmax}}{\frac{1}{6}d^2(3c-d)} \leqslant 0.3R_l \qquad (12-11)$$

　　当按上式计算时，注意单位一致。剪力 Q_{max} 为 kN，弯矩 M_{Tmax} 为 kN·m，抗拉强度 R_l 为 kN/m²，b、h_0、c、d 均为 m。当左端的值 $\leqslant 0.7R_l$ 时，可按构造配筋。对 T 形和 I 形截面，可将截面划正若干个矩形后，分别进行校核。

　　4. 裂缝宽度验算

　　对于钢筋混凝土吊车梁，一般不需进行抗裂验算，但限制最大裂缝宽度（δ_{fmax}）要在 0.3mm 以内。

　　5. 挠度验算

　　吊车梁的挠度按下列公式计算：

$$f_{max} = \frac{M_{xmax}l^2}{10B_d} \leqslant \frac{l}{600} \sim \frac{1}{500} \qquad (12-12)$$

式中　M_{xmax}——竖向荷载作用下梁的最大弯矩，kN·m，不考虑动力系数；

　　　B_d——短期荷载（轮压）作用下梁的刚度，kN·m²；

　　　l——吊车梁的跨度，m；

　　对于手动吊车最大允许挠度为 $l/500$；电动桥式吊车最大允许挠度为 $l/600$。

　　6. 吊装

　　对预应混凝土吊车梁应校核吊装点是否满足要求，校核时，自重乘以动力系数 1.5。

第四节　发电机机墩结构

　　机墩是立式（竖轴）水轮发电机的支承结构，底部与蜗壳顶板联成一体，承受着巨大的静力荷载和动力荷载，必须具有足够的刚度、强度，有较好的稳定性和耐久性。发电机的机墩是水电站厂房的重要结构之一，除满足一般结构要求外，还应避免共振。本节主要介绍适用于大中型水电站厂房圆筒式机墩和矮机墩的结构设计及计算原理。

　　一、圆形机墩结构尺寸

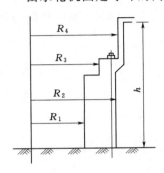

　　由水轮机固定导叶的内半径定出机墩下部的内半径 R_1，使机墩的荷载传给固定导叶；由发电机定子固定螺栓位置定出机墩外半径 R_2，并使机墩荷载偏心不致过大；由下支架的尺寸定出下支架部位的机墩内半径 R_3；根据水轮发电机定子和外围空气冷却器的装置方式与尺寸，定出风罩墙内半径 R_4；考虑到水轮机层的净高和在水轮机井内进行检修及水轮机层出线的要求，定出机墩的高度 h。如图 12-11 所示。

图 12-11　机墩尺寸确定

　　二、机墩结构荷载

　　圆筒承受的荷载与发电机类型和支承方式有关。对于悬式发电机，固定部分的恒载和转动部分的动荷载，全部都通过上部的推力轴承传到上机架，再由定子外壳传给圆筒。对于伞式发电机，它的恒载由上机架传给圆筒，而动荷载则由下机架传给圆筒。对于全伞式发电机，圆筒仅承受恒载，而动荷载是通过支撑结构传给水轮机顶盖再传到水轮机固定导叶。作用于机墩圆筒部分的荷载有：

　　1. 垂直荷载

　　（1）结构自重：机墩自重、发电机层楼板及上部传递荷载。

　　（2）设备重：发电机定子、机架、冷却器及附属设备。

　　（3）转动部件：水轮机转轮带轴，发电机转子带轴，励磁机转子带轴。

　　（4）推力：作用在转轮上的水推力，轴向水推力 A 的大小取决于水轮机机型、直径。

$$A = K \frac{\pi D_1^2}{4} \gamma H \qquad (12-13)$$

式中　　K——常数，转桨式水轮机用 0.9，混流式水轮机根据比转速 n_s 查相关曲线确定；

　　　　D_1——水轮机转轮直径，m；

　　　　H——水轮机运行时最大水头，m；

　　　　γ——水体容重，kN/m³。

　　2. 水平推力

　　因加工误差，铸件材料的不均匀，安装误差引起机械不平衡，或由于发电机转子不均匀温升引起主轴弯曲，在机组正常运行或机组飞逸时，均会使机组转动部分的质量中心偏离机组中心而产生径向水平离心力 P_e，该力通过导轴承和机架传给机墩，力的方向呈周期性变化，造成机组转动时，产生周期性离心力，其值：

$$P_e = 0.0011 e G_r n^2 \qquad (12-14)$$

式中　P_e——机组正常运行或机组飞逸时径向水平离心力，kN；

　　　e——转动质量的偏心距，m，转速 n 越大，e 越小；$n \leqslant 750\text{r/min}$，$e = 0.35 \sim$ 0.8mm；$n = 1500\text{r/min}$，$e = 0.2\text{mm}$；$n = 3000\text{r/min}$，$e = 0.05\text{mm}$；

　　　G_r——转动部分总重量，kN；

　　　n——对应机组额定工况或飞逸工况的转速，r/min。

3. 扭矩

机组运行时，发电机转子旋转磁场对定子磁场的引力，使定子受到切向力的作用。该力通过定子底座基础板固定螺栓传给机墩，形成扭矩。机组正常运行时扭矩 M_n 和机组短路扭矩 M_k，分别按下式计算：

（1）正常运行扭矩阵 M_n（kN·m）。

$$M_n = \frac{60 N \cos\varphi}{2\pi n_0} = 0.975 \frac{N \cos\varphi}{n_0} \qquad (12-15)$$

式中　N——发电机视在容量，kVA；

　　$\cos\varphi$——功率因数；

　　　n_0——发电机额定转速，r/min；转动角速度 $w = 2\pi n_0 / 60$。

（2）三相短路扭矩 M_k（kN·m）。

$$M_k = 9.75 \frac{N}{n_0 x_k} \qquad (12-16)$$

式中　x_k——发电机的暂态阻抗，x_k 越小，M_k 越大，有阻尼绕组的发电机 $x_k = 0.18 \sim$ 0.3，无阻尼 $x_k = 0.25 \sim 0.4$，一般情况取 $x_k = 0.18 \sim 0.33$。

三、机墩的计算工况和内容

1. 机墩的计算工况

（1）正常运行工况：荷载组合为垂直静荷、垂直动荷、正常水平动荷和正常扭矩。

（2）短路工况：荷载组合为垂直静荷、垂直动荷、正常水平动荷和短路扭矩。

（3）飞逸情况：荷载组合为垂直静荷、垂直动荷和飞逸水平动荷。

2. 圆筒式机墩计算内容

（1）静力计算：计算机墩立柱应力，并校核确定是否配筋。

（2）动力计算：校核是否发生共振；计算动力系数；振幅验算是否满足要求。

四、圆筒式机墩动力计算

1. 动力计算的目的

（1）校核机墩强迫振动和自振之间是否会产生共振现象。

（2）验算振幅是否在容许范围内。

（3）核算动力系数，为静力计算提供依据。

2. 动力计算假定

将机墩看成是一个上端自由、下端固接的等截面圆筒，机墩自振频率计算时，取单位宽度简化成单自由度体系振动，有如下假定：

（1）机墩本身重量用一个作用于筒顶的集中质量代替。

（2）动力系数和自振频率计算按无阻尼作用。

（3）机墩振动在弹性范围内，力和变形服从直线（线性）关系。

（4）结构振动时的弹性曲线与静质量荷载作用下的弹性曲线相似。

3. 圆筒机墩动力计算简图

圆筒机墩计算简图可以看成是固定在基础大体积混凝土上的对称圆筒结构，如图 12-12（a）所示。考虑到结构对称性，可以沿环向取单位宽度结构进行计算，如图 12-12（b）所示。由于计算结构是一个多自由度振动问题，可以进一步将多自由度振动简化成单自由度振动结构，如图 12-12（c）所示。

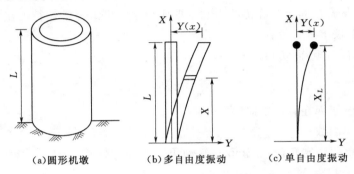

（a）圆形机墩　　　（b）多自由度振动　　　（c）单自由度振动

图 12-12　圆筒机墩动力计算简图

将多自由度振动简化成单自由度振动，一般采用相当质量法进行等效。所谓相当质量法是将具有质量为 M_g 的多自由度系统发生振动时的能量，用相当于质量为 $M = SM_g$ 作用于端点时的单自由度系统振动时的能量代替。则单自由度振动时的质量集中系数 S 根据相当质量理论，按多自由度系统和单自由度系统振动动能相等原则可以求得：

$$S = \frac{M}{M_g} = 0.33 \tag{12-17}$$

为了安全起见，在动力计算时通常取 $S = 0.35$。如果机墩自重为 G_0（kN），产生振动时，集中于顶部的重量则为

$$G = \sum G_i + 0.35 G_0 \tag{12-18}$$

式中　$\sum G_i$——作用机墩顶端的设备和楼板重，kN。

4. 机墩自由振动频率

自由振动是在无外荷载下，由于某种原因引起体系产生弹性力，以及与此相应的惯性力平衡而产生的振动。弹性力的大小与质体离开静平衡位置的距离成正比，方向总是指向静力平衡位置。惯性力的大小为质量和加速度的乘积，方向总是离开静力平衡位置。根据弹性力和惯性力两者保持平衡由此产生的振动方程，可以求解出结构的自由振动频率为

$$n_0 = \frac{30}{\sqrt{G\delta}} \tag{12-19}$$

式中　δ——振动时产生的单位变形位移，m/kN；

　　　G——结构的重量，kN；

　　　n——结构的自由振动频率，即每分钟振动的次数，r/min。

根据其结构的振动方向不同，计算公式也不同。对于圆形机墩主要有以下 3 个不同自振频率。

（1）垂直自振频率 n_{01}。

$$n_{01} = \frac{30}{\sqrt{G\delta_1}} = \frac{30}{\sqrt{(\sum G_i + 0.35G_0)h/EF}} \qquad (12-20)$$

式中　G_0——机墩自重，kN；

　　　G_i——作用在机墩顶部的各种集中设备、楼板重量，kN；

　　　δ_1——垂直方向的单位位移，m/kN，$\delta_1 = h/FE$；

　　　E——弹模，kN/m²；

　　　F——断面积，m²；

　　　h——机墩高度，m。

上式没有考虑蜗壳顶板会同时产生垂直振动，计算结果偏大，当考虑蜗壳同时振动时，振动频率按下式计算：

$$n_{01} = \frac{30}{\sqrt{(\sum G_i + 0.35G_0)h/EF + p_a\delta_p}} \qquad (12-21)$$

式中　p_a——蜗壳顶板重，kN；

　　　δ_p——蜗壳顶板在单位力作用下的挠度，m/kN。

根据结构力学法，按图 12-13 简图可求得

$$\delta_p = \frac{a^2}{6EI}(3M_A + aR_A)$$

$$M_A = \frac{ab}{2l}\left(1 + \frac{b}{l}\right)$$

$$R_A = -\frac{b}{2l}\left(3 - \frac{b^2}{l^2}\right)$$

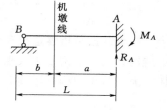

图 12-13　蜗壳与机墩
震动计算简图

（2）扭转自振频率 n_{02}。将机墩视作质量集中于顶端的圆筒形截面受扭杆件，则

$$n_{02} = \frac{30}{\sqrt{I_\varphi \Phi_1}} \qquad (12-22)$$

$$I_\varphi = \sum G_i r_i^2 + 0.35G_0 r_0^2$$

式中　I_φ——集中在机墩顶部荷载的回转惯性矩，kN·m²；

　　　r_i——顶部各重量 G_i 的回旋半径，m；

　　　r_0——G_0 的回旋半径，按机墩的平均半径计算，m；

　　　Φ_1——单位扭矩作用下的扭角，rad/(kN·m)。

（3）水平（横向）自振频率 n_{03}。将机墩视为质量集中于顶端的悬臂梁，水平向自振频率为

$$n_{03} = \frac{30}{\sqrt{G\delta_3}} = \frac{30}{\sqrt{(\sum G_i + 0.35G_0)\dfrac{h^3}{3EI}}} \qquad (12-23)$$

式中　δ_3——在单位力作用下的水平变位，m/kN，$\delta_3 = h^3/3EI$；

h——机墩高度，m；

E——弹性模量，kN/m^2；

I——中和轴的截面惯性矩，m^4。

5. 机墩的强迫振动频率

强迫振动是指机墩受外部动力荷载作用下产生的被迫振动，水轮发动机组有下列两个强迫振动频率。

（1）由机组转子质量不平衡产生的强迫振动。转子质量不平衡造成的转动与机组转动同步，所以其频率等于机组转速 $n(r/min)$，即

$$n_1 = n \tag{12-24}$$

（2）由于水力冲击不平衡产生的强迫振动。水力冲击造成的不平衡与水轮机的导叶和转轮叶片运动有关，由此产生的震动频率可根据导叶叶片与转轮叶片在运动中的相互交会次数计算，即

$$n_2 = \frac{n x_1 x_2}{a} \tag{12-25}$$

式中　n——机组转速，r/min；

x_1、x_2——导叶叶片和转轮叶片数；

a——x_1、x_2 最大公约数。

6. 机组共振校核

机组共振是指强迫振动频率 $n(n_1，n_2)$ 与自振频率 $n_0(n_{01}，n_{02}，n_{03})$ 非常接近时产生结构共振。结构发生共振时，结构的应力和变形均将急剧增加，很容易导致结构被破坏。为了防止结构发生共振，要求强迫和自振频率的差满足：

$$\frac{n_0 - n}{n_0} > 20\% \sim 30\% \tag{12-26}$$

在结构设计时，为了避免结构共振尽可能使结构的自振频率 n_{0i} 大于强迫振动频率 n_i，即 $n_{0i} > n_i$，不容易产生共振。对于高转速机组，或者轻型机墩，结构的自振频率较小，容易出现自振频率 $n_{0i} < n_i$ 强迫振动频率，所以要注意共振校核。

五、机墩振动振幅计算

振幅计算是考虑机墩受某一干扰力作用后，在阻力、惯性力、弹性力和干扰力共同作用下，产生强迫振动后的变形幅值计算。根据上述各种力组合形成的震动微分方程，求解后得出强迫振动的振幅为

$$Y_D = \frac{H}{\frac{G}{g} \sqrt{(\lambda_i^2 - \theta_i^2)^2 + 0.2\lambda_i^2 \theta_i^2}} = \frac{H}{M \sqrt{(\lambda_i^2 - \theta_i^2)^2 + 0.2\lambda_i^2 \theta_i^2}} \tag{12-27}$$

式中　M——动载质量，$M = G/g$；

G——作用于机墩上的全部垂直荷载，kN；

g——重力加速度，取 $10m/s^2$；

H——作用在机墩上的动力荷载，kN；

λ——自由振动圆频率，即 2π 秒内的振动次数，s^{-1}，$\lambda = \frac{2\pi}{60} n_{0i}(n_{01}，n_{02}，n_{03})$，

n_{0i} 为自由振动频率；

θ——强迫振动角速度，即 2π 秒内的振动次数，s^{-1}，$\theta=w=\dfrac{2\pi}{60}n_i(n_1,\ n_2)$，$n_i$ 为

强迫振动频率，$\mathrm{r/min}$。

采用上式计算时，振动类型不同，动载重量 G 和作用在机墩上的动力荷载 H 取值也就不同，计算垂直、水平和扭转振幅时分别按下列情况取值：

（1）垂直振幅。作用在机墩顶部的垂直重量：

$$G=\sum G_i+0.35G_0+G'$$

式中　G'——蜗壳顶板重；

　　G_i——上部结构传给机墩的重量；

　　G_0——机墩自重。

作用在机墩上的垂直动载 H 包括转子带轴、转轮带轴、励磁机转子、轴向水推力等动力荷载。

（2）水平振幅。作用在机墩顶部的水平重量：

$$G=\sum G_i+0.35G_0$$

作用在机墩上的水平动力荷载 $H=P_e$，P_e 可按式（12-14）计算。

（3）扭转振幅。

式（12-27）中的 G 按作用在机墩顶部的回旋惯性矩计算，$\mathrm{kN\cdot m^2}$，即

$$G=I_\phi=\sum G_ir_i^2+0.35G_0r_0^2$$

式（12-27）中的 H 按作用在机墩上的转动荷载计算，即

$$H=M_nR$$

式中　r_i、r_0——对应荷载的转动半径，m；

　　M_n——扭矩，$\mathrm{kN\cdot m^2}$；

　　R——机墩外半径，m。

各种情况下，垂直振幅应满足 $A_1\leqslant0.01\sim0.015\mathrm{cm}$；水平振幅应满足 $A_2\leqslant0.015\sim0.02\mathrm{cm}$。

六、静力计算

1. 静力计算目的和工况

机墩静力计算目的是进行强度校核，给机墩结构进行配筋。

计算工况包括正常运行和三相短路运行两种工况。正常运行工况时应考虑垂直荷载、正常扭矩、正常水平推力；三相短路运行工况应考虑垂直荷载、飞逸扭矩、飞逸水平推力。

2. 静力计算动力系数

考虑到动载特性，为了结构安全，在静力计算时所有的动荷载都应乘以动力系数 φ。根据机墩振动振幅计算式（12-27），可以求得考虑阻力时的动力系数：

$$\varphi=\dfrac{1}{\sqrt{\left(1-\dfrac{\theta^2}{\lambda^2}\right)^2+\dfrac{\theta^2}{\lambda^2}\dfrac{4k^2}{\lambda^2}}} \tag{12-28}$$

式中　λ——自由振动圆频率，即 2π 秒内的振动次数，s^{-1}；

　　θ——强迫振动角速度，即 2π 秒内的振动次数，s^{-1}；

k——考虑阻尼时的系数。

为了安全起见，在结构静力计算时，动力系数可以不考虑阻尼影响，即 $k=0$，所以不考虑阻尼的动力系数：

$$\varphi=\frac{1}{\sqrt{\left(1-\dfrac{\theta^2}{\lambda^2}\right)^2}}=\frac{1}{1-\left(\dfrac{n_i}{n_{0i}}\right)^2} \qquad (12-29)$$

式中　n_{0i}——自由振动频率，r/min；

　　　n_i——强迫振动频率，r/min。

在强度计算时，动力系数不得小于 $1.2\sim1.5$，即要求：$\varphi\geqslant1.2\sim1.5$。

3. 静力计算方法

在静力计算时，首先应根据机墩的特征系数判别机墩形式。机墩特征系数 $\beta(\mathrm{m}^{-1})$ 按下式计算：

$$\beta=\sqrt[4]{\frac{3(1-\mu^2)}{r_0^2 t^2}} \qquad (12-30)$$

式中　μ——混凝土泊松比，$\mu=1/6$；

　　　r_0——机墩平均半径，m；

　　　t——机墩厚，m。

当 $h\leqslant\pi/\beta$ 时按矮机墩计算，$h>\pi/\beta$ 时按高机墩计算。

（1）矮机墩计算：取一单条截面、视上端自由、下端固接，将所有荷载简化成顶部的轴力 $P_0(\mathrm{kN})$ 和弯矩 $M_0(\mathrm{kN\cdot m})$，按偏心受压构件计算，如图 12-14 所示。

（2）高机墩计算：按无限长薄壁圆筒计算，荷载全部简化成顶部中心的单位周长弯矩 M_0 和轴力 P 进行计算，如图 12-15 所示。离机墩顶部 $h-z$ 处（$h>z$）的截面弯矩可按下式计算：

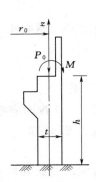
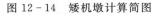
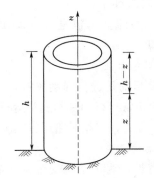

图 12-14　矮机墩计算简图　　　　图 12-15　高机墩计算简图

$$M_z=M_0 e^{-\beta(h-z)}\left[\cos\beta(h-z)+\sin\beta(h-z)\right] \qquad (12-31)$$

显然离顶部越远，弯矩越小。在静力计算时，所有的动载都要乘以动力系数 φ，并分别计算垂直荷载作用下的轴向正应力，扭矩作用下的环向剪应力和水平荷载作用下的环向剪应力。

4. 机墩的应力计算

（1）正应力 σ_z（kN/m^2）。垂直荷载和弯矩产生的应力。

当 $h \leqslant \pi/\beta$ 时，按矮机墩计算：

$$\sigma_z = \frac{p_0}{F} + \frac{M_0(r-r_0)}{I} \qquad (12-32)$$

式中 F——单位周长的水平截面积，m^2；

r——计算点的半径，m；

r_0——截面中心点的半径，m；

I——单位周长水平截面惯性矩，m^4，$I = \frac{1 \times t^3}{12}$。

当 $h > \pi/\beta$ 时，按高机墩计算。应以式（12-31）的 M_z 代替 M_0；以离机墩顶部 $h-z$ 处圆筒机墩断面的截面惯性矩 I_φ 和断面面积 F_φ 代替式（12-31）的 I 和 F，代入式（12-32）进行计算。

（2）扭矩作用剪应力 $\tau_{\theta m}$（kN/m^2）。扭矩作用下的环向剪应力。

正常扭矩 M（$kN \cdot m$）产生的剪应力：

$$\tau_{\theta m} = \frac{Mr_i}{I_p} = \frac{M_n r_i}{I_p}\varphi \qquad (12-33)$$

$$I_p = \frac{\pi}{32}(D^4 - d^4)$$

式中 r_i——计算点的半径，m；

φ——材料的疲劳系数，一般取 2.0；

I_p——截面极惯性矩，m^4；

D、d——机墩的外径和内径，m。

短路扭矩 M_k'（$kN \cdot m$）产生的剪应力：

$$\tau_{\theta m}' = \frac{M_k' r_i}{I_p}\varphi' \qquad (12-34)$$

$$\varphi' = \frac{2\left[1 + \dfrac{T_a}{t_1}(1 - e^{-\frac{t_1}{T_a}})\right]}{1 + e^{-\frac{0.01}{T_a}}} \qquad (12-35)$$

式中 φ'——短路扭矩冲击系数；

T_a——机组时间常数，由厂家提供约 $0.15 \sim 0.40$，$t_1 = 30/n_p$（n_p 发电机的飞逸转速）。

（3）水平推力剪应力 $\tau_{\theta p}$（kN/m^2）。水平推力作用下的环向剪力。按下式计算：

$$\tau_{\theta p} = \frac{p\varphi}{\dfrac{\pi}{4}(D^2 - d^2)} \qquad (12-36)$$

对于正常运行时 P 以正常离心力 P_{on} 代入，飞逸运行时 P 以飞逸离心力 P_{or} 代入式（12-36）进行计算。水平离心力计算参见式（12-14），其他符号同前。

在应力计算时，所有的动荷载都应乘动力系数 φ，如果是反复荷载还应乘以疲劳系数

φ_y，水轮机转速较低，一般取 $\varphi_y=2$。对于冲击荷载（如短路扭矩）只乘以冲击系数 φ'，不再乘动力系数。有孔口时，机墩的面积应扣除孔口，按实际面积计算。

（4）主应力。不考虑环向正应力，第二主应力按下式计算：

$$\sigma_2=\frac{1}{2}(\sigma_z-\sqrt{\sigma_z^2+4\tau_\theta^2})\leqslant[\sigma] \tag{12-37}$$

式中　σ_z——轴向正应力之和，kN/m^2；

　　　τ_θ——环向剪应力之和，kN/m^2；

　　　$[\sigma]$——设计容许应力值，kN/m^2。

5. 机墩构造要求

当 $\sigma_2<[\sigma]$，可以不配置斜筋，当 $\sigma_2>[\sigma]$ 时，应加大断面，提高混凝土标号，适当增加水平和竖向筋。静力计算无需受力筋时，应配构造筋。纵向构造筋的配筋率 $\eta\geqslant$ 0.4%，环向至少配Φ12@25，局部孔洞要按应力配筋。

第五节　蜗　壳　结　构

蜗壳是水轮机的过流部件，承受经过水轮机的内水压力，根据作用水头大小可选择金属蜗壳和钢筋混凝土蜗壳。金属蜗壳抗拉强度高，当水头超过 40m 以上，一般采用金属蜗壳。钢筋混凝土蜗壳抗拉强度低，所以主要适用于低水头、大流量水电站。

一、金属钢蜗壳与外围混凝土的结构形式

金属蜗壳由于承受的水压较大，其断面一般为圆形或椭圆形，包角一般为 345°，如图 12-16 所示。其结构形式按金属蜗壳的埋置方式分为垫层蜗壳、充水保压蜗壳、直埋蜗壳 3 种形式。

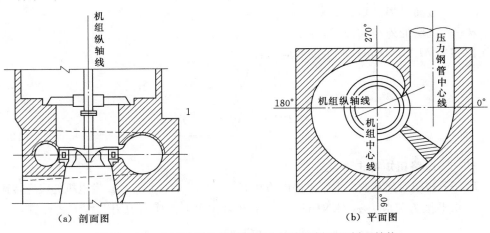

图 12-16　金属蜗壳与外围混凝土结构的剖面和剖面结构

1. 弹性垫层蜗壳

弹性垫层蜗壳是在金属蜗壳外一定范围内铺设垫层后浇筑外围混凝土。金属蜗壳按承受全部设计内水压力进行设计及制造，对一般工程，外围混凝土结构只承受结构自重和上部结构传来的荷载。对大型或高水头工程，外围混凝土除承受结构自重和上部结构传来的荷载外，还要承受部分内水压力，传至混凝土上的内水压力大小应根据垫层设置范围、厚度及垫层材料物理力学指标等，通过数值分析研究确定。

采用弹性垫层结构时一定要保证弹性垫层的施工质量，防止浇筑时和蜗壳底部压浆时，把弹性垫层填实而失去弹性。在弹性垫层最低处要设排水，防止积水加压。垫层材料通常敷设于上半圆表面，必要时需通过分析研究调整垫层范围，以减小座环处钢衬的应力集中，改善蜗壳外围混凝土结构受力条件。垫层材料应综合各方面情况，选择弹模低、吸水性差、抗老化、抗腐蚀、徐变小、造价低、施工方便的材料。一般采用非金属的合成或半合成材料，如聚氨酯软木（PU 板）、聚乙烯闭孔泡沫（PE 板）、聚苯乙烯泡沫（PS板）等，弹性模量不高于 10MPa，通常采用 1～3MPa，垫层厚度应能满足金属蜗壳自由变形的需要，一般采用 2～5cm，重要工程可根据混凝土结构特征具体分析研究确定。

2. 充水保压蜗壳

充水保压蜗壳是一种在蜗壳外围预留空隙结构，即在保压状态下浇筑蜗壳外围混凝土。在浇筑混凝土时，临时封闭蜗壳进、出口，向蜗壳内充水加压，混凝土浇筑完毕，再卸压，使得钢蜗壳与外围混凝土结构之间形成预留空隙。

充水保压蜗壳一般仍按承受全部设计内水压力设计及制造。由于蜗壳的保压值一般不大于最大静水压力，总是低于设计内水压力，运行过程中当内水压力大于保压值时，大于保压值的那部分内水压力，由蜗壳与外围混凝土共同承担，因此外围混凝土结构除承受结构自重和外荷载外，还要承受部分内水压力。

充水保压蜗壳的工作特点是蜗壳承担全部的设计预压内水压，小部分水击压力由蜗壳和混凝土联合承担，而且运行时能保证蜗壳与外围混凝土紧密贴合，减少结构振动。这种形式不设弹性垫层，结构简单，但施工时需要设临时加压设备，保证蜗壳有足够变形。充水保压值应结合水电站运行和结构设计条件具体分析确定。

3. 直埋蜗壳

直埋蜗壳既不设垫层也不保压，直接浇筑混凝土，或金属蜗壳大部分直接埋入混凝土，仅在蜗壳进口段部分铺设垫层。蜗壳、钢筋和混凝土共同承担内水压力，钢蜗壳与外围混凝土紧密贴合，使蜗壳与混凝土结构联合受力。

直埋蜗壳有两种构造类型：①金属蜗壳按承受全部内水压力设计制造，外包混凝土按联合承载设计，承担部分内水压力；②金属蜗壳与外围混凝土二者均按联合承担内水压力设计，也就是说，二者组成一个整体结构才能承担全部内水压力，金属蜗壳可以采用强度较低的钢材并减薄，称之为"钢衬钢筋混凝土蜗壳"。直埋蜗壳的混凝土结构受力需要采用三维数值模拟分析计算，确定蜗壳和混凝土联合受力特性。

垫层蜗壳、充水保压蜗壳和直埋蜗壳 3 种结构形式，各有优缺点。对中、低水头和单机容量小于 400MW 的机组，对于 HD 值（设计内水压力与钢蜗壳进口管径之积）特别高的蜗壳结构，国外常采用充水保压蜗壳和直埋蜗壳。国内以往通常采用垫层蜗壳；近期对大型机组和高 HD 值的机组，垫层蜗壳的应用也取得了长足的发展。国内高水头电站、抽水蓄能电站大多数近期的大型工程和抽水蓄能工程多采用充水保压蜗壳。直埋式蜗壳在云南景洪水电站和三峡右岸 15 号机组开始应用。国外工程采用充水保压蜗壳和直埋蜗壳的居多。

大型机组或高水头机组蜗壳形式宜从结构的强度、刚度、控制尺寸、布置、施工、投资效益和运行维护等方面综合比较确定。

二、金属蜗壳外围混凝土计算

1. 作用在外围混凝土上的荷载

荷载主要包括：结构自重，由发电机支承结构传来的荷载，水轮机层传下的活荷载，温度及混凝土收缩应力，承受部分水压力，对于设置弹性垫层的结构可以不考虑水压作用。

2. 计算方法

蜗壳外围结构是指水轮机层以下蜗壳外围的二期钢筋混凝土结构，它是一个整体性强的空间复杂结构，计算方法有：

（1）结构设计的简化计算，目前一般采用平面框架结构力学方法计算内力。

（2）精确的计算方法需要采用三维有限元分析其空间应力状态和蜗壳外围混凝土结构受力。

三维有限元分析需要进行专题研究，本节主要介绍简化的平面框架计算方法。该方法是从蜗壳进口开始选择若干个计算断面，在每个计算断面上沿径（蜗）向切取单位宽度，按平面变形问题 Γ 形框架计算内力。计算简图采用等截面法，沿蜗壳顶和边墙作切线，取图 12-17（a）中 ABC 的计算范围，计算简图可取如图 12-17（b）、（c）、（d）所示的几种情况。

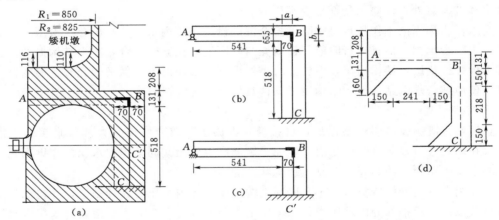

图 12-17　蜗壳平面计算简图

根据计算简图的结构特点，计算边界点 A，考虑座环刚度较小，可取为铰接。C 点为蜗壳底部与基础相结处，可取为固端。B 点根据情况进行处理，不考虑刚性影响时，不加刚节点；考虑刚性影响时，需加刚节点。刚节点范围为断面的半宽 a、b，如图 12-17（b）所示，进行结构计算时，杆件的计算长度缩短了 a、b。

当计算截面的高跨比较大，结点 B 的宽度较大时，B 的刚性影响也较大，这时采用图 12-17（b）计算较为合理。当蜗壳外混凝土的实际面积较大时，按变截面图 12-17（d）计算更符合实际，但计算较复杂。对于等截面可按角变位移法计算，对于变截面需要按力法进行计算。

为了简化计算，采用图 12-17（c）的计算简图，由此计算的 B 点弯矩与图 12-18

（d）接近，但求不出蜗壳底部的弯矩。所以可以将图 12-17（b）和图 12-17（c）两个简图分别进行计算，综合取值进行配筋。

三、钢筋混凝土蜗壳

钢筋混凝土蜗壳由蜗壳顶板、蜗壳边墙和尾水管直锥段 3 部分组成，蜗壳包角一般为 180°，如图 12-18 所示。由于混凝土抗拉强度指标较低，混凝土结构配筋需要进行分析计算。结构计算时一般只计算蜗壳顶板和边墙两部分，底部为块体结构，不需计算。

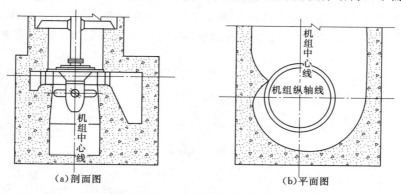

（a）剖面图　　　　　　　　（b）平面图

图 12-18　混凝土蜗壳与外围混凝土结构的剖面和剖面结构

1. 设计荷载

结构计算时应主要考虑：结构自重，发电机支承结构传来的荷载和水轮机层的活荷载，内水压力和水击压力，温度荷载，外水压力（一般需根据止水布置情况确定）。

2. 分析方法

（1）平面框架法：将蜗壳分为 8 个区域，如图 12-19 所示，按典型位置取平面框架进行计算，框架计算方法与钢蜗壳外围混凝土的计算方法相同。在 Ⅰ、Ⅱ、Ⅲ 区，取 A 点的 Γ 框架计算；在 Ⅳ 区，取 B 点的 Γ 框架计算；在 Ⅷ 区，取 D 点的 Γ 框架计算；在 Ⅵ 区，取 C 点的 Γ 框架计算；在 Ⅴ、Ⅶ 区，按相邻位置结构计算进行配筋。

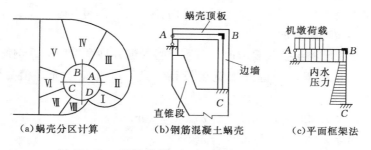

（a）蜗壳分区计算　　　　（b）钢筋混凝土蜗壳　　　（c）平面框架法

图 12-19　钢筋混凝土蜗壳平面框架法计算简图

（2）环形板墙法。假定蜗壳顶板和边墙为固接，所以板、墙可以分别进行计算。

1）顶板计算。将顶板分为 1、2、3 块，如图 12-20 所示，板块的外周（计算时为图中虚线）为固接，板块的内周（水轮机井壁）为铰接。板的内力计算按弹性理论计算。

2）边墙计算。分厚墙和薄墙两种结构进行计算。对于厚墙按板块结构计算，如图 12-21 所示，块体可以不计算，按构造配筋；厚墙按矩形结构计算配筋，墙 Ⅰ 按四边固接板计算，墙Ⅱ按三边固接，与前室边墙 G 点相连的边视为自由端；前室边墙按上、下固接的梁计算。

对于薄墙按等厚圆柱壳体计算，如图 12-22 所示，计算时首先将厚圆柱壳体简化成上、下固接的半圆柱结构，柱体高为 H，宽为 L，圆柱体半径 $R=L/2$，厚度为 h。然后沿圆柱体取出一条高为 H 的梁，视上、下端固定，内缘承担上端为 q_1、下端为 q_2 的内水压力，外缘承担壳体水平环向影响荷载 P_K。假定水平环影响集中于墙的中部 $H/2$ 范围内，相当于 $H/2$ 高的环箍作用在墙的外侧。根据均布荷载 P_K 作用下，环高为 $H/2$ 半圆环的径向位移与在内水压力作用下竖向梁的中部水平位移相等原则，可以求出

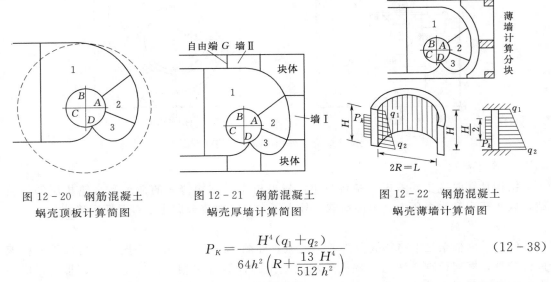

图 12-20　钢筋混凝土
蜗壳顶板计算简图

图 12-21　钢筋混凝土
蜗壳厚墙计算简图

图 12-22　钢筋混凝土
蜗壳薄墙计算简图

$$P_K = \frac{H^4(q_1+q_2)}{64h^2\left(R+\dfrac{13}{512}\dfrac{H^4}{h^2}\right)} \qquad (12-38)$$

采用平面框架法，计算较为简单，考虑了顶板与边墙联合作用，但没有考虑顶板和边墙环向整体作用。采用环形板法，考虑了板和墙的环向联合作用，可以求出环向内力，但没有考虑顶板和边墙的整体作用，设计时可将两种方法结合起考虑。

四、混凝土结构配筋要求

钢筋混凝土结构已满足抗裂要求时，可不进行裂缝开展宽度验算。钢筋混凝土结构不满足抗裂要求时，可按限制裂缝开展宽度设计，最大裂缝宽度允许值 $\omega_{\max}$ 按下列数值选取：

（1）当水力梯度 $i>20$ 时，标准组合 $\omega_{\max}\leqslant 0.20\text{mm}$。

（2）当水力梯度 $i\leqslant 20$ 时，标准组合 $\omega_{\max}\leqslant 0.25\text{mm}$。

（3）当钢筋混凝土蜗壳内壁设有钢衬时，限制裂缝宽度 $\omega_{\max}\leqslant 0.30\text{mm}$。

1. 钢蜗壳

（1）不承受内水压力的蜗壳外围混凝土结构可允许开裂，但应校核其裂缝宽度。对于承受部分内水压力的混凝土结构，根据具体情况按抗裂或限裂设计。

（2）不承受内水压力的蜗壳外围混凝土结构，若按计算不需配筋，对于小型工程，可仅在座环以及转角应力集中处配少量构造钢筋，但需核算混凝土的拉应力，不超过规定

值。对于大中型工程,应按构造在蜗壳上半圆垫层部位或周边配筋。

(3)承受内水压力的蜗壳外围混凝土结构,按计算在蜗壳上半圆或周边配筋。若按平面计算时,要注意环向分布钢筋不宜太少,一般不少于径向钢筋的 $40\%\sim60\%$,按空间有限元计算时,环向钢筋宜按计算确定。

2.钢筋混凝土蜗壳

(1)根据框架分析得出的杆件体系内力特征,顶板和边墙可按受弯、偏心受压或偏心受拉构件进行承载能力计算及裂缝宽度验算。按弹性三维有限元计算时,宜根据应力图形进行配筋计算。

(2)蜗壳顶板径向钢筋和侧墙竖向钢筋为主要受力钢筋,按计算配置,最小配筋率不应小于钢筋混凝土规范的规定。顶板与边墙的交角处应设置斜筋,其直径和间距与顶板径向钢筋保持一致。

(3)蜗壳顶板和侧墙应配置足够的环向钢筋。按平面框架计算,顶板和侧墙环向钢筋配筋值不宜小于径向钢筋的 $40\%\sim60\%$;按空间有限元或空间框架计算时,顶板和侧墙环向钢筋值按计算确定。

第六节 尾水管结构

一、尾水管结构形式

尾水管结构是指尾水管流道的外围混凝土结构。大型水电站厂房一般都采用弯肘形尾水管,它的结构形式较为复杂,一般由直锥段、弯肘段和扩散段组成,如图 12-23 所示。

1.扩散段

扩散段的作用主要是扩大断面,减缓水流,回收能量。结构由底板、顶板、边墩和中墩组成。顶板和边墩、中墩一般组成框架结构,底板结构有分离式和整体式两种。

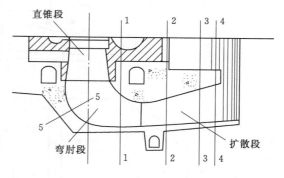

图 12-23 尾水管结构组成

(1)分离式底板:板和墩之间设有永久缝,板独立承担荷载。尾水管不承受地基反力和扬压力,可将底板锚在岩基上,这种形式主要适应于岩基。

(2)整体式底板:底板和墩为整体框架。底板和墩整体联合受力,承受有扬压力和地基反力。这种形式适应于软基,可以防止不均匀沉陷。

2.弯肘段

弯肘段的作用是使尾水管转弯,避免开挖过深。弯肘段结构由底板、顶板和边墙组成。

3.直锥段

直锥段的作用是使出流平顺。直锥段结构由内钢衬和外围混凝土组成。

二、尾水管结构荷载

作用在尾水管结构上的荷载包括：结构自重，上部结构传给尾水管顶板的荷载（包含混凝土结构和设备自重），内水压力（包括水重、运行时水压、正水击、负水击等工况的水压力），外水压力（包括扩散段顶、永久缝和直锥段的蜗壳外压力），扬压力（由厂房整稳定计算确定），地基反力（整体式底板有此荷载，分离式底板无此荷载）。

三、扩散段结构计算

对于扩散段可以沿顺水流方向取 2～4 个典型断面进行平面计算，由于分离式和整体式底板结构有所差别，计算简图和方法也有所不同。

1. 分离式底板尾水管

分离式底板尾水管一般坐落在岩基上，底板和墩子是分开的，所以结构计算时顶板和墩需联合计算，而底板需单独计算。

（1）顶板和墩的结构计算。分离式底板尾水管顶板和墩子的计算简图可按图 12-24 取几个典型断面进行计算。当尾水管顶板较薄时，可以按 3-3 断面、4-4 断面的平面框架计算；当顶板较厚时，可按 2-2 断面的深梁计算。对于顶板和墩子连接的节点一般取刚性点。墩子与基岩连接处，采取了加固措施（如锚筋），节点按固接处理；未采取加固措施，则按铰接处理。当深梁刚度较大，边墩刚度相对较小，计算简图可以采用 1-1 断面的简支深梁计算。当顶板较薄，两边的墩子较厚，刚度相对较大时，可以简化成两端固接的梁式板计算。

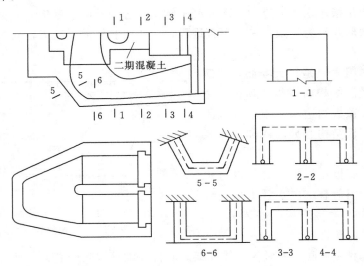

图 12-24　分离式底板尾水管计算简图

计算简图的尺寸按结构中心线取，计算方法采用结构力学法。

（2）分离式底板计算。分离式底板一般是坐落在岩基上，底板的厚度应满足抗浮稳定要求。不加锚筋底板厚度主要靠自重稳定，厚度要求满足

$$h = \frac{kr H_1}{r_c - r} \tag{12-39}$$

式中　r_c、r——混凝土和水容重，t/m^3；

H_1——下游水深，m；

k——抗浮稳定安全系数。

按式（12-39）计算的 h 通常很大，这时底板需要加锚筋。加锚筋底板厚度要求满足

$$h=b\sqrt{\frac{k_l q_l}{2R_l}}$$ (12-40)

式中 b——锚筋间距，m；

R_l——混凝土抗拉强度，kN/m^2；

k_l——混凝土抗拉安全系数；

q_l——底板的均布荷载，等于单位面积上扬压力减去底板自重，kN/m^2。

每根锚筋的截面积 $A_g(m^2)$ 按下式计算：

$$A_g=\frac{kq_1 b^2}{R_g}$$ (12-41)

式中 k——锚筋抗拉安全系数，1.5～2；

R_g——钢筋的强度，kN/m^2。

锚筋的锚固深度 $H(m)$ 应满足

$$H=\frac{R_g d^2}{4D[f]}$$ (12-42)

式中 d——锚筋直径，m；

D——锚孔直径，m；

$[f]$——混凝土、砂浆与岩石的黏结强度，kN/m^2。

2. 整体式底板尾水管

（1）计算简图。在软基上为了防止不均匀沉陷，通常采用整体式底板尾水管，底板不分缝。整体式底板尾水管，其顶板、边墩、中墩和底板是一个整体，计算简图可按图12-25取几个典型断面进行计算。对于扩散段，当顶板较厚，边墩刚度相对较小，顶板可视为刚度较大的深梁，计算简图可以采用4-4断面，将下部的墩和底板按倒框架计算，上部深梁的大体混凝土不用计算；当尾水管顶板较薄时，可以按5-5断面和6-6断面弹性地基上的整体平面框架计算，顶板和墩子交接节点按刚性点处理，弹性地基支承，用反力代替。

（2）弹性地基梁的反力计算。弹性地基梁的反力大小 V 根据厂房整体稳定计算为

$$V=W-U$$ (12-43)

式中 V——基础反力的合力，kN；

W——上部垂直荷载合力，kN；

U——底板的扬压力合力，kN。

反力的分布规律根据底板的刚度特征系数 β 确定。

特征系数： $$\beta=\sqrt[4]{\frac{kb}{4EI}}\ (m^{-1})$$ (12-44)

式中 b——底板计算宽度，m；

k——基岩弹性抗力系数，kN/m^3；

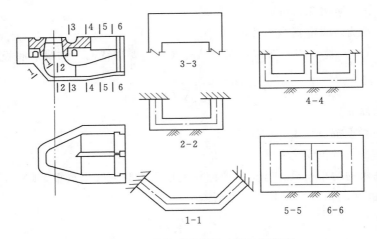

图 12 - 25　整体式底板尾水管计算简图

E——弹性模量，kN/m^2；

I——中和轴的截面惯性矩，m^4。

1）当地基软弱，底板较厚，刚度较大，即 $\beta L \leqslant 1$ 时，底板地基反力为直线分布，如图 12 - 26（a）所示，布置强度 $q = V/2L$。L 为整个底板半宽，即单孔宽度，m。

2）当地基坚硬，底板较薄，刚度较小，即 $\beta L \geqslant 3$ 时，底板地基反力为三角形分布，如图 12 - 26（b）所示，分布宽度 $a_0 = 1.5/\beta$，分布最大强度 $q = V/2a_0$。

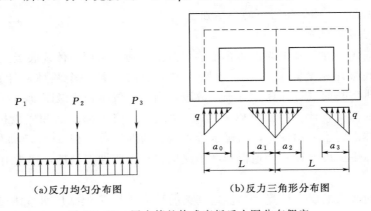

图 12 - 26　尾水管整体式底板反力图分布假定

3）当基础介于上述两者之间，底板刚度中等，即 $\beta L = 1 \sim 3$，底板地基反力为曲线分布，反力分布图形需按弹性地基梁或框架通过计算求得。

（3）尾水管相邻平面框架间的不平衡剪力计算。由于尾水管整体稳定是平衡的，而尾水管顶板沿水流方向的荷载分布不均匀，底板承受的基础反力分布又是连续的，所以从中取出一单宽平面框架就出现垂直荷载与反力不平衡。在平面框架内力计算前，还应将相邻断面作用的不平衡剪力 Q 分配到计算简图上，使计算结构平衡。

不平衡剪力 Q 可以根据材料力学的剪应力计算公式 $\tau = QS/Ib$（I 为框架截面惯性矩，S 为计算点以上面积矩，b 为框架计算点处的结构宽度）计算出各点的剪力应力大小，如

图 12-27 所示，按照剪力应力分布面
积比计算剪力分配系数 n 和分配剪力大
小 ΔQ：

　　顶板 1：$n_1 = s_1/(s_1+s_2+s_3)$，

　　　　　　$\Delta Q_1 = n_1 Q$

　　墩子 2：$n_2 = s_2/(s_1+s_2+s_3)$，

　　　　　　$\Delta Q_2 = n_2 Q$

　　底板 3：$n_3 = s_3/(s_1+s_2+s_3)$，

　　　　　　$\Delta Q_3 = n_3 Q$

$$(12-45)$$

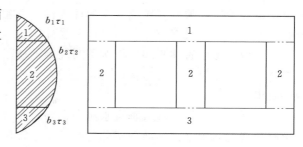

图 12-27　尾水管不平衡剪力计算简图

式中　　s_1、s_2、s_3——顶板、墩子、底板的受剪面积，m^2。

　　根据式（12-45）计算的不平衡剪力分配给框架各杆件与其他外荷载叠加后再进行计算。

四、弯肘段结构计算

　　弯肘段计算可以采用平面框架法和平板法进行计算。平面框架法是在弯肘段范围取
1~2 断面进行计算，如图 12-25 所示。对于弯肘段，可以取 1-1 和 2-2 两个断面，假
定底板反力均匀分布，将边墩连同底板按倒框架计算；弯肘段出口的顶板一般较厚，可按
3-3 断面的深梁结构取计算简图，上部顶板按深梁计算，墩子与顶板有插筋按固接处理，
无插筋按铰接处理。平板法是将底板视为三面固定，一边自由的梯形板，并将中墩处视为
一个铰接点，按结构力学法和弹性理论法进行计算。平面框架法可以考虑底板和墩子的作
用，但不能考虑底板的整体作用。平板法可以考虑底板的整体作用，但不能考虑底板与墩
子的作用。

五、直锥段计算

　　尾水管直锥段结构为一变厚度圆锥筒，内力计算时，通常简化为上端自由、下端固定
的等厚圆筒进行计算。圆筒顶面作用由水轮机座环传来的偏心垂直力，外壁作用内外水压
力差。计算简图如图 12-28 所示，从受力特征看，尾水管直锥段为一受压圆锥结构，环
向也是受压状态，应按受压构件配筋。

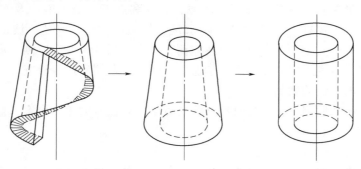

图 12-28　尾水管直锥段计算简图

六、尾水管配筋

　　（1）根据框架分析得出的杆件体系受力特征尾水管整体式底板、顶板和边墙等部位一

般可按偏心受压、偏心受拉或受弯构件进行承载能力计算及裂缝宽度控制验算。按弹性三维有限元计算时，根据应力图形进行配筋计算。

（2）应对尾水管顶板和底板按钢筋混凝土规范进行斜截面受剪承载力验算。尾水管顶板或整体式底板符合深受弯构件的条件时，宜按深受弯构件要求配置钢筋，以符合深受弯构件要求。

（3）尾水管顶板和底板垂直水流向钢筋为受力钢筋，其按计算配置，最小配筋率不应小于有关规范规定。按平面框架分析时，尾水管顶板和底板还应布置足够的分布钢筋。扩散段底板分布钢筋不应小于受力钢筋的 20%～40%，弯管段顺水流向不应小于垂直水流向钢筋的 75%～90%。

（4）尾水管边墩主要为承压结构，竖向钢筋按正截面承载力计算配置，并满足最小配筋率要求，水平分布钢筋不应小于受力钢筋的 30%。

第七节　水电站建筑物结构安全监测

一、安全监测的目的和方法

水电站建筑物安全监测的主要目的是通过对有关建筑物的施工和运行过程持续监测，采集相关的环境量、荷载量、变形量，掌握水电站建筑物的运行状态和规律，指导水电站工程施工、安全运行和反馈设计，为水电站安全研究提供科学依据。

水电站建筑物安全监测的方法，主要有巡视检查和仪器监测两种。巡视检查主要通过人工巡检，发现水电站建筑物的沉降、开裂、渗漏等异常现象；仪器监测主要利用已埋设在水电站建筑物中的仪器设备或安装在固定测点的监测仪，获得监测的效应量及环境量。

二、安全监测的结构和内容

水电站建筑物安全监测结构主要包括引水发电系统和厂房结构两大部分。引水发电系统的主要监测结构包括水电站进（出）水口、引水隧洞、压力管道及岔管、调压室（塔）及尾水隧洞等建筑物；水电站厂房结构的安全监测，根据厂房结构形式的不同，监测的重点和内容也有所不同。

监测的物理量主要有变形、渗流、应力、应变和温度、动力响应及水力学参数等类型，监测的环境量主要有上下游水位、降水量、气温、水温、风速、波浪、冰冻、冰压力、淤积和冲刷等。安全监测项目按上述监测工作内容划分为变形监测、渗流监测、应力应变及温度监测、地震反应监测、水力学监测、环境量监测和巡视检查等 7 类。

三、引水发电系统的监测

引水发电系统的监测，根据建筑物结构特点不同，监测的重点内容、监测布置和监测要求也有所不同。

1. 进（出）水口监测

对进（出）水口的监测布置取决于进（出）水口的布置和结构形式。进（出）水口的监测重点为进（出）水口边坡和结构受力。侧向岸坡式和侧向岸塔式进水口由于设计成熟、结构简单，一般不进行应力应变监测。对较复杂的井式进（出）水口，可根据结构计算分析成果在薄弱部位布置应力应变和钢筋应力监测点，必要时可根据水力学模型分析成果布置监测点。

2. 引水隧洞监测

隧洞属地下工程，除结合地质条件、支护结构和地下水环境，相应进行围岩变形、支护结构受力监测外，对于钢筋混凝土衬砌结构，需进行钢筋混凝土结构应力、衬砌与围岩接缝开合度监测，并考虑内水外渗及衬砌外部水环境的影响与变化。对于混凝土环锚衬砌结构，与钢筋混凝土衬砌结构一致，因环锚的目的是使衬砌混凝土结构形成环向压应力，限制混凝土结构的裂缝，提高其防渗性能，需结合环锚结构进行钢索及混凝土应力监测。

根据工程规模、等级、经费预算等因素，在满足安全监测需要的前提下，监测项目力求精简。对于重要的项目、部位应考虑平行布置监测项目，以便比较、印证。监测断面一般分为重点监测断面和辅助监测断面。重点监测断面可布置相对全面的监测项目，以便多种监测效应量对比分析和综合评价；辅助监测断面一般仅针对性的布置某项或几项监测项目，主要用于监测少量指导施工或进行安全评价具有重要意义的物理参数，如收敛变形、锚杆应力等。

3. 压力钢管监测

引水发电系统的压力钢管的结构形式可分为明管、地下埋管、坝内埋管、坝后背管等。对压力钢管需根据其结构形式，对钢管应力、钢衬与混凝土缝隙值、外包混凝土钢筋应力、内外水压力等进行监测。

压力钢管除了需要监测钢管本身的应力应变外，对明管还需监测镇墩及其基础的变形和受力；对埋管还需监测外包混凝土或联合受力的围岩和坝体结构的应力应变、接缝、裂缝及温度、外包材料的缝隙变化等；对坝后背管需结合坝体变形、背管基础变形、钢板应力、钢衬与混凝土缝隙变化、外包混凝土钢筋应力、接缝位移和裂缝及温度进行监测。

4. 调压室监测

为确保施工期围岩稳定，必须结合工程地质、水文地质和支护设计情况有针对性的进行监测仪器布置。调压室衬砌外水压力受地质条件、地下水位，引水隧洞及调压室内水外渗等因素的影响，属不确定因素，应对衬砌外水压力、围岩渗透压力进行监测。对于围岩完整、自稳性好、结构简单、设计成熟的调压室衬砌可不设应力应变监测仪器。

调压室涌波水位直接反映调压室的实际运行工况和荷载，能为运行和设计提供最直接有效的信息，应作为调压室的必测项目。

当地面调压室为高筒形薄壁结构或塔式调压室结构时，除了对必要的结构应力应变监测外，在高地震区（设计烈度 7 度以上）可以根据设计反馈或科学研究需要，设强震动反应监测点。

四、发电厂房建筑物监测

水电站发电厂房包括河床式、坝后式和岸边地面式厂房和地下厂房，应根据发电厂房的布置及结构特点确定监测重点。

（1）河床式电站厂房与挡水坝段进行整体布置，作为挡水建筑物的组成部分，应按挡水建筑物进行安全监测，主要监测项目包括结构应力变形及基础变形、接缝位移、扬压力、渗透压力、渗漏量等，并与坝体挡水坝段相应监测项目协调布置。对于厂顶溢流的河床式电站厂房，尚应加强顶部结构受力、接缝位移和厂房振动监测，避免厂房机组支撑结构与厂顶溢流产生共振破坏。主要监测项目有结构应力应变、钢筋应力、接缝位移、震动等。

（2）坝后式电站厂房位于坝体下游，因作为相对独立于坝体的主体工程建筑物，承受下游水荷载及基础渗透压力作用。其监测项目一般包括表面变形、基础变形、接缝位移和渗透压力等监测。

（3）岸边地面式厂房，影响厂房运行安全的外部因素包括厂房后边坡的变形与稳定（含地下水环境）、基础变形及渗透压力等，需相应进行安全监测，而对于在软基或地质条件差的地基上修建的地面厂房，宜同时进行表面变形及接缝位移监测。主要监测项目包括厂房结构应力和变形、边坡及基础变形、地下水位、渗透压力、界面位移等。

（4）地下厂房是修建在天然岩体内的大型地下洞室，围岩是承载结构，由各种地质构造面组合而成，承受一定的应力场作用。因此，工程安全在很大程度上取决于围岩本身的力学特性及自稳能力以及其支护后的综合特性，安全监测的重点是地下厂房系统洞室围岩的变形与稳定，同时需相应进行岩壁吊车梁监测和渗流监测（含地下水）。主要监测项目包括围岩变形、锚杆应力、锚索力、地下水位、界面压力、界面位移、渗漏量等。

（5）地面厂房的变形及基础扬压力监测是厂房建筑物常规而不可缺少的基本监测项目，一般均应设置。变形监测主要指水平位移监测、垂直位移监测，辅以变形缝监测，必要时可增设建筑物挠度（倾斜）监测。厂房基础的扬压力监测，一般根据其地质、结构条件以及机组台数，选择几个机组段作为扬压力监测断面，进行横向（沿水流向）扬压力分布监测。

（6）无论哪种类型的厂房，若承受高水头还应对蜗壳及外包混凝土的应力应变、钢筋应力、蜗壳与外包混凝土的接缝、厂房机组支撑结构的应力应变和振动等进行监测。蜗壳结构的应力应变监测，可沿水流方向选取蜗壳进口段 0°、45°和 90°等 3～4 个垂直水流方向的截面，按平面问题布设监测仪器；尾水管结构的应力、应变监测，可在弯管段、扩散段各选取监测断面，布设钢筋计、裂缝计和应变计等，以监测钢筋和混凝土的应力、应变；对于机墩、尾水管及其他振动反应灵敏的部位监测，除了埋设钢筋计和应变计等进行经常性的静态应力、应变监测外，还应布置加速度计、速度计及位移计，以监测机械、水流和地震等引起的结构振动反应（频率和振幅等）。

五、监测资料分析与评价

监测资料分析就是对监测仪器采集到的数据和人工巡视观察到的情况资料进行整理、计算和分析，提取建筑物受环境荷载影响的结构效应信息，并对建筑物安全进行客观评价。

（1）监测资料分析内容。监测资料的分析主要包括：监测效应量随时间变化的规律，如周期性、趋势性、变化类型、发展速度、变化幅度、数值变化范围、特征值等；监测效应量在空间的分布状况，了解不同位置的特点和差异，掌握分布规律及测点的代表性；监测效应量变化与有关环境因素的定性和定量关系，了解监测效应量变化趋势、速率、加速还是趋于稳定等情况；监测效应量变化规律的合理性，分析监测量值是否在正常变化范围内，如有异常，应分析原因，找出问题；监测效应量变化规律的预测，预测未来时段内在一定的环境条件下效应量的变化范围，估计其发展变化的趋势、变化速率和可能后果，对建筑物的安全运行做出客观判断。

（2）监测资料分析要求。首先对监测数据应通过合理性检查和可靠性检验，对数据中存在的粗差要进行识别和剔除，消除或减少数据中系统误差的影响，并对监测数据的精度有一个正确评价；对监测数据进行处理时，必须采用正确的计算方法和合理的计算参数，计算软件须经过验证和认定，计算成果也应经过合理性检查；监测资料要及时整理、计算和分析，成果必须及时上报。各阶段（施工期、蓄水期和运行期等）的分析成果（图表、简报、报告）要满足安全监测分析的需要，尽可能实现在线实时监测和分析反馈；监测资料分析成果要全面反映水电站建筑物主要部位的性态以及它们之间的联系，监测成果分析和评价要突出重点，对建筑物发生异常或险情时的性态要重点分析；监测数据分析方法和手段技术要先进，应开发先进的水电站建筑物安全监测信息系统，采用先进的分析理论和方法，对主要效应量建立适当的数学模型揭示其变化规律，对其性态进行解释、预报和反馈，并以此为基础拟定合理的监控指标，有效地实现水电站建筑物安全预警。

第十三章　地　下　厂　房

第一节　地下厂房的开发特点

一、地下厂房开发的原因

将水电站厂房的主要建筑物布置在地下岩体之中称为地下厂房。我国水能资源丰富，可经济开发的水电容量达 4.02 亿 kW，居世界首位。在水电能源开发中，地下水电站厂房的比例越来越大，地下厂房的规模越来越大，建设条件越来越复杂。导致地下厂房迅速发展主要有以下因素：

（1）我国水电资源大多集中在西部地区，促使大型地下厂房的开发。在西部地区的水电资源大约占可经济开发资源的 71%。而西南、西北的河流一般位于高山峡谷之中，水电站多为高坝大库，由于河床狭窄，使得这些大型水电站不得不采用地下厂房的方式开发。如龙滩、小湾、溪洛渡、锦屏一级、锦屏二级、白鹤滩、水布垭、瀑布沟、糯扎渡、两河口、官地、大岗山、鲁地拉、功果桥等大型水电站均采用地下厂房。

（2）为满足电力系统调峰填谷的需要，使得高水头大容量的抽水蓄能地下厂房迅速发展。在华东、华北地区，由于火电、核电的资源丰富，为保证电力系统的稳定运行，规划设计了一大批高水头大容量的抽水蓄能电站。由于抽水蓄能电站的上下库布置及水泵工况吸出高度要求，其电站厂房绝大多数是采用地下厂房方式布置。如西龙池、宝泉、张河湾、板桥峪、桐柏、泰安、琅琊山、宜兴、溧阳等抽水蓄能电站都是采用地下厂房。

（3）先进钻爆技术、机械化施工水平、开挖和支护手段越来越先进，地下厂房施工开挖速度日益加快，造价越来越低，工程也越来越安全，使得大型地下厂房开发迅速发展。例如：位于金沙江上的溪洛渡水电站装机 13860MW，是世界上仅次于三峡和伊泰普水电站的第三大水电站（已建水电站），全都采用地下厂房，其中左岸主厂房尺寸为 439.74m×31.90m×75.60m，右岸主厂房尺寸为 443.34m×31.90m×75.60m；金沙江上正在建设的白鹤滩水电站地下主厂房的尺寸也达到 294.80m×34.00m×88.80m，地下厂房规模巨大。

随着水电事业的发展，在高山峡谷中的高坝大库水电站总装机容量及单机容量都越来越大，这些水电站厂房都将采用地下厂房，所以大型地下厂房洞室群的规模越来越大，抽水蓄能地下厂房也将越来越多。大型地下厂房的开发，不但是水电资源利用、电力系统运行的需要，而且对环境保护、运营安全有极大优势。随着地下洞室施工开挖与支护技术的提高，在复杂地质条件的地下厂房的开发将越来越多，施工技术难度越来越大，地下厂房的发展也越来越快。

二、地下厂房的特点

自 1904—1907 年德国了建造了世界上第一座地下电站以来，相继在欧洲、加拿大、日本、俄罗斯、印度、美国等国建造了大量地下水电站。我国的地下水电站起步较晚，但发展非常迅速。随着高坝大库建设技术的发展，大型地下水电站越来越多，总装机容量及单机容量都越来越大，地下厂房洞室群的规模越来越大，施工开挖速度也日益加快，地下厂房越来越显示其优越性。

1. 地下厂房的优点

（1）地下厂房布置方便。由于地下厂房和大坝分开布置，枢纽布置比较灵活，适应于各种坝型，便于水电站枢纽总体布置；可以减小泄洪建筑物的布置矛盾，有利于施工导流布置，使整个水电站枢纽布置紧凑合理。

（2）地下厂房施工干扰少。由于地下厂房与大坝施工无干扰，厂房施工不受外界气候影响，可以常年施工；与其他水工建筑物施工干扰较少，有利于快速施工，提前发电。

（3）地下厂房运行安全。由于地下厂房的建筑物位于地下，厂房可以免受泄洪的雾化气浪影响；不受下游尾水波动淹没影响；在峡谷地区可以避免高边坡、滑坡等对厂房的不利影响，不受山崩、雪崩、暴雨等影响；可以保持自然风景，有良好的人防条件和抗震能力。并且不论严寒、酷暑，还是多雨、风沙，电站运行时不受气候影响。

（4）地下厂房水力运行条件较好。厂房布置在地下，布置方便，可以缩短高压管道的长度，可以降低水轮机安装高程，改善水轮发电机组调节保证及调节品质的运行条件。

（5）地下厂房可以减小造价。由于地下厂房布置方便，工程占地少，可以缩短高压管道及竖井，有可能取消调压室，减少工程量；可以采用施工导流洞与尾水洞结合，节省投资；地下压力管道和厂房洞室，能够充分利用围岩承载，通过有效支护，减少围岩扰动，降低工程造价。

综合地下厂房布置、施工、运行、管理各方面因素，随着地下岩体开挖技术、地下结构喷锚支护技术的发展和地下洞室围岩稳定控制理论的完善，地下厂房的发展具有越来越大的优势和经济效益。

2. 地下厂房的主要缺点

（1）洞挖工程量大，施工进度比地面厂房慢，工程投资高于地面厂房。

（2）对地质条件要求较高，由地质条件变化所引起的工程风险大于地面厂房。

（3）地下厂房通风、照明、交通运输等条件较地面厂房差。

（4）地下厂房渗漏、排水问题比地面厂房突出，往往需要有特殊的工程措施。

三、地下厂房洞室的复杂性

地下厂房是从复杂岩体结构中开挖出来的复杂空间地下结构。由于岩体结构本身的复杂性，使得以岩体为基础的地下厂房洞室围岩稳定问题十分复杂，概括起来地下厂房洞室具有以下复杂特性。

（1）地下厂房洞室赋存地质环境复杂。地下厂房洞室是以岩体作为基础，依靠围岩承载。在长期的演化过程中，岩体受到自然作用影响。包括：岩体自重和地质构造运动引起的复杂地应力分布，地下水渗流运动和冲蚀作用，岩体结构演化和特性蚀变，地质运动裂变和断层切割。这些复杂赋存环境使得地下厂房洞室受力十分复杂。

（2）地下厂房洞室空间结构复杂。地下厂房通常有主厂房、主变洞、母线洞、引水洞、尾水洞、调压室等洞室群组成，使得地下厂房洞室空间结构纵横交错。复杂的空间结构，主要采用锚固支护来维护和加强洞室围岩稳定，所以地下洞室开挖和支护施工的难度较大。

（3）地下厂房洞室岩体特性复杂。地下厂房所处的岩体不同，岩体的特性相差也很大。例如硬岩容易拉裂脆断；软岩容易屈服变形；层状岩体容易沿层面破坏，岩体结构错综复杂。对不同岩体应采用不同的岩体本构理论进行分析，所以地下厂房洞室围岩稳定分析设计复杂。

（4）地下厂房洞室开挖扰动机理复杂。地下厂房洞室大多采用钻爆法施工，在施工期受到了强烈的工程作用影响。例如采用的施工爆破、开挖方式、支护方式、支护时机不同，对洞室开挖扰动的程度就不同，导致的围岩稳定特性也就不同。所以影响地下厂房洞室围岩稳定的因素复杂，稳定控制难度较大。

第二节　地下厂房枢纽布置

地下厂房枢纽建筑物主要由引水系统、主厂房洞室、副厂房洞室、主变洞室（升压站）、开关站洞室和一系列附属洞室组成（图13-1）。与地面厂房枢纽相比，地下厂房枢纽增加了引水系统洞室群和系列附属洞室群的布置。引水系统洞室群一般包括：进水口、引水隧洞、上游调压室、高压管道、下游调压室及尾水隧洞等。附属洞室群包括：母线洞、出线洞、交通洞、施工洞、通风洞、排水洞等洞室群。地面厂房布置受地形条件影响较大，地下厂房布置受地质条件控制较大。

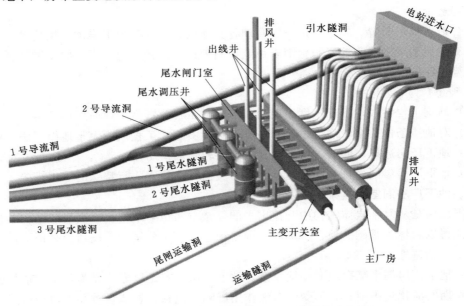

图13-1　地下厂房枢纽建筑物组成（溪洛渡水电站）

一、地下厂房枢纽布置原则

（1）地下厂房的布置应与枢纽总体布置相协调，满足设备（设施）布置、生产运行和节能环保要求。

（2）应根据厂区地形、地质条件、施工要求和环境影响等因素，确定主厂房和进出交通洞的位置，确保厂房对外交通方便、顺畅。

（3）地下厂房主要洞室应布置在地质环境较好位置，尽量避开地质断层和不良地质构造带。当无法避开地质结构面时，应尽可能保持洞室轴线与地质结构面有较大交角。

（4）地下洞室群的布置应遵循临时与永久相结合和一洞多用的原则，尽量减少附属洞室的数目，减少对岩体的切割，以利于洞室群围岩稳定。

（5）尽量压缩地下厂房洞室跨度，各洞室的上覆岩体应有足够的厚度，各洞室之间的岩柱体应有足够安全距离，确保洞室围岩稳定的安全度。

（6）地下厂房进水与出水线路的布置应尽量简单、平顺、水流通畅，以保证机组稳定运行和引水洞、尾水洞稳定。

二、地下厂房枢纽布置所需资料

为了合理布置地下厂房，首先必须收集布置设计所需的各种资料，并根据不同设计阶段的内容和深度要求，进一步提供和补充完善。

（1）厂区的水文资料。地下厂房对外交通、通风、出线等洞室的进出口高程均应高出校核洪水位之上，以防止洪水倒灌进入厂房；并且尾水洞出口高程受到下游梯级电站回水及库尾淤积的影响。厂区的水文资料直接影响厂区的枢纽布置。

（2）厂区的地形资料。地下厂房位置应选择在山体比较稳定的地段，对地下厂房各洞室布置，不仅要考虑进口是否会受到大坝泄洪或山洪暴发时的影响，而且还要考虑出口及交通道路是否会受到山坡岩石塌落的威胁。同时还应考虑与下游梯级电站的衔接，以充分利用水头，以及厂外施工用地、开关场用地等要求。所以厂区的地形资料对厂区的辅助洞室群、交通、施工等布置具有较大影响。

（3）厂区的地质资料。厂区地质构造、地震烈度、岩石特性、初始地应力场等地质资料是确定地下厂房布置的关键。地下厂房应尽量选择地质条件好，地震烈度低、岩石完整性好的区域，以保证地下厂房洞室围岩稳定。所以厂区的地质资料是地下厂房位置布置的依据。

（4）厂房机电设备资料。机电设备的形式、尺寸直接关系到地下厂房的轮廓尺寸、厂内布置和结构形式的确定。所以厂房机电设备资料是地下厂房洞室尺寸和厂内布置的依据。

（5）当地环境和社会需求资料。应综合考虑地下厂房施工期的出渣、弃渣场地要求，当地的交通环境、设备的运输条件；充分考虑厂区布置中需要建造一些必要的地面建筑物对原有植被、自然景观的破坏影响程度和建成后如何恢复等要求；同时应兼顾当地社会的发展、旅游需求。

三、地下厂房布置方式

根据地下厂房在引水发电系统中的位置，可划分为首部式厂房、中部式厂房和尾部式厂房等3种典型布置方式，对应的将地下水电站的开发方式分别称作首部开发方式、中部开发方式和尾部开发方式。

1. 首部式厂房

地下厂房布置于进水建筑物附近，距进水口的位置较近，如图13-2（a）所示。整

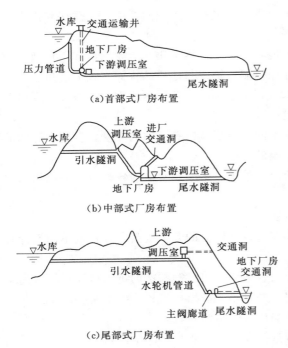

（a）首部式厂房布置

（b）中部式厂房布置

（c）尾部式厂房布置

图 13-2　地下厂房的布置方式

个引水系统的压力隧洞较短，高压管道多为竖井或斜井布置，尾水隧道洞较长。首部式厂房有以下特点：

（1）枢纽建筑物集中在首部，布置紧凑，便于集中管理；但厂房靠近水库，埋藏深度较大，出线、防渗困难。要求必须做好厂房上游的帷幕防渗系统和排水措施。

（2）引水隧道较短，不需设上游调压室，不少地下厂房首部式布置方案较经济；但尾水洞、交通洞、通风洞、出线洞等附属洞室较长，施工不方便。

（3）压力管道较短，一般采用单元供水；但尾水洞较长，一般需设下游调压室，同时与生活区相隔较远，运行不便。

2. 尾部式厂房

地下厂房布置于引水系统尾部，距出水口的位置较近，如图 13-2（c）所示。

整个引水系统的压力隧洞较长，一般需设上游调压室，尾水隧道较短，尾部式布置厂房适用于沿河流或跨流域的引水式开发的电站。尾部式厂房有以下特点：

（1）枢纽建筑物集中在尾部，埋藏深度较浅，出线短，防渗容易，施工容易；但受尾部山体地形条件限制，有时导致尾水不能满足要求，仍需设下游调压室。

（2）尾水洞、交通洞、通风洞、施工洞等附属洞室较短；下游尾水变幅不大时，可以采用无压洞；施工管理方便。但引水隧道较长，一般需设上游调压室。

（3）尾水洞短，可以避免设下游调压室；但压力管道较长，一般采用联合供水或分组供水方式，导致高压岔管结构复杂；与生活区相隔较近，运行方便。

3. 中部式厂房布置

地下厂房位于引水系统的中部，上游引水洞和下游尾水洞长度大体相同，如图 13-2（b）所示。当引水道总长比较短时，可不设置上、下游调压室，机组调节运行较好，也较经济；当引水道总长比较长时，而首部和尾部又没有合适的地形和地质条件布置厂房，采用中部式布置，则需要设置上、下游调压室，工程投资大。中部式布置的优缺点介于首部式和中部式布置之间。

四、地下厂房枢纽布置设计步骤

1. 确定地下厂房的布置方式

地下厂房的布置方式是确定地下厂房枢纽总体布置的前提。采用何种布置方式，应根据电站枢纽布置、水文、气象、地形、地质条件、运行条件（水库消落深度、供水方式、引用流量）、施工条件及环境生态要求等因素，通过技术经济比较综合确定。

2. 选择主厂房洞室的位置、纵轴线方位

主厂房洞室的布置位置是地下厂房枢纽布置的关键。只有当主厂房洞室的位置和纵轴线方位确定后，才能围绕主体洞室进行其他各附属洞室的布置。

3. 确定地下厂房主体洞室的相互位置

地下厂房的主体洞室主要包括主厂房洞室、主变洞和调压室等。地下厂房枢纽格局主要是围绕主厂房洞室对主变室和调压室等主体洞室的相对位置进行布置。通常需要通过经济技术比较，根据各种可能布置方案比较确定其布置格局。主厂房、主变洞和下游调压室3大洞室常见布置格局及特点见表13-1。

表 13-1　　　　主厂房、主变洞和下游调压室3大洞室常见布置格局及特点

方案	主变洞位置	简　图	优　点	缺　点
一	位于主厂房与下游调压室之间		布置紧凑，运行维护方便；主厂房与主变洞分开布置可减轻事故的危害程度	主厂房与下游调压室间距压缩余地较小，不利于洞室岩稳定
二	位于主厂房上游侧		布置紧凑，运行维护方便；可减轻事故的危害程度；可缩短主厂房与调压室的距离	主变洞布置在上游，对压力管道和防渗排水布置不利；厂房围岩稳定相对较差
三	位于主厂房内		母线最短，电能损耗小；运行管理方便；可缩短主厂房与调压室的距离	主变紧靠机组，失火爆炸危害程度较大；主厂房长度较长
四	主厂房、主变洞和下游调压室呈品字形		可缩短主厂房与调压室间距；可减轻事故的危害程度	母线较长，投资大，电能损耗多，通风散热困难；运行、维护不便；起吊设备、通风设备以及运输通道增加

4. 确定各主体洞室轮廓尺寸、高程和洞室之间的间距

主体洞室轮廓尺寸、高程和洞室之间的间距确定是地下厂房枢纽布置的关键。各主体洞室尺寸应尽可能的合理压缩、优化，高程应满足机组运行要求，洞室之间的间距应保证洞室的围岩稳定。

5. 确定引水及尾水线路的布置、压力管道进厂方向，机组闸阀的布置方式

根据地下厂房各主体洞室的布置格局，先选择引水系统的进出口位置；再确定引水及尾水线路的布置；然后根据进水口和主厂房的位置，确定压力管道的进厂方向；综合引水管路系统布置，确定机组闸阀的布置方式。

6. 确定各辅助洞室的布置和高程位置

根据厂房枢纽总体布置格局，选定交通运输洞、出线洞、通风洞等附属洞室的线路布置；根据地形、地质和施工、运行等要求，确定各辅助洞室的进、出口高程。

第三节　地下厂房洞室布置

地下厂房建筑物布置涉及很多方面的复杂因素，有许多方面区别于地面厂房的布置。在地下厂房布置时应综合岩体的物理特性、围岩的地质环境（地应力、地下水、地质构造）、洞室结构尺寸、施工开挖方式等因素进行相应的设计。

一、主厂房洞室布置

主厂房洞室是布置水轮发电机组及各种辅助设备的主机间和机组安装、检修、维护的主要洞室。主厂房洞室布置是整个地下厂房枢纽布置的关键，布置时主要考虑以下因素：

1. 主厂房洞室的位置选择

洞室围岩稳定是地下厂房的关键，所以主厂房应选择地质条件较好的位置。主厂房洞室应尽可能布置在地质构造简单，岩体完整坚硬，上覆岩层厚度适宜，地下水微弱以及岸坡稳定的区段。应避开较大断层、节理裂隙发育区、破碎带，尽量避开高地应力区。如不可避免上述区域时，应有专门论证。

当地震设计烈度高于Ⅷ度时，不宜在地形陡峭、岩体风化、裂隙发育的山体中修建窑洞式地下厂房和半地下厂房。

2. 主厂房纵轴方向的确定

在满足电站枢纽总体布置要求下，主厂房洞室纵轴线的选择，应综合考虑地层构造面和地应力场的影响因素，同时还应考虑特殊地质条件的影响。

（1）主厂房洞室纵轴线方向，应尽量与围岩的主要构造面（断层、节理、裂隙、层面等）走向呈较大的夹角，其夹角宜大于40°，以利厂房洞室的稳定，当主要结构面为缓倾角（倾角小于35°）时，对洞室顶拱稳定影响较大，当主要结构面倾角大于45°时，应注意对高边墙稳定性的影响。同时，应注意次要构造面对洞室稳定的不利影响。

（2）在高地应力地区，主厂房洞室纵轴线方向与地应力最大主应力水平投影方向应尽量呈较小夹角。由于地应力具有高度的方向性，对地下洞室围岩的变形和破坏在总体上起着控制作用，厂房轴线与第一主应力的夹角不宜大于30°。

（3）在特殊地质发育地段，主厂房洞室轴线与大断裂系统的方向不要一致，还应考虑尽量避开洞穴管道轴线平行。

3. 厂房洞室的埋藏深度

由于地质条件、工程布置、施工要求的不同，厂房洞室的埋藏深度也不相同。为了保证厂房拱顶上覆岩体的稳定，应根据岩体完整性程度、风化程度、地应力大小、地下水情况、洞室规模及施工条件等因素综合分析确定。需要的埋深，一般取决于洞室开挖后围岩应力重分布对洞室稳定的影响，一般都在2倍开挖跨度以上，否则应进行专门论证和加强处理措施。

二、主变洞和开关站洞室布置

主变洞是布置主变压器的洞室。主变压器室的布置应紧凑、与机组连接线路短、确保运行安全、便于维护、工程量小、有利于施工。地下厂房的开关站通常采用六氟化硫气体灭弧的室内开关站（简称 GIS 室），地下开关站宜紧靠主变压器室布置，一般置于主变压器室顶部。当采用地面开关站布置时，宜选择在出线洞口地形开阔，出线及交通方便的地方，一般出线洞可与排风洞共用。

1. 主变洞的布置方式

按照主变压器与主厂房的相对位置，主变洞室常见的几种布置方式如下：

（1）主变洞平行布置在主厂房下游侧（表13-1方案一）。这种布置方式，地下厂房主要洞室布置紧凑，有利于主变压器直接进主厂房检修，主变洞可以不设吊车，有利于GIS户内开关室的布置，运行维护方便，主厂房与主变洞分开布置可减轻事故的危害程度。当设有下游调压室时，这种布置方式增加了尾水管延伸段的长度，增加了洞室围岩稳定和机组调节保证的难度。这种布置方式最为常见，例如二滩、溪洛渡、锦屏一级、锦屏二级、小湾、糯扎渡等多数地下厂房均采用这种布置方式。

（2）主变洞平行布置在主厂房上游侧（表13-1方案二）。这种布置方式，有利于下游调压室布置，可以缩短主厂房与调压室的距离，有利于机组调节保证；主要洞室布置紧凑，运行维护方便，当主变出问题时可以减轻事故的危害程度。但不利于厂房防渗和排水布置；为了主变压器直接进主厂房检修，主变洞底部高程较低，对进厂高压管道布置影响较大。这种布置方式国内不多见，国外的加拿大丘吉尔水电站采用这种布置方式，主变洞底高程高于发电机层，采用倾斜的母线洞连接。

（3）主变压器布置在主厂房端部延长的同一洞室内，采用防火防爆墙与机组隔开（表13-1方案三）。这种布置方式可以减少一个主变洞室，有利于洞室围岩稳定；母线短，电能损耗小，有利于运行管理；尾水管的长度较短，有利于机组调节保证。但主厂房洞室较长，主变出问题时对机组影响较大。这种布置方式也较少，例如琅琊山、洞坪地下厂房采用这种布置方式。

（4）主变洞与主厂房、下游调压室成品字型布置（表13-1方案四）。这种布置方式可压缩主厂房与调压室间距，缩短尾水管长度，减小3大洞室相互干扰。但母线较长，主变不能进主厂房检修，需在主变洞增加起吊设备，运行、维护不方便。这种布置方式也不多，例如鲁布革地下厂房。

2. 主变洞的洞室间距

主变洞和主厂房洞室之间的洞室间距是主变洞布置的一个关键。地下洞室之间的岩体厚度确定，涉及地质条件、洞室规模、地应力大小等多种因素，难以得出统一的规定。通常可以根据以下原则确定：

（1）根据工程经验类比确定。可根据已建工程的地质条件、地应力大小、洞室规模进行类比确定。表13-2列举了国内部分已建地下厂房洞室间距的资料，从统计资料分析，岩体厚度小于相邻洞室平均开挖宽度或大于此宽度的2倍者较少，大部分在1.30～1.80倍之间。当地质条件较好，岩体强度较大，洞室规模不大，洞室间距可以小一点；当地质条件较差、洞室规模较大、地应力较高，洞室间距应大一些。

（2）通过数值方法进行论证。主变洞和主厂房洞室之间的间距选得较大对洞室围岩稳定有利，但母线洞和低压母线都要加长，电力损耗加大，尾水调压室布置困难，所以合理选择洞室间距是非常重要的。一般可以采用数值方法，分析相邻两洞室之间的岩体塑性屈服破坏区不被连通为宜。根据经验统计，大型地下厂房主体洞室之间的距离一般为40～50m。

表 13 - 2 国内部分已建和在建地下厂房洞室间距

序号	电站名称	大洞室开挖宽度 /m	小洞室开挖宽度 /m	相邻洞室间距 /m	岩体厚度与平均洞宽之比
1	白山	25.00	15.00	16.50	0.83
2	西洱河一级	18.00	6.60	12.00	0.98
3	大发	25.40	16.20	23.60	1.13
4	仁宗海	23.40	16.20	24.10	1.22
5	古田一级	9.70	3.00	8.00	1.26
6	拉西瓦	31.50	27.50	37.50	1.27
7	乌东德（右岸）	40.00	18.80	38.00	1.29
8	大广坝	15.00	4.50	13.00	1.33
9	向家坝	33.00	26.00	40.00	1.36
10	构皮滩	27.00	15.80	30.00	1.40
11	映秀湾	17.00	7.20	17.30	1.43
12	太平驿	19.70	12.40	23.40	1.46
13	东风	21.70	19.50	30.20	1.47
14	二滩	30.70	18.30	37.00	1.51
15	龚嘴	24.50	5.00	22.30	1.51
16	小浪底	26.70	14.40	32.80	1.60
17	潭岭	12.50	5.00	14.80	1.69
18	龙滩	30.70	19.80	43.00	1.70
19	天荒坪	22.40	17.00	34.00	1.73
20	十三陵	23.00	16.50	34.10	1.73
21	瀑布沟	30.70	18.30	42.95	1.75
22	桐柏	24.50	18.00	37.30	1.76
23	广蓄	22.00	17.20	34.50	1.76
24	宝泉	21.50	18.00	35.00	1.77
25	小江	16.80	7.40	21.90	1.81
26	长河坝	30.80	18.80	45.00	1.81
27	渔子溪一级	14.00	7.90	19.90	1.82
28	溪洛渡	31.90	19.80	47.65	1.84
29	锦屏一级	28.90	19.80	45.00	1.87
30	大岗山	30.80	18.80	47.50	1.92
31	盐水沟	12.80	8.20	20.50	1.95
32	官地	31.10	18.80	49.20	1.97
33	小湾	30.60	19.00	50.00	2.02
34	冶勒	22.20	9.20	32.15	2.05
35	白鹤滩（左岸）	34.00	21.00	59.15	2.15
36	鲁布革	17.50	12.50	39.00	2.60

三、副厂房布置

1. 副厂房布置原则

副厂房全部放置于地下，将大大增加地下洞室工程的开挖量，延长施工期和增加造价。应遵循因地制宜，采用集中与分散相结合、地面与地下相结合、管理运行方便的原则进行布置：

（1）凡必须靠近主机的附属设备，可集中布置在紧靠主机间的地下洞室内。必须设在地下的，也要尽量压缩其所占空间。

（2）凡可以远离主机放置的设备，可利用已有洞室分散布置或置于地面。

（3）中控室的布置应综合考虑电站的运行、维护、监视方便、消除故障迅速、对内交通方便、经济合理等因素。

（4）应重视主要洞室的安全防灾设计，在副厂房内适当位置，应设置一个安全防灾用的紧急避难室。供发生灾害性事故时，一些来不及撤退人员紧急避难。

避难室的面积为 $10\sim20m^2$，四周墙体应为坚固的钢筋混凝土结构。室内要求不透水、不透气、并能承受一定外水压力。室内应备有：对外通信联络设备；单独通向外部的通气系统；简单的急救医疗药物设备，包括一副担架；能够维持 $2\sim3$ 个人 $1\sim2$ 周的生活食品、饮用水及排泄用的储存箱。

2. 副厂房布置方式

现在的水电站多半采用遥控遥测管理，现场"无人值班，少人值守"，计算机监控，因此地下厂房的副厂房布置和面积尽可能简化。由于地下厂房布置的特点，副厂房布置主要方式有：

（1）副厂房布置在主厂房洞室的两端，如图13-3所示。通常在安装场一端布置水机辅助设备，即在安装场下层布置三供一排系统；在主厂房另一端布置电机辅助设备，包括中央控制系统、通信系统、自动保护系统、计算检测系统、直流系统。

（2）副厂房布置在主厂房洞室的一端，如图13-4所示。这种布置方式是安装场和副厂房集中布置在主厂房一端，通常安装场紧靠机组段布置，下层布置水机辅助设备；紧靠安装场端部再布置电机辅助设备。

（3）当安装场布置在主厂房洞室中部时，可以将水机辅助设备和电机辅助设备分别布置在主厂房洞室两端；或者将水机辅助设备布置在主厂房中部安装场下面，将电机辅助设备布置在厂房的一端，如图13-5所示。

四、安装场布置

地下厂房的安装场布置与地面厂房的布置原则基本相同。地下厂房的安装场应结合厂区地形地质条件、进厂交通线路的具体位置而定。其布置方式主要有下列两种：

1. 布置在主厂房洞室端头

这是一种最常见的布置方式，如图13-3、图13-4所示。当机组台数不多，一般可将安装间布置在地下厂房的左、右两端，以减少机组运行与安装检修的干扰。

2. 布置在机组段之间

当机组台数较多，围岩地质条件较差时，考虑限制洞室边墙变形，可以将安装场布置在主厂房中部，如图13-5所示。这种布置方式有利于多机组电站的分期投产，且由于不

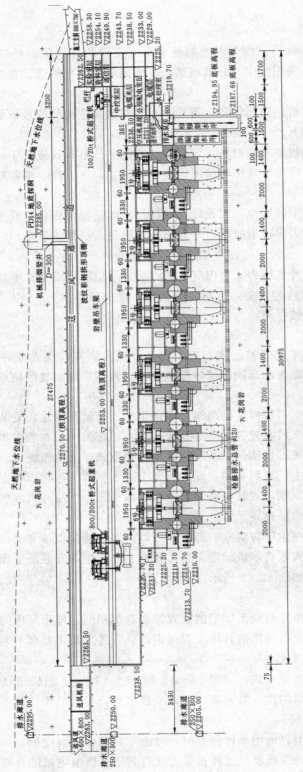

图 13-3 副厂房布置在主厂房洞室的两端（高程单位：m；尺寸单位：mm）

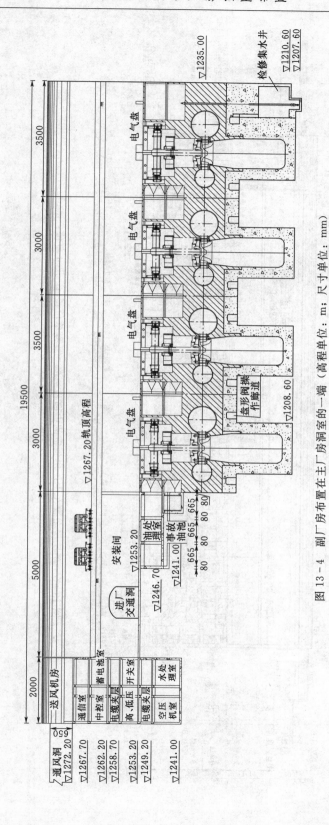

图 13-4　副厂房布置在主厂房洞室的一端（高程单位：m；尺寸单位：mm）

439

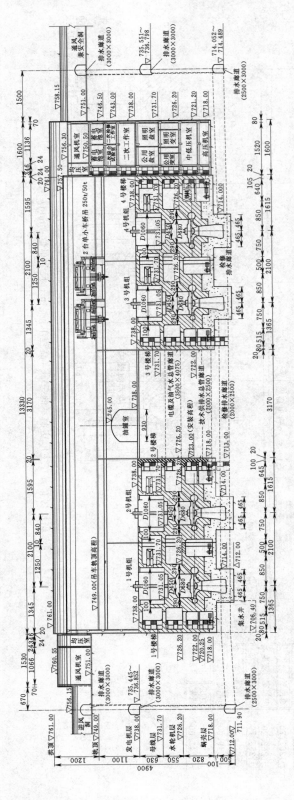

图 13-5 副厂房布置在主厂房洞室的中部和一端（高程单位：m；尺寸单位：mm）

440

受吊车左、右端吊钩限制线的限制,安装间的面积可充分利用。安装间布置在机组之间,安装间下岩体可以保留,减小主厂房两侧岩壁临空面的长度,对围岩的稳定有利。

安装间的面积,与地面厂房确定原则一样,可按一台机组扩大性检修需要的面积确定。

五、调压室的布置

1. 调压室的位置

调压室的位置要根据水电站输水管道系统布置及输水管道沿线的地形、地质条件,机组运行参数(输水管道系统与机组联合的调节保证计算成果),结合地下厂房主要建筑物的布置,以及调压室洞室的围岩稳定进行综合比较确定。

从水电站运行条件出发,为了满足水轮机调节保证的要求,调压室的位置越靠近厂房,越能减少压力管道及机组所承受的水击压力,越有利于机组安全稳定运行;从洞室围岩稳定的角度考虑,应根据地形、地质、输水管道布置等因素,与厂房洞室之间仍需保持一定的距离。所以选择调压室的位置宜避开不利的地质条件,建于岩体完整、透水性小、有足够上覆岩体厚度的良好地质地段,以减轻电站运行后渗水对围岩及边坡稳定的不利影响,并便于和输水管道系统的其他建筑物衔接,以保证有良好的水力条件;从施工条件考虑,调压室的位置应便于施工支洞布置和交通运输。

2. 调压室的形式

长引水式电站的上游调压室一般采用圆筒形调压室。大型地下电站的下游调压室的形状视机组台数、水力稳定要求和地质条件而定,可以采用长廊形、圆筒形、半圆筒形等形式。长廊形有利于设置尾水管检修门,但过于长、大的调压室临空面不利于洞室围岩的稳定。当几台机组共用一个长廊形调压室,允许在调压室中设支撑或隔墙,但隔墙顶部应连通。如二滩、溪洛渡、大岗山、长河坝等工程都是采用长廊形调压室,与主厂房、主变室并列布置。圆筒形有利于围岩稳定,但不利于尾水管检修门的布置,通常需增加一个尾水闸门室,增加了建筑物布置困难,例如拉西瓦、小湾、锦屏Ⅰ级水电站都采用圆筒形调压室的布置形式。半圆筒型调压室是新的结构形式,兼顾了长廊型和圆筒形调压室的优点,并对地质条件有较好的适应性,半圆筒型调压室首次在乌东德水电站应用。

当尾水洞的长度相对较短时,可以采取以下措施取消下游调压室:

(1)降低水轮机安装高程,使之减少负水击造成的真空度,满足机组安全运行。

(2)下游尾水位变幅不是很大时,可采用明流或部分洞段明流的无压洞方案。如黄河小浪底地下电站。

(3)下游尾水位变幅较大时,可采用变顶高尾水洞,以避免设置规模巨大的调压室。如彭水电站、三峡地下电站、向家坝地下电站。

(4)放大尾水洞尺寸,降低尾水洞中的流速,以达到不设下游调压室的目的。

六、尾水管及尾水洞的布置

1. 尾水管结构布置

地下厂房尾水管的结构形式和尺寸确定与地面厂房的确定原则基本相同,但考虑到地下厂房洞室围岩稳定要求,通常地下厂房采用窄高型尾水管。在保证尾水管出流断面不变的前提下,减小尾水管宽度,同时增加其高度,这样可以增加尾水管与尾水管之间的岩柱厚度，提高岩柱的稳定性。

2. 尾水洞轴线布置

尾水洞线路的选择，是尾水隧洞设计中的重要环节之一。选择时应充分考虑：①选择隧洞沿线的地质条件尽可能完整，保证施工期和运行期的围岩稳定；②选择洞线最好为直线，使之具有较好的水力条件，保证机组安全稳定运行；③隧洞应有足够的埋深，保证运行时结构的稳定。当隧洞穿过冲沟或不良地质地段时，应进行专题论证，保证其稳定，防止意外事故发生。

3. 尾水洞结构形式

尾水洞的结构形式，可大体分为 3 种：①无压洞，不需设置调压室，适用于下游水位变幅不大的情况；②有压洞，各种工况时均为有压，当隧洞较长时，一般设置下游调压室；③明满流尾水洞，如变顶高尾水洞，即低水位时无压、高水位有压的尾水洞，中水位时部分洞段有压、部分洞段无压，既满足设计要求又不需设置调压室。这种变顶高尾水洞是一种新型结构，在越南和平电站首先建成并投入使用。

4. 变顶高尾水洞

变顶高尾水洞体型的确定主要按下列原则：①在最低水位时，应使满流段尽可能的短，并确定出口的允许流速（通常小于 4m/s），以免出口水头损失过大；②根据布置及地质条件确定隧洞断面，定出底宽；③按照尾水洞全部呈有压流的条件，进行调节保证计算，在满足规范要求的条件下，确定尾水洞顶高程及变顶高尾水洞的顶坡和底坡，尾水洞底坡应缓于或等于顶坡，否则满流段平均流速逐渐增大，不利于调节保证参数满足规范要求；④顶坡的大小要有利于解决明满流问题，防止顶拱滞气以及明满流界面移动频繁或多个明满流界面的出现，顶坡为不小于 3%～4% 的倒坡，使尾水位上升时，水轮机淹没加深的有利作用始终能抵消满流段增长的不利作用，确保尾水管进口断面最小绝对压强满足规范要求，并有利于非恒定流"气泡"的排出；⑤处理好变顶高段与尾水管段之间连接段设计，连接段的洞顶纵剖面线可采用二次曲线，以保证尾水管内始终是有压流，避免对机组运行效率产生影响，为了方便施工，连接段的顶坡也可采用直线；⑥选好尾水闸门槽的位置，防止在中高水位甩负荷时，尾水闸门槽吸气。

我国彭水水电站采用变顶高尾水洞，如图 13-6 所示，隧洞断面为城门洞形，连接段长 13.6m，顶坡呈二次曲线，洞高由 17m 增至 22m；变顶高尾水洞断面宽 12.6m、高 22～27.5m。各条尾水洞采用不同的顶坡和底坡与尾水出口相接，其中 1 号机尾水洞长 482m，顶坡为 6.37%、底坡为 5.19%。

七、附属洞室的布置

地下水电站附属洞室较多，如交通洞、出线洞、安全人行洞、排水洞、通风洞、施工洞、地质探洞以及主阀室等。

1. 附属洞室的布置原则

（1）附属洞室的布置应在满足运行、施工前提下，尽量一洞多用，减少投资，加快施工进度，使整个厂房枢纽的布置协调合理。

（2）附属洞室的洞口位置，应尽量避开风化严重或有较大断层通过的高陡边坡地带；应避开滑坡、危崖、山崩以及其他软弱面形成的坍滑体。

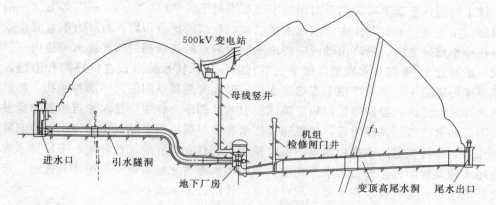

图 13-6 彭水水电站变顶高尾水洞纵剖面示意图

（3）洞口前的地形应相对开阔、平坦、无低洼处，便于对外交通和施工场地的布置。

2. 交通运输洞的布置

交通运输洞进口应设在岩石稳定的地方、高于最高洪水的尾水位之上，且应注意泄洪时雾化和泥石流的影响。对于山区河流、若洪水历时短、有暴涨暴落情况时，交通洞口布置存在困难，可布置在非常运用洪水以下，但在洞口需加设防洪门、防洪堤及人行安全通道等设施。

交通运输洞的纵坡比和转弯半径应满足交通要求，不宜太陡。为停车安全，要求在进厂前有一平直段。交通运输洞的宽度及高度应满足设备运输要求，当与其他用途的辅助洞室结合兼用时，如与进风洞、排水洞、施工出碴洞合用，洞室的断面尺寸应综合考虑其他要求。

一般情况下，交通洞采用水平运输洞布置方式，但对于首部式地下厂房，由于厂房埋深较大，采用水平运输洞导致很长的情况下，可采用垂直运输方式，即设置竖井及电梯。

3. 通风洞及出线洞的布置

由于地下厂房里的机电设备和人员的安全对厂内空气的温度、相对湿度以及空气中有害气体的允许浓度都有一定的要求，所以地下厂房通风系统是保证电站正常运行的重要组成部分之一。通风洞应尽可能利用探洞、施工支洞、出线洞、厂房交通洞或尾水洞等自然进风。这种通风方式可以节省了制冷机设备的投资和单独开挖通风洞的土建投资。例如瀑布沟水电站采用无压尾水洞引风，不需增加尾水洞的横截面积就能产生较好的空气温降效果。

通风洞的布置，应根据电站自然通风条件、厂内机电设备运行要求及与其他地下洞室的通风协调考虑进行布置。对大中型电站，可以采用自然通风与人工通风相结合的通风方式。出线洞一般与通风洞结合进行布置。出线洞口附近应选择地形开阔，出线交通方便的地方，以利于地面开关站的布置。

4. 排水廊道布置

排水廊道的主要作用是降低和控制作用于地下厂房洞室的渗透压力，排出透过防渗帷幕汇向地下厂房洞室群的渗水。

排水廊道在平面上可采用全封闭口字形或半封闭的"凵""凵""一"等方式,沿主厂房洞室、主变室、下游调压室（或尾水闸门室）外部的周边布置,将3大洞室完全或部分包围在排水廊道之内。沿厂房轴线应将地下厂房洞室的两端都封闭在排水廊道内。沿高程方向一般布置3～4层排水廊道,通常上层（第一层）排水廊道设在拱座高程附近,并在双侧拱座的廊道中打斜向拱顶上方的排水孔,形成跨越顶拱圈的人字形排水孔,将拱圈上渗透水排入廊道内,控制降低作用于拱圈面上的渗透压力;中层排水廊道一般布置发电机高程附近和水轮机层高程附近,以便通过排水和收集高压引水隧洞中的渗水,控制降低渗透水压力,保持发电层中央控制室、机电控制系统具有良好的工作环境;下层排水廊道常设在尾水管高程附近,并与集水井相连。各层排水廊道之间通过竖向排水孔连通,可将厂房之外的渗水,通过排水沟、管、洞引向尾水管附近的集水井。

排水廊道距主体洞室边墙要有一定距离,一般要布置在主体洞室松弛影响圈以外,一方面不影响洞室围岩稳定和系统支护的布置;另一方面也有利于高边墙布置对穿锚索和初期监测设施的布置。图13-7是地下厂房排水廊道的典型布置方式。

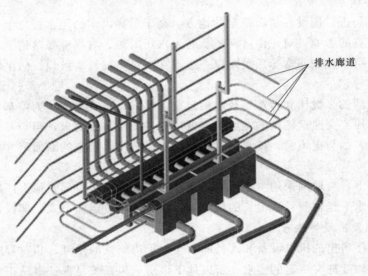

排水廊道

图13-7 地下厂房排水廊道布置示意图

第四节 地下厂房布置设计

一、地下厂房布置原则

在机电设备的选择及布置方面,地下厂房与地面厂房的设计内容基本是相同的。但由于地下厂房有其本身的围岩稳定要求,因此在设计中需要重视和考虑以下布置原则:

（1）保证机电设备运行、安装、检修和维护的前提下,尽可能减小厂房的平面尺寸。

（2）厂内主要机电设备的布置应力求紧凑、整齐、简洁实用,在立面上尽可能减小厂房的高度。

（3）充分利用地下厂房的空间,合理布置副厂房设备,尽量做到一洞多用,提高地下厂房的空间利用率，保证洞室围岩稳定。

二、地下厂房尺寸确定

地下厂房尺寸的确定原则与地面厂房基本相同。但应根据水电站规模、地下厂房的形式、机电设备和环境特点、土建设计和厂房内部结构等情况合理确定，有效分配各部分的尺寸及空间布置。

主厂房主机间的控制尺寸应综合考虑机组台数、水轮机过流部件、发电机及风道的控制尺寸、起重机吊运方式及有效工作范围、进水阀及调速器位置、厂房结构要求、运行维护和厂内交通等因素，以力争最小的原则进行确定。当机组段尺寸由水轮机蜗壳控制时，应满足蜗壳安装所需的最小空间（不宜小于0.8m）；如果采用充水加压浇筑混凝土，还需考虑安装及拆卸闷头和充水加压装置所需的空间；当机组段尺寸由发电机及其风道尺寸控制时，机组间距除满足设备布置要求外，还应保留必要宽度的通道。此外，还应考虑尾水管的体型及尾水管间岩柱的厚度要求，注意主厂房上部和下部的结构尺寸相互协调，尽量综合利用各种空间布置辅助设备。

进水阀及伸缩节一般布置在主厂房内，可利用主厂房内的吊车安装及检修进水阀，运行管理方便，布置紧凑。但进水阀布置在主厂房洞室内会增加厂房的宽度和长度，当进水阀尺寸较大时，导致主厂房洞室宽度过大，可以将其布置在主厂房外的单独洞室内。

三、地下厂房立面布置设计

地下厂房立面各高程的确定原则与地面厂房基本相同。由于地下厂房一般比较狭窄（图13-8），在立面上通常布置一些通道，所以在立面上应注意各通道交通布置。厂内交通（包括楼梯、转梯、爬梯、吊物孔、水平通道、廊道等）应满足方便管理、利于检修、处理故障迅速的要求；主要楼层间每一至两个机组段宜设置一个楼梯，全厂不应少于两个楼梯；发电机层及水轮机层宜设有贯穿全厂的直线水平通道；主要通道尺寸及楼梯宽度、坡度、安全出口设置等应符合机电、消防设计规范的要求；主厂房内各高程层应满足机组及附属设备布置、安装检修、结构尺寸和建筑空间要求。

四、地下厂房平面布置设计

地下厂房各层平面布置原则与地面厂房基本相同。一般地下厂房往往为窄长形一列式布置，布置较为紧凑。考虑到吊运和交通要求，除了机组之外，发电机层通常不布置其他辅助设备（图13-9）；如果有出线层，机组的调速设备可以布置在出线层（图13-10），如果不设出线层，则可布置在水轮机层；水轮机层主要考虑蝶阀、水轮机进人孔和一些水机辅助设备的布置（图13-11）；由于地下厂房宽度较狭窄，蜗壳层主要考虑一些必要的通道和水泵设备布置（图13-12），因此影响到水下部分辅助设备及联络通道的布置，对于辅助设备的布置需要充分利用附属洞室的空间。

五、副厂房布置设计

由于地下厂房洞室稳定、通风等要求，副厂房布置应考虑以下因素：

（1）地下厂房副厂房多位于主厂房的一端，以免增加主厂房的跨度和影响主厂房洞室岩体应力分布及洞室稳定。水机辅助设备多布置于厂房的另一端，置于安装场下层。

（2）中控室是整个电站运行、控制、监护的中心。为了迅速消除故障，减少发生故障的机会，提高运行的可靠性，缩短电缆长度，所以中控室一般布置在主厂房一端与发电机

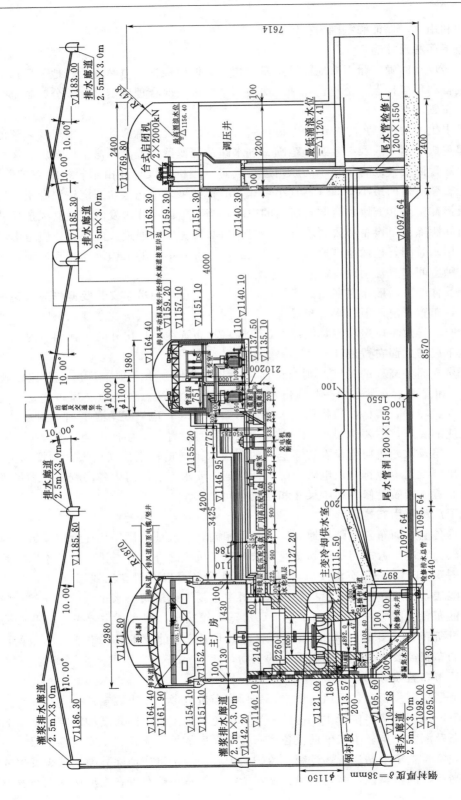

图 13-8　地下厂房横剖面布置图（高程单位：m；尺寸单位：mm）

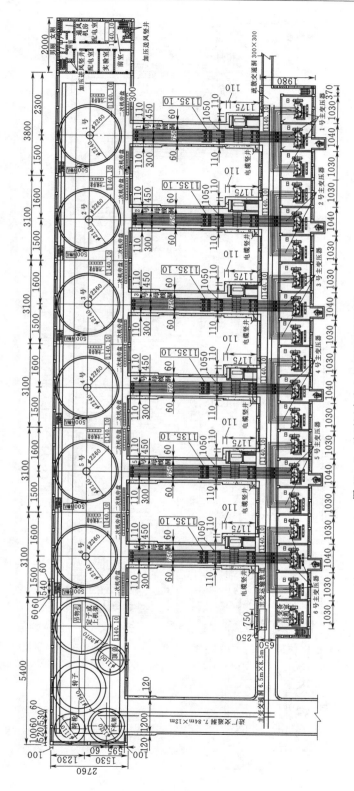

图 13-9 地下厂房发电机层平面布置图

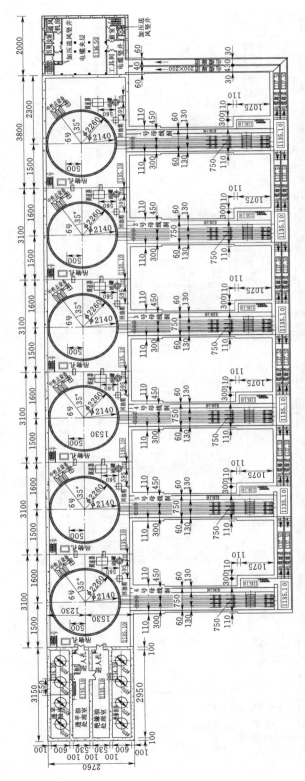

图 13-10　地下厂房出线层平面布置图

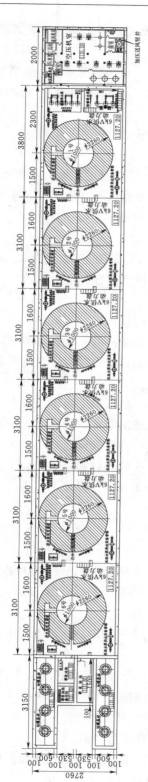

图 13-11 地下厂房水轮机层平面布置图

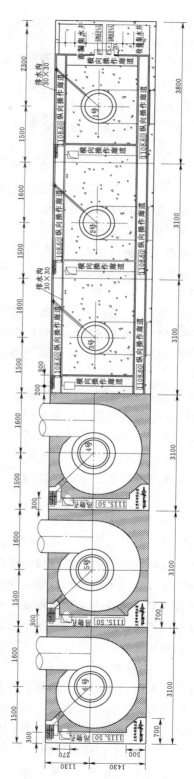

图 13-12 地下厂房蜗壳层平面布置图

449

层同高的副厂房内。如布置在不同高程时，中控室与发电机层两者之间应设置宽敞的楼梯和方便的专门交通道。

（3）因地下厂房湿度较大，在布置油库及油处理室时，对油质有影响，工作条件差，散发出来的油味易产生污染，同时增加了厂内防火的复杂性。因此，在布置油库及油处理室的地方应充分考虑防潮通风措施。

（4）当机组容量较大时，为避免增加厂房平面尺寸，可充分利用母线洞室及主变洞室空间布置低压电器及厂用变压器。

（5）地下厂房的蓄电池室布置应予充分重视，当采用开口蓄电池时，最好布置于厂外；当布置于厂内时，需采用防酸隔爆式蓄电池，以免由于通风不良酸气积聚进入附近洞室，腐蚀设备，影响人身安全及健康。

六、地下厂房吊顶设计

地下厂房顶部可视设计需要设置吊顶。但吊顶结构设计应结合通风、防水、防火、照明及装饰等需要进行综合考虑，图 13-8 的主厂房洞室顶拱就设置有吊顶。

1. 地下厂房吊顶的作用

地下厂房吊顶不仅是厂内的装饰，还有很多其他综合用途：

（1）吊顶可以防止顶部落石。当厂房顶拱采用锚喷支护结构时，设置吊顶可防止在长期的运行过程顶拱碎石岩块掉落砸坏设备，所以吊顶结构的设计强度应满足碎石岩块掉落的冲击荷载。

（2）吊顶可以提供通风主通道。地下厂房吊顶后，主厂房顶拱上部形成较大空间，可作为送排风的主要通道。设置吊顶有利于地下厂房通风系统的布置，吊顶上部空间可以作为送、排风系统的均压室，降低通风系统的阻力和噪声，改善空气流通。

（3）吊顶有利于地下厂房的排水防潮、防火、厂内照明的布置和维修。由于吊顶结构能够结合厂房建筑设计协调考虑防潮排水、防火照明统一布置，使得地下厂房内部布置更加方便。

2. 地下厂房吊顶的类型

根据吊顶结构的受力特点，其结构形式可分为悬吊式和自承拱式两种结构。

（1）悬吊式吊顶结构由梁、板和吊杆组成。梁的形式有钢梁和钢筋混凝土梁。为加快地下厂房施工进度，宜采用预制钢筋混凝土梁、板。吊杆应具有一定的刚度和可调节性，并应进行防锈处理。吊杆可单独埋设或与岩石锚杆结合使用。

（2）自承拱式吊顶通常分为预制钢筋混凝土拱肋、钢肋拱和现浇钢筋混凝土壳体 3 种类型，应根据布置要求，结合施工方法进行选择。

1）预制钢筋混凝土拱肋：为便于运输和安装，拱肋可分为两段，接头位于拱肋中部，安装时在顶拱中部埋设一根临时吊杆，并在其下端焊一块钢板作为拱肋接头的模板，拱肋定位后将拱肋两端伸出的钢筋焊接，然后在接头部位回填二期混凝土。

2）钢拱肋：可减轻拱肋自重，加快安装进度，拱肋宜采用型钢。

3）现浇钢筋混凝土壳体：当顶拱不衬砌时，为了防水和承受局部岩块掉落的冲击荷载，天花板的厚度不宜太薄，一般采用 12~35cm 的现浇钢筋混凝土壳体。

3. 地下厂房吊顶的布置

地下厂房吊顶可根据需要选用厂家定型生产的波纹钢板、镀锌压型模板等结构形式，单独使用或与钢筋混凝土形成组合结构。这种形式既美观又可加快施工进度，例如二滩地下厂房吊顶采用了镀锌压型钢模板作为吊顶结构。吊顶结构应考虑照明灯具、通风孔口和风道的布置需要。吊顶上部应设置可靠的防水层、排水坡度、流水通道及检修通道。

第五节　岩壁吊车梁结构设计

地下厂房岩壁吊车梁是一种先进结构，在地下厂房设计中得到广泛应用。它可以减少地下洞室的宽度，节省工程量，同时可使厂内吊车提前投入运行，有利于加快施工进度。厂房边墙围岩的稳定是岩壁吊车梁安全的基础，因此，吊车梁的结构形式应结合厂房围岩地质条件进行选择和设计。

一、地下厂房吊车梁的形式

根据吊车梁结构受力方式不同，地下厂房吊车梁可分为以下 3 种：

（1）岩壁式吊车梁：用锚杆或锚索将吊车梁锚固在岩壁上，如图 13 - 13（c）所示。这种形式主要通过锚杆或锚索将吊车梁的荷载传到稳定的围岩上，受力条件较好。岩壁式吊车梁在地下厂房中运用最广，适用的围岩条件较宽。

（2）岩台式吊车梁：吊车梁直接坐落在岩台上，通过岩台把荷载传给围岩，如图 13 - 13（d）所示。这种形式岩台受力较大，要求围岩条件较好，施工开挖对岩台不能扰动太大，要求开挖质量较高，工程采用较少。

（3）悬吊（悬挂）式吊车梁：悬挂在钢筋混凝土顶拱拱座上，通过钢筋混凝土拱座把吊车梁荷载传给围岩，如图 13 - 13（a）、（b）所示。这种形式是当围岩条件较差，主厂房洞室顶拱必需用钢筋混凝土拱进行支护时采用。

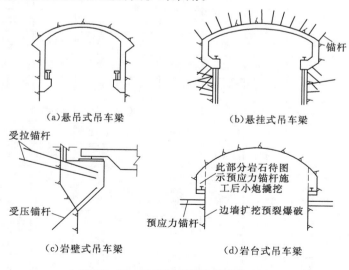

（a）悬吊式吊车梁　　　　　　　（b）悬挂式吊车梁

（c）岩壁式吊车梁　　　　　　　（d）岩台式吊车梁

图 13 - 13　地下厂房吊车梁结构形式

二、岩壁吊车梁的截面尺寸设计

岩壁吊车梁的截面尺寸拟定（图 13-14），可以根据已建工程岩壁吊车梁的截面尺寸，采用工程类比法确定。表 13-3 列举了部分已建工程岩壁吊车梁的基本参数可供参考。根据运行需要、地质条件还应综合考虑以下因素：

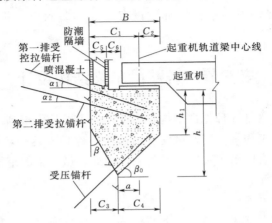

图 13-14 岩壁吊车梁尺寸确定

表 13-3   部分已建工程岩壁吊车梁设计基本参数

序号	工程名称	P_{max} /kN	c_1 /mm	c_2 /mm	c_4 /mm	β /(°)	β_0 /(°)	h_1 /mm	h /mm	α_1 /(°)	α_2 /(°)
1	回龙抽水蓄能	430	800	550	800	25	26.6	1350	1750		
2	引黄入晋工程	398	1200	350	1150	20	26.6	1300	1875		
3	响洪甸	407	1100	500	750	37	33.7	1510	2010		
4	太平驿	400	1350	450	1150	22	26.6	1500	2075	25	20
5	大广坝	385	1000	500	1000	26	27.5	1610	2120		
6	江口		1350	400	1000	25	31	1600	2200		
7	鲁布革	485	1250	500	1250	20	26.6	1600	2225		
8	江垭	530	1600	450	1350	25	26.6	1600	2275	25	20
9	广蓄	550	1250	350	1100	20	24.4	1800	2300	25	20
10	天荒坪	450	1450	500	1250	25.6	24	1800	2400	25	20
11	大朝山	710	1250	500	1000	27.5	33	1850	2500		
12	棉花滩		1450	500	1450	20	25.8	1800	2500		
13	乌江扩机	970	1500	500	1250	25	45	1250	2500		
14	小浪底	800	1350	500	1250	25	26.6	1905	2530	25	20
15	东风	680	1600	500	1250	30	34.8	1700	2570	20	15
16	黑糜峰	890	1500	500	1250	25	45	1350	2600		
17	凤滩扩机	848	1250	500	1050	35	35	2065	2630		

序号	工程名称	P_{max} /kN	c_1 /mm	c_2 /mm	c_4 /mm	β /(°)	β_0 /(°)	h_1 /mm	h /mm	α_1 /(°)	α_2 /(°)
18	索风营	890	1500	500	1150	30	34.8	1940	2740		
19	三板溪	720	1300	500	900	35	35	2170	2800		
20	龙滩	925	1600	500	1200	33	45	1600	2800	10	5
21	向家坝	1250	1200	800	1000	33	33	2181	2830		
22	白莲河	850	1375	525	1200	35	35	2060	2900		
23	三峡	1080	1550	600	1350	28	36.53	2530	3530	25	20
24	小湾	840	2300	500	1500	29.5	45	2080	3580		

1. 岩壁吊车梁顶面宽度 B

顶面宽度应满足布置和运行要求按下列公式拟定：

$$B \geqslant C_1 + C_2 \tag{13-1}$$

式中　C_1——轨道中心线至上部岩壁边缘的水平距离，包括岩壁吊车梁上部岩壁喷混凝土厚度、防潮隔墙内空隙净宽、防潮隔墙厚度、桥机端部至防潮隔墙的最小水平距离，mm；

　　　C_2——轨道中心线至岩壁吊车梁外边缘的最小水平距离，mm，一般可取为 $300\sim500$mm；当桥机的轮压较大时取大值，反之取小值；对于特大型吊车，尚应适当加大。

2. 岩壁吊车梁的倾角 β

倾角应综合考虑岩层、主要地质构造及节理裂隙的影响，同时还应根据岩壁吊车梁截面尺寸、锚杆的布置及受力状况确定。岩壁倾角 β 值可在 $20°\sim90°$ 之间选择，当 $\beta=90°$ 时，为岩台式吊车梁。一般 β 越大，对锚杆受力和抗滑稳定越有利，但是会增加厂房顶部的跨度，同时使岩壁斜面施工成型难度加大，一般取 $\beta=20°\sim40°$。

岩壁吊车梁体底面倾角 β_0 不宜太大，可按一般牛腿设计经验和已建工程岩壁吊车梁的设计实例及有关研究成果。从统计的多个已、在建工程来看，有 52% 的工程 β_0 的取值范围为 $30°\sim45°$，有 88% 的工程 β_0 的取值范围为 $25°\sim45°$，一般取值范围为 $20°\sim50°$，常用 $30°\sim45°$。

3. 岩壁吊车梁的截面高度 h

吊车梁截面高度 h 与最大轮压、岩壁角、混凝土与岩壁的黏结强度、锚杆布置的最小间距及岩壁斜面的抗滑稳定等多种因素有关，可通过类比进行截面高度初拟。一般应符合下列要求：

$$h > 3.33(C_4 - C_2) \tag{13-2}$$

式中　C_4——悬臂的长度，mm，可根据一般的吊车梁牛腿设计经验确定。

岩壁吊车梁的外边缘高度 h_1 不应小于 $h/3$，且不宜小于 500mm。

4. 岩壁吊车梁的锚杆倾角 α

锚杆倾角 α 越小，锚杆受力越小，但对抗滑稳定不利；倾角 α 越大，锚杆受力越大，但锚杆上覆岩层越薄,不利锚杆安全耐久使用。从统计的多个已建、在建工程来看,吊车梁的上排锚杆的倾角取 15°～25°的工程所占比例为 92%,几乎所有工程的下排锚杆的倾角比上排锚杆都小 5°。吊车梁的受拉锚杆宜尽量与岩层层面(层状岩体)及比较发育的结构面成较大的交角。

三、岩壁吊车梁的锚杆间距布置设计

根据 GB 50007—2011《建筑地基基础设计规范》规定岩石锚杆的间距不应小于锚杆孔直径的 6 倍,DL/T 5198—2004《水电水利工程岩壁吊车梁施工规程》的规定,锚杆孔径不应小于一倍锚杆直径加 50mm。国内已、在建岩壁吊车梁受拉锚杆直径一般为 $\phi28\sim40$mm,则锚杆的间距宜为 504～720mm,不应小于 468～540mm。当锚杆间距 700mm,在孔位左右误差 50mm,锚杆方向角误差 2°时,只要锚杆入岩长度大于 8.6m 时,就会引起锚杆灌浆施工的串浆。为防止施工允许误差内锚杆施工串浆,岩壁吊车梁锚杆间距不宜小于 700mm。当锚杆的间距过密时,受"群锚效应"的影响,锚杆承载力将降低,锚固段被拉坏的可能性增大。

国内已、在建岩壁吊车梁工程中,受拉锚杆横向间距一般取为 500～1000mm,其中大吨位岩壁吊车梁多取为 700mm 或 750mm;当需要布置两排受拉锚杆时,按等孔距原则,梅花形布置,竖向间距应为水平间距的 0.866 倍。

岩壁吊车梁锚杆长度应考虑两个锚固深度、系统锚杆长度、预应力锚杆自由段长度以及围岩松动圈厚度等要求。已建的部分工程,岩壁吊车梁锚杆入岩深度 L,按下列推荐公式选用,即

$$L=0.15H+2 \tag{13-3}$$

式中 H——厂房边墙高度,m。

四、岩锚吊车梁的结构设计

1. 岩壁吊车梁承受的荷载

吊车梁承受的荷载包括桥机的竖向轮压、横向水平荷载、岩壁吊车梁自重(含二期混凝土自重)、轨道及附件重力和梁上防潮隔墙重力,岩壁吊车梁的受力锚杆还承受围岩的释放应力。桥机的竖向轮压、横向水平荷载计算方法与地面厂房相同。竖向轮压动力系数采用 1.05,竖向轮压和横向水平荷载的作用分项系数均采用 1.1,岩壁吊车梁自重(含二期混凝土自重)、轨道及附件重力和梁上防潮隔墙重力的作用分项系数均采用 1.05。

吊车梁永久荷载包括岩壁吊车梁自重(含二期混凝土自重)、轨道和附件重力、梁上防潮隔墙重力、洞室开挖产生的作用。可变荷载包括吊车竖向轮压及水平荷载。

2. 岩壁吊车梁的结构设计状况

(1)持久状况基本组合:在设计标准断面下,永久荷载与桥机额定载荷起吊时可变载的效应组合。

(2)短暂状况基本组合:在设计标准断面下,永久荷载与吊车动载试验时可变荷载的效应组合。

(3)偶然状况偶然组合:在允许的超挖与岩壁角变化之一的非标准开挖断面下,永久

荷载与吊车动载试验时可变荷载的效应组合。

3 种设计状况均应按承载能力极限状态设计，岩壁吊车梁可不进行正常使用极限状态设计。

3. 岩壁吊车梁的结构设计方法

岩壁吊车梁的结构设计方法主要包括刚体极限平衡法和有限元法。

(1) 刚体极限平衡法：将岩壁吊车梁视为刚体，岩壁视为符合文克尔假定的弹性地基，其受拉、受压锚杆简化为符合文克尔假定的弹簧；在荷载作用下，岩壁吊车梁产生平移与刚体转动，根据力的平衡方程式（$\sum M=0$、$\sum Y=0$、$\sum X=0$）和岩壁吊车梁与地基变形连续条件，即可计算出岩壁应力和受拉、受压锚杆的轴力与剪力。

按刚体极限平衡法计算，受力关系明确，计算公式简便易行。但刚体平衡计算法存在以下两个方面的问题：①未考虑受拉锚杆由于洞室开挖后围岩应力释放产生的洞室变形；②未全面考虑岩锚梁混凝土与岩体交界面的黏结力和摩擦力。实际上地下厂房开挖是自上而下分层开挖，在开挖过程中，岩锚吊车梁中的锚杆应力就不断加大，因此一些学者认为采用刚体极限平衡法计算岩锚吊车梁是不合适的，建议采用非线性有限单元法，结合围岩开挖和应力释放过程，分析岩锚梁锚杆和梁体应力，确定设计参数。

(2) 有限元数值分析法：大型地下厂房、复杂地质条件、高地应力区、高地震区的岩壁吊车梁设计都应进行有限元计算。

有限元计算的内容包括：施工期地下厂房中下部开挖对岩壁吊车梁锚杆、梁体和围岩的作用与影响；运行期吊车荷载作用对岩壁吊车梁锚杆、梁体和围岩的作用与影响；岩壁吊车梁安全稳定性的有限元评价。

有限元计算应合理地模拟围岩、构造（断层、裂隙）、梁体混凝土、洞室分层开挖、结合面、锚杆的受力状态，合理地选择力学模型及材料参数。材料参数可采用标准值，可不考虑材料性能分项系数。

岩壁吊车梁稳定性评价应从位移、应力、锚杆的安全系数、结合面的抗滑稳定性安全系数进行：

1) 锚杆的安全系数，可采用 Mises 屈服准则，定义为

$$K_b = \frac{f_{yk}}{\sigma_b} \tag{13-4}$$

$$\sigma_b = \sqrt{3\tau^2 + \sigma^2}$$

式中　f_{yk}——锚杆抗拉强度标准值，kN/m^2；

　　　σ_b——锚杆应力，kN/m^2；

　　　σ——锚杆轴向最大拉应力，kN/m^2；

　　　τ——锚杆剪应力，kN/m^2。

2) 岩壁吊车梁与岩壁结合面的抗滑稳定性安全系数定义为抗滑力与滑动力的比值：

$$K_j = \frac{\sum_{i=1}^{n}(f_i\sigma_i + c_i)A_i}{\sum_{i=1}^{n}\tau_i A_i} \tag{13-5}$$

式中 σ_i、τ_i——结合面上第 i 个单元的法向正应力和剪应力，kN/m^2；

f_i、c_i——结合面上第 i 个单元的摩擦系数和凝聚力，kN/m^2；

A_i——第 i 个单元沿滑裂面的面积，m^2；

n——结合面上的单元个数。

五、岩壁吊车梁的构造要求

岩壁吊车梁的构造设计是保证电站安全运行的重要环节，设计时应注意岩壁侧向变形的影响，当遇到不良地质情况时应采取相应的处理措施，以确保岩壁吊车梁的稳定。

（1）岩壁吊车梁必须建筑在稳定的边墙围岩基础上。当岩壁吊车梁部位边墙岩体受陡倾角节理或者断层影响，出现可能不稳定岩体时，应通过块体稳定计算分析其稳定性，并在岩壁吊车梁上、下部位采用预应力锚杆或锚索以及岩壁吊车梁中部采用长锚杆等措施对其锚固，确保边墙稳定。

当岩壁吊车梁部位遇到断层出露，一般应对断层进行掏挖，掏挖部分用钢筋混凝土回填并与梁体整浇；如果断层破坏了岩台，可考虑断层两侧岩壁吊车梁下增设附壁短柱，短柱同样用锚杆锚固在岩壁上。

（2）为减少交叉洞（如母线洞）对岩壁吊车梁围岩基础的削弱，布置上宜将靠近厂房的一段母线洞高度降低，将母线洞的底板降到电缆层，尽量使交叉洞室顶部与梁体底部间保持一定的岩体支撑厚度。

岩壁吊车梁下交叉洞室开挖前，应从厂房侧做好洞室孔口周边锁口锚杆，严格进行控制爆破，并及时做好洞口段的锚喷支护，减少对岩壁吊车梁围岩基础的扰动。交叉洞口靠近厂房一定范围段应进行封拱衬砌和回填灌浆，并对交叉洞口段围岩加强稳定监测。

（3）岩壁吊车梁具有一定的纵向刚度时即能保证轮压沿吊车梁长度方向的有效传递。当岩壁吊车梁较长、地质条件差别较大或洞室边墙高度差别较大时，岩壁吊车梁应设置伸缩缝。一般情况下宜在伸缩缝两侧的岩壁吊车梁下用附加混凝土和抗剪钢筋进行加强，同时岩壁吊车梁混凝土端部两侧各 2m 范围内的横向受拉钢筋也应加强。伸缩缝内应充填泡沫塑料板或沥青木板，并设橡胶止水。

（4）岩壁吊车梁应设置施工缝，以适应围岩的变形。为减少混凝土干缩变形和干缩裂缝，应根据浇筑能力、工期要求采用间隔分段浇筑。施工缝间距应考虑浇筑时的温度、浇筑能力等因素确定，施工缝分缝长度宜为 8～12m。在梁底下有交叉洞口时，洞口上的梁体不应分缝。缝面键槽槽深一般 150～250mm，键槽面积一般为岩壁吊车梁横截面面积的 $1/4～1/3$。

（5）一般梁体上部岩壁有渗水，应考虑在梁上靠岩壁一侧设排水沟，在梁体内埋设向下的排水管。

（6）应将岩壁吊车梁受力锚杆的轴向拉力尽可能传递至围岩深部的稳定岩体中。对国内岩壁吊车梁监测成果进行统计分析得知，岩壁吊车梁受拉锚杆的轴向力传递深度一般在 3～4m 以内，由于岩壁吊车梁受拉锚杆的最大拉应变（应力）发生在岩壁交界面附近，而交界面附近为围岩松动区，因此宜采取必要的措施，使受拉锚杆的轴向力尽可能传至围岩深部。

第六节　地下厂房的防渗、通风和照明

一、地下厂房的排水和防渗

地下厂房的防渗排水是建造持久安全、高效经济、舒适美观电站运行环境的重要措施。防渗排水可大大减少地下水对围岩的不利影响，减少作用于围岩支护结构上的渗透压力。地下厂房防渗排水设计方案应根据厂区工程地质、水文地质条件、工程规模和特点，经技术经济比较分析确定。布置时应考虑以下因素：

1. 地下厂房的防渗布置的一般原则和规定

地下厂房的防渗排水设计应遵循"以排为主，排防结合，以厂外排水为主、以厂内排水为辅"的设计原则。防渗帷幕应设置于具有可灌性的岩体中，在平面和立面上应连续完整，具有一定厚度，有良好的抗渗性和耐久性，一般应利用灌浆廊道在下游侧设置一道排水帷幕。地下厂房的排水帷幕由排水孔与排水廊道组成，排水廊道应满足"分层设置，高层外排、低层内排"的要求。高层外排指高层廊道渗漏水自流排出厂外；低层内排指低层廊道渗漏水排向厂内集水井，从而有效地减小厂内渗漏集水井的设计容量，减少抽排设施，渗漏水量较大时，应单独设置厂外渗漏集水井及抽排设施。对水文地质条件复杂，地下水较丰富的地下厂房，应以洞室外围排水为主。排水帷幕的排水孔布置应根据厂房岩体的水文地质条件，按"水丰则密，水贫则稀，无水不设"的原则进行，应根据厂房开挖后的渗透情况进行调整，实行动态设计。

地下厂房的排水系统主要包括排水廊道、排水孔形成的排水帷幕、洞室周边的排水孔、地下厂房内部的排水沟、排水洞和埋于混凝土结构中的暗管和集水井等排水设施。排水帷幕和排水廊道的布置应满足洞室支护布置的要求。

2. 地下厂房防渗帷幕设计

防渗帷幕一方面要能有效地降低厂区地下水位，降低渗压水头，减小围岩渗透压力，有利于围岩稳定；另一方面，可减少汇向地下厂房的渗漏水量。对于具有稳定水源、地下水较丰富、地下水位较高的地下厂房，应在其渗透前沿设置防渗帷幕，以降低渗压水头，减少渗漏水量。防渗帷幕的形式可根据主要渗水方向，采用全封闭式（洞室四周均布置防渗帷幕）或半封闭式。地下厂房防渗帷幕布置，应根据工程地质、水文地质条件和厂前排水帷幕的布置，经工程类比，必要时通过三维渗流有限元分析研究确定。

3. 地下厂房排水帷幕设计

地下厂房排水帷幕的主要作用是降低并控制作用于地下厂房洞室壁面及结构物上的渗透压力，排出透过防渗帷幕汇向厂房地下洞室群的渗水，以及防渗帷幕与地下厂房洞室群之间的地下水及地表降水、压力管道中的渗漏水等。排水帷幕的设置应根据工程等级、洞室规模、地质条件、地下水大小和高程、渗透方向并结合防渗帷幕布置综合分析确定。对规模较大的地下厂房宜通过三维渗流有限元计算分析复核。

排水帷幕根据一定渗水源和方向可构成全封闭式、半封闭式。全封闭式：围绕地下厂房主要洞室和顶部形成的排水帷幕。半封闭式：地下厂房周边的一个或一个以上边界不设排水帷幕。排水帷幕距洞室边墙距离应以不影响洞室围岩支护控制，可根据工程类比确定。一般以距离最近的洞室跨度的 $1.0\sim1.5$ 倍为宜。

4. 地下厂房厂内排水设计

地下厂房厂内排水主要由洞壁排水孔、排水管网、排水沟及厂房集水井等组成。洞壁排水孔的排水效果与排水岩体中结构面的透水性有关，排水孔穿过透水结构面的多少，决定着排水孔的功效和所需的排水孔工程数量。地下厂房洞壁排水孔布置视洞室围岩渗水情况确定，排水孔孔径一般为 $\phi48\sim60mm$，间距 $3\sim5m$，深度 $4\sim8m$。顶拱排水孔宜布置成辐射状，壁面排水孔布置成 $0°\sim5°$ 倾向洞内。

厂房顶拱应沿喷混凝土拱表面布设横向排水管或利用厂房吊顶汇集渗水，再引至厂房两侧竖向排水管。厂房边墙应沿喷混凝土表面布设横向排水管或利用厂房防潮隔墙汇集渗水，再引至厂房纵向排水沟。排水沟的断面按排水量决定，且不宜小于 $10cm\times20cm$（高×宽）。

地下厂房各层应设置排水沟，并将渗漏水汇集、引至厂房渗漏集水井；地下厂房一般设置一组集水井（渗漏集水井和检修集水井）集中布置。必要时，大型地下洞室群可设置多组集水井。地下厂房内应设渗漏集水井，其有效容积及抽排设备容量的选择宜采用工程类比法，必要时根据三维渗流有限元计算成果综合分析确定。

二、地下厂房防潮和通风

地下厂房内部应有可靠的防潮通风措施，以保证机电设备的正常运行和给运行人员良好的工作环境。当机电设备较多时，在主厂房、主变室等洞室内应设置防潮吊顶、防潮隔墙。吊顶上层按防水、防渗要求做好防水层，吊顶上的型钢和吊杆应做好防锈处理；防潮隔墙一般采用砖墙、空心墙、或防水板，并在适当位置设置便于检修清淤的检修孔。防潮隔墙与岩壁之间应设置畅通的排水沟，防潮隔墙与岩石面间净距一般不小于 $15cm$，排水沟上可设置盖板。当厂房湿度较大时，可根据实际情况，在室内配置数台移动式除湿机。

地下厂房一般要求保持湿度不大于 70%，温度不高于 $25°$，通风是地下厂房防潮去湿的重要手段。地下厂房可以采取下送上排、上送下排多层串联的通风排潮方式，可在不增加通风系统总容量的情况下，加大各部位通风风量，减少气流滞留区。合理布置风口，设置小型轴流风机，尽可能减少通风死角。地下厂房内通风应使厂内保持合适的温度、湿度、风速，温度场要均匀，气流循环要恰当。通风速度不宜超过 $3m/s$。除通风外，可以采用空气调节装置调节温度和湿度，以保证主厂房与地面厂房有同样的环境。对中控室最好设置单独的通风系统，采用整体式空调机组控制中控室内温度、湿度。

通风方式有：①冷冻机降低空气凝结温度及内部机械通风，但成本较高；②引用水库深层低温水作冷源冷却水和内部通风机械送风，喷水空调，但不能解决湿度问题；③机械进排风系统，采用机械排风使主厂房从通风洞自然通风。

三、地下厂房的照明和防噪

地下厂房必须采用人工照明，要求绝对可靠。照明布置应该结合厂内建筑和装修，对光源种类、亮度、色调进行统一考虑。照明方式与地面厂房相同分为工作照明、事故照明、安全照明、检修照明。工作照明一般采用交流电，事故照明一般采用直流电，安全照明是使用 $36V$ 以下的低压电，检修照明要注意防止光线反射，以避免误操作。

　　由于地下厂房的噪声会在洞室内反射，噪声很难扩散出去，对人体健康会造成很大危害，所以要采取有效措施隔振、隔音。厂房的噪声主要来源于运转设备，所以尽可能使用震动及噪声低的设备，对于噪声大的设备要采用气封的隔声门，将声源隔离；厂房的墙板及天棚可以做成吸音层，防止噪声反射。对中控室的进门应安装隔声门，保证操作运行安全。

第七节　地下厂房洞室围岩稳定与支护分析

　　地下厂房洞室围岩稳定是地下厂房设计的关键，应根据地下厂房不同设计阶段的任务、目的和要求，综合考虑地质条件、枢纽布置、施工运行要求，对地下厂房洞室围岩稳定进行分析，使地下厂房的设计达到安全、经济、合理之目的。

一、围岩稳定分析的基础资料及要求

　　地下厂房分析的基础资料是保证围岩稳定分析计算正确性的前提，基本资料应包括以下几个方面：

　　(1) 地下厂房勘探、试验资料：包括围岩的力学参数、地应力、地下水和地震等地质资料。对各种围岩的岩体参数试验情况，要有具体说明和描述，简明岩性分布、断层参数（产状：走向、倾角、倾向，宽度）和含泥特性、岩体结构面、节理裂隙、地形地貌、地质构造、地质水文等性状。岩体初始地应力的测试方法一般采用应力解除法或水压致裂法，地应力测点一般不能少于3个，对于小型工程至少提供1~2个实测点。岩体的地下水资料应包括实测地下水位线分布、各岩层的岩体软化特性和渗透系数。对布置在地震区域的地下厂房须提供地震强度、烈度、地震等级、加速度和动荷载振幅、频率、持续时间及波形等相关资料。

　　(2) 地下厂房布置设计资料：包括地下厂房枢纽布置、地下厂房结构布置。地下厂房枢纽布置须根据厂房区域的地形、地质、施工和水电站总体布置等因素进行综合考虑。地下厂房枢纽平面布置图应该注明厂区地形线与地下厂房各大建筑物的相互关系、厂房轴线和方位。地下厂房剖面应给出各地下洞室与地面、地质结构、断层位置的关系，并绘出主要高程的地质平切图和主要洞室纵剖面地质分布图。当需要考虑渗流影响计算时，要提供防渗帷幕、排水廊道、排水孔幕等地下水防排措施的布置和尺寸，并提供运行期水库的上下游水位，以满足渗流场计算。

　　(3) 地下厂房施工开挖和支护设计资料：包括施工开挖方式和顺序，锚固支护方案和支护参数。地下厂房洞室的施工开挖方式应说明总工期安排，提出地下厂房洞室群分期开挖的布置图和开挖时间进程表。地下厂房洞室的支护方式包括可能采用的喷层、锚索、锚杆、钢拱架、拱肋和特殊地质条件处的钢筋混凝土衬砌、混凝土置换等措施可行性，支护参数应说明支护布置的张拉吨位、长度、间距。

　　上述资料应结合所采用的分析方法、适用条件、稳定评价指标进行必要的筛选、分析确定。

二、围岩稳定分析方法

　　目前地下厂房围岩稳定分析方法，一般包括定性分析和定量分析两类。定性分析法主要包括地质分析法和工程类比法，定量分析法主要包括数值分析法、模型试验法、现场监测法和反馈分析法。

（1）工程类比法仍然是目前地下工程设计的主要方法，围岩分类仍是工程类比的基础，现已为国内外设计所广泛应用。工程类比法应贯穿于工程设计施工全过程，即根据各设计阶段对围岩特性的了解深度及施工中观测的情况，及时修正设计。

（2）定量分析法又以数值分析法最为广泛采用，包括适用于连续介质的有限单元法（Finite Element Method，FEM）、边界单元法（Boundary Element Method，BEM）、拉格郎日元法（Fast Lagrange Analysis for Continua，FLAC）、无单元法（Element Free Method）等；用于非连续介质的关键块体理论（Key Block Theory，KBT）、离散元法（Discrete Element Method，DEM）、不连续变形分析法（Discontinue Deformation Analysis，DDA）、界面元法（Interface Stress Element Method），以及块体赤平解析法；可同时用于连续介质和非连续介质的数值流形法（Numerical Manifold Method，NMM）。上述各种方法之间的耦合方法（Coupling），基于逆向思维而提出的上述各种方法的反演分析（Inverse Analysis）方法和与数学优化理论、人工智能、遗传算法相结合的反馈分析（Feedback Analysis）方法，目前也在地下洞室稳定分析中得到广泛的应用。

（3）在数值分析方法中，地下厂房洞室的整体稳定性、开挖方案和支护方案、渗流稳定的分析计算，一般以有限单元法为主；有限差分法、边界元法等连续介质数值分析方法为辅。地下厂房洞室的局部不稳定岩体，可采用块体极限平衡法、离散单元法、不连续变形分析等非连续介质数值分析方法进行分析计算，为局部加固提供支护依据。

在各种分析方法中，技术最成熟、应用最广、结果最稳定的当属有限元法和拉格朗日元法。不连续介质计算方法中的离散元法和不连续变形分析法也有较大的适用范围。由于有限单元法易为工程界接受而广泛采用，在进行有限元分析时，对岩体力学模型的选择与岩体力学参数选择同样重要。由于围岩地质因素非常复杂，计算参数选择有很强的综合性，因此计算成果应结合工程地质具体情况，运用工程类比法进行判断，必要时应进行结构模型试验论证。对局部围岩的稳定，采用块体极限平衡理论分析岩体洞室构造弱面的抗滑稳定性，计算方法比较简便。

三、围岩稳定分析的计算要求

地下厂房洞室围岩稳定有限元法计算模型应根据厂房所处的地形、地质条件和建筑物布置、围岩稳定计算目的建立计算模型和确定计算范围。

计算模型应充分反映地下厂房洞室群结构和地形地貌的影响；反映洞室的体形结构、施工开挖顺序、施工方法、支护措施、支护时间等人为的工程因素影响；能够反应地下厂房开挖、支护、运行各个阶段的工作状态；应充分反映岩体结构分类、岩体裂隙特性和空间组合、岩石的物理力学性质、围岩初始地应力场和地下水状况等地质因素影响。计算边界以地下厂房洞室开挖不波及受影响为原则，地下厂房洞室围岩稳定分析原则上应采用三维有限元进行计算。

四、围岩稳定评判方法

1. 围岩稳定评判内容

围岩稳定分析应从岩体结构、岩体应力、地下水、工程因素4个方面着手，对各类围岩的整体或局部稳定性特征，进行定量或定性评价。整体性破坏又称"强度破坏"，是由大范围内岩体的地应力超过了围岩的允许强度所引起的，这种破坏多发生在岩体应力大而围岩强度低的岩层中。它的表现形式有弯裂、大范围坍塌、边墙挤出岩块、底部鼓起和横断面缩小等。局部性破坏是指在局部范围内发生的破坏，这种破坏多发生在受多组结构面切割的坚硬围岩的岩体中。破坏形态有围岩的开裂、错动、坍塌、滑移等。

2. 围岩稳定评判方法

地下厂房洞室群围岩的稳定性评判，必须从多方面进行深入而全面的分析研究，应综合地质勘探试验、地质力学模型试验、理论计算分析以及洞室群施工过程中监测成果分析结合工程类比作出定性和定量的综合评判。

（1）地质分析评判法：是通过勘测手段了解与围岩稳定有关起控制作用的岩石特性、地质构造、岩体应力和地下水作用等主要因素，并通过综合分析确定围岩的类别，从地下厂房本身的赋存地质环境判断围岩的稳定性。这种分析方法是比较客观，符合实际，但需要具有丰富的经验。

（2）工程类比评判法：是根据国内外已建同类工程实践经验进行比较，从围岩分类、地质条件、岩体特性、动态观测资料等，全面分析其各种因素的相似性与差异性，并考虑工程等级类别的不同。通过与具有类似条件的已建工程的综合分析和对比，判断围岩的稳定性，从而确定拟建工程围岩的结构形式和开挖方式，设计洞室的支护形式及支护参数。

（3）数值分析评判法：采用数值分析评判地下厂房洞室群围岩稳定的方法，虽然至今仍无统一明确的定论，但人们的认识正趋于一致。地下厂房洞室围岩稳定评判应依据围岩的受力、变形、破损区或失稳区以及能量变化等状况，从强度准则、能量判据和临界变形警戒值为广角度量化判据，给出或预报各施工阶段围岩是否稳定的综合评判。

五、支护设计的一般原则

地下厂房支护设计应按照"新奥法"原理，因地制宜，正确有效、适时加固围岩，合理利用围岩的自承能力，保证设计净空断面，封闭岩体裂缝，防止渗漏水以及岩壁壁面的风化等思路设计支护形式。围岩分类是地下厂房支护设计的基础，支护参数可以根据围岩类别（遵循 GB 50218—94《工程岩体分级标准》进行划分），参照有关规定和工程类比确定。

支护方式应贯彻"以柔性支护为主，刚性支护为辅；系统支护为主，局部加强为辅"的原则进行选择。一般应优先选用柔性支护；当单独使用柔性支护难以满足围岩稳定要求时，宜采用柔性支护与钢筋混凝土衬砌相组合的组合式支护；对Ⅳ～Ⅴ类围岩，宜采用复合式支护或钢筋混凝土衬砌形式的刚性支护；对特殊地质条件洞段或部位（包括洞室的进出口段、交叉段、洞室之间的岩体），宜采用固结灌浆、混凝土置换等加强支护措施。

支护参数设计应贯彻动态设计的原则，根据不同设计阶段要求进行设计。规划或预可行性研究阶段，可根据地下厂房规模和围岩类别，通过工程类比，按规范规定初步选择支护形式确定支护参数。可行性研究设计阶段，宜根据厂房洞室布置、围岩地质条件、初始地应力场和岩体力学参数，在初步选择支护形式的基础上，通过围岩稳定分析、验算或模型试验确定支护参数的合理性。招标设计阶段应根据新的地勘资料和设计资料，对支护参数进行深化和细化设计。施工设计阶段应根据施工开挖揭露的地质资料和监测资料，必要时通过适时反馈分析动态优化设计支护参数。

在满足工程安全和运行要求的前提下，支护方式和参数的设计应尽量简单，方便施工，尽可能将临时支护与永久支护结合。

六、支护的分类和适用条件

地下厂房围岩的支护根据布置特性可分为系统支护和局部支护；根据其作用特性可分为柔性支护、刚性支护和组合式支护；根据施工特点可分为超前支护和随机支护。

系统支护是对洞室岩体按一定格式布置的支护设计，以提高厂房洞室岩体结构的整体承载能力，保证洞室群整体稳定的一种支护设计，地下厂房洞室一般应进行系统支护设计。局部支护是针对地下厂房中局部不稳定块体进行的一种加强支护措施，局部支护的锚杆长度应深入于稳定岩体内，保证局部块体的稳定。对局部较差岩体、洞室交叉薄弱结构、断层穿过等仅靠系统设计支护不能保证围岩稳定的部位，应进行局部支护设计。

柔性支护是与围岩紧密结合又能够适应围岩变形的支护结构，通常由喷混凝土（包括与钢纤维、钢筋网和钢筋格栅或钢拱架的组合）、锚杆（包括预应力锚杆、锚杆束）、锚索等中的一种或几种组合而成。柔性支护主要适用于Ⅲ类以上的围岩作为永久性支护。Ⅳ～Ⅴ类围岩柔性支护只能作为初期支护使用，一般后期还需采用刚性支护作为永久支护。刚性支护具有足够大的断面尺寸，其结构刚性能够限制围岩变形。其形式主要有钢筋混凝土衬砌、钢筋混凝土锚墩、钢筋混凝土置换3种类型。刚性支护主要用来承受较大的围岩松动压力，适用于Ⅳ～Ⅴ类围岩或浅埋洞室。组合式支护由柔性支护与刚性支护组合而成，通常也称初期支护和二次支护组合。主要用于自稳能力较差的软弱围岩和塑性流变较明显的地层。当围岩较差，需要采用刚性支护作为永久支护时，洞室开挖后应及时采用柔性保证施工期围岩的自身稳定，二次支护是全部（或部分）开挖完成后施加的永久刚性支护，其作用是保证地下厂房洞室的长期稳定。

超前支护是在施工开挖前施加的支护措施，包括锚杆、锚索、固结灌浆、管棚等支护方法，适于岩体极差、节理裂隙极为发育、自稳能力极低的围岩；随机支护是根据开挖揭露的地质情况进行的一种随机加强支护，包括锚杆、锚索、锚筋桩、挂网喷混凝土、混凝土置换等。

习 题 与 思 考 题

1. 水电站厂房为什么要分类？厂房的基本类型有哪些？各有什么特点？

2. 水电站厂房的功用是什么？厂房的建筑物组成主要有哪几部分？

3. 水电站主厂房的主要机电和机械设备包括哪些？设备的功用和布置要求是什么？

4. 水电站发电机支承结构主要有那几种形式？各有什么特点？

5. 在决定主厂房立面尺寸时，有哪些主要控制性高程？通常首先决定什么高程？在决定此高程时应考虑哪些因素？

6. 如何确定发电机层楼板高程和吊车轨顶高程？影响这些高程的主要因素有哪些？

7. 如何确定水电站主厂房的机组间距和厂房宽度？在确定主厂房平面尺寸时应该考虑哪些因素？

8. 怎样确定安装场的位置、高程、面积？进厂交通对安装场的布置有什么影响？

9. 水电站厂房内的三供一排是指什么？它们的作用和布置要求是什么？

10. 水电站厂房的电机辅助设备、机组操作维护设备分别包括哪些？它们的作用和布置要求是什么？

11. 水电站厂房的采光、通风、交通、防火要求和方式是什么？

12. 水电站厂房枢纽布置的主要原则是什么？应考虑哪些因素？各部分建筑物布置的要求是什么？

13. 水电站主厂房的结构特点是什么？地面厂房结构的荷载有哪些，是如何传到基础的？并绘出示意图表示厂房结构的传力系统。

14. 为什么水电站厂房要设置结构缝和施工缝？结构缝和施工缝设置有什么要求？

15. 水电站厂房结构混凝土浇筑时为什么要分期和分块？分期和分块有什么要求？

16. 水电站厂房吊车梁有什么特点？结构计算时包括哪些内容？

17. 水电站厂房机墩动静计算的目的、工况、内容和计算要求是什么？

18. 金属钢蜗壳与外围混凝土的结构有哪几种形式？各种形式的受力特点和施工要求有什么不同？

19. 水电站尾水管的底板结构形式有哪两种？各种形式的受力特点、计算简图、适应条件有什么不同？

20. 水电站建筑物结构安全监测的目的是什么？需要监测哪些项目和内容？对监测资料分析有什么要求？

21. 地下厂房具有什么优势？与地面厂房相比较，地下厂房的复杂性表现在哪些方面？

22. 地下厂房枢纽布置的原则和布置内容是什么？如何进行地下厂房枢纽布置？

23. 地下厂房枢纽有哪几种开发方式？各种开发方式的特点和布置要求是什么？

24. 水电站厂房吊车梁有什么特点？结构计算时包括哪些内容？

25. 地下厂房的主厂房洞室和主变洞洞室布置时主要考虑哪些因素？布置要求是什么？

26. 地下厂房的副厂房和安装场布置的原则和方式是什么？

27. 地下厂房的调压室和尾水洞有哪些结构形式？布置时有什么要求？

28. 地下厂房的布置设计原则是什么？在尺寸确定时应考虑一些什么因素？

29. 地下厂房吊车梁主要有哪些结构形式？各有什么特点？如何确定岩壁吊车梁的截面尺寸？

30. 地下厂房的防渗、通风和照明有什么要求？

31. 地下厂房洞室围岩稳定与支护的分析方法和稳定评判方法有哪些？

32. 地下厂房洞室支护设计的一般原则是什么？有哪些基本支护类型？其适用条件是什么？

参 考 文 献

[1] SL 266—2014 水电站厂房设计规范 [S]. 北京：中国水利水电出版社，2014.

［2］ NB/T 35011—2013 水电站厂房设计规范［S］. 北京：中国电力出版社，2013.

［3］ 马吉明，刘启钊，胡明. 水电站［M］. 4 版. 北京：中国水利水电出版社，2010.

［4］ 侯才水. 水电站［M］. 2 版. 北京：中国水利水电出版社，2011.

［5］ 刘振亚. 国家电网公司抽水蓄能电站工程通用设计，地下厂房分册［M］. 北京：中国电力出版社，2013.

［6］ 于建华，张松. 水电站厂房设计与施工［M］. 郑州：黄河水利出版社，2014.

［7］ 邓小玲，谭军，等. 水电站建筑物及其施工［M］. 北京：中国电力出版社，2011.

［8］ 杨述仁，周文铎. 地下水电站厂房设计［M］. 北京：水利电力出版社，1993.

［9］ 李协生. 地下水电站建设［M］. 北京：水利电力出版社，1993.

［10］ 党林才. 中国水电地下工程建设与关键技术［M］. 北京：中国水利水电出版社，2012.

［11］ 马善定，汪如泽. 水电站建筑物［M］. 北京：中国水利水电出版社，1996.

［12］ 刘启钊，胡明. 水电站［M］. 4 版. 北京：中国水利水电出版社，2010.